MATLAB und Simulink Schnellkurs für Ingenieure

Eklas Hossain

MATLAB und Simulink Schnellkurs für Ingenieure

Eklas Hossain
Oregon Institute of Technology
Klamath Falls, OR, USA

ISBN 978-3-031-59996-5   ISBN 978-3-031-59997-2 (eBook)
https://doi.org/10.1007/978-3-031-59997-2

Die Deutsche Nationalbibliothek verzeichnet diese Publikation in der Deutschen Nationalbibliografie; detaillierte bibliografische Daten sind im Internet über https://portal.dnb.de abrufbar.

Übersetzung der englischen Ausgabe: „MATLAB and Simulink Crash Course for Engineers" von Eklas Hossain, © The Editor(s) (if applicable) and The Author(s), under exclusive license to Springer Nature Switzerland AG 2022. Veröffentlicht durch Springer International Publishing. Alle Rechte vorbehalten.

Dieses Buch ist eine Übersetzung des Originals in Englisch „MATLAB and Simulink Crash Course for Engineers" von Eklas Hossain, publiziert durch Springer Nature Switzerland AG im Jahr 2022. Die Übersetzung erfolgte mit Hilfe von künstlicher Intelligenz (maschinelle Übersetzung). Eine anschließende Überarbeitung im Satzbetrieb erfolgte vor allem in inhaltlicher Hinsicht, so dass sich das Buch stilistisch anders lesen wird als eine herkömmliche Übersetzung. Springer Nature arbeitet kontinuierlich an der Weiterentwicklung von Werkzeugen für die Produktion von Büchern und an den damit verbundenen Technologien zur Unterstützung der Autoren.

© Der/die Herausgeber bzw. der/die Autor(en), exklusiv lizenziert an Springer Nature Switzerland AG 2024

Das Werk einschließlich aller seiner Teile ist urheberrechtlich geschützt. Jede Verwertung, die nicht ausdrücklich vom Urheberrechtsgesetz zugelassen ist, bedarf der vorherigen Zustimmung des Verlags. Das gilt insbesondere für Vervielfältigungen, Bearbeitungen, Übersetzungen, Mikroverfilmungen und die Einspeicherung und Verarbeitung in elektronischen Systemen.
Die Wiedergabe von allgemein beschreibenden Bezeichnungen, Marken, Unternehmensnamen etc. in diesem Werk bedeutet nicht, dass diese frei durch jede Person benutzt werden dürfen. Die Berechtigung zur Benutzung unterliegt, auch ohne gesonderten Hinweis hierzu, den Regeln des Markenrechts. Die Rechte des/der jeweiligen Zeicheninhaber*in sind zu beachten.
Der Verlag, die Autor*innen und die Herausgeber*innen gehen davon aus, dass die Angaben und Informationen in diesem Werk zum Zeitpunkt der Veröffentlichung vollständig und korrekt sind. Weder der Verlag noch die Autor*innen oder die Herausgeber*innen übernehmen, ausdrücklich oder implizit, Gewähr für den Inhalt des Werkes, etwaige Fehler oder Äußerungen. Der Verlag bleibt im Hinblick auf geografische Zuordnungen und Gebietsbezeichnungen in veröffentlichten Karten und Institutionsadressen neutral.

Planung/Lektorat: Michael McCabe
Springer Vieweg ist ein Imprint der eingetragenen Gesellschaft Springer Nature Switzerland AG und ist ein Teil von Springer Nature.
Die Anschrift der Gesellschaft ist: Gewerbestrasse 11, 6330 Cham, Switzerland

Wenn Sie dieses Produkt entsorgen, geben Sie das Papier bitte zum Recycling.

Vorwort

MATLAB und Simulink sind zwei Programmier- und Simulationswerkzeuge, die von MathWorks® entwickelt wurden. Sie werden bevorzugt zum Entwerfen, Modellieren und Simulieren neuer Erfindungen sowie für die Lösung von Problemen im Ingenieurbereich eingesetzt. Sie gelten als die am weitesten verbreiteten und standardisierten Software-Tools, die weltweit in allen Bereichen der Wissenschaft und Technik eingesetzt werden, und als bevorzugte digitale Werkzeuge des heutigen Ingenieurs. Zahlreiche Forschungsprojekte wurden ausschließlich auf der Grundlage der besonderen Programmierung von MATLAB und Simulink entwickelt. Daher ist es für STEM-Studenten und Akademiker, aber auch für professionelle Ingenieure unerlässlich, sich mit der Nutzung von beiden gut auszukennen.

Bei den Ingenieurwissenschaften (mit Ausnahme der Informatik) gibt es nur wenige Programmierkurse in C/C++ oder MATLAB/PSpice, die zudem häufig mit sehr wenigen wöchentlichen Kontaktstunden verbunden sind. Programmieren ist jedoch in allen Ingenieurwissenschaften von großer Bedeutung. Für Projekte, Abschlussarbeiten oder Aufgaben auf Bachelor- oder Master-Ebene ist ein fundiertes Programmierwissen notwendig. Nur so können spezielle Aufgaben erfüllt, Modelle erstellt, Designs simuliert oder die Ideen anderer nachvollzogen werden. Programmieren ist eng mit dem modernen Leben verknüpft. Kein Ingenieurstudent kann auf das Programmieren verzichten, unabhängig von seinem Hauptfach. Daher müssen die Studierenden frühzeitig ausreichende Programmierkenntnisse erwerben, um sie während ihres Studiums und ihrer beruflichen Laufbahn einsetzen und selbstständig arbeiten zu können. Obwohl Programmieren auf allen Studienebenen erforderlich ist, wird es selten akademisch gelehrt. Die Studierenden sind somit gezwungen, entweder alles selbst zu erlernen oder einfach aufzugeben.

Als ich anfing, fortgeschrittene Technologien in der Elektrotechnik an der Oregon Tech zu unterrichten, stellte ich fest, dass die meisten Studierenden eine Art Programmier-Phobie hatten. Sie suchten überall nach Informationsmaterial, das ihnen bei der Programmierung helfen könnte. Diese Problematik wurde noch deutlicher in den Projekten des Abschlussjahres im Bereich Strom- oder Steuerungssystem: Viele Studierende hielten sich entweder zurück oder gaben ihre Programmierschwäche zu. Tatsächlich ist die Programmierung ein wesentlicher Teil der wissenschaftlichen Ausbildung und professioneller Ingenieurs- und technischer Berufe.

Daher beschloss ich, den Studierenden das Programmieren beizubringen und bat den Abteilungsleiter um Erlaubnis. Nachdem ich die Genehmigung der Abteilung erhalten hatte, arbeitete ich einen ganzen Sommer lang daran, das richtige Kursmaterial für die Studenten zu erstellen, um ihre Programmierkenntnisse von Grund auf aufzubauen und den Kursplan auf der Grundlage realer Anwendungen zu konzipieren. Die Studenten waren insofern daran beteiligt, als sie ihr Feedback zum Kurs abgaben, das zeigte, dass sie den Kursplan positiv bewerteten.

Nachdem der Kurs über MATLAB und Simulink mehrere Jahre hintereinander unterrichtet wurde und seine Evidenz getestet ist, wird der Kursplan nun in Form dieses Buches veröffentlicht, um den meisten Ingenieurstudenten weltweit, wenn nicht allen, zu helfen. Dieses Buch soll ein unabhängiger Studienführer für Ingenieurstudierende sein. Es ist aus der Perspektive eines Lehrers gestaltet und soll helfen, Studierende zu unterrichten und Studenten sich selbst zu helfen, selbstständig zu lernen. Unabhängige Forscher und professionelle Ingenieure können hier Unterstützung finden. Das Buch enthält zahlreiche Fallstudien, die auf viele Arbeitsbereiche übertragbar sind.

Als Autor werte ich dieses Buch dann als Erfolg, wenn es den Studierenden hilft, ihre Angst vor dem Programmieren zu überwinden und es als Leitfaden zur Lösung von Ingenieurproblemen mit MATLAB und Simulink nutzen. Mein Hauptziel ist die Verbreitung des Wissens, das ich im Laufe der Jahre aus Erfahrungen im Unterrichten und beim Beobachten der Probleme, mit denen Ingenieurstudierende häufig konfrontiert sind, gesammelt habe.

Dieses Buch besteht aus 18 Kapiteln und ist in 2 Abschnitte unterteilt. Die Kap. 1–11 behandeln die MATLAB-Programmierung, während die Kap. 12–18 sich Simulink widmen[1]. Jeder Abschnitt beginnt mit Kapiteln, die die Grundlagen von MATLAB und Simulink umfassen, und geht dann über zu den Anwendungen dieser beiden Werkzeuge in den verschiedenen Bereichen, insbesondere im Bereich der Elektrotechnik. Da mein Hauptforschungsinteresse auf Energiesystemen liegt, ist das Buch stärker auf die Anwendungen von MATLAB und Simulink in elektrischen Schaltungen, Elektronik, Leistungselektronik, Energiesystemen, Steuerungssystemen, erneuerbaren Energien usw. ausgerichtet. Neben der Fähigkeit zur Programmierung lernen Ingenieurstudierende, Konzepte im Kontext der Elektrotechnik aufzufrischen und Projekte auf der Grundlage der in den Kapiteln enthaltenen Fallstudien zu erstellen.

---

[1]Da das Programm i. d. R. in englischer Version verwendet wird, sind in vielen Kapitel (für eine bessere Orientierung in den Abbildungen und im Programm selber) sowohl die englischen Befehle/Buttons/Pfade aufgezeigt als auch deren deutschen Übersetzung.

Dieses Buch richtet sich sowohl an die Bedürfnisse von Studierenden als auch von Dozenten[2]. Studierende und professionelle Ingenieure können dieses Buch zum Selbstlernen verwenden. Dozenten können dieses Buch als Vorlage nutzen, um ihre Vorlesungen auf der Grundlage der Gliederung dieses Buches zu halten und auch jeden Teil direkt als Kursmaterial zu verwenden. Das Ziel ist, dass der Leser nach Abschluss der Lektüre mindestens ein mittleres Niveau an Fachwissen in der Programmierung in MATLAB und Simulink entwickelt hat. Das fortgeschrittene Wissen wird mit der Praxis und der Anwendung der Software allmählich wachsen.

Für alle, die bereit sind, Fähigkeiten in MATLAB und Simulink zu entwickeln und sich auf den Weg der Entdeckung und des Lernens zu begeben: Viel Glück auf Ihrer Reise!

Klamath Falls, OR, USA　　　　　　　　　　　　　　　　　　　　　Eklas Hossain

---

[2]Anmerkung zur Übersetzung: Bei der Übersetzung von im Englischen nicht nach Geschlecht differenzierten Personenbezeichnungenwie [Dozenten, Studenten, Ingenieure etc.] u. Ä. wurde im Deutschen meistens die männliche oder die neutrale Form verwendet, um den Text kürzer und besser lesbar zu machen. Selbstverständlich sind damit Personen jeden Geschlechts gemeint.

Danksagung

Ich bin dankbar für jeden bei Springer Nature, der mir geduldig geholfen hat, das Manuskript dieses Buches zu vervollständigen. Darüber hinaus verdienen meine Kollegen und Kommilitonen am Oregon Tech eine herzliche Wertschätzung für ihren unendlichen Glauben an mich und ihre freundliche Zusammenarbeit. Dieses Buch spiegelt meine Zeit als Dozent am Oregon Tech wider. Meine Erfahrung und Kenntnisse zur Entwicklung dieses Buches wären ohne diese Zeit nicht entstanden. Ich danke jedem einzelnen Mitglied der Oregon Tech-Familie dafür, dass sie mir geholfen haben, meine Karriere als Akademiker zu formen.

Dieses Buch wurde mithilfe vieler Menschen entworfen und erstellt. Ich bin all denen dankbar, die mich während des Schreibprozesses dieses Buches unterstützt haben. Ich bin MathWorks® dankbar für die Entwicklung von MATLAB und Simulink und für die Bereitstellung kostenloser Richtlinien auf ihrer Website, um Menschen beim Erlernen der beiden Softwares zu helfen. Diese Ressourcen haben maßgeblich zur Entwicklung dieses Buches beigetragen. Darüber hinaus möchte ich meine Wertschätzung für alle anderen Bücher und Quellen ausdrücken, die frei im Internet verfügbar sind und dieses Buch bereichert haben. Wichtig ist mir zudem, die Gutachter des Buchvorschlags zu erwähnen, die dazu beigetragen haben, den Umfang und die Inhalte dieses Buches zu verbessern. Ich bin dankbar für ihre Vorschläge zur Aktualisierung.

Ich bin meiner Familie zu Dank verpflichtet, denn sie waren immer für mich da in allen Höhen und Tiefen und haben diesen Prozess mit ihrer ständigen Liebe und Unterstützung mitgetragen. Ich danke meinen Freunden und Mitarbeitern dafür, dass sie mich unterstützt und mich ständig dazu gedrängt haben, mich zu verbessern.

Und schließlich bin ich meinem Herrn unendlich dankbar, dass er mich, diese Welt und alles, was im Universum existiert, geschaffen hat. Dieses Buch, oder sogar ich, wären ohne die Gnade und den Segen des Schöpfers nichts.

Inhaltsverzeichnis

1	**Einführung in MATLAB**		1
	1.1 Einführung		1
	1.2 Was ist MATLAB?		1
	1.3 Geschichte, Zweck und Bedeutung		2
		1.3.1 Geschichte	2
		1.3.2 Zweck und Bedeutung	4
	1.4 Installation und Abhängigkeiten		4
		1.4.1 Abhängigkeiten	7
	1.5 MATLAB starten		8
	1.6 MATLAB-Umgebung		8
	1.7 Eigenschaften von MATLAB		9
	1.8 Kategorien und Umwandlung zwischen Variablen in MATLAB		10
		1.8.1 Kategorien von Datentypen	10
		1.8.2 Beispiel 1.1: Verschiedene Datentypen	11
		1.8.3 Konvertierungen	13
		1.8.4 MATLAB Beispiel 1.2: Umwandlung von Datentypen	13
	1.9 Ausgabe unterdrücken		14
	1.10 Aufzeichnung einer MATLAB-Sitzung		16
	1.11 Ausgabe drucken		17
	1.12 Schlussfolgerung		19
	Übung 1		19
	Literatur		20
2	**Vektoren und Matrizen**		21
	2.1 Einführung		21
	2.2 Vektoren erstellen		21
	2.3 Matrizen erstellen		23
	2.4 Manipulation von Vektoren und Matrizen		23
	2.5 Dimension of matrix (Dimension einer Matrix)		25

		2.5.1	MATLAB Beispiel 2.1: Dimension of matrix	25
2.6		Operationen auf Matrizen	26
	2.6.1		Addition und Subtraktion.	26
	2.6.2		MATLAB Beispiel 2.2: Addition und Subtraktion	27
	2.6.3		Multiplikation	27
	2.6.4		MATLAB Beispiel 2.3: Multiplikation	28
	2.6.5		Transponieren.	28
	2.6.6		MATLAB Beispiel 2.4: Transponieren	28
	2.6.7		Determinante	29
	2.6.8		MATLAB Beispiel 2.5: Determinante.	30
	2.6.9		Einheitsmatrix	30
	2.6.10		MATLAB Beispiel 2.6: Einheitsmatrix	31
	2.6.11		Inverse Matrix	31
	2.6.12		MATLAB Beispiel 2.7: Inverse Matrix	32
2.7		Einfache Matrix concatenation (Matrix-Konkatenation).	32
	2.7.1		MATLAB Beispiel 2.10: Matrix concatenation.	33
2.8		Erstellen von Arrays of zeros, ones (Nullen, Einsen) und random numbers (Zufallszahlen).	34
	2.8.1		MATLAB Beispiel 2.11: Arrays of zeros, ones	34
	2.8.2		MATLAB Beispiel 2.12: random numbers	36
2.9		Array-Funktion für „One-Dimensional Arrays" (Eindimensionale Arrays)	37
	2.9.1		MATLAB Beispiel 2.13: Erstellung eines „Linearly Spaced One-Dimensional Array" (linear verteilten eindimensionalen Arrays).	38
	2.9.2		MATLAB Beispiel 2.14: Finding maximum and minimum value from an array (Finden des maximalen und minimalen Werts aus einem Array)	39
2.10		Mean (Mittelwert), Standard Deviation (Standardabweichung), Variance (Varianz) und Mode (Modus).	40
	2.10.1		MATLAB Beispiel 2.15: Mean, Standard Deviation, Variance und Mode	41
2.11		Dot operator (Punktoperator).	42
	2.11.1		MATLAB Beispiel 2.16: Anwendungen Dot operator	42
2.12		Table Arrays (Tabellenarrays), Cell Arrays (Zellenarrays) und Structure Arrays (Strukturarrays)	43
	2.12.1		MATLAB Beispiel 2.17: Creating table (Tabelle erstellen).	44
		2.12.1.1	Cell array (Zellenarray).	45
	2.12.2		MATLAB Beispiel 2.18: Cell array	45
		2.12.2.1	Structure array (Strukturarray)	47
	2.12.3		MATLAB Beispiel 2.19: Structure array	47

	2.13	Schlussfolgerung	48
	Übung 2		49
3	**Programme und Funktionen**		**51**
	3.1	Einführung	51
	3.2	Skripte	51
		3.2.1 Live-Skript	52
		3.2.2 Script vs. Live-Script	54
	3.3	Save (Speichern), Running (Ausführen) und Publishing (Veröffentlichen) eines Skripts	54
		3.3.1 Save (ein Skript speichern)	54
		3.3.2 Running (ein Skript ausführen)	55
		3.3.3 Publishing (Veröffentlichung) eines Skripts	56
	3.4	Conditional Statements (bedingte Anweisungen) und Loops (Schleifen)	58
		3.4.1 „if"-Anweisung	58
		3.4.2 MATLAB Beispiel 3.1: „if"-Anweisung	60
		3.4.3 switch-Anweisung	62
		3.4.4 MATLAB Beispiel 3.2: switch-Anweisung	63
		3.4.5 for-Loop (Schleife)	63
		3.4.6 MATLAB Beispiel 3.3: „for"-Loop	63
	3.5	Benutzerdefinierte Funktionen	66
	3.6	Erstellen von benutzerdefinierten Funktionen	66
		3.6.1 MATLAB Beispiel 3.4: Benutzerdefinierte Funktion	67
		3.6.2 MATLAB Beispiel 3.5: Benutzerdefinierte Funktion–Anonymous Function	68
		3.6.3 Beispiele für benutzerdefinierte Funktionen	68
		3.6.3.1 Benutzerdefinierte Funktion für Summation (Addition)	68
		3.6.3.2 Benutzerdefinierte Funktion für Subtraction (Subtraktion)	69
		3.6.3.3 Benutzerdefinierte Funktion für Multiplication (Multiplikation)	69
		3.6.3.4 Benutzerdefinierte Funktion für Division	69
	3.7	Quadratic Equations (Quadratische Gleichungen) mit Funktionen lösen	70
		3.7.1 MATLAB Beispiel 3.6: Benutzerdefinierte Funktion zur Lösung der quadratischen Gleichung	71
	3.8	Schlussfolgerung	72
	Übung 3		72
4	**Komplexe Zahlen**		**75**
	4.1	Einführung	75
	4.2	Geschichtlicher Hintergrund	75

4.3		Rechteckige Darstellung	76
	4.3.1	MATLAB Beispiel 4.1: Rechteckige Form	76
4.4		Polarform	77
	4.4.1	MATLAB Beispiel 4.2: Polarform	78
4.5		Eulersche Reihe	79
	4.5.1	MATLAB Beispiel 4.3: Eulersche Formel	80
	4.5.2	MATLAB Beispiel 4.4: Eulersche Reihe zur Lösung des Anfangswertproblems	81
4.6		Fourier-Reihe	82
	4.6.1	MATLAB Beispiel 4.5: Fourier-Reihe	83
	4.6.2	MATLAB Beispiel 4.6: DFT und inverse DFT	86
4.7		Taylor-Reihe	87
	4.7.1	MATLAB Beispiel 4.7: Taylor-Reihe	88
4.8		Gleichgewichtspunkt	88
	4.8.1	MATLAB Beispiel 4.8: Gleichgewichtspunkte	89
4.9		Energieberechnung	91
	4.9.1	MATLAB Beispiel 4.9: Energieberechnung	91
4.10		Berechnung der Impedance (Impedanz)	93
	4.10.1	MATLAB Beispiel 4.10: Berechnung der Impedanz	93
4.11		Schlussfolgerung	96
Übung 4			96

5 Visualisierung ... 99

5.1		Einführung	99
5.2		Line plot (Liniendiagramm)	99
	5.2.1	MATLAB Beispiel 5.1: Line plots	102
	5.2.2	MATLAB Beispiel 5.2: Subplot	103
	5.2.3	MATLAB Beispiel 5.3: Double-Axis Plot	104
5.3		Bar plot (Balkendiagramm)	106
	5.3.1	MATLAB Beispiel 5.4: Bar plot	106
	5.3.2	MATLAB Beispiel 5.5: Horizontal Bar plot	108
5.4		Area plot (Flächendiagramm)	109
	5.4.1	MATLAB Beispiel 5.6: Area plot	109
5.5		Surface plot (Oberflächenplot)	110
	5.5.1	MATLAB Beispiel 5.7: Surface plot	111
5.6		Pie plot (Kreisdiagramm)	114
	5.6.1	MATLAB Beispiel 5.8: Pie plot	114
5.7		Heat Map	115
	5.7.1	MATLAB Beispiel 5.9: Heat Map	116
5.8		Radar plot (Netzdiagramm)	117
	5.8.1	MATLAB Beispiel 5.10: Radar plot	117
5.9		3D-Diagramm	120
	5.9.1	MATLAB Beispiel 5.11: 3D-Pie (Torten)-Diagramme	120

	5.10	Exportieren und Qualitätsanpassung Abbildungen	121
	5.11	Schlussfolgerung	122
	Übung 5		123
	Literatur		128
6	**Gleichungen lösen**		**129**
	6.1	Einführung	129
	6.2	Lineare Algebra	129
		6.2.1 MATLAB Beispiel 6.1: Rang	130
		6.2.2 MATLAB Beispiel 6.2: Eigenvalue	131
		6.2.3 MATLAB Beispiel 6.3: Eigenvector	132
	6.3	Quadratic Equations (Quadratische Gleichungen)	133
		6.3.1 MATLAB Beispiel 6.4: Solving quadratic equation	133
		6.3.2 MATLAB Beispiel 6.5: *solve*-Funktion	134
	6.4	Differential Equations (Differentielle Gleichungen)	135
		6.4.1 Gewöhnliche Differentialgleichungen	135
		6.4.2 MATLAB Beispiel 6.6: First-Order DifferentialEquation (Differentialgleichung 1. Ordnung)	136
		6.4.3 MATLAB Beispiel 6.7: Second-Order Differential Equation	137
		6.4.4 MATLAB Beispiel 6.8: Third-Order DifferentialEquation (Differentialgleichung 3. Ordnung)	138
		6.4.5 Partial differential equation (partielle Differentialgleichungen)	139
		6.4.6 MATLAB Beispiel 6.9: Partial differential equation	139
	6.5	Integral Equations (Integralgleichungen)	140
		6.5.1 MATLAB Beispiel 6.10: Integral equation	141
		6.5.2 MATLAB Beispiel 6.11: Multivariable IntegralEquation (mehrvariable Integralgleichung)	142
	6.6	Schlussfolgerung	143
	Übung 6		143
7	**Numerische Methoden**		**145**
	7.1	Einführung	145
	7.2	Gauß-Seidel-Methode	145
		7.2.1 MATLAB Beispiel 7.1: Gauß-Seidel-Methode	147
	7.3	Newton-Raphson-Methode	148
		7.3.1 MATLAB Beispiel 7.2: Newton-Raphson-Methode	150
	7.4	Runge-Kutta-Methode	151
		7.4.1 MATLAB Beispiel 7.3: Runge-Kutta-Methode	152

	7.5	Schlussfolgerung	152
	Übung 7		152
8	**Elektrische Schaltkreisanalyse**		**155**
	8.1	Einführung	155
	8.2	DC-Schaltungsanalyse	155
		8.2.1 Ohm's Law (Ohmsches Gesetz)	155
		8.2.1.1 MATLAB-Beispiel 8.1: Ohmsches Gesetz	156
		8.2.2 Equivalent resistance (Äquivalenter Widerstand)	156
		8.2.2.1 MATLAB Beispiel 8.2: Equivalent resistance	157
		8.2.3 Delta to Wye Conversion (Delta-Wye-Umwandlung)	158
		8.2.3.1 MATLAB Beispiel 8.3: Delta to Wye Conversion	160
		8.2.3.2 MATLAB Beispiel 8.4: Wye to Delta Conversion	161
		8.2.3.3 MATLAB Beispiel 8.5: Äquivalenter Widerstand mit Delta to Wye Conversion	161
		8.2.4 Kirchhoffsche Gesetze	163
		8.2.4.1 MATLAB Beispiel 8.6: Circuit problem (Schaltkreisproblem)	164
		8.2.5 Spannungsteiler- und Stromteiler-Gesetze	166
		8.2.5.1 MATLAB Beispiel 8.7: Voltage divider (Spannungsteiler)	166
		8.2.5.2 MATLAB Beispiel 8.8: Current Divider (Stromteiler)	168
		8.2.6 Thevenins Theorem	168
		8.2.6.1 MATLAB Beispiel 8.9: Theveninsches Theorem	169
		8.2.7 Maximum Power Transfer Theorem (Leistungstransfertheorem)	170
		8.2.7.1 MATLAB Beispiel 8.10: Maximum Power Transfer Theorem	171
	8.3	AC-Schaltungsanalyse	172
		8.3.1 Wichtige Begriffe	173
		8.3.1.1 MATLAB Beispiel 8.11: Wechselstromkreis-Terminologien	174
		8.3.2 Impedance (Impedanz)	175
		8.3.2.1 MATLAB Beispiel 8.12: Impedance	177
		8.3.3 Power Triangle (Leistungsdreieck)	178
		8.3.3.1 MATLAB Beispiel 8.13: Power triangle	179

	8.3.4	Dreiphasen-Wechselstromkreisanalyse	179
		8.3.4.1 Dreiecksverbundene, unausgeglichene Last	182
		8.3.4.2 MATLAB Beispiel 8.14: Delta-Connected Unbalanced Load (Delta-verbundene, unausgeglichene Last).	182
		8.3.4.3 Delta connected balanced load (Delta-verbundene, ausgeglichene Last). . . .	185
		8.3.4.4 MATLAB Beispiel 8.15: Delta connected balanced load	185
		8.3.4.5 Wye-Connected Four-Wire Unbalanced Load (Wye-verbundene, vierdrahtige unausgewogene Last)	187
		8.3.4.6 MATLAB Beispiel 8.16: Wye-Connected Four-Wire Unbalanced Load	189
		8.3.4.7 Wye-Connected Four-Wire Balanced Load (Wye-verbundene, vierdrahtige, ausgeglichene Last).	189
		8.3.4.8 MATLAB Beispiel 8.17: Wye-Connected Four-Wire Balanced Load	191
		8.3.4.9 Wye-Connected Three-Wire Unbalanced Load (Wye-verschaltete, dreidrahtige, ungleichgewichtige Last)	194
		8.3.4.10 MATLAB Beispiel 8.18: Wye connected three-wire unbalanced load.	194
		8.3.4.11 Wye-Connected Three-Wire Balanced Load (Wye-verschaltete Dreileiter-Gleichlast)	197
		8.3.4.12 MATLAB Beispiel 8.19: Wye connected three wire balanced load	198
8.4	Operational Amplifier (Operationsverstärker).		200
	8.4.1	Inverting Amplifier (Umkehrverstärker)	200
		8.4.1.1 MATLAB Beispiel 8.20: Inverting amplifier.	201
	8.4.2	Non-inverting amplifier (Nichtumkehrverstärker).	202
		8.4.2.1 MATLAB Beispiel 8.21: Non-inverting amplifier	202
	8.4.3	Follower Circuit (Nachfolgerschaltung)	203
		8.4.3.1 MATLAB Beispiel 8.22: follower circuit	204
	8.4.4	Differentiator Circuit (Differenzierschaltung).	204
		8.4.4.1 MATLAB Beispiel 8.23: Differentiator Circuit	205

		8.4.5	Integrator Circuit (Integratorschaltung)..............	206

8.4.5.1 MATLAB Beispiel 8.24:
Integrator Circuit...................... 207
8.5 Transistorschaltung..................................... 208
  8.5.1 MATLAB Beispiel 8.25: Transistorschaltung........ 210
8.6 Schlussfolgerung...................................... 211
Übung 8... 211

9 Steuerungssystem und MATLAB 219
9.1 Einführung... 219
9.2 Frequenzantworten..................................... 219
  9.2.1 Lineares zeitinvariantes System................... 220
  9.2.2 Transfer function (Übertragungsfunktion)........... 221
    9.2.2.1 MATLAB Beispiel 9.1:
      Transfer function...................... 221
  9.2.3 Laplace-Transformation.......................... 223
    9.2.3.1 MATLAB Beispiel 9.2:
      Laplace-Transformation 223
    9.2.3.2 MATLAB Beispiel 9.3: Laplace
      Transform of Initial Value Problem
      with Differential Equation
      (Laplace-Transformation eines
      Anfangswertproblems mit
      Differentialgleichung)................. 224
  9.2.4 Inverse Laplace-Transformation 225
    9.2.4.1 MATLAB Beispiel 9.4: Inverse
      Laplace-Transformation 225
  9.2.5 Partial fraction (Partialbruch)..................... 226
    9.2.5.1 MATLAB Beispiel 9.5: Partial Fraction
      Expansion (Partialbruchzerlegung)........ 229
    9.2.5.2 MATLAB Beispiel 9.6: Partial Fraction
      Expansion (Partialbruchzerlegung)........ 229
    9.2.5.3 MATLAB Beispiel 9.7: Partial Fraction
      Expansion (Partialbruchzerlegung) 231
    9.2.5.4 MATLAB Beispiel 9.8: Partial Fraction
      Expansion 232
  9.2.6 DC Gain (Gleichstromverstärkung)................ 234
    9.2.6.1 MATLAB Beispiel 9.9: DC Gain
      (Gleichstromverstärkung)............... 234
  9.2.7 Initial and final value theorem
    (Anfangswert- und Endwerttheorem) 234
    9.2.7.1 MATLAB Beispiel 9.10: Initial
      and final value theorem................. 235

		9.2.8	Poles/Zeros (Pol-/Nullstellen)	235
			9.2.8.1 MATLAB Beispiel 9.11: Poles/Zeros......	236
		9.2.9	Laplace-Transformation in elektrischen Schaltkreisen	236
	9.3	Time Response Overview (Zeitantwort)		240
		9.3.1	System 1. Ordnung............................	241
			9.3.1.1 Spezifische Eigenschaften von Systemen 1. Ordnung..............	242
		9.3.2	System 2. Ordnung............................	243
			9.3.2.1 Spezifische Eigenschaften von Systemen 2. Ordnung..............	243
		9.3.3	Auswirkung des Dämpfungsverhältnisses...........	244
			9.3.3.1 Overdamped System (überdämpftes System).................	244
			9.3.3.2 MATLAB Beispiel 9.12: Overdamped system	244
			9.3.3.3 Critically Damped System (Kritisch gedämpftes System)............	245
			9.3.3.4 MATLAB Beispiel 9.13:Critically damped system	245
			9.3.3.5 Underdamped system (untergedämpftes System)................	249
			9.3.3.6 MATLAB Beispiel 9.14: Underdamped system	249
			9.3.3.7 Undamped System (ungedämpftes System).................	252
			9.3.3.8 MATLAB Beispiel 9.15: Undamped system	252
			9.3.3.9 Negative Damped System (negativ gedämpftes System)	254
			9.3.3.10 MATLAB Beispiel 9.16: Negative damped system................	254
		9.3.4	Position error (Stationärer Fehler).................	257
			9.3.4.1 MATLAB Beispiel 9.17: Position error	257
	9.4	State-Space Representation (Zustandsraumdarstellung für RLC-Schaltung).....................................		258
		9.4.1	Zustandsraummodell und Antwort.................	259
		9.4.2	Zustandsraummodell zur Übertragungsfunktion......	260
			9.4.2.1 MATLAB Beispiel 9.18: State-Space Model und Conversion into Transfer Function (Umwandlung in Übertragungsfunktion)	261

	9.4.3	Transfer Function to State-Space Model (Übertragungsfunktion zum Zustandsraummodell)....		262
		9.4.3.1	MATLAB-Beispiel 9.19: Umwandlung State-Space Model aus Transfer Function................	263
9.5	Controllability und Observability (Steuerbarkeit und Beobachtbarkeit) des Zustandsraummodells...............			264
	9.5.1	Controllability (Steuerbarkeit)....................		264
	9.5.2	Test auf Controllability		264
	9.5.3	Observability (Beobachtbarkeit)		266
	9.5.4	Testen auf Observability		266
		9.5.4.1	MATLAB Beispiel 9.20: Controllability und Observabilityt	266
9.6	Stabilitätsanalyse			267
	9.6.1	Routh-Kriterium...............................		269
		9.6.1.1	MATLAB Beispiel 9.21: Routh-Kriterium	271
	9.6.2	Root Locus (Wurzelortskurve)....................		273
		9.6.2.1	MATLAB Beispiel 9.22: Root locus.......	274
	9.6.3	Bode-Plot (Bode-Diagramm)......................		274
		9.6.3.1	MATLAB Beispiel 9.23: Bode-Diagramm	277
	9.6.4	Nyquist-Plot (Nyquist-Diagramm)		277
		9.6.4.1	MATLAB Beispiel 9.24: Nyquist-Diagramm....................	279
9.7	Schlussfolgerung			281
Übung 9...				281
10	**Optimierungsfunktion**			**285**
10.1	Einführung..			285
10.2	One-Dimensional Optimization (eindimensionale Optimierung)			285
	10.2.1	MATLAB Beispiel 10.1: One-dimensional optimization................................		286
10.3	Multidimensional Optimization (mehrdimensionale Optimierung)...			287
	10.3.1	MATLAB Beispiel 10.2: Multidimensional Optimization		288
10.4	Linear Programming Optimization (lineare Optimierung)			289
	10.4.1	MATLAB Beispiel 10.3: Linear programming optimization................................		291
10.5	Quadratic ProgrammingOptimization (quadratische Optimierung)..			293
	10.5.1	MATLAB Beispiel 10.4: Quadratic programming optimization................................		294

	10.6	Nonlinear Programming Optimization (nichtlineare Optimierung)...........................	295
	10.7	Lithium-Ionen-Batteriesystem...........................	295
	10.8	Schlussfolgerung.....................................	297
	Übung 10...		298
11	**App-Designer-Plattform und grafische Benutzeroberfläche**........		**301**
	11.1	Einführung...	301
	11.2	App-Designer.......................................	301
		11.2.1 Grundlayout.................................	302
		11.2.2 Komponenten................................	304
		11.2.3 Fehlererkennung und -korrektur.................	304
		11.2.4 Entwerfen und Programmieren einer GUI mit App-Designer...........................	305
	11.3	App-Designer vs. GUIDE.............................	313
	11.4	GUIDE...	314
		11.4.1 GUIDE-App als MATLAB-Datei exportieren.......	314
		11.4.2 Migration von der GUIDE-App zu App-Designer.....	314
	11.5	Schlussfolgerung.....................................	314
	Übung 11...		316
12	**Einführung in Simulink**.....................................		**319**
	12.1	Was ist Simulink?....................................	319
	12.2	Simulink starten.....................................	319
	12.3	Grundelemente......................................	321
		12.3.1 Blöcke.....................................	321
		12.3.2 Linien......................................	323
		12.3.3 Weitere Funktionen...........................	324
		12.3.3.1 Annotation........................	324
		12.3.3.2 Blocknamen anzeigen.................	325
		12.3.3.3 An das Fenster anpassen...............	325
		12.3.3.4 Bereich............................	326
		12.3.3.5 Comment und Comment out (Aus- und Einkommentieren)............	327
	12.4	Simulink-Library-Browser (Bibliotheksbrowser)...........	328
	12.5	Modellierung von physikalischen Systemen................	330
	12.6	Ein Modell in Simulink erstellen........................	334
	12.7	Ein Modell in Simulink simulieren......................	337
		12.7.1 Option „Run" (Ausführen)......................	337
		12.7.2 „Schritt vorwärts" und „Schritt zurück"............	341
		12.7.3 Anpassen des Stils der „Scope"-Figur.............	344
		12.7.4 „Solver"-Option..............................	344
		12.7.5 Datenimport und -export.......................	347
		12.7.6 Mathematik und Datentypen....................	349
		12.7.7 Diagnose...................................	352
		12.7.8 Andere Parameter............................	353

	12.8	Benutzerdefinierter Block in Simulink	354
	12.9	Verwendung von MATLAB in Simulink	357
	12.10	Schlussfolgerung	361
	Übung 12		362
13	**Häufig verwendete Simulink-Blöcke**		**365**
	13.1	Sink (Senke)	365
		13.1.1 Display (Anzeige)	365
		13.1.2 Scope-Block (Geltungsbereich)	367
		13.1.3 Floating Scope (schwebender Bereich)	371
		13.1.4 Add Viewer (Zuschauer hinzufügen)	373
		13.1.5 XY Graph (XY-Diagramm)	376
	13.2	Source (Quelle)	378
		13.2.1 Pulse Generator (Pulsgenerator)	378
		13.2.2 Rampe	378
		13.2.3 Step Signal (Schrittsignal)	380
		13.2.4 Sine Wave (Sinuswelle)	381
		13.2.5 Constant (Konstante)	382
	13.3	Math Operators (Mathematische Operatoren)	383
		13.3.1 Abs und MinMax	385
		13.3.2 Add (Addieren), Subtract (Subtrahieren) und Sum of Elements (Summe der Elemente)	388
		13.3.3 Product (Produkt) und Divide (Teilen)	389
		13.3.4 Sum (Summe) und Square root (Sqrt, Quadratwurzel)	391
		13.3.5 Complex to Magnitude-Angle (Komplex zu Betrag-Winkel) und Complex to Real-Imag (Komplex zu Real-Imag)	395
		13.3.6 Magnitude-Angle to Complex (Größe des Winkels zu Komplex) und Real-Imag to Complex (Real-Imag zu Komplex)	396
		13.3.7 Math Functions (Mathematische Funktion)	397
		13.3.8 Trigonometric Function (Trigonometrische Funktion)	399
		13.3.9 Derivative (Ableitung) und Integrator (Integrator)	399
	13.4	Port und Subsystem	401
		13.4.1 Subsystem, In1 und Out1	402
		13.4.2 Mux und Demux	405
	13.5	Logischer Operator, relationaler Operator, Programme und Lookup-Tabelle	407
		13.5.1 Logischer Operator	408
		13.5.2 Relational Operator (relationaler Operator)	409
		13.5.3 If und Switch Case	410
		13.5.4 lookupTable (Nachschlagetabelle)	417
	13.6	Schlussfolgerung	419
	Übung 13		419

14 Steuerungssystem in Simulink 421
- 14.1 Kontrollsystem 421
- 14.2 Offenes Kontrollsystem 421
- 14.3 Geschlossenes Kontrollsystem 421
- 14.4 Offenes vs. geschlossenes Kontrollsystem 422
- 14.5 Simulink-Modell-Design 422
  - 14.5.1 Open-Loop Control System (Offene Regelkreissysteme) 423
  - 14.5.2 Closed-Loop Control System (geschlossenes Regelkreissystem) 426
- 14.6 Stabilitätsanalyse 432
  - 14.6.1 Stable System (stabiles System) 433
  - 14.6.2 Unstable system (instabiles System) 438
- 14.7 Schlussfolgerung 439
- Übung 14 443

15 Elektrische Schaltkreisanalyse in Simulink 447
- 15.1 Messen von Spannung, Strom und Leistung eines Schaltkreises 447
  - 15.1.1 DC-Schaltkreisanalyse (Gleichstrom-Schaltkreisanalyse) 447
  - 15.1.2 AC-Schaltkreisanalyse (Wechselstromkreisanalyse) 449
- 15.2 RLC-Schaltkreisanalyse 455
  - 15.2.1 AC-RLC-Schaltkreisanalyse 455
  - 15.2.2 DC-RLC-Schaltkreisanalyse 455
- 15.3 Schlussfolgerung 457
- Übung 15 458

16 Simulink bei Energiesystemen 459
- 16.1 Modellierung einer single-phase (einphasigen) Stromquelle 459
- 16.2 Modellierung einer dreiphasigen Wechselstromquelle 462
  - 16.2.1 Dreiphasige Wye-verbundene Wechselstromquelle.... 462
  - 16.2.2 Dreiphasige Delta-verbundene AC-Stromquelle 466
- 16.3 Modell einer dreiphasigen Serien-RLC-Last mit dreiphasiger Wechselstromquelle 469
- 16.4 Modell einer dreiphasigen Parallel-RLC-Last mit dreiphasiger Wechselstromquelle 470
- 16.5 Berechnung des Leistungsfaktors 472
- 16.6 Modellierung verschiedener Stromnetzkonfigurationen 474
  - 16.6.1 Balanced (ausgeglichene) Y-Y-Stromnetzkonfiguration 476
  - 16.6.2 Unausgeglichene Y-Y-Stromversorgungskonfiguration 481

		16.6.3	Ausgeglichene Δ-Δ-Stromsystemkonfiguration	484
		16.6.4	Unausgeglichene Δ-Δ-Stromversorgungskonfiguration	488
	16.7	Elektrische Maschine..................................		490
		16.7.1	Gleichstrommaschine...........................	490
		16.7.2	Asynchrone Maschine	494
	16.8	Schlussfolgerung		496
	Übung 16..			497
17	Simulink in der Leistungselektronik............................			501
	17.1	Diode		501
		17.1.1	Eigenschaften..................................	501
		17.1.2	Einphasiger Halbwellengleichrichter...............	505
			17.1.2.1 Einphasiger Halbwellengleichrichter mit R-Last...........................	505
			17.1.2.2 Einphasiger Halbwellengleichrichter mit RL-Last..........................	506
			17.1.2.3 Einphasiger Halbwellengleichrichter mit RC-Last..........................	506
		17.1.3	Einphasiger Vollwellengleichrichter	508
			17.1.3.1 Zwei-Dioden-Vollwellengleichrichter	510
			17.1.3.2 Vier-Dioden-Vollwellengleichrichter	512
		17.1.4	Dreiphasen-Vollwellengleichrichter................	514
	17.2	Transistor..		516
		17.2.1	Bipolare Junction Transistoren (BJTs)..............	516
		17.2.2	Metall-Oxid-Halbleiter-Feldeffekttransistor (MOSFET).....................................	518
		17.2.3	Insulated Gate Bipolar Transistor (IGBT)	521
	17.3	Operationsverstärker		524
		17.3.1	Inverting Amplifier (invertierender Verstärker)	525
		17.3.2	Non-inverting Amplifier (nicht-invertierender Verstärker)	526
		17.3.3	Differenzierschaltung............................	527
		17.3.4	Integratorschaltung	528
	17.4	Steuergeräte		530
		17.4.1	Pulserzeugung	531
			17.4.1.1 Duty cycle (Tastverhältnis)...............	532
			17.4.1.2 Pulsmodulation	532
			17.4.1.3 Bestimmung des Zündwinkels	536
		17.4.2	Kontrollierte Gleichrichtung mit Thyristor	537
		17.4.3	Gesteuerte Gleichrichtung mit GTO	538
	17.5	Flexible AC transmission systems (flexible Wechselstrom-Übertragungssysteme) (FACTS)		542
		17.5.1	Transformation des Referenzrahmens	543
		17.5.2	Phasenverriegelte Schleife (PLL)..................	545
		17.5.3	Static Var-Compenastor (SVC) (statischer Var-Kompensator)	548

17.6 Modellierung von Wandlern.............................. 551
    17.6.1 DC-DC-Wandlern 554
        17.6.1.1 Buck-Wandler....................... 558
        17.6.1.2 Boost-Wandler 560
        17.6.1.3 Buck-Boost-Wandler................... 561
    17.6.2 Modell des DC-AC-Wandlers 563
        17.6.2.1 Einphasiger Halbwellen-Brückenumrichter........... 564
        17.6.2.2 Einzelpuls-Vollwellen-Inverter........... 566
        17.6.2.3 Dreiphasen-Inverter.................... 566
    17.6.3 Modell des AC-DC-Wandlers 569
        17.6.3.1 Einphasiger Vollwellenkonverter 569
        17.6.3.2 Dreiphasen-Vollwellenkonverter.......... 571
    17.6.4 Modell des AC-AC-Konverters 573
        17.6.4.1 Einphasiger Cycloconverter 574
17.7 Schlussfolgerung 577
Aufgabe 17 577

18 Simulink und erneuerbare Energietechnologien 579
18.1 Solarphotovoltaik..................................... 579
    18.1.1 Mathematisches Modell einer PV-Zelle.............. 579
    18.1.2 PV-Panel-Design aus Solarzelle................... 581
    18.1.3 PV-Panel-Design mit PV-Array 587
    18.1.4 Fallstudie: Netzgekoppeltes PV-Array............... 591
18.2 Windturbine... 604
    18.2.1 Modellierung eines Windturbinen-basierten Generators 604
    18.2.2 Fallstudie: Netzgekoppelter Windturbinengenerator 610
18.3 Hydraulic Turbine (Hydraulische Turbine) 621
    18.3.1 Fallstudie: Modell der Hydro-Turbine und des Stromgenerators............................. 622
18.4 Batterie.. 630
    18.4.1 Implementierung von Batteriezellen 630
    18.4.2 Batteriemodellierung verschiedener Typen 633
    18.4.3 Fallstudie: Batteriepack-Design mit Batteriezellen.... 637
18.5 Schlussfolgerung 641
Übung 18... 642

Lösungsschlüssel zu den Übungen am Ende des Kapitels.............. 643

Über den Autor

Eklas Hossain arbeitet als außerordentlicher Professor in der Abteilung für Elektrotechnik und Erneuerbare Energien und ist ein assoziierter Forscher am Oregon Renewable Energy Center (OREC) am Oregon Institute of Technology (OIT), das Heimat der einzigen von der ABET akkreditierten BS- und MS-Programme in erneuerbarer Energie ist. Er arbeitet seit den letzten 10 Jahren in verteilten Energiesystemen und der Integration Erneuerbarer Energien und hat eine Reihe von Forschungsarbeiten und Postern auf diesem Gebiet veröffentlicht. Derzeit ist er an mehreren Forschungsprojekten zu Erneuerbaren Energien und netzgebundenen Mikronetzsystemen am OIT beteiligt. Er erhielt seinen Doktortitel von der Fakultät für Ingenieurwissenschaften und Angewandte Wissenschaften an der University of Wisconsin Milwaukee (UWM), seinen MS in Mechatronik und Robotiktechnik von der International Islamic University of Malaysia und einen BS in Elektro- & Elektroniktechnik von der Khulna University of Engineering and Technology, Bangladesch. Dr. Hossain ist ein eingetragener Berufsingenieur (PE) im Bundesstaat Oregon und auch ein zertifizierter Energiemanager (CEM) und Fachmann für erneuerbare Energien (REP). Er ist ein Senior-Mitglied der Association of Energy Engineers (AEE) und ein Associate Editor für *IEEE Access, IEEE Systems Journal* und *IET Renewable Power Generation*. Seine Forschungsinteressen umfassen die Modellierung, Analyse, Gestaltung und Steuerung von Leistungselektronikgeräten; Energiespeichersysteme; erneuerbare Energiequellen; Integration von verteilten Erzeugungssystemen; Mikronetz- und Smart-Grid-Anwendungen; Robotik und fortschrittliches Steuerungssystem.

Dr. Hossain hat das Buch *Excel Crashkurs für Ingenieure* verfasst, das Buch *Crashkurs Erneuerbare Energien: Eine prägnante Einführung* mitverfasst und arbeitet an mehreren anderen Buchprojekten. Er ist der Gewinner des Rising Faculty Scholar Award 2019 vom Oregon Institute of Technology für seinen herausragenden Beitrag zur Lehre. Dr. Hossain freut sich zusammen mit seinem engagierten Forschungsteam darauf, Methoden zur nachhaltigeren, kosteneffektiveren und sichereren Gestaltung von elektrischen Energiesystemen durch umfangreiche Forschung und Analyse zu Energiespeicherung, Mikronetzsystemen und erneuerbaren Energiequellen zu erforschen.

Kapitel 1
Einführung in MATLAB

1.1 Einführung

MATLAB hilft als Software im Ingenieurswesen, Probleme zu lösen, Systeme zu entwerfen und Modelle zu simulieren. Die Vielseitigkeit von MATLAB ermöglicht zahlreiche Anwendungen, die den Bedürfnissen fast aller Ingenieurdisziplinen gerecht werden. Dieses Buch ist dabei speziell für Probleme im Bereich der Elektrotechnik konzipiert.

Das vorliegende Kapitel dient zunächst einem grundlegenden Überblick über MATLAB. Es soll den Lesern helfen, sich mit der Software vertraut zu machen, um schrittweise die in den kommenden Kapiteln beschriebenen Anwendungen umsetzen zu können.

1.2 Was ist MATLAB?

MATLAB ist eine Software, mit der Forscher und Ingenieure aller Bereiche Modelle und Algorithmen erstellen und numerische Daten mit Programmierfähigkeit berechnen und analysieren können. Das Akronym MATLAB stammt von **Mat**rix **Lab**oratory, da die Software ursprünglich mit dem Ziel entwickelt wurde, zahlreiche Operationen mit Matrizen und Vektoren durchzuführen. Im Laufe der Jahre wurden für MATLAB mehrere Toolboxen programmiert, die die Forschung in den Bereichen Steuerungssysteme, Signal-/Bildverarbeitung, Deep Learning, Robotik usw. erleichtern. Durch die Software können Daten sowohl in 2D- als auch in 3D-Formaten visualisiert werden. Sie ist zudem eine High-Level-Programmierung, die dem Anwender eine große Flexibilität zur Verwendung mit anderen Programmiersprachen (z. B. Python, C/C++, Java, Fortran usw.) ermöglicht. Ein weiteres herausragendes Merkmal von MATLAB ist, dass die Software in einer öffentlichen Cloud-Umgebung außerhalb der MathWorks-Cloud-Domain ausgeführt werden kann. Zusammengefasst haben Features wie die parallele Datenverarbeitung, die Hardware-Schnittstellen, die eingebetteten Anwendungen und die Möglichkeit des App-Erstellens auf ein höheres Niveau im Bereich der wissenschaftlichen Forschung und der Ingenieuranwendungen gehoben.

1.3 Geschichte, Zweck und Bedeutung

Die folgenden Abschnitte befassen sich mit der historischen Entwicklung, dem Zweck der Einführung und der Bedeutung der Software in der heutigen Ingenieurwelt.

1.3.1 Geschichte

Die frühen Ursprünge von MATLAB können auf die Erfindung der EISPAC (Matrix Eigensystem Package)-Software zurückgeführt werden, die entwickelt wurde, um Eigenwertprobleme zu lösen. Deren Grundlage war das von ALGOL 60 entwickelte Verfahren zur Lösung eben solcher Probleme. Um 1970 wurde von Argonne National Laboratory erstmals der Softwarevorläufer entwickelt, die erste Version kam 1971 auf den Markt, gefolgt von der Veröffentlichung des zweiten Updates 1976. Später (1975) wurde eine weitere Software für mathematische Analysen namens LINPACK (Linear Equation Package) als Nebenprodukt im selben Labor von Cleve Moler, Jack Dongarra, Pete Stewart und Jim Bunch entwickelt. EISPACK und LINPACK entstanden beide in Fortran und können als Vorläufer von MATLAB betrachtet werden.

Obwohl die Funktionen von EISPACK und LINPACK die Durchführung der numerischen Analysen und die Lösung linearer Algebra-Probleme waren, wollte Moler beide verbessern, um den Zugang für seine Studenten zu vereinfachen. Mit diesem Ziel kam er erstmals auf die Idee von MATLAB, das – wie oben bereits erwähnt – nach dem Matrix Laboratory benannt wurde. MATLAB war ein einfacher Matrixrechner, bei dem der Datentyp der Eingabe eine Matrix war. Diese Version wurde von Moler zunächst nur für die Nutzung durch seine Studenten erstellt. Später wurde sie als klassisches MATLAB bezeichnet.

Die Idee des ersten kommerziellen MATLABs wurde 1983 von einem Doktoranden der Stanford University namens Jack Little vorgeschlagen. Jack Little, Steve Bangert und Cleve Moler erstellten ein IBM-PC-basiertes MATLAB, das von Fortran in C übersetzt wurde. Das erste PC-basierte kommerzielle MATLAB erschien im Dezember 1984, gefolgt von der ersten Vermarktung im Jahr 1985.

1.3 Geschichte, Zweck und Bedeutung

Diese neue Version wurde von Jack Little und Steve Bangert aktualisiert und modifiziert, wobei sie auf der Grundlage verschiedener Anwendungen viele mathematische Funktionen, Grafiken und Toolboxen hinzufügten. MATLAB wurde mehrmals aktualisiert, um sich den neuen Anwendungen und Anforderungen im Bereich der Ingenieur- und Naturwissenschaften anzupassen. Die wesentlichen Änderungen, die im Laufe der Zeit in den verschiedenen Versionen von MATLAB vorgenommen wurden, sind in Tab. 1.1 zusammengefasst.

Tab. 1.1 Chronologische Entwicklung von MATLAB

MATLAB-Version	Hauptmerkmale	Jahr
Klassisches MATLAB	• Eingabedatentyp Matrix	Um 1981
	• Verwendung als einfacher Matrixrechner	
	• Geschrieben in Fortran	
MATLAB 1.0 (PC-MATLAB)	• Übersetzt in C aus Fortran	1984
	• IBM-PC-basierte Software	
	• Mehrere mathematische Funktionen, Grafiken und Toolboxes	
MATLAB-3	• Toolbox für gewöhnliche Differentialgleichungen	1987
	• Signalverarbeitungs-Toolbox	
MATLAB-4	• Simulink	1992
	• Sparse-Matrix	
	• 2D- und 3D-Farbgrafiken	
MATLAB-5	• Datentypen	1996
	• Visualisierung (erweitert)	
	• Zellarrays und Struktur	
	• Grafische Benutzeroberfläche	
MATLAB-6	• Desktop MATLAB	2000
	• Lineares Algebra-Paket (LAPACK)	
MATLAB-7	• Toolbox für paralleles Rechnen	2004
	• Anonyme Funktion	
	• Verschachtelte Funktion	
	• Ganzzahlige Datentypen	
MATLAB-8	• MATLAB-App	2012
	• Toolstrip-Schnittstelle	
MATLAB-9	• Live-Editor	2016
	• App-Designer	
MATLAB-9.9	• Simulink online	2020
MATLAB-9.10	• Toolbox für Satellitenkommunikation	2021
	• Radar-Toolbox	
	• DDS-Blockset	

1.3.2 Zweck und Bedeutung

Der ursprüngliche Zweck von MATLAB bestand darin, eine Programmierplattform bereitzustellen, die eine Durchführung mathematischer Analysen zusammen mit verschiedenen Anwendungen im Ingenieur- und Wissenschaftsbereich auf optimierte und benutzerfreundliche Weise ermöglichte. Wie bereits erwähnt, ist eine Fähigkeit der Software, Eingaben in Form einer Matrix zu verarbeiten. Daher können Vektor-, Array- und Matrixoperationen durch Schreiben minimaler Codes im Vergleich zu anderen Programmiersprachen leichter durchgeführt werden. Es können Algorithmen entwickelt und fortgeschrittene mathematische Probleme mit zahlreichen integrierten Funktionen gelöst werden. Eine der wichtigsten Funktionen von MATLAB ist seine Toolbox, die zur Verbesserung der Leistung der Software in jedem gewünschten Bereich verwendet werden kann. MATLAB deckt Steuerungssysteme, Signalverarbeitung, Bildverarbeitung, Robotik, Kommunikation, Mechatronik, Biologie, Datenanalyse und viele andere Bereiche in verschiedenen Domänen ab. Diese Vielseitigkeit und Funktionalität haben die Software zu einer der am häufigsten verwendeten wissenschaftlichen Plattformen weltweit gemacht.

1.4 Installation und Abhängigkeiten

Die Installation der MATLAB-Software kann auf drei Arten durchgeführt werden [1], die im Folgenden beschrieben werden.

Methode 1: Installation mit Internetverbindung

Schritt 1: Melden Sie sich bei Ihrem MathWorks-Konto an und laden Sie den Installer herunter.

Schritt 2: Führen Sie den Installer aus und akzeptieren Sie die Lizenzvereinbarungen, woraufhin das folgende Fenster (Abb. 1.1) erscheint.

Schritt 3: Geben Sie den Aktivierungsschlüssel ein oder navigieren Sie zur entsprechenden Lizenzdatei, indem Sie „Advanced options" (Erweiterte Optionen) → „I want to install network license manager" (Ich möchte den Lizenzmanager installieren) auswählen.

Schritt 4: Navigieren Sie zu dem Verzeichnis, in dem MATLAB installiert werden soll.

Schritt 5: MATLAB bietet eine Vielzahl von Produkten und ermöglichen dem Benutzer, nur die für ihn notwendigen oder relevanten Produkte zu installieren. Dadurch können die Benutzer Speicherplatz sparen, indem die Installation

1.4 Installation und Abhängigkeiten

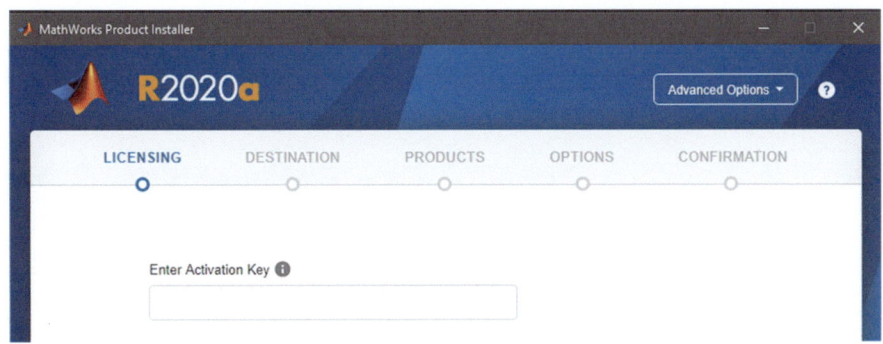

Abb. 1.1 MathWorks-Produktinstaller

irrelevanter Produkte vermieden wird. Sie können die Produkte individuell, basierend auf Ihrer Arbeit oder Ihrem Interesse, auswählen.

Schritt 6: Wählen Sie eine beliebige Option und bestätigen Sie diese.

Schritt 7: Klicken Sie auf die Option „**Begin Install**" (Installation beginnen) und warten Sie bis zur Beendigung der Installation.

Schritt 8: Nach Abschluss der Installation erscheint die Nachricht „**Finish**" (Abgeschlossen). Klicken Sie darauf, um die Installation von MATLAB zu finalisieren.

Methode 2: Installation mit Dateiaktivierungsschlüssel

Schritt 1: Starten Sie den Installer, indem Sie die Installer-Datei öffnen.

Schritt 2: Akzeptieren Sie alle Bedingungen und Vereinbarungen.

Schritt 3: Finden Sie das Dropdown-Feld „**Advanced options**" (Erweiterte Optionen) und wählen Sie die Option „**I have a File Installation Key**" (Ich habe einen Dateiinstallations-Schlüssel) (Abb. 1.2).

Schritt 4: Geben Sie den Schlüssel ein.

Schritt 5: Navigieren Sie zum Speicherort der Lizenzdatei.

Schritt 6: Navigieren Sie zu dem Verzeichnis, in dem MATLAB installiert werden soll.

Schritt 7: Wählen Sie die Produkte für die Installation aus.

Schritt 8: Wählen Sie die gewünschten Optionen aus.

Schritt 9: Klicken Sie auf die Option „**Begin Install**" (Installation beginnen) und warten Sie bis zum Abschluss des Prozesses.

Schritt 10: Nach Beendigung der Installation erscheint die Nachricht „**Finish**" (**Abgeschlossen**). Klicken Sie darauf, um die Installation von MATLAB zu finalisieren.

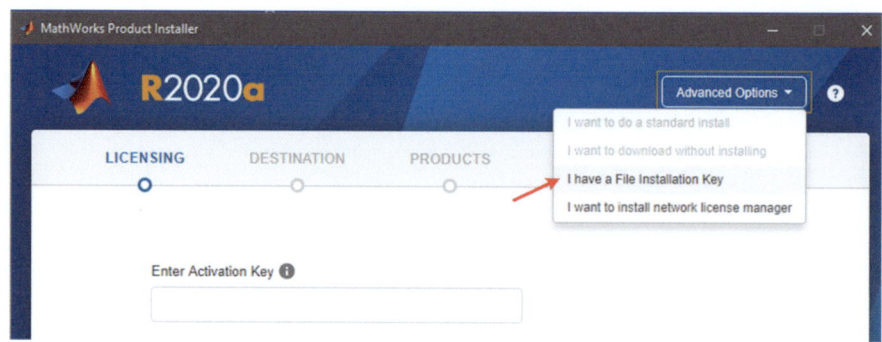

Abb. 1.2 Dropdown-Menü des MathWorks-Produktinstallers

Methode 3: Download des Installationspakets

Schritt 1: Laden Sie die Installationsdatei herunter und führen Sie den Installer aus.

Schritt 2: Die Anmeldemöglichkeit für MathWorks wird angezeigt. Melden Sie sich bei Ihrem Konto an. Wählen Sie aus dem Dropdown-Menü **„Advanced Options" (Erweiterte Optionen)** die Option **„I want to download without installing" (Ich möchte ohne Installation herunterladen)**.

Schritt 3: Navigieren Sie zu dem Verzeichnis, in dem MATLAB installiert werden soll.

Schritt 4: Wählen Sie die Installationsplattform und entscheiden Sie auch, welche Produkte relevant sind und installiert werden sollen.

Schritt 5: Es erscheint die Option **„Begin download" (Download starten)**. Wählen Sie diese aus.

Schritt 6: Wenn der Download abgeschlossen ist, klicken Sie auf die Schaltfläche **„Finish" (Fertig)**, die unmittelbar nach Abschluss des Downloads erscheint.

Schritt 7: Verschieben Sie die Datei an den gewünschten Ort und führen Sie die Installer-Datei aus. Für Windows wird die Installer-Datei als „setup.exe" gekennzeichnet. Für Linux und MAC lautet der Name der Installer-Datei „install" bzw. „InstallForMacOSX".

Schritt 8: Nachdem Sie die Installer-Datei ausgeführt haben, folgen Sie Methode 1, wenn eine Internetverbindung verfügbar ist. Andernfalls folgen Sie Methode 2, wenn ein Dateiaktivierungsschlüssel für die Fertigstellung der Installation verfügbar ist.

1.4.1 Abhängigkeiten

Vor der Installation von MATLAB müssen die Abhängigkeiten bzw. die Systemanforderungen überprüft werden. Die Abhängigkeiten für die verschiedenen Plattformen sind in Tab. 1.2 aufgeführt.

Tab. 1.2 Abhängigkeiten von MATLAB

	Windows	Mac	Linux
Betriebssysteme	• Windows Server 2016 • Windows Server 2019 • Windows 7 Service Pack 1 • Windows 10 (Version 1803 oder höher)	• macOS Mojave (10.14) • macOS Catalina (10.15) • macOS Big Sur (11)	• Red Hat Enterprise Linux 7 (mindestens 7.6) • Red Hat Enterprise Linux 8 (mindestens 8.1) • Ubuntu 16.04 LTS • Ubuntu 18.04 LTS • Ubuntu 20.04 LTS • SUSE Linux Enterprise Server 12 (mindestens SP2) • SUSE Linux Enterprise Desktop 12 (mindestens SP2) • SUSE Linux Enterprise Server 15 • SUSE Linux Enterprise Desktop 15
RAM	Min. 4 GB Empfohlen: 8 GB Für Polyspace: 4 GB/Kern (empfohlen)	Min. 4 GB Empfohlen: 8 GB Für Polyspace: 4 GB/Kern (empfohlen)	Min. 4 GB Empfohlen: 8 GB Für Polyspace: 4 GB/Kern (empfohlen)
Prozessoren	Min. ein Intel oder AMD x86-64 Prozessor Empfohlen: ein Intel oder AMD x86-64 Prozessor mit vier logischen Kernen und AVX2-Instruktionssatzunterstützung	Min. ein Intel x86-64 Prozessor Empfohlen: ein Intel x86-64 Prozessor mit vier logischen Kernen und AVX2-Instruktionssatzunterstützung	Min. ein Intel x86-64 Prozessor Empfohlen: ein Intel x86-64 Prozessor mit vier logischen Kernen und AVX2-Instruktionssatzunterstützung
Festplatte	3.4 GB Festplattenspeicher für MATLAB allein, 5–8 GB für eine typische Installation. Eine vollständige Installation aller MathWorks-Produkte kann 29 GB erfordern.	3 GB Festplattenspeicher für MATLAB allein, 5–8 GB für eine typische Installation. Eine vollständige Installation aller MathWorks-Produkte kann 22 GB erfordern.	3.3 GB Festplattenspeicher für MATLAB allein, 5–8 GB für eine typische Installation. Eine vollständige Installation aller MathWorks-Produkte kann 27 GB erfordern.
Grafik	Grafikkarte: nicht begrenzt Empfohlen: hardwarebeschleunigte Grafikkarte, die OpenGL 3.3 mit 1 GB GPU-Speicher unterstützt	Grafikkarte: nicht begrenzt Empfohlen: hardwarebeschleunigte Grafikkarte, die OpenGL 3.3 mit 1 GB GPU-Speicher unterstützt	Grafikkarte: nicht begrenzt Empfohlen: hardwarebeschleunigte Grafikkarte, die OpenGL 3.3 mit 1 GB GPU-Speicher unterstützt

1.5 MATLAB starten

Windows: Öffnen Sie das Programm-Menü und öffnen Sie die MATLAB-Anwendungsdatei (matlab.exe) im Verzeichnis (Doppelklicken, um MATLAB zu starten).

Linux: Öffnen Sie die Kommandozeile und schreiben Sie „matlab". Nach dem Drücken der Eingabetaste wird MATLAB gestartet.

Mac: Das MATLAB-Symbol findet sich auf dem Dock. Durch Klicken darauf kann MATLAB geöffnet werden.

1.6 MATLAB-Umgebung

In der MATLAB-Umgebung gibt es mehrere Fenster, die für das Startlayout festgelegt werden können. Die grundlegenden Fenster, die in der Standardform angedockt sind, sind das **„Command Window" (Befehlsfenster)**, der **Editor**, der **„Current Folder" (aktuelle Ordner)** und der **„Workspace" (Arbeitsbereich)**. In der Kopfzeilen-Werkzeugleiste von MATLAB ist die Option **„Layout"** verfügbar, durch deren Anklicken das Layout nach individuellen Vorstellungen geändert werden kann. In Abb. 1.3 wird das Layout der MATLAB-Startseite im Standardmodus gezeigt.

Im Command Window kann jeder MATLAB-Befehl zur Ausführung eingetragen werden. Der Befehl wird durch Drücken der „Enter"-Taste ausgeführt.

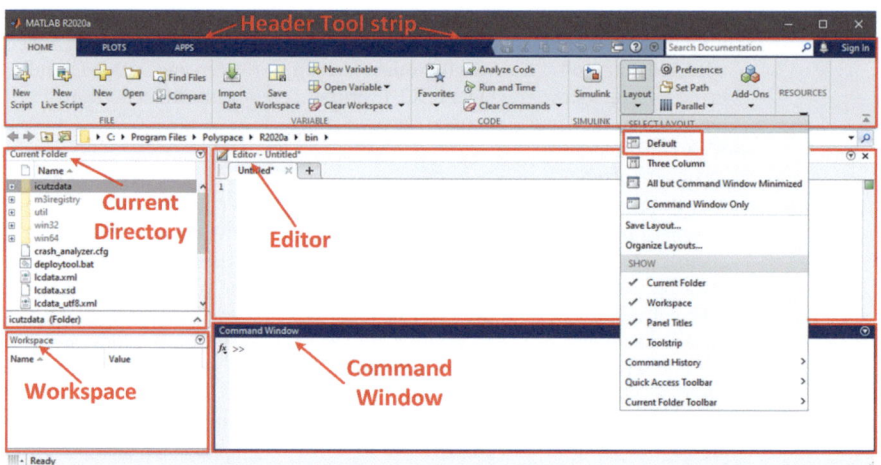

Abb. 1.3 MATLAB-Umgebung

Für das Schreiben eines langen Programms eignet sich das Befehlsfenster nicht. In diesem Fall steht das „Editor"-Fenster zur Verfügung, in dem ein vollständiges Programm geschrieben und ausgeführt werden kann. Die Ausgabe des Programms erscheint dann im Befehlsfenster. Im Standardmodus gibt es auch zwei weitere Layoutbereiche: der aktuelle Ordner/das aktuelle Verzeichnis und der Arbeitsbereich. Das aktuelle Verzeichnis beinhaltet das Verzeichnis, von dem aus jede MATLAB-Datei exportiert oder importiert werden kann. Im Arbeitsbereich erscheinen alle im Befehlsfenster oder im Editor definierten Variablen zusammen mit ihren Werten nach der Ausführung des Programms.

Das „**Command History**" (**Befehlshistorie**)-Fenster in der Startseite kann ebenfalls im Startlayout verankert werden. Hier werden alle vorherigen Befehle in geordneter Weise aufgelistet. Daher kann, wenn ein vorheriger Befehl wiederverwendet werden muss, dieser direkt aus der Befehlshistorie ausgewählt werden. Durch Klicken auf die „**Up**" (**Auf**)- und „**Down**" (**Ab**)-Taste können auch die vorherigen Befehle angewählt werden.

In MATLAB gibt es darüber hinaus eine Kopfzeilen-Werkzeugleiste, in der mehrere Menüs und Werkzeuge verfügbar sind, die ebenfalls Teil der MATLAB-Umgebung sind.

1.7 Eigenschaften von MATLAB

Einige der wichtigsten Eigenschaften von MATLAB sind im Folgenden aufgelistet:

1. High-Level-Programmiersprache
2. Eingebaute Grafiken
3. Interaktive Umgebung
4. Hohe Rechenleistung
5. Zahlreiche mathematische Funktionen
6. Etliche Toolboxen für separate Anwendungen
7. Kompatibilität mit anderen Sprachen
8. Parallele Berechnungen
9. App-Design
10. Algorithmus-Entwicklung
11. Hardware-Schnittstellen
12. Bereitstellungsfähigkeit usw.

Ein wichtiger Aspekt der Software ist, dass sie nicht auf einen Anwendungsbereich beschränkt ist. Stattdessen deckt sie ein weites Gebiet von Anwendungen ab. Die MATLAB-Version 9.10 verfügt insgesamt über 82 Toolboxen, die sich auf zahlreiche Anwendungsfelder in verschiedenen Bereichen beziehen. Eine Liste der verfügbaren Toolboxen ist in Tab. 1.3 gegeben.

Tab. 1.3 Anzahl der in MATLAB für verschiedene Anwendungen verfügbaren Toolboxen

Anwendungen	Anzahl der Toolboxen
Luft- und Raumfahrt	04
Automobilindustrie	10
Code-Verifizierung	07
Computational Biology	02
Computational Finance	07
Steuerungssysteme	10
FPGA, ASIC und SoC-Entwicklung	08
Bildverarbeitung und Computer-Vision	03
RF und Mixed Signal	05
Robotik und autonome Systeme	09
Signalverarbeitung	06
Test und Messung	06
Drahtlose Kommunikation	05
Gesamt	82

1.8 Kategorien und Umwandlung zwischen Variablen in MATLAB

Beim Schreiben eines MATLAB-Codes werden Variablen verwendet, um verschiedene Parameter zu definieren, die im selben Programm mehrmals verwendet werden müssen. Bei der Variablendefinition besteht die Hauptaufgabe darin, jeder Variablen Daten zuzuweisen. Diese zugewiesenen Daten können zu verschiedenen Typen gehören, wie Integer, Float, String usw. Wenn eine Variable definiert wurde, kann sie in der Arbeitsumgebung geprüft werden. Der Name der Variablen kann ein beliebiger Buchstabe oder eine beliebige Kombination aus mehreren Buchstaben und Zahlen sein, wie z. B. „var1". Der Name darf jedoch **nicht mit einer Zahl beginnen** – z. B. wäre „1var" kein gültiger Variablenname. Darüber hinaus dürfen **Sonderzeichen** wie „@", „#", „$", „&" und „-" **nicht enthalten** sein. Ein Unterstrich kann verwendet werden, jedoch nicht an erster Stelle. „var_1" wäre ein gültiger Variablenname, „_var" hingegen nicht.

1.8.1 Kategorien von Datentypen

Die am häufigsten verwendeten Kategorien von Datentypen sind:

a) **„Numeric data type" (Numerischer Datentyp):** Ganzzahl, Gleitkommazahl (einfach und doppelt) und logische Zahl

b) **„Character and string type"** (Zeichen- und Zeichenkettentyp): Zeichen, Zeichenkette und Zellenarray
c) **„Date" (Datum)** und **„time" (Uhrzeit)**

Ein Beispiel für die Definition von Variablen für jeden der o. g. Datentypen wird in den folgenden Abschnitten wiedergegeben.

1.8.2 Beispiel 1.1: Verschiedene Datentypen

Der MATLAB-Code, der verschiedene Datentypen demonstriert, ist in Abb. 1.4 dargestellt. Seine Ausgabe zeigt Abb. 1.5.

Ausgabe:

In MATLAB kann der Befehl *whos* verwendet werden, um die Details aller definierten Variablen, die im Arbeitsbereich gespeichert sind, auszudrucken. Dazu zählen die Namen, die Größe, die Bytes, die Klasse und die Attribute der definierten Variablen. Die Klasse zeigt die Datentypen der Variablen an. Zum Beispiel ist die Klasse von *var1 int*8. Das bedeutet, dass *var1* eine positive signierte

```
% Variable definiton of different data types
clc;clear;
% Numeric data types: Integer, Float, Logical
var1 = int8(2);             % Integer of signed 8-bit
var2 = 10.5;                % Float: Double
var3 = true;                % Logical
% Character and string type: Character, String, Cell array
var4 = 'MATLAB';            % Character
var5 = ["E","Hossain"];     % String
var6 = {'E','Hossain'};     % Cell array
% Date and time
var7 = datetime('13/05/2021','InputFormat','dd/MM/yyyy');
fprintf('var1 =');  disp(var1)
fprintf('var2 =');  disp(var2)
fprintf('var3 =');  disp(var3)
fprintf('var4 = ');  disp(var4)
fprintf('var5 =');  disp(var5)
fprintf('var6 =');  disp(var6)
fprintf('var7 =');  disp(var7)
whos
```

Abb. 1.4 Code – verschiedene Datentypen in MATLAB

```
Command Window
var1 =    2

var2 =    10.5000

var3 =    1

var4 = MATLAB
var5 =    "E"      "Hossain"

var6 =    {'E'}    {'Hossain'}

var7 =    13-May-2021

  Name      Size          Bytes  Class      Attributes

  var1      1x1               1  int8
  var2      1x1               8  double
  var3      1x1               1  logical
  var4      1x6              12  char
  var5      1x2             204  string
  var6      1x2             224  cell
  var7      1x1               8  datetime
```

Abb. 1.5 Ausgabe – verschiedene Datentypen in MATLAB

8-Bit-Ganzzahl ist. Die Datentypen der restlichen Variablen können auch aus der o. g. Ausgabe ermittelt werden.

Nach der Definition einer Variablen können die zugewiesenen Daten jederzeit im gesamten Programm wiederverwendet werden, es sei denn, die Variable erhält neue zugewiesene Daten oder wird durch einen MATLAB-Befehl. Um eine definierte Variable zu löschen, kann der Befehl *clear* verwendet werden. Variablen können auch gelöscht werden, indem sie im Arbeitsbereichsfenster ausgewählt und die Option „Löschen" ausgewählt wird.

- **Wenn Sie alle Variablen aus dem MATLAB-Speicher löschen möchten, geben Sie ein:** *clear* **oder** *clear all.*
- **Um eine bestimmte Variable, z. B. x, zu löschen, geben Sie ein:** *clear x.*
- **Um zwei bestimmte Variablen, z. B. x und y, zu löschen, geben Sie ein:** *clear x y.*
- **Um nur das Befehlsfenster zu löschen, geben Sie ein:** *clc.*

1.8 Kategorien und Umwandlung zwischen ...

Tab. 1.4 MATLAB-Funktionen zur Datenkonvertierung

Zahl zu Text	Text zu Zahl
• *int2str(Zahl)* Konvertiert jede Ganzzahl in ein Zeichen. Hier steht *Zahl* für jede Ganzzahl. • *num2str(Zahl)* Konvertiert jede Zahl in ein Zeichen. Hier steht *Zahl* für jede Zahl. • *char(Zahl)* Konvertiert jede Zahl in ein Zeichen. Hier steht *Zahl* für jede Zahl. • *string(Zahl)* Konvertiert jede Zahl in eine Zeichenkette. Hier steht *Zahl* für jede Zahl.	• *str2num(Text)* Konvertiert jedes Zeichen oder jede Zeichenkette in eine Double-Zahl. Hier steht *Text* für jedes Zeichen oder jede Zeichenkette. • *str2double(Text)*. Konvertiert jedes Zeichen oder jede Zeichenkette in eine Double-Zahl. Hier steht *Text* für jedes Zeichen oder jede Zeichenkette.

1.8.3 Konvertierungen

Die Datentypen der definierten Variablen können in MATLAB konvertiert werden. Die am häufigsten benötigten Konvertierungen sind die Umwandlung von Zahlen in Text und von Text in Zahlen. Die Befehle für solche Konvertierungen sind in Tab. 1.4 aufgeführt.

Ein Beispiel zur weiteren Veranschaulichung wird im Folgenden gegeben.

1.8.4 MATLAB Beispiel 1.2: Umwandlung von Datentypen

Der MATLAB-Code, der die Umwandlung von Datentypen demonstriert, wird in Abb. 1.6 dargestellt. Seine Ausgabe zeigt Abb. 1.7.

Ausgabe:

Hier können alle Umwandlungen durch Beobachtung der „Klasse" aller Variablen überprüft werden.

```
% Conversion of data types
clear;clc;
% Number to text
var1 = int8(5);                 % Integer
var1_conv = int2str(var1);      % Conversion into character

var2 = 2;                       % Double
var2_conv = num2str(var2);      % Conversion into character

var3 = 2.5;                     % Double
var3_conv = char(var3);         % Conversion into character

var4 = 3;                       % Double
var4_conv = string(var4);       % Conversion into string
fprintf('Number to text conversion:\n');
fprintf('-------------------------------\n');
whos

% Text to number
clear;
var5 = '4';                     % Character
var5_conv = str2num(var5);      % Conversion into double

var6 = "3.1416";                % String
var6_conv = str2double(var6);   % Conversion into double
fprintf('\nText to number conversion:\n');
fprintf('-----------------------------\n');
whos
```

Abb. 1.6 Code – Umwandlung von Datentypen in MATLAB

1.9 Ausgabe unterdrücken

In MATLAB wird **nach jedem Befehl ein Semikolon** verwendet, um die Ausgabe zu unterdrücken. Ohne ein Semikolon wird die Ausgabe des Befehls im Befehlsfenster gedruckt. Im Allgemeinen wird ein Semikolon am Ende jeder Codezeile verwendet. Eine Ausnahme stellen die endgültige Ausgabe oder die Ergebnisse dar, die im Befehlsfenster zu sehen sein sollen.

Ein Beispiel für einen MATLAB-Code mit und ohne Verwendung des Semikolons wird in Abb. 1.8 gezeigt.

Hier wurde im ersten Beispiel ein Vektor a ohne Verwendung eines Semikolons definiert. Als Ergebnis wird der Wert von a im Befehlsfenster gedruckt. Im zweiten Beispiel wird die Ausgabe mit der Verwendung des Semikolons unterdrückt.

1.9 Ausgabe unterdrücken

```
Command Window
  Number to text conversion:
  --------------------------------
    Name              Size            Bytes  Class       Attributes

    var1              1x1                1   int8
    var1_conv         1x1                2   char
    var2              1x1                8   double
    var2_conv         1x1                2   char
    var3              1x1                8   double
    var3_conv         1x1                2   char
    var4              1x1                8   double
    var4_conv         1x1              150   string


  Text to number conversion:
  --------------------------------
    Name              Size            Bytes  Class       Attributes

    var5              1x6               12   char
    var5_conv         1x1                8   double
    var6              1x1              150   string
    var6_conv         1x1                8   double
```

Abb. 1.7 Ausgabe – Umwandlung von Datentypen in MATLAB

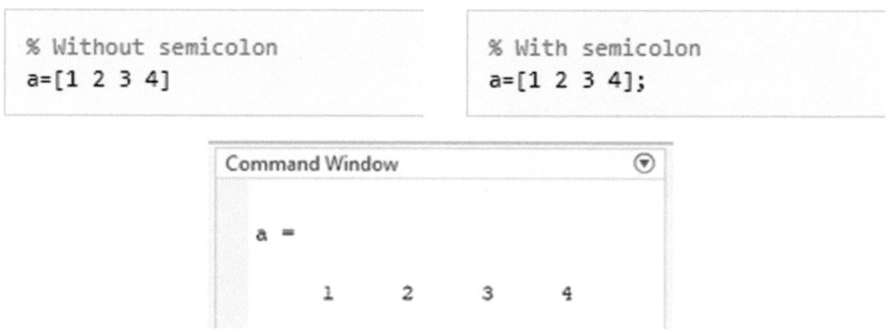

Abb. 1.8 Ausgabe unterdrücken in MATLAB

1.10 Aufzeichnung einer MATLAB-Sitzung

Die *diary*-Funktion kann nützlich sein, um eine MATLAB-Sitzung aufzuzeichnen, in der eine Datei erstellt wurde, die die Tastatureingaben und die Ausgaben enthält. Der MATLAB-Befehl für die Verwendung der *diary*-Funktion lautet wie folgt:

> **MATLAB-Befehl zur Aufzeichnung einer Sitzung:**
>
> $$diary('Name')$$
>
> Hier, $'Name'$ gibt den Namen der Datei an, in der die Sitzung aufgezeichnet wird.

Ein Beispiel wird in Abb. 1.9, die Ausgabe in Abb. 1.10 gezeigt.
Ausgabe:
Hier wird die Ausgabe einschließlich der Tastatureingaben wie oben gezeigt in einer Textdatei namens „DiaryFile.txt" aufgezeichnet. Um einen bestimmten Teil der MATLAB-Sitzung aufzuzeichnen, dienen die Befehle *diary on* und *diary off*, die am Anfang und am Ende einer Sitzung bzw. einer bestimmten Sitzungssequenz platziert werden können. Daran anschließend kann der Befehl *diary*

```
% diary function
clc;clear;
a = input('Enter a:');
b = input('Enter b:');
sum = a + b;
fprintf('Summation: %d\n',sum);
diary('diaryFile.txt');
```

Abb. 1.9 Code – *diary*-Funktion in MATLAB

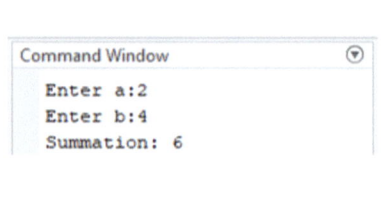
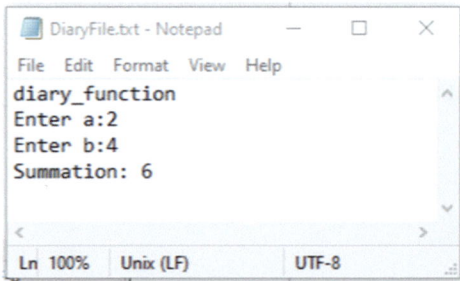

Abb. 1.10 Ausgabe – *diary*-Funktion in MATLAB

('`Name`') verwendet werden, um den Dateinamen zu definieren, auf dem die aufgezeichnete Version gespeichert wird.

1.11 Ausgabe drucken

Die Ausgabe des MATLAB-Programms kann im Befehlsfenster mit zwei eingebauten MATLAB-Funktionen *fprintf*() und *disp*() gedruckt werden. Der Benutzern kann wählen, welche Ausgabe gedruckt werden soll. Beide Befehle *fprintf*() und *disp*() werden unten erklärt:

MATLAB *fprintf* Befehl zum Drucken:

$$fprintf('text')$$

$$fprintf('text\%d', var)$$

$$fprintf('text\%f', var)$$

$$fprintf('\backslash n')$$

Hier kann '*text*' jeder String oder Charakter sein und *var* gibt den Wert einer Variablen an, der gedruckt werden soll. Schließlich wird '\n' verwendet, um zur nächsten Zeile zu wechseln.

---

fprintf() dient sowohl der Ausgabe von Text als auch von Zahlen im Befehlsfenster. Die innerhalb der Klammer bereitgestellte Eingabe wird als String oder Zeichen im Befehlsfenster ausgegeben. Wenn der definierte Wert einer beliebigen Variablen zusammen mit Text gedruckt werden soll, kann der Befehl *fprintf*('*text % d*', *var*) verwendet werden, wobei %d durch den Wert der definierten Variablen *var* ersetzt wird. *var* gibt den Namen der Variablen an. Dies gilt jedoch nur, wenn die Variable ein Integer-Typ ist. Zum Drucken der Werte von Float-Typ-Variablen wird %f anstelle von %d verwendet. Um zu einer neuen Zeile zu wechseln, wird \n verwendet.

Ein Beispiel zur Verwendung des *fprintf*()-Befehls wird in Abb. 1.11, die Ausgabe in Abb. 1.12 gegeben.

Ausgabe:

Durch den ersten *fprintf*()-Befehl wird ein Text gedruckt. Durch den zweiten Befehl \n wird die nächste Ausgabe in einer separaten Zeile gedruckt. Der dritte

```
% fprintf function
clear;clc;
var = int8(5);
var1 = 5.25;
fprintf('Usage of fprintf() function:');
fprintf('\n');
fprintf('The value of the variable is: %d\n',var);
fprintf('The value of the variable is: %f\n',var1);
```

Abb. 1.11 Code – *fprintf*-Funktion in MATLAB

```
Command Window
    Usage of fprintf() function:
    The value of the variable is: 5
    The value of the variable is: 5.250000
```

Abb. 1.12 Ausgabe – *fprintf*-Funktion in MATLAB

Befehl bewirkt, dass eine Integer-Variable namens *var* mit Text gedruckt wird. Schließlich wird im vierten Befehl das Drucken einer Float-Typ-Variable mit Text gezeigt.

disp() ist ein weiterer MATLAB-Befehl zum Drucken von Ausgaben. Die Verwendung des Befehls wird hier gezeigt:

MATLAB '*disp*' Befehlsdruck:

$$disp('text')$$

$$disp(var)$$

$$disp(['text', num2str(var)])$$

text' **kann jede Zeichenkette oder jedes Zeichen sein und** *var* **zeigt den Wert einer Variablen an, der gedruckt werden soll.**

In *disp*() erfolgt standardmäßig ein Zeilenumbruch; daher ist die \n-Notation, wie sie in *fprintf*() verwendet wird, nicht erforderlich. Um sowohl Zeichenketten als auch Variablen auszudrucken ist es notwendig, die Datentypen der Variablen in ein Zeichenkettenformat zu konvertieren, während *disp*() verwendet wird. Im obigen

Übung 1

```
% disp function
clear;clc;
var = 5.25;
disp('Usage of disp() function:');
disp(var);
disp(['The value of the variable is: ',num2str(var)]);
```

Abb. 1.13 Code – *disp*()-Funktion in MATLAB

```
Command Window
   Usage of disp() function:
       5.2500

   The value of the variable is: 5.25
```

Abb. 1.14 Ausgabe – *disp*()-Funktion in MATLAB

Beispiel wird die Funktion *num2str*() verwendet, um die Datentypen der Variablen in Zeichenkettenformat zu konvertieren. Ein Beispiel für die Verwendung von *disp*() wird in Abb. 1.13, die Ausgabe in Abb. 1.14 gezeigt.

Ausgabe:

1.12 Schlussfolgerung

Dieses Kapitel bietet einen ersten Überblick über die Software MATLAB, deren Entstehungsgeschichte, Zweck und Bedeutung. Für das leichte Verstehen der Software bietet das Kapitel schrittweise Methoden zur Installation. Es ist sinnvoll, alle Beispiele und Codierung in MATLAB gleichzeitig zu implementieren, um die Inhalte schneller zu erfassen. Das Kapitel bietet einen Einblick in die MATLAB-Umgebung zusammen mit einigen grundlegenden Funktionen als Vorbereitung auf die kommenden Kapitel.

Übung 1

1. Notieren Sie einige der Anwendungsmöglichkeiten von MATLAB im Ingenieurwesen.
2. Was sind die wichtigsten Datentypen in MATLAB? Wie werden sie in der MATLAB-Programmierung dargestellt?

3. Erläutern Sie die Verwendung der folgenden Befehle/Funktionen mit Beispielen, wo möglich:
   a) *clc*
   b) *num2str()*
   c) *str2double()*
   d) *int8()*
   e) *disp()*
4. Führen Sie die folgenden Operationen in MATLAB durch und speichern Sie die Ergebnisse in einer Variablen. Zeigen Sie die Variablen mit dem Befehl „*whos*" an:
   a) 2 * 4^2
   b) (2 * 4)^2
   c) 503 + 224 − 604
   d) (10^3) / (9 * 2)
   e) 6,25 * 0,42^3,56
   f) Speichern Sie „MATLAB macht Spaß!" in einer Variablen.
5. Nehmen Sie zwei numerische Eingaben und speichern Sie sie in den Variablen *num1* und *num2*. Führen Sie die folgenden Operationen durch und zeichnen Sie die Sitzung mit der Funktion *diary* auf:
   i) *num1/num2*
   ii) *num1\num2*

   Kommt es bei den Eingaben zum gleichen Ergebnis? Wenn nicht, warum?

Literatur

1. https://www.mathworks.com/help/install/

Kapitel 2
Vektoren und Matrizen

2.1 Einführung

Vektoren und Matrizen stellen zwei der Datentypen dar, die bei MATLAB direkt eingegeben werden können. Ursprünglich wurde MATLAB eher als Matrixrechner gesehen, der dann aber im Laufe der Jahre erheblich erweitert und modifiziert wurde.

Ein **Vektor** ist eine eindimensionale Matrix, die mehrere Werte enthält, die entweder in einer Zeile oder einer Spalte angeordnet sind. Sind die Werte in einer Zeile angeordnet, wird der Vektor als **Zeilenvektor** bezeichnet. In einem **Spaltenvektor** sind hingegen alle Werte in einer einzigen Spalte enthalten. Eine Matrix hat nun mehrere Werte, die sowohl in Zeilen als auch in Spalten platziert sind. Anders gesagt, kann eine Matrix durch Zusammenfassen mehrerer Vektoren gebildet werden. Die Anzahl der Zeilen und Spalten einer Matrix bestimmt ihre Größe. Da in MATLAB die Eingabedatentypen sowohl Matrix als auch Vektor sein können, ist es wichtig, verschiedene, direkt durchführbare Vektor- und Matrixoperationen zu erlernen. Daher zielt dieses Kapitel darauf ab, die Manipulationen und Operationen von Vektoren und Matrizen im Sinne einer MATLAB-Implementierungen zu demonstrieren.

2.2 Vektoren erstellen

Ein Vektor kann in MATLAB erstellt werden, indem die Werte in eckigen Klammern [ ] eingeschlossen werden. Um die Werte unterscheiden zu können, wird ein Leerzeichen verwendet. Ein Vektor kann, wie oben bereits erwähnt, ein Zeilenvektor oder ein Spaltenvektor sein. In einem Zeilenvektor werden die Werte durch ein Leerzeichen getrennt; im Falle eines Spaltenvektors werden Semikolons zwischen den Werten verwendet. Zum Beispiel ist *A* ein Zeilenvektor, der vier Werte enthält, die durch ein Leerzeichen zwischen zwei benachbarten Werten getrennt sind (Abb. 2.1). Hier ist die Größe des Vektors A 1×4, was bedeutet, dass der Vektor vier Werte in einer einzigen Zeile enthält.

Für einen Spaltenvektor sind die Werte über eine einzige Spalte angeordnet. Ein Beispiel für einen Spaltenvektor mit einer Größe von 4×1 ist in Abb. 2.2 dargestellt.

Ein Vektor mit Werten gleicher Zu- oder Abnahme (In-/Dekrementierung) kann auf einfache Weise definiert werden. So kann das manuelle Auflisten einer großen Anzahl von Werten vermieden werden. Wenn ein Vektor z. B. B-Werte von 1 bis 12 mit einer Zunahme von +2 enthält, kann er wie in Abb. 2.3 dargestellt definiert werden.

Der Vektor B hat drei Einheiten – die erste ist der Startwert und die letzte ist der Endwert des Vektors. Die Werte sind gleichmäßig verteilt und haben eine Zunahme von +2. Der Zunahmewert stellt die mittlere Einheit des Vektors B dar. Falls die Zunahme +1 ist, kann die mittlere Einheit weggelassen werden, da MATLAB +1 als Standardzunahme implementiert hat. Bei einer Abnahme oder negativen Zunahme wird die mittlere Einheit einen negativen Wert haben. Ein Beispiel für einen Vektor mit absteigenden Werten und negativer Zunahme ist in Abb. 2.4 gegeben.

```
A=[1 5 7 9]

A = 1×4
     1    5    7    9
```

Abb. 2.1 Zeilenvektor

```
B=[1;5;7;9]

B = 4×1
     1
     5
     7
     9
```

Abb. 2.2 Spaltenvektor

```
B=1:2:12

B = 1×6
     1    3    5    7    9   11
```

Abb. 2.3 Zeilenvektor mit Zunahmen

```
C=12:-2:1

C = 1×6
    12    10     8     6     4     2
```

Abb. 2.4 Zeilenvektor mit Abnahmen

2.3 Matrizen erstellen

Eine Matrix kann auf die gleiche Weise wie ein Vektor definiert werden. Eine **Matrix** kann **mehrere Zeilen** und **Spalten** haben, auf deren Basis ihre Größe bestimmt wird. Die Größe kann durch Verwendung von Leerzeichen und Semikolons definiert werden. Ein Leerzeichen zeigt einen Wechsel von einer Spalte zur anderen innerhalb einer Zeile an, während ein Semikolon das Ende einer Zeile oder den Beginn einer neuen Zeile darstellt. Die Größe eines beliebigen Vektors wird durch Zeile × Spalte definiert.

Ein Beispiel der Zeilen-Spalten-Definition einer Matrix zeigt die Abb. 2.5.

Hier ist die Größe der Matrix A 4 × 3, was bedeutet, dass A vier Zeilen und drei Spalten hat. Das Semikolon wird verwendet, um zu einer neuen Zeile zu wechseln, während das Leerzeichen dazu dient, Spaltenwerte zu trennen.

2.4 Manipulation von Vektoren und Matrizen

Eine Matrix kann durch Kombination mehrerer Vektoren gebildet werden. Ein einfaches Beispiel ist in Abb. 2.6 gegeben, bei dem drei Zeilenvektoren $V1$, $V2$ und $V3$ eine neue Matrix M bildeten.

Beim Kombinieren von Vektoren zu einer Matrix ist zu beachten, dass die Größen aller Vektoren identisch sein müssen.

Nach der Definition eines Vektors oder einer Matrix ist es wichtig, auf jeden Wert zugreifen zu können. Um die Position eines bestimmten Werts zu spezifizieren, der den Zugriff auf einen spezifischen Wert in einer Matrix ermöglicht,

```
A=[1 3 5;2 4 3;2 8 4;1 6 9]

A = 4×3
     1     3     5
     2     4     3
     2     8     4
     1     6     9
```

Abb. 2.5 4-×-3-Matrix

```
V1=[1 2 5]

    V1 = 1×3
            1       2       5
```

```
V2=[4 6 8]

    V2 = 1×3
            4       6       8
```

```
V3=[5 7 9]

    V3 = 1×3
            5       7       9
```

```
M=[V1;V2;V3]

    M = 3×3
            1       2       5
            4       6       8
            5       7       9
```

Abb. 2.6 Manipulation von Vektoren und Matrizen

werden Zeilen- und Spaltennummern verwendet. Zum Beispiel befindet sich in der Matrix M der Wert „8" in der dritten Spalte der zweiten Zeile. Dieser Wert kann mit dem folgenden Befehl in Abb. 2.7 abgerufen werden.

Hierbei bezeichnet die 2 die Zeilennummer und die 3 die Spaltennummer. So kann eine Matrix in separate Vektoren zerlegt werden. Die Matrix M kann beispielsweise als drei separate Zeilenvektoren verstanden werden (Abb. 2.8).

Hier repräsentieren $V1$, $V2$ und $V3$ jeweils die Werte der ersten, zweiten und dritten Zeile von M. Ein Doppelpunkt (:) wird beim Abrufen mehrerer Werte verwendet. $V1 = M(1,:)$ beinhaltet alle Werte, die in der ersten Zeile jeder Spalte der Matrix M positioniert sind. Werden die Einheiten als $V1 = M(:,1)$ vertauscht, kommen dadurch alle Werte von M zur Darstellung, die in der ersten Spalte und jeder Zeile liegen. In diesem Fall wird $V1$ zu einem Spaltenvektor anstatt zu einem Zeilenvektor.

```
M(2,3)

    ans = 8
```

Abb. 2.7 Wert aus einer Matrix abrufen

```
M=[1 2 5;4 6 8;5 7 9]
M = 3×3
     1   2   5
     4   6   8
     5   7   9

V1=M(1,:)
V1 = 1×3
     1   2   5

V2=M(2,:)
V2 = 1×3
     4   6   8

V3=M(3,:)
V3 = 1×3
     5   7   9
```

Abb. 2.8 Vektoren aus einer Matrix abrufen

2.5 Dimension of matrix (Dimension einer Matrix)

Die **Dimension** einer Matrix kann durch **Zeile × Spalte** dargestellt werden, wobei die Zeile die Gesamtzahl der Zeilen und Spalte die Anzahl der Spalten dieser Matrix angibt. In MATLAB kann die Dimension einer Matrix mit *size*() bestimmt werden.

> **Der MATLAB-Befehl zur Bestimmung der Dimension of matrix *A*, lautet:**
>
> $$size(A)$$

2.5.1 MATLAB Beispiel 2.1: Dimension of matrix

Abb. 2.9 zeigt einen MATLAB-Code zur Bestimmung der Dimension einer Matrix, Abb. 2.10 die dazugehörige Ausgabe.

```
% Dimension of a matrix
clear;clc;
A = [2 1;4 3;2 1]
dim = size(A);
fprintf('Dimension of matrix A:\n');
disp(dim)% Dimension of a matrix
```

Abb. 2.9 Code – Dimension of matrix

Abb. 2.10 Ausgabe – Dimension einer Matrix

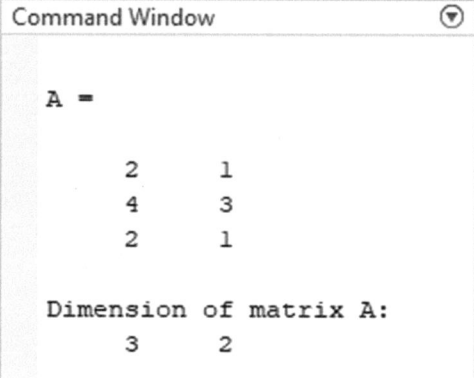

2.6 Operationen auf Matrizen

Auf eine Matrix können verschiedene Operationen ausgeführt werden, wie z. B. **Addition, Subtraktion, Multiplikation, Transponierung, Invertierung** usw. Diese Operationen werden in den folgenden Abschnitten beschrieben.

2.6.1 Addition und Subtraktion

Die Addition und Subtraktion von zwei Matrizen werden mit den Zeichen „+" und „–" gekennzeichnet. Es ist jedoch zu beachten, dass die Größen der beiden Matrizen für diese Operationen identisch sein müssen.

> **Der MATLAB-Befehl für die Addition ist das „+" Zeichen.**
> **Der MATLAB-Befehl für die Subtraktion ist das „–" Zeichen.**

2.6.2 MATLAB Beispiel 2.2: Addition und Subtraktion

In Abb. 2.11 sind sowohl A als auch B 3×3 Matrizen. Die Addition dieser beiden Matrizen ist die elementweise Addition und die Größe der Ausgabe ist die gleiche wie die der Matrizen A und B. Ebenso ist die Subtraktion (sub) die elementweise Subtraktion der beiden Matrizen A und B.

2.6.3 Multiplikation

Die Multiplikation von zwei Matrizen ist nur möglich, wenn die Anzahl der Spalten der ersten Matrix gleich der Anzahl der Zeilen der zweiten Matrix ist. Als Beispiel dienen zwei Matrizen X und Y (Abb. 2.12), deren Größen $n \times m$ und $m \times r$ sind. Da die Anzahl der Spalten von X und die Anzahl der Zeilen von Y gleich sind, können X und Y multipliziert werden. Die Größe des Produkts dieser Matrizen wird $n \times r$ sein.

```
A=[1 4 6;2 5 7;3 6 8]

A = 3x3
        1    4    6
        2    5    7
        3    6    8
```

```
B=[2 4 6;3 5 7;4 6 8]

B = 3x3
        2    4    6
        3    5    7
        4    6    8
```

```
Add=A+B

Add = 3x3
        3    8   12
        5   10   14
        7   12   16
```

```
Sub=A-B

Sub = 3x3
       -1    0    0
       -1    0    0
       -1    0    0
```

Abb. 2.11 Addition und Subtraktion von Matrizen

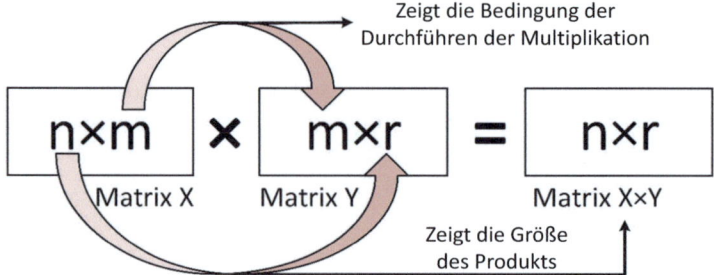

Abb. 2.12 Matrixgröße bei der Multiplikation

2.6.4 MATLAB Beispiel 2.3: Multiplikation

> **Der MATLAB-Befehl für die Multiplikation ist das „*" Symbol.**

In Abb. 2.13 sind die Größen der Matrizen X und Y 2×3 bzw. 3×2. Die Spaltenzahl von X und die Zeilenzahl von Y sind gleich, nämlich 3. Daher kann die Multiplikation durchgeführt werden und die Größe der Ausgabe ist 2×2 (die Zeilenzahl von X × die Spaltenzahl von Y).

Es muss beachtet werden, dass die Multiplikation von Matrizen nicht kommutativ ist, d. h., $M \times N$ und $N \times M$ sind nicht dasselbe. Daher ist es nicht notwendig, dass zwei Matrizen, die die Bedingung der Multiplikativität erfüllen, dies auch in umgekehrter Reihenfolge tun.

2.6.5 Transponieren

Eine transponierte Matrix ist eine Matrix, deren Zeilen- und Spaltenwerte miteinander vertauscht werden. Wenn X z. B. eine $n \times m$ dimensionale Matrix ist, wird die Dimension der transponierten Matrix von X $m \times n$ sein, indem die Zeilen- und Spaltenwerte miteinander vertauscht werden.

2.6.6 MATLAB Beispiel 2.4: Transponieren

> **Der MATLAB-Befehl zum Transponieren einer Matrix ist das Verwenden des Prim (′) Symbols.**

2.6 Operationen auf Matrizen

```
X=[1 2 4;2 5 6]

    X = 2×3
            1    2    4
            2    5    6

Y=[1 2;3 4;5 7]

    Y = 3×2
            1    2
            3    4
            5    7

mul=X*Y

    mul = 2×2
           27   38
           47   66
```

Abb. 2.13 Matrixmultiplikation

In Abb. 2.14 hat die Matrix X die Dimension 2×3, während die transponierte Matrix X_T aufgrund des Tauschens von Zeilen- und Spaltenwerten die Dimension 3×2 hat.

2.6.7 Determinante

Eine Determinante einer Matrix liefert einen ausgezeichneten Skalarwert; sie ist jedoch nur für eine quadratische Matrix anwendbar. Eine **quadratische Matrix** ist eine Matrix, deren **Zeilen- und Spaltenanzahl identisch** sind. Ein Beispiel ist

```
X=[1 2 4;2 5 6]

    X = 2×3
            1    2    4
            2    5    6

X_T=X'

    X_T = 3×2
            1    2
            2    5
            4    6
```

Abb. 2.14 Transponieren einer Matrix

eine quadratische Matrix X, deren Dimension 2 × 2 ist. Die Determinante der Matrix X kann als |X| oder det(X) bezeichnet und wie folgt bestimmt werden:

$$X = [a\ b; c\ d\,], \tag{2.1}$$

$$|X| = ad - bc. \tag{2.2}$$

Bei einer quadratischen Matrix Y mit einer Dimension von 3 × 3 kann die Determinante durch Verwendung der folgenden Methode abgeleitet werden:

$$Y = \begin{bmatrix} a\ b\ c; d\ e f; g\ h\ i \end{bmatrix} \tag{2.3}$$

$$|Y| = a * \det \begin{bmatrix} e f\ h\ i \end{bmatrix} - b * \det \begin{bmatrix} d f\ g\ i \end{bmatrix} + c * \det \begin{bmatrix} d\ e\ g\ h \end{bmatrix} \tag{2.4}$$

2.6.8 MATLAB Beispiel 2.5: Determinante

In Abb. 2.15 ist die Erstellung einer Determinante in MATLAB gezeigt.

> **Der MATLAB-Befehl zur Berechnung der Determinante ist die Verwendung der** *det*()**-Funktion.**

2.6.9 Einheitsmatrix

Eine Einheitsmatrix hat drei charakteristische Merkmale:

1. Es handelt sich um eine **quadratische Matrix.**
2. Die **Diagonalwerte** einer Einheitsmatrix sind **1**. Die anderen Werte außer den Diagonalwerten sind alle null.
3. Die **Determinante** einer Einheitsmatrix ist immer **1**.

```
A=[1 2 4;3 2 1;2 2 1]

A = 3×3
     1     2     4
     3     2     1
     2     2     1
```

```
det(A)

ans = 6
```

Abb. 2.15 Determinante einer Matrix

Das folgende Beispiel stellt eine 3 × 3-Einheitsmatrix, $I_{3 \times 3}$, oder $I_3 = $ [1 0 0;0 1 0;0 0 1] dar.

2.6.10 MATLAB Beispiel 2.6: Einheitsmatrix

> **Der MATLAB-Befehl für die Einheitsmatrix ist die Verwendung der *eye(N)*-Funktion, wobei N die Dimension darstellt.**

In Abb. 2.16 ist *I* eine dreidimensionale Einheitsmatrix.

2.6.11 Inverse Matrix

Wenn die **Determinante** einer bestimmten Matrix **0** ist, wird sie als **singuläre Matrix** bezeichnet. Eine nicht-singuläre Matrix hat immer eine von null verschiedene Determinante. Wenn man eine nicht-singuläre quadratische Matrix *X* mit einer Dimension von $n \times n$ betrachtet, gilt: Wenn eine andere Matrix *Y*, die dieselbe Dimension wie *X* hat, als $XY = I$ in Beziehung gesetzt werden kann, kann die zweite Matrix *Y* als die inverse Matrix von *X* betrachtet werden. Hierbei repräsentiert *I* die Identitätsmatrix, die dieselbe Dimension wie *X* und *Y* hat.

Wenn *X* eine Matrix ist, kann die inverse Matrix von *X* als X^{-1} dargestellt werden. Die Matrix *X* ist nur dann invertierbar, wenn:

1. *X* eine quadratische, nicht-singuläre Matrix ist,
2. $XX^{-1} = I$.

Die mathematische Formel zur Bestimmung der inversen Matrix X^{-1} lautet:

$$X^{-1} = \frac{\text{adj}(X)}{\det(X)} \qquad (2.5)$$

Hier ist adj(*X*) das Adjungierte der Matrix *X*. Das Adjungierte einer Matrix kann bestimmt werden, indem der Kofaktor dieser Matrix transponiert wird.

```
I=eye(3)

I = 3×3
     1     0     0
     0     1     0
     0     0     1
```

Abb. 2.16 Einheitsmatrix

2.6.12 MATLAB Beispiel 2.7: Inverse Matrix

Der MATLAB-Befehl zur Berechnung der Inversen einer Matrix ist die Verwendung der *inv*()-Funktion.

In Abb. 2.17 ist X eine 3×3 quadratische, nicht-singuläre Matrix. Durch die Implementierung von inv(X) wird die inverse Matrix von X bestimmt, die dieselbe Dimension wie die Matrix X hat.

2.7 Einfache Matrix concatenation (Matrix-Konkatenation)

Mehrere Matrizen können aneinandergehängt werden, um eine größere kombinierte Matrix zu bilden, indem „**Matrix concatenation**" (**Matrix-Konkatenationen,** Verkettung von Zeichen und Zeichenketten) verwendet werden. Matrix-Konkatenationen können sich auf zwei Weisen darstellen – **horizontal** und **vertikal.** Wenn zwei Matrizen horizontal konkateniert werden, wird der Prozess als horizontale Konkatenation bezeichnet; umgekehrt liegt eine vertikale Konkatenation vor, wenn eine Matrix vertikal mit der anderen konkateniert wird.

Ein MATLAB-Beispiel, das sowohl horizontale als auch vertikale Konkatenation zeigt, ist im Folgenden dargestellt.

```
X=[1 2 4;3 2 1;2 2 1]
    X = 3×3
            1     2     4
            3     2     1
            2     2     1
```

```
inv(X)
    ans = 3×3
        -0.0000    1.0000   -1.0000
        -0.1667   -1.1667    1.8333
         0.3333    0.3333   -0.6667
```

Abb. 2.17 Inverse Matrix

2.7.1 MATLAB Beispiel 2.10: Matrix concatenation

Der MATLAB-Code, der die Matrix concatenation demonstriert, ist in Abb. 2.18 dargestellt, die dazugehörige Ausgabe in Abb. 2.19.

Ausgabe:

Bei der horizontalen Konkatenation werden zwei Matrizen durch Trennung mit einem Komma in die dritte Klammer eingeschlossen. Bei der vertikalen Konkatenation wird das Komma durch ein Semikolon ersetzt.

```
% Matrix concatenation
clear;clc;
A = [1 4;2 4;3 2];
B = [2 -4;1 3;7 9];
fprintf('Horizontal concatenation:\n');
C = [A,B]
fprintf('Vertical concatenation:\n');
D = [A;B]
```

Abb. 2.18 Code – Matrix-Konkatenation

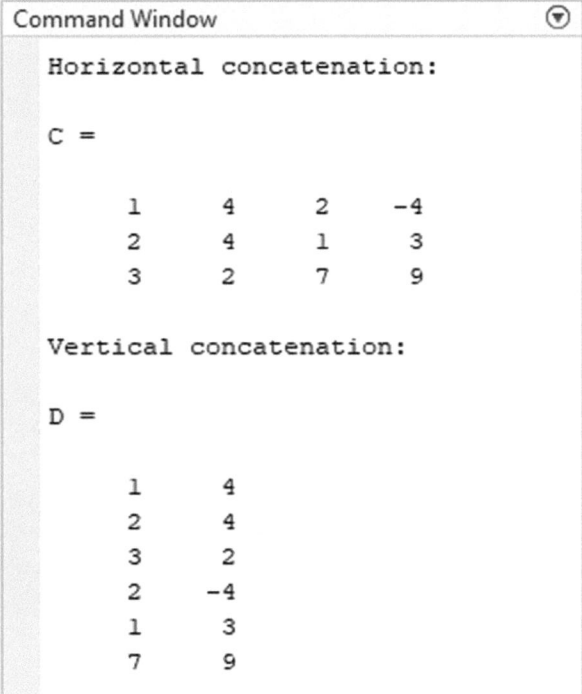

Abb. 2.19 Ausgabe – Matrix concatenation

2.8 Erstellen von Arrays of zeros, ones (Nullen, Einsen) und random numbers (Zufallszahlen)

„Arrays of zeros, ones" (aus Nullen und Einsen) können beim Schreiben von MATLAB-Programmen bei bestimmten Fragestellungen wichtig sein. Befehle zur Erzeugung dieser Arrays sind:

> **Der MATLAB-Befehl zur Erzeugung von Arrays of zeros:** *zeros(Zeile, Spalte)*
> **Der MATLAB-Befehl zur Erzeugung von Arrays of ones:** *ones(Zeile, Spalte)*

2.8.1 MATLAB Beispiel 2.11: Arrays of zeros, ones

Der MATLAB-Code zur Demonstration von Arrays of zeros, ones zeigt Abb. 2.20, die dazugehörige Ausgabe Abb. 2.21.

```
% Arrays of zeros, ones
clear;clc;
row = 3;
col = 2;
A = zeros(row,col); % array of zeros
B = ones(row,col);  % array of ones
fprintf('Array of zeros:\n');
disp(A);
fprintf('Array of ones:\n');
disp(B);
```

Abb. 2.20 Code – Arrays of zeros, ones

Abb. 2.21 Ausgabe – Arrays of zeros, ones

```
Command Window
Array of zeros:
     0     0
     0     0
     0     0

Array of ones:
     1     1
     1     1
     1     1
```

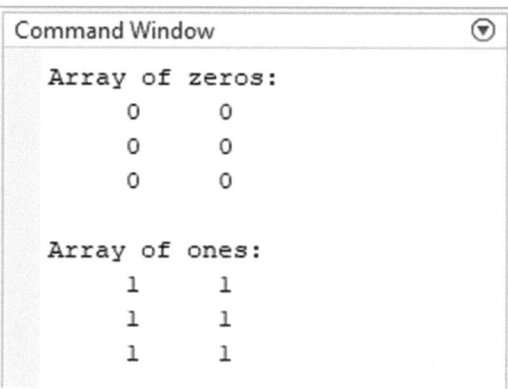

2.8 Erstellen von Arrays of zeros, ones …

Ausgabe:
Hier werden die Größen der Arrays sowohl für Nullen als auch für Einsen als 3 × 4 betrachtet.

Die Erzeugung von **„random numbers"** **(Zufallszahlen)** ist eine weitere wichtige Aufgabe, die beim Schreiben von MATLAB-Codes beherrscht werden sollte. Um bei einem bestimmten Programm mit zufälligen Eingabewerten die Erzeugung von Zufallszahlen zu überprüfen, ist dieser Vorgang sehr effektiv. Der entsprechende MATLAB-Befehl kann je nach Art der Zufallszahlen, die erzeugt werden sollen, variieren. Einige der Befehle sind im Folgenden beispielhaft angegeben:

Der MATLAB-Befehl zur Erzeugung von Arrays of uniformly random numbers (die gleichmäßig verteilt sind) lautet:

$$rand(row, col)$$

Der MATLAB-Befehl zur Erzeugung von Arrays of normally random numbers (die normalverteilt sind) lautet:

$$randn(row, col)$$

Der MATLAB-Befehl zur Erzeugung von Arrays of pseudo-integer number (aus zufälligen Pseudo-Ganzzahlen, die gleichmäßig verteilt sind) lautet:

$$randi([num_{min}, num_{max}], [row, col])$$

row und **col** geben die Array-Größe an; num_{min} und num_{max} sind der minimale und maximale Bereich der erzeugten Zufallszahlen.

Der MATLAB-Befehl zur Erzeugung von Arrays of uniformly Random numbers (die gleichmäßig verteilt sind) lautet:

$$rand(row, col)$$

Der MATLAB-Befehl zur Erzeugung von Arrays of normaly random numbers (die normalverteilt sind) lautet:

$$randn(row, col)$$

Der MATLAB-Befehl zur Erzeugung von Arrays of random pseudo-integer numbers (aus zufälligen Pseudo-Ganzzahlen, die gleichmäßig verteilt sind) lautet:

$$randi([num_{min}, num_{max}], [row, col])$$

row und **col** geben die Array-Größe an; num_{min} und num_{max} sind der minimale und maximale Bereich der erzeugten Zufallszahlen.

2.8.2 MATLAB Beispiel 2.12: random numbers

Der MATLAB-Code zur Erstellung von Arrays mit random numbers ist in Abb. 2.22 gegeben, die dazugehörige Ausgabe in Abb. 2.23.

```
% Arrays of random numbers
clear;clc;
row = 3;
col = 2;
num_min = 2;
num_max = 8;
% uniformly distributed random numbers
A = rand(row,col);
% normally distributed random numbers
B = randn(row,col);
% uniformly distributed random pseudo-integer
C = randi([num_min,num_max],[row,col]);
fprintf('Array of uniformly distributed random numbers:\n');
disp(A);
fprintf('Array normally distributed random numbers:\n');
disp(B);
fprintf('Array uniformly distributed random pseudo-integer:\n');
disp(C);
```

Abb. 2.22 Code – Arrays of random numbers

```
Command Window
  Array of uniformly distributed random numbers:
      0.1890    0.3685
      0.6868    0.6256
      0.1835    0.7802

  Array normally distributed random numbers:
     -1.1176   -0.0679
      1.2607   -0.1952
      0.6601   -0.2176

  Array uniformly distributed random pseudo-integer:
      4    7
      5    7
      5    6
```

Abb. 2.23 Ausgabe – Arrays of random numbers

Ausgabe:
randi() kann verwendet werden, um ein Array von Pseudo-Integers innerhalb eines vordefinierten Bereichs zu generieren. Für die anderen beiden Funktionen haben *rand*() und *randn*() nicht die nötigen Eigenschaften, um den Bereich zu spezifizieren.

2.9 Array-Funktion für „One-Dimensional Arrays" (Eindimensionale Arrays)

In MATLAB stehen mehrere Funktionen zur Verfügung, um Befehle auf einem **„One-Dimensional Array" (eindimensionalen Array)** auszuführen. Drei wichtige und weit verbreitete Funktionen werden in diesem Abschnitt besprochen: *linspace*(), *max*() und *min*().

linspace() ist eine Funktion, die verwendet werden kann, um ein eindimensionales Array zu erstellen, das gleichmäßig verteilte Werte innerhalb eines bestimmten Bereichs enthält.

Der MATLAB-Befehl für die *linspace*() Funktion lautet:

$$linspace(Lower_{limit}, Upper_{limit}, point)$$

Der obige Befehl erstellt ein eindimensionales Array, das Werte innerhalb des Bereichs von [$Untere_{Grenze}$, $Obere_{Grenze}$] enthält. *Punkt* gibt die Anzahl der gleichmäßig verteilten Werte an.

In einer *linspace*() kann die Anzahl der Werte, die man innerhalb eines bestimmten Bereichs benötigt, als Eingabe gegeben werden. Die Funktion erstellt automatisch ein Array mit gleichmäßig verteilten Werten, der Bereich und die Anzahl der Werte werden dabei eingehalten.

Alternativ kann der Abstand/Bereich zwischen den oberen und unteren Grenzen angegeben werden. Dieser Befehl erstellt ein eindimensionales Array, das den angegebenen Bereich einhält:

Alternativer MATLAB-Befehl für die *linspace*() Funktion:

$$Lower_{limit} : space : Upper_{limit}$$

2.9.1 MATLAB Beispiel 2.13: Erstellung eines „Linearly Spaced One-Dimensional Array" (linear verteilten eindimensionalen Arrays)

Der MATLAB-Code zur Erstellung eines linear verteilten eindimensionalen Arrays ist in Abb. 2.24 dargestellt, die dazugehörige Ausgabe in Abb. 2.25.
Ausgabe:
Abb. 2.25 zeigt, dass die Ergebnisse für beide MATLAB-Befehle gleich sind. Der Unterschied besteht jedoch in der Eingabe, die der Benutzer macht. Für *linspace*() wird die Anzahl der Punkte als Eingabe gegeben, die 5 ist. Für den zweiten Befehl wird der Abstand oder die Differenz zwischen den Werten angegeben, die 2,5 ist. Da der Bereich für beide Instanzen gleich gehalten wird, sind die erzeugten Arrays in beiden Fällen identisch.

```matlab
% Linearly spaced one-dimensional array
% Using linspace function
clear;clc;
Up_range = 2;
Low_range = 12;
point = 5;
A = linspace(Up_range,Low_range,point);
fprintf('Linearly spaced one-dimensional array:\n');
fprintf('----------------------------------------\n');
fprintf('Using linspace function:\n');
disp(A)
% Alternative version
space = 2.5;
B = Up_range:space:Low_range;
fprintf('Without using linspace function:\n');
disp(B)
```

Abb. 2.24 Ausgabe – Linearly Spaced One-Dimensional Array

```
Command Window
   Linearly spaced one-dimensional array:
   ----------------------------------------
   Using linspace function:
       2.0000    4.5000    7.0000    9.5000   12.0000

   Without using linspace function:
       2.0000    4.5000    7.0000    9.5000   12.0000
```

Abb. 2.25 Ausgabe – Linearly Spaced One-Dimensional Array

Um den maximalen oder minimalen Wert innerhalb eines Arrays zu bestimmen, können *max()* und *min()* verwendet werden.

> **Der MATLAB-Befehl zur Bestimmung des maximalen Werts eines Arrays, A, lautet:** *max(A)*
> **Der MATLAB-Befehl zur Bestimmung des minimalen Werts eines Arrays, A, lautet:** *min(A)*

2.9.2 MATLAB Beispiel 2.14: Finding maximum and minimum value from an array (Finden des maximalen und minimalen Werts aus einem Array)

Der MATLAB-Code zum Finden des minimalen und maximalen Werts aus einem Array ist in Abb. 2.26 dargestellt, die dazugehörige Ausgabe in Abb. 2.27.

```
% Finding Maximum and minimum value from an array
clear;clc;
A = randi([1,30],1,5)
max_A = max(A);
min_A = min(A);
fprintf('Maximum value of the array A:');
disp(max_A);
fprintf('Minimum value of the array A:');
disp(min_A);
```

Abb. 2.26 Code – Finding Maximum and minimum value from an array

```
Command Window

A =

        18     6     8    27     1

Maximum value of the array A:    27

Minimum value of the array A:     1
```

Abb. 2.27 Ausgabe – Finding maximum and minimum value from an array

2.10 Mean (Mittelwert), Standard Deviation (Standardabweichung), Variance (Varianz) und Mode (Modus)

Mean, Standard Deviation, Variance, and Mode sind wesentliche statistische Begriffe, um die Verteilung von Daten zu verstehen. In einem eindimensionalen Array sind mehrere Werte verfügbar. Die Bestimmung des Mittelwerts, der Standardabweichung und der Varianz ist für das Verständnis der Eigenschaften der Daten und den daraus resultierenden Schlussfolgerungen wichtig.

Mean (Mittelwert): Der Durchschnitt aller Werte in einem Array wird als Mittelwert oder arithmetisches Mittel bezeichnet. In MATLAB kann der Mittelwert eines Arrays mit der Funktion *mean* () ermittelt werden.

Variance (Varianz): Die Varianz ist der Durchschnitt der quadrierten Differenz zwischen jedem Wert und dem Mittelwert eines Arrays, wie in Gl. (2.6) dargestellt.

$$\text{Varianz} = \frac{\sum_{n=1}^{N}\left(x_n - \overline{x}\right)^2}{N}, \quad n = 1, 2, 3, \ldots, N \tag{2.6}$$

Hierbei ist N die Länge eines Arrays oder die Anzahl der Werte in einem Array; x ist der Mittelwert des Arrays. In MATLAB kann die Varianz eines Arrays mit der Funktion *var*() erfasst werden.

Standard Deviation (Standardabweichung): Die Standardabweichung ist die Quadratwurzel der Varianz eines Arrays. Daher kann die Standardabweichung eines Arrays wie in Gl. (2.7) geschrieben werden.

$$\text{Standardabweichung} = \sqrt{\frac{\sum_{n=1}^{N}\left(x_n - \overline{x}\right)^2}{N}}, n = 1, 2, 3, \ldots, N \tag{2.7}$$

Der MATLAB-Befehl zur Bestimmung der Standardabweichung eines Arrays lautet *std*().

Mode (Modus): In einem Array wird der Wert, der am häufigsten vorkommt, als Modus dieses Arrays bezeichnet. Der MATLAB-Befehl zur Bestimmung des Modus eines Arrays lautet *mode*().

Zusammenfassend gelten also folgende Befehle:

2.10 Mean (Mittelwert), Standard Deviation ...

Der MATLAB-Befehl zur Bestimmung des Mittelwerts eines Arrays, A, lautet: *mean(A)*
Der MATLAB-Befehl zur Bestimmung der Varianz eines Arrays, A, lautet: *var(A)*
Der MATLAB-Befehl zur Bestimmung der Standardabweichung eines Arrays, A, lautet: *std(A)*
Der MATLAB-Befehl zur Bestimmung des Modus eines Arrays, A, lautet: *mode(A)*
Es ist zu beachten, dass *mode(A)* **den am häufigsten vorkommenden Wert eines Arrays liefert. Wenn jedoch alle Werte in einem Array nur einmal vorkommen,** *mode()* **erkennt den niedrigsten Wert dieses Arrays als seinen Modus.**

2.10.1 MATLAB Beispiel 2.15: Mean, Standard Deviation, Variance und Mode

Der MATLAB-Code, der die Verwendung von Mittelwert, Varianz, Standardabweichung und Modus zeigt, ist in Abb. 2.28 wiedergegeben, die dazugehörige Ausgabe in Abb. 2.29.

```
% Mean, variance, standard deviation, and mode
clear;clc;
A = randi([1,50],1,6);
mean_A = mean(A);
variance_A = var(A);
std_A = std(A);
mode_A = mode(A);
fprintf('One-dimensional array, A:\n');
disp(A);
fprintf('Mean value of A = %.2f\n',mean_A);
fprintf('Variance of A = %.2f\n',variance_A);
fprintf('Standard deviation of A = %.2f\n',std_A);
fprintf('Mode of A = %.2f\n',mode_A);
```

Abb. 2.28 Ausgabe – Mean, Standard Deviation, Variance und Mode

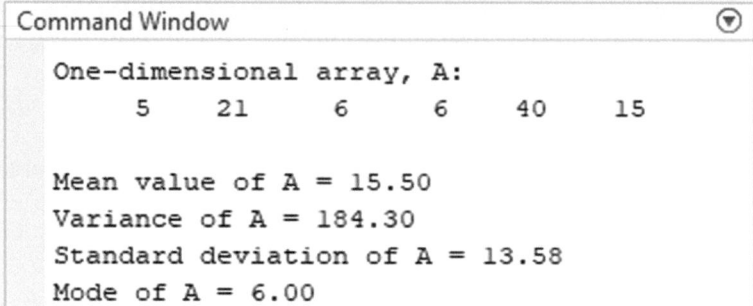

Abb. 2.29 Ausgabe – Mean, Standard Deviation, Variance und Mode

2.11 Dot operator (Punktoperator)

Der „**Dot operator**" **(Punktoperator)** wird verwendet, um elementweise Operationen durchzuführen. Einige Funktionen, in denen der Punktoperator von Nutzen sein kann, sind im Folgenden aufgeführt:

1. Punktmultiplikation oder elementweise Multiplikation von zwei Arrays der gleichen Größe.
   Verwendung: Der Punktoperator „." wird direkt vor dem Multiplikationszeichen (*) verwendet.
2. Elementweise Division zwischen zwei Arrays der gleichen Größe oder wenn der Zähler ein Skalarwert und der Nenner ein Array ist.
   Verwendung: Der Punktoperator „." wird direkt vor dem Divisionszeichen (/) verwendet.
3. Bestimmung der Potenz oder Exponentialfunktion, wenn entweder die Basis oder die Potenz ein Array ist.
   Verwendung: Der Punktoperator „." wird direkt vor dem Potenzzeichen (^) verwendet.
4. Für das Schreiben komplizierter und komplexer Gleichungen.

2.11.1 MATLAB Beispiel 2.16: Anwendungen Dot operator

Der MATLAB-Code, der die Verwendung des Punktoperators demonstriert, ist in Abb. 2.30 dargestellt, die dazugehörige Ausgabe in Abb. 2.31.

```
% Some instances of the usage of dot operator
clc;clear;
% A and B are two arrays;
% scalar_val is a scalar value;
A = randi([1,2],2,3);
B = randi([1,2],2,3);
fprintf('Some instances of the usage of dot operator:\n');
fprintf('-----------------------------------------------\n');
% Dot multiplication
fprintf('Dot multiplication of two arrays:\n')
disp(A.*B);
% Element-wise division between two arrays
fprintf('Element-wise division of two arrays:\n')
disp(A./B);
% Division: Numerator-scalar and denominator-array
scalar_val = 5;
fprintf('Division when numerator-scalar and denominator-array:\n')
disp(scalar_val./A);
% Power value: Either the base, or power is an array
Base = 10;
fprintf('Power term is an array:\n')
disp(Base.^A)
fprintf('Base term is an array:\n')
disp(A.^scalar_val)
```

Abb. 2.30 Code – Dot operator

2.12 Table Arrays (Tabellenarrays), Cell Arrays (Zellenarrays) und Structure Arrays (Strukturarrays)

In MATLAB kann eine Tabelle mit verschiedenen enthaltenen Datentypen erstellt werden, indem die Funktion *table*() verwendet wird. Auf alle Variablen kann wie auf separate Arrays zugegriffen und sie können entsprechend bedient werden.

> **Der MATLAB-Befehl zum Erstellen einer Tabelle lautet:** *table(variable*1*, variable*2*, ...)*
> *variable*1*, variable*2*, …***zeigen die Variablen an, die in die Tabelle aufgenommen werden sollen.**

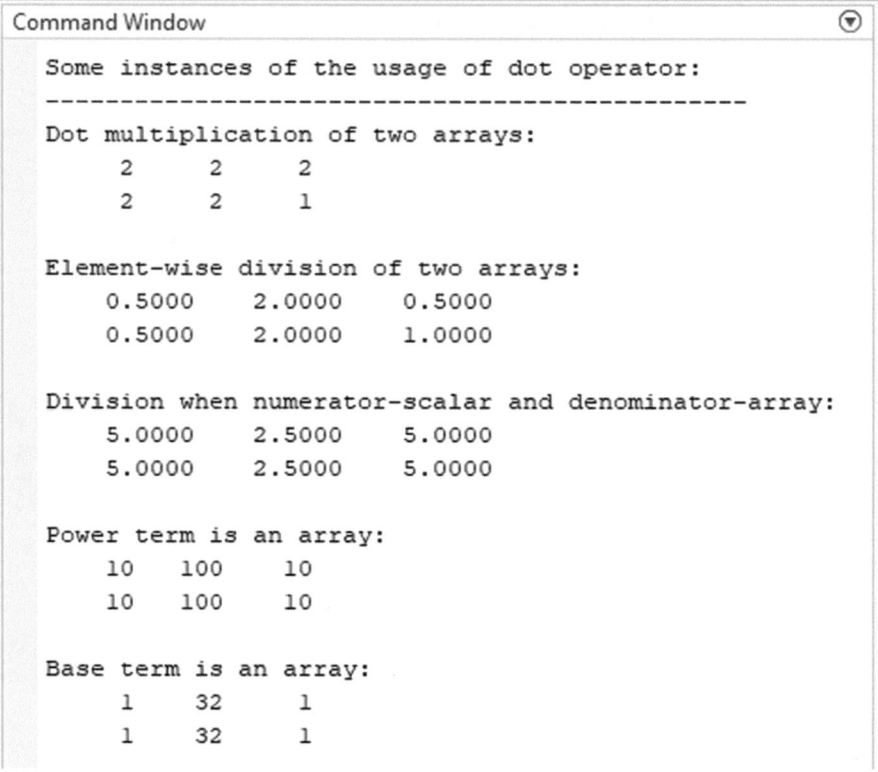

Abb. 2.31 Ausgabe – Dot operator

2.12.1 MATLAB Beispiel 2.17: Creating table (Tabelle erstellen)

Der MATLAB-Code zum Erstellen einer Tabelle ist in Abb. 2.32 wiedergegeben, die dazugehörige Ausgabe in Abb. 2.33.
Ausgabe:
In dem o. g. Beispiel wird eine Tabelle erstellt, die vier verschiedene Variablen enthält – Battery_name, Energy_density, Life_cycle und safety. In der Tabelle sind „Battery_name" und „safety" Zellenarrays, während die restlichen Variablen Werte des Datentyps „double" sind. Auf jedes dieser Arrays kann separat zugegriffen werden, um Operationen individuell durchzuführen (siehe auch obige Beispiele).

2.12 Table Arrays (Tabellenarrays), Cell Arrays ...

```
% Creating table
% Headers: Battery name, Energy density, Lifecycle, Safety
clear;clc;
Battery_name = {'Li-ion';'Liquid super capacitor';'Lead acid'};
Energy_density = [5;2.5;2];
Life_cycle = [2;5;1.5];
safety = {'High';'Low';'Moderate'};
TABLE = table(Battery_name,Energy_density,Life_cycle,safety);
fprintf('Comparison among different battery types:\n');
fprintf('--------------------------------------------\n');
disp(TABLE);
% Accessing each column of the table
fprintf('Accessing the data of Battery_name column:\n');
disp(TABLE.Battery_name);
fprintf('Accessing the data of Energy_density column:\n');
disp(TABLE.Energy_density);
fprintf('Accessing the data of Life_cycle column:\n');
disp(TABLE.Life_cycle);
fprintf('Accessing the data of safety column:\n');
disp(TABLE.safety);
```

Abb. 2.32 Code – Tabelle in MATLAB erstellen

2.12.1.1 Cell array (Zellenarray)

In einem Cell array gibt es verschiedene Zellen, von denen jede Daten unterschiedlicher Datentypen enthalten kann.

> **Der MATLAB-Befehl zum Erstellen eines Cell array lautet:**
>
> $$cell(row, col)$$
>
> *row, col* **werden verwendet, um die Größe des Zellenarrays zu definieren und um auf jede der Zellen zuzugreifen.**

2.12.2 MATLAB Beispiel 2.18: Cell array

Der MATLAB-Code ist in Abb. 2.34 gezeigt, die dazugehörige Ausgabe in Abb. 2.35.
Ausgabe:
In dem o. g. Cell array zeigt sich, dass jede Zelle Daten unterschiedlicher Typen enthalten kann. In der ersten Zeile sind das die Daten des Typs „double", während in der zweiten Zeile alle Zellen den Datentyp „character" haben.

```
Command Window
    Comparison among different battery types:
    --------------------------------------------
            Battery_name          Energy_density    Life_cycle      safety
            _____          _____    _____    _____

            {'Li-ion'            }        5              2        {'High'    }
            {'Liquid super capacitor'}    2.5            5        {'Low'     }
            {'Lead acid'         }        2              1.5      {'Moderate'}

    Accessing the data of Battery_name column:
            {'Li-ion'            }
            {'Liquid super capacitor'}
            {'Lead acid'         }

    Accessing the data of Energy_density column:
            5.0000
            2.5000
            2.0000

    Accessing the data of Life_cycle column:
            2.0000
            5.0000
            1.5000

    Accessing the data of safety column:
            {'High'    }
            {'Low'     }
            {'Moderate'}
```

Abb. 2.33 Ausgabe – Tabelle in MATLAB erstellen

```matlab
% Cell array
clear;clc;
A = cell(2,3);
A(1,:)={3,4,4};
A(2,:)={'A','B','C'};
fprintf('Cell array, A:\n')
disp(A)
```

Abb. 2.34 Code – Cell array in MATLAB

```
Command Window
    Cell array, A:
        {[3]}    {[4]}    {[4]}
        {'A'}    {'B'}    {'C'}
```

Abb. 2.35 Ausgabe – Cell array in MATLAB

2.12 Table Arrays (Tabellenarrays), Cell Arrays ...

2.12.2.1 Structure array (Strukturarray)

In einem Structure array können verschiedene Daten in mehreren Feldern gruppiert werden. Jedes Feld kann Daten unterschiedlicher Typen enthalten.

> **Der MATLAB-Befehl zum Erstellen eines Structure array lautet:**
>
> $$struct(Field1, Val1_{Field1}, Field2, Val2_{Field2}, \ldots \ldots)$$
>
> *Feld*1, *Feld*2, ... **zeigt die verschiedenen Felder an, unter denen unterschiedliche Daten gruppiert werden. Die gruppierten Daten jedes Feldes werden durch** $Val1_{Feld1}$, $Val2_{Feld2}$, ... dargestellt.

2.12.3 MATLAB Beispiel 2.19: Structure array

Der MATLAB-Code, der Structure array demonstriert, wird in Abb. 2.36 gezeigt, seine Ausgabe in Abb. 2.37.

Ausgabe:

In diesem Beispiel wird ein strukturiertes Array erstellt, das Parameter verschiedener „**battery types**" (**Batterietypen**) enthält, die mit dem MATLAB-Befehl erstellt wurden. Hier sind die Felder des strukturierten Arrays Battery_name, Energy_density, Life_cycle und safety. Unter jedem Feld gibt es gruppierte Daten verschiedener Datentypen. Das obige Beispiel zeigt auch, wie man auf jedes Feld mit dem Punktoperator zugreift.

```
%% Structure array
clear;clc;
Field1='Battery_Name';
val_Field1 = {'Li-ion','Liquid super capacitor','Lead acid'};
Field2='Energy_Density';
val_Field2 = {5,2.5,2};
Field3='Life_cycle';
val_Field3 = [2,5,1.5];
Field4='safety';
val_Field4 = {'High','Low','Moderate'};
fprintf('Sturcture array of different battery types and properties:\n')
S = struct(Field1,val_Field1,Field2,val_Field2,Field3,...
                val_Field3,Field4,val_Field4)
fprintf('Accessing first field of the structure:\n\n');
disp(S(1))
fprintf('Accessing second field of the structure:\n\n');
disp(S(2))
fprintf('Accessing third field of the structure:\n\n');
disp(S(3))
```

Abb. 2.36 Code – Structure array in MATLAB

```
Command Window
    Sturcture array of different battery types and properties:

    S =

      1×3 struct array with fields:

        Battery_Name
        Energy_Density
        Life_cycle
        safety

    Accessing first field of the structure:

            Battery_Name: 'Li-ion'
          Energy_Density: 5
              Life_cycle: [2 5 1.5000]
                  safety: 'High'

    Accessing second field of the structure:

            Battery_Name: 'Liquid super capacitor'
          Energy_Density: 2.5000
              Life_cycle: [2 5 1.5000]
                  safety: 'Low'

    Accessing third field of the structure:

            Battery_Name: 'Lead acid'
          Energy_Density: 2
              Life_cycle: [2 5 1.5000]
                  safety: 'Moderate'
```

Abb. 2.37 Ausgabe – Structure array in MATLAB

2.13 Schlussfolgerung

Durch dieses Kapitel wurde der Leser mit verschiedenen Operationen von Vektoren und Matrizen vertraut gemacht. Die Manipulationen von Vektoren und Matrizen sowie einige spezielle Arrays, die mit den eingebauten MATLAB-Funktionen erstellt werden können (wie z. B. Nullen, Einsen und Zufallszahlen-Generator), wurden ebenfalls behandelt. Die Verwendung des Punktoperators, die Matrix-Konkatenation und einige weitverbreitete Array-Funktionen, die für eindimensionale Arrays anwendbar sind, wurden diskutiert und demonstriert. Die speziellen Arrays zum Abschluss des Kapitels (wie Tabellenarrays, Zellarrays und strukturiertes Arrays) sind für das Arbeiten im Ingenieurwesen von Bedeutung und wurden deswegen behandelt. Die meisten der wesentlichen MATLAB-Befehle und -Funktionen in Bezug auf Vektoren und Matrizen nebst relevanter Beispielen wurden für den Leser hier zusammengefasst.

Übung 2

1. Definieren Sie Vektoren und Matrizen. Was sind ihre Anwendungen im Ingenieurwesen?
2. Was ist der Unterschied zwischen den Funktionen *rand()*, *randn()* und *randi()*? Erläutern Sie Ihre Antwort anhand von Beispielen.
3. Was wird die Ausgabe der folgenden Befehle sein?
    a) $A = 3:3:15$
    b) $B = [;]$
    c) $Z = [143,324,676,432;656,657,987,235;768,876,234,764]; Z(2,:)$
4. Betrachten Sie drei gegebene Matrizen:

$$\text{Mat}A = \begin{bmatrix} 4 & 7 & 1 \\ 7 & 2 & 3 \\ 5 & 5 & 9 \end{bmatrix}; \text{Mat}B = \begin{bmatrix} 6 & 0 & 4 \\ 9 & 8 & 1 \\ 7 & 5 & 2 \end{bmatrix}; \text{Mat}C = \begin{bmatrix} 2 & 5 & 3 \\ 0 & 17 & 9 \\ 8 & 0 & 1 \end{bmatrix}$$

   i) Berechnen Sie daraus:
   a) MatA + MatB
   b) MatB − MatC
   c) MatA/MatC
   d) Transponieren von MatB
   e) Determinante von MatC
   f) Inverse MatA
   g) Horizontale Verkettung von MatB und MatC
   h) Vertikale Verkettung von MatC und MatA

   i) Bestimmen Sie MatA ∗ MatB, MatB ∗ MatA, und MatA. ∗ MatB. Variieren die Ergebnisse? Wenn ja, warum?
5. Gegeben ist ein Array $a = linspace(2,20,100)$. Was ist der Durchschnitt, die Varianz, die Standardabweichung und der Modus von a?
6. Angenommen, Sie arbeiten mit fünf Halbleitermaterialien, nämlich Silizium (Si), Germanium (Ge), Zinn (Sn), Kohlenstoff (C) und Tellur (Te). Jedes von ihnen hat eine Bandlücke von 1,12, 0,67, 0,08, 5,47 und 0,33 eV, wobei eV ihre Maßeinheit ist.
    a) Listen Sie die Informationen in einer Tabelle auf, mit einer Spalte für „Seriennummer," „Elementname," „Elementsymbol," und „Bandlücke." Verwenden Sie für diesen Zweck die MATLAB-Funktion „*table*".

b) Bilden Sie ein strukturiertes Array aus den o. g. Informationen mit dem gleichen Spaltennamen wie in der Aufgabenstellung angegeben. Ändern Sie die Bandlücke von Zinn von 0,08 auf 0,07 eV, indem Sie auf das spezifische Feld zugreifen und das Array erneut anzeigen lassen.

Kapitel 3
Programme und Funktionen

3.1 Einführung

Um ein vollständiges Programm mit MATLAB schreiben zu können, sind die Erstellung, Speicherung, Ausführung und Veröffentlichung eines MATLAB-Skripts grundlegende Schritte. Ähnlich wie bei anderen Programmiersprachen kann MATLAB auch zur Programmierung von bedingten Anweisungen und Loops (Schleifen) verwendet werden. In diesem Kapitel werden einige Beispiele gezeigt, anhand derer verschiedene bedingte Anweisungen und Loops implementiert werden können. MATLAB ermöglicht das Erstellen benutzerdefinierter Funktionen – was wichtig wird, um redundante Code für die Ausführung der gleichen Aufgabe mehrmals innerhalb des Programms zu vermeiden.

3.2 Skripte

Für die Kompilierung einer Code-Sequenz ist ein Skript erforderlich, mit dem ein vollständiges Programm geschrieben und sequenziell ausgeführt werden kann. Das Skript kann als Datei für eine zukünftige Ausführung gespeichert werden, indem der Name des Skripts aufgerufen wird. In MATLAB gibt es mehrere Möglichkeiten, ein neues Skript zu erstellen.

1. Ein neues Skript kann erstellt werden, indem man die Option „**New Script**" **(Neues Skript)** aus der Kopfzeile auswählt (Abb. 3.1).
2. Durch einen Rechtsklick auf die Schaltfläche „**New**" **(Neu)** erscheint das Scroll-Menü. Durch Auswahl der Option „**Script**" **(Skript)** kann ein neues Skript erstellt werden (Abb. 3.2).

Abb. 3.1 Kopfzeilen-Toolstrip

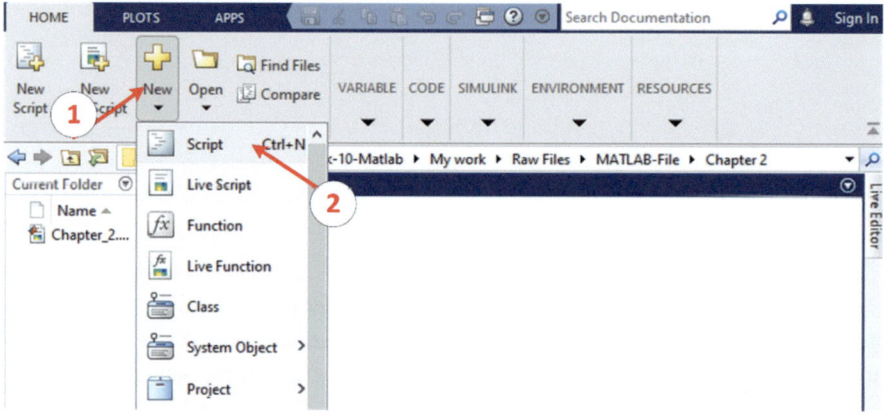

Abb. 3.2 Neues Skript über die Schaltfläche „New" (Neu)

Abb. 3.3 *edit*-Befehl

3. Im Befehlsfenster kann mit dem Befehl „*edit*" ein neues Skript erstellt werden (Abb. 3.3).
4. Mit der Tastenkombination „Strg + N" kann ein neues Skript generiert werden.

3.2.1 Live-Skript

Das „Live-Skript", eine neue Skriptversion, ist ab der MATLAB-2016-Version verfügbar. Es ermöglicht die Kombination von Befehl und kompiliertem Output im selben Skript. Eine Datei mit Programm und Output kann so gespeichert werden. Die Funktion erleichtert das Teilen des Programms zusammen mit dem Output. Um ein Live-Skript zu öffnen, muss auf die Schaltfläche **„Live-Script" (Live-Skript)** in der Kopfzeile geklickt werden (3.4).

3.2 Skripte

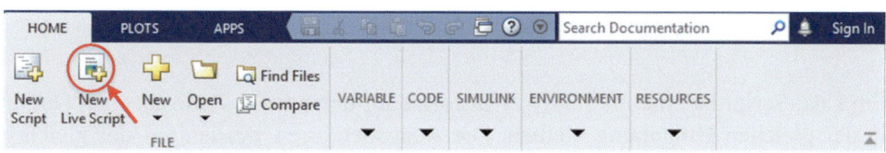

Abb. 3.4 Live-Script

Abb. 3.5 Output on right (Ausgabe rechts)

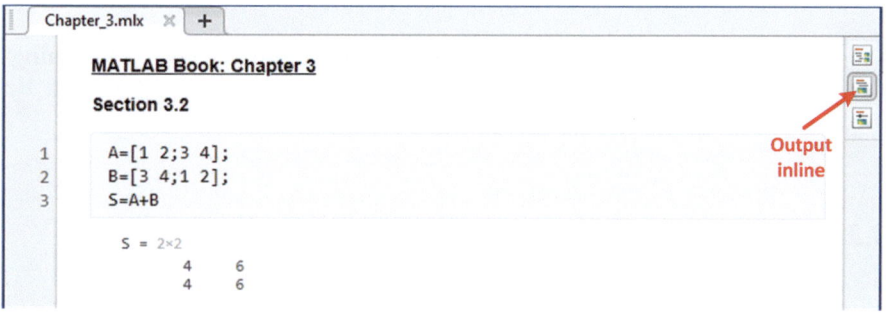

Abb. 3.6 Output inline (Ausgabe inline)

Abb. 3.7 Hide Code (Code verbergen)

Ein Live-Script bietet drei Formatstile – **„Output on right"** (**Ausgabe rechts,** Abb. 3.5), **„Output inline"** (**Ausgabe inline,** Abb. 3.6) und **„Hide Code"** (**Code verbergen,** Abb. 3.7).

3.2.2 Script vs. Live-Script

Ein Live-Script ist eine interaktive Plattform, auf der sowohl Code als auch Output in der gleichen Umgebung bleiben. Die Ausgabefiguren werden auf der gleichen Live-Script-Seite erzeugt, anstatt auf einer separaten Figurendatei. In der Skriptdatei können die Ausgaben im Befehlsfenster abgelesen werden und die Figuren werden in einem separaten Figurenfenster erzeugt. Der Vorteil eines Live-Scripts besteht darin, dass es zusammen mit den erzeugten Ausgaben im Gegensatz zu einem Script geteilt werden kann. Eine Skriptdatei muss zunächst ausgeführt werden, um die Ausgabe sehen zu können. Ein Live-Script ist für das Erstellen von Vorlesungen oder Büchern hilfreich, da es sowohl Text- als auch Code-Einfügeoptionen bietet. Eine Script ist hingegen für die Implementierung in Projekte oder Echtzeitanwendungen sinnvoller.

3.3 Save (Speichern), Running (Ausführen) und Publishing (Veröffentlichen) eines Skripts

Die Prozesse „Save" (Speichern), „Running" (Ausführen) und „Publishing" (Veröffentlichen) eines Skripts in MATLAB werden in diesem Abschnitt beschrieben.

3.3.1 Save (ein Skript speichern)

Nachdem ein vollständiges Programm in einem Skript geschrieben wurde, ist es wichtig, dieses für die zukünftige Verwendung zu speichern. Um eine Skriptdatei zu speichern, gibt es mehrere Möglichkeiten:

1. Klicken Sie auf die Option „Save" (Speichern) auf der Editor-Registerkarte in der Kopfzeile (Abb. 3.8). Navigieren Sie anschließend zum Speicherort und geben Sie den passenden Namen für die Skriptdatei ein, um sie zu speichern. Die Skriptdatei wird mit der Erweiterung „.m" gespeichert, die in Zukunft in MATLAB ausgeführt werden kann. Wenn mehrere Skripte geöffnet sind, sichert die Option „Save" nur die aktive Skriptdatei. MATLAB bietet zudem Optionen zum Speichern aller im Editor geöffneten Skriptdateien durch Öffnen der Scroll-Menüleiste aus der Schaltfläche „Save" und Auswahl der Option **„Save all" (Alle speichern)** (Abb. 3.9).
2. Mit der Tastenkombination „Strg + S" kann eine Skriptdatei ebenfalls gespeichert werden.

3.3 Save (Speichern), Running (Ausführen) und Publishing ... 55

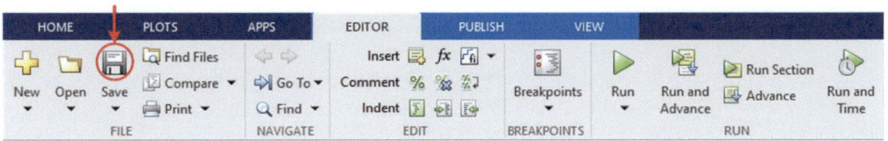

Abb. 3.8 Save

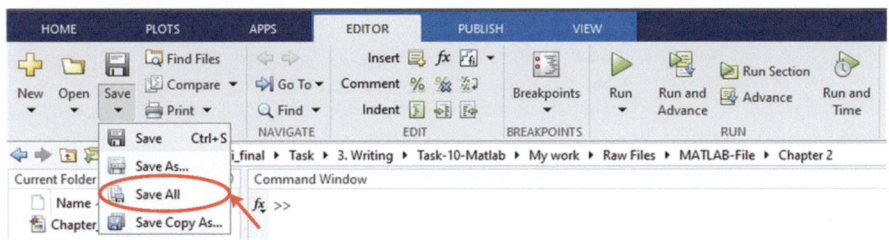

Abb. 3.9 Save all

3.3.2 Running (ein Skript ausführen)

1. Ein Skript kann durch Klicken auf die Schaltfläche „Running" (Ausführen) (Editor-Registerkarte in der Kopfzeile) ausgeführt werden (Abb. 3.10). Wenn eine Skriptdatei nicht gespeichert wird, bevor auf die Schaltfläche „Running" geklickt wurde, zeigt MATLAB standardmäßig zuerst die Speicheroption an. Die Option „Running" funktioniert also nur für eine bereits gespeicherte Skriptdatei.
2. Mit der Tastenkombination „F5" kann eine Skriptdatei ebenfalls ausgeführt werden.

Eine weitere Funktion, um eine Skriptdatei ohne vorheriges Speichern auszuführen, ist das Klicken auf die Option **„Run and Advance" (Ausführen und Fortfahren)** (Abb. 3.11).

In MATLAB können verschiedene Abschnitte in einer Skriptdatei erstellt und einzelne Abschnitte ausgeführt werden. Für das Debugging bietet diese Option eine große Flexibilität. Um einen neuen Abschnitt in einer Skriptdatei zu erstellen, gibt es zwei Möglichkeiten:

1. Wählen Sie einen Ort im Skript aus, an dem ein neuer Abschnitt erstellt werden soll, und klicken Sie auf die Schaltfläche **„Insert" (Einfügen)** auf der Editor-Registerkarte (Abb. 3.12).
2. Durch Eingabe von „%%" – direkt von dort, wo ein neuer Abschnitt erstellt werden soll – wird der Anfang eines neuen Abschnittes gesetzt (Abb. 3.13).

Abb. 3.10 Running

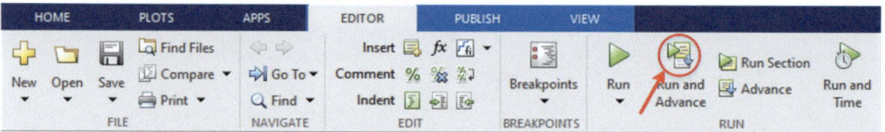

Abb. 3.11 Ein Skript ohne Speichern ausführen

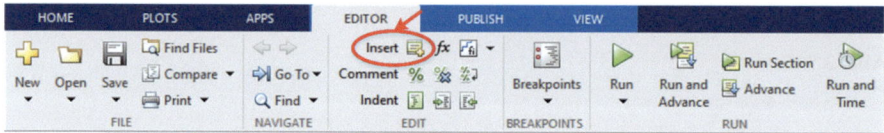

Abb. 3.12 Erstellen von verschiedenen Abschnitten in einer Skriptdatei mit „Insert"

Nachdem mehrere Abschnitte erstellt wurden, kann es erforderlich sein, separate Abschnitte auszuführen. Zum Ausführen einzelner Abschnitte in einer Skriptdatei kann **„Run Section" (Abschnitt ausführen)** auf der Editor-Registerkarte angewählt werden (Abb. 3.14).

3.3.3 Publishing (Veröffentlichung) eines Skripts

Nach der Bestätigung eines Programmierskripts kann es in „html", in „pdf" oder in anderen Formaten veröffentlicht werden. Der Zweck der Veröffentlichung eines Skripts besteht darin, das Skript mit anderen teilen zu können. Da die Skriptdatei in „html", „pdf" oder anderen Formaten geteilt werden kann, muss die Person, mit der die Skriptdatei geteilt wird, nicht die MATLAB-Anwendung öffnen. Im veröffentlichten Format wird auch die Ausgabe in das Dokument aufgenommen. Die Schritte zur Veröffentlichung eines Skripts sind unten aufgeführt und in Abb. 3.15 dargestellt.

1. Nachdem Sie ein Programm in einer Skriptdatei geschrieben haben, wählen Sie die Option **„PUBLISH" (Veröffentlichen)** aus der Kopfzeilenmenüleiste aus.
2. Wählen Sie danach die Dropdown-Option **„Publish" (Veröffentlichen)** aus der Kopfzeilen-Werkzeugleiste aus.

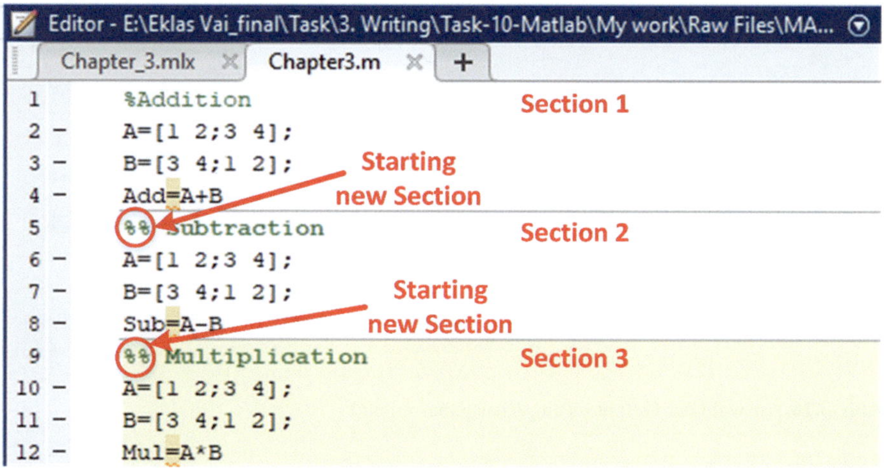

3.3 Save (Speichern), Running (Ausführen) und Publishing …   57

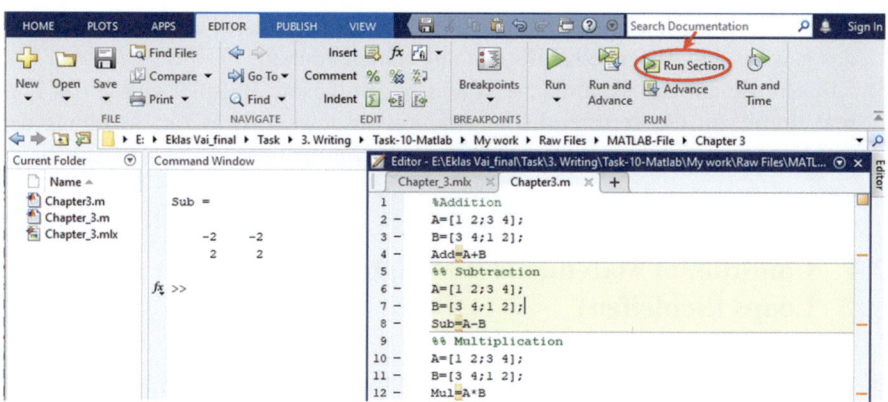

Abb. 3.13 Beginn eines neuen Abschnittes in einer Skriptdatei mit „%%"

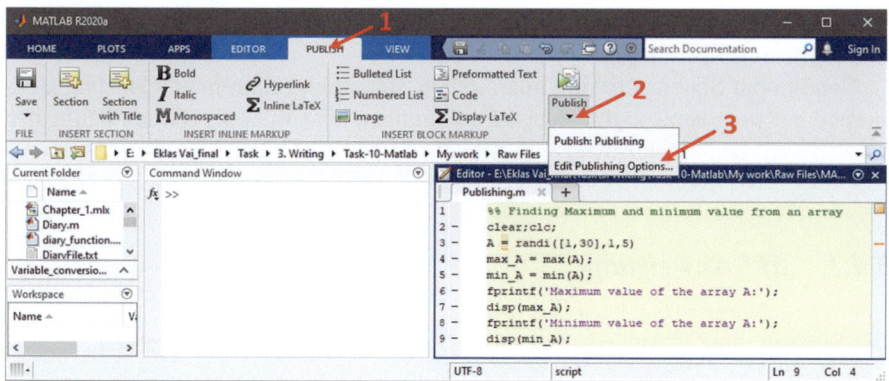

Abb. 3.14 Run Section

Abb. 3.15 Publishing eines Skripts

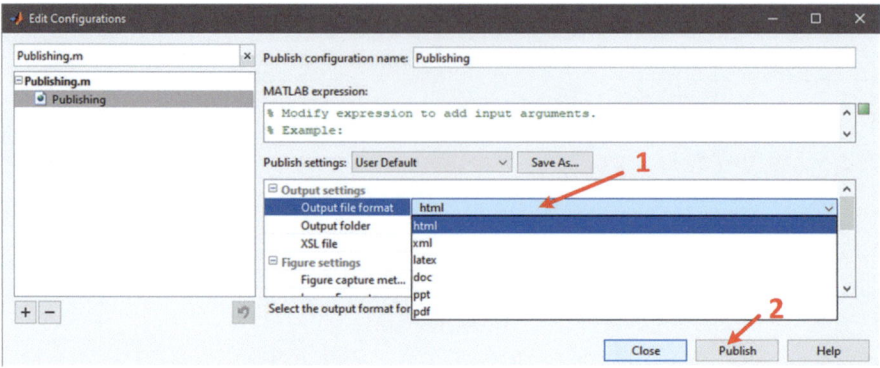

Abb. 3.16 Auswahl der Output settings (Ausgabeformate)

3. Wählen Sie die Option „**Edit Publishing Options**" (**Veröffentlichungsoptionen bearbeiten**) aus den Dropdown-Box-Optionen aus.
4. Dies führt zum Erscheinen des in Abb. 3.16 dargestellten Fensters, in dem Sie das gewünschte Ausgabedateiformat auswählen können.
5. Klicken Sie auf die Schaltfläche „Publish". In diesem Beispiel wurde das Format „html" für die Veröffentlichungsoption ausgewählt, was zur Erstellung der in Abb. 3.17 gezeigten Veröffentlichungsseite führt.

3.4 Conditional Statements (bedingte Anweisungen) und Loops (Schleifen)

In „**Conditional Statements**" (**bedingten Anweisungen**) spielen „**logical**" (**logische**) und „**relational**" (**relationale**) „**operators**" (**Operatoren**) eine wichtige Rolle. Daher ist das Verständnis der in MATLAB verfügbaren Operatoren für das Arbeiten mit der Software grundlegend. In Tab. 3.1 sind einige der wichtigen logischen und relationalen Operatoren zusammen mit ihren Bedeutungen und dazugehörigen Beispielen aufgeführt.

Conditional Statements sind unerlässlich, um einen bestimmten Codeblock basierend auf den damit verbundenen Bedingungen auszuführen. Die am häufigsten verwendeten bedingten Anweisungen in MATLAB sind „*if*" und „*switch*".

3.4.1 „*if*"-Anweisung

Die Struktur einer *if*-Anweisung kann in drei Formaten dargestellt werden:

3.4 Conditional Statements (bedingte Anweisungen) ... 59

Finding Maximum and minimum value from an array

```
clear;clc;
A = randi([1,30],1,5)
max_A = max(A);
min_A = min(A);
fprintf('Maximum value of the array A:');
disp(max_A);
fprintf('Minimum value of the array A:');
disp(min_A);
```

```
A =

     6    10    10     7     8

Maximum value of the array A:    10

Minimum value of the array A:     6
```

Published with MATLAB® R2020a

Abb. 3.17 Maximum und minimum value eines Arrays

if (logische Bedingungen) Ausführbarer Befehl… end	*if* (logische Bedingungen) Ausführbarer Befehl… *else* Ausführbarer Befehl… end	*if* (logische Bedingungen) Ausführbarer Befehl… *elseif* Ausführbarer Befehl… *else* Ausführbarer Befehl… end

Die erste Struktur ist die einfachste Version der „*if*"-Anweisung, die zweite und dritte bieten mehr Erweiterungen. Die „logischen Aussagen" weisen auf die Bedingungen hin, die WAHR sein müssen, um den „Ausführbaren Befehl" auszuführen. Wenn die Bedingungen FALSCH sind, überspringt der Compiler den „Ausführbaren Befehl". Ein Beispiel basierend auf der ersten Struktur der „*if*"-Anweisung ist im Folgenden gegeben.

Tab. 3.1 Logische und relationale Operatoren

Logical/relationale operators	Definition	Beispiel
==	Gleich $a == b$ ist nur dann wahr, wenn a und b vollständig identisch sind.	$1 == 1$: *Wahr* $2 == 1$: *Falsch*
~=	Ungleich $a\sim= b$ ist nur dann wahr, wenn a und b ungleich sind.	$2\sim= 1$: *Wahr* $2\sim= 2$: *Falsch*
&	Logisches „und" Bedingung 1 und Bedingung 2 sind nur dann wahr, wenn sowohl Bedingung 1 als auch Bedingung 2 wahr sind.	$2 > 1$ & $5 < 10$: *Wahr* $2 > 1$ & $5 > 10$: *Falsch*
|	Logisches „oder" Bedingung 1/Bedingung 2 ist wahr, wenn entweder Bedingung 1 oder Bedingung 2 wahr ist.	$2 > 1$ | $5 < 10$: *Wahr* $2 > 1$ | $5 > 10$: *Wahr* $1 > 2$ | $5 > 10$: *Falsch*
>	Größer als $a > b$ ist wahr, nur wenn a größer als b ist.	$2 > 1$: *Wahr* $2 > 2$: *Falsch* $1 > 2$: *Falsch*
<	Kleiner als $a < b$ ist wahr, nur wenn a kleiner als b ist.	$1 < 2$: *Wahr* $1 < 1$: *Falsch* $2 < 1$: *Falsch*
>=	Größer als oder gleich $a >= b$ ist wahr, wenn a größer als b ist, oder a gleich b ist.	$5 >= 2$: *Wahr* $2 >= 2$: *Wahr* $5 >= 8$: *Falsch*
<=	Kleiner als oder gleich $a <= b$ ist wahr, wenn a kleiner als b ist, oder a gleich b ist.	$2 <= 5$: *Wahr* $2 <= 2$: *Wahr* $8 <= 5$: *Falsch*

3.4.2 MATLAB Beispiel 3.1: „if"-Anweisung

Der folgende MATLAB-Code in Abb. 3.18 zeigt die Verwendung einer *if*-Anweisung, Abb. 3.19 die dazugehörige Ausgabe.

Ausgabe:

randi ist eine MATLAB-Funktion, die zufällige Ganzzahlen generiert. Die Eingabeparameter der Funktion „20" stellen den maximalen Bereich der Ganzzahl dar, während 1 die Größe des Ausgabevektors angibt. Daher wird jedes Mal, wenn *randi* in dem o. g. Programm ausgeführt wird, ein pseudo-ganzzahliger Wert von x innerhalb des Bereichs von 20 zufällig generiert.

In der *if*-Anweisung innerhalb der ersten Klammer wird die Bedingung als $x > 10$ angegeben. Wenn diese Bedingung erfüllt ist, wird der nachfolgende Befehl – *disp('x ist größer als 10')* – ausgeführt; andernfalls wird dieser Befehl übersprungen. Zwei Ausgaben, die aus zwei aufeinanderfolgenden Durchläufen gene-

3.4 Conditional Statements (bedingte Anweisungen) ... 61

```
x=randi(20,1);
disp(['The value of x:', num2str(x)])
%% if statement
if (x>10)
    disp('x is greater than 10')
end
```

Abb. 3.18 Code – *if*-Anweisung

```
Command Window
  The value of x:1
fx >>
```

```
Command Window
  The value of x:19
  x is greater than 10
fx >>
```

Abb. 3.19 Ausgabe – *if*-Anweisung

```
x=randi(100,1);
disp(['The value of x:', num2str(x)])
%fprintf('The value of x: %d',x)
if (x>=80)
    disp('Grade: A')
elseif (x>=60 && x<80)
    disp('Grade: B')
elseif (x>=40 && x<60)
    disp('Grade: C')
else
    disp('Grade: F')
end
```

Abb. 3.20 Code – *elseif*- und *else*-Anweisung

riert wurden, sind oben gezeigt. In der ersten Ausgabe ist der Anfangswert von *x* 1, was die logische Bedingung nicht erfüllt. Daher ist die logische Bedingung der *if*-Anweisung im ersten Durchlauf FALSE und der nächste *disp*-Befehl wird ignoriert. In der zweiten Ausgabe ist der Wert von *x* 19, was die logische Bedingung erfüllt. Daher wird der nächste *disp*-Befehl ausgeführt. Der *end*-Befehl beendet schließlich die *if*-Anweisung.

Wenn mehrere Bedingungen vorhanden sind, sind die Befehle *else* und *elseif* hilfreich. Das folgende Beispiel beinhaltet beide Befehle (Abb. 3.20 und 3.21).

Ausgabe für vier verschiedene Durchläufe:

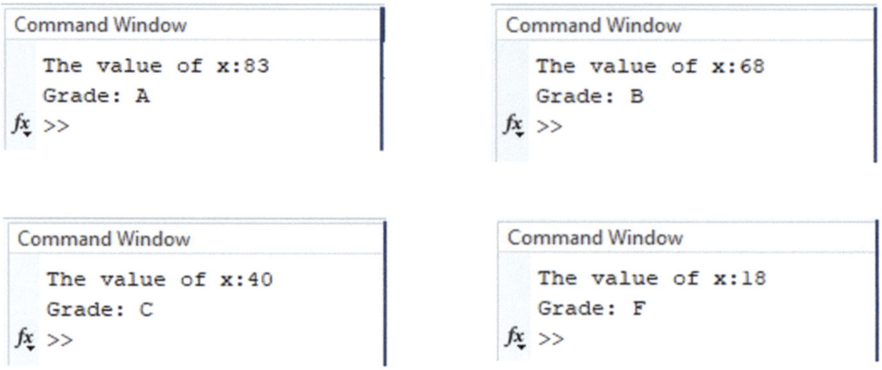

```
Command Window
   The value of x:83
   Grade: A
fx >>
```

```
Command Window
   The value of x:68
   Grade: B
fx >>
```

```
Command Window
   The value of x:40
   Grade: C
fx >>
```

```
Command Window
   The value of x:18
   Grade: F
fx >>
```

Abb. 3.21 Ausgabe – *elseif*- und *else*-Anweisung

Wenn mehrere Bedingungen berücksichtigt werden müssen, um verschiedene Aufgaben auszuführen, sind die Befehle *elseif* und *else* hilfreich. Wenn die erste logische Bedingung FALSE wird, wird die Ausführung des ersten Befehls übersprungen und sequenziell die zweite logische Bedingung innerhalb der *elseif*-Anweisung wie zuvor überprüft. So können mit mehreren *elseif*-Anweisungen mehrere Bedingungen für verschiedene Ausgaben festgelegt werden. Die *else*-Anweisung wird nützlich, wenn das Programm einen abschließenden Befehl ausführen muss, falls mehrere Bedingungen nicht erfüllt sind. Im o. g. Code haben die Ausgaben vier Ergebnisse – Note: A, B, C und F – abhängig von vier Bedingungen, die durch eine *if*-Anweisung, zwei *elseif*-Anweisungen und eine *else*-Anweisung behandelt wurden. Die Ergebnisse für vier verschiedene Noten wurden in der Ausgabe durch Ausführen mehrerer Durchläufe zur besseren Verständlichkeit des Codes gezeigt.

3.4.3 switch-Anweisung

Die *switch*-Anweisung ist eine weitere bedingte Anweisung, durch die mehrere Fälle für die Ausführung verschiedener Codeblöcke eingerichtet werden können. Sie funktioniert ähnlich der *if*-Anweisung, ist jedoch leichter zu verstehen. Allerdings kann die *switch*-Anweisung nicht für Ungleichheiten verwendet werden, sondern nur für diskrete Gleichheitsfälle.

> **switch** Switch-Ausdruck
>   **case** Case-Ausdruck
>   Ausführbare Anweisung
>   **case** Case-Ausdruck

3.4 Conditional Statements (bedingte Anweisungen) ...

```
        Ausführbare Anweisung
……. .......
    otherwise
        Ausführbare Anweisung
end
```

Um einen bestimmten Befehl auszuführen, muss der *switch*-Ausdruck mit dem *case*-Ausdruck übereinstimmen. Wann immer ein spezifischer *case*-Ausdruck mit einem *switch*-Ausdruck übereinstimmt, wird die entsprechende *case*-Anweisung ausgeführt und MATLAB verlässt den *switch*-Block.

3.4.4 MATLAB Beispiel 3.2: switch-Anweisung

Der folgende MATLAB-Code in Abb. 3.22 zeigt die Verwendung einer *switch*-Anweisung, Abb. 3.23 deren Ausgabe.

3.4.5 for-Loop (Schleife)

Die *for*-Loop (Schleife) ist eine sich wiederholende Struktur, bei der eine bestimmte Aufgabe systematisch wiederholt wird. Diese Loop führt eine Reihe von Aufgaben aus, deren Anzahl durch die Anweisungen (Eingabe in der ersten Zeile) definiert ist. Die *for*-Loop wird i. d. R. dann verwendet, wenn ein Zeitraum vorgegeben wird, für den die Operation ausgeführt werden muss. Innerhalb einer *for*-Loop können andere bedingte Anweisungen, wie die *if*-Anweisung oder verschachtelte *if*-Anweisungen, nach Bedarf eingebettet werden. Die Struktur der *for*-Loop wird wie folgt dargestellt:

```
for Index = Werte
    Anweisungen
end
```

3.4.6 MATLAB Beispiel 3.3: „for"-Loop

Der folgende MATLAB-Code in Abb. 3.24 zeigt die Verwendung einer *for*-Loop, Abb. 3.25 ihre Ausgabe.

```
x=input('Enter a Month:','s');
switch x
    case 'January'
        disp(['Number of Days in ',x,':31'])
    case 'February'
        disp(['Number of Days in ',x,':28'])
    case 'March'
        disp(['Number of Days in ',x,':31'])
    case 'April'
        disp(['Number of Days in ',x,':30'])
    case 'May'
        disp(['Number of Days in ',x,':31'])
    case 'June'
        disp(['Number of Days in ',x,':30'])
    case 'July'
        disp(['Number of Days in ',x,':31'])
    case 'August'
        disp(['Number of Days in ',x,':31'])
    case 'September'
        disp(['Number of Days in ',x,':30'])
    case 'October'
        disp(['Number of Days in ',x,':31'])
    case 'November'
        disp(['Number of Days in ',x,':30'])
    case 'December'
        disp(['Number of Days in ',x,':31'])
    otherwise
        disp('Enter a Correct Name of Month')
end
```

Abb. 3.22 Code – *switch*-Anweisung

```
Command Window
    Enter a Month:April
    Number of Days in April:30
fx >>
```

Abb. 3.23 Ausgabe – *switch*-Anweisung

3.4 Conditional Statements (bedingte Anweisungen) …

```
a = [2,4,6,8,10];
for i=1:length(a)
    fprintf('Iteration: %d\n', i);
    fprintf('Value: %d\n', a(i))
end
```

Abb. 3.24 Code – *for*-Loop

Abb. 3.25 Ausgabe – *for*-Loop

```
Command Window
>> for_loop
Iteration: 1
Value: 2
Iteration: 2
Value: 4
Iteration: 3
Value: 6
Iteration: 4
Value: 8
Iteration: 5
Value: 10
```

Ausgabe:

Im Beispiel wird ein Array *a* bereitgestellt, das ausgegeben werden soll. Nach dem *for*-Schlüsselwort wird einer Variablen *i* ein Bereich zur Verfügung gestellt. Die Variable ist ein Array von 1 bis zur Länge von *a* (5). Die Anweisungen innerhalb der *for*-Loop werden nach dem Einrückung geschrieben. Das *end*-Schlüsselwort nach den eingerückten Anweisungen zeigt das Ende der Loop an. Beim Ausführen des Programms gibt das Ergebnis an, dass während der Wert von *i* 1 ist, die folgenden zwei Anweisungen ausgeführt werden, wobei die Anzahl der Iterationen (der Wert von *i*) und der Wert für diese Iteration (der Wert im Array *a*) angezeigt werden. Der Vorgang wird wiederholt, bis der letzte Wert von *i* erreicht ist.

Mehrere *for*-Loops können auch wie *if*-Anweisungen verschachtelt werden. Dazu gibt es zwei weitere Anweisungen, die mit der Loop verbunden werden können. Eine *break*-Anweisung innerhalb der *for*-Loop hilft, die Loop zu verlassen.

Eine *continue*-Anweisung hingegen hilft einem Programm, die Anweisungen nach der *continue*-Anweisung zu überspringen und von der nächsten Iteration aus wieder zu starten.

3.5 Benutzerdefinierte Funktionen

Neben den eingebauten Funktionen bietet MATLAB auch die Möglichkeit, benutzerdefinierte Funktionen zu erstellen. Die benutzerdefinierte Funktion besteht aus drei Teilen – „**input parameters**" (**Eingabeparameter**), „**output variables**" (**Ausgabevariablen**) und „**executable commands**" (**ausführbare Befehle**) – um eine Aufgabe zu erfüllen. Eine benutzerdefinierte Funktion kann mehrere Eingaben und Ausgaben haben oder gar keine. Diese Funktion kann als Skriptdatei (MATLAB M-Datei) gespeichert und in einer separaten Skriptdatei verwendet werden, indem der Name der Funktion aufgerufen wird. Es ist zu beachten, dass beide Skriptdateien (Funktionsdatei, Hauptskriptdatei) im gleichen Pfad des Verzeichnisses sein müssen. MATLAB ermöglicht auch eine andere Art von benutzerdefinierter Funktion namens „Anonyme Funktion", die nicht als separate Skriptdatei gespeichert werden muss. Stattdessen kann die Funktion in der gleichen Hauptskriptdatei erstellt und im gleichen Skript verwendet werden.

3.6 Erstellen von benutzerdefinierten Funktionen

Die Strukturen zum Erstellen verschiedener benutzerdefinierter Funktionen basierend auf der Anzahl der Eingabe- und Ausgabeparameter sind wie folgt:

Funktion mit einer Eingabe und einer Ausgabe: **function** out = functionName(input1) Ausführbare Befehle für eine Aufgabe **Ende**	*Funktion mit mehreren Eingaben und einer Ausgabe:* **function** out = functionName(input1, input2, …) Ausführbare Befehle für eine Aufgabe **Ende**
Funktion ohne Eingabe und mit einer Ausgabe: **function** out = functionName () Ausführbare Befehle für eine Aufgabe **Ende**	*Funktion mit mehreren Eingaben und mehreren Ausgaben:* **function** [out1, out2, …] = functionName(input1, input2, …) Ausführbare Befehle für eine Aufgabe **Ende**

Hier repräsentieren *input1*, *input2*, … die Eingabevariablen der Funktion, während *out1*, *out2*, … die Ausgabeparameter bezeichnen. Nachdem eine Funktion in einer Skriptdatei geschrieben wurde, muss die Datei als M-Datei im gleichen Pfadverzeichnis der Hauptskriptdatei gespeichert werden, in der die Funktion ver-

5.8 Radar plot (Netzdiagramm)

```
clc;clear;
% Execution of Radar.m function
% Data: Four features of three different types battery
% Battery types: Li-ion, Liquid super capacitors, NaS
% Features: Power density, Energy density, Life cycle, Safety

% Input
I=[2 5 2 4;5 2.5 5 2;1 2 1.5 3];
Feature={'Power density','Energy density','Life cycle','Safety'};
Legend={'Li-ion','Liquid super capacitor','NaS'};
line_color=['r','g','b'];
Title={'Comparison of different battery types'};
% Function call
RADAR(I,Feature,Legend,line_color,Title)
```

Abb. 5.23 Code – Radar plot

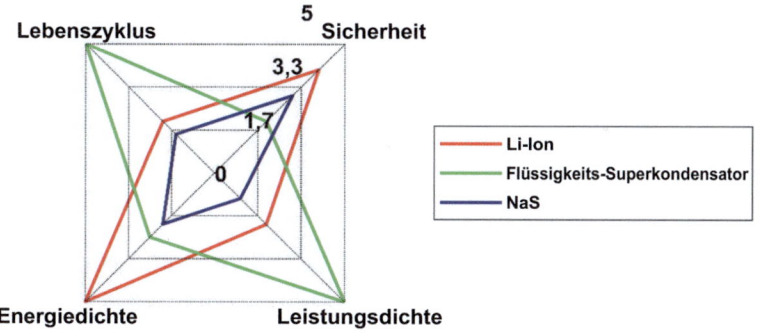

Abb. 5.24 Grafische Ausgabe – Radar plot

Um ein Radar plot zu zeichnen, bei dem verschiedene Batterien unter Berücksichtigung ihrer bestimmten Eigenschaften verglichen werden sollen, werden die Parameter Leistungsdichte, Energiedichte, Lebenszyklus und Sicherheit benötigt. Die Batterien, die in diesem Fall zum Vergleich herangezogen wurden, sind Li-Ion, flüssiger Superkondensator und NaS. Die Werte der genannten Merkmale für jede dieser Batterien stammen aus Ref. [5]. Alle diese Werte wurden in einen Bereich von 0 bis 5 eingestuft, wobei 5 den günstigsten Rang und 0 den ungünstigsten Rang anzeigt. Der entsprechende RADAR-Code wird in Abb. 5.23 gezeigt, die dazugehörige Ausgabe in Abb. 5.24.

Ausgabe
Aus der obigen Abbildung geht hervor, dass die flüssige Superkondensatorbatterie im Vergleich zu anderen Batterien die höchste Lebensdauer und Leistungsdichte bietet. Li-Ion ist als Batterie hingegen von Vorteil, wenn man die Parameter Sicherheit und Energiedichte berücksichtigt. Mit dem dargestellten Netzdiagramm kann eine spezifische Batterie auf der Grundlage der gewünschten Merkmale ausgewählt werden.

5.9 3D-Diagramm

Ein 3D-Diagramm verbessert die Visualisierung, da die enthaltene Figur in einem dreidimensionalen Raum gedreht werden kann. Jedes Diagramm ist i. d. R. in einer 3D-Ansicht besser zu begreifen als in ihrer 2D-Variante. In MATLAB können einige Diagramme, wie z. B. Tortendiagramme, Balkendiagramme usw., in eine 3D-Ansicht konvertiert werden. Um ein 3D-Tortendiagramm zu erstellen, wird dem ursprünglichen Befehl am Ende des Funktionsnamens eine „3" hinzugefügt:

> **3D-Pie (Torten)-Diagramm-Befehl für MATLAB:**
> $pie3(x, explode.)$

5.9.1 MATLAB Beispiel 5.11: 3D-Pie (Torten)-Diagramme

Der folgende MATLAB-Code in Abb. 5.25 dient der Erstellung eines 3D-Tortendiagramms (dazugehörige Ausgabe in Abb. 5.26). Das Diagramm zeigt den Anteil verschiedener Nutzersektoren am Stromverbrauch in den USA im Jahr 2018.

```
%% 3D pie plot
% Data: Electricity consumption by different sectors in USA (2018)
clc;clear;
x = [35.4,25.9,2,38.5];
explode=[0,0,1,0];
pie3(x,explode);
title('Electricity consumption by different sectors in USA (2018)')
labels = {'Commercial','Industrial','Transportation','Residential'};
legend(labels,'Location','best');
```

Abb. 5.25 Code – 3D-Pie (Torten)-Diagramm

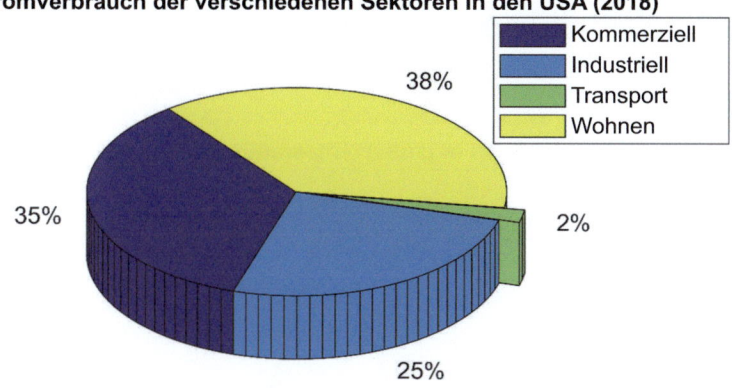

Abb. 5.26 Grafische Ausgabe – 3D-Pie (Torten)-Diagramm

5.10 Exportieren und Qualitätsanpassung Abbildungen

In MATLAB ist es möglich, die Qualität der Abbildung beim Export durch Auswahl des dpi-Wertes anzupassen. Die meisten Zeitschriften erwarten, dass eine Mindestqualität der Abbildungen eingehalten wird. Der empfohlene dpi-Wert für eine gute Abbildungsqualität liegt allgemein bei 300 dpi. In MATLAB kann beim Export einer Abbildung der dpi-Wert manuell angepasst werden. Im Standardmodus liegt er unter 300 dpi.

Schritt 1 Nachdem eine Abbildung in MATLAB erstellt wurde, ist der erste Schritt die Auswahl von „**File**" **(Datei)** und dann „**Export Setup**" **(Exporteinstellungen)**. Dadurch öffnet sich das in Abb. 5.27 gezeigte Fenster.

Schritt 2 Nach der Auswahl von „Export Setup" erscheint das folgende Fenster (Abb. 5.28).

In diesem Fenster muss zunächst „Rendering" ausgewählt werden. Dann erfolgt die Auswahl der Option „**Resolution (dpi)**" **(Auflösung)**. In diesem Dropdown-Feld kann der Benutzer den gewünschten dpi-Wert auswählen. In Abb. 5.28 beträgt die Resolution 600 dpi.

Schritt 3 In diesem Schritt wird die Option „**Apply to Figure**" **(Auf Abbildung anwenden)** angeklickt und die Schaltfläche „**Export**" **(Exportieren)** gewählt. Die Abbildung muss nun im gewünschten Format gespeichert werden.

Durch Befolgen der o. g. Schritte können höherwertige Abbildungen generiert und aus MATLAB exportiert werden.

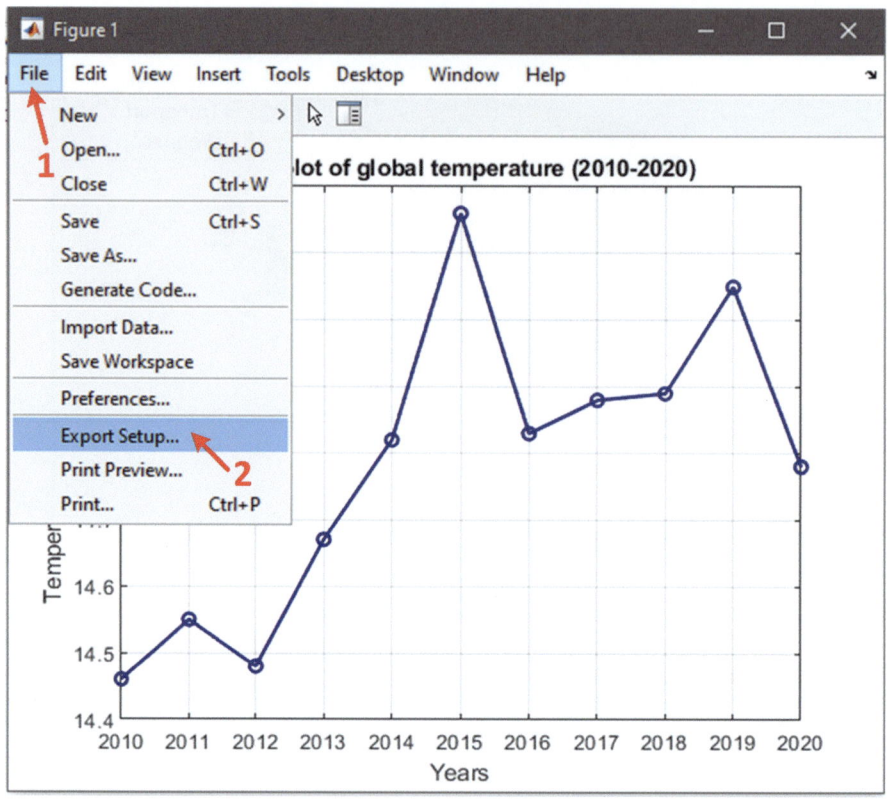

Abb. 5.27 Exporteinstellungen aus Datei

5.11 Schlussfolgerung

Die Leser sollen durch dieses Kapitel in der Lage sein, Visualisierungstechniken in MATLAB zu implementierten. Dazu zählen Linien-, Balken-, Flächen-, Oberflächen- sowie Kreisdiagramme, Heat Maps und 3D-Diagramme. Für all diese Visualisierungen gibt es bei MATLAB eingebaute Funktionen, die weitere Möglichkeiten der Selbstanpassung bieten. Das Netzdiagramm wurde ebenfalls in diesem Kapitel dargestellt. Für die Erstellung eines solchen Diagramms muss eine benutzerdefinierte Funktion erstellt werden, wie in diesem Kapitel gezeigt. Das Kapitel endet mit der Demonstration des Exports und der Qualitätssteigerung von Bildern, die in MATLAB erstellt wurden.

Übung 5

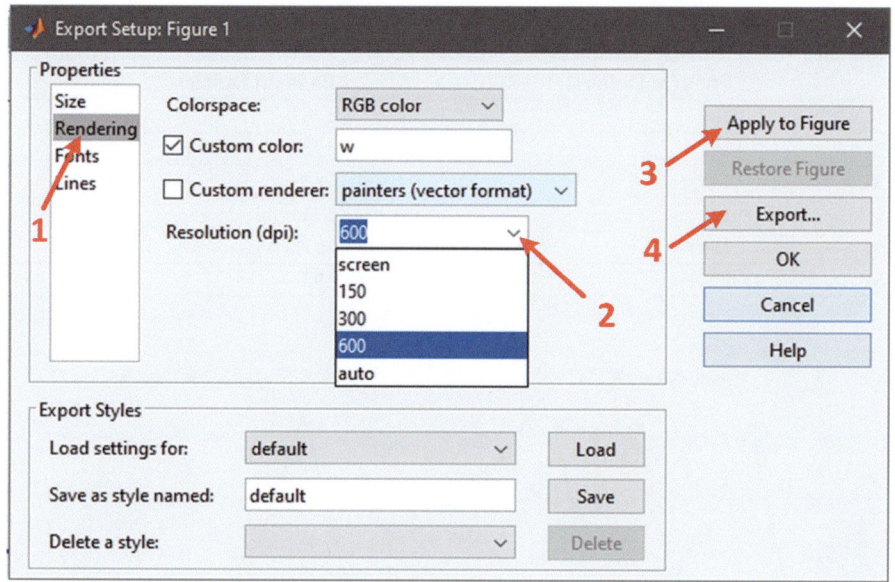

Abb. 5.28 Fenster für Exporteinstellungen

Übung 5

1. Nennen Sie verschiedene Arten von Diagrammen, die in MATLAB gezeichnet werden können.
2. Was ist der Unterschied zwischen:
    a) *plot* und *subplot*,
    b) *hold on* und *hold off*,
    c) *Bar* und *barh*,
    d) *pie* und *pie3?*
3. Zwei Produkte haben einen Durchschnittspreis, der über verschiedene Monate des Jahres variiert, wie in Tab. 5.5 gezeigt. Erstellen Sie aus den Daten ein Line plot:
    a) mit Unterdiagrammen,
    b) mit doppelter Achse, wobei die linke Achse den Preis des Produkts A und die rechte Achse den Preis des Produkts B anzeigt.

Die Diagramme sollten den Abb. 5.29 und 5.30 ähneln.

4. Ein neues Start-up in den jeweiligen Arbeitsbereichen unterschiedlich viele Teammitglieder (Tab. 5.6). Stellen Sie die Daten mit MATLAB in einem a) horizontalen Balkendiagramm und b) vertikalen Balkendiagramm dar.

Tab. 5.5 Durchschnittspreise der Produkte A und B in 6 Monaten

Monate	Durchschnittspreis des Produkts A Preis (in Dollar)	Durchschnittspreis des Produkts B Preis (in Dollar)
1	129	178
2	155	198
3	145	183
4	131	174
5	160	181
6	151	193

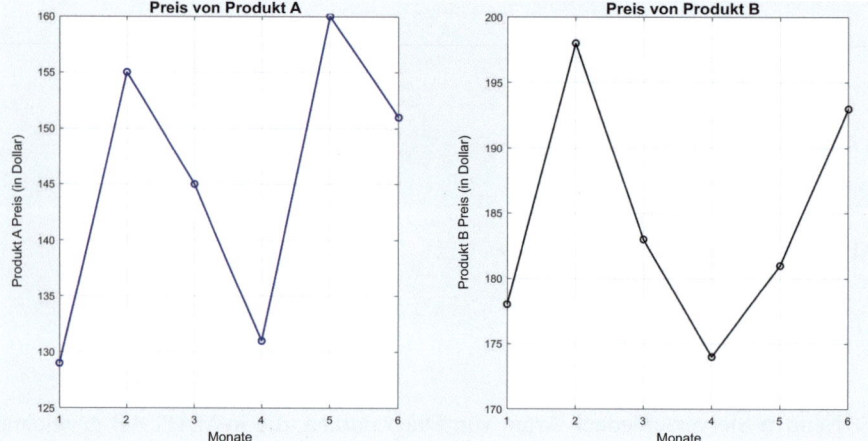

Abb. 5.29 Erwartete grafische Ausgabe für Frage 3a

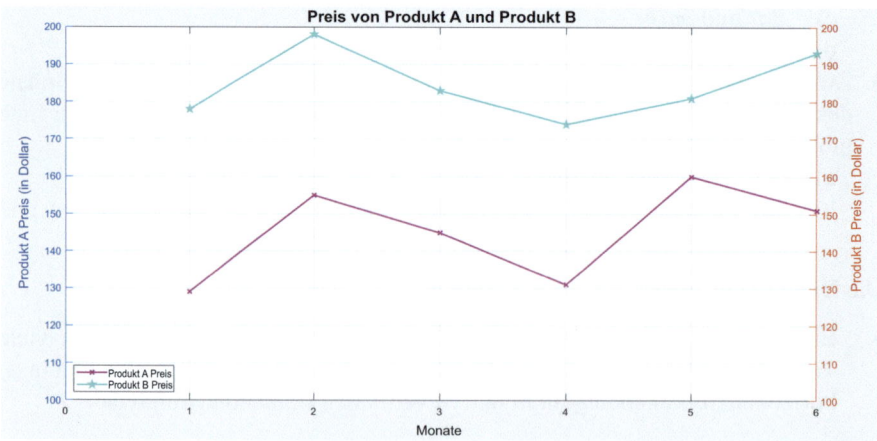

Abb. 5.30 Erwartete grafische Ausgabe für Frage 3b

5.11 Schlussfolgerung

Tab. 5.6 Anzahl der Mitglieder in jedem Team

Team	Mitglieder
HR	5
Softwareteam	15
Elektriker	22
Mechaniker	17
Geschäftsführungsteam	8
Marketingteam	10

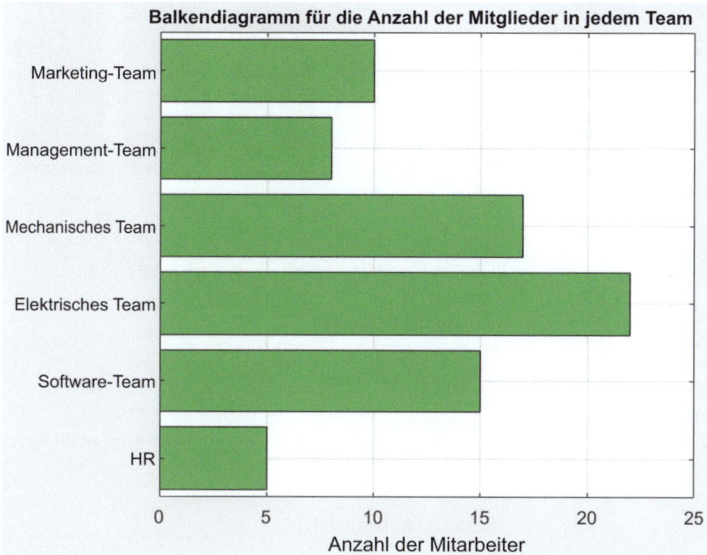

Abb. 5.31 Erwartete grafische Ausgabe für Frage 3b

Die Diagramme sollten den Abb. 5.31 und 5.32 ähneln.

5. Für Universitätslabore sollen Geräte angeschafft werden. Die benötigte Anzahl wird geschätzt (Tab. 5.7).

Verwenden Sie MATLAB, um die genannten Daten in einem:

a) 2D-Kreisdiagramm darzustellen (mit und ohne *explode*-Funktion des kleinsten Kreises unter Verwendung von *subplot*)
b) 3D-Kreisdiagramm darzustellen (mit und ohne *explode*-Funktion des größten Kreises unter Verwendung von *subplot*).

Die Diagramme sollten den Abb. 5.33 und 5.34 ähneln.

6. Tab. 5.8 zeigt die Temperatur an unterschiedlichen Tagen.

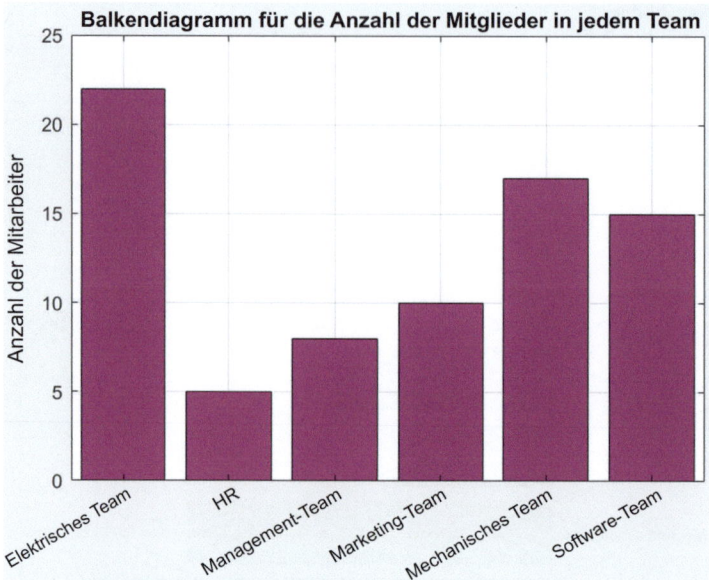

Abb. 5.32 Erwartete grafische Ausgabe für Frage 4b

Tab. 5.7 Anzahl jedes Gerätetyps

Ausrüstung	Nummer
Elektrische Maschinen	7
Kommunikationstrainer-Kit	5
Elektronik-Trainer-Kit	6
SPS	15
Verschiedene IC-Boxen	10

Zeichnen Sie die Heatmap aus den o. g. Daten mit MATLAB. Das Diagramm sollte dem in Abb. 5.35 ähneln.

5.11 Schlussfolgerung

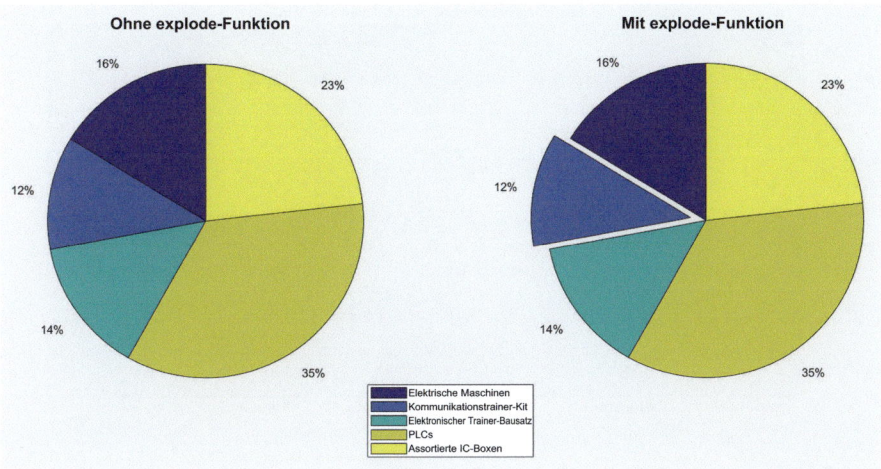

Abb. 5.5 Erwartete grafische Ausgabe für Frage 5a

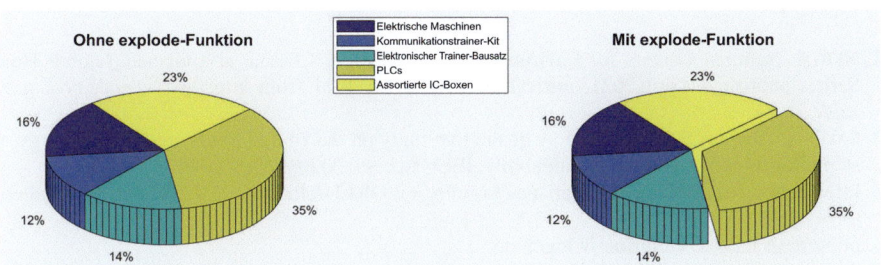

Abb. 5.34 Erwartete grafische Ausgabe für Frage 5b

Tab. 5.8 Die Temperatur (in °C) zu verschiedenen Zeiten an verschiedenen Tagen

Datum/ Uhrzeit	12 Uhr nachts	4 Uhr morgens	8 Uhr morgens	12 Uhr mittags	4 Uhr nach- mittags	8 Uhr abends
1. März	31.5	29.3	30.1	33.2	32.5	31.7
2. März	29.8	28.4	29.0	30.3	30.1	28.8
3. März	27.9	28.1	29.2	30.0	29.5	28.1
4. März	30.7	29.6	30.2	31.6	32.9	32.7
5. März	31.2	30.5	30.4	30.9	31.8	31.4
6. März	31.1	30.6	31.6	32.5	33.7	32.2

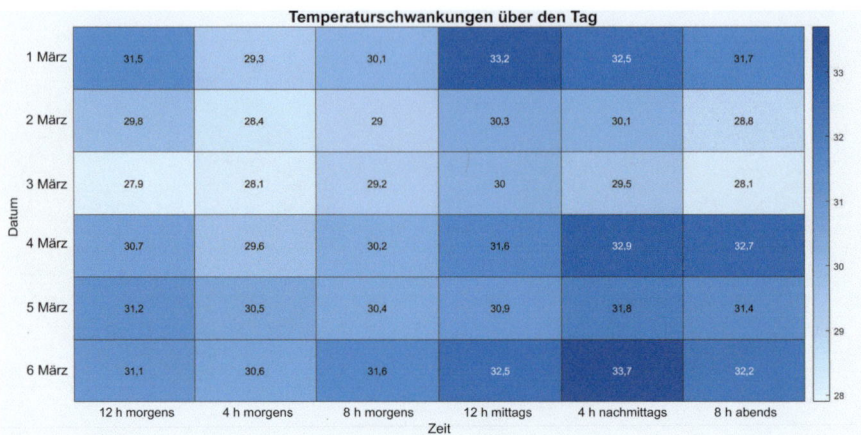

Abb. 5.35 Erwartete grafische Ausgabe für Frage 6

Literatur

1. NOAA. National Centers for Environmental information, Climate at a Glance: Global Time Series, published April 2021, retrieved on April 14, 2021 from https://www.ncdc.noaa.gov/cag/.
2. Sakib N, Hossain E, Ahamed SI. A qualitative study on the United States internet of energy: a step towards computational sustainability. IEEE Access. 2020;8:69003–37.
3. https://www.iea.org/data-and-statistics?country=WORLD&fuel=CO2%20emissions&indicator=TotCO2.
4. http://oasis.caiso.com/mrioasis/logon.do.
5. http://www.flashchargebatteries.com/solution/.

Kapitel 6
Gleichungen lösen

6.1 Einführung

Für das Arbeiten als Ingenieur spielt das Lösen von Gleichungen eine wichtige Rolle, die manuelle Lösungsfindung nimmt dabei viel Zeit und Denkarbeit in Anspruch. In MATLAB können Gleichungen mit ein paar Codezeilen gelöst werden, ohne viel Zeit und Mühe zu investieren. In diesem Kapitel werden die Grundlagen der linearen Algebra erklärt und Techniken zur Lösung verschiedener Arten von algebraischen und Differentialgleichungen mit mehreren Beispielen vorgestellt.

6.2 Lineare Algebra

Rang Der Rang einer Matrix kann als **maximale Anzahl linear unabhängiger Zeilen oder Spalten** definiert werden. Ein Zeilen- oder Spaltenvektor wird dabei als linear unabhängig betrachtet, wenn...

a) ...der Vektor kein Skalarvielfaches anderer Vektoren ist.
b) ...der Vektor nicht das Resultat der Kombinationen anderer Vektoren ist.

Wenn die Dimension einer Matrix *„row" (Zeile)* × *„col" (Spalte)* ist, wird der Rang dieser Matrix die maximale Anzahl linear unabhängiger Zeilen oder Spalten sein. Genauer gesagt:

a) Wenn row > *col,* dann ist der Rang der Matrix≡ maximale Anzahl linear unabhängiger Spalten.
b) Wenn row < *col,* dann ist der Rang der Matrix≡ maximale Anzahl linear unabhängiger Zeilen.

Der Rang einer Matrix kann in MATLAB mit der Funktion *Rang* wie folgt bestimmt werden:

> **MATLAB-Befehl zur Bestimmung des Rangs einer Matrix, A:**
> *Rang(A)*

6.2.1 MATLAB Beispiel 6.1: Rang

Bestimmen Sie die Ränge der folgenden beiden Matrizen A und B:
i) $A = [1\ 2\ 4; 2\ 4\ 8]$
ii) $B = [1\ 1\ 2; 5\ 2\ 7; 0\ 4\ 4; 2\ 6\ 8]$

Den MATLAB-Code für dieses Beispiel zeigt Abb. 6.1, die dazugehörige Ausgabe Abb. 6.2.

Eigenvector (Eigenvektor) und Eigenvalue (Eigenwert)
Betrachten Sie eine quadratische Matrix *X* der Dimension $n \times n$. Der „**Eigenvector**" (Eigenvektor) *v* der quadratischen Matrix A bedeutet eine lineare Transformation, die der folgenden Bedingung in Gleichung (6.1) folgt:

$$Xv = \lambda v \tag{6.1}$$

Hier ist λ ein Skalarwert, der auch als „**Eigenvalue**" (Eigenwert) betrachtet werden kann und $v \in R^n$ ein von null verschiedener Vektor.

Zur Bestimmung der Eigenvalue gilt die folgende Gleichung für λ:

$$|XI - \lambda| = 0, \tag{6.2}$$

```
% Determining rank
% Input matrix, A
clc; clear;
A=[1 2 4;2 4 8];
disp('The rank of the matrix A:')
rank(A)
% Input matrix, B
B=[1 1 2;5 2 7;0 4 4;2 6 8];
disp('The rank of the matrix B:')
rank(B)
```

Abb. 6.1 Code – Bestimmung des Rangs einer Matrix

6.2 Lineare Algebra

Abb. 6.2 Ausgabe – Bestimmung des Rangs einer Matrix

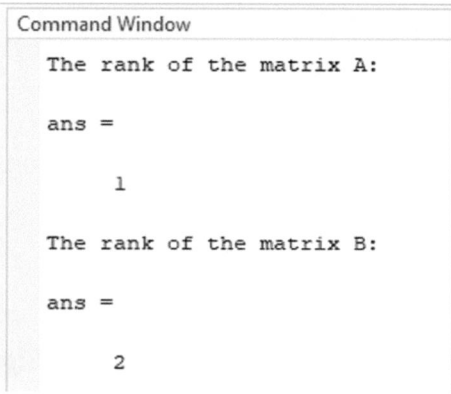

wobei *I* die Identitätsmatrix mit der gleichen Dimension wie *X* ist. In MATLAB können Eigenwerte durch die Funktion *eig*() bestimmt werden.

> **Finden von Eigenwerten einer Matrix, *X*, in MATLAB:**
> *eig*(*X*)

Es ist zu beachten, dass die Eingabematrix *X* immer eine quadratische Matrix sein muss.

6.2.2 MATLAB Beispiel 6.2: Eigenvalue

Finden Sie die Eigenvalue der folgenden Matrix, *X*:

$$X = [1\ 2\ 0;\ 0\ 5\ 0;\ 1\ 3\ 1\ ] \tag{6.3}$$

Der MATLAB-Code für dieses Beispiel ist in Abb. 6.3 mit seiner Ausgabe in Abb. 6.4 wiedergegeben.

```
% Eigenvalue
% Input matrix, X
clc; clear;
X=[1 2 0;0 5 0;1 3 1];
disp('The eigenvalues of X are:')
eig(X)
```

Abb. 6.3 Code – Bestimmung Eigenvalue einer Matrix

Abb. 6.4 Ausgabe – Bestimmung Eigenvalue einer Matrix

```
Command Window

The eigenvalues of X are:

ans =

     1
     1
     5
```

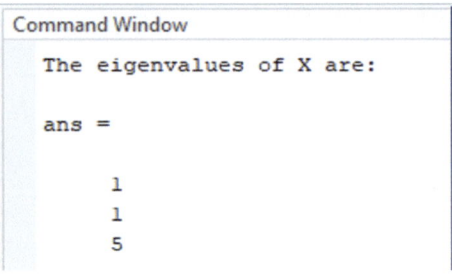

6.2.3 *MATLAB Beispiel 6.3: Eigenvector*

Finden Sie den Eigenvector der folgenden Matrix, X:

$$X = [1\ 2\ 0;\ 0\ 5\ 0;\ 1\ 3\ 1\ ] \tag{6.4}$$

Den MATLAB-Code für dieses Beispiel zeigt Abb. 6.5 mit der dazugehörigen Ausgabe in Abb. 6.6.

Hier liefert der MATLAB-Befehl [*vector*, *lambda*] = *eig*(*X*) zwei Ausgaben – den Eigenvektor (*vector*) und einen Diagonalvektor, der die Eigenwerte enthält (*lambda*). Mit dem obigen Code können sowohl Eigenwerte als auch Eigenvektoren bestimmt werden.

```
% Eigenvalue
% Input matrix, X
% [vector, lambda]=eig(X)
% Here, vector is the eigenvector
% lambda is a diagonal vector containing the eigenvalues
clc; clear;
X=[1 2 0;0 5 0;1 3 1];
[vector,lambda]=eig(X);
disp('The eigenvalues of X:')
lamda=sum(lambda)
disp('The eigenvector of X:')
vector
```

Abb. 6.5 Code – Bestimmung des Eigenvectors einer Matrix

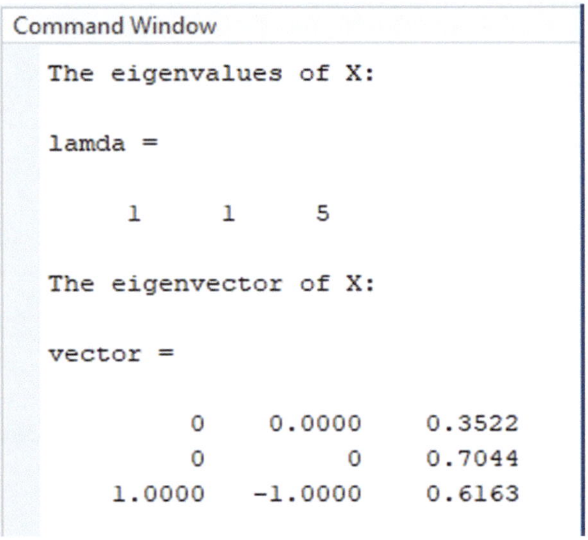

6.3 Quadratic Equations (Quadratische Gleichungen)

```
Command Window
  The eigenvalues of X:

  lamda =

       1     1     5

  The eigenvector of X:

  vector =

            0    0.0000    0.3522
            0         0    0.7044
       1.0000   -1.0000    0.6163
```

Abb. 6.6 Ausgabe – Bestimmung Eigenvector einer Matrix

6.3 Quadratic Equations (Quadratische Gleichungen)

Jede „quadratic equation" (quadratische Gleichung) kann in MATLAB mit dem *solve*-Befehl gelöst werden. Er kann auch verwendet werden, um mehrere Gleichungen mit mehreren Variablen zu lösen. Die Größen der *solve*-Funktion lauten:

> **Gleichungen in MATLAB lösen:**
> *solve*(equation, v*ariable*)

Das gilt für einzelne wie für mehrere Variablen. Die Ausgabe der *solve*-Funktion kann ebenso einzeln oder mehrfach sein. Im Folgenden werden einige Beispiele zur Lösung verschiedener Arten von Gleichungen mit der *solve*-Funktion gezeigt.

6.3.1 MATLAB Beispiel 6.4: Solving quadratic equation

Betrachten Sie eine quadratic equation: $2x^2 + 4x + 5 = 0$. Bestimmen Sie die Werte von x mit MATLAB.q

Der MATLAB-Code für dieses Beispiel ist in Abb. 6.7 mit der Ausgabe in Abb. 6.8 gegeben.

```
% Solving quadratic equation
% 2x^2+4x+5=0
% Determine the values of x
clc;clear;
syms x
x_val=solve(2*x^2+4*x+5==0,x);
disp('The solutions are:');
x_val
```

Abb. 6.7 Code – Solve quadratic equations

Abb. 6.8 Ausgabe – Solve quadratic equations

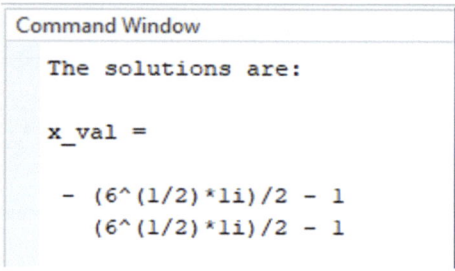

Ausgabe

Hier ist der höchste Grad von x 2. Daher wird die Lösung zwei Werte von x haben. Die Ausgabe in Abb. 6.8 bestätigt diese Theorie.

6.3.2 MATLAB Beispiel 6.5: solve-Funktion

Betrachten Sie die folgenden zwei Gleichungen:

$$2x^2 + 4xy + 5 = 0 \tag{6.5}$$

$$3y^2 + 5xy - 2 = 0 \tag{6.6}$$

Bestimmen Sie die Werte von x und y mit MATLAB.

Den MATLAB-Code für dieses Beispiel zeigt Abb. 6.9 mit der dazugehörigen Ausgabe in Abb. 6.10.

In dem obigen Beispiel wurden zwei quadratische Gleichungen mit zwei Variablen gelöst. Die *solve*-Funktion bietet so Möglichkeiten, verschiedene Arten von Gleichungen zu lösen. Das *syms* wird hier verwendet, um die unbekannten Variablen zu Beginn der Implementierung der *solve*-Funktion zu definieren.

6.4 Differential Equations (Differentielle Gleichungen)   135

```
%% Two quadratic equations
% 2x^2+4xy+5=0
% 3y^2+5xy-2=0
% Determine the values of x and y
clc;clear;
syms x y
[x_val,y_val]=solve(2*x^2+4*x*y+5==0,3*y^2+5*x*y-2==0);
disp('The solutions are:');
disp('x =');
disp(x_val);
disp('y =');
disp(y_val);
```

Abb. 6.9 Code – *solve*-Funktion

```
Command Window
  The solutions are:
  x =
   (153*(47/28 - (5*849^(1/2))/84)^(1/2))/20 - (21*(47/28 - (5*849^(1/2))/84)^(3/2))/10
   (153*((5*849^(1/2))/84 + 47/28)^(1/2))/20 - (21*((5*849^(1/2))/84 + 47/28)^(3/2))/10
   (21*(47/28 - (5*849^(1/2))/84)^(3/2))/10 - (153*(47/28 - (5*849^(1/2))/84)^(1/2))/20
   (21*((5*849^(1/2))/84 + 47/28)^(3/2))/10 - (153*((5*849^(1/2))/84 + 47/28)^(1/2))/20

  y =
   -(47/28 - (5*849^(1/2))/84)^(1/2)
   -((5*849^(1/2))/84 + 47/28)^(1/2)
    (47/28 - (5*849^(1/2))/84)^(1/2)
    ((5*849^(1/2))/84 + 47/28)^(1/2)
```

Abb. 6.10 Ausgabe – *solve*-Funktion

6.4 Differential Equations (Differentielle Gleichungen)

6.4.1 Gewöhnliche Differentialgleichungen

Gewöhnliche Differentialgleichungen können mit der Funktion *dsolve* gelöst werden. Sie kann für Differentialgleichungen 1., 2. und 3. Ordnung verwendet werden. Die Eingabeparameter der Funktion *dsolve* lauten:

Gleichungen lösen:
dsolve(equation, *condition*)

Die Funktion *dsolve* beinhaltet wie oben angegeben zwei Parameter – die **„equation" (Gleichung)**, die die zu lösende Differentialgleichung darstellt, und die **„condition" (Bedingung)**, die eine optionale Funktion ist. Sind Anfangsbedingungen gegeben, liefert die Funktion eine genaue Lösung basierend auf diesen Bedingungen. Andernfalls liefert die Funktion ein allgemeines Ergebnis mit einer unbekannten Konstanten *C1*. Daher kann die Funktion *dsolve* auch zur Lösung von Anfangswertproblemen verwendet werden.

Einige Beispiele, die die Lösung von Differentialgleichungen 1.bis 3. Ordnung veranschaulichen, sind in den folgenden Beispielen dargestellt.

6.4.2 MATLAB Beispiel 6.6: First-Order DifferentialEquation (Differentialgleichung 1. Ordnung)

Betrachten Sie die folgende First-order differential equation:

$$\frac{dy}{dx} = 2x + y \tag{6.7}$$

i) Lösen Sie die Differentialgleichung.
ii) Geben Sie die Lösung für die Anfangsbedingung $y(0) = 1$ an.

Der MATLAB-Code für dieses Beispiel ist in Abb. 6.11 mit seiner Ausgabe in Abb. 6.12 gegeben.

```
% 1st order differential equation
% dy/dx=2*x+y;
% Solve the differential equation
clc;clear;
syms y(x)
diff_eq= diff(y,x)==2*x+y;
disp('Solution without initial condition:')
Sol_y(x)=dsolve(diff_eq)
% If the initial condition y(0)=1
condition=y(0)==1;
disp('Solution with initial condition:')
Sol_y(x)=dsolve(diff_eq,condition)
```

Abb. 6.11 Code – First-order differential equation

```
Command Window
    Solution without initial condition:

    Sol_y(x) =

    C1*exp(x) - 2*x - 2

    Solution with initial condition:

    Sol_y(x) =

    3*exp(x) - 2*x - 2
```

Abb. 6.12 Ausgabe – First-order differential equation

6.4.3 MATLAB Beispiel 6.7: Second-Order Differential Equation

Lösen Sie die folgende Second-order differential equation:

$$\frac{d^2y}{dx^2} = 2x^2 + 3\frac{dy}{dx} - 5; \quad y(0) = 1, y'(0) = 1 \tag{6.8}$$

Den MATLAB-Code für dieses Beispiel zeigt Abb. 6.13, seine Ausgabe Abb. 6.14.

```matlab
% 2nd order differential equation
% (dy/dx)^2= 2*x^2+ 3*dy/dx-5;
% Initial conditions: y(0)=1, y'(0)=1
% Solve the differential equation
clc;clear;
syms y(x)
diff_eqn=diff(y,x,2)==2*x^2+3*diff(y,x)-5;
condition1=y(0)==1;
dy=diff(y,x);
condition2=dy(0)==1;
condition=[condition1 condition2];
Sol_y(x)=dsolve(diff_eqn,condition)
```

Abb. 6.13 Code – Second-order differential equation

```
Command Window

  Sol_y(x) =

  (41*x)/27 - (14*exp(3*x))/81 - (2*x^2)/9 - (2*x^3)/9 + 95/81
```

Abb. 6.14 Ausgabe – Second-order differential equation

6.4.4 MATLAB Beispiel 6.8: Third-Order DifferentialEquation (Differentialgleichung 3. Ordnung)

Lösen Sie die folgende Third-order differential equation:

$$\frac{d^3y}{dx^3} = 3x^2 + 3\frac{d^2y}{dx^2} - 2\frac{dy}{dx} + 1; \quad y(0)=1, y'(0)=0, y''(0)=1 \quad (6.9)$$

Der MATLAB-Code für dieses Beispiel ist in Abb. 6.15 dargestellt, mit seiner Ausgabe in Abb. 6.16.

```
% 3rd order differential equation
% (dy/dx)^3= 3*x^2+3*(dy/dx)^2-2*dy/dx+1;
% Initial conditions: y(0)=1, y'(0)=0, y''(0)=1;
% Solve the differential equation
clc;clear;
syms y(x)
diff_eqn=diff(y,x,3)==3*x^2+3*diff(y,x,2)-2*diff(y,x)+1;
dy=diff(y,x);
d2y=diff(y,x,2);
condition1=y(0)==1;
condition2=dy(0)==0;
condition3=d2y(0)==1;
condition=[condition1 condition2 condition3];
Sol_y(x)=dsolve(diff_eqn,condition)
```

Abb. 6.15 Code – Third-order differential equation

6.4 Differential Equations (Differentielle Gleichungen)   139

```
Command Window

Sol_y(x) =

(23*x)/4 + (9*exp(2*x))/8 - 8*exp(x) + (9*x^2)/4 + x^3/2 + 63/8
```

Abb. 6.16 Ausgabe – Third-order differential equation

6.4.5 Partial differential equation (partielle Differentialgleichungen)

Bei der partiellen Ableitung einer Funktion mehrerer Variablen wird die Differentiation in Bezug auf eine Variable durchgeführt, während die restlichen Variablen als konstant betrachtet werden. Um eine „**partial differential equation**" **(partielle Differentialgleichung)** zu lösen, ist der erste Schritt, die partiellen Ableitungsterme mit dem *diff*()-Befehl zu bearbeiten. Der Unterschied zwischen der gewöhnlichen und der partiellen Ableitung wird durch die Definition der Symbole der Variablen am Anfang des MATLAB-Codes gemacht. Bei der gewöhnlichen Differentiation wird die Ausgabevariable als Funktion anderer Variablen definiert. Bei partiellen Ableitungen wird jedoch nur eine als aktive Variable eingesetzt, während die restlichen als Konstanten betrachtet werden.

6.4.6 MATLAB Beispiel 6.9: Partial differential equation

Betrachten Sie die folgende partial differential equation:

$$\frac{\partial}{\partial x}(2x^2 + y - 5) - x^2 = 0 \qquad (6.10)$$

Lösen Sie die partial differential equation für *x*.

Den MATLAB-Code für dieses Beispiel zeigt Abb. 6.17, seine Ausgabe Abb. 6.18.

Ausgabe
Hier wurde nach dem Lösen jedes partiellen Ableitungsterms die *solve*()-Funktion verwendet, um die partial differential equation für *x* zu lösen.

```
% Partial differential equation
% del(F)/del(x) - x^2 = 0
% Here, F = 2*x^2+y-5
% Solve the partial differential equation for x
clc;clear;
syms x y
F=2*x^2+y-5;
P_diff=diff(F,x);
disp('Solution:')
Sol_x=solve(P_diff-x^2==0,x)
```

Abb. 6.17 Code – Partial differential equation

Abb. 6.18 Ausgabe – Partial differential equation

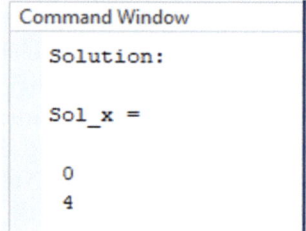

6.5 Integral Equations (Integralgleichungen)

In MATLAB kann die Integration mit der Funktion *int*() gelöst werden. Es gibt zwei Arten von Integralen: ein **„definite" (bestimmtes)** und ein **„indefinite" (unbestimmtes)** Integral. Bei einem unbestimmten Integral sind die Grenzen nicht definiert, während bei einem bestimmten Integral die Grenzen (in Bezug auf die Integration) für die Variable definiert sind. Um eine Integralgleichung zu lösen, ist der erste Schritt, die Werte der Integralbegriffe zu bestimmen.

> **Integration einer Funktion *f* in Bezug auf *x* mit einer Grenze von [a, b] in MATLAB:**
> *int(f, x, a, b)*

Nachdem die Integralbegriffe bestimmt wurden, können Integralgleichungen mit *solve*() gelöst werden.

6.5.1 MATLAB Beispiel 6.10: Integral equation

Betrachten Sie die folgende einfache Integralgleichung:

$$\int 2x^2 \,.dx - 3x = 0 \qquad (6.11)$$

i) Lösen Sie die obige Integralgleichung für x.
ii) Wenn die Grenze von x [0 2] ist, wie lautet dann die Lösung für x?

Der MATLAB-Code ist in Abb. 6.19 mit seiner Ausgabe in Abb. 6.20 wieder gegeben.

```
% Integral equation
% Integration[2*x^2].dx - 3x = 0
% Without limit
clc;clear;
syms x
I1=int(2*x^2,x);
disp('The solution without limit:')
x_sol=solve(I1-3*x==0,x)
% With limit of [0 2]
I2=int(2*x^2,x,0,2);
disp('The solution with limit:')
x_sol=solve(I2-3*x==0,x)
```

Abb. 6.19 Code – Integral equation

```
Command Window
   The solution without limit:

   x_sol =

                   0
     -(3*2^(1/2))/2
      (3*2^(1/2))/2

   The solution with limit:

   x_sol =

     16/9
```

Abb. 6.20 Ausgabe – Einfache integral equation

6.5.2 MATLAB Beispiel 6.11: Multivariable IntegralEquation (mehrvariable Integralgleichung)

Betrachten Sie die folgende mehrvariable Integralgleichung:

$$\int (x^2 + e^y).dx = 0 \tag{6.12}$$

i) Lösen Sie die obige Integralgleichung für y.
ii) Wenn die Grenze von x [0 1] ist, wie lautet dann die Lösung für y?

Den MATLAB-Code für dieses Beispiel zeigt Abb. 6.21, seine Ausgabe Abb. 6.22.

```matlab
% Integral equation
% Integration[x^2+exp(y))].dx=0
% Without limit
clc;clear;
syms x y
I1=int(x^2+exp(y),x);
disp('The solution without limit:')
y_sol=solve(I1==0,y)
% With limit of [0 1]
I2=int(x^2+exp(y),x,0,1);
disp('The solution with limit:')
y_sol=solve(I2==0,y)
```

Abb. 6.21 Code – Multivariable integral equation

```
Command Window
    The solution without limit:

    y_sol =

    log(-x^2/3)

    The solution with limit:

    y_sol =

    - log(3) + pi*1i
```

Abb. 6.22 Ausgabe – Multivariable integral equation

6.6 Schlussfolgerung

Lineare Algebra ist ein wichtiges Gebiet im Ingenieurwesen. In diesem Kapitel wurden einige wesentliche Konzepte der linearen Algebra, wie Rang, Eigenwerte und Eigenvektoren, mit MATLAB-Beispielen veranschaulicht. Nach der Lektüre dieses Kapitels sollen Implementierungen von quadratischen Gleichungen, Differentialgleichungen und Integralgleichungen in MATLAB für den Leser möglich sein. Auch die möglichen Variationen jeder dieser Gleichungen wurden für ein besseres Verständnis in diesem Kapitel diskutiert.

Übung 6

1. Was sind Eigenwerte und -vektoren? Wie werden diese mathematisch bestimmt?
2. Erklären Sie die Anwendung von *solve*() und *dsolve*() auf MATLAB mit Beispielen.
3. Gegeben sind zwei Matrizen $(i)\ M = \begin{bmatrix} -4 & 5 \\ 8 & -11 \end{bmatrix}$ und $(ii)\ N = \begin{bmatrix} 0,33 & 1 & 3,3 \\ 0,5 & 0,45 & -5,12 \\ 2 & -2 & 0 \end{bmatrix}$:

    a) Bestimmen Sie den Rang von M und N.
    b) Bestimmen Sie die Inverse von M und N.
    c) Bestimmen Sie die Eigenwerte und -vektoren von M und N.

4. Lösen Sie die folgenden algebraischen Gleichungen mit MATLAB:

    a) $x^2 + 5x + 9 = 0$
    b) $101x^2 + 36x + 255 = 4$
    c) $2,60x^2 + 5,34x - 7 = 7,44$
    d) $9x^2 + 3xy - 2 = -3;\ 4x^2 + 7xy + 5/2 = 0$
    e) $16x^2 + xy - 3 = 9x^2 - 11xy + 2 = 7$

5. Lösen Sie die folgenden Differentialgleichungen mit MATLAB. Zeigen Sie die Lösung mit der Anfangsbedingung, wo dies zutrifft. Verwenden Sie *vpa*(), um auf zwei signifikante Ziffern zu reduzieren:

    a) $\frac{dy}{dx} = 3x + 2y;\ y(0) = 2$
    b) $\frac{dy}{dx} = -7x + 4y + 2;\ y(0) = 1$
    c) $\frac{d^2y}{dx^2} = 5x^2 + 9\frac{dy}{dx} + 2y;\ y(0) = 2, y'(0) = 1$
    d) $\frac{d^2y}{dx^2} = -3x^2 - \frac{dy}{dx} + 2;\ y(0) = 1, y'(0) = 1$
    e) $\frac{d^3y}{dx^3} = 5x^2 + 11\frac{d^2y}{dx^2} + \frac{dy}{dx} + 8;\ y(0) = 2, y'(0) = 1, y''(0) = -1$

f) $\frac{d^3y}{dx^3} = -6x^2 + \frac{d^2y}{dx^2} - 23; \quad y(0) = 1, y'(0) = 0, y''(0) = 1$

g) $\frac{\partial}{\partial x}\left(x^2 + 4y + 3\right) + 7x^2 = 3$

h) $\frac{\partial}{\partial x}\left(3x^2 - 11y\right) - 2x^2 = 0$

6. Betrachten Sie die folgenden Integralgleichungen:

a) $\int (\log(x))^2 . dx - 2x$

b) $\int (2^x - e^y) . dx.$

Für jede der o. g. gelten folgende Aufgabenstellungen:

i) Lösen Sie die Integralgleichungen für y.
ii) Wenn die Grenze von x [0 2] ist, wie lautet dann die Lösung für y?

Kapitel 7
Numerische Methoden

7.1 Einführung

Numerische Methoden sind wichtig, um mathematische Probleme zu lösen, die kontinuierliche Variablen enthalten und nicht explizit gelöst werden können. Im Bereich der Technik können numerische Methoden in zahlreichen Anwendungen eingesetzt werden. Durch den wissenschaftlichen Fortschritt im Computerbereich ist die Anwendung der numerischen Analyse zu einem festen Bestandteil von technischen Anwendungen geworden. In diesem Kapitel werden einige der wichtigen numerischen Methoden beschrieben (wie die Gauß-Seidel-Methode, die Newton-Raphson-Methode und die Runge-Kutta-Methode) und in MATLAB implementiert.

7.2 Gauß-Seidel-Methode

Die Gauß-Seidel-Methode ist eine iterative Methode, mit der ein Gleichungssystem zur Bestimmung unbekannter Variablen gelöst werden kann. Carl Friedrich Gauß entwickelte die Gauß-Iterationsmethode, die später von Philipp Ludwig Seidel verbessert und zur Gauß-Seidel-Methode modifiziert wurde.

Gegeben ist das folgende Gleichungssystem, in dem x, y und z die unbekannten Variablen sind:

$$a_1 x + b_1 y + c_1 z = d_1 \tag{7.1}$$

$$a_2 x + b_2 y + c_2 z = d_2 \tag{7.2}$$

$$a_3 x + b_3 y + c_3 z = d_3 \tag{7.3}$$

Hier sind a_1, a_2, a_3 die Koeffizienten von x; b_1, b_2, b_3 sind die Koeffizienten von y; c_1, c_2, c_3 repräsentieren die Koeffizienten von z; und d_1, d_2, d_3 sind die Konstanten der Gleichungen.

Bei der Gauß-Seidel-Methode besteht das Ziel darin, diese Gleichungen für x, y und z zu lösen. Daher können diese Gleichungen wie folgt umgeschrieben werden:

$$x = \frac{1}{a_1}(d_1 - b_1 y - c_1 z) \tag{7.4}$$

$$y = \frac{1}{b_2}(d_1 - a_2 x - c_2 z) \tag{7.5}$$

$$z = \frac{1}{c_3}(d_1 - a_3 x - b_3 y) \tag{7.6}$$

Der nächste Schritt besteht darin, die Anfangswerte von x, y und z in die obigen Gl. (7.4–7.6) einzusetzen. So können die Werte von x^1, y^1, z^1 bestimmt werden, was deren erste Annäherung nach der ersten Iteration anzeigt. In der Gauß-Iterationsmethode wurden alle Anfangswerte in der ersten Iteration verwendet und später die Ergebnisse der ersten Iterationen für die nachfolgende Iteration eingesetzt. Zum leichteren Verständnis kann angenommen werden, dass die Anfangswerte von x, y und z jeweils x_0, y_0 und z_0 sind.

Im Gauß-Iterationsverfahren werden die ersten Näherungswerte wie folgt bestimmt:

$$x^1 = \frac{1}{a_1}(d_1 - b_1 y_0 - c_1 z_0) \tag{7.7}$$

$$y^1 = \frac{1}{b_2}(d_1 - a_2 x_0 - c_2 z_0) \tag{7.8}$$

$$z^1 = \frac{1}{c_3}(d_1 - a_3 x_0 - b_3 y_0) \tag{7.9}$$

Um die Werte von x^2, y^2, z^2 in der zweiten Iteration zu bestimmen, werden bestimmte Werte x^1, y^1, z^1 anstelle von x_0, y_0 und z_0 verwendet. Dieser Algorithmus setzt sich fort, bis eine Konvergenz erreicht wird.

Durch die spätere Verbesserung von Seidel entstand die Gauß-Seidel-Methode. Anstelle der Verwendung aller Werte der vorherigen Iteration für die Berechnung der nächsten iterierten Werte werden hierbei die neuesten aktualisierten Werte zu jeder Zeit verwendet, um schneller eine Näherung zu ermöglichen.

In der Gauß-Seidel-Methode werden die ersten Näherungen wie folgt berechnet:

$$x^1 = \frac{1}{a_1}(d_1 - b_1 y_0 - c_1 z_0) \tag{7.10}$$

7.2 Gauß-Seidel-Methode

$$y^1 = \frac{1}{b_2}\left(d_1 - a_2 x^1 - c_2 z_0\right) \quad (7.11)$$

$$z^1 = \frac{1}{c_3}\left(d_1 - a_3 x^1 - b_3 y^1\right) \quad (7.12)$$

Hier wird in der ersten Iteration zur Bestimmung von y^1 der neueste aktualisierte Wert x^1 anstelle von x_0 verwendet. Das Gleiche gilt für andere Werte und andere Iterationen. Aufgrund dieser Verbesserung reduziert sich die Anzahl der Iterationen erheblich und der Algorithmus konvergiert schneller.

Nachdem diese Schritte für mehrere Iterationen wiederholt wurden, können die Werte von x, y und z genauer bestimmt werden. Im Allgemeinen werden die Ergebnisse mit zunehmender Anzahl von Iterationen genauer. Daher sollte zunächst die Frage beantwortet werden, was die Standardanzahl von Iterationen ist, bevor man das Verfahren beenden kann? Die Antwort lautet: Es gibt keine spezifische Zahl. Die Näherungswerte werden nach einigen Iterationen fast konstant. Wenn dieser Punkt eintritt, ist Konvergenz eingetreten. Die ist der beste Zeitpunkt, die Iteration zu stoppen. Auch durch andere Methoden, wie die Berechnung der Toleranz und die Entscheidungsfindung basierend auf der Erwartung der Toleranz für ein bestimmtes Problem, können Stoppkriterien definiert werden.

Die Toleranz wird mit folgender Formel berechnet:

$$\text{Tol\_}x^{i+1} = \frac{|x^{i+1} - x^i|}{x^i} \quad (7.13)$$

Hier zeigt $\text{Tol\_}x^{i+1}$ die Toleranz für x^{i+1} in der $(i+1)^{th}$ Iteration an. Ähnlich kann die Toleranz sowohl für y^i als auch für z^i berechnet werden. Eine Schwellentoleranz wird definiert, die ein Beenden festlegt. Wenn z. B. die Toleranzwerte für x, y und z unter 0.0001 fallen, kann festgelegt werden, dass die Konvergenz in dieser Iteration erreicht wurde; und weitere Iterationen können abgekürzt werden.

MATLAB ist eine geeignete Plattform, um eine solche iterative Analyse durchzuführen. Eine höhere Anzahl von Iterationen kann zum Erreichen der Konvergenz durchgeführt werden. Das folgende Beispiel zeigt die Lösung von mehreren Gleichungen, um die unbekannten Variablen mit der Gauß-Seidel-Methode zu bestimmen.

7.2.1 MATLAB Beispiel 7.1: Gauß-Seidel-Methode

Betrachten Sie das folgende Gleichungssystem, um die Werte von x, y und z mit der Gauß-Seidel-Methode zu bestimmen:

$$80x - 10y + 2z = 85 \quad (7.14)$$

$$5x + 50y + 12z = 112 \quad (7.15)$$

$$4x + 9y + 30z = 68 \tag{7.16}$$

Die Toleranz für x, y und z ist kleiner als 0,00001.

Lösung Der erste Schritt besteht darin, die Gl. (7.14–7.16) wie folgt umzuschreiben:

$$x = \frac{1}{80}(85 - 10y + 2z) \tag{7.17}$$

$$y = \frac{1}{50}(112 - 5x - 12z) \tag{7.18}$$

$$z = \frac{1}{30}(68 - 4x - 9y) \tag{7.19}$$

Diese Gleichungen werden die Eingabe für das MATLAB-Programm sein. Die Anfangswerte von x, y und z werden als null betrachtet.

Der MATLAB-Code für dieses Beispiel ist in Abb. 7.1 mit der Ausgabe in Abb. 7.2 wiedergegeben.

Bei der sechsten Iteration liegen die Toleranzen für x, y und z alle unter der Schwelle – 0,00001. Daher wird die Iteration nach der sechsten Iteration gestoppt. Die bei dieser Iteration erhaltenen Werte sind die gewünschten Ergebnisse.

7.3 Newton-Raphson-Methode

Die Newton-Raphson (N-R)-Methode ist eine der effektivsten Methoden zur Annäherung der Wurzel einer differenzierbaren, nichtlinearen Funktion. Um eine Annäherung der Wurzel zu erzeugen, wird das Konzept der Tangente verwendet. Daher wird nur ein Anfangswert benötigt, der möglichst nahe am Wert der Wurzel dieser Funktion liegen sollte. Je näher der Anfangswert, desto genauer wird die Annäherung. Gegeben ist eine Funktion $f(x)$, deren Wurzel mittels der N-R-Methode angenähert werden soll. Wenn die erste Vermutung von x x_o ist, setzt sich das Verfahren zur Annäherung der Wurzel durch Iteration aus den folgenden Schritten zusammen:

Zunächst wird der erste approximative Wert der Wurzel mit der folgenden Formel bestimmt.

$$x^1 = x_0 - \frac{f(x_0)}{f'(x_0)} \tag{7.20}$$

wobei x^1 die erste approximierte Wurzel nach der ersten Iteration anzeigt und $f'(x)$ die erste Ableitung der Eingabefunktion $f(x)$ ist. In der obigen Gleichung wird das Verhältnis der ursprünglichen Funktion und ihrer Ableitung am Punkt $x = x_0$ verwendet. Im nächsten Schritt ersetzt $x^1 x_0$. Die zweite Iteration wird durchgeführt,

7.3 Newton-Raphson-Methode

```
% Gauss-seidel method
% Set of eqautions:
% F1(x,y,z)= 80x+10y-2z==85
% F2(x,y,z)= 5x+50y+12z==112
% F3(x,y,z)= 4x+9y+30z==68
% Stopping criteria: Tolerance for (x,y,z)< 0.0000 1
clc;clear
fx=@(x,y,z) (1/80).*(85-10*y+2*z);
fy=@(x,y,z) (1/50).*(112-5*x-12*z);
fz=@(x,y,z) (1/30).*(68-4*x-9*y);
xo=0; yo=0; zo=0;
N=100;
for j=1:N
    x=fx(xo,yo,zo);
    y=fy(x,yo,zo);
    z=fz(x,y,zo);
    tol_x=abs(x-xo)/xo;
    tol_y=abs(y-yo)/yo;
    tol_z=abs(z-zo)/zo;
    fprintf('x:%.5f Tol_x: %.5f y: %.5f Tol_y: %.5f z: %.5f Tol_z: %.5f \n',...
                    x,tol_x,y,tol_y,z,tol_z);
    xo=x; yo=y; zo=z;
    % Stopping criteria
    if (tol_x<0.00001 && tol_y<0.00001 && tol_z<0.00001)
        break;
    end
end
fprintf('The solution after %dth iteration:\n',j);
fprintf('x: %f  y: %f   z: %.5f \n',x,y,z);
```

Abb. 7.1 Code – Gauß-Seidel-Methode

```
Command Window
    x:1.06250 Tol_x: Inf y: 2.13375 Tol_y: Inf z: 1.48487 Tol_z: Inf
    x:0.83290 Tol_x: 0.21609 y: 1.80034 Tol_y: 0.15626 z: 1.61551 Tol_z: 0.08798
    x:0.87785 Tol_x: 0.05396 y: 1.76449 Tol_y: 0.01991 z: 1.62027 Tol_z: 0.00295
    x:0.88245 Tol_x: 0.00524 y: 1.76289 Tol_y: 0.00091 z: 1.62014 Tol_z: 0.00008
    x:0.88264 Tol_x: 0.00022 y: 1.76290 Tol_y: 0.00001 z: 1.62011 Tol_z: 0.00002
    x:0.88264 Tol_x: 0.00000 y: 1.76291 Tol_y: 0.00000 z: 1.62011 Tol_z: 0.00000
    The solution after 6th iteration:
    x: 0.882640  y: 1.762910   z: 1.62011
```

Abb. 7.2 Ausgabe – Gauß-Seidel-Methode

um die zweite approximierte Wurzel zu bestimmen. Dieser Schritt wird wiederholt, bis eine Konvergenz erreicht ist. Daher kann die allgemeine Formel für die Annäherung der Wurzel mit der N-R-Methode wie folgt geschrieben werden:

$$x^{n+1} = x^n - \frac{f(x)}{f'(x)} \qquad (7.21)$$

Hier repräsentiert *i* die Anzahl der Iterationen. Manchmal kann der Anfangswert ein Zahlenbereich, anstatt eines einzelnen Werts sein. In diesem Fall ist es sinnvoll, den Mittelwert dieses Bereichs als Ausgangswert zu nehmen. Für das Stoppkriterium der Iteration gilt das gleiche Verfahren wie zuvor in der Gauß-Seidel-Methode. Da hier nur eine Annäherung an die Wurzel erfolgen soll, muss die Toleranz von *x* in jeder Iteration mit der folgenden Formel berechnet werden:

$$\text{Tol}\_x^{i+1} = \frac{|x^{i+1} - x^i|}{x^i} \tag{7.22}$$

7.3.1 MATLAB Beispiel 7.2: Newton-Raphson-Methode

Betrachten Sie die Funktion, $f(x) = 2x + \sin(x) - 2$, die eine Wurzel im Bereich von [0,2] hat. Verwenden Sie die N-R-Methode. Stellen Sie sicher, dass die Toleranz für den Wert der Wurzel kleiner als 0.0001 ist.

Der MATLAB-Code für dieses Beispiel ist in Abb. 7.3 mit der dazugehörigen Ausgabe in Abb. 7.4 wiedergegeben.

Nach der vierten Iteration ist die Toleranz in diesem Fall unter 0,00001 gefallen. Daher wird die Annäherung des Wurzelwerts der Funktion in der vierten Iteration erzielt, die 0,68404 ist.

```
% Newton raphson method
% Find the root of 2*x+sin(x)-2
% Stopping criteria: Tolerance < 0.00001
clc;clear;
F=@(x) 2*x+sin(x)-2;
syms x
% Derivative
dF(x)=diff(F(x));
a=0;
b=2;
xo=mean([a b]);
N=100;
 for i=1:N
     x=xo-(F(xo)/dF(xo));
     tol=abs(x-xo)/xo;
     fprintf('x: %.5f   Tolerance: %.5f \n',x,tol);
     xo=x;
     %Stopping criteria
     if (tol<0.00001)
         break;
     end
 end
fprintf('Root of the equation after %dth iteration: %.5f\n',i,x);
```

Abb. 7.3 Code – Newton-Raphson-Methode

```
Command Window
   x: 0.66875    Tolerance: 0.33125
   x: 0.68401    Tolerance: 0.02282
   x: 0.68404    Tolerance: 0.00004
   x: 0.68404    Tolerance: 0.00000
   Root of the equation after 4th iteration: 0.68404
```

Abb. 7.4 Ausgabe – Newton-Raphson-Methode

7.4 Runge-Kutta-Methode

Die Runge-Kutta-Methode ist eine iterative Methode zur Lösung oder Approximation gewöhnlicher Differentialgleichungen. Aus der Runge-Kutta-Familie ist die „RK4" oder die Runge-Kutta-Methode 4. Ordnung die am häufigsten verwendete Methode. Manchmal wird sie auch als klassische Runge-Kutta-Methode bezeichnet.

Betrachten Sie eine Differentialgleichung $y' = f(x, y)$, mit dem Anfangswert $y(0) = y_0$. Zur Approximation der Lösung dieser Differentialgleichung für den Wert von y mit der Runge-Kutta-Methode muss die folgende Formel angewendet werden:

$$x^{i+1} = x^i + h \tag{7.23}$$

$$y^{i+1} = y^i + \frac{1}{6}[k_1 + 2k_2 + 2k_3 + k_4], \tag{7.24}$$

wobei gilt:

$$k_1 = hf\left(x^i, y^i\right) \tag{7.25}$$

$$k_2 = hf\left(x^i + \frac{h}{2}, y^i + \frac{k_1}{2}\right) \tag{7.26}$$

$$k_3 = hf\left(x^i + \frac{h}{2}, y^i + \frac{k_2}{2}\right) \tag{7.27}$$

$$k_4 = hf\left(x^i + h, y^i + k_3\right) \tag{7.28}$$

Hier wird der Wert von x in jeder $i$ten Iteration mit einem bestimmten Zeitschritt h aktualisiert. Für jeden dieser aktualisierten Werte von x wird der Wert von y in jeder Iteration wie in der Gleichung angegeben angenähert. In der obigen

Gleichung sind k_1, k_2, k_3, k_4 die Gewichte der Runge-Kutta-Methode vierter Ordnung, die in jeder Iteration nach der o. g. Formel aktualisiert werden. Für einen bestimmten Bereich des x-Wertes wird die Lösung y in jedem Iterationsschritt approximiert. Ein Beispiel für die Implementierung der Runge-Kutta-Methode in MATLAB zeigt der folgende Abschnitt.

7.4.1 MATLAB Beispiel 7.3: Runge-Kutta-Methode

Betrachten Sie die folgende Differentialgleichung:

$$\frac{dy}{dx} = (x + 2y)\cos(y); 0 \leq x \leq 2, y(0) = 5 \tag{7.29}$$

Lösen Sie die Gleichung für den Wert von y mit der Runge-Kutta-Methode für die Schrittgröße von 0,2.

Den MATLAB-Code für dieses Beispiel zeigt Abb. 7.5, seine Ausgabe Abb. 7.6.

Hier wird die Lösung der Differentialgleichung für den Bereich von $x[0, 2]$ mit der Schrittgröße 0,2 gezeigt. Der erhaltene Endwert von y für $x = 2$ beträgt 7,49116.

7.5 Schlussfolgerung

In diesem Kapitel wurden einige wichtige numerische Methoden erklärt, zusammen mit ihrer Implementierung in MATLAB. Dazu zählen die Gauß-Seidel-Methode, die Newton-Raphson-Methode und die Runge-Kutta-Methode. Die Algorithmen wurden sowohl theoretisch als auch praktisch demonstriert. Der Inhalt dieses Kapitels soll den Leser befähigen, ein grundlegendes Verständnis für numerische Methoden und ihre praktischen Anwendungen zum Lösen verschiedener mathematischer Probleme mit MATLAB aufzubauen.

Übung 7

1. Schreiben Sie die grundlegenden Schritte der folgenden Methoden auf:
   a) Gauß-Seidel-Methode,
   b) Newton-Raphson-Methode,
   c) Runge-Kutta-Methode.
2. Nennen Sie die wesentlichen Unterschiede in der Berechnung der drei in Frage 1 genannten Methoden.

```
% Runge-kutta method
% Differential equation dy/dx= (x+2*y)*cos(y)
% Conditions: 0<=x<=2; y(0)=5; Step size,h=0.2
% Solve for y
clc;clear;
F=@(x,y) (x+2*y)*cos(y);
h = 0.2;
x0 = 0;
y0 = 5;
xn = 2;
N=length(x0:h:xn);
for j=1:N-1
    k1=h*F(x0,y0);
    k2=h*F(x0+0.5*h,y0+0.5*k1);
    k3=h*F(x0+0.5*h,y0+0.5*k2);
    k4=h*F(x0+h,y0+k3);
    y(j)=y0+(1/6)*(k1+2*k2+2*k3+k4);
    x0=x0+h;
    y0=y(j);
end
x=0.2:h:xn;
plot(x,y,'o-b','LineWidth',1.5);
xlabel('x');
ylabel('y');
title('Runge-kutta method')
grid on;
fprintf('The final solution for x = 2 is: %.5f\n',y(j));
```

The final solution for x = 2 is: 7.49116

Abb. 7.5 Code – Runge-Kutta-Methode

3. Gegeben ist folgender Satz von Gleichungen:

$$20x - 2y - z = 122$$

$$4x - 60y + 18z = 76$$

$$2x - 15y + 35z = 50$$

a) Lösen Sie die Gleichung mit der Gauß-Seidel-Methode. Betrachten Sie die Toleranz für *x*, *y* und *z* als kleiner 0,00001.
b) Was passiert, wenn Sie die Toleranz auf 0,0001 und 0,001 verringern? Unterscheiden sich die Werte von den in Frage (a) ermittelten Werten? Warum, glauben Sie, ist das so?

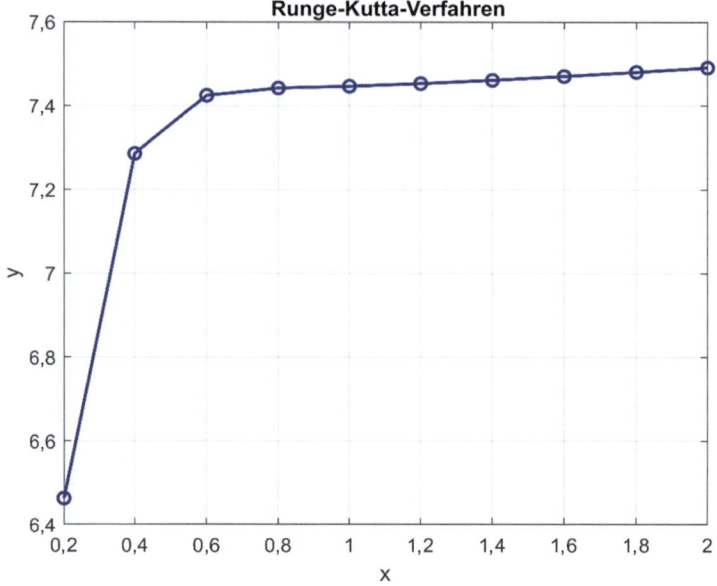

Abb. 7.6 Grafische Ausgabe – Runge-Kutta-Methode

- c) Was passiert, wenn Sie die Toleranz auf 0,000001 und 0,0000001 erhöhen? Unterscheiden sich die Werte von den in Frage (a) ermittelten Werten? Warum, glauben Sie, ist das so?
4. Lösen Sie die folgende Gleichung mit der Newton-Raphson-Methode, die eine Wurzel im Bereich von [0, 2] hat. Betrachten Sie eine Toleranz für den Wert der Wurzel kleiner als 0,0001:
    - a) $3x + 2\cos(x) - 5$,
    - b) $x^5 - x - 2$.
5. Verwenden Sie die klassische Runge-Kutta-Methode 4. Ordnung, um die folgenden Differentialgleichungen für die Schrittgröße von 0,2, für $0 \leq x \leq 2$ und mit einer Anfangsbedingung von $y(0) = 5$ in MATLAB zu lösen:
    - a) $\frac{dy}{dx} = -4x^3 - 6x^2 - 10x + 2$
    - b) $\frac{dy}{dx} = x\sin(y) + y\cos(x)$

Kapitel 8
Elektrische Schaltkreisanalyse

8.1 Einführung

Um elektrische Schaltungen analysieren zu können, gibt es verschiedene Schaltungstheorien und Formeln in MATLAB. Die Analyse wird in zwei Kategorien unterteilt – DC (Gleichstrom)- und AC (Wechselstrom)-Schaltungsanalyse. In den folgenden Abschnitten werden Methoden zur Lösung individueller Schaltungsprobleme mit den dazugehörigen Schritten in MATLAB erklärt. Darüber hinaus werden der Operationsverstärker und der Transistor als zwei wichtige elektrische Komponenten mit für den Ingenieur relevanten Schaltungsproblemen bearbeitet.

8.2 DC-Schaltungsanalyse

In diesem Abschnitt werden einige wichtige Gesetze und Lösungen für Schaltungsprobleme im Gleichstrombereich diskutiert.

8.2.1 Ohm's Law (Ohmsches Gesetz)

Das Ohm's Law (Ohmsche Gesetz) drückt die Beziehung zwischen Spannung, Strom und Widerstand aus (unter Berücksichtigung der konstanten Temperatur) (Gl. 8.1).

$$V = IR, \qquad (8.1)$$

wobei V die Spannung, I der Strom und R der Widerstand einer DC-Schaltung ist.

Diese Formel zeigt eine proportionale Beziehung zwischen Spannung und Strom. In MATLAB kann diese Beziehung grafisch dargestellt werden, um die Proportionalität zu verdeutlichen.

8.2.1.1 MATLAB-Beispiel 8.1: Ohmsches Gesetz

Betrachten Sie eine DC-Reihenschaltung, bei der die Spannung über einem Widerstand im Bereich von 1 bis 10 V variiert, wenn der Widerstand 5 Ω beträgt. Zeichnen Sie ein Diagramm, das die Änderungen des Stroms in Übereinstimmung mit den Änderungen der Spannung zeigt.

Der MATLAB-Code für dieses Beispiel wird in Abb. 8.1 mit der dazugehörigen Ausgabe in Abb. 8.2 gezeigt.

8.2.2 Equivalent resistance (Äquivalenter Widerstand)

Um einen elektrischen Schaltkreis analysieren zu können, ist die Berechnung der **„equivalent resistance" (äquivalenter Widerstand)** wichtig. Er bezeichnet den Gesamtwiderstand eines Schaltkreises, in dem mehrere Widerstände in Reihe, parallel oder in einer Kombination aus Reihen- und Parallelschaltung angeordnet sein können.

Wenn mehrere Widerstände in Reihe geschaltet sind, ist die equivalent resistance die Summe der Widerstände. Daher gilt dann die in Gl. (8.2) angegebene Formel:

$$R_{eq} = R_1 + R_2, \tag{8.2}$$

```
% Ohm's Law: V=IR
% Voltage, V=[1:10]
% Resistance, R=5 ohms
% Plot voltage vs current
V=1:10; R=5;
I=V/R;
plot(V,I,'o-b','Linewidth',1.2);
xlabel('Voltage, Volt');
ylabel('Current, Amp');
title('Ohms Law');
grid on;
```

Abb. 8.1 Code – Ohm's Law

8.2 DC-Schaltungsanalyse

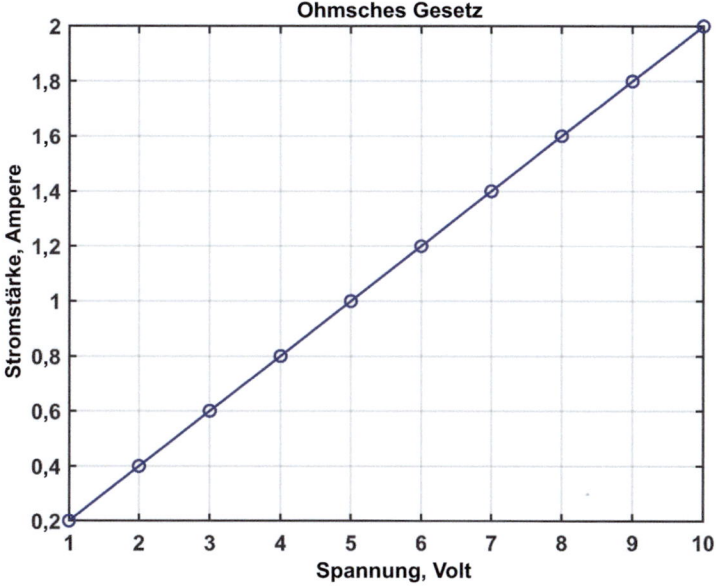

Abb. 8.2 Ausgabe – Ohmsches Gesetz

wobei R_1 und R_2 die beiden in Reihe geschalteten Widerstände sind.

Für einen parallel oder in Kombination angeordneten Schaltkreis ergibt sich der equivalent resistance wie in Gl. (8.3) angegeben:

$$R_{eq} = \frac{1}{R_1} + \frac{1}{R_2} = \frac{R_1 \times R_2}{R_1 + R_2} \tag{8.3}$$

Ein Beispiel: Im Schaltkreis in Abb. 8.3 sind R_2 und R_3 parallel geschaltet, R_1 mit den anderen beiden hingegen in Reihe. Die equivalent resistance des Schaltkreises wird wie folgt berechnet:

$$R_{eq} = R_1 + \left(R_2 \middle\| R_3 \right) = R_1 + \frac{R_2 \times R_3}{R_2 + R_3} \tag{8.4}$$

8.2.2.1 MATLAB Beispiel 8.2: Equivalent resistance

Bestimmen Sie den äquivalenten Widerstand für den in Abb. 8.3 gezeigten Schaltkreis. Die Werte lauten: $R_1 = 10$; $R_2 = 5$; $R_3 = 4\ \Omega$.

Abb. 8.4 zeigt den Code, Abb. 8.5 die dazugehörige Ausgabe.

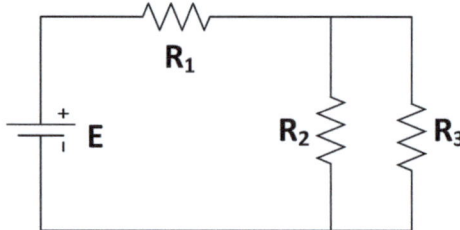

Abb. 8.3 Kombinierter Widerstandsschaltkreis mir Reihen- und Parallelschaltung

```
% Equivalent resistance
% R1 + (R2||R3)
R1=10; R2=5; R3=4;
Equivalent_R= R1 + ((R2*R3)/(R2+R3));
fprintf('Equivalent resistance: %f',Equivalent_R);
```

Abb. 8.4 Code – Equivalent resistance

```
Command Window
    Equivalent resistance: 12.222222
```

Abb. 8.5 Ausgabe – Equivalent resistance

8.2.3 Delta to Wye Conversion (Delta-Wye-Umwandlung)

Es ist möglich, dass die Widerstände eines Schaltkreises weder in Reihe noch parallel geschaltet sind, sondern in einer sog. Delta-Konfiguration. In diesem Fall greift die sog. **„Delta to Wye Conversion" (Delta-Wye-Umwandlung)**.

Gegeben ist der folgende Schaltkreis (Abb. 8.6), bei dem R_1, R_2 und R_3 in einer Delta-Konfiguration und R_4, R_5 und R_3 in einer anderen Delta-Konfiguration

Abb. 8.6 Delta-geschalteter Widerstandsschaltkreis

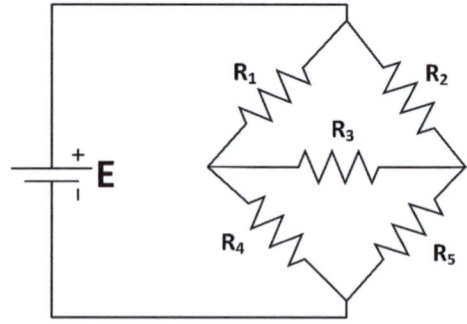

angeordnet sind. Um den äquivalenten Widerstand zu bestimmen, ist es sinnvoll, die Delta-Konfiguration in eine Wye-Konfiguration umzuwandeln. In der Delta-Konfiguration sind die Widerstände so verbunden, dass sie wie das Delta-Symbol (Δ) aussehen, wodurch sie ihren Namen erhalten haben. Im Gegensatz dazu erzeugen die Widerstände in der Wye-Konfiguration das Aussehen eines „Y". Das englische Wye wird in der deutschen Variante auch als „Stern" bezeichnet, Delta als „Dreieck", sodass im deutschsprachigen Raum auch von der Dreieck-Stern-Umwandlung gesprochen wird.

In Abb. 8.7 sind die Delta- und die Wye-Konfiguration von Widerständen mit einem Diagramm dargestellt. Die Umwandlung von Delta-zu-Wye-Konfigurationen und andersherum kann mit einer allgemeinen Formel definiert werden.

„Delta to Wye Conversion" (Delta-zu-Wye-Umwandlung)
In Abb. 8.7 sind R_{d1}, R_{d2} und R_{d3} die Widerstände, die in einer Delta-Konfiguration miteinander verbunden sind. Diese Delta-Konfiguration kann in eine äquivalente Wye-Konfiguration umgewandelt werden. Die Bezeichnung der Widerstände lautet dann R_{y1}, R_{y2} und R_{y3}. Beide Konfigurationen haben drei gemeinsame Knotenpunkte: A, B und C. Die Formeln zur Umwandlung jedes der Delta-Widerstände in seinen entsprechenden Wye-Widerstand sind als Gl. (8.5–8.7) aufgeführt:

$$R_{y1} = \frac{R_{d1}\,R_{d2}}{R_{d1} + R_{d2} + R_{d3}} \tag{8.5}$$

$$R_{y2} = \frac{R_{d1}\,R_{d3}}{R_{d1} + R_{d2} + R_{d3}} \tag{8.6}$$

$$R_{y3} = \frac{R_{d2}\,R_{d3}}{R_{d1} + R_{d2} + R_{d3}} \tag{8.7}$$

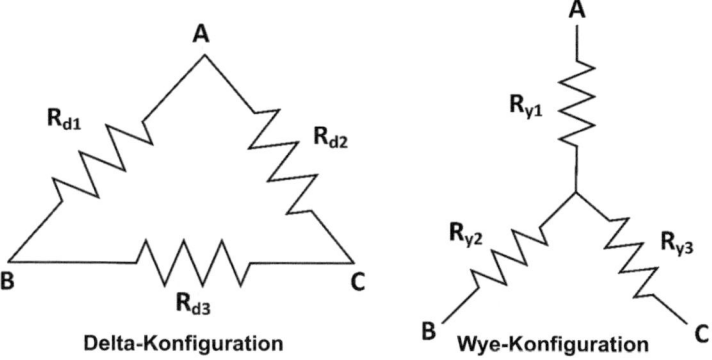

Abb. 8.7 Delta- und Wye-Konfiguration in elektrischen Schaltungen

8.2.3.1 MATLAB Beispiel 8.3: Delta to Wye Conversion

Betrachten Sie eine Delta-konfigurierte Schaltung, wie in Abb. 8.7 gezeigt, mit den Widerständen $R_{d1} = 10\ \Omega$, $R_{d2} = 5\ \Omega$, und $R_{d3} = 20\ \Omega$. Bestimmen Sie die äquivalenten Wye-Widerstände R_{y1}, R_{y2}, und R_{y3} mit MATLAB.

Abb. 8.8 zeigt den MATLAB-Code für diese Aufgabe, Abb. 8.9 die dazugehörige Ausgabe.

Wye to Delta Conversion (Wye-zu-Delta-Umwandlung)

Um Wye-konfigurierte Widerstände (R_{y1}, R_{y2}, und R_{y3}) in äquivalente Delta-Widerstände (R_{d1}, R_{d2}, und R_{d3}) umzuwandeln, können die folgenden Gl. (8.8–8.10) angewendet werden.

$$R_{d1} = \frac{R_{y1} \cdot R_{y2} + R_{y2} \cdot R_{y3} + R_{y3} \cdot R_{y1}}{R_{y3}} \tag{8.8}$$

$$R_{d2} = \frac{R_{y1} \cdot R_{y2} + R_{y2} \cdot R_{y3} + R_{y3} \cdot R_{y1}}{R_{y2}} \tag{8.9}$$

$$R_{d3} = \frac{R_{y1} \cdot R_{y2} + R_{y2} \cdot R_{y3} + R_{y3} \cdot R_{y1}}{R_{y1}} \tag{8.10}$$

```
% Delta to wye conversion
% Delta configured resistances:
% Rd1=10 ohms, Rd2= 5 ohms, Rd3= 20 ohms
% Equivaelent wye configured resistances:
% Ry1, Ry2, Ry3
clc;clear;
Rd1=10; Rd2=5; Rd3=20;
Ry1= (Rd1*Rd2)/(Rd1+Rd2+Rd3);
Ry2= (Rd1*Rd3)/(Rd1+Rd2+Rd3);
Ry3= (Rd2*Rd3)/(Rd1+Rd2+Rd3);
fprintf('Equivalent wye configured resistances:\n');
fprintf('Ry1= %f    Ry2= %f    Ry3= %f\n',Ry1,Ry2,Ry3);
```

Abb. 8.8 Code – Delta to Wye Conversion

```
Command Window
    Equivalent wye configured resistances:
    Ry1= 1.428571    Ry2= 5.714286    Ry3= 2.857143
```

Abb. 8.9 Ausgabe – Delta to Wye Conversion

8.2 DC-Schaltungsanalyse

8.2.3.2 MATLAB Beispiel 8.4: Wye to Delta Conversion

Betrachten Sie eine Delta-konfigurierte Schaltung, wie in Abb. 8.7 gezeigt, mit den Widerständen $R_{d1} = 10\,\Omega$, $R_{d2} = 5\,\Omega$, und $R_{d3} = 20\,\Omega$. Bestimmen Sie die äquivalenten Wye-Widerstände R_{y1}, R_{y2}, und R_{y3} mit MATLAB.

Der MATLAB-Code für dieses Beispiel ist in Abb. 8.10 mit seiner Ausgabe in Abb. 8.11 wiedergegeben.

8.2.3.3 MATLAB Beispiel 8.5: Äquivalenter Widerstand mit Delta to Wye Conversion

Gegeben sind die Parameter aus Abb. 8.6. Es soll der äquivalente Widerstand unter Verwendung der Delta to Wye Conversion bestimmt werden. Die Werte der Widerstände sind $R_1 = 2\,\Omega$; $R_2 = 4\,\Omega$; $R_3 = 6\,\Omega$; $R_4 = 3\,\Omega$; und $R_5 = 2\,\Omega$.

In Abb. 8.12 sind die Verfahren zur Bestimmung des äquivalenten Widerstands grafisch dargestellt. Den MATLAB-Code für dieses Beispiel zeigt Abb. 8.13, seine Ausgabe Abb. 8.14.

```
% Wye to delta conversion
% Delta configured resistances:
% Ry1=10 ohms, Ry2= 5 ohms, Ry3= 20 ohms
% Equivaelent wye configured resistances:
% Rd1, Rd2, Rd3
clc;clear;
Ry1=10; Ry2=5; Ry3=20;
Rd1= (Ry1*Ry2+Ry2*Ry3+Ry3*Ry1)/Ry3;
Rd2= (Ry1*Ry2+Ry2*Ry3+Ry3*Ry1)/Ry2;
Rd3= (Ry1*Ry2+Ry2*Ry3+Ry3*Ry1)/Ry1;
fprintf('Equivalent delta configured resistances:\n');
fprintf('Rd1= %.3f    Rd2= %.3f    Rd3= %.3f\n',Rd1,Rd2,Rd3);
```

Abb. 8.10 Code – Wye to Delta Conversion

```
Command Window
    Equivalent delta configured resistances:
    Rd1= 17.500    Rd2= 70.000    Rd3= 35.000
```

Abb. 8.11 Code – Wye to Delta Conversion

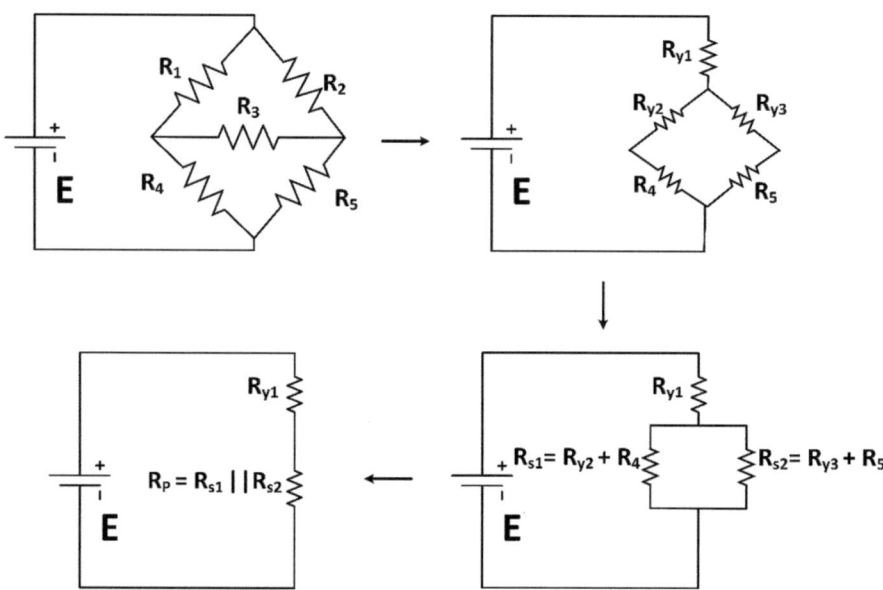

Abb. 8.12 Vereinfachung der Schaltung durch Bestimmung des äquivalenten Widerstands mit der Delta to Wye Conversion

```
% Equivalent resistance with Delta-wye conversion
% R1, R2, R3: Delta configuration
% First step: Conversion into wye configuration
% Hence,find Ry1, Ry2, Ry2
% Second step: Find Rs1 and Rs2
% Third step: Find Rp
% Fourth step: Find overall equivalent resistance, Req
clc;clear;
R1=2; R2=4; R3=6; R4=3; R5=2;
Ry1= (R1*R2)/(R1+R2+R3);
Ry2= (R1*R3)/(R1+R2+R3);
Ry3= (R2*R3)/(R1+R2+R3);
Rs1= Ry2+R4;
Rs2= Ry3+R5;
Rp= (Rs1*Rs2)/(Rs1+Rs2);
Req= Ry1+Rp;
fprintf('The equivalent resistance: %.3f ohms\n',Req);
```

Abb. 8.13 Code – Äquivalenter Widerstand mit Delta to Wye Conversion

```
Command Window
The equivalent resistance: 2.667 ohms
```

Abb. 8.14 Ausgabe – Äquivalenter Widerstand mit Delta to Wye Conversion

8.2.4 Kirchhoffsche Gesetze

Gustav Robert Kirchhoff war der Begründer zweier grundlegender Gesetze von elektrischen Schaltungen, bekannt als Kirchhoffsches Stromgesetz (KCL) und Kirchhoffsches Spannungsgesetz (KVL).

Kirchhoffsches Stromgesetz (KCL) Nach dem KCL ist die Summe aller Ströme, die in einen bestimmten Knotenpunkt einfließen, immer null. Anders ausgedrückt:

Die Summe aller in einen Knotenpunkt einfließenden Ströme ist gleich der Summe aller aus diesem Knoten abfließenden Ströme.

Kirchhoffsches Spannungsgesetz (KVL) Nach dem KVL ist die Summe aller Spannungen in einer geschlossenen Schleife ebenfalls immer null.

Diese beiden Formeln können zur Bearbeitung von elektrischen Schaltungen bzw. zur Bestimmung verschiedener Parameter (wie Spannung, Strom usw.) verwendet werden.

Gegeben ist z. B. eine Schaltung wie in Abb. 8.15, in der es zwei Schleifen mit den Strömen I_{L1} und I_{L2} gibt. Die Widerstände der Schaltung sind $R_1 = 2\,\Omega$, $R_2 = 4\,\Omega$ und $R_3 = 4\,\Omega$; die Spannungsquelle $E = 10\,V$. Am Knotenpunkt B tritt der Strom I_1 ein, der sich in zwei Teile teilt: I_2 und I_3. Bestimmt werden soll Strom I_1, I_2 und I_3 sowie die Spannung (über den Widerstand R_3), die als V_{R3} bezeichnet wird.

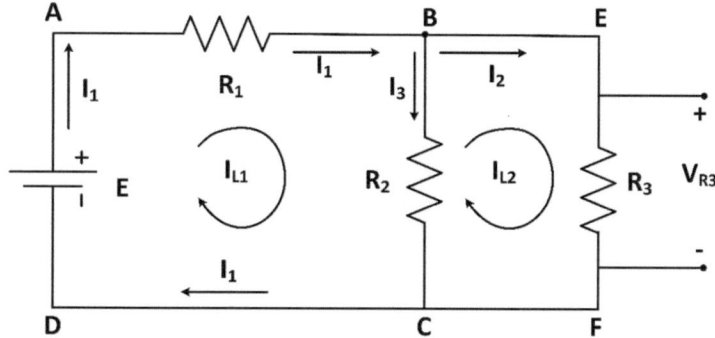

Abb. 8.15 Resistiver elektrischer Schaltkreis mit zwei Schleifen

In der ersten ABCD-Schleife greift das KVL (s. o.). Die Gleichung lautet wie folgt:

$$E - V_{R1} - V_{R2} = 0$$

oder

$$E = I_{L1}R_1 + (I_{L1}R_2 - I_{L2}R_2) = 2I_{L1} + 4I_{L1} - 4I_{L2} = 6I_{L1} - 4I_{L2}$$

Daher gilt hier:

$$6I_{L1} - 4I_{L2} = 10 \quad (1)$$

V_{R1} und V_{R2} sind jeweils die Spannungen über den Widerständen R_1 und R_2.

Für die zweite Schleife (BEFC) kann das KVL (s. o.) angewendet werden:

$$V_{R2} + V_{R3} = 0$$

oder

$$(I_{L2}R_2 - I_{L1}R_2) + I_{L2}R_3 = 0$$

Daher gilt in diesem Fall:

$$-4I_{L1} + 8I_{L2} = 0 \quad (2)$$

Durch das Lösen von (1) und (2) ergeben sich Werte für I_{L1} und I_{L2} als $I_{L1} = 2{,}5\,A$ und $I_{L1} = 1{,}25\,A$.

Aus der Abbildung ergeben sich die folgenden Gleichungen:

$$I_1 = I_{L1} = 2,5\,A$$

$$I_2 = I_{L2} = 1,25\,A$$

Am Knotenpunkt B kann durch Anwendung des KCLs die folgende Gleichung abgeleitet werden:

$$I_1 = I_2 + I_3$$

Daher gilt hier:

$$I_3 = I_1 - I_2 = 1,25\,A$$

Die Spannung über dem Widerstand R_3 kann durch Anwendung des Ohmschen Gesetzes wie folgt bestimmt werden:

$$V_{R3} = I_2 \times R_3 = 1{,}25 \times 4 = 5\,V$$

8.2.4.1 MATLAB Beispiel 8.6: Circuit problem (Schaltkreisproblem)

Lösen Sie den in Abb. 8.15 gezeigten Schaltkreis unter Verwendung der Schleifenanalyse und unter Berücksichtigung von $R_1 = 2\,\Omega$, $R_2 = 4\,\Omega$, $R_3 = 4\,\Omega$ und $E = 10\,V$, um Folgendes zu bestimmen:

8.2 DC-Schaltungsanalyse

a) die Schleifenströme in den Schleifen ABCD und BEFC,
b) die Ströme I_1, I_2 und I_3,
c) die Spannungen über den Widerständen R_1, R_2 und R_3.

Der MATLAB-Code für dieses Beispiel ist in Abb. 8.16 mit seiner Ausgabe in Abb. 8.17 wiedergegeben.

```
% Circuit problem
% R1= 2 ohms; R2=R3= 4 ohms
% Voltage source, E =10 V
% Determine loop current IL1 and IL2
% Determine current, I1, I2, and I3
% Determine voltage across resistance R3: VR3
% Determine voltage across resistance R2: VR2
% Determine voltage across resistance R1: VR1
clc;clear;
R1=2; R2=4; R3=4;
syms IL1 IL2
eqn1= 6*IL1-4*IL2==10;
eqn2= -4*IL1+8*IL2==0;
[IL1,IL2]=solve(eqn1,eqn2);
fprintf('The ABCD loop current, IL1: %.3f A\n',IL1);
fprintf('The BEFC loop current, IL2: %.3f A\n',IL2);

I1=IL1; I2=IL2;
I3= I1-I2;

fprintf('The currents in the circuit:\n');
fprintf('I1= %.3f A  I2= %.3f A  I3= %.3f A\n',I1,I2,I3);

VR1=I1*R1;
VR2=I3*R2;
VR3=I2*R3;

fprintf('The voltage across R1, VR1= %.3f V\n',VR1);
fprintf('The voltage across R2, VR2= %.3f V\n',VR2);
fprintf('The voltage across R3, VR3= %.3f V\n',VR3);
```

Abb. 8.16 Code – Verwendung von KVL und KCL in einem Schaltkreis

```
Command Window
    The ABCD loop current, IL1: 2.500 A
    The BEFC loop current, IL2: 1.250 A
    The currents in the circuit:
    I1= 2.500 A  I2= 1.250 A  I3= 1.250 A
    The voltage across R1, VR1= 5.000 V
    The voltage across R2, VR2= 5.000 V
    The voltage across R3, VR3= 5.000 V
```

Abb. 8.17 Ausgabe – Verwendung von KVL und KCL in einem Schaltkreis

8.2.5 Spannungsteiler- und Stromteiler-Gesetze

Spannungsteiler-Regel In einem Serienschaltkreis verteilen sich die Spannungen über alle in Serie geschalteten Widerstände. Im Schaltkreis in Abb. 8.18 sind drei Widerstände (R_1, R_2 und R_3) in Serie geschaltet. Mit der Spannungsteiler-Regel können die Spannungen über jedem Widerstand mit den folgenden Formeln (Gl. 8.11–8.13) bestimmt werden:

$$V_{R1} = \frac{R_1}{R_1 + R_2 + R_3} \times V \qquad (8.11)$$

$$V_{R2} = \frac{R_2}{R_1 + R_2 + R_3} \times V \qquad (8.12)$$

$$V_{R3} = \frac{R_3}{R_1 + R_2 + R_3} \times V \qquad (8.13)$$

Die Gesamtspannung V ist gleich der Summe von V_{R1}, V_{R2} und V_{R3}.

8.2.5.1 MATLAB Beispiel 8.7: Voltage divider (Spannungsteiler)

Betrachten Sie die Schaltung in Abb. 8.18, wobei für $R_1 = 2\,\Omega$, $R_2 = 4\,\Omega$, $R_3 = 8\,\Omega$, und $E = 24\,V$ gilt. Bestimmen Sie die Spannung V_{R2} und V_{R3} mithilfe der Spannungsteilerregel.

Den MATLAB-Code für dieses Beispiel zeigt Abb. 8.19 mit seiner Ausgabe in Abb. 8.20.

Stromteilerregel In einer Parallelschaltung wird der Strom, basierend auf den unterschiedlichen Widerständen in jedem Pfad, auf alle parallelen Widerstandspfade aufgeteilt. In der Schaltung in Abb. 8.21 sind zwei Widerstände R_1 und R_2

Abb. 8.18 Elektrische Schaltung mit einer Spannungsquelle und einem Serienwiderstand

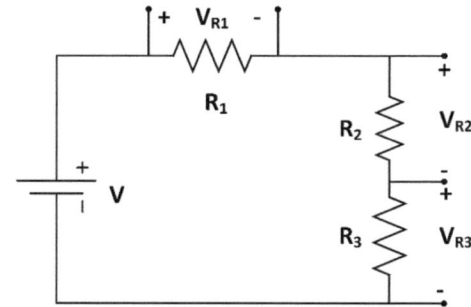

8.2 DC-Schaltungsanalyse

```
% Voltage divider
% R1= 2 ohms; R2= 4 ohms; R3=8 ohms; E= 24 V
% Determine the voltage across the resistances R2 and R3
clc;clear;
R1=2; R2=4; R3=8; E=24;
VR2=(R2/(R1+R2+R3))*E;
VR3=(R3/(R1+R2+R3))*E;
fprintf('Voltage across the resistance R2: %.3f V\n',VR2);
fprintf('Voltage across the resistance R3: %.3f V\n',VR3);
```

Abb. 8.19 Code – Voltage divider

```
Command Window
    Voltage across the resistance R2: 6.857 V
    Voltage across the resistance R3: 13.714 V
```

Abb. 8.20 Ausgabe – Voltage divider

Abb. 8.21 Elektrische Schaltung mit einer Stromquelle und einem parallelen Widerstand

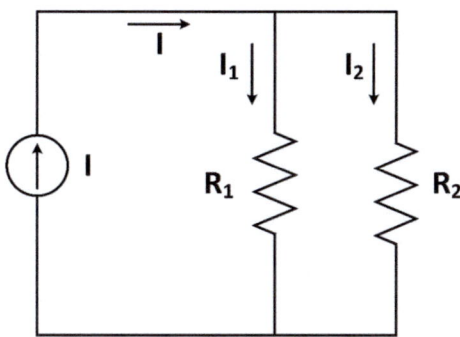

parallel geschaltet. Mit der Stromteilerregel kann der Strom an jedem dieser Widerstände mit den folgenden Formeln bestimmt werden:

$$I_1 = \frac{R_1}{R_1 + R_2} \times I \qquad (8.14)$$

$$I_2 = \frac{R_2}{R_1 + R_2} \times I \qquad (8.15)$$

Der Gesamtstrom I entspricht dabei der Summe von I_1 und I_2.

8.2.5.2 MATLAB Beispiel 8.8: Current Divider (Stromteiler)

Betrachten Sie die Schaltung in Abb. 8.21, wobei für $R_1 = 2\,\Omega$, $R_2 = 4\,\Omega$, und $I = 16\,A$ gilt. Bestimmen Sie die Ströme I_1 und I_2, die durch die Widerstände R_1 und R_2 fließen, jeweils unter Verwendung der Stromteilerregel. Den MATLAB-Code für dieses Beispiel zeigt Abb. 8.22, die dazugehörige Ausgabe Abb. 8.23.

8.2.6 Thevenins Theorem

Gemäß dem Theveninschen Theorem kann jeder lineare Schaltkreis durch einen äquivalenten Reihenschaltkreis dargestellt werden, der eine Leerlaufspannung in der Klemme V_{th} und einen Eingangsäquivalentwiderstand hat. Die Bestimmung erfolgt unter Berücksichtigung aller Spannungsquellen, die durch einen Kurzschluss ersetzt werden, und der Stromquellen, die durch einen Leerlauf ersetzt werden. Eine einfache Schemazeichnung zeigt Abb. 8.24.

Hier ist Abb. 8.24a der ursprüngliche Schaltkreis. Zur Bestimmung seines Theveninschen Schaltkreises müssen die Theveninsche Spannung V_{th} und der Theveninsche äquivalente Widerstand R_{th} bestimmt werden. In Abb. 8.24b wird die Schaltkreisdarstellung zur Bestimmung von V_{th} gezeigt, aus der hervorgeht, dass die Spannung über dem Widerstand R_2 gleich V_{th} ist. Durch Anwendung der Spannungsteilungsregel kann der Wert von V_{th} wie folgt bestimmt werden:

$$V_{th} = \frac{R_2}{R_1 + R_2} \times V \tag{8.16}$$

```
% Current divider
% R1= 2 ohms; R2= 4 ohms; I= 16 A
% Determine the current through the resistances R1 and R2
clc;clear;
R1=2; R2=4; I=16;
I1=(R2/(R1+R2))*I;
I2=(R1/(R1+R2))*I;
fprintf('Current through the resistance R1, I1: %.3f A\n',I1);
fprintf('Current through the resistance R2, I2: %.3f A\n',I2);
```

Abb. 8.22 Code – Current divider

```
Command Window
    Current through the resistance R1, I1: 10.667 A
    Current through the resistance R2, I2: 5.333 A
```

Abb. 8.23 Ausgabe – Current divider

8.2 DC-Schaltungsanalyse

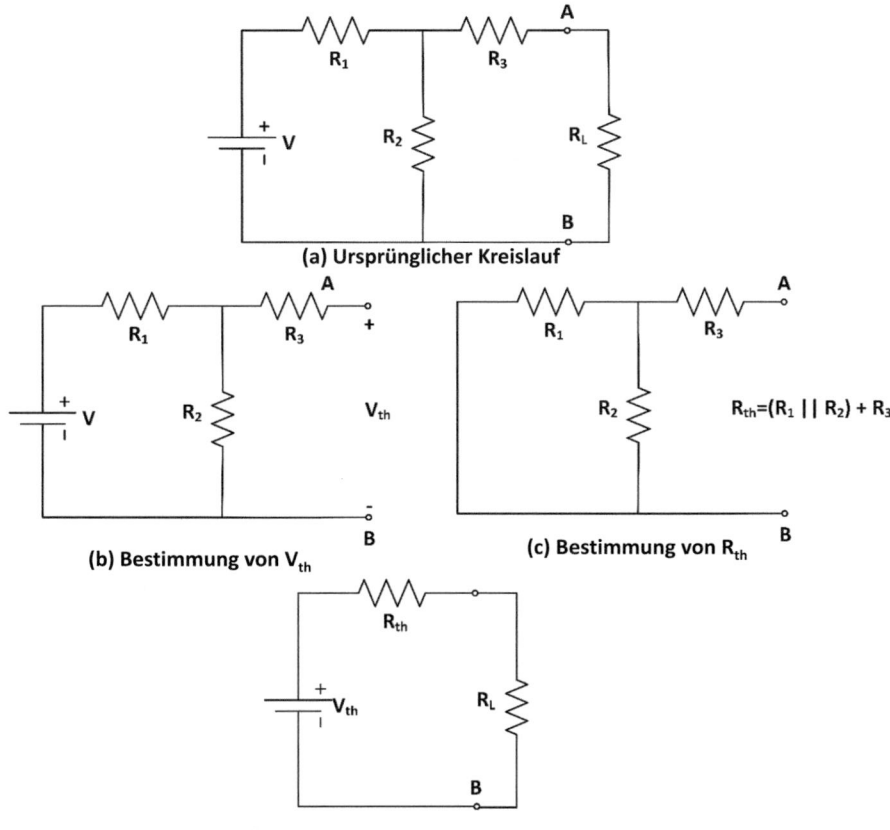

(a) Ursprünglicher Kreislauf

(b) Bestimmung von V_{th}

(c) Bestimmung von R_{th}

(d) Äquivalente Theveninsche Schaltung

Abb. 8.24 a-c Anwendung des Theveninschen Theorems zur Vereinfachung eines elektrischen Schaltkreises

Der äquivalente Widerstand R_{th} kann aus Abb. 8.24c bestimmt werden, wo die Spannungsquelle durch einen Kurzschluss ersetzt wird. Wenn es eine Stromquelle gäbe, würde sie durch einen Leerlauf ersetzt werden. Aus der Abbildung kann der Theveninsche äquivalente Widerstand wie folgt berechnet werden:

$$R_{th} = \left(R_1 \| R_2\right) + R_3 = \frac{R_1 \times R_2}{R_1 + R_2} + R_3 \qquad (8.17)$$

Das endgültige Äquivalent des Theveninschen Schaltkreises wird in Abb. 8.24d dargestellt.

8.2.6.1 MATLAB Beispiel 8.9: Theveninsches Theorem

Betrachten Sie den in Abb. 8.24a gezeigten Schaltkreis, bei dem die Parameter $R_1 = 4\,\Omega$, $R_2 = 2\,\Omega$, $R_3 = 3\,\Omega$, $R_L = 5\,\Omega$, und $V = 10\,V$ sind. Mithilfe des Theveninschen Theorems sollen die folgenden Parameter gefunden werden:

a) Theveninsche Spannung, V_{th}
b) Theveninscher äquivalenter Widerstand, R_{th}
c) der durch den Lastwiderstand fließende Strom, R_L

Der MATLAB-Code für dieses Beispiel ist in Abb. 8.25 gegeben, mit seiner Ausgabe in Abb. 8.26.

8.2.7 Maximum Power Transfer Theorem (Leistungstransfertheorem)

Gemäß dem „**Maximum Power Transfer Theorem**" (**Leistungstransfertheorem**) kann die maximale Leistung aus einer Schaltung erzielt werden, wenn ihr Lastwiderstand mit dem Theveninschen Ersatzwiderstand übereinstimmt.

Betrachten Sie die folgende Theveninsche Ersatzschaltung, bei der der Lastwiderstand R_L und die Theveninsche Spannung sowie der Ersatzwiderstand V_{th} und R_{th} sind. Nach diesem Theorem wird die maximale Leistung erreicht, wenn $R_L = R_{th}$ ist. Die maximale Leistung wird mit Gl. (8.18) berechnet.

$$P_{max} = I^2 R_L = \left(\frac{V_{th}}{R_{th} + R_L}\right)^2 \cdot R_L \tag{8.18}$$

```
% Thevenin's theorem
% R1= 4 ohms; R2= 2 ohms; R3= 3 ohms; RL= 5 ohms; V= 10 V;
% Determine: Thevenin's voltage, Vth
% Determine: Thevenin's equivalent resistance, Rth
% Determine: Load current, IRL
clc;clear;
R1=4; R2=2; R3=3; RL=5; V=10;
Vth= ((R2)/(R1+R2))*V;
Rth= ((R1*R2)/(R1+R2))+R3;
fprintf('Thevenin voltage: %.3f V\n',Vth);
fprintf('Thevenin equivalent resistance: %.3f ohms\n',Rth);
IRL=Vth/(Rth+RL);
fprintf('Load current: %.3f A\n',IRL);
```

Abb. 8.25 Code – Theveninsches Theorem

```
Command Window
    Thevenin voltage: 3.333 V
    Thevenin equivalent resistance: 4.333 ohms
    Load current: 0.357 A
```

Abb. 8.26 Ausgabe – Theveninsches Theorem

8.2 DC-Schaltungsanalyse

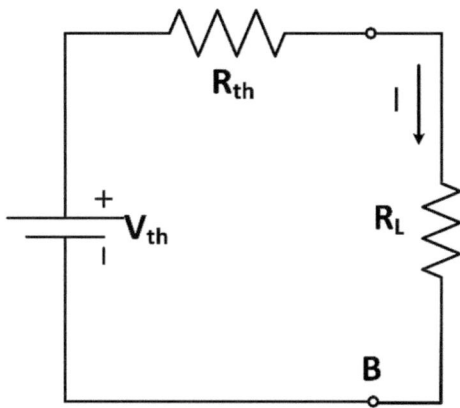

Abb. 8.27 Theveninsche Ersatzschaltung

8.2.7.1 MATLAB Beispiel 8.10: Maximum Power Transfer Theorem

Betrachten Sie die in Abb. 8.27 dargestellte Schaltung, bei der die Parameter $R_{th} = 5\,\Omega$ und $V_{th} = 10\,V$ sind. Variieren Sie den Lastwiderstand von 1 bis 12 Ω und bestimmen Sie die Ausgangsleistung für alle Szenarien, um das Leistungstransfertheorem zu beweisen. Bestimmen Sie die maximale Ausgangsleistung. Der MATLAB-Code für dieses Beispiel ist in Abb. 8.28 mit seinem Ausgang in den Abb. 8.29 und 8.30 gegeben.

```
% Maximum power transfer theorem
% Rth= 5 ohms; Vth= 10 V
clc;clear;
Rth=5; Vth=10;
RL= 1:1:26;
for i=1:1:26
    I(i)=Vth/(Rth+RL(i));
    Power(i)=I(i)^2*RL(i);
end
plot(RL,Power,'o-b','LineWidth',1.2);
xlabel('Load resistance,R_L (Ohms)');
ylabel('Output power, P (W)');
title('Maximum power transfer theorem');
grid on;
% Maximum power, when RL=Rth
RL=5;
P_max=(Vth/(Rth+RL))^2*RL;
fprintf('Maximum output power= %.3f\n',P_max);
```

Abb. 8.28 Code – Maximum power transfer theorem

```
Command Window
Maximum output power= 5.000
```

Abb. 8.29 Ausgabe – Maximum power transfer theorem

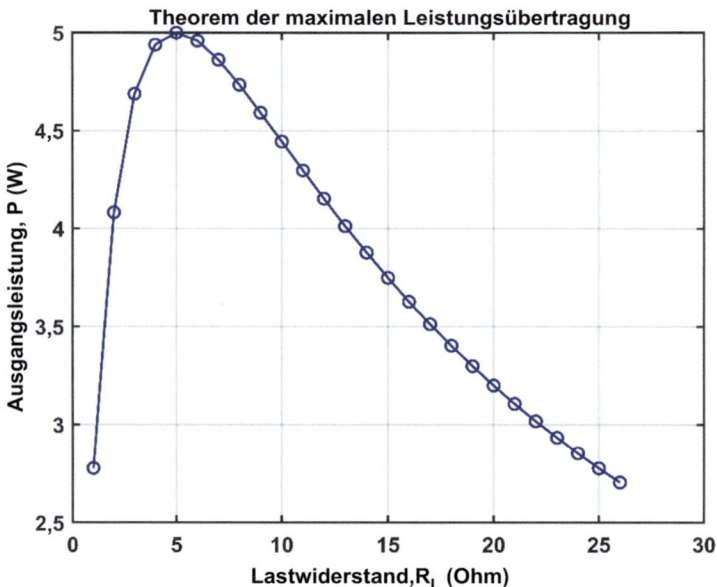

Abb. 8.30 Grafische Ausgabe – Leistungstransfertheorem

Ausgabe
Die Abbildung verdeutlicht, dass die höchste maximale Leistung nur erreicht werden kann, wenn der Lastwiderstand gleich dem Theveninschen Ersatzwiderstand ist.

8.3 AC-Schaltungsanalyse

Eine Wechselstrom-Schaltung kann sich auf die Schaltungen beziehen, die sinusförmige Eingänge als Spannungs- oder Stromquelle haben. Ein Sinusoid kann entweder ein Sinus- oder Kosinussignal sein. Die allgemeine Darstellung einer AC-Spannungs- und Stromquelle kann wie folgt definiert werden:

$$v(t) = V_M \sin(\omega t) \tag{8.19}$$

$$i(t) = I_M \sin(\omega t) \tag{8.20}$$

8.3 AC-Schaltungsanalyse

Hier sind V_M und I_M die Größe des Spannungs- und Stromsignals. Beide Quellen sind eine Funktion der Zeit; daher können die Spannung und der Strom nach einer bestimmten Zeit sowohl positiv als auch negativ werden. ω gibt die Winkelfrequenz in Radiant an.

8.3.1 Wichtige Begriffe

Einige relevante Begriffe im Zusammenhang mit der Wechselspannung sind unten definiert:

Peak Value (Spitzenwert) Der maximale Wert einer Sinuswelle (vom Nullniveau aus betrachtet) wird „peak value" (Spitzenwert) genannt. V_p repräsentiert die Spitzenspannung, die den maximalen positiven Wert der Spannung darstellt.

RMS Value (Effektivwert) Der „RMS Value" (Effektivwert) bezeichnet den quadratischen Mittelwert der Amplitude eines sinusförmigen Signals. Er kann auch als effektiver Wert eines Wechselstromkreises betrachtet werden. Der Effektivwert der Spannung spielt eine wichtige Rolle bei der Berechnung verschiedener Parameter eines Wechselstromkreises. Der Effektivwert einer Wechselspannung kann mit der folgenden Formel berechnet werden:

$$\text{RMS Voltage, } V_{\text{RMS}} = \frac{1}{\sqrt{2}} \times V_p \qquad (8.21)$$

Average Value (Mittelwert) Der „Average value" (Mittelwert) gibt den Bereich unterhalb des sinusförmigen Signal an. Der Mittelwert eines Wechselspannungssignals kann auch aus seinem Spitzenwert berechnet werden, indem die folgende Formel verwendet wird:

$$\text{Average Voltage, } V_{\text{avg}} = \frac{2}{\pi} \times V_p \qquad (8.22)$$

Instantaneous Value (Augenblickswert, auch Momentanwert) Der „Instantaneous value" (Augenblickswert) repräsentiert den genauen Wert einer Sinuswelle zu einem bestimmten Zeitpunkt. Da die Wechselspannung eine Funktion der Zeit ist, kann durch Angabe einer bestimmten Zeit die Wechselspannung zu diesem Zeitpunkt bestimmt werden.

$$\text{Instantaneous Voltage, } V_{\text{inst}}(t) = V_p \sin(2\pi f t) \qquad (8.23)$$

Hierbei ist t die Zeit, zu der die Augenblickspannung berechnet werden kann. f gibt die Frequenz der Eingangsspannung wider.

8.3.1.1 MATLAB Beispiel 8.11: Wechselstromkreis-Terminologien

Die Eingangsspannung eines Wechselstromkreises ist $v(t) = 2 \sin(2\pi f t)$, wobei $f = 60$ Hz. Lösen Sie die folgenden Aufgaben mit MATLAB:

a) Stellen Sie die „input voltage" (Eingangsspannung) in MATLAB für $t = 0:0,1$ dar.
b) Finden Sie die Werte für „peak voltage" (Spitzenspannung), „peak-to-peak voltage" (Spitze-zu-Spitze-Spannung), „RMS voltage" (Effektivspannung) und „average voltage" (Mittelspannung).
c) Finden Sie den „instantaneous value" (Augenblickswert) für $t = 0,02$.

Der MATLAB-Code für dieses Beispiel ist in Abb. 8.31 mit seiner Ausgabe in den Abb. 8.32 und 8.33 wiedergegeben.

```
% v(t)=10 sin(2*pi*f*t)
% f= 60 Hz; t= 0:0.1 sec
% Determine: Peak voltage, Vp
% Determine: Peak to peak voltage, Vpp
% Determine: RMS voltage, V_rms
% Determine: Average voltage, V_avg
% Determine: Instantaneous voltage at T=0.02 sec, v_inst
clc;clear;
f = 60;
t = 0:0.0001:0.1;
v = 2*sin(2*pi*f*t);
plot(t,v,'LineWidth',1.5);
xlabel('Time (sec)');
ylabel('Voltage (volt)');
ylim([-2.5 2.5]);
grid on;
Vp=max(abs(v));
fprintf('Peak voltage: %.3f\n',Vp);
Vpp=2*Vp;
fprintf('Peak to peak voltage: %.3f\n',Vpp);
V_rms=(1/sqrt(2))*Vp;
fprintf('RMS voltage: %.3f\n',V_rms);
V_avg=(2/pi)*Vp;
fprintf('Average voltage: %.3f\n',V_avg);
T=0.02;
V_inst=2*sin(2*pi*f*T);
fprintf('Instantaneous voltage at T=0.02 sec: %.3f\n',V_inst);
```

Abb. 8.31 Code – Bestimmung der Spannungsparameter eines Wechselstromkreises

8.3 AC-Schaltungsanalyse

```
Command Window
    Peak voltage: 2.000
    Peak to peak voltage: 4.000
    RMS voltage: 1.414
    Average voltage: 1.273
    Instantaneous voltage at T=0.02 sec: 1.902
```

Abb. 8.32 Ausgabe – Bestimmung der Spannungsparameter eines Wechselstromkreises

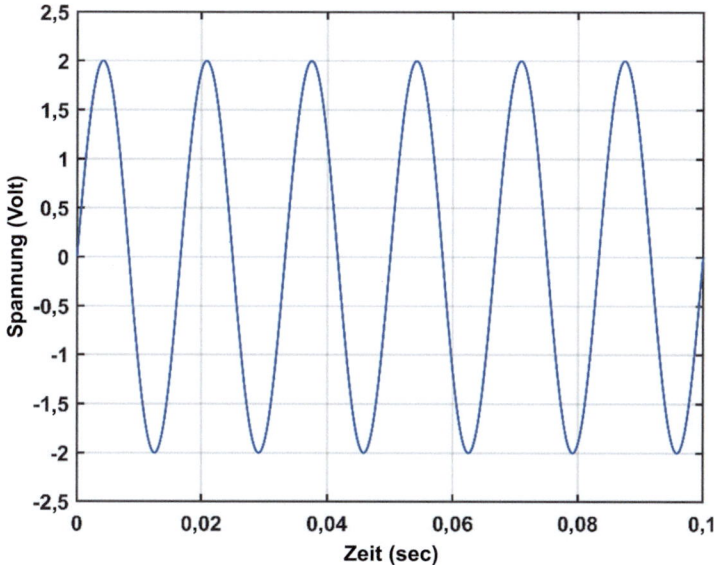

Abb. 8.33 Grafische Ausgabe – Bestimmung der Spannungsparameter eines Wechselstromkreises

8.3.2 Impedance (Impedanz)

Die **„Impedance" (Impedanz)** bezeichnet in einem Wechselstromkreis den gesamten Widerstand gegen den Stromfluss. Die Impedanz kann in zwei Teile unterteilt werden – Widerstand und Reaktanz. Der Widerstand ist eine Komponente mit Nullfrequenz, die Reaktanz hingegen ist frequenzabhängig. Der allgemeine Ausdruck für die Gesamtimpedanz kann wie folgt beschrieben werden:

$$\text{Impedance}, Z = R + jX \tag{8.24}$$

Hier ist der reale Teil der Widerstand und der imaginäre Teil ist die Reaktanz. Wiederum kann die Reaktanz in zwei Teile unterteilt werden – induktive Reaktanz,

(X_L) und kapazitive Reaktanz, (X_C). Mit der Einbeziehung beider mit dem Widerstand in Serie kann die Formel der Impedanz wie folgt umgeschrieben werden:

$$Z = R + j(X_L - X_C) = R + j\left(\omega L - \frac{1}{\omega C}\right) \quad (8.25)$$

Daher gilt:

$$|Z|\angle\theta = \sqrt{R^2 + \left(\omega L - \frac{1}{\omega C}\right)^2} \angle \frac{\left(\omega L - \frac{1}{\omega C}\right)}{R} \quad (8.26)$$

Hier ist L die Induktivität, C ist die Kapazität und ω repräsentiert die Winkelfrequenz. Aus der Formel kann auch beobachtet werden, dass $X_L = \omega L$ und $X_C = \frac{1}{\omega C}$. Ein induktiver Stromkreis wird als verzögerter Stromkreis bezeichnet, da der Strom durch die Reaktanz die Spannung in ihm „verzögert". Im Gegensatz dazu hat ein kapazitiver Stromkreis einen führenden Strom in Bezug auf die Spannung. Ein rein induktiver Stromkreis verzögert den Strom um −90°, während ein rein kapazitiver Stromkreis den Strom um +90° führt. Wenn der Stromkreis sowohl induktive als auch kapazitive Reaktanz beinhaltet, kann die Art des Stromkreises wie folgt bestimmt werden:

> *Wenn ($X_L - X_C$) > 0*
> *Induktive Reaktanz;*
> *Leistungsfaktor verzögert;*
> *Wenn ($X_L - X_C$) < 0*
> *Kapazitive Reaktanz;*
> *Leistungsfaktor führend;*
> *Sonst*
> *Resistiv*
> *Leistungsfaktor Einheit;*
> *Ende*

Basierend auf der obigen Diskussion kann ein Impedanzdreieck gezeichnet werden (Abb. 8.34), das die Beziehung zwischen Widerstand und Reaktanz wiedergibt. In einem Impedanzdreieck zeigt die horizontale Linie den Widerstand an, da es sich um eine Nullfrequenzkomponente handelt. Die Reaktanz wird durch die senkrechte Linie dargestellt, da sie die Spannung oder den Strom um +90° oder −90° verschiebt. Eine aufwärts gerichtete senkrechte Linie bezieht sich auf die gesamte induktive Reaktanz, während eine abwärts gerichtete senkrechte Linie die gesamte kapazitive Reaktanz darstellt. Die Hypotenuse des Dreiecks zeigt die Größe der gesamten Impedanz an und der Winkel zwischen der Hypotenuse und der horizontalen Linie bezieht sich auf den Phasenwinkel der Impedanz, der normalerweise als θ bezeichnet wird. Der Kosinus dieses Winkels wird als Leistungsfaktor bezeichnet.

8.3 AC-Schaltungsanalyse

Abb. 8.34 Impedanzdreieck

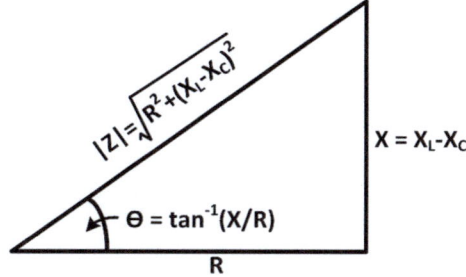

8.3.2.1 MATLAB Beispiel 8.12: Impedance

Betrachten Sie einen seriellen RLC-Schaltkreis mit $R = 10\ \Omega$, $L = 0{,}02$ H und $C = 0{,}05$ F. Wenn die Frequenz 60 Hz beträgt, bestimmen Sie:

a) Impedance des Schaltkreises,
b) „power factor" (Leistungsfaktor).

Der MATLAB-Code für dieses Beispiel ist in Abb. 8.35 mit seiner Ausgabe in Abb. 8.36 gegeben.

```
% Impedance
% R= 10 ohms; L= 0.02 H; C= 0.05 F; f= 60 Hz
% Determine Impendance: Z
% Power facor: PF
clc;clear;
R=10; L=0.02; C=0.05;
f=60;
XL=2*pi*f*L;
XC=1/(2*pi*f*C);
disp('Impedance:')
Z=R+j*(XL-XC)
Imp_magnitude=abs(Z);
Phase_angle=angle(Z)*(180/pi);
disp('In polar form:');
fprintf('|Z|= %.3f ohms;  Phase angle= %.3f degree\n',...
    Imp_magnitude,Phase_angle);
PF=cos(Phase_angle);
fprintf('Power factor= %.3f\n',PF);
```

Abb. 8.35 Code – Impedance in einem RLC-Schaltkreis

```
Command Window
  Impedance:

  Z =

    10.0000 + 7.4868i

  In polar form:
  |Z|= 12.492 ohms;   Phase angle= 36.821 degree
  Power factor= 0.639
```

Abb. 8.36 Ausgabe – Impedance in einem RLC-Schaltkreis

8.3.3 Power Triangle (Leistungsdreieck)

In einem Wechselstromkreis kann die Leistung auch in zwei Komponenten unterteilt werden – Wirkleistung *(P)* und Blindleistung *(Q)*. Die Wirkleistung ist die resistive Leistung, die nicht von der Frequenz abhängt. Die Blindleistung ist der frequenzabhängige Teil. Die Vektorsumme dieser beiden Komponenten wird Scheinleistung *(S)* genannt. Diese drei Parameter können im **„power triangle"** **(Leistungsdreieck)** dargestellt werden (Abb. 8.37), wobei die horizontale Linie die Wirkleistung, *P*, die senkrechte Linie die Blindleistung, *Q*, und die Hypotenuse die Scheinleistung, *S*, darstellen:

$$S = P + jQ \tag{8.27}$$

Daher gilt:

$$|S| \angle \theta = \sqrt{P^2 + Q^2} \angle \frac{Q}{P} \tag{8.28}$$

Für den induktiven Schaltkreis wird die Blindleistung durch eine aufwärts gerichtete senkrechte Linie angezeigt. Für den kapazitiven Schaltkreis wird die

Abb. 8.37 Power triangle

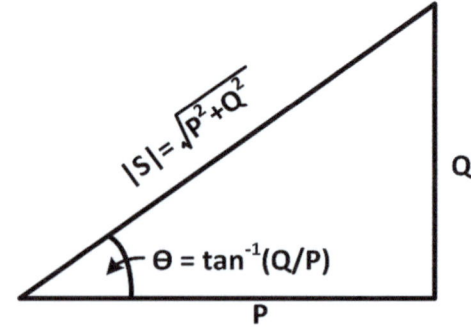

8.3 AC-Schaltungsanalyse

Blindleistung durch eine abwärts gerichtete senkrechte Linie dargestellt. Der Winkel zwischen der horizontalen Linie und der Hypotenuse wird als Leistungswinkel *(θ)* bezeichnet, dessen Kosinus auch als Leistungsfaktor bezeichnet wird. Daher entspricht dieser Winkel sowohl im Impedanz- als auch im Leistungsdreieck der gleichen Entität.

$$Q = \sqrt{Q_L^2 + Q_C^2} \tag{8.29}$$

Wenn $(Q_L - Q_C) > 0$
Induktive Reaktanz;
Leistungsfaktor nachlaufend;
sonst wenn $(Q_L - Q_C) < 0$
Kapazitive Reaktanz;
Leistungsfaktor vorauslaufend;
sonst
Resistiv
Leistungsfaktor Einheit;
Ende

8.3.3.1 MATLAB Beispiel 8.13: Power triangle

Betrachten Sie einen Serien-RLC-Schaltkreis mit $P = 10$ W und $Q = 5$ Var. Bestimmen Sie:

a) „Apparant power" (Scheinleistung), S
b) „Power factor" (Leistungsfaktor), PF

Der MATLAB-Code für dieses Beispiel ist in Abb. 8.38 mit seiner Ausgabe in Abb. 8.39 wiedergegeben.

8.3.4 Dreiphasen-Wechselstromkreisanalyse

In einem Dreiphasenkreis kann die Konfiguration entweder in Wye- oder Delta-Konfiguration vorliegen. Entsprechend ändern sich die Eigenschaften. Um die Beziehung zwischen den verschiedenen Parametern zu verstehen, ist es sinnvoll, in ausgeglichene und unausgeglichene Last zu unterteilen. Bei einer unausgeglichenen Last sind nicht alle Lasten gleichmäßig auf die drei Phasen verteilt, während bei einer ausgeglichenen Last alle Lasten gleichmäßig verteilt sind. In einem ausgeglichenen System befinden sich alle Spannungen oder Ströme in drei Phasen um 120° Phasenverschiebung voneinander. Basierend auf der Art

```matlab
% Power traingle
% Find: Apparent power, S
% Find Power factor, PF
clc;clear;
% Example 1: Real power,P= 10 W; Reactive power,Q=5 Var
fprintf('Example 1: Positive reactive power\n');
fprintf('-------------------------------------\n');
P=10; Q=5;
disp('Apparent power:')
S=P+j*Q
S_mag=abs(S);
S_angle=angle(S)*(180/pi);
fprintf('Apparent power in polar form:\n');
fprintf('|S|= %.3f VA    Power angle= %.3f degree\n',S_mag,S_angle);
PF=cos(S_angle);
if Q>0
    fprintf('Power factor= %.3f; Lagging\n',PF);
elseif Q<0
    fprintf('Power factor= %.3f; Leading\n',PF);
else
     fprintf('Power factor= %.3f; Unity\n',PF);
end
fprintf('\n');
% Example 2: Real power,P= 10 W; Reactive power,Q=-5 Var
P=10; Q=-5;
fprintf('Example 2: Negative reactive power\n');
fprintf('-------------------------------------\n');
disp('Apparent power:')
S=P+j*Q
S_mag=abs(S);
S_angle=angle(S)*(180/pi);
fprintf('Apparent power in polar form:\n');
fprintf('|S|= %.3f VA    Power angle= %.3f degree\n',S_mag,S_angle);
PF=cos(S_angle);
if Q>0
    fprintf('Power factor= %.3f; Lagging\n',PF);
elseif Q<0
    fprintf('Power factor= %.3f; Leading\n',PF);
else
     fprintf('Power factor= %.3f; Unity\n',PF);
end
fprintf('\n');
% Example 3: Real power,P= 10 W; Reactive power,Q=0 Var
P=10; Q=0;
fprintf('Example 3: Zero reactive power\n');
fprintf('-------------------------------------\n');
disp('Apparent power:')
S=P+j*Q
S_mag=abs(S);
S_angle=angle(S)*(180/pi);
fprintf('Apparent power in polar form:\n');
fprintf('|S|= %.3f VA    Power angle= %.3f degree\n',S_mag,S_angle);
PF=cos(S_angle);
if Q>0
    fprintf('Power factor= %.3f; Lagging\n',PF);
elseif Q<0
    fprintf('Power factor= %.3f; Leading\n',PF);
else
     fprintf('Power factor= %.3f; Unity\n',PF);
end
```

Abb. 8.38 Code – Bestimmung der Parameter Power triangle

```
Command Window
   Example 1: Positive reactive power
   -------------------------------------
   Apparent power:

   S =

      10.0000 + 5.0000i


   Apparent power in polar form:
   |S|= 11.180 VA     Power angle= 26.565 degree
   Power factor= 0.138; Lagging

   Example 2: Negative reactive power
   -------------------------------------
   Apparent power:

   S =

      10.0000 - 5.0000i


   Apparent power in polar form:
   |S|= 11.180 VA     Power angle= -26.565 degree
   Power factor= 0.138; Leading

   Example 3: Zero reactive power
   -------------------------------------
   Apparent power:

   S =

       10


   Apparent power in polar form:
   |S|= 10.000 VA     Power angle= 0.000 degree
   Power factor= 1.000; Unity
```

Abb. 8.39 Ausgabe – Bestimmung der Parameter Power triangle

der Reihenfolge der Phasenspannungen sind zwei Phasenfolgen verfügbar – die „abc"-Folge und die „acb"-Folge. Die Phasenfolge impliziert die Reihenfolge der Sequenz, basierend auf der die einzelne Phasenspannung oder der Strom ihre Spitzenwerte erreichen. Eine einfache Darstellung dieser beiden Arten von Phasenfolgen ist in Abb. 8.40 gegeben.

8.3.4.1 Dreiecksverbundene, unausgeglichene Last

Eine dreiecksverbundene, unausgeglichene Last zeigt Abb. 8.41. Die Impedanzen haben hier in jeder Phase unterschiedliche Werte, um das System unausgeglichen zu machen.

Die relevanten Parameter für ein dreiecksverbundenes, unausgeglichenes Lastsystem sind in Tab. 8.1 aufgeführt, in Anlehnung an Abb. 8.41.

Für ein Delta-verbundenes, unausgeglichenes System können die Parameter mit den in Tab. 8.2 genannten Formeln miteinander in Beziehung gesetzt werden.

8.3.4.2 MATLAB Beispiel 8.14: Delta-Connected Unbalanced Load (Delta-verbundene, unausgeglichene Last)

Betrachten Sie ein System, das in Abb. 8.41 mit den folgenden Parametern dargestellt ist:

$$V_{AB} = 120\angle 0° \ V$$

$$V_{BC} = 110\angle 120° \ V$$

$$V_{CA} = 150\angle 240° \ V$$

$$Z_1 = 10\angle 10°$$

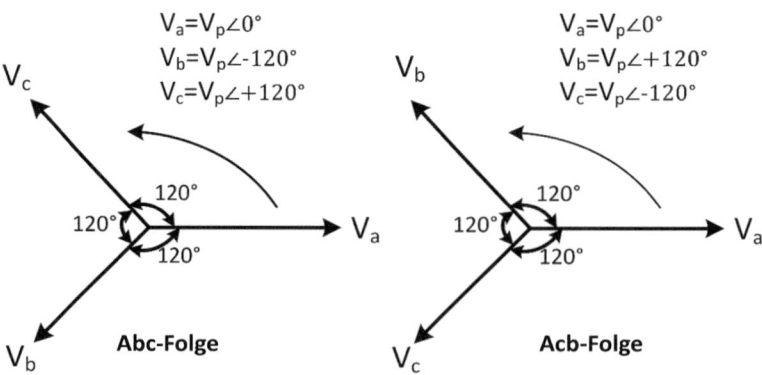

Abb. 8.40 abc- und acb-Phasenfolge in Dreiphasensystemen

8.3 AC-Schaltungsanalyse

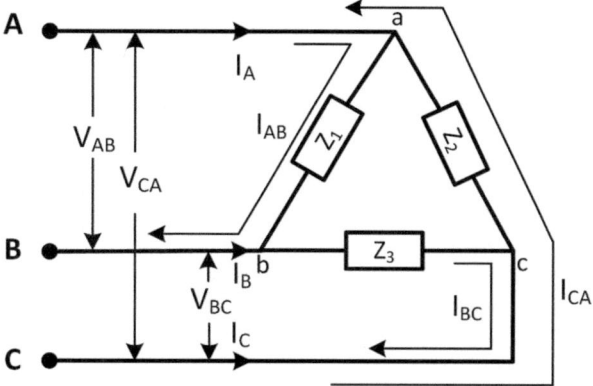

Abb. 8.41 Ein dreiecksverbundenes, unausgeglichenes System

Tab. 8.1 Parameter in einem dreiecksverbundenen, unausgeglichenen Lastsystem

Leitung-zu-Leitung-Spannung	Phasenspannung	Leitungsstrom	Phasenstrom
V_{AB}	V_a	I_A	I_{AB}
V_{BC}	V_b	I_B	I_{BC}
V_{CA}	V_c	I_C	I_{CA}

Tab. 8.2 Beziehung zwischen den Parametern in einem Delta-verbundenen, unausgeglichenen Lastsystem

Spannung von Leitung zu Leitung	Phasenstrom	Leitungsstrom
$V_{AB} = V_a - V_b$	$I_{AB} = \frac{V_{AB}}{Z_1}$	$I_A = I_{AB} - I_{CA}$
$V_{BC} = V_b - V_c$	$I_{BC} = \frac{V_{BC}}{Z_2}$	$I_B = I_{BC} - I_{AB}$
$V_{CA} = V_c - V_a$	$I_{CA} = \frac{V_{CA}}{Z_3}$	$I_C = I_{CA} - I_{BC}$

$$Z_2 = 15\angle -25°$$

$$Z_3 = 20\angle -10°$$

Bestimmen Sie:

a) die Phasenströme I_{AB}, I_{BC}, und I_{CA}
b) die Leitungsströme I_A, I_B, und I_C

Der MATLAB-Code für dieses Beispiel ist in Abb. 8.42 dargestellt, mit seiner Ausgabe in Abb. 8.43.

```
% Delta connected unbalanced load
% Line to line voltages:
% V_AB=120 V angle 0 deg; V_BC=110 V angle 120 deg; V_CA=150 V angle 240 deg
% Impedances:
% Z1=10 Ohms angle 10 deg1 Z2=15 Ohms angle -25 deg1 Z3=20 Ohms angle -10 deg;
% Find: Phase currents I_AB, I_BC, I_CA
% Find: Line currents: I_A, I_B, I_C
clc, clear;
% Line to Line voltages
V_AB=120*cos(0)+i*120*sin(0);
V_BC=110*cos(120*(pi/180))+i*110*sin(120*(pi/180));
V_CA=150*cos(240*(pi/180))+i*150*sin(240*(pi/180));
% Impedances
Z1=10*cos(10*(pi/180))+i*10*sin(10*(pi/180));
Z2=15*cos(-25*(pi/180))+i*15*sin(-25*(pi/180));
Z3=20*cos(-10*(pi/180))+i*20*sin(-10*(pi/180));
% Phase currents
I_AB=V_AB/Z1;
I_BC=V_BC/Z2;
I_CA=V_CA/Z3;
I_AB_mag=abs(I_AB);
I_AB_ang=angle(I_AB)*180/pi;
I_BC_mag=abs(I_BC);
I_BC_ang=angle(I_BC)*180/pi;
I_CA_mag=abs(I_CA);
I_CA_ang=angle(I_CA)*180/pi;
fprintf('Phase currents:\n');
fprintf('I_AB= %.3f A        Angle=%.3f degree\n',I_AB_mag,I_AB_ang);
fprintf('I_BC= %.3f A        Angle=%.3f degree\n',I_BC_mag,I_BC_ang);
fprintf('I_CA= %.3f A        Angle=%.3f degree\n',I_CA_mag,I_CA_ang);
% Line currents
I_A=I_AB-I_CA;
I_B=I_BC-I_AB;
I_C=I_CA-I_BC;
I_A_mag=abs(I_A);
I_A_ang=angle(I_A)*180/pi;
I_B_mag=abs(I_B);
I_B_ang=angle(I_B)*180/pi;
I_C_mag=abs(I_C);
I_C_ang=angle(I_C)*180/pi;
fprintf('Line currents:\n');
fprintf('I_A= %.3f A        Angle=%.3f degree\n',I_A_mag,I_A_ang);
fprintf('I_B= %.3f A        Angle=%.3f degree\n',I_B_mag,I_B_ang);
fprintf('I_C= %.3f A        Angle=%.3f degree\n',I_C_mag,I_C_ang);
```

Abb. 8.42 Code – Delta connected unbalanced load

8.3 AC-Schaltungsanalyse

```
Command Window
 Phase currents:
 I_AB= 12.000 A          Angle=-10.000 degree
 I_BC= 7.333 A           Angle=145.000 degree
 I_CA= 7.500 A           Angle=-110.000 degree
 Line currents:
 I_A= 15.215 A           Angle=19.041 degree
 I_B= 18.902 A           Angle=160.563 degree
 I_C= 11.769 A           Angle=-72.994 degree
```

Abb. 8.43 Ausgabe – Delta connected unbalanced load

8.3.4.3 Delta connected balanced load (Delta-verbundene, ausgeglichene Last)

Eine delta-verbundene ausgeglichene Last ist in Abb. 8.44 dargestellt. Die Impedanzen sind gleichmäßig in jeder Phase verteilt. In einem ausgeglichenen Delta-System sind die Größen der Eingangsleitungs- und Phasenspannungen gleich.

Die relevanten Parameter eines solchen Systems sind in Tab. 8.3 aufgelistet.

Die Beziehung zwischen den Parametern kann wie in Tab. 8.4 dargestellt zusammengefasst werden.

8.3.4.4 MATLAB Beispiel 8.15: Delta connected balanced load

Betrachten Sie ein System, das wie in Abb. 8.44 mit den folgenden Parametern dargestellt ist:

$$V_{AB} = 120\angle 0° \, V$$

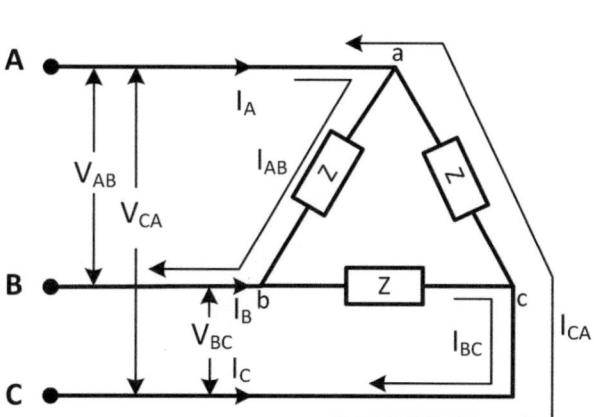

Abb. 8.44 Delta-verbundenes, ausgeglichenes System

Tab. 8.3 Parameter in einem Delta-verbundenen, ausgeglichenen Lastsystem

Spannung Leitung zu Leitung	Phasenspannung	Leitungsstrom	Phasenstrom
V_{AB}	V_a	I_A	I_{AB}
V_{BC}	V_b	I_B	I_{BC}
V_{CA}	V_c	I_C	I_{CA}

Tab. 8.4 Beziehung zwischen den Parametern in einem Delta-verbundenen, ausgewogenen Lastsystem

Spannung Leitung-zu-Leitung	Phasenstrom	Leitungsstrom
$V_{AB} = V_a - V_b$ $V_{BC} = V_b - V_c$ $V_{CA} = V_c - V_a$ $\|V_{AB}\| = \|V_{BC}\| = \|V_{CA}\|$ $= V_L$ **Daher, unter Berücksichtigung der acb-Sequenz,** $V_{AB} = V_L \angle 0°$ $V_{BC} = V_L \angle +120°$ $V_{CA} = V_L \angle -120°$	$I_{AB} = \frac{V_{AB}}{Z}$ $I_{BC} = \frac{V_{BC}}{Z}$ $I_{CA} = \frac{V_{CA}}{Z}$ $\|I_{AB}\| = \|I_{BC}\| = \|I_{CA}\|$ $= I_P$ **Daher, unter Berücksichtigung der acb-Sequenz,** $I_{AB} = I_P \angle 0°$ $I_{BC} = I_P \angle +120°$ $I_{CA} = I_P \angle -120°$	$I_A = I_{AB} - I_{CA}$ $= I_P \angle 0° - I_P \angle -120°$ $= I_P (1 \angle 0° - 1 \angle -120°)$ $= \sqrt{3} I_P \angle 30°$ $I_B = I_{BC} - I_{AB}$ $= I_P \angle +120° - I_P \angle 0°$ $= I_P (1 \angle 120° - 1 \angle 0°)$ $= \sqrt{3} I_P \angle 150°$ $I_C = I_{CA} - I_{BC}$ $= I_P \angle -120° - I_P \angle +120°$ $= I_P (1 \angle 120° - 1 \angle 0°)$ $= \sqrt{3} I_P \angle -90°$ **Daher,** $\|I_A\| = \|I_B\| = \|I_C\| = \sqrt{3} I_P = I_L$

$$V_{BC} = 110 \angle 120° \text{ V}$$

$$V_{CA} = 150 \angle 240° \text{ V}$$

$$Z = 10 \angle 10°$$

Bestimmen Sie:

a) die Phasenströme I_{AB}, I_{BC}, und I_{CA}
b) die Leitungsströme I_A, I_B, und I_C

Der MATLAB-Code für dieses Beispiel ist in Abb. 8.45 dargestellt, die dazugehörige Ausgabe in Abb. 8.46.

Ausgabe

Die Ausgabe verdeutlicht, dass die Größe des Leitungsstroms in jeder Phase der Quadratwurzel von drei multipliziert mit dem Phasenstrom in jeder Phase entspricht.

8.3 AC-Schaltungsanalyse

```
% Delta connected balanced load
% Line to line voltages:
% V_AB=120 V angle 0 deg; V_BC=120 V angle 120 deg; V_CA=120 V angle 240 deg
% Impedances:
% Z=10 Ohms angle 10 deg
% Find: Phase currents I_AB, I_BC, I_CA
% Find: Line currents I_A, I_B, I_C
clc; clear;
% Line to line voltages
V_AB=120*cos(0)+i*120*sin(0);
V_BC=120*cos(120*(pi/180))+i*120*sin(120*(pi/180));
V_CA=120*cos(240*(pi/180))+i*120*sin(240*(pi/180));
% Impedances
Z=10*cos(10*(pi/180))+i*10*sin(10*(pi/180));
%Phase currents
I_AB=V_AB/Z;
I_BC=V_BC/Z;
I_CA=V_CA/Z;
Ip=abs(I_AB);
I_AB_ang=angle(I_AB)*180/pi;
I_BC_ang=angle(I_BC)*180/pi;
I_CA_ang=angle(I_CA)*180/pi;
fprintf('Phase Currents:\n');
fprintf('I_AB= %.3f A      Angle=%.3f degree\n',Ip,I_AB_ang);
fprintf('I_BC= %.3f A      Angle=%.3f degree\n',Ip,I_BC_ang);
fprintf('I_CA= %.3f A      Angle=%.3f degree\n',Ip,I_CA_ang);
% Line currents
I_A=I_AB-I_CA;
I_B=I_BC-I_AB;
I_C=I_CA-I_BC;
IL=abs(I_A);
I_A_ang=angle(I_A)*180/pi;
I_B_ang=angle(I_B)*180/pi;
I_C_ang=angle(I_C)*180/pi;
fprintf('Line currents:\n');
fprintf('I_A= %.3f A       Angle=%.3f degree\n',IL,I_A_ang);
fprintf('I_B= %.3f A       Angle=%.3f degree\n',IL,I_B_ang);
fprintf('I_C= %.3f A       Angle=%.3f degree\n',IL,I_C_ang);
```

Abb. 8.45 Code – Delta connected balanced load

8.3.4.5 Wye-Connected Four-Wire Unbalanced Load (Wye-verbundene, vierdrahtige unausgewogene Last)

Eine wye-verbundene, vierdrahtige, unausgewogene Last ist in Abb. 8.47 dargestellt. Die Impedanzen sind in jeder Phase unterschiedlich, um das System unausgewogen zu machen. Darüber hinaus ist der gemeinsame Punkt mit einem Neutralleiter verbunden, was dem System seinen Namen gibt.

Die relevanten Parameter eines unbalancierten Vierdrahtsystems in Wye-Schaltung sind in Tab. 8.5 aufgeführt.

Die Beziehung zwischen den Parametern zeigt Tab. 8.6.

```
Command Window
    Phase currents:
    I_AB= 12.000 A         Angle= -10.000 degree
    I_BC= 12.000 A         Angle= 110.000 degree
    I_CA= 12.000 A         Angle= -130.000 degree
    Line currents:
    I_A= 20.785 A          Angle= 20.000 degree
    I_B= 20.785 A          Angle= 140.000 degree
    I_C= 20.785 A          Angle= -100.000 degree
```

Abb. 8.46 Ausgabe – Delta connected balanced load

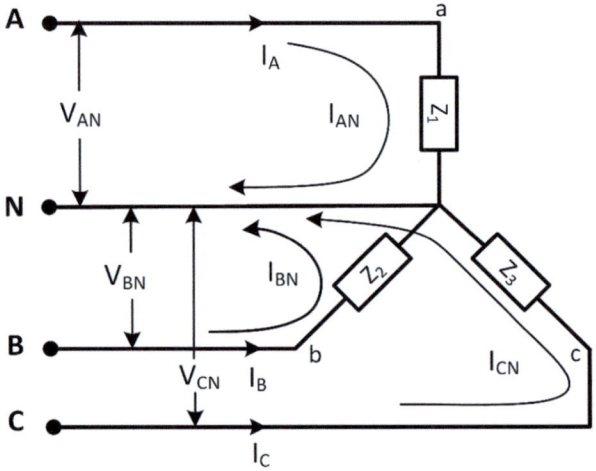

Abb. 8.47 System mit Wye connected four wire unbalanced load

Tab. 8.5 Parameter Wye-Connected Four-Wire Unbalanced Load

Spannung Leitung-zu-Leitung/ Leitungsspannung	Spannung Leitung zu Neutralleiter/Phasenspannung	Leitungsstrom	Phasenstrom
V_{AB}	$V_a = V_{AN}$	I_A	I_{AN}
V_{BC}	$V_b = V_{BN}$	I_B	I_{BN}
V_{CA}	$V_c = V_{CN}$	I_C	I_{CN}

8.3 AC-Schaltungsanalyse

Tab. 8.6 Beziehung zwischen den Parametern bei Wye-Connected Four-Wire Unbalanced Load

Spannung von Leitung zu Leitung	Phasenstrom	Leitungsstrom
$V_{AB} = V_{AN} - V_{BN}$	$I_{AN} = \frac{V_{AN}}{Z_1}$	$I_A = I_{AN}$
$V_{BC} = V_{BN} - V_{CN}$	$I_{BN} = \frac{V_{BN}}{Z_2}$	$I_B = I_{BN}$
$V_{CA} = V_{CN} - V_{AN}$	$I_{CN} = \frac{V_{CN}}{Z_3}$	$I_C = I_{CN}$

8.3.4.6 MATLAB Beispiel 8.16: Wye-Connected Four-Wire Unbalanced Load

Betrachten Sie ein System, das wie in Abb. 8.47 mit den folgenden Parametern dargestellt ist:

$$V_{AN} = 120\angle 10° \ V$$

$$V_{BN} = 110\angle 150° \ V$$

$$V_{CN} = 150\angle -50° \ V$$

$$Z_1 = 10\angle 10°$$

$$Z_2 = 15\angle -25°$$

$$Z_3 = 20\angle -10°$$

Bestimmen Sie:

a) „Line-to-line voltages" (Leitung-zu-Leitung-Spannungen) V_{AB}, V_{BC}, und V_{CA}
b) „Phase currents" (Phasenströme) I_{AN}, I_{BN}, und I_{CN}
c) „Line currents" (Leitungsströme) I_A, I_B, und I_C

Den MATLAB-Code für dieses Beispiel zeigt Abb. 8.48, die dazugehörige Ausgabe Abb. 8.49.

8.3.4.7 Wye-Connected Four-Wire Balanced Load (Wye-verbundene, vierdrahtige, ausgeglichene Last)

Eine solche Last ist in Abb. 8.50 dargestellt. Die Impedanzen sind gleichmäßig in jeder Phase verteilt. Darüber hinaus ist der gemeinsame Punkt mit einem Neutralleiter verbunden, was der Grund für die Benennung als Vierdrahtsystem ist.

Die relevanten Parameter eines Wye-förmig verbundenen Systems sind in Tab. 8.7 aufgeführt.

Die Beziehung zwischen den Parametern kann wie in Tab. 8.8 dargestellt zusammengefasst werden.

```
% Wye connected four wire unbalanced load
% Phase voltages:
% V_AN=120 V angle 10 deg;V_BN=110 V angle 150 deg;V_CN=150 V angle -50 deg
% Impedances:
% Z1=10 Ohms angle 10 deg;Z2=15 Ohms angle -25 deg;Z3=20 Ohms angle -10 deg;
% Find: Line to line voltages V_AB, V_BC, V_CA
% Find: Phase currents I_AN, I_BN, I_CN
% Find: Line currents I_A, I_B, I_C

clc;clear;
% Line to line voltages
V_AN=120*cos(10)+i*120*sin(10);
V_BN=110*cos(150*(pi/180))+i*110*sin(150*(pi/180));
V_CN=150*cos(-50*(pi/180))+i*150*sin(-50*(pi/180));
% Impedances
Z1=10*cos(10*(pi/180))+i*10*sin(10*(pi/180));
Z2=15*cos(-25*(pi/180))+i*15*sin(-25*(pi/180));
Z3=20*cos(-10*(pi/180))+i*20*sin(-10*(pi/180));
% Line to line voltages
V_AB=V_AN-V_BN;
V_BC=V_BN-V_CN;
V_CA=V_CN-V_AN;
V_AB_mag=abs(V_AB);
V_AB_ang=angle(V_AB)*180/pi;
V_BC_mag=abs(V_BC);
V_BC_ang=angle(V_BC)*180/pi;
V_CA_mag=abs(V_CA);
V_CA_ang=angle(V_CA)*180/pi;
fprintf('Line to line voltages:\n');
fprintf('V_AB= %.3f A      Angle= %.3f degree\n',V_AB_mag,V_AB_ang);
fprintf('V_BC= %.3f A      Angle= %.3f degree\n',V_BC_mag,V_BC_ang);
fprintf('V_CA= %.3f A      Angle= %.3f degree\n\n',V_CA_mag,V_CA_ang);
% Phase currents
I_AN=V_AN/Z1;
I_BN=V_BN/Z2;
I_CN=V_CN/Z3;
I_AN_mag=abs(I_AN);
I_AN_ang=angle(I_AN)*180/pi;
I_BN_mag=abs(I_BN);
I_BN_ang=angle(I_BN)*180/pi;
I_CN_mag=abs(I_CN);
I_CN_ang=angle(I_CN)*180/pi;
fprintf('Phase currents:\n');
fprintf('I_AN= %.3f A      Angle= %.3f degree\n',I_AN_mag,I_AN_ang);
fprintf('I_BN= %.3f A      Angle= %.3f degree\n',I_BN_mag,I_BN_ang);
fprintf('I_CN= %.3f A      Angle= %.3f degree\n\n',I_CN_mag,I_CN_ang);
% Line currents
fprintf('Line currents:\n');
fprintf('I_A= %.3f A      Angle= %.3f degree\n',I_AN_mag,I_AN_ang);
fprintf('I_B= %.3f A      Angle= %.3f degree\n',I_BN_mag,I_BN_ang);
fprintf('I_C= %.3f A      Angle= %.3f degree\n',I_CN_mag,I_CN_ang);
```

Abb. 8.48 Code – Wye connected four wire unbalanced load

8.3 AC-Schaltungsanalyse

```
Command Window
    Line to line voltages:
    V_AB= 120.405 A        Angle= -92.583 degree
    V_BC= 256.144 A        Angle= 138.446 degree
    V_CA= 203.258 A        Angle= -14.131 degree

    Phase currents:
    I_AN= 12.000 A         Angle= -157.042 degree
    I_BN= 7.333 A          Angle= 175.000 degree
    I_CN= 7.500 A          Angle= -40.000 degree

    Line currents:
    I_A= 12.000 A          Angle= -157.042 degree
    I_B= 7.333 A           Angle= 175.000 degree
    I_C= 7.500 A           Angle= -40.000 degree
```

Abb. 8.49 Ausgabe – Wye connected four wire unbalanced load

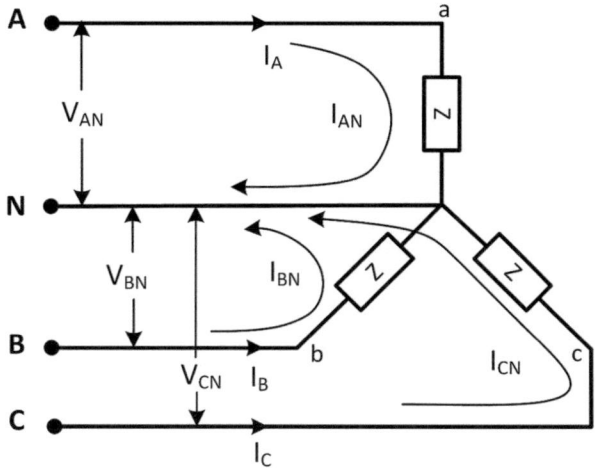

Abb. 8.50 System einer Wye connected four wire balanced load

8.3.4.8 MATLAB Beispiel 8.17: Wye-Connected Four-Wire Balanced Load

Betrachten Sie ein System, das wie in Abb. 8.50 mit den folgenden Parametern dargestellt ist:

$$V_{AN} = 110 \angle 10° \ V$$

$$V_{BN} = 110 \angle 150° \ V$$

Tab. 8.7 Parameter Wye-Connected Four-Wire Balanced Load

Spannung von Leitung zu Leitung	Spannung von Leitung zu Neutralleiter/Phasenspannung	Leitungsstrom	Phasenstrom
V_{AB}	$V_a = V_{AN}$	I_A	I_{AN}
V_{BC}	$V_b = V_{BN}$	I_B	I_{BN}
V_{CA}	$V_c = V_{CN}$	I_C	I_{CN}

Tab. 8.8 Beziehung zwischen den Parametern Wye-Connected Four-Wire Balanced Load

Phasenspannung	Spannung von Leitung zu Leitung	Phasenstrom und Leitungsstrom
$V_{AN} = I_{AN} \times Z$ $V_{BN} = I_{BN} \times Z$ $V_{CN} = I_{CN} \times Z$ $\|V_{AN}\| = \|V_{BN}\| = \|V_{CN}\| = V_P$	**Unter Berücksichtigung der acb-Sequenz,** $V_{AB} = V_{AN} - V_{BN}$ $= V_P \angle 0° - V_P \angle 120°$ $= V_P(1 \angle 0° - 1 \angle 120°)$ $= \sqrt{3} V_P \angle -30°$ $V_{BC} = V_{BN} - V_{CN}$ $= V_P \angle 120° - V_P \angle -120°$ $= V_P(1 \angle 120° - 1 \angle -120°)$ $= \sqrt{3} V_P \angle 90°$ $V_{CA} = V_{CN} - V_{AN}$ $= V_P \angle -120° - V_P \angle 0°$ $= V_P(1 \angle -120° - 1 \angle 0°)$ $= \sqrt{3} V_P \angle -150°$ **Daher,** $\|V_{AB}\| = \|V_{BC}\| = \|V_{CA}\| = \sqrt{3} V_P = V_L$	$I_{AN} = \frac{V_{AN}}{Z} = I_A$ $I_{BN} = \frac{V_{BN}}{Z} = I_B$ $I_{CN} = \frac{V_{CN}}{Z} = I_C$ $\|I_{AN}\| = \|I_{BN}\| = \|I_{CN}\| = \left\|\frac{V_P}{Z}\right\|$

$$V_{CN} = 110 \angle -50° \; V$$

$$Z = 10 \angle 10°$$

Bestimmen Sie:

a) „**Line-to-line voltages**" (Leiter-Leiter-Spannungen) V_{AB}, V_{BC}, und V_{CA}
b) „**Phase currents**" (Phasenströme) I_{AN}, I_{BN}, und I_{CN}
c) „**Line currents**" (Leiterströme) I_A, I_B, und I_C.

Der MATLAB-Code für dieses Beispiel ist in Abb. 8.51 mit seiner Ausgabe in Abb. 8.52 wiedergegeben.

Ausgabe

Die Phasen- und Leiterströme eines Wye-verschalteten vierdrahtigen ausgewogenen Systems sind gleich.

8.3 AC-Schaltungsanalyse

```
% Wye connected four wire balanced load
% Phase voltages:
% V_AN=110 V angle 0 deg;V_BN=110 V angle 120 deg;V_CN=110 V angle 240 deg
% Impedances:
% Z=10 Ohms angle 10 deg;
% Find: Line to line voltages V_AB, V_BC, V_CA
% Find: Phase currents I_AN, I_BN, I_CN
% Find: Line currents I_A, I_B, I_C

clc;clear;
% Line to line voltages
V_AN=110*cos(0)+i*110*sin(0);
V_BN=110*cos(120*(pi/180))+i*110*sin(120*(pi/180));
V_CN=110*cos(240*(pi/180))+i*110*sin(240*(pi/180));
% Impedances
Z=10*cos(10*(pi/180))+i*10*sin(10*(pi/180));
% Line to line voltages
V_AB=V_AN-V_BN;
V_BC=V_BN-V_CN;
V_CA=V_CN-V_AN;
V_L=abs(V_AB);
V_AB_ang=angle(V_AB)*180/pi;
V_BC_ang=angle(V_BC)*180/pi;
V_CA_ang=angle(V_CA)*180/pi;
fprintf('Line to line voltages:\n');
fprintf('V_AB= %.3f A     Angle= %.3f degree\n',V_L,V_AB_ang);
fprintf('V_BC= %.3f A     Angle= %.3f degree\n',V_L,V_BC_ang);
fprintf('V_CA= %.3f A     Angle= %.3f degree\n\n',V_L,V_CA_ang);
% Phase currents
I_AN=V_AN/Z;
I_BN=V_BN/Z;
I_CN=V_CN/Z;
I_AN_mag=abs(I_AN);
I_AN_ang=angle(I_AN)*180/pi;
I_BN_mag=abs(I_BN);
I_BN_ang=angle(I_BN)*180/pi;
I_CN_mag=abs(I_CN);
I_CN_ang=angle(I_CN)*180/pi;
fprintf('Phase currents:\n');
fprintf('I_AN= %.3f A     Angle= %.3f degree\n',I_AN_mag,I_AN_ang);
fprintf('I_BN= %.3f A     Angle= %.3f degree\n',I_BN_mag,I_BN_ang);
fprintf('I_CN= %.3f A     Angle= %.3f degree\n\n',I_CN_mag,I_CN_ang);
% Line currents
fprintf('Line currents:\n');
fprintf('I_A= %.3f A     Angle= %.3f degree\n',I_AN_mag,I_AN_ang);
fprintf('I_B= %.3f A     Angle= %.3f degree\n',I_BN_mag,I_BN_ang);
fprintf('I_C= %.3f A     Angle= %.3f degree\n',I_CN_mag,I_CN_ang);
```

Abb. 8.51 Code – Wye-connected four wire balanced load

```
Command Window
    Line to line voltages:
    V_AB= 190.526 A        Angle= -30.000 degree
    V_BC= 190.526 A        Angle=  90.000 degree
    V_CA= 190.526 A        Angle= -150.000 degree

    Phase currents:
    I_AN= 11.000 A         Angle= -10.000 degree
    I_BN= 11.000 A         Angle= 110.000 degree
    I_CN= 11.000 A         Angle= -130.000 degree

    Line currents:
    I_A= 11.000 A          Angle= -10.000 degree
    I_B= 11.000 A          Angle= 110.000 degree
    I_C= 11.000 A          Angle= -130.000 degree
```

Abb. 8.52 Ausgabe – Wye-connected four wire balanced load

8.3.4.9 Wye-Connected Three-Wire Unbalanced Load (Wye-verschaltete, dreidrahtige, ungleichgewichtige Last)

Ein solches Lastsystem ist in Abb. 8.53 dargestellt. Die Impedanzen in jeder Phase sind unterschiedlich. Darüber hinaus ist der gemeinsame Punkt nicht mit einem Neutralleiter verbunden; daher wird er als gemeinsamer Punkt, nicht als Neutralpunkt, betrachtet.

Die relevanten Parameter sind in Tab. 8.9 aufgelistet.

Die Beziehung zwischen den Parametern zeigt Tab. 8.10.

8.3.4.10 MATLAB Beispiel 8.18: Wye connected three-wire unbalanced load

Betrachten Sie ein System, das wie in Abb. 8.53 mit den folgenden Parametern dargestellt ist:

$$V_{ao} = 120 \angle 10° \text{ V}$$

$$V_{bo} = 110 \angle 150° \text{ V}$$

$$V_{co} = 150 \angle -50° \text{ V}$$

$$Z_1 = 10 \angle 10°$$

8.3 AC-Schaltungsanalyse

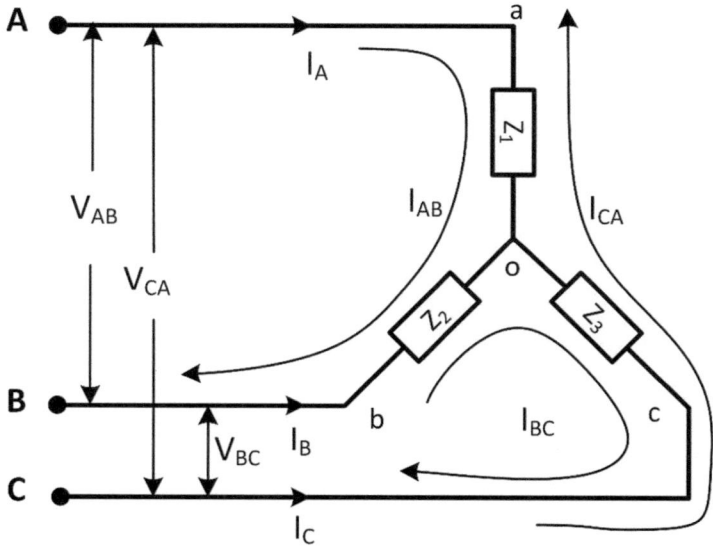

Abb. 8.53 System einer Wye connected three-wire unbalanced load

Tab. 8.9 Parameter einer Wye connected three-wire unbalanced load

Spannung Leitung zu Leitung	Phasenspannung	Leitungsstrom	Phasenstrom
V_{AB}	V_a	I_A	I_{ao}
V_{BC}	V_b	I_B	I_{bo}
V_{CA}	V_c	I_C	I_{co}

Tab. 8.10 Beziehung zwischen den Parametern für eine Wye connected three-wire unbalanced load

Spannung von der Leitung zum gemeinsamen Punkt	Leitung-zu-Leitung-Spannung	Leitungsstrom und Phasenstrom
$V_{ao} = I_A \times Z_1$	$V_{AB} = V_{ao} - V_{bo}$	$I_A = I_{ao}$
$V_{bo} = I_B \times Z_2$	$V_{BC} = V_{bo} - V_{co}$	$I_B = I_{bo}$
$V_{co} = I_C \times Z_3$	$V_{CA} = V_{co} - V_{ao}$	$I_C = I_{co}$

$$Z_2 = 15\angle -25°$$

$$Z_3 = 20\angle -10°$$

Bestimmen Sie:

a) „**Line-to-line voltages**" (**Leiter-Leiter-Spannungen**) V_{AB}, V_{BC}, und V_{CA}
b) "„**Line currents**" (**Leiterströme**) I_A, I_B, und I_C

Den MATLAB-Code zeigt Abb. 8.54, die Ausgabe Abb. 8.55.

```
% Wye connected three wire unbalanced load
% Phase voltages:
% V_ao=120 V angle 10 deg;V_bo=110 V angle 150 deg;V_co=150 V angle -50 deg
% Impedances:
% Z1=10 Ohms angle 10 deg;Z2=15 Ohms angle -25 deg;Z3=20 Ohms angle -10 deg;
% Find: Line to line voltages V_AB, V_BC, V_CA
% Find: Line currents I_A, I_B, I_C
clc;clear;
% Line to line voltages
V_ao=120*cos(10)+i*120*sin(10);
V_bo=110*cos(150*(pi/180))+i*110*sin(150*(pi/180));
V_co=150*cos(-50*(pi/180))+i*150*sin(-50*(pi/180));
% Impedances
Z1=10*cos(10*(pi/180))+i*10*sin(10*(pi/180));
Z2=15*cos(-25*(pi/180))+i*15*sin(-25*(pi/180));
Z3=20*cos(-10*(pi/180))+i*20*sin(-10*(pi/180));
% Line to line voltages
V_AB=V_ao-V_bo;
V_BC=V_bo-V_co;
V_CA=V_co-V_ao;
V_AB_mag=abs(V_AB);
V_AB_ang=angle(V_AB)*180/pi;
V_BC_mag=abs(V_BC);
V_BC_ang=angle(V_BC)*180/pi;
V_CA_mag=abs(V_CA);
V_CA_ang=angle(V_CA)*180/pi;
fprintf('Line to line voltages:\n');
fprintf('V_AB= %.3f A      Angle= %.3f degree\n',V_AB_mag,V_AB_ang);
fprintf('V_BC= %.3f A      Angle= %.3f degree\n',V_BC_mag,V_BC_ang);
fprintf('V_CA= %.3f A      Angle= %.3f degree\n\n',V_CA_mag,V_CA_ang);
% Line currents
I_A=V_ao/Z1;
I_B=V_bo/Z2;
I_C=V_co/Z3;
I_A_mag=abs(I_A);
I_A_ang=angle(I_A)*180/pi;
I_B_mag=abs(I_B);
I_B_ang=angle(I_B)*180/pi;
I_C_mag=abs(I_C);
I_C_ang=angle(I_C)*180/pi;
fprintf('Line currents:\n');
fprintf('I_A= %.3f A      Angle= %.3f degree\n',I_A_mag,I_A_ang);
fprintf('I_B= %.3f A      Angle= %.3f degree\n',I_B_mag,I_B_ang);
fprintf('I_C= %.3f A      Angle= %.3f degree\n\n',I_C_mag,I_C_ang);
```

Abb. 8.54 Code – Wye connected three-wire unbalanced load

```
Command Window
    Line to line voltages:
    V_AB= 120.405 A       Angle= -92.583 degree
    V_BC= 256.144 A       Angle= 138.446 degree
    V_CA= 203.258 A       Angle= -14.131 degree

    Line currents:
    I_A= 12.000 A         Angle= -157.042 degree
    I_B= 7.333 A          Angle= 175.000 degree
    I_C= 7.500 A          Angle= -40.000 degree
```

Abb. 8.55 Ausgabe – Wye connected three-wire unbalanced load

8.3.4.11 Wye-Connected Three-Wire Balanced Load (Wye-verschaltete Dreileiter-Gleichlast)

Eine Wye connected three wire balanced load ist in Abb. 8.56 dargestellt, wobei die Impedanzen in jeder Phase gleich sind. Darüber hinaus ist der gemeinsame Punkt nicht mit einem Neutralleiter verbunden; daher wird er als gemeinsamer Punkt, nicht als Neutralpunkt, betrachtet.

Alle relevanten Parameter in diesem System sind in Tab. 8.11 in Übereinstimmung mit der Abb. 8.56 zusammengefasst.

Die Beziehungen zur Bestimmung jedes Parameters sind in Tab. 8.12 aufgelistet.

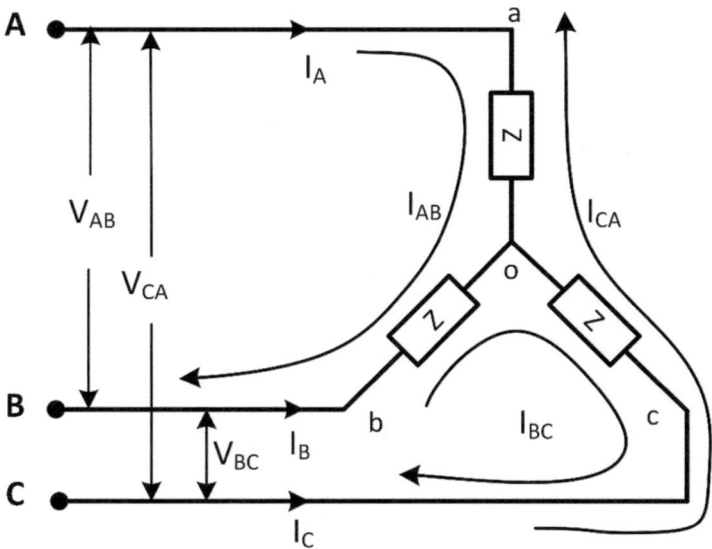

Abb. 8.56 Wye connected three wire balanced load

Tab. 8.11 Parameter einer Wye connected three wire balanced load

Spannung von Leitung zu Leitung	Phasenspannung	Leitungsstrom	Phasenstrom
V_{AB}	V_a	I_A	I_{ao}
V_{BC}	V_b	I_B	I_{bo}
V_{CA}	V_c	I_C	I_{co}

Tab. 8.12 Beziehung zwischen den Parametern bei einer Wye connected three wire balanced load

Spannung von der Leitung zum gemeinsamen Punkt	Leitung-zu-Leitung-Spannung	Leitungsstrom und Phasenstrom
$V_{ao} = I_A \times Z$ $V_{bo} = I_B \times Z$ $V_{co} = I_C \times Z$ $\|V_{ao}\| = \|V_{bo}\| = \|V_{co}\| = V_P$	$V_{AB} = V_{ao} - V_{bo}$ $V_{BC} = V_{bo} - V_{co}$ $V_{CA} = V_{co} - V_{ao}$ $\|V_{AB}\| = \|V_{BC}\| = \|V_{CA}\| = V_L = \sqrt{3} V_P$	$I_A = I_{ao}$ $I_B = I_{bo}$ $I_C = I_{co}$

8.3.4.12 MATLAB Beispiel 8.19: Wye connected three wire balanced load

Betrachten Sie ein System, das wie in Abb. 8.56 mit den folgenden Parametern dargestellt ist:

$$V_{ao} = 120\angle 0° \ V$$

$$V_{bo} = 110\angle 120° \ V$$

$$V_{co} = 150\angle 240° \ V$$

$$Z = 10\angle 10°$$

Bestimmen Sie:

a) „**Line-to-line voltages**" (Leitung-zu-Leitung-Spannungen) V_{AB}, V_{BC}, und V_{CA}
b) „**Line currents**" (Leitungsströme) I_A, I_B, und I_C

Der MATLAB-Code für dieses Beispiel ist in Abb. 8.57 mit seiner Ausgabe in Abb. 8.58 wiedergegeben.

Ausgabe
Die Größe jeder Phasenspannung beträgt 120 V. Durch Multiplikation dieses Wertes mit $\sqrt{3}$ ergibt sich die Größe jeder Leitung-zu-Leitung-Spannungen, die 207.846 V beträgt. Die Größen der Leitungsströme sind in einem Wye-förmig verbundenen dreileitrigen ausgeglichenen System ebenfalls ähnlich, was auch aus der obigen Ausgabe hervorgeht.

8.3 AC-Schaltungsanalyse

```
% Wye connected three wire balanced load
% Phase voltages:
% V_ao=120 V angle 0 deg;V_bo=120 V angle 120 deg;V_co=120 V angle 240 deg
% Impedances:
% Z=10 Ohms angle 10 deg;
% Find: Line to line voltages V_AB, V_BC, V_CA
% Find: Line currents I_A, I_B, I_C
clc;clear;
% Line to line voltages
V_ao=120*cos(0)+i*120*sin(0);
V_bo=120*cos(120*(pi/180))+i*120*sin(120*(pi/180));
V_co=120*cos(240*(pi/180))+i*120*sin(240*(pi/180));
% Impedances
Z=10*cos(10*(pi/180))+i*10*sin(10*(pi/180));
% Line to line voltages
V_AB=V_ao-V_bo;
V_BC=V_bo-V_co;
V_CA=V_co-V_ao;
V_AB_mag=abs(V_AB);
V_AB_ang=angle(V_AB)*180/pi;
V_BC_mag=abs(V_BC);
V_BC_ang=angle(V_BC)*180/pi;
V_CA_mag=abs(V_CA);
V_CA_ang=angle(V_CA)*180/pi;
fprintf('Line to line voltages:\n');
fprintf('V_AB= %.3f A      Angle= %.3f degree\n',V_AB_mag,V_AB_ang);
fprintf('V_BC= %.3f A      Angle= %.3f degree\n',V_BC_mag,V_BC_ang);
fprintf('V_CA= %.3f A      Angle= %.3f degree\n\n',V_CA_mag,V_CA_ang);
% Line currents
I_A=V_ao/Z;
I_B=V_bo/Z;
I_C=V_co/Z;
I_A_mag=abs(I_A);
I_A_ang=angle(I_A)*180/pi;
I_B_mag=abs(I_B);
I_B_ang=angle(I_B)*180/pi;
I_C_mag=abs(I_C);
I_C_ang=angle(I_C)*180/pi;
fprintf('Line currents:\n');
fprintf('I_A= %.3f A      Angle= %.3f degree\n',I_A_mag,I_A_ang);
fprintf('I_B= %.3f A      Angle= %.3f degree\n',I_B_mag,I_B_ang);
fprintf('I_C= %.3f A      Angle= %.3f degree\n\n',I_C_mag,I_C_ang);
```

Abb. 8.57 Code – Wye connected three wire balanced load

```
Command Window
    Line to line voltages:
    V_AB= 207.846 A        Angle= -30.000 degree
    V_BC= 207.846 A        Angle= 90.000 degree
    V_CA= 207.846 A        Angle= -150.000 degree

    Line currents:
    I_A= 12.000 A          Angle= -10.000 degree
    I_B= 12.000 A          Angle= 110.000 degree
    I_C= 12.000 A          Angle= -130.000 degree
```

Abb. 8.58 Ausgabe – Wye connected three wire balanced load

8.4 Operational Amplifier (Operationsverstärker)

Ein „operational amplifier" (**Operationsverstärker**) ist ein Gerät, das beliebige Eingangssignale verstärken kann. Ferner kann er mathematische Operationen wie Addition, Multiplikation, Differenziation und Integration durchführen und für Filterzwecke verwendet werden. Das Blockdiagramm eines operational amplifiers (Op-amp) ist in Abb. 8.59 dargestellt. Ein Standard-Op-amp hat fünf wichtige Ports, wobei Port 1 und Port 2 die invertierenden und die nicht-invertierenden Eingangssignale darstellen; Port 5 ist für das Ausgangssignal zuständig. In Port 3 und Port 4 wird die positive und negative Spannungsverbindung bereitgestellt.

8.4.1 Inverting Amplifier (Umkehrverstärker)

Bei einem „**inverting amplifier**" (**Umkehrverstärker**) ist die Verstärkung negativ. Sie ergibt sich aus dem Verhältnis von Ausgang zu Eingang. Die Konfiguration eines inverting amplifier ist in Abb. 8.60 dargestellt. Eine positive

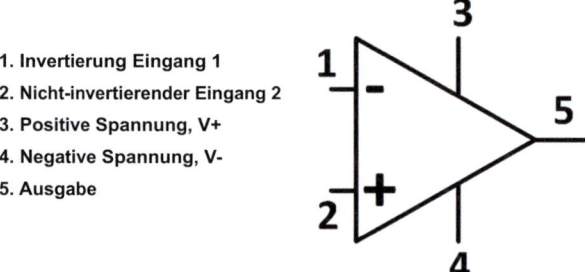

Abb. 8.59 Pin-Diagramm eines operational amplifier

8.4 Operational Amplifier (Operationsverstärker)

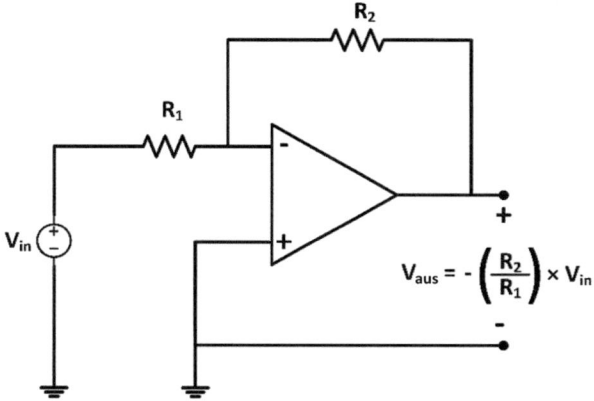

Abb. 8.60 Schaltbild inverting amplifier

Spannungsquelle ist mit dem negativen Eingangsanschluss eines Op-Amps verbunden und der positive Eingangsanschluss ist geerdet.

$$V_{\text{out}} = -\frac{R_2}{R_1} \cdot V_{\text{in}} \tag{8.30}$$

8.4.1.1 MATLAB Beispiel 8.20: Inverting amplifier

Betrachten Sie einen inverting amplifier (wie in Abb. 8.60 dargestellt) mit einem 40-V-Eingang und $R_1 = 4\,\Omega$, $R_2 = 2\,\Omega$. Bestimmen Sie die Verstärkung und die Ausgangsspannung.

Der MATLAB-Code für dieses Beispiel ist in Abb. 8.61 mit seinem Ausgang in Abb. 8.62 wiedergegeben.

```
% Inverting amplifier
% Input voltage: V_in=40 V;
% Resistances: R1=4 Ohms; R2=2 Ohms;
% Find: Output voltage, V_out
% Find: Gain, G
clc; clear;
V_in=40; R1=4; R2=2;
V_out=-(R2/R1)*V_in;
G=V_out/V_in;
fprintf('Output voltage: %.2f V\n',V_out);
fprintf('Gain: %.2f\n',G);
```

Abb. 8.61 Code – Inverting amplifier

```
Command Window
    Output voltage: -20.00 V
    Gain: -0.50
```

Abb. 8.62 Ausgabe – Inverting amplifier

8.4.2 Non-inverting amplifier (Nichtumkehrverstärker)

Bei einem „**non-inverting amplifier**" (**Nichtumkehrverstärker**) ist die Verstärkung positiv. Sie ist das Verhältnis von Ausgang zu Eingang. Die Konfiguration ist in Abb. 8.63 dargestellt, wo eine positive Spannungsquelle mit dem positiven Eingangsanschluss eines Op-Amps verbunden und der negative Eingangsanschluss geerdet ist.

$$V_{out} = \left(1 + \frac{R_2}{R_1}\right) \cdot V_{in} \tag{8.31}$$

8.4.2.1 MATLAB Beispiel 8.21: Non-inverting amplifier

Betrachten Sie einen Non-inverting amplifier (wie in Abb. 8.63) mit 40-V-Eingang und $R_1 = 4\,\Omega$, $R_2 = 2\,\Omega$. Bestimmen Sie die Verstärkung und die Ausgangsspannung.

Der MATLAB-Code für dieses Beispiel ist in Abb. 8.64 mit seinem Ausgang in Abb. 8.65 wiedergegeben.

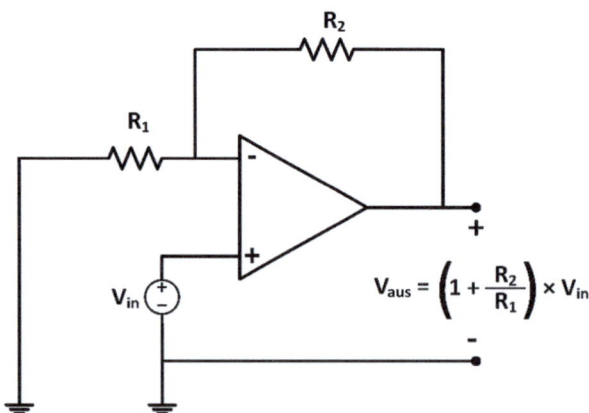

Abb. 8.63 Schaltbild Non-inverting amplifier

8.4 Operational Amplifier (Operationsverstärker)

```
% Non-inverting amplifier
% Input voltage: V_in=40 V;
% Resistances: R1=4 Ohms; R2=2 Ohms;
% Find: Output voltage, V_out
% Find: Gain, G
clc; clear;
V_in=40; R1=4; R2=2;
V_out=(1+(R2/R1))*V_in;
G=V_out/V_in;
fprintf('Output voltage: %.2f V\n',V_out);
fprintf('Gain: %.2f\n',G);
```

Abb. 8.64 Code – Non-inverting amplifier

```
Command Window
    Output voltage: 60.00 V
    Gain: 1.50
```

Abb. 8.65 Ausgabe – Non-inverting amplifier

8.4.3 Follower Circuit (Nachfolgerschaltung)

In einer „**follower circuit**" (**Nachfolgerschaltung**) ist die Verstärkung immer gleich eins. Der Rückkopplungswiderstand ist kurzgeschlossen und der Eingangswiderstand ist offen. Daher ist der Eingangswiderstand einer Nachfolgerschaltung unendlich oder sehr hoch und der Ausgangswiderstand null oder sehr klein. Eine Konfiguration der Nachfolgerschaltung ist in Abb. 8.66 dargestellt.

Abb. 8.66 Schaltbild followe circuit

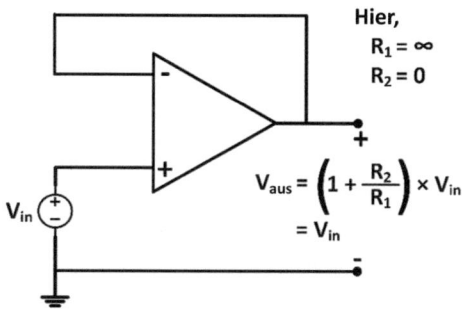

8.4.3.1 MATLAB Beispiel 8.22: follower circuit

Betrachten Sie die Schaltung in Abb. 8.67, bei der der Ausgang eines invertierenden Verstärkers als Eingang einer follower circuit angeschlossen ist. Bestimmen Sie die Werte von V_1 und V_{out} aus der Schaltung.

Der MATLAB-Code für dieses Beispiel ist in Abb. 8.68 mit seinem Ausgang in Abb. 8.69 wiedergegeben.

8.4.4 Differentiator Circuit (Differenzierschaltung)

Eine „**Differentiator Circuit**" (**Differenzierschaltung**) ist in Abb. 8.70 dargestellt. Für den gegebenen Signalinput $V_{in}(t)$ wird der Ausgang des Op-Amps eine Differenziation des Eingangs mit der Multiplikation des Widerstands- und Kapazitätswertes sein. Da es sich um einen invertierenden Verstärker handelt, wird

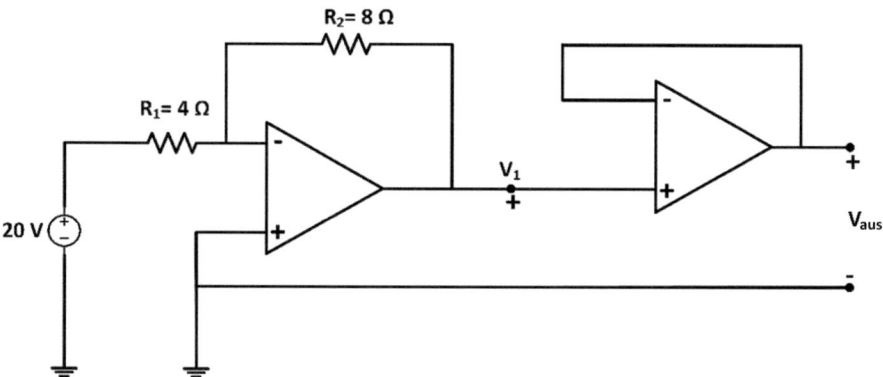

Abb. 8.67 Follower circuit

```
% Follower circuit
% Input voltage: V_in=20 V;
% Resistances: R1=4 Ohms; R2=8 Ohms;
% Find: Output of the inverting amplifier, V1
% Find: Final output voltage, V_out
clc; clear;
V_in=20; R1=4; R2=8;
V1=-(R2/R1)*V_in;
fprintf('V1: %.2f V\n',V1);
V_out=V1;
fprintf('Final output voltage, V_out: %.2f V\n',V_out);
```

Abb. 8.68 Code – Follower circuit

8.4 Operational Amplifier (Operationsverstärker)

```
Command Window
    V1: -40.00 V
    Final output voltage, V_out: -40.00 V
```

Abb. 8.69 Ausgabe – Follower circuit

Abb. 8.70 Schaltbild Differentiator Circuit

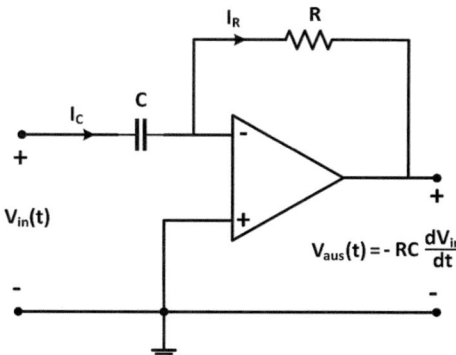

der Ausgang invertiert. Der Ausgang kann mit der folgenden Formel definiert werden:

$$V_{out}(t) = -RC\frac{dV_{in}}{dt} \qquad (8.32)$$

Der Strom durch den Widerstand R und den Kondensator C kann durch die folgende Formel dargestellt werden:

$$I_R = \frac{V_{out}}{R} \qquad (8.33)$$

$$I_C = C\frac{dV_{in}}{dt} \qquad (8.34)$$

8.4.4.1 MATLAB Beispiel 8.23: Differentiator Circuit

Betrachten Sie die Schaltung in Abb. 8.70, in der $R = 5\,\Omega$ und $C = 0,5\,F$ ist. Wenn das Eingangssignal $v(t) = 2\sin(t)$ ist, bestimmen Sie:

a) das „output signal" (Ausgangssignal) $v_{out}(t)$
b) den „output of the circuit" (Ausgang der Schaltung) bei $t = 0,1$ s
c) I_R und I_C bei $t = 0,1$ s

Der MATLAB-Code für dieses Beispiel ist in Abb. 8.71 mit seinem Ausgang in Abb. 8.72 wiedergegeben.

```
% Differentiator circuit
% R= 5 Ohms, C= 0.5 F
% Input signal, v(t)=2sin(t);
% Find: Output signal, v_out(t)
% Find: Output at t= 0.1 sec.
% FInd: I_R and I_C at t= 0.1 sec.
clc; clear;
R=5; C=0.5;
syms t
v= @(t) 2*sin(t);
v_out=@(t) -R*C*diff(v,t);
fprintf('The output signal:\n');
disp(v_out(t))
v_out= limit(v_out,t,0.1);
fprintf('The output voltage at t=0.1 sec: %.5f V\n',v_out);
I_R= -v_out/R;
I_C= limit(C*diff(v,t),t,0.1);
fprintf('\n');
fprintf('I_R at t=0.1 sec: %.5f A\n',I_R);
fprintf('\n');
fprintf('I_C at t=0.1 sec: %.5f A\n',I_C);
```

Abb. 8.71 Code – Differentiator Circuit

```
Command Window
   The output signal:
   -5*cos(t)

   The output voltage at t=0.1 sec: -4.97502 V

   I_R at t=0.1 sec: 0.99500 A

   I_C at t=0.1 sec: 0.99500 A
```

Abb. 8.72 Ausgabe – Differentiator Circuit

8.4.5 Integrator Circuit (Integratorschaltung)

Eine „**Integrator Circuit**" (**Integratorschaltung**) ist in Abb. 8.73 dargestellt. Für ein gegebenes Signalinput $V_{in}(t)$ wird der Ausgang des Op-Amp eine Integration des Eingangs mit der Multiplikation eines bestimmten Wertes sein. Da es sich um

8.4 Operational Amplifier (Operationsverstärker)

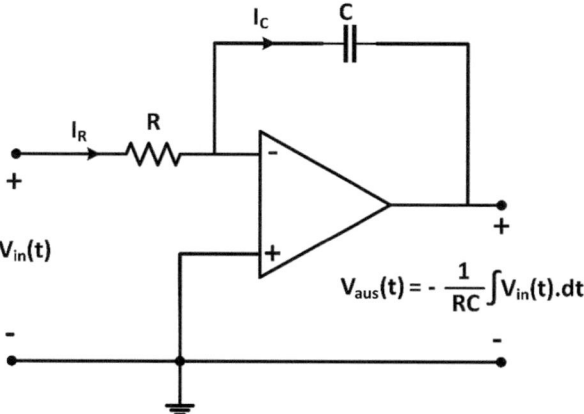

Abb. 8.73 Schaltbild Integrator Circuit

einen invertierenden Verstärker handelt, wird der Ausgang invertiert. Der Ausgang kann mit Gl. (8.35) definiert werden:

$$V_{out}(t) = -\frac{1}{RC} \int V_{in}(t) dt \tag{8.35}$$

Der Strom durch den Widerstand R und den Kondensator C kann durch die folgende Formel dargestellt werden:

$$I_R = \frac{V_{out}}{R} \tag{8.36}$$

$$I_C = C \frac{dV_{in}}{dt} \tag{8.37}$$

8.4.5.1 MATLAB Beispiel 8.24: Integrator Circuit

Betrachten Sie die in Abb. 8.73 gegebene Schaltung, wobei $R = 5\,\Omega$ und $C = 0{,}5\,F$ entspricht. Wenn das Eingangssignal $v(t) = -5\cos(t)$ ist, bestimmen Sie:

a) das „output signal" (Ausgangssignal) $v_{out}(t)$
b) den „output of the circuit" (Ausgang der Schaltung) bei $t = 0{,}1$ s
c) I_R und I_C bei $t = 0{,}1$ s

Der MATLAB-Code für dieses Beispiel ist in Abb. 8.74 mit seinem Ausgang in Abb. 8.75 wiedergegeben.

```
% Integrator circuit
% R= 5 Ohms, C= 0.5 F
% Input signal, v(t)=-5cos(t);
% Find: Output signal, v_out(t)
% Find: Output at t= 0.1 sec.
% FInd: I_R and I_C at t= 0.1 sec.
clc; clear;
R=5; C=0.5;
syms t
v= @(t) -5*cos(t);
v_out=@(t) (-1/R*C)*int(v,t);
fprintf('The output signal:\n');
disp(v_out(t))
v_out= limit(v_out,t,0.1);
fprintf('The output voltage at t=0.1 sec: %.5f V\n',v_out);
I_R= -v_out/R;
I_C= limit(C*diff(v,t),t,0.1);
fprintf('\n');
fprintf('I_R at t=0.1 sec: %.5f A\n',I_R);
fprintf('\n');
fprintf('I_C at t=0.1 sec: %.5f A\n',I_C);
```

Abb. 8.74 Code – Integrator Circuit

```
Command Window
   The output signal:
   sin(t)/2

   The output voltage at t=0.1 sec: 0.04992 V

   I_R at t=0.1 sec: -0.00998 A

   I_C at t=0.1 sec: 0.24958 A
```

Abb. 8.75 Ausgabe – Integrator Circuit

8.5 Transistorschaltung

Ein Transistor ist ein halbleiterbasiertes Gerät, das zwei *pn*-Übergänge hat. Ein Transistor wird durch die Kombination entweder eines n-Typs mit zwei p-Typen oder eines p-Typs mit zwei n-Typen hergestellt. Daher hat ein Transistor drei Anschlüsse und drei Abschnitte namens Emitter, Basis und Kollektor. Die beiden Arten von Transistoren basierend auf dem *pn*-Übergang, bezeichnet als *p-n-p*- und *n-p-n*-Transistoren, sind in Abb. 8.76 dargestellt.

8.5 Transistorschaltung

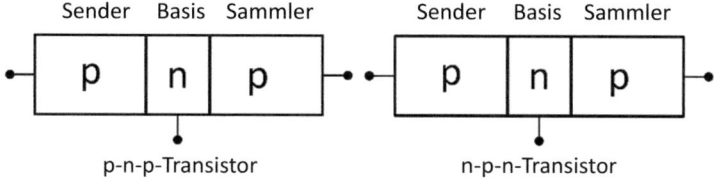

Abb. 8.76 p-n-p- und n-p-n-Transistor

In einer Transistorschaltung können die Verbindungen auf drei Arten hergestellt werden:

- Gemeinsamer Emitter (CE)-Anschluss
- Gemeinsamer Basis (CB)-Anschluss
- Gemeinsamer Kollektor (CC)-Anschluss

Die Schaltungsanordnungen dieser drei Anschlusstypen sind in Abb. 8.77 dargestellt.

In jeder Transistorschaltung gibt es eine Beziehung des Stroms zwischen Emitter-, Basis- und Kollektorströmen, die wie folgt definiert werden kann:

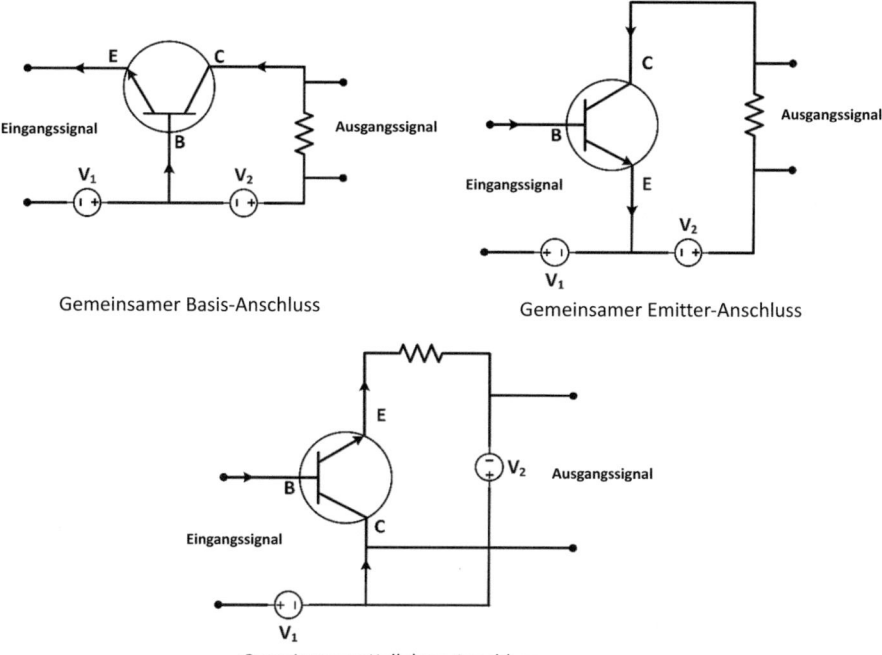

Abb. 8.77 Drei Konfigurationen eines Transistors

$$I_E = I_B + I_C \qquad (8.38)$$

Hier sind I_E, I_B, und I_C der Emitter-, der Basis- und der Kollektorstrom.
Zwei gebräuchliche Begriffe in Transistorschaltungen lauten:

Stromverstärkungsfaktor, α

Der Stromverstärkungsfaktor ist das Verhältnis von Ausgangsstrom zu Eingangsstrom, allgemein als α bezeichnet. Für einen Transistor mit einer gemeinsamen Basisverbindung kann der Stromverstärkungsfaktor wie folgt geschrieben werden:

$$\alpha = \frac{\text{Collector current}}{\text{Emitter current}} = \frac{I_C}{I_E} \qquad (8.39)$$

Basisstromverstärkung, β

Der Basisstromverstärkungsfaktor ist das Verhältnis von Ausgangsstrom zu Basisstrom, allgemein als β bezeichnet. Für einen Transistor mit einer gemeinsamen Emitterverbindung kann der Stromverstärkungsfaktor wie folgt geschrieben werden:

$$\beta = \frac{\text{Collector current}}{\text{Base current}} = \frac{I_C}{I_B} \qquad (8.40)$$

8.5.1 MATLAB Beispiel 8.25: Transistorschaltung

Betrachten Sie einen Transistor mit einer gemeinsamen Basisverbindung. Wenn der Emitterstrom $I_E = 10$ mA und $\alpha = 0{,}8$ betragen, soll der Kollektorstrom und der Basisstrom bestimmt werden.

Den MATLAB-Code für dieses Beispiel zeigt Abb. 8.78, seinen Ausgang Abb. 8.79.

```
% Transistor problem
% Common base connection
% Emitter current, I_E= 10 mA; Alpha=0.8
% Determine: Collector current, I_C;
% Determine: Base current, I_B;
clc;clear;
I_E=10; Alpha=0.8;
I_C=Alpha*I_E;
I_B= I_E-I_C;
fprintf('Collector current: %.3f mA\n',I_C);
fprintf('Base current: %.3f mA\n',I_B);
```

Abb. 8.78 Code – Transistor

Abb. 8.79 Ausgabe – Transistor

```
Command Window
    Collector current: 8.000 mA
    Base current: 2.000 mA
```

8.6 Schlussfolgerung

In diesem Kapitel konnten die Leser lernen, mit MATLAB elektrische Schaltkreise zu bearbeiten. In der DC-Schaltkreisanalyse wurden das Ohmsche Gesetz, das Kirchhoffsche Theorem, das Theveninsche Theorem und das Theorem der maximalen Leistungsübertragung zusammen mit den Formeln der Spannungs- und Stromteilerregeln vorgestellt. Die Methoden zur Bestimmung des äquivalenten Widerstands und der Delta-Wye-Umwandlungen wurden ebenfalls in diesem Abschnitt vorgestellt. In der AC-Schaltkreisanalyse wurden Definitionen einiger relevanter Begriffe, die Impedanz und das Leistungsdreieck behandelt. Darüber hinaus wurde auch die Dreiphasen-AC-Schaltkreisanalyse in diesem Abschnitt erklärt. Aufgrund der umfangreichen Anwendungen von Op-Amp und Transistorgeräten sind Studien zu beiden in diesem Kapitel enthalten. Bei Op-Amp wurden verschiedene Kategorien und ihre Anwendungen mit MATLAB demonstriert. Bei Transistorschaltungen wurde ein Überblick über die verschiedenen Arten von Transistoren und ihre Strukturen geboten.

Übung 8

1. Bestimmen Sie den äquivalenten Widerstand des folgenden Schaltkreises (Abb. 8.80) mit MATLAB. Überprüfen Sie das Ohmsche Gesetz, wenn die Spannung von 1 V auf 12 V variiert.
   Das Diagramm sollte wie in Abb. 8.81 dargestellt aussehen.

Abb. 8.80 Resistiver elektrischer Schaltkreis

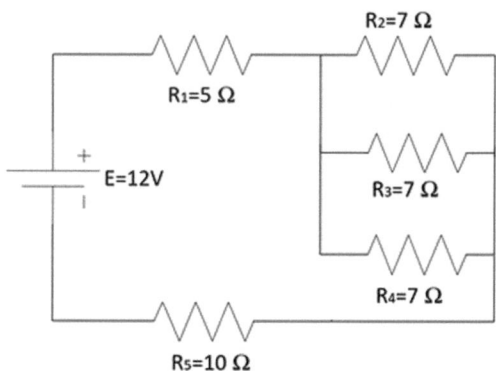

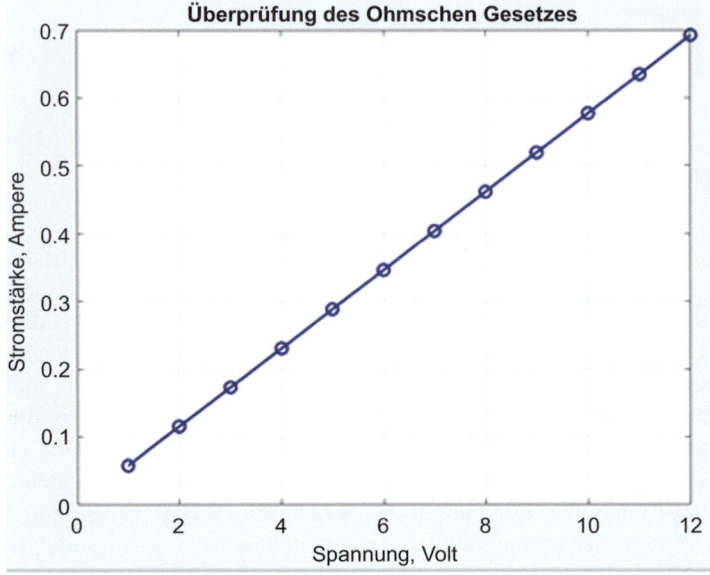

Abb. 8.81 Erwartete grafische Ausgabe für Frage 1

2. Betrachten Sie den folgenden Schaltkreis in Abb. 8.82, in dem $R_1 = 0{,}2\,\Omega$, $R_2 = 0{,}5\,\Omega$, $R_3 = 1\,\Omega$, $R_4 = 0{,}8\,\Omega$ und $R_5 = 1{,}44\,\Omega$.

   a) Bestimmen Sie den äquivalenten Widerstand des Schaltkreises mit MATLAB.
   b) Bestimmen Sie den Strom mit MATLAB, wenn die Spannung 6 V beträgt.

3. a) Erstellen Sie eine Funktion *voltdiv*(), die die geteilten Spannungen in der folgenden Schaltung in Abb. 8.83 berechnet, gegeben sind die Werte der Widerstände (R_1, R_2 und R_3) und die Spannung V. Testen Sie die Funktion mit $R_1 = 2\,\Omega$, $R_2 = 4\,\Omega$, $R_3 = 8\,\Omega$ und $V = 24$ V.

Abb. 8.82 Delta-verknüpfter, resistiver, elektrischer Schaltkreis

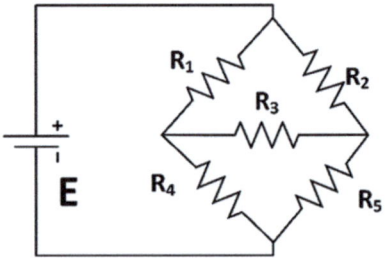

b) Erstellen Sie eine Funktion *curdiv()*, die die geteilten Ströme in der folgenden Schaltung in Abb. 8.84 berechnet. Gegeben sind die Werte der Widerstände (R_1 und R_2) und des Stroms *I*. Testen Sie die Funktion mit $R_1 = 2$ Ω, $R_2 = 4$ Ω und $I = 8$ A.

4. In der folgenden Schaltung in Abb. 8.85, $R_1 = 4$ Ω, $R_2 = 9$ Ω und Lastwiderstand, $R_L = 5$ Ω. Die Schaltung läuft mit einer Spannung von 12 V. Bestimmen Sie mit MATLAB:

   i) die Thevenin-Spannung, V_{th}
   ii) den Thevenin-Äquivalentwiderstand, R_{th}
   iii) den Strom, der durch den Lastwiderstand fließt, R_L
   iv) Vom berechneten Thevenin-Schaltkreis aus, variieren Sie den Lastwiderstand von 1 bis 20 Ω und bestimmen Sie die Ausgangsleistung für alle Szenarien, um den Satz von der maximalen Leistungsübertragung zu beweisen; bestimmen Sie auch die maximale Ausgangsleistung.

5. Verwenden Sie MATLAB und das Beispiel 8.13 als Referenz, um die Scheinleistung, *S*, und den Leistungsfaktor einer Serien-RLC-Schaltung zu bestimmen, mit:

   a) $P = 50$ W und $Q = 13$ Var
   b) $P = 12$ W und $Q = 2,3$ Var

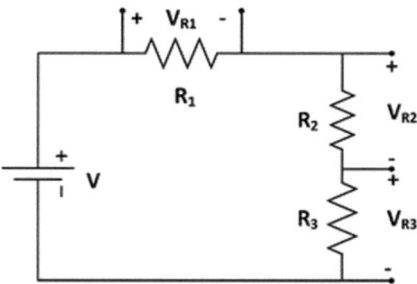

Abb. 8.83 Elektrischer Schaltkreis mit drei in Reihe geschalteten Widerständen

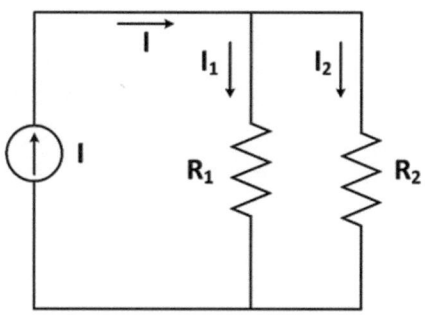

Abb. 8.84 Elektrischer Schaltkreis mit zwei parallel geschalteten Widerständen

Abb. 8.85 Elektrischer Schaltkreis mit drei Widerständen

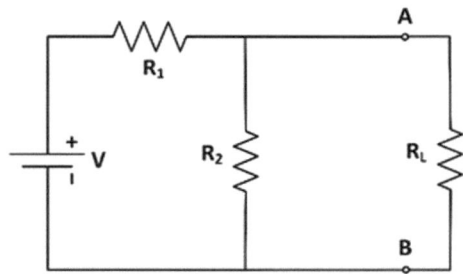

6. Betrachten Sie das folgende Delta-verbundene System, wie in Abb. 8.86 gezeigt.

   a) Die folgenden Parameter für das System sind gegeben:

   $$V_{AB} = 100\angle 0° \text{ V}$$

   $$V_{BC} = 110\angle 120° \text{ V}$$

   $$V_{CA} = 120\angle 240° \text{ V}$$

   $$Z_1 = 8\angle 25°$$

   $$Z_2 = 14\angle 55°$$

   $$Z_3 = 18\angle -23°$$

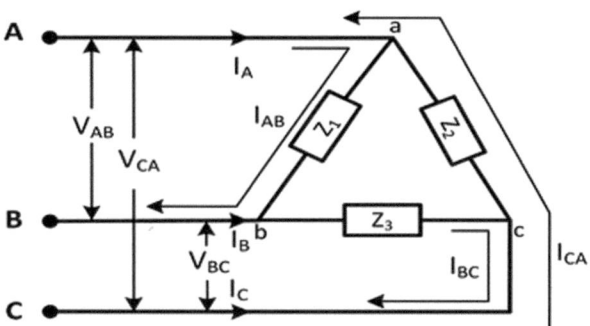

Abb. 8.86 Elektrischer Schaltkreis mit Delta-Verbindung

Übung 8

Bestimmen Sie, ob das System ausgeglichen oder unausgeglichen ist. Berechnen Sie daher:

i) Phasenströme I_{AB}, I_{BC}, und I_{CA}
ii) Leitungsströme I_A, I_B, und I_C

b) Betrachten Sie nun die folgenden Parameter für dasselbe System:

$$V_{AB} = 100\angle 0° \text{ V}$$

$$V_{BC} = 110\angle 120° \text{ V}$$

$$V_{AB} = 120\angle 240° \text{ V}$$

$$Z_1 = Z_2 = Z_3 = Z = 5\angle 30°$$

Bestimmen Sie, ob das System ausgeglichen oder unausgeglichen ist. Berechnen Sie daher:

i) Phasenströme I_{AB}, I_{BC}, und I_{CA}
ii) Leitungsströme I_A, I_B, und I_C

7. a) Bestimmen Sie die Verstärkung und Ausgangsspannung des invertierenden Verstärkers, wie in Abb. 8.87 dargestellt, wobei $R_1 = 10$ Ω, $R_2 = 14$ Ω und die Eingangsspannung $V_{in} = 24$ V ist.
b) Was ist die Verstärkung und Ausgangsspannung des nicht invertierenden Verstärkers, wenn das Diagramm, wie in Abb. 8.88, dargestellt die gleichen R_1, R_2 und Eingangsspannungen von 5 Ω, 7 Ω und 12 V hat?
8. a) Entwerfen Sie eine Differenziatorschaltung, wie in Abb. 8.89 dargestellt, wobei Sie einen Eingang von $v(t) = 6\cos^2(t)$, einen Widerstand von 10 Ω und einen Kondensator von 0,5 Farads haben. Was wird das Aus-

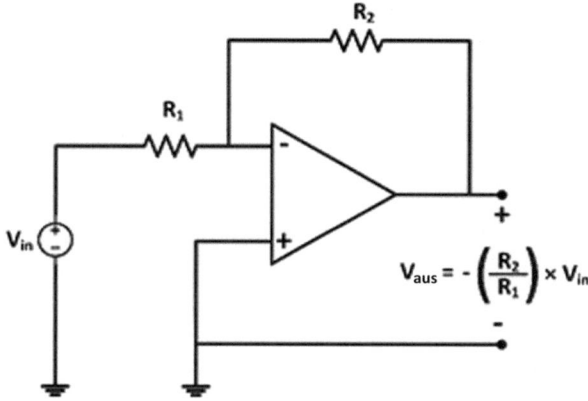

Abb. 8.87 Invertierender Verstärker

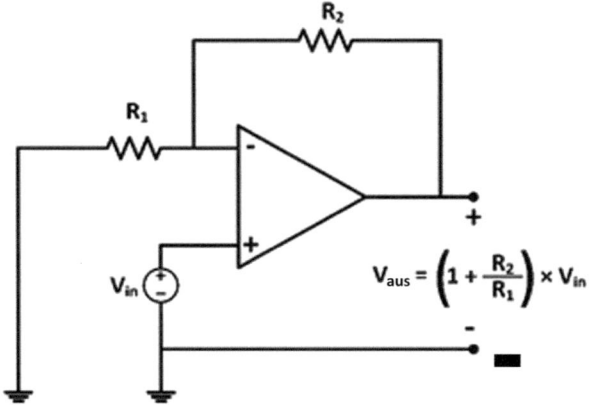

Abb. 8.88 Nicht-invertierender Verstärker

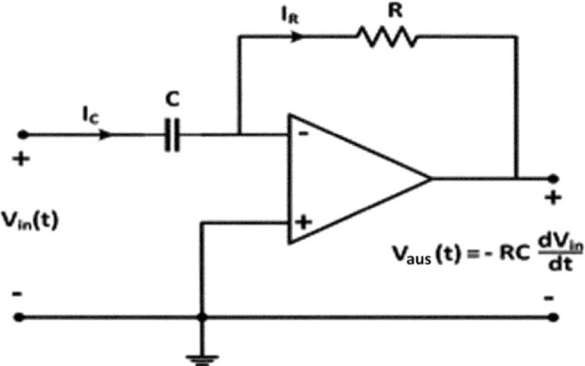

Abb. 8.89 Differenziatorschaltkreis

Übung 8

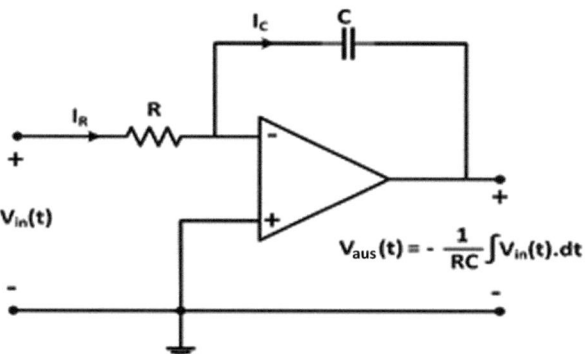

Abb. 8.90 Integratorschaltkreis

gangssignal $v_{out}(t)$ von Ihrem Differenziator sein? Was wird die Ausgangsspannung I_R und I_C der Schaltung bei 0,1 s sein?
b) Entwerfen Sie eine Integratorschaltung, wie in Abb. 8.90 dargestellt, wobei Sie einen Eingang von $v(t) = \cos^2(t)/\sin(t)$, einen Widerstand von 12 Ω und einen Kondensator von 0,2 Farads haben. Was wird das Ausgangssignal, $v_{out}(t)$ von Ihrem Integrator sein? Was wird die Ausgangsspannung I_R und I_C der Schaltung bei 0,5 s sein?

# Kapitel 9
Steuerungssystem und MATLAB

9.1 Einführung

Steuerungssysteme dienen im Ingenieurwesen der Steuerung des Verhaltens eines physischen Systems. Das Verhalten kann als die Reaktion oder der Ausgang des Systems betrachtet werden. Diese Reaktion soll in Bezug auf den Eingang reguliert und kann mathematisch entweder im Frequenzbereich oder im Zeitbereich dargestellt werden. Beide Bereiche werden in diesem Kapitel mit praktischen Veranschaulichungen erklärt. Dafür ist es zunächst erforderlich, ein physisches System in eine mathematische Darstellung umzuwandeln. In diesem Kapitel wird das Konzept der Zustandsraumdarstellung, die für diese Umwandlung nötig ist, mit MATLAB-Implementierungen demonstriert. Dabei spielen Kontrollier-, Beobachtbarkeit und Stabilitätsanalyse eine zentrale Rolle. Daher werden alle diese Themen mithilfe von MATLAB mit der nötigen theoretischen Anleitung und praktischen Beispielen veranschaulicht.

9.2 Frequenzantworten

Steuerungssysteme sind meist mit Signalen (unterschiedlicher Frequenzen) verbunden. Versteht man, inwieweit Signal und Reaktion des Systems zusammenhängen, kann man leicht verschiedene Aspekte des gesamten Systems steuern. Die Antwort auf das Signal unterschiedlicher Frequenz wird als Frequenzantwort bezeichnet. So, wie das Signal eine bestimmte Frequenz hat, hat auch die Antwort auf das Signal eine Wellenform einer bestimmten Frequenz, wodurch Aussagen über die Amplituden- und Phasenantwort eines Systems möglich sind.

Übliche Darstellungsformen sind Zeit-, s- oder Frequenzbereich. Im **s-Bereich** wird das System durch einen Parameter namens s dargestellt, der durch eine Übertragungsfunktion repräsentiert wird und der aus einem **Zeitbereichs** system durch

Laplace-Transformation abgeleitet werden kann. Ein **Frequenzbereich** hingegen liefert spezifische Details über die Amplitude und Phase des Systems. Er lässt sich aus dem s-Bereich ableiten, indem s durch $j\omega$ ersetzt wird, wobei ω die Frequenz des Eingangssignals ist. In diesem Abschnitt wird die Bildung und die Komponente einer Übertragungsfunktion, die Domänentransformation, mithilfe der Laplace- und inversen Laplace-Transformation diskutiert. Auch die Analyse und Operation auf die Übertragungsfunktion durch partielle Zerlegung in Brüche steht im Fokus, um Einblicke in komplexere Operationen zur Bestimmung der Frequenzantworten in Steuerungssystemen zu ermöglichen.

9.2.1 Lineares zeitinvariantes System

Lineare zeitinvariante (LTI) Systeme beziehen sich auf eine bestimmte Gruppe von Systemen mit zwei charakteristischen Eigenschaften – **Linearität** und **Zeitinvarianz**. Linearität ist die Eigenschaft, die beschreibt, dass es eine lineare Relation den Ausgängen eines Systems gibt (Abb. 9.1). Der erste Ausgang (a) ist $y_1(t)$, und der Eingang ist $x_1(t)$, während der zweite Ausgang (b) und der Eingang des Systems $y_2(t)$ und $x_2(t)$ sind. Die lineare Eigenschaft des Systems kann durch Beobachtung der dritten Eingänge und Ausgänge erkannt werden. Hier ist der gegebene Eingang die Kombination der beiden vorherigen Eingänge – a) und b). Aufgrund der Linearitätseigenschaft ändert sich der Ausgang des Systems linear entsprechend den Änderungen, die in den Eingängen vorgenommen wurden, d. h., der Ausgang ist auch die Kombination der Ausgänge von a) und b). Eine solche lineare Eigenschaft ist eine der wesentlichen Eigenschaften des LTI-Systems.

Eine weitere Eigenschaft eines LTI-Systems ist seine Zeitinvarianz, die besagt, dass die Anwendung des Eingangs zu unterschiedlichen Zeiten nicht zu einer zeitlichen Abhängigkeit des Ausgangs führt. Betrachten Sie ein System, das für einen Eingang $x(t)$ einen Ausgang $y(t)$ erzeugt. Wenn eine Zeitverschiebung im Eingang auftritt, wie etwa bei $x(t + 1)$, verändert sich der erzeugte Ausgang und die Zeitverschiebung nicht, d. h., $y(t + 1)$ (Abb. 9.2).

Das LTI-System kann auch in Bezug auf eine Übertragungsfunktion definiert werden, die eine wichtige Eigenschaft dieser Systeme darstellt.

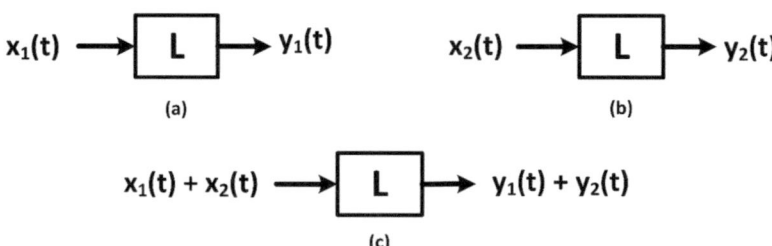

Abb. 9.1 Veranschaulichung der Linearität

9.2 Frequenzantworten

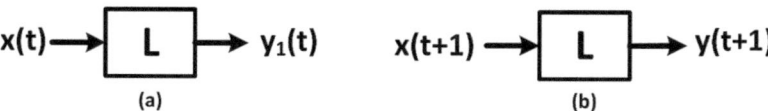

Abb. 9.2 Veranschaulichung der Zeitinvarianz

9.2.2 Transfer function (Übertragungsfunktion)

Die „**transfer function**" (**Übertragungsfunktion**) eines Systems kann als das Verhältnis der Laplace-Transformation des Ausgangs zur Laplace-Transformation des Eingangs definiert werden. Betrachten Sie das folgende System in Abb. 9.3, bei dem $Y(s)$ die Laplace-Transformation des Ausgangs $y(t)$ darstellt und $X(s)$ die Laplace-Transformation des Eingangs $x(t)$ ist.

Daher kann die Übertragungsfunktion des Systems wie folgt beschrieben werden:

$$G(s) = \frac{Y(s)}{X(s)} \tag{9.1}$$

In MATLAB lautet die dazugehörige Funktion *tf*(), wobei die Eingabe eine Matrix ist, die die Koeffizienten des Zählers und des Nenners darstellt.

> **MATLAB-Befehl für die transfer function:**
> *tf*([Numerator], [Denuminator])

Hier müssen in [**Numerator**] [**Zähler**] die Koeffizienten von s vom höchsten Grad bis zum niedrigsten Grad als Zeilenvektor eingefügt werden. Für [**Denuminator**] [**Nenner**] wird der gleiche Prozess wiederholt; jedoch stellt der Nenner den Ausgang und der Zähler den Eingang des Systems in den Formen der Laplace-Transformation dar.

9.2.2.1 MATLAB Beispiel 9.1: Transfer function

Erstellen Sie die folgende transfer function mit MATLAB:

$$G(s) = \frac{s + 50}{s^2 + 11s + 12} \tag{9.2}$$

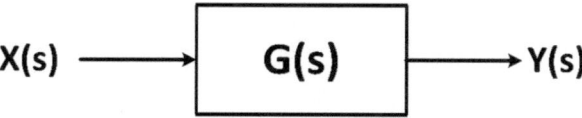

Abb. 9.3 Darstellung der transfer function

Der MATLAB-Code für dieses Beispiel ist in Abb. 9.4 mit seinem Ausgang in Abb. 9.5 wiedergegeben.

Ausgabe
Die transfer function kann auch (wie unten angegeben) manuell als Funktion von s mit MATLAB definiert werden. Den dazugehörige MATLAB-Code zeigt Abb. 9.6, den Ausgang Abb. 9.7.

```
% Transfer function: (s+50)/(s^2+11s+12)
G=tf([1 50],[1 11 12]);
disp('Transfer function:')
G
```

Abb. 9.4 Code – Transfer function

```
Command Window
    Transfer function:

    G =

             s + 50
          ---------------
          s^2 + 11 s + 12

    Continuous-time transfer function.
```

Abb. 9.5 Ausgabe – Transfer function

```
% Transfer function
syms s
G=@(s)(s+50)/(s^2+11*s+12);
disp('Transfer function:')
disp(G(s))
```

Abb. 9.6 Code – Manuelle Bestimmung Transfer function

```
Command Window
Transfer function:
(s + 50)/(s^2 + 11*s + 12)
```

Abb. 9.7 Ausgabe – Manuelle Bestimmung Transfer function

9.2.3 Laplace-Transformation

Die Laplace-Transformation ist wichtig für das Studium des LTI-Systems. Die Aufgabe der Laplace-Transformation besteht darin, jede Eingabe im Zeitbereich in eine Ausgabe im Frequenz- oder s-Bereich umzuwandeln. Einer der Vorteile einer solchen Umwandlung ist, dass sie jede Differentialgleichung in eine einfache algebraische Gleichung umwandeln kann. Das vereinfacht die Berechnung. Es wurde bereits erwähnt, dass die Übertragungsfunktion eines LTI-Systems das Verhältnis der Laplace-Transformation von Ausgang und Eingang ist. In MATLAB kann die Laplace-Transformation einer beliebigen Gleichung im Zeitbereich in eine Gleichung im s-Bereich umgewandelt werden, indem der folgende Befehl verwendet wird:

> **MATLAB-Befehl für die Laplace-Transformation von g:**
> *laplace(g)*

9.2.3.1 MATLAB Beispiel 9.2: Laplace-Transformation

Betrachten Sie die folgende Funktion zur Durchführung der Laplace-Transformation mit MATLAB:

$$g(t) = e^{3t} \sin(6t) \tag{9.3}$$

Der MATLAB-Code für dieses Beispiel ist in Abb. 9.8 mit seiner Ausgabe in Abb. 9.9 wiedergegeben.

Ausgabe
Die Laplace-Transformation kann auch zur Lösung von Anfangswertproblemen mit Differentialgleichungen verwendet werden. Die Laplace-Transformation von Ableitungstermen wird mit der folgenden Formel bestimmt:

$$y^n(t) = s^n Y(s) - s^{n-1} y(0) - s^{n-2} y'(0) - s^{n-3} y''(0) \ldots\ldots - y^{n-1}(0) \tag{9.4}$$

wobei $n = 1, 2, 3, \ldots\ldots$. Hierbei stellt y^n die nte-Ableitung von $y(t)$ dar. Mit der obigen Formel sind die Laplace-Transformationen der 1., 2. und 3. Ableitungs-

```
% Laplace Transform
clc;clear;
syms t s
g=@(t) exp(3*t)*sin(6*t);
disp('Laplace transform:')
G(s)=laplace(g(t))
```

Abb. 9.8 Code – Laplace-Transformation

```
Command Window
    Laplace transform:
    G(s) =
    6/((s - 3)^2 + 36)
```

Abb. 9.9 Ausgabe – Laplace-Transformation

terme in Tab. 9.1 aufgeführt, da diese am häufigsten in Anfangswertproblemen verwendet werden.

9.2.3.2 MATLAB Beispiel 9.3: Laplace Transform of Initial Value Problem with Differential Equation (Laplace-Transformation eines Anfangswertproblems mit Differentialgleichung)

Lösen Sie das folgende Anfangswertproblem mithilfe der Laplace-Transformation:

$$3y'''(t) + 2y''(t) + 3y(t) = 1; y(0) = y'(0) = 0; y''(0) = 1 \qquad (9.5)$$

Der MATLAB-Code für dieses Beispiel ist in Abb. 9.10 dargestellt, mit seiner Ausgabe in Abb. 9.11.

Tab. 9.1 Differentialterme und die entsprechenden Laplace-Transformationen

Differentialterm	Laplace-Transformation
y'	$L\{y'\} = sY(s) - y(0)$
y''	$L\{y''\} = s^2Y(s) - sy(0) - y'(0)$
y'''	$L\{y'''\} = s^3Y(s) - s^2y(0) - sy'(0) - y''(0)$

```
%% Differential equation solve using Laplace transform
% 3*y'''(t) + 2*y''(t) + 3y(t) = 1
% Initial condition: y(0)=0;y'(0)=0;y''(0)=1;
clc;clear;
syms s Y
% Initial conditions
y0=0;dy0=0;dy20=1;
Y1=@(s) s*Y-y0;
Y2=@(s) s^2*Y-s*y0-dy0;
Y3=@(s) s^3*Y-s^2*y0-s*dy0-dy20;
% Differential equation
eqn=3*Y3(s)+2*Y2(s)+3*Y-laplace(1,s);
solve(eqn,Y)
```

Abb. 9.10 Code – Laplace Transform of Initial Value Problem with Differential Equation

```
Command Window

ans =

(1/s + 3)/(3*s^3 + 2*s^2 + 3)
```

Abb. 9.11 Ausgabe – Laplace Transform of Initial Value Problem with Differential Equation

9.2.4 Inverse Laplace-Transformation

Um die Ausgabe im Frequenzbereich wieder in ihre ursprüngliche Eingabe im Zeitbereich umzuwandeln, ist eine inverse Laplace-Transformation erforderlich. Der Befehl für die inverse Laplace-Transformation in MATLAB lautet wie folgt:

> **MATLAB-Befehl für die inverse Laplace-Transformation von** *G*:
> *ilaplace*(*G*)

9.2.4.1 MATLAB Beispiel 9.4: Inverse Laplace-Transformation

Betrachten Sie die folgende Funktion zur Durchführung der inversen Laplace-Transformation mit MATLAB:

$$G(s) = \frac{6}{(s-3)^2 + 36} \tag{9.6}$$

Der MATLAB-Code für dieses Beispiel ist in Abb. 9.12 dargestellt, mit seiner Ausgabe in Abb. 9.13.

9.2.5 Partial fraction (Partialbruch)

Der „**partial fraction**" (**Partialbruch**) wird u. a. benötigt, wenn man die Laplace- oder inverse Laplace-Transformation manuell durchführt. Die Partialbruchzerlegung ist eine Methode, mit der jeder rationale Bruch zur Vereinfachung der Berechnung in einfachere Brüche zerlegt werden kann. Diese Technik erleichtert die Durchführung der inversen Laplace-Transformation von rationalen Brüchen. Das allgemeine Format eines rationalen Bruchs und seine Partialbruchexpansion lautet dabei:

$$F(s) = \frac{N(s)}{D(s)} = \frac{N_n.s^n + N_{n-1}s^{n-1} + \cdots + N_1.s + N_0}{D_m.s^m + D_{m-1}s^{m-1} + \cdots + D_1.s + D_0} \tag{9.7}$$

$$\text{Partial fraction expansion} = \frac{r_m}{s - p_m} + \frac{r_{m-1}}{s - p_{m-1}} + \cdots + \frac{r_1}{s - p_1} + k(s) \tag{9.8}$$

```
% Inverse laplace transform
clc;clear;
syms t s
G=@(s) 6/((s-3)^2+36);
disp('Inverse laplace transform:')
g(t) = ilaplace(G(s))
```

Abb. 9.12 Code – Inverse Laplace-Transformation

```
Command Window
    Inverse laplace transform:

    g(t) =

    sin(6*t)*exp(3*t)
```

Abb. 9.13 Ausgabe – Inverse Laplace-Transformation

Hier repräsentieren $N(s)$ und $D(s)$ die Zähler- und Nennerterme. Die Partialbruchexpansion des Bruchs $F(s)$ ist ebenfalls oben gezeigt.

In den Gl. (9.7–9.8) sind $N = [N_n N_{n-1} \ldots N_0]$ und $D = [D_n D_{n-1} \ldots D_0]$ zwei Zeilenvektoren, die die Koeffizienten von s für Zähler und Nenner darstellen. Diese beiden Vektoren sind die Eingabe von MATLAB zur Bestimmung der Residuen, Pole und Koeffizienten der Polynome der Partialbruchzerlegung. Daher liefert MATLAB drei Zeilenvektoren, $r = [r_m r_{m-1} \ldots r_1]$; $p = [p_m p_{m-1} \ldots p_0]$; $k = [k_m k_{m-1} \ldots k_0]$, die die Residuen, Pole und Koeffizienten der Polynome darstellen. Durch Einbeziehung der Werte dieser drei Vektoren kann die Partialbruchzerlegung abgeleitet werden (s. o.).

> **MATLAB-Befehl für die Partialbruchzerlegung:**
> $[r, p, k] = residue(N, D)$

Die Eingabe- und Ausgabeparameter sind für ein einfacheres Verständnis die gleichen wie in der obigen Diskussion.

Ein rationaler Bruch kann je nachdem, welche Schritte zur Bestimmung der Partialbruchzerlegungen erfolgen, richtig oder falsch sein. Die Bedingungen des richtigen und falschen rationalen Bruchs sind in Tab. 9.2 angegeben.

Im 3. Fall, wenn der höchste Grad sowohl für den Zähler als auch für den Nenner gleich wird, kann der Bruch je nach bestimmten Bedingungen richtig oder falsch sein. Um die Bedingungen klar zu veranschaulichen, ist der folgende rationale Bruch $F(s)$ gegeben, bei dem der höchste Grad sowohl für Zähler als auch Nenner n ist:

$$F(s) = \frac{a_1 s^n + a_2 s^{n-1} + \cdots + a_{n-1} s + a_n s^0}{b_1 s^n + b_2 s^{n-1} + \cdots + b_{n-1} s + b_n s^0} \tag{9.9}$$

Für den oben verallgemeinerten Bruch ist das Erkennen von richtigem und falschem Bruch durch Befolgen der in den Tab. 9.3 eingearbeiteten Schritte möglich. Zwei Beispiele hierfür zeigt Tab. 9.4.

Tab. 9.2 Bedingungen des richtigen und falschen rationalen Bruchs

Fall	Entscheidung
Anzahl der höchsten Grade im Zähler < Anzahl der höchsten Grade im Nenner	Richtiger rationaler Bruch
Anzahl der höchsten Grade im Zähler > Anzahl der höchsten Grade im Nenner	Falscher rationaler Bruch
Anzahl der höchsten Grade im Zähler = Anzahl der höchsten Grade im Nenner	Richtig oder falsch

Tab. 9.3 Bedingungen für das korrekte und unkorrekte Bruchverhalten, wenn der höchste Grad sowohl im Zähler als auch im Nenner gleich ist

Schritt 1:	Schritt 2:	...	Schritt (n − 1):	Schritt n:
Wenn $(a_1 > b_1)$	Wenn $(a_2 > b_2)$	...	Wenn $(a_{n-1} > b_{n-1})$	Wenn $(a_n > b_n)$
Entscheidung : Unkorrekt	Entscheidung : Unkorrekt	...	Entscheidung : Unkorrekt	Entscheidung : Unkorrekt
ansonsten wenn $(a_1 < b_1)$	ansonsten wenn $(a_2 < b_2)$		ansonsten wenn $(a_{n-1} < b_{n-1})$	ansonsten wenn $(a_n < b_n)$
Entscheidung : Korrekt	Entscheidung : Korrekt		Entscheidung : Korrekt	Entscheidung : Korrekt
sonst	sonst		sonst	sonst
Gehe → Schritt 2	Gehe → Schritt 3		Gehe → Schritt n	Entscheidung : Unkorrekt
Ende	Ende		Ende	(unter Berücksichtigung 1 als Unkorrekter Bruch)
				Ende

9.2 Frequenzantworten

Tab. 9.4 Beispiele für Brüche

$\frac{2s^2+4s+2}{2s^2+3s+2}$	Schritt 1: $2 = 2$ Schritt 2: $4 > 3$ Entscheidung: Unrichtiger Bruch
$\frac{2s^4+3s^3}{2s^4+3s^3+4s^2+3s+1}$	Schritt 1: $2 = 2$ Schritt 2: $3 = 3$ Schritt 3: $0 < 4$ Entscheidung: Richtiger Bruch

9.2.5.1 MATLAB Beispiel 9.5: Partial Fraction Expansion (Partialbruchzerlegung)

Bestimmen Sie die Partialbruchzerlegung des folgenden richtigen rationalen Bruchs, bei dem der höchste Grad des Nenners größer ist als der höchste Grad des Zählers:

$$\frac{2s+3}{s^2+2s} \qquad (9.10)$$

Der MATLAB-Code für dieses Beispiel ist in Abb. 9.14 mit seiner Ausgabe in Abb. 9.15 wiedergegeben.

9.2.5.2 MATLAB Beispiel 9.6: Partial Fraction Expansion (Partialbruchzerlegung)

Bestimmen Sie die Partialbruchzerlegung des folgenden unrichtigen rationalen Bruchs, bei dem der höchste Grad des Nenners gleich dem höchsten Grad des Zählers ist:

$$\frac{2s^2+4s+1}{s^2+2s} \qquad (9.11)$$

Den MATLAB-Code für dieses Beispiel zeigt Abb. 9.16, seine Ausgabe Abb. 9.17.

```
%% Partial fraction
% Fraction: (2s+3)/(s^2+2s)
% Highest degree of Numerator < Highest degree of denominator
clc;clear;
syms s
N = [2 3];
D = [1 2 0];
disp('The residuals:')
[r,p,k] = residue(N,D)
Expan=@(s) r(1)/(s-p(1)) + r(2)/(s-p(2));
disp('The partial fraction expansion:')
disp(Expan(s))
```

Abb. 9.14 Code – Partial fraction

```
Command Window
    The residuals:

    r =

        0.5000
        1.5000


    p =

        -2
         0


    k =

        []

    The partial fraction expansion:
    1/(2*(s + 2)) + 3/(2*s)
```

Abb. 9.15 Ausgabe – Partial fraction

```
%% Partial fraction-2
% Fraction:(2s^2+4s+1)/(s^2+2s)
% Highest degree of Numerator = Highest degree of denominator
clc;clear;
syms s
N = [2 4 1];
D = [1 2 0];
disp('The residuals:')
[r,p,k] = residue(N,D)
Expansion=@(s) r(1)/(s-p(1)) + r(2)/(s-p(2)) + k;
disp('The partial fraction expansion:')
disp(Expansion(s))
```

Abb. 9.16 Code – Partial Fraction-2

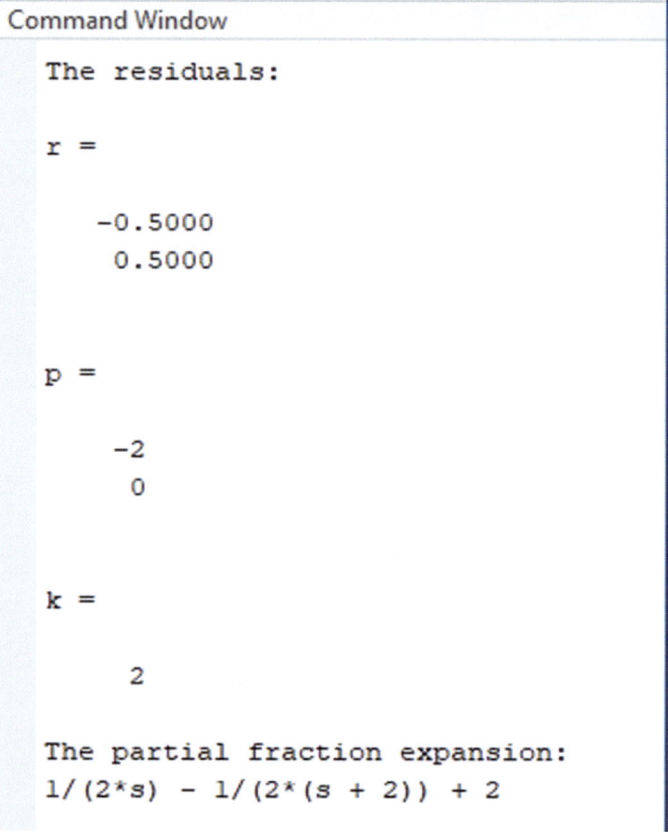

Abb. 9.17 Ausgabe – Partial Fraction-2

9.2.5.3 MATLAB Beispiel 9.7: Partial Fraction Expansion (Partialbruchzerlegung)

Bestimmen Sie die Partialbruchzerlegung des folgenden echten Bruchs, bei dem der höchste Grad des Nenners gleich dem höchsten Grad des Zählers ist:

$$\frac{2s^2 + 2s + 1}{2s^2 + 4s + 3} \tag{9.12}$$

Der MATLAB-Code für dieses Beispiel ist in Abb. 9.18 mit seiner Ausgabe in Abb. 9.19 wiedergegeben.

```
%% Partial fraction-3
% Fraction:(2s^2+2s+1)/(2s^2+4s+3)
% Highest degree of Numerator = Highest degree of denominator
clc;clear;
syms s
N = [2 2 1];
D = [2 4 3];
disp('The residuals:')
[r,p,k] = residue(N,D)
Expansion=@(s) r(1)/(s-p(1)) + r(2)/(s-p(2)) + k;
disp('The partial fraction expansion:')
disp(Expansion(s))
```

Abb. 9.18 Code – Partial Fraction-3

```
Command Window
  The residuals:

  r =

     -0.5000
     -0.5000


  p =

     -1.0000 + 0.7071i
     -1.0000 - 0.7071i


  k =

       1

  The partial fraction expansion:
  1 - 1/(2*(s + (2^(1/2)*1i)/2 + 1)) - 1/(2*(s - (2^(1/2)*1i)/2 + 1))
```

Abb. 9.19 Ausgabe – Partial Fraction-3

9.2.5.4 MATLAB Beispiel 9.8: Partial Fraction Expansion

Bestimmen Sie die Partialbruchzerlegung des folgenden unechten Bruchs, bei dem der höchste Grad des Nenners kleiner ist als der höchste Grad des Zählers:

$$\frac{2s^3 + 4s^2 + 3s + 2}{s^2 + 2s + 1} \tag{9.13}$$

Den MATLAB-Code für dieses Beispiel zeigt Abb. 9.20, die Ausgabe Abb. 9.21.

9.2 Frequenzantworten

```matlab
%% Partial fraction-4
% Fraction: (2s^3+4s^2+3s+2)/(s^2+2s+1)
% Highest degree of Numerator > Highest degree of denominator
clc;clear;
syms s
N = [2 4 3 3];
D = [1 2 1];
disp('The residuals:')
[r,p,k] = residue(N,D)
Expansion=@(s) r(1)/(s-p(1)) + r(2)/(s-p(2)) + (s*k(1)+k(2));
disp('The partial fraction expansion:')
disp(Expansion(s))
```

Abb. 9.20 Code – Partial Fraction-4

```
Command Window
    The residuals:

    r =

         1
         2


    p =

        -1
        -1


    k =

         2     0

    The partial fraction expansion:
    2*s + 3/(s + 1)
```

Abb. 9.21 Ausgabe – Partial Fraction-4

9.2.6 DC Gain (Gleichstromverstärkung)

Im Allgemeinen bezeichnet der Wert einer Übertragungsfunktion die Verstärkung, die aufgrund des Vorhandenseins des Frequenzterms als Wechselstromverstärkung bezeichnet wird. Wenn diese Frequenzkomponente null ist, kann die Wechselstromverstärkung als Gleichstromverstärkung bezeichnet werden.

Die „**DC gain**" (**Gleichstromverstärkung**) kann als das Verhältnis der stationären Schrittausgabe oder Antwort zum Zustandseingang definiert werden. Sie kann auch als der Wert der Übertragungsfunktion betrachtet werden, der bei $s = 0$ gelöst wird. Mathematisch gilt dann folgende Formel:

$$\text{DC gain} = G(s). \tag{9.14}$$

Hier stellt $G(s)$ die Übertragungsfunktion eines Systems dar.

9.2.6.1 MATLAB Beispiel 9.9: DC Gain (Gleichstromverstärkung)

Bestimmen Sie die DC gain der folgenden Übertragungsfunktion:

$$G(s) = \frac{20}{s^2 + 10s + 11} \tag{9.15}$$

Der MATLAB-Code für dieses Beispiel mit seiner Ausgabe ist in Abb. 9.22 wiedergegeben.

9.2.7 Initial and final value theorem (Anfangswert- und Endwerttheorem)

Das „**initial value theorem**" (**Anfangswerttheorem**) wird verwendet, um den Wert einer Zeitdomänenfunktion $g(t)$ bei $t = 0$ zu bestimmen. Gegeben ist die

```
% DC gain
% Transfer eqn: 20/(s^2+10*s+11)
clc;clear;
syms s
G=@(s) 20/(s^2+10*s+11);
DC_gain=limit(G(s),s,0);
fprintf('DC gain: %f\n',DC_gain)

DC gain: 1.818182
```

Abb. 9.22 Beispiel DC gain

Laplace-Transformation dieser Funktion. Das „**final value theorem**" (**Endwerttheorem**) wird benötigt, um den Endwert der Funktion bei $t = \infty$ zu bestimmen. Beide Theoreme werden zusammen als Grenzwerttheorem bezeichnet.

Das Anfangs- und das Endwerttheorem können wie folgt beschrieben werden:

$$\textbf{Initial value theorem}: g(t) = \lim_{s \to \infty} sG(s) \qquad (9.16)$$

$$\textbf{Final value theorem}: g(t) = \lim_{s \to 0} sG(s) \qquad (9.17)$$

Hier ist $G(s)$ die Laplace-Transformation der Zeitdomänenfunktion $g(t)$.

9.2.7.1 MATLAB Beispiel 9.10: Initial and final value theorem

Betrachten Sie die folgende Übertragungsfunktion:

$$G(s) = \frac{2 + 6s + 2s^2}{2s(s+2)^2} \qquad (9.18)$$

Bestimmen Sie den Anfangs- und Endwert von $g(t)$ mithilfe des Anfangs- und Endwerttheorems in MATLAB. Hier ist $G(s)$ die Laplace-Transformation von $g(t)$.

Der MATLAB-Code und die Ausgabe für dieses Beispiel sind in Abb. 9.23 und 9.24 gegeben.

9.2.8 Poles/Zeros (Pol-/Nullstellen)

Die „**poles**" (**Polstellen**) sind die Wurzeln des Nenners der Übertragungsfunktion eines Systems. „**Zeros**" (**Nullstellen**) sind die Wurzeln des Zählers der Übertragungsfunktion eines Systems.

```
%% Intial value problem
% Transfer eqn: (2 + 6*s + 2*s^2)/(2*s*(s+2)^2)
clc;clear;
syms s
G=@(s) (2 + 6*s + 2*s^2)/(2*s*(s+2)^2);
Initial_val=limit(s*G(s),s,Inf);
fprintf('Inital value: %.3f\n',Initial_val);
```

```
Inital value: 1.000
```

Abb. 9.23 Initial value theorem

```
%% Final value problem
% Transfer function: (2 + 6*s + 2*s^2)/(2*s*(s+2)^2)
clc;clear;
syms s
G=@(s) (2 + 6*s + 2*s^2)/(2*s*(s+2)^2);
Final_val=limit(s*G(s),s,0);
fprintf('Final value: %.3f\n',Final_val);

Final value: 0.250
```

Abb. 9.24 Final value theorem

In MATLAB lauten die Befehle wie folgt:

MATLAB-Befehl zur Bestimmung von Poles aus der Übertragungsfunktion, G: $pole(G)$
MATLAB-Befehl zur Bestimmung von Zeros aus der Übertragungsfunktion, G: $zero(G)$
MATLAB-Befehl zur Pole-Zero-Abbildung aus der Übertragungsfunktion, G: $pzmap(G)$

9.2.8.1 MATLAB Beispiel 9.11: Poles/Zeros

Betrachten Sie die folgende Übertragungsfunktion, um die Polstellen und Nullstellen zu bestimmen:

$$G(s) = \frac{s+50}{s^2 + 11s + 12} \quad (9.19)$$

Der MATLAB-Code für dieses Beispiel ist in Abb. 9.25 mit seiner Ausgabe in den Abb. 9.26 und 9.27 wiedergegeben.

9.2.9 Laplace-Transformation in elektrischen Schaltkreisen

Das Konzept der Laplace-Transformation kann für die Analyse elektrischer Schaltkreise genutzt werden. Das Verhältnis von Ausgang zu Eingang kann in eine Laplace-Transformation umgewandelt werden, um dessen Übertragungsfunktion zu bestimmen. Später kann aus der Übertragungsfunktion eine Frequenzbereichsanalyse

9.2 Frequenzantworten

```matlab
%% Poles/zeros
% Transfer function: (s+50)/(s^2+11s+12)
clc;clear;
G=tf([1 50],[1 11 12]);
disp('Transfer function:')
G
poles=pole(G)
zeros=zero(G)
% Pole-zero map
pzmap(G)
grid on
```

Abb. 9.25 Code – Poles/Zeros

```
Command Window
    Transfer function:

    G =

            s + 50
         ---------------
         s^2 + 11 s + 12

    Continuous-time transfer function.


    poles =

         -9.7720
         -1.2280


    zeros =

         -50
```

Abb. 9.26 Ausgabe – Poles/Zeros

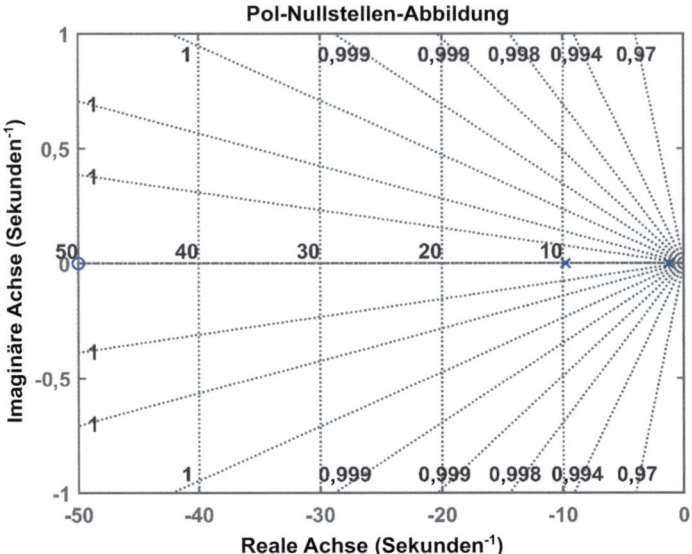

Abb. 9.27 Grafische Ausgabe – Poles/Zeros-Abbildung

durchgeführt werden. Betrachten Sie den in Abb. 9.28 gezeichneten RLC-Schaltkreis, um die folgenden Aspekte mit MATLAB zu bestimmen:

a) „**Transfer function**" (**Übertragungsfunktion**)
b) „**Poles/Zeros**" (**Pol- und Nullstellen**)
c) „**DC gain**" (**DC-Verstärkung**)
d) „**Initial and final value**" (**Anfangs- und Endwert**)

a) Bei der Umwandlung vom Zeit- in den Frequenzbereich wird ein kapazitives Element als $\frac{1}{sC}$ und ein induktives Element als sL dargestellt, während das resistive Element gleich bleibt.
Übertragungsfunktion des Schaltkreises:

$$G(s) = \frac{V_{\text{out}}}{V_{\text{in}}} = \frac{sL}{R + sL + \frac{1}{sC}} = \frac{s}{2 + s + \frac{1}{0,5s}} = \frac{s^2}{s^2 + 2s + 2}$$

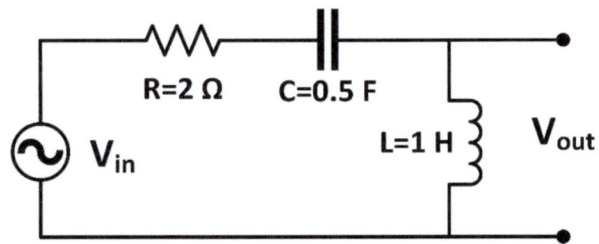

Abb. 9.28 RLC-Schaltkreis

9.2 Frequenzantworten

b) Poles und Zeros:
Pole = Die Wurzeln des Nenners $s^2 + 2s + 2$

$$\text{Poles} = \frac{-2 \pm \sqrt{2^2 - 4 \times 1 \times 2}}{2 \times 1} = -1 \pm i$$

Zeros = Die Wurzeln des Zählers s^2

$$\text{Zeros} = 0, 0$$

$$\text{DC gain}: \text{DC gain} = G(s) = \left(\frac{s^2}{s^2 + 2s + 2}\right) = 0$$

c) Initial and final value theorem:

$$\text{Initial value theorem}: g(t) = sG(s) = \left(s \cdot \frac{s^2}{s^2 + 2s + 2}\right) = \infty$$

$$\text{Final value theorem}: g(t) = sG(s) = \left(s \cdot \frac{s^2}{s^2 + 2s + 2}\right) = 0$$

MATLAB-Implementierung

Der MATLAB-Code für dieses Beispiel ist in Abb. 9.29 mit seine Ausgabe in Abb. 9.30 dargestellt.

```
%% Transfer function: s^2/(s^2+2*s+2)
clc;clear;
disp('Transfer function:')
G=tf([1 0 0],[1 2 2])
% Poles/zeros
poles=pole(G)
zeros=zero(G)
% Pole-zero map
pzmap(G)
grid on
% DC gain
syms s
G=@(s) s^2/(s^2+2*s+2);
DC_gain=limit(G(s),s,0);
fprintf('DC gain: %f\n',DC_gain)
% Intial value
Initial_val=limit(s*G(s),s,Inf);
fprintf('Inital value: %.3f\n',Initial_val);
% Final value
Final_val=limit(s*G(s),s,0);
fprintf('Final value: %.3f\n',Final_val);
```

Abb. 9.29 Code – Laplace-Transformation in elektrischen Schaltkreisenr

```
Command Window
  Transfer function:

  G =
        s^2
      -------------
      s^2 + 2 s + 2

  Continuous-time transfer function.


  poles =

    -1.0000 + 1.0000i
    -1.0000 - 1.0000i


  zeros =

      0
      0

  DC gain: 0.000000
  Inital value: Inf
  Final value: 0.000
```

Abb. 9.30 Ausgabe – Laplace-Transformation in elektrischen Schaltkreisen

9.3 Time Response Overview (Zeitantwort)

Die „**Time response overview**" **(Zeitantwort)** bezeichnet die Ausgabe einer Zeitdomänenfunktion, die jedes dynamische System charakterisiert. Um die Zeitantwort eines Systems zu bestimmen, müssen die Art des Eingangs und das mathematische Modell des Systems bekannt sein.

Die Zeitantwort eines Systems kann in zwei Komponenten unterteilt werden – Übergangsantwort und stationäre Antwort.

Die „**transient response**" **(Übergangsantwort)** ist der frühe Teil der Zeitantwort, der nur für eine kurze Zeit existiert und gegen null strebt, wenn die Zeit weiter fortschreitet. Im Gegensatz dazu ist die „**steady-state response**"

9.3 Time Response Overview (Zeitantwort)

(**stationäre Antwort**) die stabile Antwort des Systems, die direkt nach dem Auslaufen der Übergangsantwort auftritt.

Es ist notwendig, zuvor einige der grundlegenden Eingangssignale zu benennen, die in verschiedenen Steuerungssystemen verwendet werden. In Tab. 9.5 sind einige der Eingangssignalfunktionen mit ihren Zeit- und Frequenzdomäneneigenschaften aufgelistet.

9.3.1 System 1. Ordnung

Die allgemeine Darstellung der Übertragungsfunktion eines Systems 1. Ordnung kann mit der folgenden Formel dargestellt werden:

$$G(s) = \frac{K}{1 + \tau s} \qquad (9.20)$$

Hierbei stellt $G(s)$ die Übertragungsfunktion des Systems 1. Ordnung dar, K bezeichnet den DC-Gain und τ die Zeitkonstante.

Betrachten Sie die folgende Übertragungsfunktion eines Systems 1. Ordnung:

$$G(s) = \frac{8}{2 + 5s} \qquad (9.21)$$

Bestimmen Sie die folgenden Parameter:

a) DC-Verstärkung
b) Zeitkonstante

Lösung

$$G(s) = \frac{K}{1 + \tau s} = \frac{8}{2 + 5s} = \frac{4}{1 + \frac{5}{2}s}$$

DC-Verstärkung, $K = 4$; Zeitkonstante, $\tau = \frac{5}{2}$.

Tab. 9.5 Eingangssignale und ihre Funktionen in Zeit- und Frequenzdomäne

Eingangssignal	Funktion im Zeitbereich	Funktion im Frequenzbereich
Einheitssprungfunktion	$R(t) = 1; t \geq 0$	$L\{R(t)\} = \frac{1}{s}$
Einheitsimpulsfunktion	$\delta_n(t) = \frac{1}{n}; 0 \leq t \leq n$	$L\{\delta(t)\} = 1$
Einheitsrampefunktion	$R(t) = t; t \geq 0$	$L\{R(t)\} = \frac{1}{s^2}$
Sinusfunktion	$\sin \omega t = Img[e^{j\omega t}]$	$L\{\sin \omega t\} = \frac{\omega}{s^2 + \omega^2}$
	$\cos \omega t = Real[e^{j\omega t}]$	$L\{\cos \omega t\} = \frac{s}{s^2 + \omega^2}$

9.3.1.1 Spezifische Eigenschaften von Systemen 1. Ordnung

Rise time (Anstiegszeit) Die Zeit, die ein Signal benötigt, 90 % seines Endwerts zu erreichen (ab dem Startpunkt von 10 %), wird als „**rise time**" **(Anstiegszeit)** bezeichnet. Betrachten Sie die folgende Schrittantwort eines Systems 1. Ordnung:

$$y(t) = K\left(1 - e^{\frac{-t}{\tau}}\right), \quad (9.22)$$

wobei K die DC-Verstärkung und τ die Zeitkonstante ist.

Die Zeit, die benötigt wird, um 10 % des Endwerts zu erreichen, kann durch die folgende Formel bestimmt werden:

$$t_{10\,\%} = -\tau\,\ln(0,1) \quad (9.23)$$

Die Zeit, die benötigt wird, um 90 % des Endwerts zu erreichen, kann durch die folgende Formel bestimmt werden:

$$t_{90\,\%} = -\tau\,\ln(0,9) \quad (9.24)$$

Daher kann die Anstiegszeit eines Systems 1. Ordnung mit der folgenden Formel bestimmt werden:

$$\text{Rise time},\, T_R = t_{90\,\%} - t_{10\,\%} = \tau\,\ln(9) \approx 2,2\,\tau \quad (9.25)$$

Maximum settling time (Einschwingzeit)
Die Zeit, die ein Signal benötigt, um seinen Endwert zu erreichen und innerhalb von 2–5 % seines Endwerts stabil zu bleiben, wird als „**maximum settling time**" **(Einschwingzeit)** bezeichnet.

Die Formel zur Bestimmung der Einschwingzeit für das 2 %-Kriterium kann wie folgt geschrieben werden:

$$\text{Maximum settling time},\, T_{S\_\max} = -\tau\ln(0,02) \approx 4\,\tau \quad (9.26)$$

Die Formel zur Bestimmung der Einschwingzeit für das 5 %-Kriterium lautet:

$$\text{Minimum settling time},\, T_{S\_\min} = -\tau\ln(0,05) \approx 3\,\tau \quad (9.27)$$

Delay time (Verzögerungszeit) Die „**delay time**" **(Verzögerungszeit)** kann als die Zeit definiert werden, die eine Antwort benötigt, um während der 1. Halbwelle der Wellenform 50 % ihres Endwerts zu erreichen.

Die Formel zur Bestimmung der Verzögerungszeit lautet:

$$\text{Delay time},\, T_D = -\tau\ln(0,5) \approx 0,7\,\tau \quad (9.28)$$

9.3.2 System 2. Ordnung

Das allgemeine Format der Übertragungsfunktion eines Systems 2. Ordnung kann mit Gl. (9.29) dargestellt werden:

$$G(s) = \frac{K\omega_n^2}{s^2 + 2\zeta\omega_n s + \omega_n^2} \qquad (9.29)$$

Hierbei ist K der DC-Gewinn; ω_n ist die natürliche Frequenz und ζ repräsentiert das Dämpfungsverhältnis des Systems 2. Ordnung.

Die Wurzeln des Nenners der Übertragungsfunktion zeigen die Pole des Systems an, auf deren Basis die Stabilität eines Systems bestimmt werden kann. Daher können die Pole eines Systems 2. Ordnung mit der Formel in Gl. (9.30) bestimmt werden:

$$\text{poles} = \frac{-2\zeta\omega_n \pm \sqrt{4\zeta^2\omega_n^2 - 4 \times 1 \times \omega_n^2}}{2 \times 1} = -\zeta\omega_n \pm \omega_n\sqrt{\zeta^2 - 1} \qquad (9.30)$$

Das Dämpfungsverhältnis ζ eines Systems 2. Ordnung ermöglicht es, verschiedene Systeme auf der Grundlage der Dämpfung zu klassifizieren, die die Schwingungscharakteristik eines Systems repräsentieren.

9.3.2.1 Spezifische Eigenschaften von Systemen 2. Ordnung

Delay time (Verzögerungszeit) Die Definition der „delay time" (Verzögerungszeit) ist die gleiche wie zuvor für ein System 1. Ordnung. Allerdings ist die Verzögerungszeit eines Systems 2. Ordnung anders als bei einem System 1. Ordnung und wird durch eine die Formel in Gl. (9.31) dargestellt:

$$\text{Delay time, } T_D = \frac{0{,}7\zeta + 1}{\omega_n\sqrt{1 - \zeta^2}} \qquad (9.31)$$

Rise time (Anstiegszeit) Die „rise time" (Anstiegszeit) der Antwort eines Systems 2. Ordnung kann als die benötigte Zeit definiert werden, die die Antwort benötigt, um während des 1. Zyklus der Antwort von ihrem 10 % Endwert auf ihren 90 % Endwert zu steigen. Es ist zu beachten, dass dies gilt, wenn das Dämpfungsverhältnis größer als 1 ist. Die Formel zur Berechnung der Anstiegszeit für ein System 2. Ordnung zeigt Gl. (9.32):

$$\text{Rise time, } T_R = \frac{\pi - \frac{\sqrt{1-\zeta^2}}{\zeta}}{\omega_n\sqrt{1 - \zeta^2}} \qquad (9.32)$$

Peak time (Spitzenzeit) Die Zeit, die die Antwort eines Systems 2. Ordnung benötigt, um während des 1. Zyklus ihren Spitzen- oder Maximalwert zu erreichen, wird als „**peak time**" (**Spitzenzeit**) bezeichnet. Die Spitzenzeit eines Systems 2. Ordnung kann mit Gl. (9.33) bestimmt werden:

$$\text{Peak time, } T_P = \frac{\pi}{\omega_n \sqrt{1 - \zeta^2}} \qquad (9.33)$$

Settling time (Einschwingzeit) Die Definition der „settling time" (Einschwingzeit) ist die gleiche wie zuvor im System 1. Ordnung. Die Formel zur Bestimmung der Einschwingzeit für die Antwort eines Systems 2. Ordnung kann durch die Gl. (9.34–9.35) dargestellt werden:

$$\text{Maximum settling time, } T_{S\_\max} = \frac{4}{\zeta \omega_n} \qquad (9.34)$$

$$\text{Minimum settling time, } T_{S\_\min} = \frac{3}{\zeta \omega_n} \qquad (9.35)$$

Prozent des Overshoot (Überschwingens) Das Prozent des Überschwingens eines Systems 2. Ordnung kann mathematisch mit Gl. (9.36) bestimmt werden:

$$\%\text{Overshoot} = 100 e^{\frac{\zeta \pi}{\sqrt{1-\zeta^2}}} \qquad (9.36)$$

9.3.3 Auswirkung des Dämpfungsverhältnisses

Der Wert des Dämpfungsverhältnisses kategorisiert Systeme 2. Ordnung in vier verschiedene Fälle, die wie folgt benannt sind

a) Overdamped system (überdämpftes System)
b) Critically damped system (kritisch gedämpftes System)
c) Underdamped system (unterdämpftes System)
d) Negativ damped system (gedämpftes System)

9.3.3.1 Overdamped System (überdämpftes System)

Wenn das Dämpfungsverhältnis eines Systems größer als 1 ist, d. h. $\zeta > 1$, wird das System als „**overdamped system**" (**überdämpftes System**) bezeichnet. Dies tritt auf, wenn die Pole des Systems real, ungleich und negativ sind.

9.3.3.2 MATLAB Beispiel 9.12: Overdamped system

Betrachten Sie das folgende System 2. Ordnung:

$$G(s) = \frac{K \omega_n^2}{s^2 + 2\zeta \omega_n s + \omega_n^2} = \frac{50}{s^2 + 15s + 25} \qquad (9.37)$$

9.3 Time Response Overview (Zeitantwort)

Hier ist $K = 2$, $\zeta = 1.5$, und $\omega_n = 5$. Die Antwort des o. g. überdämpften Systems wird im folgenden Beispiel mit MATLAB erzeugt. Der MATLAB-Code für dieses Beispiel ist in Abb. 9.31 mit seiner Ausgabe in den Abb. 9.32, 9.33, und 9.34 wiedergegeben.

9.3.3.3 Critically Damped System (Kritisch gedämpftes System)

„Critically damped system" (kritisch gedämpfte Systeme) sind Systeme, die ein Dämpfungsverhältnis von $\zeta = 1$ aufweisen. Für solche Systeme sind die Pole real, gleich und negativ.

9.3.3.4 MATLAB Beispiel 9.13: Critically damped system

Betrachten Sie das folgende System 2. Ordnung:

$$G(s) = \frac{K\omega_n^2}{s^2 + 2\zeta\omega_n s + \omega_n^2} = \frac{50}{s^2 + 10s + 25} \quad (9.38)$$

Hier ist $K = 2$, $\zeta = 1$, und $\omega_n = 5$. Die Antwort des o. g. kritisch gedämpften Systems wird im folgenden Beispiel mit MATLAB erzeugt. Den MATLAB-Code für dieses Beispiel zeigt Abb. 9.35, die Ausgabe Abb. 9.36, 9.37 und 9.38.

```
%% Overdamped system : zeta=1.5
clc;clear;
K=2;
omega_n=5;
zeta=1.5;
s=tf('s');
disp('Transfer function:')
G=(K*omega_n^2)/(s^2+2*zeta*omega_n*s+omega_n^2)
step(G);
grid on;
ylim([0 2.5]);
disp('Parameters:')
disp(stepinfo(G))
% Pole-zero map
figure(2);
pzmap(G)
grid on
```

Abb. 9.31 Code – Overdamped system

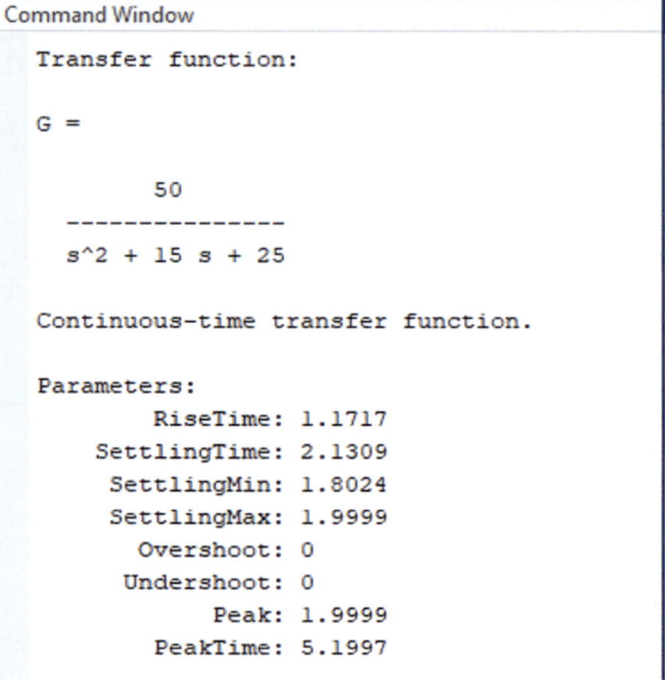

Abb. 9.32 Ausgabe – Overdamped system

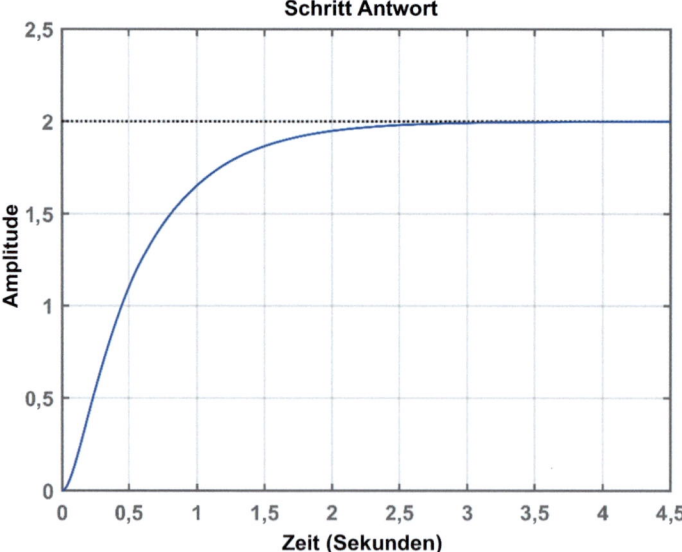

Abb. 9.33 Grafische Ausgabe – Schrittantwort Overdamped system

9.3 Time Response Overview (Zeitantwort)

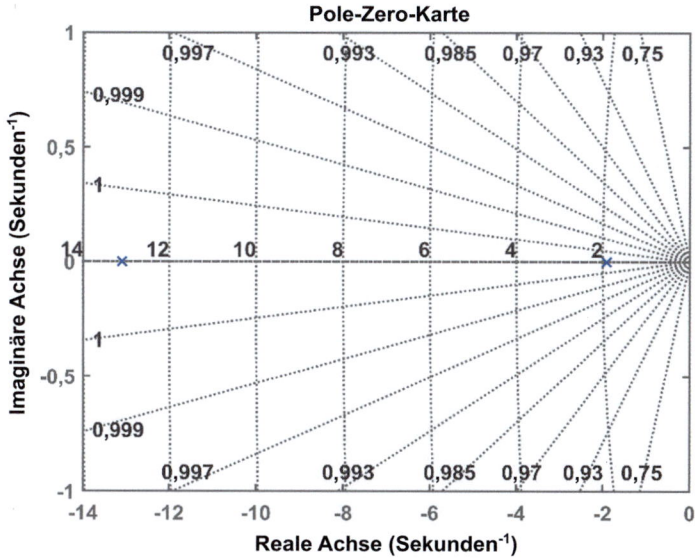

Abb. 9.34 Grafische Ausgabe – Pol-Zero-Karte eines overdamped system

```
%% Critically damped system : zeta=1
clc;clear;
K=2;
omega_n=5;
zeta=1;
s=tf('s');
disp('Transfer function:')
G=(K*omega_n^2)/(s^2+2*zeta*omega_n*s+omega_n^2)
step(G);
grid on;
ylim([0 2.5]);
disp('Parameters:')
disp(stepinfo(G))
% Pole-zero map
figure(2);
pzmap(G)
grid on
```

Abb. 9.35 Code – Critically damped system

```
Command Window
   Transfer function:

   G =

            50
        ---------------
        s^2 + 10 s + 25

   Continuous-time transfer function.

   Parameters:
             RiseTime: 0.6717
          SettlingTime: 1.1668
           SettlingMin: 1.8016
           SettlingMax: 1.9998
             Overshoot: 0
            Undershoot: 0
                  Peak: 1.9998
              PeakTime: 2.3900
```

Abb. 9.36 Ausgabe – Critically damped system

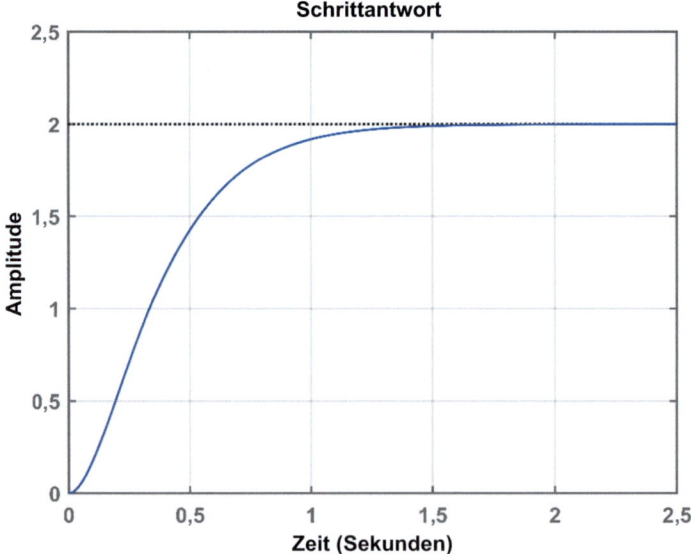

Abb. 9.37 Grafische Ausgabe – Schrittantwort Critically damped system

9.3 Time Response Overview (Zeitantwort)

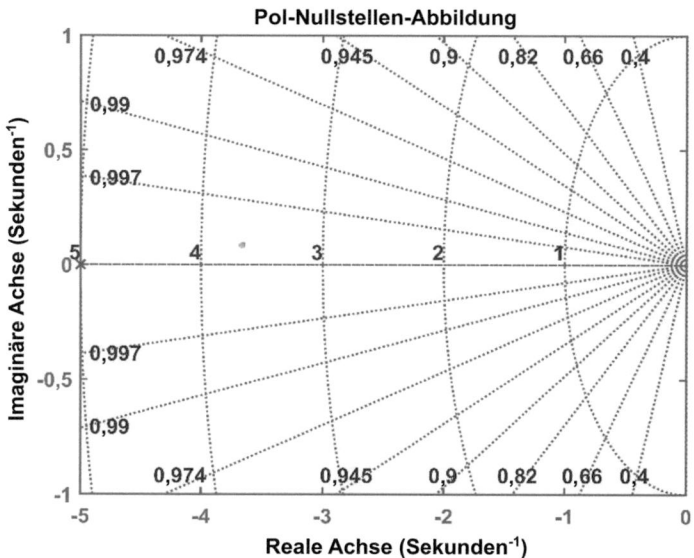

Abb. 9.38 Grafische Ausgabe – Pole-Zero-Abbildung des Critically damped system

9.3.3.5 Underdamped system (untergedämpftes System)

„Underdamped systems" (untergedämpfte Systeme) sind Systeme, die ein Dämpfungsverhältnis von $0 < \zeta < 1$ aufweisen. Für solche Systeme sind die Pole komplexe Zahlen mit negativen Realteilen.

9.3.3.6 MATLAB Beispiel 9.14: Underdamped system

Betrachten Sie das folgende System 2. Ordnung:

$$G(s) = \frac{K\omega_n^2}{s^2 + 2\zeta\omega_n s + \omega_n^2} = \frac{50}{s^2 + 5s + 25} \quad (9.39)$$

Hier ist $K = 2$, $\zeta = 0{,}5$, und $\omega_n = 5$. Die Antwort des o. g. untergedämpften Systems wird im folgenden Beispiel mit MATLAB erzeugt. Der MATLAB-Code für dieses Beispiel ist in Abb. 9.39 mit seiner Ausgabe in den Abb. 9.40, 9.41, und 9.42 wiedergegeben.

```matlab
%% Underdamped system : zeta=0.5
clc;clear;
K=2;
omega_n=5;
zeta=0.5;
s=tf('s');
disp('Transfer function:')
G=(K*omega_n^2)/(s^2+2*zeta*omega_n*s+omega_n^2)
step(G);
grid on;
%xlim([0 5]);
ylim([0 2.5]);
disp('Parameters:')
disp(stepinfo(G))
% Pole-zero map
figure(2);
pzmap(G)
grid on
```

Abb. 9.39 Code – Underdamped system

```
Command Window
    Transfer function:

    G =

             50
        ---------------
        s^2 + 5 s + 25

    Continuous-time transfer function.

    Parameters:
             RiseTime: 0.3278
         SettlingTime: 1.6152
          SettlingMin: 1.8630
          SettlingMax: 2.3259
            Overshoot: 16.2929
           Undershoot: 0
                 Peak: 2.3259
             PeakTime: 0.7184
```

Abb. 9.40 Ausgabe – Underdamped system

9.3 Time Response Overview (Zeitantwort)

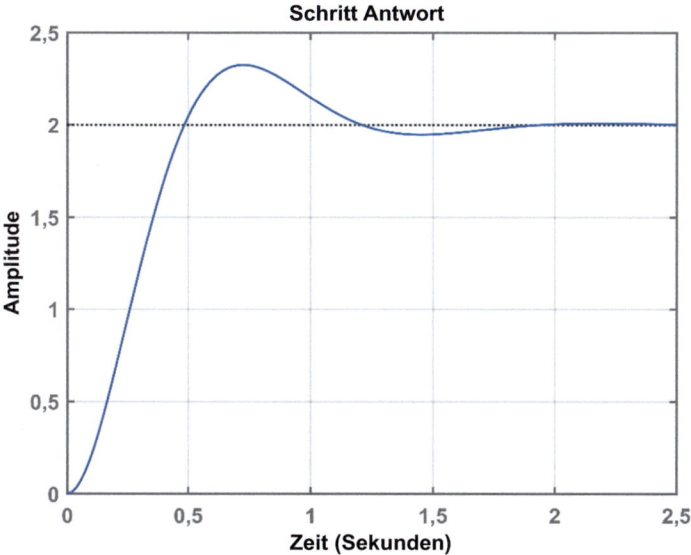

Abb. 9.41 Grafische Ausgabe – Schrittantwort des Underdamped system

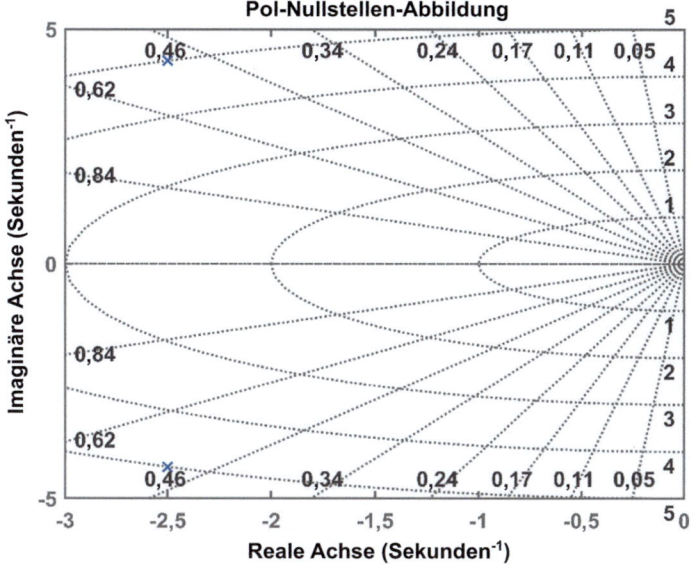

Abb. 9.42 Grafische Ausgabe – Pole-Zero-Abbildung des Underdamped system

9.3.3.7 Undamped System (ungedämpftes System)

Ein „**undamped system**" (**ungedämpftes System**) hat ein Dämpfungsverhältnis von $\zeta = 0$. In einem solchen System sind die Pole komplex; jedoch werden die Realteile in solchen Fällen Null.

9.3.3.8 MATLAB Beispiel 9.15: Undamped system

Betrachten Sie das folgende System 2. Ordnung:

$$G(s) = \frac{K\omega_n^2}{s^2 + 2\zeta\omega_n s + \omega_n^2} = \frac{50}{s^2 + 25} \quad (9.40)$$

Hier ist $K = 2$, $\zeta = 0$ und $\omega_n = 5$. Die Antwort des o. g. untergedämpften Systems wird im folgenden Beispiel mit MATLAB erzeugt. Den MATLAB-Code für dieses Beispiel zeigt die Abb. 9.43, die dazugehörige Ausgabe die Abb. 9.44, 9.45, und 9.46.

N.B. In der in Abb. 9.44 gezeigten Ausgabe erscheint der Begriff *Inf*, wenn das Ergebnis unendlich ist; und der Begriff *NaN* steht für „keine Zahl".

```
%% Undamped system : zeta=0
clc;clear;
K=2;
omega_n=5;
zeta=0;
s=tf('s');
disp('Transfer function:')
G=(K*omega_n^2)/(s^2+2*zeta*omega_n*s+omega_n^2)
step(G);
grid on;
xlim([0 5]);
ylim([-0.5 5]);
disp('Parameters:')
disp(stepinfo(G))
% Pole-zero map
figure(2);
pzmap(G)
grid on
```

Abb. 9.43 Code – Undamped system

9.3 Time Response Overview (Zeitantwort)

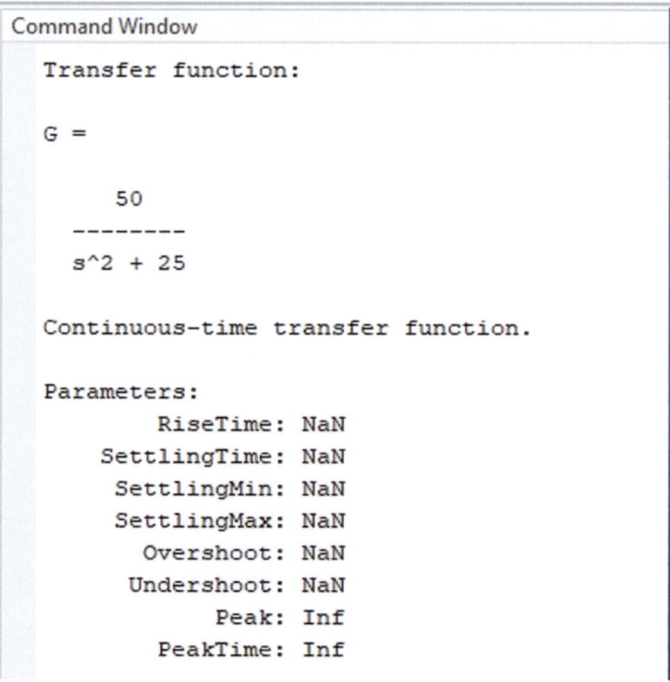

Abb. 9.44 Ausgabe – Undamped system

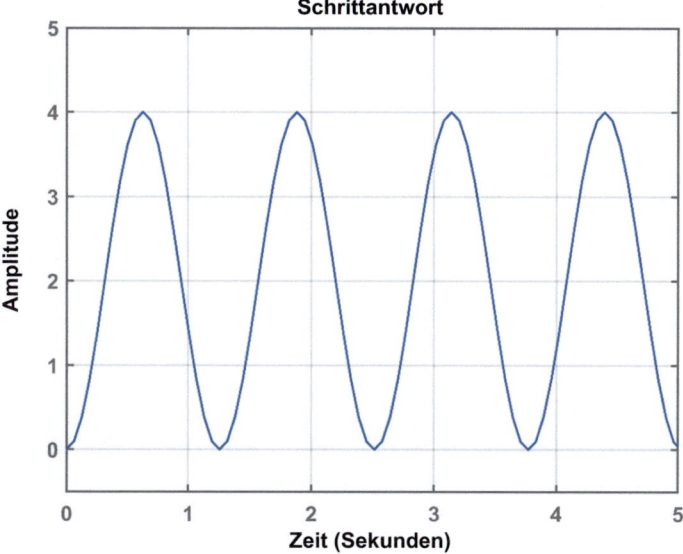

Abb. 9.45 Grafische Ausgabe – Schrittantwort des undamped system

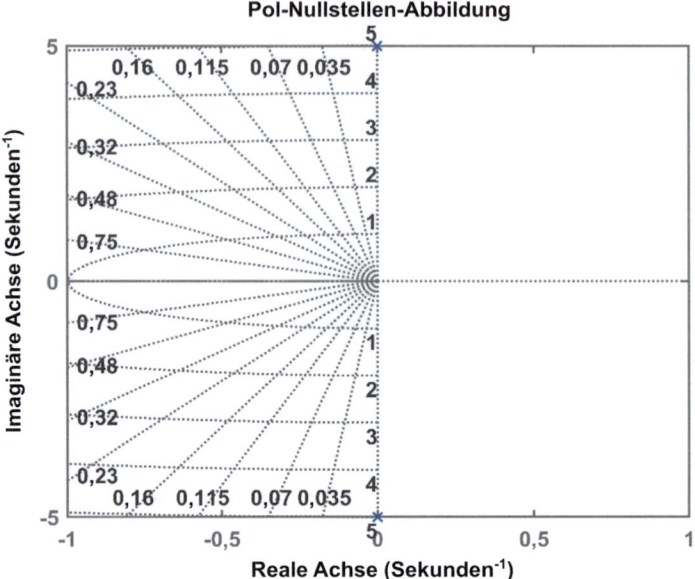

Abb. 9.46 Grafische Ausgabe – Pol-Nullstellen-Abbildung des undamped system

9.3.3.9 Negative Damped System (negativ gedämpftes System)

In einem „negative damped system" (negativ gedämpften System) ist das Dämpfungsverhältnis negativ, d. h. $\zeta < 0$. Die Pole eines negativ gedämpften Systems sind positive reale Zahlen, d. h. sie befinden sich in der rechten Halbebene des Koordinatensystems. Daher werden solche Systeme immer als instabile Systeme betrachtet.

9.3.3.10 MATLAB Beispiel 9.16: Negative damped system

Betrachten Sie das folgende System 2. Ordnung:

$$G(s) = \frac{K\omega_n^2}{s^2 + 2\zeta\omega_n s + \omega_n^2} = \frac{50}{s^2 - 20s + 25} \qquad (9.41)$$

Hier ist $K = 2$, $\zeta = -2$ und $\omega_n = 5$. Die Antwort des o. g. negativ gedämpften Systems wird im folgenden Beispiel mit MATLAB erzeugt. Der MATLAB-Code für dieses Beispiel ist in Abb. 9.47 mit seiner Ausgabe in den Abb. 9.48, 9.49 und 9.50 wiedergegeben.

9.3 Time Response Overview (Zeitantwort)

```matlab
%% Negative damped system : Zeta=-2
clc;clear;
K=2;
omega_n=5;
zeta=-2;
s=tf('s');
disp('Transfer function:')
G=(K*omega_n^2)/(s^2+2*zeta*omega_n*s+omega_n^2)
step(G);
grid on;
xlim([0 0.25]);
ylim([-0.5 2.5]);
disp('Parameters:')
disp(stepinfo(G))
% Pole-zero map
figure(2);
pzmap(G)
grid on
```

Abb. 9.47 Code – Negative damped system

```
Command Window
    Transfer function:

    G =

                50
         ---------------
         s^2 - 20 s + 25

    Continuous-time transfer function.

    Parameters:
              RiseTime: NaN
          SettlingTime: NaN
           SettlingMin: NaN
           SettlingMax: NaN
             Overshoot: NaN
            Undershoot: NaN
                  Peak: Inf
              PeakTime: Inf
```

Abb. 9.48 Ausgabe – Negative damped system

256　9 Steuerungssystem und MATLAB

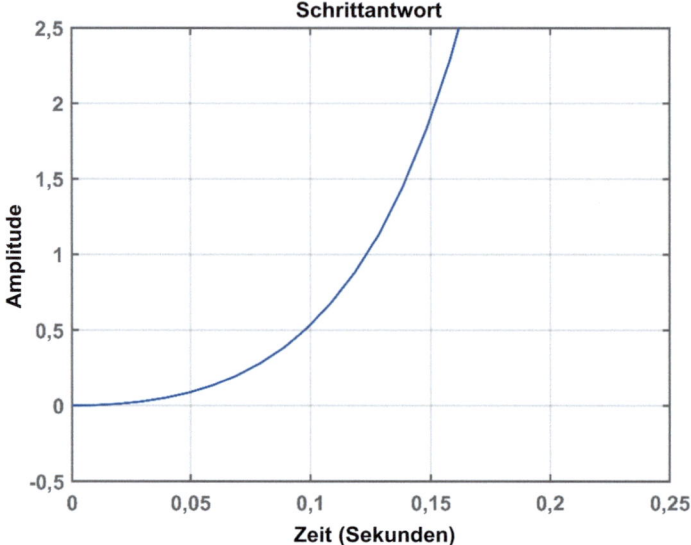

Abb. 9.49 Grafische Ausgabe – Schrittantwort des Negative damped system

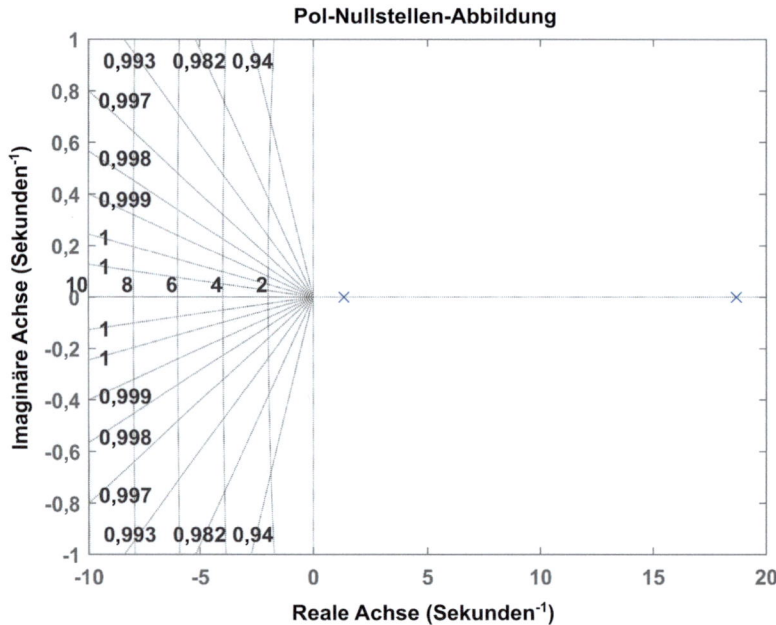

Abb. 9.50 Grafische Ausgabe – Pol-Nullstellen-Abbildung des Negative damped system

9.3.4 Position error (Stationärer Fehler)

Der „position error" (stationäre Fehler) eines Systems kann durch Verwendung der folgenden Formel für ein wie in Abb. 9.51 dargestelltes System (geschlossenes Rückkopplungssystem) definiert werden:

$$E_{ss} = \frac{sR(s)}{1 + H(s)G(s)} \quad (9.42)$$

Position Error Coefficient (Positionsfehlerkoeffizient) Der Positionsfehlerkoeffizient kann mathematisch durch die folgende Formel für das gleiche in Abb. 9.51 gezeigte System definiert werden:

$$K_p = \lim_{s \to 0} H(s) \cdot G(s) \quad (9.43)$$

Velocity Error Coefficient (Geschwindigkeitsfehlerkoeffizient)
Der Geschwindigkeitsfehlerkoeffizient kann mathematisch durch die folgende Formel für das in Abb. 9.51 gezeigte System definiert werden:

$$K_v = \lim_{s \to 0} s \cdot H(s) \cdot G(s) \quad (9.44)$$

Acceleration Error Coefficient (Beschleunigungsfehlerkoeffizient)
Der Beschleunigungsfehlerkoeffizient kann mathematisch durch die folgende Formel für das in Abb. 9.51 gezeigte System wie folgt definiert werden:

$$K_a = \lim_{s \to 0} s^2 \cdot H(s) \cdot G(s) \quad (9.45)$$

9.3.4.1 MATLAB Beispiel 9.17: Position error

Betrachten Sie das in Abb. 9.51 gezeigte System. Hier ist $G(s) = \frac{20(s+2)}{(s+3)(s+2)s}$ und $H(s) = 1$.

Die Eingabe des Systems im Zeitbereich lautet $r(t) = 1 + 5t$.
Bitte ermitteln Sie mittels MATLAB folgende Parameter:

a) Positionsfehlerkoeffizient
b) Geschwindigkeitsfehlerkoeffizient
c) Beschleunigungsfehlerkoeffizient
d) Stationärer Fehler

Den MATLAB-Code für dieses Beispiel zeigt Abb. 9.52, die Ausgabe Abb. 9.53.

Abb. 9.51 Geschlossenes Rückkopplungssystem

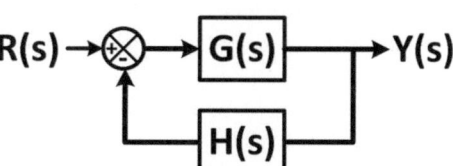

```
% Transfer eqn: 20(s+2)/(s^3+10*s+11)
% Position error coefficient: K_a
syms s t
G=@(s) 20*(s+2)/((s+3)*(s+2)*s);
H=1;
K_p=limit(H*G(s),s,0,'right');
fprintf('Position error coefficient: %f\n',K_p)

% Velocity error coefficient: K_v
K_v=limit(s*H*G(s),s,0);
fprintf('Velocity error coefficient: %f\n',K_v)

% Acceleration error coefficient: K_a
K_a=limit(s^2*H*G(s),s,0);
fprintf('Velocity error coefficient: %f\n',K_a)

% Steady-state error
r=@(t) 1+5*t;
R(s)=laplace(r(t));
E=(s*R(s))/(1+H*G(s));
Ess=limit(E,s,0,'right');
fprintf('Steady-state error: %f\n',Ess)
```

Abb. 9.52 Code – Position error

```
Command Window
    Position error coefficient: Inf
    Velocity error coefficient: 6.666667
    Velocity error coefficient: 0.000000
    Steady-state error: 0.750000
```

Abb. 9.53 Ausgabe – Position error

9.4 State-Space Representation (Zustandsraumdarstellung für RLC-Schaltung)

Die „**State-space representation**" (**Zustandsraumdarstellung**) bezeichnet ein mathematisches Modell zur Beschreibung jedes physikalischen Systems in Bezug auf Eingabe, Ausgabe, Variablen und die 1. Ableitung. In der Zustandsraumdarstellung werden die Variablen, die zur Definition eines physikalischen Systems verwendet werden, als Zustandsvariablen bezeichnet. Einer der Vorteile dieser Darstellung besteht darin, dass die Zustandsraummodellierung jedes mathematische Modell n-ter Ordnung von dynamischen Systemen in eine einfache mathematische Darstellung 1. Ordnung umwandeln kann, was die Berechnung vereinfacht.

9.4 State-Space Representation ...

Eine Illustration einer Zustandsraumdarstellung eines dynamischen Systems zeigt Abb. 9.54.

In Abb. 9.54 besteht die Zustandsraumdarstellung aus drei wichtigen Parametern – Eingabe, Zustandsvariable und Ausgabe. Eine allgemeine mathematische Darstellung eines Zustandsraummodells kann durch die folgenden Gleichungssets definiert werden, wobei die erste als Zustandsgleichung und die zweite als Ausgabegleichung bezeichnet wird:

$$x' = Ax + Bu \qquad (9.46)$$

$$y = Cx + Du \qquad (9.47)$$

Hierbei ist x der Vektor, der die Zustandsvariablen darstellt; u und y sind der Eingabe- und Ausgabevektor; A ist die Systemmatrix; B wird als Steuereingabematrix, C als Ausgabematrix bezeichnet und D ist die Direktmatrix der Zustandsraumdarstellung.

Die Zustandsraumdarstellung kann auch auf elektrische Systeme angewendet werden. Jeder RLC-Schaltkreis kann in Bezug auf den Zustandsraum definiert werden. Wenn die Zustandsvariablen, Eingaben und Ausgaben definiert werden können, kann ein RLC-Schaltkreis durch Anwendung der Zustandsraummodellierung dargestellt werden, um die Berechnung zu vereinfachen.

9.4.1 Zustandsraummodell und Antwort

Betrachten Sie den folgenden RLC-Reihenschaltkreis, bei dem die Ausgabe die Spannung über der Induktivität v_L und die Eingabe die Spannungsquelle $v(t)$ ist. Hier ist die Zustandsvariable die Spannung über dem Kondensator v_C und der Strom des Schaltkreises i. Das System wird in Abb. 9.55 gezeigt.

Im RLC-Schaltkreis sind die Speicherelemente Induktivität L und Kapazität C. Die folgenden zwei Beziehungen stehen für jeden elektrischen Schaltkreis zur Verfügung:

$$C\frac{dv_C}{dt} = Cv'_C = i \qquad (9.48)$$

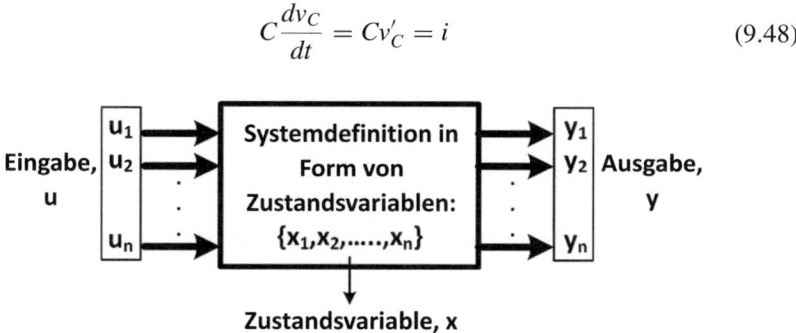

Abb. 9.54 Ausgabe – Stationärer Fehler

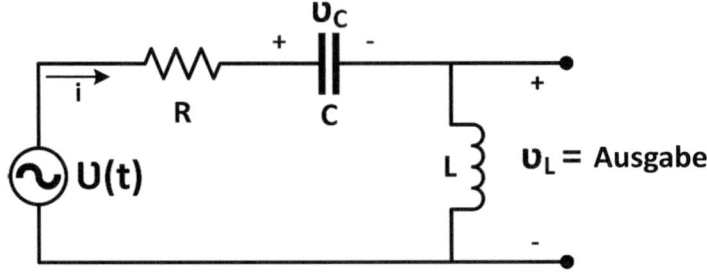

Abb. 9.55 RLC-Reihenschaltkreis

$$L\frac{di}{dt} = Li' = v_L \tag{9.49}$$

$$v(t) = iR + v_C + v_L \tag{9.50}$$

Mit den obigen Gleichungen können die Zustandsgleichungen wie folgt definiert werden:

$$v'_C = \left(\frac{1}{C}\right)i \tag{9.51}$$

$$i' = \frac{1}{L}(v_L) = \frac{1}{L}(v(t) - iR - v_C) = \left(-\frac{1}{L}\right)v_C + \left(-\frac{1}{R}\right)i + \left(\frac{1}{L}\right)v(t) \tag{9.52}$$

Die Ausgabegleichung kann durch Verwendung von Gl. (9.50) wie folgt dargestellt werden:

$$v_L = (-1)v_C + (-R)i + v(t) \tag{9.53}$$

Unter Verwendung der Zustandsgleichungen (9.51) und (9.52) sowie der Ausgabegleichung (9.53) lautet die Zustandsraumdarstellung des RLC-Schaltkreises:

$$[v'_C \ i'] = \left[0 \ \frac{1}{C} - \frac{1}{L} - \frac{1}{R}\right][v_C \ i] + [0 \ 1]v(t) \tag{9.54}$$

$$v_L = [-1 - R][v_C \ i] + [1]v(t) \tag{9.55}$$

9.4.2 Zustandsraummodell zur Übertragungsfunktion

Die Übertragungsfunktion des Systems kann aus der Zustandsraumdarstellung bestimmt werden. Betrachten Sie die Zustandsraumdarstellung in den Gl. (9.46) und (9.47). Die mathematische Formel zur Bestimmung der Übertragungsfunktion lautet:

9.4 State-Space Representation ...

$$\text{Transfer function, } G(s) = C*(sI - A)^{-1}*B + D \qquad (9.56)$$

Hier ist *I* die Identitätsmatrix der gleichen Dimension wie die A-Matrix.

In MATLAB kann durch Definition der Matrizen *A*, *B*, *C* und *D* die Zustandsraumdarstellung eines Systems mit *ss()* wie unten erwähnt bestimmt werden:

> **MATLAB-Befehl für die Zustandsraumdarstellung:**
> *ss(A, B, C, D)*

Um die Übertragungsfunktion aus ihrem Zustandsraummodell zu bestimmen, bietet MATLAB eine integrierte Funktion namens *ss2tf()*.

> **MATLAB-Befehl zur Bestimmung der Übertragungsfunktion aus dem Zustandsraummodell:**
> *ss2tf(A, B, C, D)*

9.4.2.1 MATLAB Beispiel 9.18: State-Space Model und Conversion into Transfer Function (Umwandlung in Übertragungsfunktion)

Betrachten Sie die Schaltung in Abb. 9.56, bei der die Ausgabe und Eingabe v_L und $v(t)$ sind. Die Zustandsvariablen sind v_C und *i*.

a) Bestimmen Sie die Zustandsraumdarstellung der RLC-Schaltung.
b) Bestimmen Sie aus dem Zustandsraummodell die Übertragungsfunktion mit *ss2tf()*.
c) Überprüfen Sie das Ergebnis von (b) durch manuelle Verwendung der Formel zur Umwandlung von Zustandsraum in Übertragungsfunktion.

Der MATLAB-Code für dieses Beispiel ist in Abb. 9.57 mit seiner Ausgabe in Abb. 9.58 wiedergegeben.

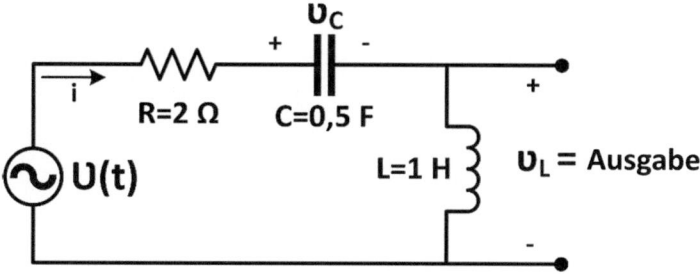

Abb. 9.56 RLC-Reihenschaltung

```
% State-space model to transfer function
% Resistance: R
% Inductance: L
% Capacitance: C
% Numerator: N
% Denominator: D
clc;clear;
R= 2; L=1; C=0.5;

% State-space metrices

A = [0 1/C; -1/L -R/L];
B = [0; 1/L];
C = [-1 -R];
D = [1];

% State-space model.
sys = ss(A, B, C, D);

% Transfer function
[Num Den] = ss2tf(A,B,C,D);
disp('Transfer function:')
TF=tf([Num],[Den])

% Verification
syms s
I=eye(2);
G1= C*inv(s*I-A)*B+D;
disp('Transfer function using formula:')
disp(simplify(G1))
```

Abb. 9.57 Code – State-space model to transfer function

9.4.3 Transfer Function to State-Space Model (Übertragungsfunktion zum Zustandsraummodell)

Mit einer gegebenen Übertragungsfunktion eines Systems ist es möglich, das Zustandsraummodell dieses Systems zu bestimmen. Der MATLAB-Befehl für eine solche Umwandlung lautet:

9.4 State-Space Representation …

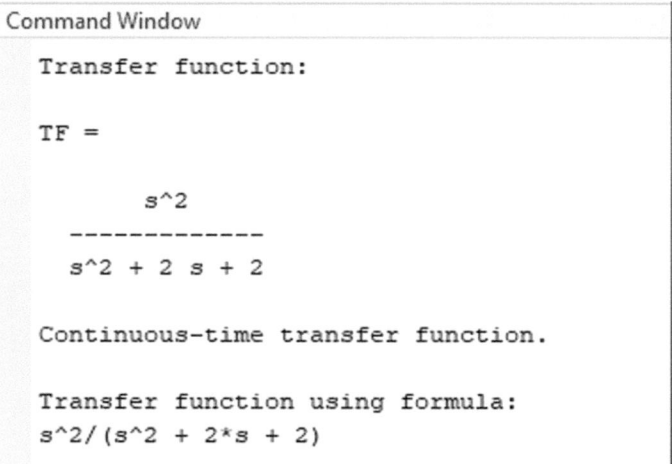

Abb. 9.58 Ausgabe – State-space model to transfer function

> **MATLAB-Befehl zur Bestimmung des Zustandsraummodells aus der Übertragungsfunktion:**
> *tf2ss*([*Zähler*], [*Nenner*])

Hierbei repräsentiert [*Zähler*] einen Vektor, der die Koeffizienten des Zählers der Übertragungsfunktion enthält; [*Nenner*] ist ein Vektor, der den Koeffizienten des Nenners der Übertragungsfunktion beinhaltet.

9.4.3.1 MATLAB-Beispiel 9.19: Umwandlung State-Space Model aus Transfer Function

Betrachten Sie die folgende Übertragungsfunktion, um ihr Zustandsraummodell mit MATLAB zu bestimmen:

$$G(s) = \frac{2}{s^2 + 20s + 2} \tag{9.57}$$

Der MATLAB-Code für dieses Beispiel ist in Abb. 9.59 mit seinem Ausgabe in Abb. 9.60 wiedergegeben.

```
% Transfer function to state-space model
% Numerator: N
% Denominator: D
clc;clear;
% Transfer function
N=[2];
D=[1 20 2];
disp('Transfer function:')
G=tf([N],[D])

% State-space metrices
[A,B,C,D]=tf2ss([N],[D]);
disp('State-space model:')
state_space = ss(A, B, C, D)
```

Abb. 9.59 Code – Transfer function to state-space model

9.5 Controllability und Observability (Steuerbarkeit und Beobachtbarkeit) des Zustandsraummodells

9.5.1 Controllability (Steuerbarkeit)

Die „**Controllability**" (**Steuerbarkeit**) eines Systems muss identifiziert werden, da sie helfen kann zu bestimmen, ob der Zustandsausgang des Systems mit einem Steuereingang kontrolliert werden kann. Ein System wird als steuerbar bezeichnet, wenn der Anfangszustand eines Systems durch Steuerung des Eingangs innerhalb einer endlichen Zeit auf den gewünschten Zustand übertragen werden kann.

Betrachten Sie die Zustandsraumdarstellung in den Gl. (9.46) und (9.47). Wenn ein Steuereingang $u(t)$ existiert, der jeden Anfangszustand des Systems $x(t_o)$ in einen gewünschten Zustand $x(t)$ innerhalb einer endlichen Zeit übertragen kann, kann das System als steuerbar angesehen werden.

9.5.2 Test auf Controllability

Um die Controllability zu testen, muss der Rang der Steuerbarkeitsmatrix gleich dem Rang der Systemmatrix sein. Daher kann die Bedingung der Steuerbarkeit wie folgt aufgelistet werden:

9.5 Controllability und Observability ...

```
Command Window
    Transfer function:

    G =

              2
        ---------------
        s^2 + 20 s + 2

    Continuous-time transfer function.

    State-space model:

    state_space =

      A =
              x1    x2
        x1   -20   -2
        x2    1     0

      B =
              u1
        x1    1
        x2    0

      C =
              x1   x2
        y1    0    2

      D =
              u1
        y1    0

    Continuous-time state-space model.
```

Abb. 9.60 Ausgabe – Transfer function to state-space model

Wenn Rang (Steuerbarkeitsmatrix) = = Rang (Systemmatrix, A)
System : Steuerbar
sonst
System : Nicht steuerbar
Ende

9.5.3 Observability (Beobachtbarkeit)

Ein System wird als beobachtbar bezeichnet, wenn der Anfangszustand eines Systems durch Beobachtung des Ausgangs und des Steuereingangs innerhalb einer endlichen Zeit bestimmt werden kann. Betrachten Sie die Zustandsraumdarstellung in den Gl. (9.46) und (9.47). Wenn eine endliche Zeit T existiert, innerhalb derer der Anfangszustand des Systems $x(t_o)$ durch Beobachtung des Ausgangs $y(t)$ für einen gegebenen Eingang $u(t)$ bestimmt werden kann, kann das System als beobachtbar angesehen werden.

9.5.4 Testen auf Observability

Um die Observability zu testen, muss der Rang der Beobachtbarkeitsmatrix gleich dem Rang der Systemmatrix sein. Daher kann die Bedingung der Steuerbarkeit wie folgt beschrieben werden:

Wenn Rang (Beobachtbarkeitsmatrix) = = Rang (Systemmatrix, A)
System : Beobachtbar
sonst
System : Nicht beobachtbar
Ende

9.5.4.1 MATLAB Beispiel 9.20: Controllability und Observabilityt

Betrachten Sie das folgende System:

$$x' = [2\ 0\ -1\ -3\ 4\ 0\ 10\ 6\ -8\ ]x + [-1\ 0\ 1\ ]u \qquad (9.58)$$

$$y = [3\ 2\ 4\ ]x + [1]u \qquad (9.59)$$

Bestimmen Sie die Controllability und Observability des Systems.

Der MATLAB-Code für dieses Beispiel ist in Abb. 9.61 mit seinem Ausgabe in Abb. 9.62 wiedergegeben.

```matlab
% Controllability & Observability
% State-spece representation:
% x'  = Ax + Bu
% y   = Cx + Du
clc;clear;
A = [2 0 -1;-3 4 0;10 6 -8];
B = [-1;0;1];
C = [3 2 4];
D = [1];

% Controllability test
disp('Controllability matrix:');
Control_M = ctrb(A,B)
R_Con_M = rank(Control_M);
R_A = rank(A);

if (R_Con_M == R_A)
    disp('Comment: The system is controllable');
else
    disp('Comment: The system is not controllable');
end
fprintf('------------------------------\n');
% Observability test
disp('Observability matrix:');
Observe_M = obsv(A,C)
R_Obs_M = rank(Observe_M);
R_A = rank(A);

if (R_Obs_M == R_A)
    disp('Comment: The system is observable');
else
    disp('Comment: The system is not observable');
end
```

Abb. 9.61 Code – Controllability und Observability des Zustandsraummodells

9.6 Stabilitätsanalyse

Die Stabilität eines Systems kann durch Beobachtung der Ausgabe definiert werden, die einem spezifischen Eingangssignal entspricht. Ein System kann als stabil betrachtet werden, wenn die Ausgabe für ein spezifisches begrenztes Eingangssignal definiert ist. In Steuerungssystemen ist es entscheidend, die Stabilität eines Systems zu bestimmen. Daher ist die Stabilitätsanalyse ein sehr wesentlicher Teil der Steuerungsstudie.

```
Command Window
  Controllability matrix:

  Control_M =

      -1    -3    12
       0     3    21
       1   -18   132

  Comment: The system is controllable
  -------------------------------
  Observability matrix:

  Observe_M =

       3     2     4
      40    32   -35
    -366   -82   240

  Comment: The system is observable
```

Abb. 9.62 Code – Controllability und Observability des Zustandsraummodells

Im Allgemeinen wird die Stabilitätsanalyse nach den u. g. Regeln durchgeführt:

a) *Stabiles System:* Wenn alle Pole eines Systems in der linken Hälfte des Koordinatensystems liegen, wird das System als stabiles System betrachtet.
b) *Instabiles System:* Wenn mindestens einer der Pole eines Systems in der rechten Hälfte positioniert ist, wird es als instabiles System bezeichnet. Wenn die Anzahl der Nullstellen wiederum größer als die Anzahl der Pole eines Systems ist, wird das System instabil.
c) *Randstabiles System:* Randstabilität hilft, ein System zu definieren, bei dem mindestens einer der Pole auf der imaginären Achse liegt und die anderen auf der linken Hälfte des Koordinatensystems.

Die o. g. Regeln gelten für jedes System mit einer geschlossenen Übertragungsfunktion. Es gibt viele Methoden, um die Stabilität eines Systems zu bestimmen. In diesem Abschnitt stehen die folgenden Methoden im Fokus:

1. Routh-Kriterium
2. Wurzelortskurve
3. Bode-Diagramm
4. Nyquist-Diagramm

9.6.1 Routh-Kriterium

Diese Methode liefert Stabilitätsinformationen, ohne dass die Pole des geschlossenen Systems gelöst werden müssen. Mit dieser Methode ist eine Aussage darüber möglich, wie viele Pole des geschlossenen Systems in der linken sowie der rechten Halbebene und auf der $j\omega$-Achse liegen (wie viele, nicht wo!). Die Anzahl der Pole in jedem Abschnitt der s-Ebene kann bestimmt werden, aber nicht ihre Koordinaten. Die Methode wird als Routh-Hurwitz-Kriterium für Stabilität bezeichnet.

Zur Umsetzung sind zwei Schritte nötig:

i) Erzeugen Sie eine Datentabelle, die als Routh-Tabelle bezeichnet wird.
ii) Interpretieren Sie die Routh-Tabelle, um zu ermitteln, wie viele geschlossene Systempole sich in der linken Halbebene, in der rechten Halbebene und auf der $j\omega$-Achse befinden.

Betrachten Sie die folgende Übertragungsfunktion eines linearen geschlossenen Systems:

$$G(s) = \frac{Y(s)}{X(s)} = \frac{b_1 s^n + b_2 s^{n-1} + b_3 s^{n-2} + \cdots + b_N s^0}{a_1 s^m + a_2 s^{m-1} + a_3 s^{m-2} + \cdots + a_M s^0} \qquad (9.60)$$

Hier repräsentieren n und m den höchsten Grad des Zählers bzw. des Nenners. $\{b_1, b_2, ..., b_N\}$ sind die Koeffizienten des Zählers und $\{a_1, a_2, ..., a_M\}$ repräsentieren die Koeffizienten des Nenners. Der Nenner der Übertragungsfunktion wird als charakteristische Gleichung betrachtet, deren Lösungen die Pole eines Systems liefern. Für das Routh-Kriterium wird die Methode auf diese charakteristische Gleichung angewendet, die wie folgt umgeschrieben wird:

$$C(s) = a_1 s^m + a_2 s^{m-1} + a_3 s^{m-2} + \cdots + a_M s^0 \qquad (9.61)$$

Der erste Schritt im Routh-Kriterium besteht darin, die Routh-Tabelle oder das Array aus der charakteristischen Gleichung zu erzeugen (Tab. 9.6).

Aus der Routh-Tabelle geht hervor, dass die Anzahl der Zeilen den höchsten Grad der charakteristischen Gleichung anzeigt. In der ersten Zeile sind die Koeffizienten an der ungeraden Position von $C(s)$ aufgelistet, während in der zweiten Zeile die Koeffizienten der geraden Positionen die Stelle der Spalten einnehmen. $C(s)$ muss dabei vom höchsten Grad zum niedrigsten geordnet sein. Ab der dritten Zeile wird der Wert der ersten Spalte, A^1_{m-2}, wie in Gl. (9.62) gezeigt definiert:

$$A^1_{m-2} = \frac{1}{a_2} |a_1 \; a_3 \; a_2 \; a_4| \qquad (9.62)$$

Hierbei zeigt $|a_1 \; a_3 a_2 a_4|$ die Determinante der Matrix an. In der Determinantenmatrix stammen die Werte aus den unmittelbar vorhergehenden zwei Zeilenwerten von zwei Spalten. Der Divisionswert ist der unmittelbar vorhergehende Zeilenwert. Das gleiche Muster zeigt sich auch für alle anderen Werte.

Tab. 9.6 Routh-Tabelle aus der charakteristischen Gleichung in Gl. (9.61)

s^m	a_1	a_3	.....	.....
s^{m-1}	a_2	a_4	.....	a_M
s^{m-2}	$A_{m-2}^1 = \frac{1}{a_2}\|a_1\ a_3\ a_2\ a_4\|$	$A_{m-2}^2 = \frac{1}{a_4}\|a_3\ a_5\ a_4\ a_6\|$	.....	$A_{m-2}^M = \frac{1}{a_M}\|a_{M-1}\ a_{M+1}\ a_M\ a_{M+2}\|$
s^{m-3}	$A_{m-3}^1 = \frac{1}{A_{m-2}^1}\|a_2\ a_4\ A_{m-2}^1\ A_{m-2}^2\|$	$A_{m-3}^2 = \frac{1}{A_{m-2}^2}\|a_4\ a_6\ A_{m-2}^2\ A_{m-2}^3\|$	.....	$A_{m-3}^M = \frac{1}{A_{m-2}^M}\|a_M\ a_{M+2}\ A_{m-2}^M\ A_{m-2}^{M+1}\|$
. . .	. . .	. . .		. . .
s^0	A_0^1			

Nachdem das Routh-Array oder die Tabelle erstellt wurde, werden die Werte der ersten Spalte (grün markiert) ausgewertet, um die Stabilität des Systems zu bestimmen.

Nach dem Routh-Kriterium entspricht die Anzahl der Wurzeln der charakteristischen Gleichung, d. h. die Anzahl der Pole mit positivem Realteil (die auf der rechten Halbebene liegen) entspricht der Anzahl der Vorzeichenwechsel, die in der ersten grün markierten Spalte des Routh-Arrays oder der Tabelle auftreten.

Wenn daher die Anzahl der Vorzeichenwechsel in der ersten grün markierten Spalte gleich null ist, kann das System als stabil betrachtet werden; andernfalls ist es instabil. Das Routh-Kriterium ist nur in der Lage zu definieren, ob das System stabil oder instabil ist. Es kann keine zusätzlichen Erkenntnisse liefern, wie man ein instabiles System stabil macht.

Der MATLAB-Code für das Routh-Kriterium wird in den späteren Beispielen gezeigt. Es können zwei Sonderfälle auftreten:

Sonderfall 1: wenn das erste Element einer beliebigen Zeile null ist

Sonderfall 2: wenn die gesamte Zeile null ist

Wenn in einer der Zeilen eine Null auftritt, wird der aufeinanderfolgende Zeilenwert undefiniert oder unendlich. Daher wird bei solchen Sonderfällen die Implementierung der Routh-Tabelle geändert, um diese Variationen zu berücksichtigen. Die beiden Sonderfälle stellen eine sehr spezielle Situation dar, daher wird die Abweichung der Implementierung der Routh-Tabelle bei solchen Sonderfällen nicht in diesem Kapitel besprochen. In solchen Fällen wird der frühere Wert durch 0,001 anstelle von 0 ersetzt, um die Berechnung weiterzuführen und die komplexen Methoden der Routh-Tabellenimplementierungen bei Sonderfällen zu vermeiden.

9.6.1.1 MATLAB Beispiel 9.21: Routh-Kriterium

Bestimmen Sie die Stabilität eines Systems mit der folgenden charakteristischen Gleichung:

$$C(s) = s^3 + 2s^2 + 10s + 15 \tag{9.63}$$

Im MATLAB-Code wird eine *input*()-Funktion verwendet, durch die die Koeffizienten einer beliebigen charakteristischen Gleichung manuell eingegeben werden können, um den Code für solche Probleme anwendbar zu machen. Hier ist die Eingabe ein Vektor der Koeffizienten [1 2 10 15], der zur Überprüfung der Stabilität bereitgestellt wurde.

Der MATLAB-Code für das Beispiel ist in Abb. 9.63 mit seiner Ausgabe in Abb. 9.64 wiedergegeben. Der Code basiert auf den Daten der Tab. 9.6.

Ausgabe

Das Routh-Array wird zur besseren Verständlichkeit erzeugt. Aus ihm geht hervor, dass keine Vorzeichenwechsel aufgetreten sind. Daher hat das System keine Pole, die positive Realteile haben, d. h. alle Pole befinden sich in der linken Halbebene.

```matlab
% Characteristic polynomial
% C(s)= s^3+2s^2+10s^2+15
% Input: coeff = Vector of coefficients of the C(s); e.g., [1 2 10 15]

clc;clear;
coeff=input('Enter the coefficients:')
L=length(coeff);
if (rem(L,2)==0)
    Routh_array=zeros(L,L/2);
    for i=1:L/2
        Routh_array(1,i)=coeff(1,2*i-1);
        Routh_array(2,i)=coeff(1,2*i);
    end
else
    Routh_array=zeros(L,(L+1)/2);
    for i=1:(L+1)/2
        Routh_array(1,i)=coeff(1,2*i-1);
        if i==(L+1)/2
            break;
        end
        Routh_array(2,i)=coeff(1,2*i);
    end
end

for i=3:size(Routh_array,1)
    if Routh_array(i-1,1)==0
        Routh_array(i-1,1)=0.001;
    end
    for j=1:size(Routh_array,2)-1
        Routh_array(i,j)=(-1/Routh_array(i-1,1))*det([Routh_array(i-2,1) ...
            Routh_array(i-2,j+1);Routh_array(i-1,1) Routh_array(i-1,j+1)]);
    end
end
Routh_array
S=sign(Routh_array);
count=0;
for i=1:L
    if S(i,1)==1
        count=count+1;
    end
end
if count==L
    disp('The system is stable')
else
    disp('THe system is unstable')
end
% Verify
fprintf('\n');
disp('Verification:')
Roots=roots(coeff);
disp('Poles:')
disp(Roots)
```

Abb. 9.63 Code – Routh-Kriterium

Aufgrund dieser Informationen kann geschlossen werden, dass das System stabil ist (wie auch in MATLAB gezeigt). Zur Überprüfung wurden die Pole des Systems mit *root*(), das die Wurzeln der charakteristischen Gleichung bestimmt, ermittelt. Aus der Ausgabe geht hervor, dass alle Pole negative Realteile haben und mit der vorherigen Hypothese sowie dem Ergebnis übereinstimmen.

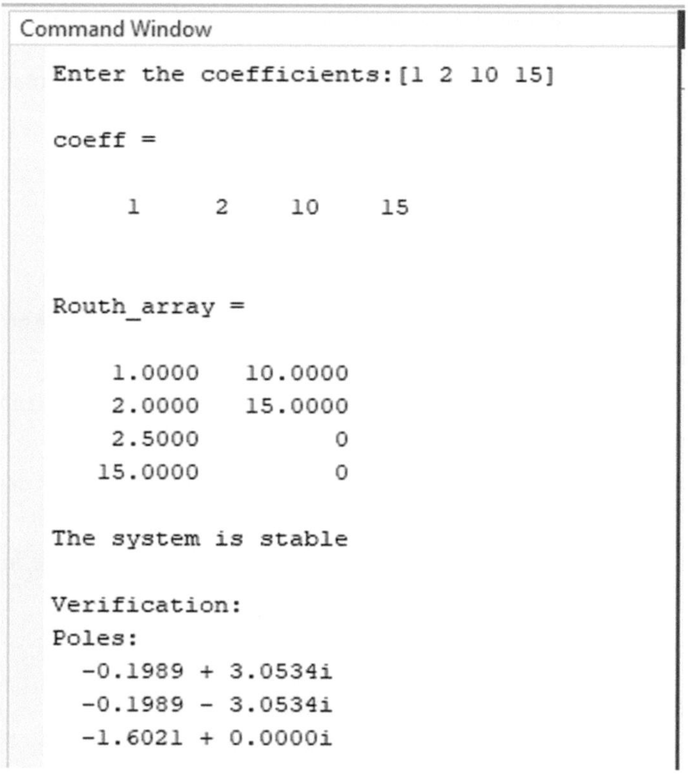

9.6 Stabilitätsanalyse

```
Command Window
  Enter the coefficients:[1 2 10 15]

  coeff =

       1     2    10    15


  Routh_array =

       1.0000   10.0000
       2.0000   15.0000
       2.5000        0
      15.0000        0

  The system is stable

  Verification:
  Poles:
    -0.1989 + 3.0534i
    -0.1989 - 3.0534i
    -1.6021 + 0.0000i
```

Abb. 9.64 Ausgabe – Routh-Kriterium

9.6.2 Root Locus (Wurzelortskurve)

Der „**root locus**" (**Wurzelortskurve**) stellt eine grafische Methode dar, die den Ort der Wurzeln einer charakteristischen Gleichung in einer s-Ebene abbildet, gefolgt von den Änderungen der Systemparameter. Durch Beobachtung der Wurzelortskurve eines Systems kann die Stabilität bestimmt werden. Im nächsten Beispiel werden die Wurzelortskurven eines stabilen, eines instabilen und eines marginal stabilen Systems mit dem folgenden MATLAB-Befehl dargestellt:

MATLAB-Befehl zur Erzeugung einer Wurzelortskurve aus einer Übertragungsfunktion:
rlocus(sys)
sys **ist die Übertragungsfunktion.**

9.6.2.1 MATLAB Beispiel 9.22: Root locus

Erzeugen Sie die Wurzelortskurve der folgenden Systeme und kommentieren Sie die Stabilität:

a) $G(s) = \frac{50}{s^2+12s+11}$

b) $G(s) = \frac{s+1}{s^3+9s^2}$

c) $G(s) = \frac{s+1}{s^3-20s^2-10s+1}$

Der MATLAB-Code zeigt Abb. 9.65.

Die Wurzelortskurven der Systeme a), b) und c) sind in den Abb. 9.66, 9.67 und 9.68 dargestellt.

Kommentar zu Abb. 9.66 Das System ist stabil, da die Pole in der rechten Halbebene liegen.

Kommentar zu Abb. 9.67 Das System ist marginal stabil, da einer der Pole auf der imaginären Achse liegt und der Rest in der linken Halbebene liegt.

Kommentar zu Abb. 9.68 Das System ist instabil, da einer der Pole in der rechten Halbebene liegt.

9.6.3 Bode-Plot (Bode-Diagramm)

Die Frequenzantwort eines Systems kann grafisch als Bode-Diagramm dargestellt werden. Zu dieser Darstellung gehören das Bode-Amplituden- und das Bode-Phasendiagramm. Wichtige Begriffe zum Verständnis des Bode-Diagramms lauten:

Phasenüberlagerungsfrequenz Die Phasenüberlagerungsfrequenz ω_{pc} ist die Frequenz, bei der die Phasenverschiebung $-180°$ entspricht.

```
%% Root locus:
% Example 1: Stable system
sys1 = tf([50],[1 12 11]);
rlocus(sys1)
% Example 2: Marginally Stable
sys2 = tf([1 1],[1 9 0 0]);
rlocus(sys2)
% Example 3: Unstable
sys3 = tf([1 1],[1 -20 -10 1])
rlocus(sys3)
```

Abb. 9.65 Code – Root locus

9.6 Stabilitätsanalyse

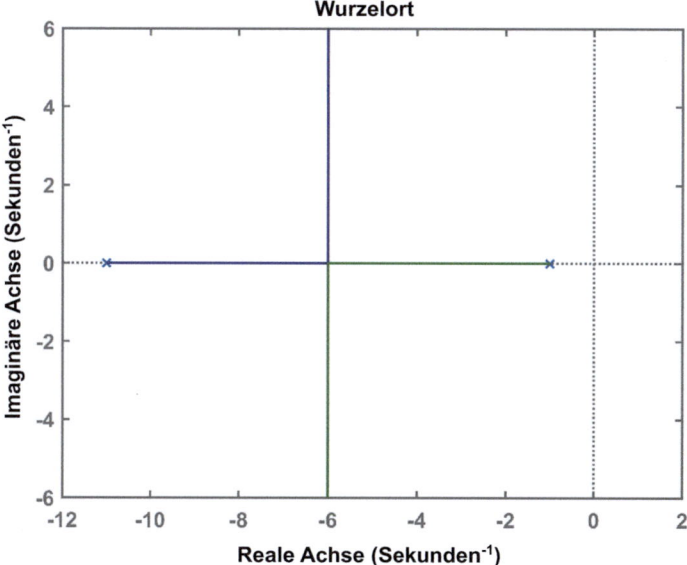

Abb. 9.66 Ausgabe – Root locus für ein stabiles System

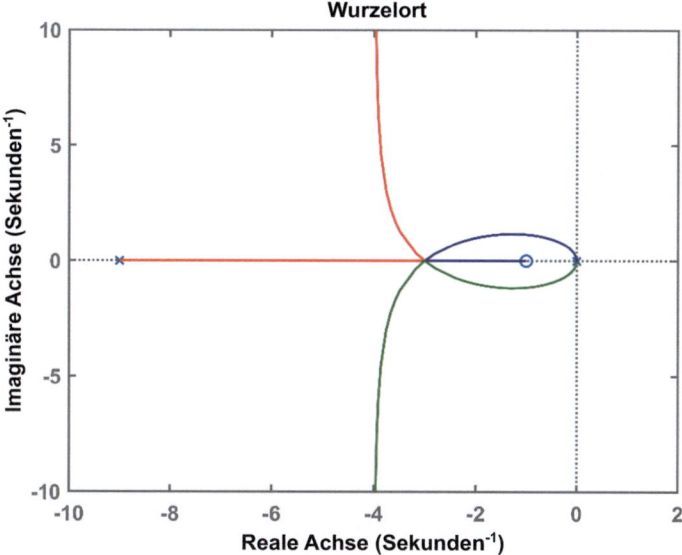

Abb. 9.67 Ausgabe – Root locus für ein marginal stabiles System

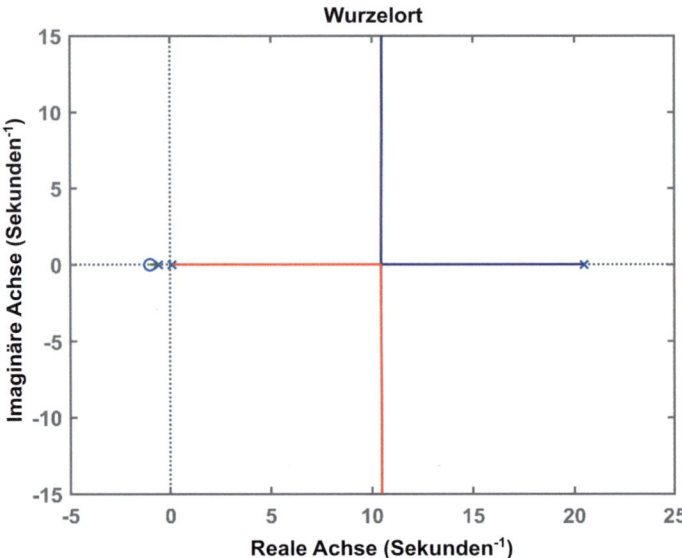

Abb. 9.68 Ausgabe – Root locus für ein instabiles System

Verstärkungskreuzungsfrequenz Die Verstärkungskreuzungsfrequenz ω_{gc} ist die Frequenz, bei der das Amplitudenverhältnis 1 oder das Logarithmusmodul gleich null ist.

Verstärkungsmarge Die Verstärkungsmarge eines Systems kann wie in Gl. (9.64) definiert werden:

$$\text{Gain Margin} = \frac{1}{|G(i\omega_{pc})|} \qquad (9.64)$$

Phasenmarge Die Phasenmarge eines Systems ist in Gl. (9.65):

$$\text{Phase Margin} = 180° + \arg(G(i\omega_{gc})). \qquad (9.65)$$

Die Stabilitätsbedingungen gemäß dem Bode-Diagramm lauten:

- *Stabiles System:* Beide Margen sollten positiv oder die Phasenmarge sollte größer als die Verstärkungsmarge sein.
- *Marginal stabiles System:* Beide Margen sollten null oder die Phasenmarge sollte gleich der Verstärkungsmarge sein.
- *Instabiles System:* Wenn eine Marge negativ oder die Phasenmarge kleiner als die Verstärkungsmarge ist.

9.6 Stabilitätsanalyse

Der MATLAB-Befehl zur Erzeugung eines Bode-Diagramms eines Systems lautet wie folgt:

> **MATLAB-Befehl zur Erzeugung eines Bode-Diagramms aus einer Übertragungsfunktion:**
> *margin(sys)*
> **sys** ist die Übertragungsfunktion.

9.6.3.1 MATLAB Beispiel 9.23: Bode-Diagramm

Erzeugen Sie das Bode-Diagramm der folgenden Systeme und kommentieren Sie die Stabilität:

a) $G(s) = \frac{50}{s^2+12s+11}$
b) $G(s) = \frac{s+1}{s^3-20s^2-10s+1}$

Der MATLAB-Code für das Beispiel ist in Abb. 9.69 gegeben.

Die Bode-Diagramme der Systeme a) und b) sind in den Abb. 9.70 und 9.71 dargestellt.

Kommentar zu Abb. 9.70 Das System ist stabil, da beide Margen positiv sind.

Kommentar zu Abb. 9.71 Das System ist instabil, da die Phasenmarge negativ ist.

9.6.4 Nyquist-Plot (Nyquist-Diagramm)

Die Frequenzantwort eines Systems kann auch über ein Nyquist-Diagramm dargestellt werden. Die Antwort wird hier in Polarkoordinaten gezeichnet. Der

```
%% Bode plot
% Example 1: Stable system
G1 = tf([50],[1 12 11]);
figure(1)
margin(G11);
grid on;
% Example 2: Unstable
G2 = tf([1 1],[1 -20 -10 1]);
figure(3)
margin(G2);
grid on;
```

Abb. 9.69 Code – Bode plot

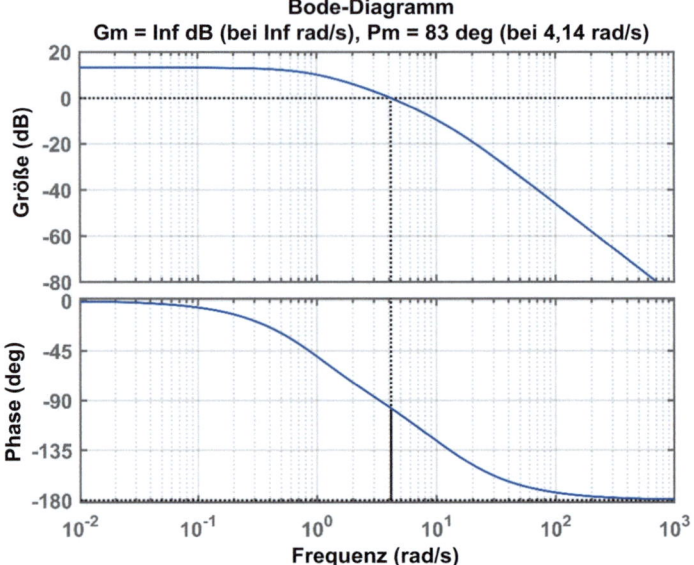

Abb. 9.70 Bode-Diagramm für ein stabiles System

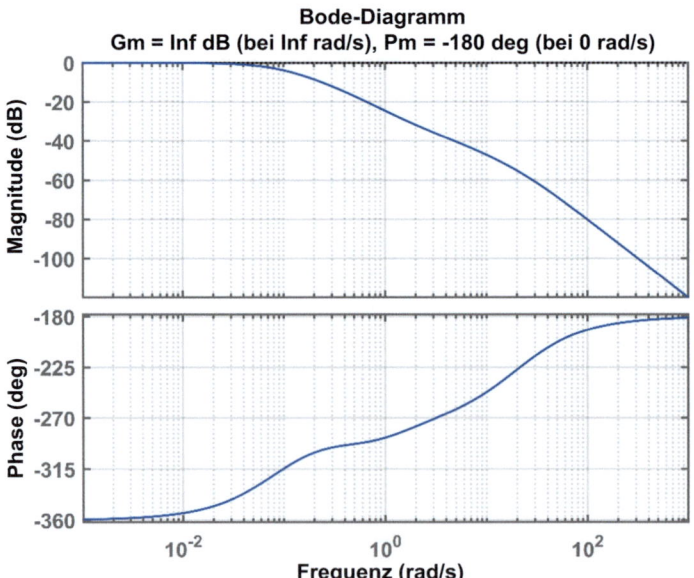

Abb. 9.71 Bode-Diagramm für ein instabiles System

9.6 Stabilitätsanalyse

Zuwachs der Übertragungsfunktion eines Systems bildet die radialen Punkte ab, während die Phase die Winkelkoordinaten darstellt.

Die Stabilitätskriterien können durch die folgenden Regeln definiert werden:

- **Wenn die Kontur den Punkt $(-1, 0)$ nicht einschließt und die Anzahl der Pole in der rechten Halbebene null ist, ist das System stabil.**
- **Wenn die Anzahl der Uhrzeigersinn-Umrundungen durch die Kontur des Punktes $(-1,0)$ gleich der Anzahl der Pole in der rechten Halbebene ist, ist das System stabil.**
  Zusammenfassend gilt, wenn die folgende Formel erfüllt ist, ist das System stabil; andernfalls ist es instabil:

$$Z = N + P$$

Z = Anzahl der Nullstellen in der rechten Halbebene
P = Anzahl der Pole in der rechten Halbebene
N = Anzahl der Umrundungen des Punktes $(-1,0)$ durch die Nyquist-Kontur

Der MATLAB-Befehl zur Erzeugung des Nyquist-Diagramms eines Systems lautet wie folgt:

MATLAB-Befehl zur Erzeugung eines Nyquist-Diagramms aus einer Übertragungsfunktion:
nyquist(sys)
sys ist die Übertragungsfunktion.

9.6.4.1 MATLAB Beispiel 9.24: Nyquist-Diagramm

Erstellen Sie das Nyquist-Diagramm der folgenden Systeme und kommentieren Sie die Stabilität:

a) $G(s) = \frac{50}{s^2+12s+11}$
b) $G(s) = \frac{400}{s^3-4s^2-50s+45}$

Der MATLAB-Code für das Beispiel ist in Abb. 9.72 gegeben.

Die Nyquist-Diagramme der Systeme a) und b) sind in den Abb. 9.73 und 9.74 dargestellt.

Kommentar zu Abb. 9.73 Die Kontur umschließt nicht $(-1, 0)$; daher ist $N = 0$. Außerdem sind $Z = 0$ und $P = 0$. Das System erfüllt die Nyquist-Stabilitätskriterien: $Z = N + P$; daher ist das System stabil.

```matlab
%% Nyquist plot
% Example 1: Stable system
G1= tf([50],[1 12 11]);
figure(1)
nyquist(G1)
grid on;
% Example 2: Unstable
G2 = tf([400],[1 4 50 45]);
figure(2)
nyquist(G2)
```

Abb. 9.72 Code – Nyquist plot

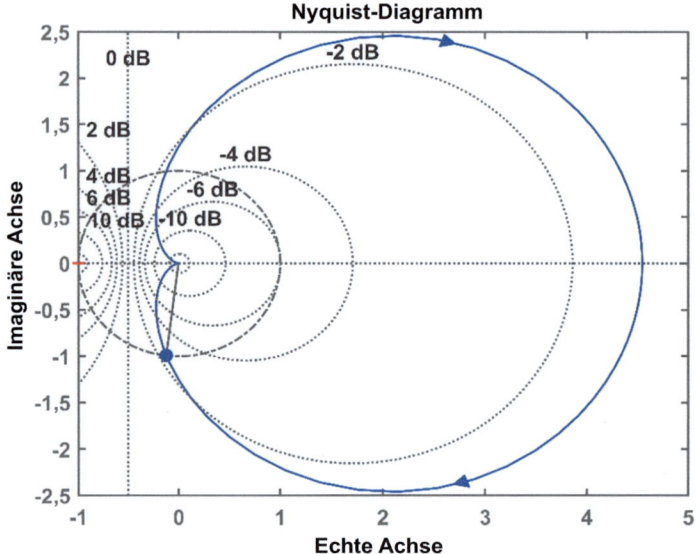

Abb. 9.73 Nyquist-Diagramm für ein stabiles System

Kommentar zu Abb. 9.74 Die Kontur umschließt $(-1, 0)$ zweimal; daher ist $N = 2$. Außerdem sind $Z = 0$ und $P = 0$. Das System erfüllt nicht die Nyquist-Stabilitätskriterien: $Z = N + P$. Daher ist das System instabil.

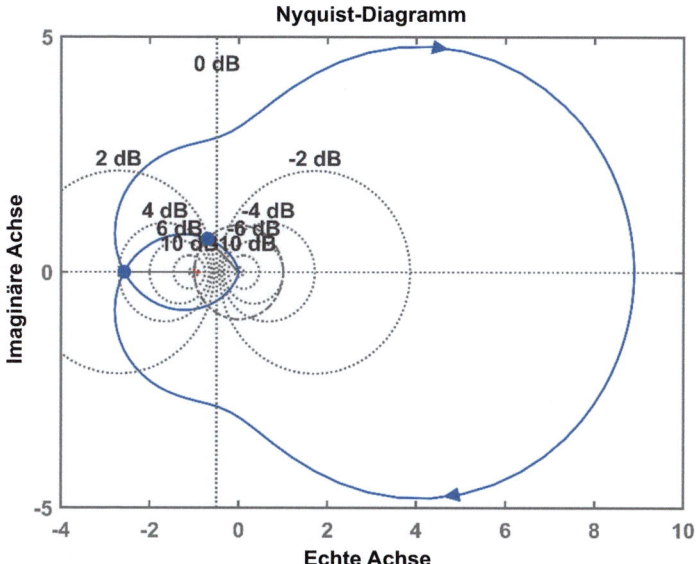

Abb. 9.74 Nyquist-Diagramm für ein instabiles System

9.7 Schlussfolgerung

In diesem Kapitel wurden verschiedene Aspekte der Steuerungssysteme durch theoretische Fakten und praktische Implementierungen über MATLAB vertieft. Neben der Einführung in Frequenz- und Zeitbereichsantworten von physischen Systemen wurde das Konzept der Zustandsraumdarstellungen vorgestellt. Darüber hinaus wurden auch die Steuerbarkeit und Beobachtbarkeit behandelt. Eine Übersicht über die Stabilitätsanalyse eines beliebigen physischen Systems bildete den Abschluss des Kapitels.

Übung 9

1. Definieren Sie die Übertragungsfunktion. Wie stellt eine Übertragungsfunktion ein Steuerungssystem mathematisch dar?
2. Was sind die technischen Anwendungen der Laplace-Transformation und der inversen Laplace-Transformation?
3. Erklären Sie die folgenden Funktionen mit Beispielen:
    a) *laplace*()
    b) *residue*()
    c) *limit*()

d) *ss*()
e) *pzmap*()

4. Betrachten Sie die gegebenen Übertragungsfunktionen:

    a) $G(s) = \frac{s-12}{s^2-4s+1}$
    b) $G(s) = \frac{s^2-6s+52}{2s^2-15s-25}$
    c) $G(s) = \frac{s^3+5s+12}{6s^2-4s+1}$

    Führen Sie die folgenden Schritte mit MATLAB durch:
    i) Bestimmen Sie den Pol und die Nullstelle von $G(s)$.
    ii) Demonstrieren Sie die Pol-Nullstellen-Karte.
    iii) Bestimmen Sie die inverse Laplace-Transformation von $G(s)$. Führen Sie die Laplace-Transformation auf das Ergebnis aus, um zu überprüfen, ob die Ausgabe $G(s)$ zurückgibt. (Die resultierenden Brüche könnten anders dargestellt werden; verwenden Sie die Funktion *pretty*(), um die Ergebnisse auf eine bessere Weise anzuzeigen.)
    iv) Was ist die DC-Verstärkung für die Übertragungsfunktion?
    v) Zerlegen Sie die Übertragungsfunktion in Partialbrüche. Manchmal kann das Ergebnis große Bruchwerte zurückgeben. Um die großen Brüche mit Symbolen in Dezimalzahlen von x in signifikante Werte umzuwandeln, verwenden Sie die Funktion *vpa(Funktion,x)*. Um große numerische Brüche in Dezimalzahlen umzuwandeln, verwenden Sie die Funktion *double*().

5. Für die folgenden Übertragungsfunktionen gilt $K = 2$. Klassifizieren Sie aus den Funktionen, welche überdämpft, kritisch gedämpft, unterdämpft oder negativ gedämpft sind. Bestimmen Sie die Sprungantwort, das Pol-Nullstellen-Diagramm, die Anstiegszeit, die Einschwingzeit, das Überschwingen und die Spitzenzeit mit MATLAB.

    a) $G(s) = \frac{18}{s^2+12s+9}$
    b) $G(s) = \frac{196}{2s^2+14s+98}$
    c) $G(s) = \frac{8}{s^2+4s+4}$
    d) $G(s) = \frac{6}{3s^2+3}$

6. In der folgenden Schaltung in Abb. 9.75 ist gegeben, dass $R = 2\,\Omega$, $C = 0{,}6\,F$ und $L = 1{,}5\,H$ entspricht. Die Ausgabe und Eingabe sind jeweils v_L und $v(t)$. Die Zustandsvariablen sind v_C und i.

    a) Bestimmen Sie die Zustandsraumdarstellung der Schaltung.
    b) Bestimmen Sie die Übertragungsfunktion des Systems aus dem Zustandsraummodell.
    c) Überprüfen Sie das Ergebnis von (b) manuell mit der Umrechnungsformel von Zustandsraum zu Übertragungsfunktion.

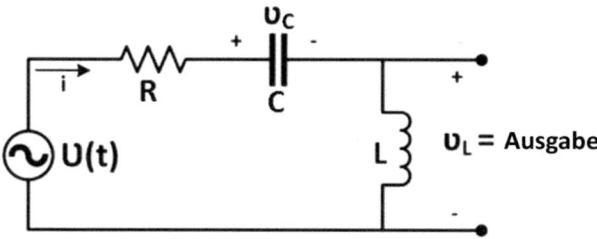

Abb. 9.75 RLC-Reihenschaltkreis

7. Verwenden Sie den MATLAB-Code, der zur Bestimmung des Routh-Kriteriums in Beispiel 9.21 verwendet wurde, um zu zeigen, ob die folgenden charakteristischen Polynome stabil sind. Führen Sie eine Überprüfung des Ergebnisses durch, indem Sie die Wurzel der charakteristischen Gleichung bestimmen:

   a) $s^5 + 3s^4 + 27s^3 + 45s^2 - 60$
   b) $s^4 + 21s^3 + 36s^2 + 5s + 1$.

8. Erstellen Sie die i) Wurzelortskurve, ii) das Bode-Diagramm und iii) das Nyquist-Diagramm der folgenden Systeme und kommentieren Sie die Stabilität basierend auf ihrer jeweiligen grafischen Ausgabe:

   a) $G(s) = \frac{36}{2s^2+14s+61}$
   b) $G(s) = \frac{4s+1}{s^3+2s+6}$
   c) $G(s) = \frac{s^2-2s+1}{7s^3+11s^2-5s+1}$

Kapitel 10
Optimierungsfunktion

10.1 Einführung

Die Optimierung ist ein zentraler Aspekt im Bereich der Technik und von Bedeutung, um das bestmögliche Ergebnis unter verschiedenen Bedingungen oder Einschränkungen zu ermitteln. Wenn sich für ein bestimmtes Problem keine annehmbare Lösung findet, kann durch die Optimierungsfunktion nach Alternativen gesucht werden. Zunächst muss das Problem mathematisch definiert werden. Hierfür sind dessen Zielfunktion und Bedingung wichtig. Die „**objective function**" **(Zielfunktion)** bezieht sich auf die zu erstellende mathematische Gleichung mit einer oder mehreren Entscheidungsvariablen, die das Ergebnis der Zielfunktion beeinflussen. Das Ergebnis der Zielfunktion soll durch den Optimierungsalgorithmus entweder minimiert oder zu maximiert werden. Über die mathematische Natur der Zielfunktion sind Optimierungsprobleme in drei Klassen kategorisiert – lineare, quadratische und nichtlineare Programmierung. Um eine Funktion wie oben erwähnt zu maximieren oder zu minimieren, ist die „**condition**" **(Bedingung)** entscheidend. Ein Optimierungsproblem kann verschiedenen Einschränkungen unterliegen. Basierend auf der Anzahl der Variablen kann sie im Allgemeinen in zwei Klassen eingeteilt werden – in die eindimensionale und mehrdimensionale Optimierung.

10.2 One-Dimensional Optimization (eindimensionale Optimierung)

Die Zielfunktion der „one-dimensional optimization" (eindimensionalen Optimierung) besitzt eine einzige Entscheidungsvariable. Wichtig ist, den Wert der Entscheidungsvariablen herauszufinden, für den die Zielfunktion maximiert oder minimiert werden soll. Die mathematische Definition lautet:

$$\text{Obj} = f(x);$$

$$\text{subject to } x_{\text{upper}} < x < x_{\text{lower}} \qquad (10.1)$$

Hier ist *f(x)* die **Zielfunktion** mit der Entscheidungsvariablen *x*. Der Ungleichheitsterm ist die **Bedingung,** die für die Optimierungslösung erfüllt sein muss.

Zur Ausführung der eindimensionalen Optimierung stehen verschiedene Algorithmen zur Verfügung, z. B. die Goldene-Schnitt-Methode, die Fibonacci-Suche oder die parabolische Interpolationssuche. In MATLAB kann die eindimensionale Optimierung durch Nutzung der Funktion *fminbd*() durchgeführt werden.

MATLAB-Befehl für one-dimensional optimization:

$$[x, \text{value}] = fminbd\left(\text{obj}, x_{\text{low}}, x_{\text{up}}\right)$$

Eingaben: *obj* bezieht sich auf die Zielfunktion; x_{low} und x_{up} sind die unteren und oberen Grenzen der Entscheidungsvariable *x*.
Ausgaben: *x* ist der Wert der Entscheidungsvariable, für den *obj* minimiert wird.
value gibt den minimierten Wert von *obj* an.

---

fminbd() ist eine Kombination aus der Goldenen-Schnitt-Methode und der parabolischen Interpolationssuche.

10.2.1 MATLAB Beispiel 10.1: One-dimensional optimization

Gegeben ist das folgende Problem, um den Wert der optimierten Entscheidungsvariable und den minimierten Wert der Zielfunktion zu finden.

$$\text{Obj} = 2x + e^x;$$

$$\text{subject to } -5 < x < 10 \qquad (10.2)$$

Der MATLAB-Code und seine Ausgabe für das o. g. Optimierungsproblem sind in den Abb. 10.1 und 10.2 dargestellt.

Ausgabe
Die untere und die obere Grenze des Entscheidungsbereichs schließen die Grenzwerte der Bedingung nicht mit ein. Während der Bereich von *x* mit –5 bis 10 definiert ist, berücksichtigt die Funktion *fminbd*() die Werte von *x* als beliebige Werte, schließt aber die Grenzwerte selbst (d. h. −5 und 10) aus.

```
% One dimensional optimization
% Objective function: minimize obj(x)= 2*x + exp(x)
% Condition: -5<x<10
% Lower limit, x_low = -5;
% Upper limit, x_up = 10;
clc;clear;
syms x;
obj= @(x) 2*x + exp(x);
x_low=-5;
x_up=10;
[x,value]=fminbnd(obj,x_low,x_up);
fprintf('Optimized value of the decision variable: %.5f\n',x);
fprintf('Minimized value of the objective function: %.5f\n',value);
```

Abb. 10.1 Code – One-dimensional optimization

```
Command Window
    Optimized value of the decision variable: -4.99994
    Minimized value of the objective function: -9.99315
```

Abb. 10.2 Ausgabe – One-dimensional optimization

10.3 Multidimensional Optimization (mehrdimensionale Optimierung)

In einer „**multidimensional Optimization**" (**mehrdimensionalen Optimierung**) setzt sich die Zielfunktion aus mehreren Entscheidungsvariablen zusammen. Sie kann verschiedenen linearen oder nichtlinearen Beschränkungen mit Randbedingungen unterliegen. Die allgemeine Form eines mehrdimensionalen Optimierungsproblems mit mehreren Beschränkungen und Randbedingungen lautet:

$$obj = f(x(1), x(2), \ldots \ldots x(n))$$

subject to :

Boundary condition : $x_{\text{low}} \leq x \leq x_{\text{up}}$

Linear inequality constraint : $A \cdot x \leq B$

Linear equality constraint : $A_{\text{EQ}} \cdot x = B_{\text{EQ}}$

Nonlinear inequality constraint : $C \cdot x \leq 0$

Nonlinear equality constraint : $C_{\text{EQ}} \cdot x = 0$ \hfill (10.3)

In MATLAB steht hierfür die Funktion *fmincon*() zur Verfügung. Der entsprechende Befehl ist wie folgt definiert:

MATLAB-Befehl für multidimensional Optimization:

$$[x, \text{value}] = fmincon(\text{obj}, x_o, A, B, A_{EQ}, B_{EQ}, x_{\text{low}}, x_{\text{up}}, \text{nonLinearConstraint})$$

Eingaben:
obj bezieht sich auf die Zielfunktion mit mehreren Variablen, die durch einen Vektor oder eine Matrix *x* dargestellt wird.
x_o sind die Anfangswerte der Entscheidungsvariablen, die ebenfalls durch einen Vektor oder eine Matrix dargestellt werden.
A ist eine Matrix, die die Koeffizienten von *x* einer linearen Ungleichheitsbeschränkung enthält.
B ist ein Vektor, dem die Konstante der linearen Ungleichheitsbeschränkung zugeschrieben wird.
A_{EQ} ist eine Matrix, die die Koeffizienten von *x* einer linearen Gleichheitsbeschränkung enthält.
B_{EQ} ist ein Vektor, dem die Konstante der linearen Gleichheitsbeschränkung zugeschrieben wird.
x_{low} und x_{up} sind die untere und obere Grenze der Entscheidungsvariablen *x*, die als zwei Matrizen eingegeben werden.
nonLinearConstraint steht für die nichtlineare Gleichheitsbeschränkung C_{EQ} und die nichtlinearen Ungleichheitsbeschränkungen *C* von *x*.
Ausgaben: *x* ist der Vektor oder die Matrix der Entscheidungsvariablen, für die *obj* minimiert wird.
value gibt den minimierten Wert von *obj* an, der alle linearen und nichtlinearen Beschränkungen mit Entscheidungsgrenzbedingungen erfüllt.

10.3.1 MATLAB Beispiel 10.2: Multidimensional Optimization

Gegeben ist das folgende Problem:

$$\text{obj}(x) = x_1^2 + 2x_1x_2 + x_3^2 + e^{x_2}$$

subject to :

$$-1 \leq x_1 \leq 5;\ 0 \leq x_2 \leq 5;\ 0 \leq x_3 \leq 7;$$

$$x_1 + x_2 + x_3 < 10;$$

$$x_1 + 2x_3 = 4;$$

$$x_1^2 + x_2^2 + x_3^2 = 12;$$

$$x_1 x_2 + x_2 x_3 \leq 30; \tag{10.4}$$

C und C_EQ dienen bei dem Erstellen einer Lösungsfunktion der Überprüfung, ob die optimierten Werte der Entscheidungsvariablen die Bedingungen erfüllen oder nicht. „*nonlinear_constraint.m*" wird als Eingabe in die *fmincon*()-Funktion integriert.

Der MATLAB-Code für das Optimierungsproblem ist in den Abb. 10.3 und 10.4 dargestellt, die Ausgabe in Abb. 10.5.

10.4 Linear Programming Optimization (lineare Optimierung)

Durch die Zielfunktion können Optimierungsprozesse wie oben bereits erwähnt in drei Kategorien eingeteilt werden – lineare, quadratische und nichtlineare Programmierungsoptimierung.

Die lineare Variante (**„linear programming optimization"**) beinhaltet eine lineare Zielfunktion mit linearen Einschränkungen. Das allgemeine Format lautet:

$$\text{obj} = \text{obj}(x)$$

subject to :

Boundary condition : $x_{\text{low}} \leq x \leq x_{\text{up}}$

Linear inequality constraint : $A \cdot x \leq B$

```
function [C,C_EQ]=nonlinear_constraint(x)
% Non-linear constraints
% x(1)^2 + x(2)^2 + x(3)^2 = 12;
% x(1)*x(2) + x(2)*x(3) <= 30;
C=x(1)*x(2) + x(2)*x(3)-30;
C_EQ=x(1)^2 + x(2)^2 + x(3)^2 - 12;
end
```

Abb. 10.3 Code – Erstellung einer Funktion für Multidimensional optimization

```
% Multidimensional optimization
% Objective function:
% min obj(x)=x(1)^2 + 2*x(1)*x(2) + x(3)^2 + exp(x(2));
% Limits: -1<=x(1)<= 5; 0<=x(2)<= 5; 0<=x(3)<= 7;
% Linear inequality constraint: x(1)+ x(2) + x(3) < 10;
% Linear equality constraint: x(1)+ 2*x(3)= 4;
% Non-linear equality constraint: x(1)^2 + x(2)^2 + x(3)^2 = 12;
% Non-linear inequality constraint: x(1)*x(2) + x(2)*x(3) <= 30;
% Initial values: xo= [-1,0,0];
clc;clear;
obj=@(x) x(1)^2 + 2*x(1)*x(2) + x(3)^2 + exp(x(2));
x_low=[-1,0,0];
x_up=[5,5,7];
xo=[-1,0,0];
A=[1,1,1];
B=[10];
A_EQ=[1,0,2];
B_EQ=[4];
nonLinearConstraint= @nonlinear_constraint;
[x,value] = fmincon(obj,xo,A,B,A_EQ,B_EQ,x_low,x_up,nonLinearConstraint);
fprintf('Optimized value of the decision variable:\n');
fprintf('x1: %.5f\n',x(1));
fprintf('x2: %.5f\n',x(2));
fprintf('x3: %.5f\n\n',x(3));
fprintf('Minimized value of the objective function: %.5f\n',value);
```

Abb. 10.4 Code – Multidimensional optimization

```
Command Window

    Local minimum found that satisfies the constraints.

    Optimization completed because the objective function is non-decreasing in
    feasible directions, to within the value of the optimality tolerance,
    and constraints are satisfied to within the value of the constraint tolerance.

    <stopping criteria details>
    Optimized value of the decision variable:
    x1: -1.00000
    x2: 2.17945
    x3: 2.50000

    Minimized value of the objective function: 11.73254
```

Abb. 10.5 Ausgabe – Multidimensional Optimization

$$\text{Linear equality constraint}: A_{EQ} \cdot x = B_{EQ} \qquad (10.5)$$

MATLAB-Befehl für die linear programming optimization:

$$[x, \text{value}] = linprog\left(\text{obj}, A, B, A_{EQ}, B_{EQ}, x_{\text{low}}, x_{\text{up}}\right)$$

Eingaben:

obj bezieht sich auf die Zielfunktion mit mehreren Variablen, die durch einen Vektor oder eine Matrix *x* dargestellt wird.

A ist eine Matrix, die die Koeffizienten von *x* einer linearen Ungleichheitsbeschränkung enthält.

B ist ein Vektor, der die Konstante der linearen Ungleichheitsbeschränkung beinhaltet.

A_{EQ} ist eine Matrix, die die Koeffizienten von *x* einer linearen Gleichheitsbeschränkung enthält.

B_{EQ} ist ein Vektor, der die Konstante der linearen Gleichheitsbeschränkung beinhaltet.

x_{low} und x_{up} sind die untere und obere Grenze der Entscheidungsvariablen *x*, die als zwei Matrizen eingegeben werden.

Ausgaben: *x* ist der Vektor oder die Matrix der Entscheidungsvariablen, für die *obj* minimiert wird.

value gibt den minimierten Wert von *obj* an, der alle linearen und nichtlinearen Beschränkungen erfüllt.

10.4.1 MATLAB Beispiel 10.3: Linear programming optimization

Lösen Sie das folgende Problem:

$$\text{obj}(x) = 2x_1 + 3x_2 + x_3$$

subject to :

$$-1 \leq x_1 \leq 5;\ 0 \leq x_2 \leq 10;\ 0 \leq x_3 \leq 15;$$

$$x_1 + x_2 + x_3 \leq 15;$$

$$x_1 - 4x_2 + x_3 \leq 8;$$

```
% Linear programming optimization
% Objective function:
% min obj(x)=2*x(1) + 3*x(2) + x(3);
% Limits: -1<=x(1)<= 5; 0<=x(2)<= 10; 0<=x(3)<= 15;
% Linear inequality constraint: x(1)+ x(2) + x(3) <= 15;
% Linear inequality constraint: x(1)- 4*x(2) + x(3) <= 8;
% Linear equality constraint: x(1)+ 2*x(3)= 4;
clc;clear;
obj=[2 3 1];
x_low=[-1,0,0];
x_up=[5,10,15];
A=[1 1 1;1 -4 1];
B=[15 8];
A_EQ=[1 0 2];
B_EQ=[4];
[x,value] = linprog(obj,A,B,A_EQ,B_EQ,x_low,x_up);
fprintf('Optimized value of the decision variable:\n');
fprintf('x1: %.5f\n',x(1));
fprintf('x2: %.5f\n',x(2));
fprintf('x3: %.5f\n\n',x(3));
fprintf('Minimized value of the objective function: %.5f\n',value);
```

Abb. 10.6 Code – Linear programming optimization

```
Command Window

    Optimal solution found.

    Optimized value of the decision variable:
    x1: -1.00000
    x2: 0.00000
    x3: 2.50000

    Minimized value of the objective function: 0.50000
```

Abb. 10.7 Ausgabe – Linear programming optimization

$$x_1 + 2x_3 = 4; \qquad (10.6)$$

Der MATLAB-Code und die Ausgabe für das Optimierungsproblem sind in den Abb. 10.6 und 10.7 dargestellt.

10.5 Quadratic ProgrammingOptimization (quadratische Optimierung)

Bei der „**quadratic programmingoptimization**" (**quadratische Optimierung**) ist auch die Zielfunktion quadratisch; die Beschränkungen hingegen sind linear. Das allgemeine Format einer quadratischen Programmierungsoptimierung lautet:

$$\text{obj}(x) = 0.5 x^T H x + F^T x$$

subject to :

Boundary condition : $x_{\text{low}} \leq x \leq x_{\text{up}}$

Linear inequality constraint : $A \cdot x \leq B$

Linear equality constraint : $A_{EQ} \cdot x = B_{EQ}$ (10.7)

> MATLAB-Befehl für die quadratic programming optimization:
>
> $$[x, \text{value}] = quadprog(H, F, A, B, A_{\text{EQ}}, B_{\text{EQ}}, x_{\text{low}}, x_{\text{up}})$$
>
> Eingaben:
> H bezieht sich auf die Hessesche Matrix, die mit der folgenden Formel bestimmt wird:
>
> $$H_{i,j}^F = \frac{\partial^2 F}{\partial x_i \partial x_j}.$$
>
> F ist ein Vektor, der die Koeffizienten der linearen Variablen enthält.
> A ist eine Matrix, die die Koeffizienten von x einer linearen Ungleichheitsbeschränkung beinhaltet.
> B ist ein Vektor, der die Konstante der linearen Ungleichheitsbeschränkung enthält,
> A_{EQ} ist eine Matrix, die die Koeffizienten von x einer linearen Gleichheitsbeschränkung beinhaltet.
> B_{EQ} ist ein Vektor, der die Konstante der linearen Gleichheitsbeschränkung enthält.
> x_{low} und x_{up} sind die untere und obere Grenze der Entscheidungsvariablen x, die als zwei Matrizen eingegeben werden.
> Ausgaben: x ist der Vektor oder die Matrix der Entscheidungsvariablen, für die *obj* minimiert wird.
> *value* gibt den minimierten Wert von *obj* an, der alle linearen und nichtlinearen Beschränkungen erfüllt.

10.5.1 MATLAB Beispiel 10.4: Quadratic programming optimization

Betrachten Sie die folgende Zielfunktion in Gleichung (10.8) und optimieren Sie sie mit MATLAB:

$$\text{obj}(x) = 2x_1^2 + 3x_2^2 + 0.5x_1x_2 - 4x_1 + x_2$$

unterliegt:

$$-1 \leq x_1 \leq 5; 0 \leq x_2 \leq 10;$$

$$x_1 + x_2 \leq 15;$$

$$x_1 - 4x_2 \leq 8;$$

$$x_1 + 2x_2 = 4. \tag{10.8}$$

Der MATLAB-Code und die Ausgabe sind in den Abb. 10.8 und 10.9 dargestellt.

```
% Quadratic programming optimization
% Objective function:
% min obj(x)=2*x(1)^2 + 3*x(2)^2 + 0.5*x(1)*x(2)- 4*x(1) + x(2);
% Limits: -1<=x(1)<= 5; 0<=x(2)<= 10;
% Linear inequality constraint: x(1)+ x(2) <= 15;
% Linear inequality constraint: x(1)- 4*x(2) <= 8;
% Linear equality constraint: x(1)+ 2*x(2)= 4;
clc;clear;
H=[4 0.5;0.5 6];
F=[-4;1];
x_low=[-1,0];
x_up=[5,10];
A=[1 1;1 -4];
B=[15 8];
A_EQ=[1 2];
B_EQ=[4];
[x,value] = quadprog(H,F,A,B,A_EQ,B_EQ,x_low,x_up);
fprintf('Optimized value of the decision variable:\n');
fprintf('x1: %.5f\n',x(1));
fprintf('x2: %.5f\n',x(2));
fprintf('Minimized value of the objective function: %.5f\n',value);
```

Abb. 10.8 Code – Quadratic programming optimization

```
Command Window

Minimum found that satisfies the constraints.

Optimization completed because the objective function is non-decreasing in
feasible directions, to within the value of the optimality tolerance,
and constraints are satisfied to within the value of the constraint tolerance.

<stopping criteria details>
Optimized value of the decision variable:
x1: 1.90000
x2: 1.05000
Minimized value of the objective function: 4.97500
```

Abb. 10.9 Code – Quadratic programming optimization

10.6 Nonlinear Programming Optimization (nichtlineare Optimierung)

Für die „**nonlinear programming optimization**" (nichtlineare Programmierungsoptimierung) muss die Zielfunktion nichtlinearer sein und linearen oder nichtlinearen Beschränkungen unterliegen. Diese Art von Optimierung kann sowohl lineare als auch nichtlineare Beschränkungen enthalten. Ein nichtlineares Optimierungsproblem kann mit der Funktion *fmincon*() gelöst werden (siehe Abschn. 10.3). Der Unterschied zwischen multidimensionaler und nichtlinearer Optimierungsfunktion besteht darin, dass bei der multidimensionalen die Zielfunktion nicht nichtlinear sein muss (bei der nichtlinearen Programmierung schon).

10.7 Lithium-Ionen-Batteriesystem

Betrachten Sie ein Batteriesystem, das auf Lithium-Ionen basiert. Die Größe des Systems soll in Bezug auf die Modulanzahl minimiert werden. Hierbei bedeutet eine minimale Modulanzahl die optimale Kombination von Batteriemodulen, die in den Reihen verbunden sein können. Ziel ist die Bildung von Modulen, die in der Lage sind, eine vorgegebene Entladerate bei Aufrechterhaltung eines akzeptablen Nennspannungsbereichs zu liefern. Für dieses spezielle Problem muss das Batteriepack so konzipiert sein, dass die Entladerate immer 100 kWh bei einer Gesamtausgangsspannung von 150–400 V beträgt (mit einer geringen Abweichung von ±1 % der Entladerate). Eine einfache Darstellung ist in Abb. 10.10 gegeben.

Die folgenden Parameter sind zu berücksichtigen:

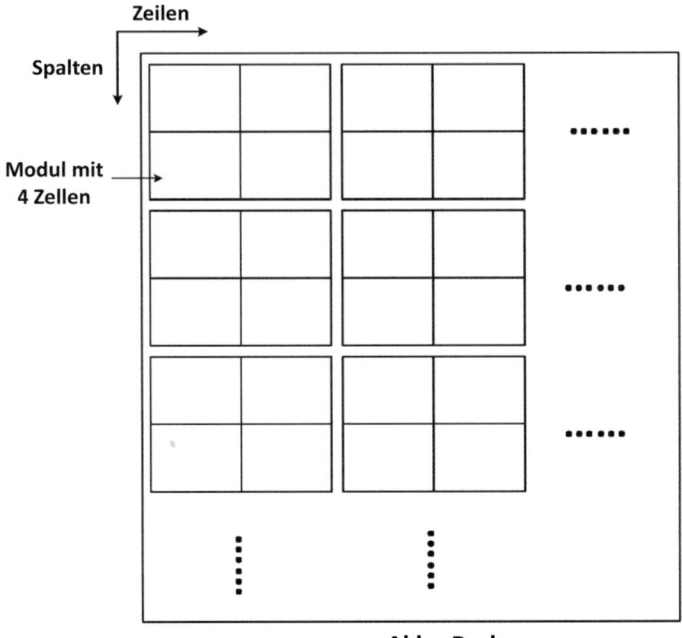

Abb. 10.10 Ein Lithium-Ionen-Batteriepack

a) Die Anzahl der Zellen pro Modul: $\text{Zelle}_{mod} = 4$.
b) Die Anzahl der Reihen in einem Batteriepack: Reihe.
c) Die Anzahl der Spalten in einem Batteriepack: Spalte.
d) Die Nennspannung pro Modul: $\text{Spannung}_{mod} = 12$ V.
e) Die maximale Entladerate pro Modul: $\text{Entladung}_{Zelle} = 90$ W.

Das Optimierungsproblem kann mathematisch durch Einsetzen der o. g. Parameter wie folgt definiert werden:

$$\text{obj}(\text{row}, \text{col}) = \text{row} \times \text{col}$$

Subject to :

$$150 \text{ V} \leq \text{vol}_{mod} \times \text{col} \leq 400 \text{ V}$$

$$99.5 \text{ kWh} \leq \text{discharge}_{cell} \times \text{row} \times \text{col} \times \text{cell}_{mod} \leq 100.5 \text{ kWh} \quad (10.9)$$

Der Code zur Lösung ist in den Abb. 10.11 und 10.12 dargestellt, die Ausgabe in Abb. 10.13.

```
function [C,C_EQ]=nonLin_Constraint(x)
% Non-linear constraints
% Non-linear ineqaulity condition:
% 99*1000 Wh <=dischage_cell*x(1)*x(2)*cell_mod<= 101*1000 Wh
% Here, discharge_mod = 90 W; cell_mod=4
dischage_cell=90; cell_mod=4;
C=[dischage_cell*x(1)*x(2)*cell_mod-101*1000; ...
    -dischage_cell*x(1)*x(2)*cell_mod+99*1000];
C_EQ=[];
end
```

Abb. 10.11 Code – Erstellung einer Funktion für das Lithium-Ionen-Batterie-Optimierungsproblem

```
% Li-ion battery sizing
% Decision variables:
% Number of rows, x(1); Number of columns, x(2);
% Objective function:
% Minimize obj = x(1)*x(2)
% Subject to:
% 99*1000 Wh <=dischage_cell*x(1)*x(2)*cell_mod<= 101*1000 Wh;
% 150 V <=vol_mod*x(2)<= 400 V
% Here, discharge_cell = 90 W; cell_mod = 4;vol_mod = 12 V;
clc;clear;
obj=@(x) x(1)*x(2);
dischage_cell = 90;
cell_mod=4;
vol_mod = 12;
x_low = [4,150/(vol_mod)];
x_up = [14,400/(vol_mod)];
A=[];
B=[];
A_EQ=[];
B_EQ=[];
xo=[4,14];
nonLinear_Constraint=@nonLin_Constraint;
[x,value]=fmincon(obj,xo,A,B,A_EQ,B_EQ,x_low,x_up,nonLinear_Constraint);
fprintf('Battery size:\n');
fprintf('Row = %d   Column = %d\n',round(x(1)),round(x(2)));
fprintf('Size = %d x %d = %d\n', round(x(1)),round(x(2)),round(value));
```

Abb. 10.12 Code – Lithium-Ionen-Batterie-Optimierungsproblem

10.8 Schlussfolgerung

Dieses Kapitel dient der Aneignung erster Kenntnisse von Optimierungsmöglichkeiten. Die Kategorisierungen verschiedener Probleme wurden auf der Grund-

```
Command Window

  Local minimum found that satisfies the constraints.

  Optimization completed because the objective function is non-decreasing in
  feasible directions, to within the value of the optimality tolerance,
  and constraints are satisfied to within the value of the constraint tolerance.

  <stopping criteria details>
  Battery size:
  Row = 14  Column = 20
  Size = 14 x 20 = 275
```

Abb. 10.13 Ausgabe – Lithium-Ionen-Batterie-Optimierungsproblem

lage der Variablen und der Art der Zielfunktionen aufgelistet. Ein Beispiel für ein spezifisches Optimierungsproblem, das direkt mit dem Ingenieurwesen zusammenhängt, wurde am Ende des Kapitels anhand der Lithium-Ionen-Batterien illustriert.

Übung 10

1. Was sind die Unterschiede zwischen eindimensionaler und mehrdimensionaler Optimierung?
2. a) Betrachten Sie eine Funktion $f(x) = 6x^4 - 11x + 10$. Bestimmen Sie den optimierten Wert der Entscheidungsvariablen und den minimierten Wert der Zielfunktion in einem Bereich von $-12 < x < 12$.
   b) Betrachten Sie eine Funktion $f(x) = -x^5 + 4x^3 + 7x^2 - 15x$. Bestimmen Sie den optimierten Wert der Entscheidungsvariable und den minimierten Wert der Zielfunktion in einem Bereich von $0 < x < 1$.
3. Verwenden Sie dieselbe Funktion *nichtlinear_constraint()* und dieselben linearen und nichtlinearen Ungleichheits- und Gleichheitsbeschränkungen und Anfangswerte, um Beispiel 10.2 für die folgenden Grenzen zu replizieren:
   a) $-4 < x_1 < 7; -2 < x_2 < 9; -1 < x_3 < 10$
   b) $1 < x_1 < 4; -3 < x_2 < 3; -7 < x_3 < -3$
   Geben Sie an, welche der Programme erfolgreich ausgeführt werden können und welche Fehler beinhalten. Bei ersteren geben Sie die optimierten Werte der Entscheidungsvariablen und die minimierten Werte der Zielfunktion an. Erklären Sie bei den Programmen, die vorzeitig gestoppt haben oder auf einen unzulässigen Punkt konvergiert sind, warum das so ist.
4. Lösen Sie das folgende mehrdimensionale Optimierungsproblem mit *linprog()*. Erklären Sie, ob in diesem Fall eine Lösung möglich ist.
   a) $obj(x) = 4x_1 + 6x_2 + 2x_3$

subject to :

$$0 \leq x_1 \leq 10; -3 \leq x_2 \leq 9; 0 \leq x_3 \leq 12;$$

$$4x_1 + 5x_2 + 8x_3 \leq 30;$$

$$7x_1 + 12x_2 + 3x_3 \leq 65;$$

$$2x_1 + 3x_2 + 5x_3 = 11;$$

b) $\text{obj}(x) = 5x_1 + 7x_2 - 2x_3$

subject to :

$$-3 \leq x_1 \leq 4; -2 \leq x_2 \leq 7; 2 \leq x_3 \leq 11;$$

$$2x_1 + x_2 + 3x_3 \leq 20;$$

$$-4x_1 + 2x_2 \leq 10;$$

$$3x_1 + x_2 - 2x_3 = 16;$$

c) $\text{obj}(x) = 4x_1 + 9x_2 + x_3$

unterliegt:

$$2 \leq x_1 \leq 6; -10 \leq x_2 \leq 10; 0 \leq x_3 \leq 22;$$

$$x_1 + x_2 + x_3 \leq 26;$$

$$8x_2 - 3x_3 \leq 15;$$

$$x_1 + 9x_2 + 4x_3 = 18;$$

5. a) Gegeben ist die Hessesche Matrix der quadratischen Zielfunktion [10 3; 3 7] mit einem Vektor [–5;3], der die Koeffizienten der linearen Variablen enthält. Bestimmen Sie, ob die Funktion ein Minimum hat, das die Einschränkungen erfüllt. Wenn ja, finden Sie den optimierten Wert der Ent-

scheidungsvariablen x_1 und x_2 und bestimmen Sie den minimierten Wert der Zielfunktion. Die Funktion unterliegt den folgenden Einschränkungen:

$$0 \leq x_1 \leq 8; -5 \leq x_2 \leq 5;$$

$$4x_1 + 5x_2 \leq 21;$$

$$3x_1 - 9x_2 \leq 15;$$

$$5x_1 + 3x_2 = 12;$$

b) Gegeben sei die Hessesche Matrix der quadratischen Zielfunktion [1 0,24; 0,24 5] mit einem Vektor [1;6], der die Koeffizienten der linearen Variablen enthält. Bestimmen Sie, ob die Funktion ein Minimum hat, das die Einschränkungen erfüllt. Wenn ja, finden Sie den optimierten Wert der Entscheidungsvariablen x_1 und x_2 und bestimmen Sie den minimierten Wert der Zielfunktion. Für die Funktion gelten folgende Einschränkungen:

$$-4 \leq x_1 \leq 4; 0 \leq x_2 \leq 10;$$

$$6x_1 - 7x_2 \leq 17;$$

$$x_1 + 12x_2 \leq 10;$$

$$-3x_1 + 13x_2 = 21;$$

Kapitel 11
App-Designer-Plattform und grafische Benutzeroberfläche

11.1 Einführung

App-Designer ist ein Produkt von MATLAB zur Erstellung professioneller Apps. Es handelt sich um eine interaktive Umgebung mit einer ausgefeilten Komponentenbibliothek, die zur Erstellung jeder gewünschten App verwendet werden kann. Die Plattform ermöglicht es den Benutzern, das Verhalten der App zu definieren. Es handelt sich um eine neue, modifizierte und verbesserte Version der vorherigen Graphical User Interface Design Environment (GUIDE). In zukünftigen Versionen von MATLAB wird GUIDE nicht mehr Teil von MATLAB sein und vollständig durch App-Designer ersetzt werden (https://www.mathworks.com/products/matlab/app-designer/comparing-guide-and-app-designer.html). Die GUIDE-Apps werden jedoch in MATLAB ohne Bearbeitungsfunktion ausgeführt.

11.2 App-Designer

Um App-Designer in MATLAB zu starten, muss zunächst das App-Designer-Fenster geöffnet werden, indem man den Befehl *appdesigner* im Befehlsfenster eingibt (Abb. 11.1). Nach dem Drücken von „Enter" erscheint die „App-Designer-Startseite" (Abb. 11.2).

Für den Erstbenutzer kann jedes Beispiel geladen werden. Um eine neue „leere" App zu starten, klicken Sie auf die Option „Leere App" auf der Startseite. Durch Klicken auf „Öffnen" im linken Panel der Startseite kann jede vorhandene

Abb. 11.1 Befehl *appdesigner*

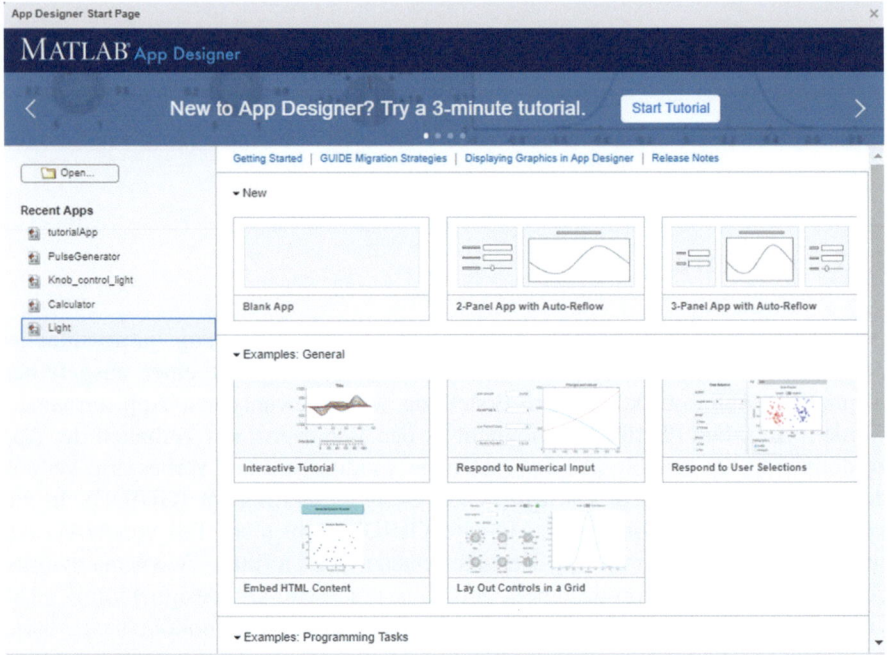

Abb. 11.2 App-Designer-Startseite

App mit dem App-Designer geladen werden. Die Dateierweiterung eines App-Designers ist „.mlapp".

11.2.1 Grundlayout

Nach dem Erstellen einer leeren App erscheint die grafische Benutzeroberfläche des App.Designers. Im Grundlayout sind zwei verschiedene Ansichten verfügbar – die Design- und die Programmansicht (Abb. 11.3 und 11.4). In der Designansicht kann die Struktur einer App durch Nutzung der Komponenten entworfen werden. In der Codeansicht können die einzelnen Bausteine oder Komponenten durch Schreiben von MATLAB-Codes angepasst und programmiert werden.

11.2 App-Designer

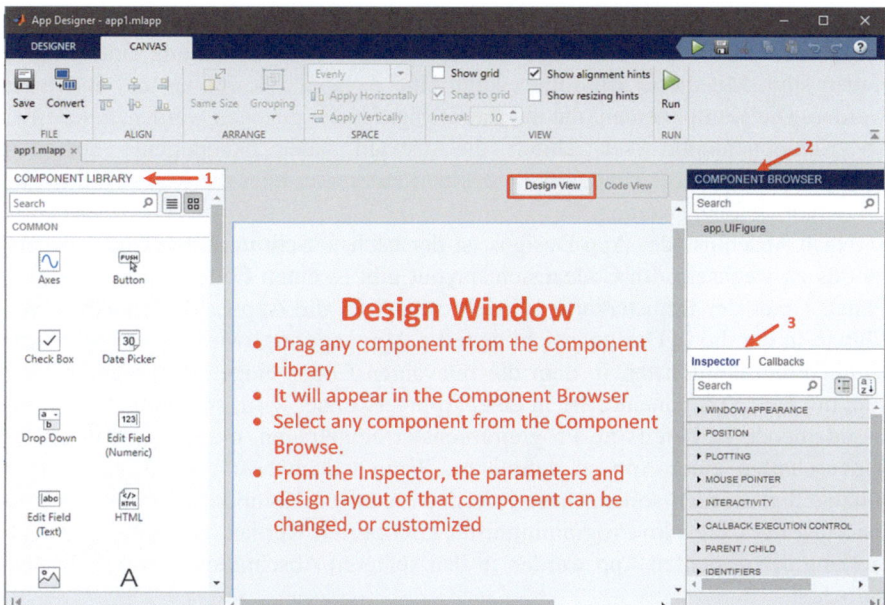

Abb. 11.3 Design Window (Designfenster)

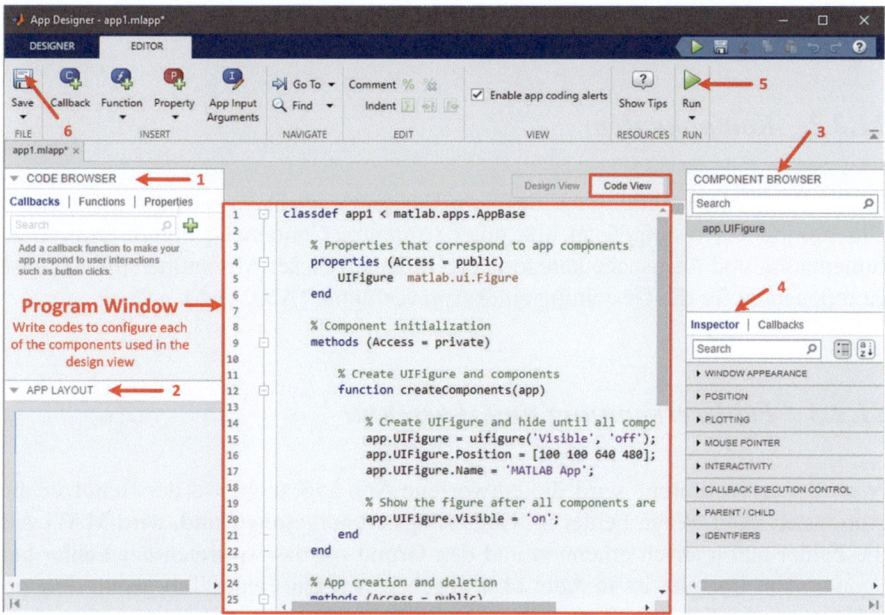

Abb. 11.4 Program Window (Programmfenster)

Im Designansicht-Layout gibt es eine Komponentenbibliothek-Registerkarte im linken Panel, wo alle verfügbaren Komponenten zur Gestaltung einer App zu finden sind. Mit dieser Bibliothek kann eine App im „Designfenster" entworfen werden. Die Komponenten, die auf das Designfenster gezogen werden, erscheinen im Komponentenbrowser. Durch die Auswahl jeder Komponente aus dem Komponentenbrowser können die einzelnen Parameter über die Registerkarte „Inspizieren" definiert werden.

Nach Abschluss des App-Designs ist der nächste Schritt, in den Codeansichtsmodus zu wechseln. Im Codeansichtslayout gibt es einen Codebrowser im linken Panel. Unter der Registerkarte „Codebrowser" ist die App-Layout-Funktion verfügbar, in der die in Designansicht erstellte App angezeigt wird. In der Mitte gibt es ein Programmfenster, in dem die relevanten Codes eingetragen werden müssen, um jede Komponente, die in einer App verwendet wird, zu konfigurieren. Ein Standardcode ist bereits im Programmfenster eingetragen, um die grundlegenden Eigenschaften einer App zu definieren. Wenn jedoch bestimmte Eigenschaften hinzugefügt werden sollen, muss jede der ergänzten Komponenten durch Aktualisierung der Codes im Programmfenster konfiguriert werden. Die Schritte zur Erstellung der gesamten App werden in den späteren Abschnitten ausführlicher besprochen.

Am Ende des App-Designs steht die Schaltfläche „Ausführen", um die App zu testen. Sie kann über „Speichern" abgespeichert werden. Diese beiden Schaltflächen sind auf dem oberen Streifen des App-Designs sowohl im Designansichts- als auch im Programmansichtsmodus verfügbar.

11.2.2 Komponenten

In der Komponentenbibliothek des App-Designers im Designansichtsmodus sind alle Komponenten aufgelistet und unter Common, Containers, Figure tools, Instrumentation und Aerospace kategorisiert. In jedem dieser Abschnitte sind mehrere Komponenten für die Gestaltung einer App verfügbar (Abb. 11.5).

11.2.3 Fehlererkennung und -korrektur

Nach dem „Ausführen" wird die entworfene App angezeigt, wo der Benutzer die App testen kann. Wenn Fehler im Codierungsteil aufgetreten sind, wird MATLAB die Fehler automatisch erkennen und den Grund für das Auftreten der Fehler benennen. Ein Beispiel ist in Abb. 11.6 gegeben, wo ein Fehler-Tab genau dort erscheint, wo der Fehler auftritt.

11.2 App-Designer

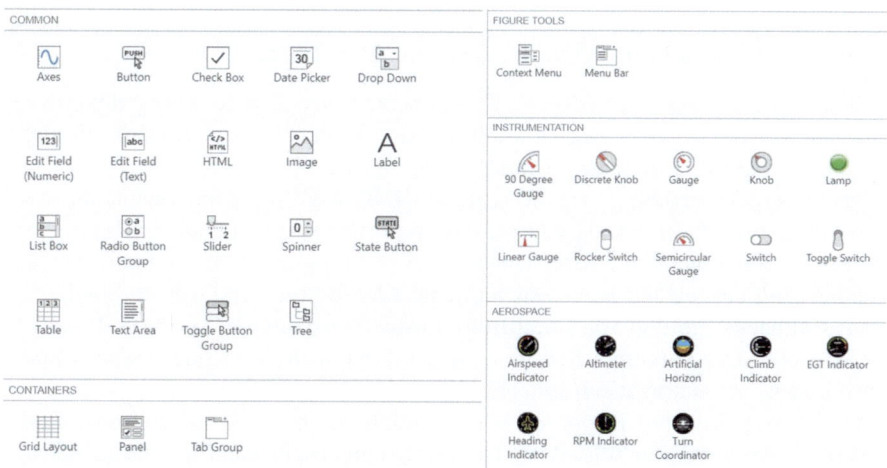

Abb. 11.5 Komponenten des App-Designers

Abb. 11.6 Fehler-Tab

11.2.4 Entwerfen und Programmieren einer GUI mit App-Designer

In diesem Abschnitt werden einige Apps entworfen, um den gesamten Prozess des App-Designs Schritt für Schritt zu verdeutlichen.

Beispiel 11.1 Entwerfen eines Calculators (Taschenrechners) *Designansicht*
Schritt 1: Ziehen Sie die folgenden Komponenten aus der Komponentenbibliothek in das Designfenster:

a) Bearbeitungsfeld (numerisch)
b) Schaltfläche
c) Panel

Schritt 2: Wählen Sie jede Komponente aus dem Komponentenbrowser aus und bearbeiten Sie die Parameter. Zum Beispiel wurden die Beschriftungen der drei Bearbeitungsfeld (numerisch)-Komponenten umbenannt in „Zahl eingeben", „Zahl eingeben" und „Ausgabe". Vier Buttons wurden in „ADD", „SUB", „MUL" und „DIV" umbenannt. Im Komponentenbrowser erscheint die Taste als „app.ADDButton", „app.SUBButton", „app.MULButton" und „app.DIVButton". Die drei Bearbeitungsfeld (numerisch)-Komponenten werden auch im Komponentenbrowser umbenannt in „app.Num1", „app.Num2" und „app.out".

Schritt 3: Wählen Sie jede der Komponenten aus dem Komponentenbrowser aus, um sie durch Codierung zu konfigurieren. Betrachten Sie etwa die Konfiguration der „ADD"-Drucktaste. Da der Name der Drucktaste zuvor in „ADD" umbenannt wurde, erscheint sie als „app.ADDButton" im Komponentenbrowser. Eine Rückruffunktion ermöglicht es, eine bestimmte Aufgabe auszuführen, wenn immer die Taste gedrückt wird. Um ein solches Programm zu konfigurieren, klicken Sie mit der rechten Maustaste auf „app.ADDButton" und wählen Sie die Option „Callbacks" gefolgt von „AddButtonPushedFcn callback" (Abb. 11.7).

Schritt 4: Der vorherige Schritt wird das Layout in den Code-Ansichtsmodus verschoben, wo automatisch eine Funktion für den „ADDButton" erstellt wird. Um diesen gedrückten Knopf zu konfigurieren, kann der Benutzer seine Codes innerhalb der Funktion schreiben. In der Designansicht kann das Gesamtdesign der App erstellt werden. Zur Konfiguration jeder Komponente muss der Benutzer in den Codierungsansichtsmodus wechseln. Das App-Layout der Rechner-App ist in Abb. 11.8 gegeben.

In der o. g. App kann der Benutzer zwei Zahlen als Eingabe angeben. Vier Buttons stehen zur Verfügung, um Addition, Subtraktion, Multiplikation und Division durchzuführen. Die Ausgabe liefert das Ergebnis, das der gedrückten Taste entspricht. Das gesamte Layout wurde in ein Panel eingefügt, das aus der Komponentenbibliothek gezogen und in „Taschenrechner" umbenannt werden kann. Im weiteren Verlauf wird diese Konfiguration über eine MATLAB-Codierung sichergestellt.

Codeansicht

Es gibt vier Buttons, die so konfiguriert werden müssen, dass sie eine der vier Grundoperationen – Addition, Subtraktion, Multiplikation und Division – einzeln

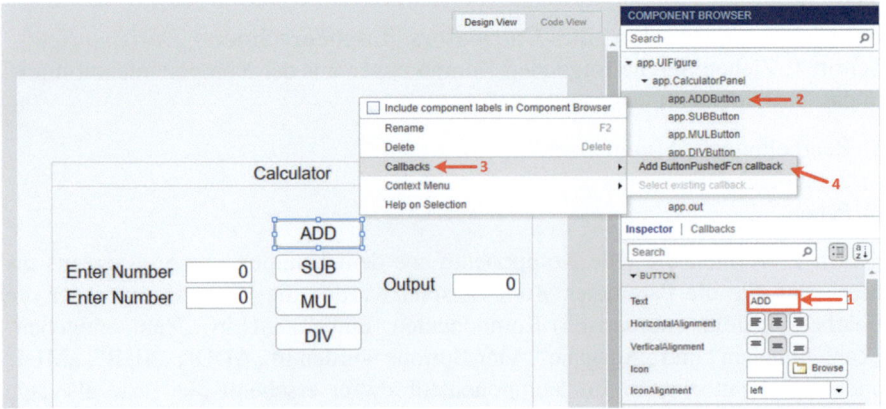

Abb. 11.7 Component Browser (Komponentenbrowser)

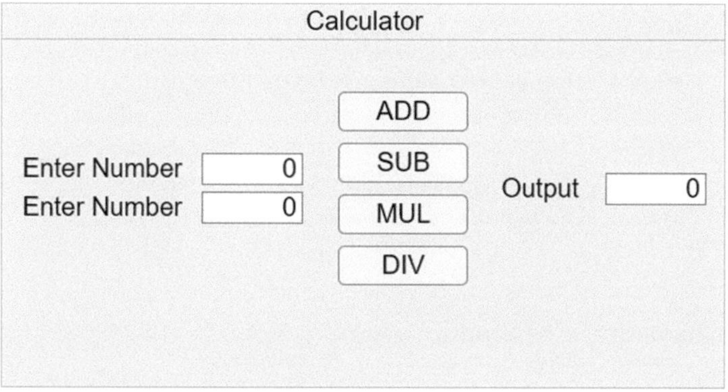

11.2 App-Designer

Abb. 11.8 App-Layout der Calculator (Rechner)-App

```
% Button pushed function: ADDButton
function ADDButtonPushed(app, event)
    app.out.Value=app.Num1.Value + app.Num2.Value
end
```

Abb. 11.9 Code – Additionstaste

durchführen können. Im vorherigen Abschnitt wurde gezeigt, wie man eine Rückruffunktion für eine spezifische Komponente erstellt. Der Schritt besteht darin, eine spezifische Komponente, wie „app.ADDButton", aus dem Komponentenbrowser auszuwählen, mit der rechten Maustaste darauf zu klicken und zu Callbacks→AddButtonPushedFcn callback zu navigieren. Durch diesen Schritt wird automatisch eine „ADDButtonPushed"-Funktion erstellt (Abb. 11.9).

Im obigen Code geben app.Num1.Value und app.Num2.Value die beiden Werte an, die vom Benutzer als Eingabe bereitgestellt werden. Das Ziel der ADDButton ist es, die Addition-Operation zwischen diesen beiden Eingabewerten durchzuführen und die Ausgabe dem app.out.Value zuzuweisen.

Auf die gleiche Weise können die anderen drei Buttons konfiguriert werden (Abb. 11.10).

Ausgabe
Der letzte Schritt besteht darin, die „Run"-Taste zu drücken, um die App zu erstellen und die verschiedenen Ausgaben zu testen. Um zu prüfen, ob die App in der konzipierten Weise funktioniert, werden zwei numerische Eingaben bereitgestellt und vier einzelne Buttons nacheinander gedrückt, um die verschiedenen Ausgaben zu überprüfen. Die Ergebnisse sind in Abb. 11.11 dargestellt.

Beispiel 11.2 Risk Warning (Risikowarn)-App Bei einer Risikowarn-App ist das Ziel, Warnungen durch verschiedene Farben zu hinterlegen, die das Risikoniveau anzeigen. Die Risiken werden über einen Button bewertet, der das Risiko-

```
% Button pushed function: SUBButton
function SUBButtonPushed(app, event)
    app.out.Value=app.Num1.Value - app.Num2.Value
end

% Button pushed function: MULButton
function MULButtonPushed(app, event)
    app.out.Value=app.Num1.Value * app.Num2.Value
end

% Button pushed function: DIVButton
function DIVButtonPushed(app, event)
    app.out.Value=app.Num1.Value / app.Num2.Value
end
```

Abb. 11.10 Code – Subtraktion, Multiplikation und Divisionstaste

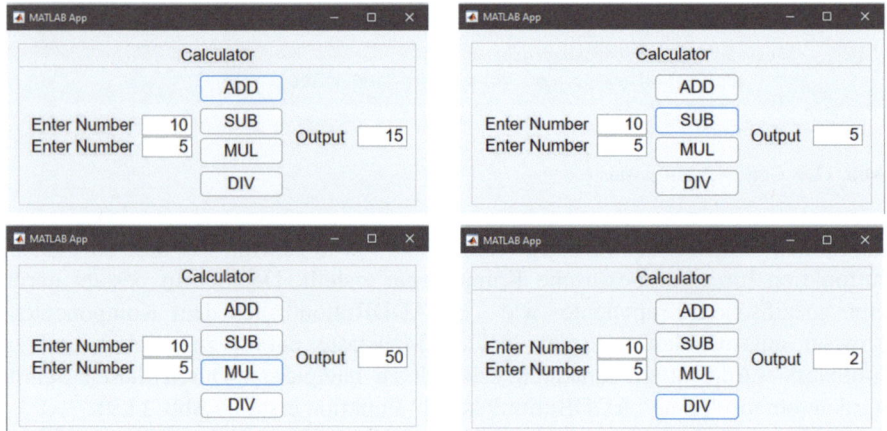

Abb. 11.11 Ausgabe – Calculator (Taschenrechner)-App

niveau von „niedrig" bis „hoch" einschließlich einem „Aus"-Zustand anzeigt. Für jeden Zustand des Knopfes werden Lampen verschiedener Farben verwendet, um das Warnniveau zu verdeutlichen. Wenn der Knopf das „hohe" Risiko anzeigt, leuchtet eine rote Warnlampe. Für die „mittleren" und „niedrigen" Stufen am Knopf werden die Lampenfarben gelb und grün sein. Während des „Aus"-Zustands werden alle Lichter im Dunkelmodus bleiben.

Designansicht
In der Designansicht werden für das Design dieser App ein Button, drei Lampen und ein Panel ausgewählt (Abb. 11.12).

Coding-Ansicht
Nach dem Design wird der Knopf konfiguriert, indem die Callback-Option gewählt wird, die eine Funktion namens *knobValueChanged*() in der Codeansicht er-

11.2 App-Designer

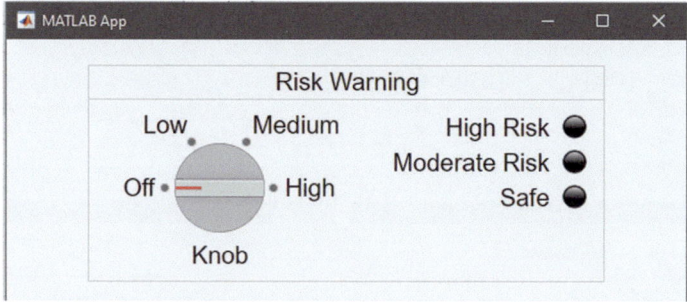

Abb. 11.12 App-Layout der Risikowarn-App

```
% Value changed function: Knob
function KnobValueChanged(app, event)
    value = app.Knob.Value;
    if isequal(value,'Off')
        app.red.Color=[0 0 0];
        app.yellow.Color=[0 0 0];
        app.green.Color=[0 0 0];
    elseif isequal(value,'Low')
        app.red.Color=[0 0 0];
        app.yellow.Color=[0 0 0];
        app.green.Color=[0 1 0];
    elseif isequal(value,'Medium')
        app.red.Color=[0 0 0];
        app.yellow.Color=[1 1 0];
        app.green.Color=[0 0 0];
    elseif isequal(value,'High')
        app.red.Color=[1 0 0];
        app.yellow.Color=[0 0 0];
        app.green.Color=[0 0 0];
    else
        app.red.Color=[0 0 0];
        app.yellow.Color=[0 0 0];
        app.green.Color=[0 0 0];
    end
end
```

Abb. 11.13 Code – Risikostufen in der Risikowarn-App

stellt. Um das Ziel der App zu erreichen, wird der folgende Code (Abb. 11.13) geschrieben, um die Aufgabe der Funktion *knobValueChanged*() zu definieren:

Ausgabe
Nach dem Ausführen der App wird sie für verschiedene Szenarien getestet. Im ersten Szenario befindet sich der Knopf im „Aus"-Zustand und alle Lampen sind dunkel, was auf keine Warnung hinweist. Im zweiten Szenario befindet sich der

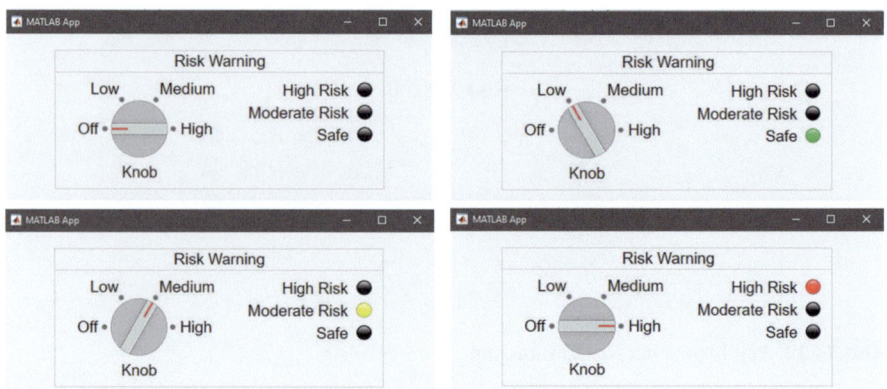

Abb. 11.14 Ausgabe – Risik-Warning (Risikowarn)-App

Knopf auf der „Niedrig"-Stufe, was eine grüne Lampe aktiviert, die eine sichere Zone anzeigt. Die gelbe und die rote Lampe leuchten, wenn der Knopf die „mittlere" und „hohe" Stufe erreicht. Gelb zeigt ein moderates Risiko an und rot ein hohes Risiko. Die Ausgabe ist in Abb. 11.14 dargestellt.

Beispiel 11.3 App für die Schrittantwort eines Systems 2. Ordnung Die allgemeine Formel der Übertragungsfunktion eines Systems 2. Ordnung kann wie folgt dargestellt werden:

$$G(s) = \frac{K\omega_n}{s^2 + 2\zeta\omega_n s + \omega_n^2} \tag{11.1}$$

In Gl. (11.1) ist K der Verstärkungsfaktor; ω_n ist die natürliche Frequenz und ζ bezieht sich auf das Dämpfungsverhältnis. Basierend auf den verschiedenen Werten von ζ können die Systeme 2. Ordnung unter verschiedenen Typen kategorisiert werden, wie überdämpfte, unterdämpfte, kritisch gedämpfte und negativ gedämpfte Systeme (siehe auch Kapitel 9). Das Ziel dieser App ist es, die Schrittantwort eines Systems zweiter Ordnung mit den gegebenen Eingaben von K, ω_n und ζ zu plotten und die Arten des Systems basierend auf dem Dämpfungsverhältnis zu zeigen.

Designansicht
Die für das Design des App-Layouts verwendeten Komponenten sind:

a) Achsen: zum Plotten der Schrittantwort
b) Zwei Bearbeitungsfelder (numerisch): zur Eingabe von K, ω_n
c) Schieberegler: zum Variieren des Wertes von ζ
d) Bearbeitungsfeld (numerisch): zur Anzeige des Wertes von ζ, der mit dem Schieberegler ausgewählt wird

11.2 App-Designer

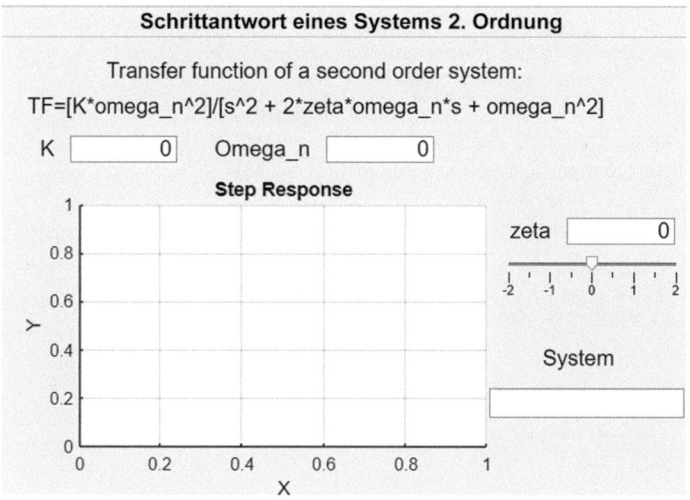

Abb. 11.15 App-Layout der Schrittantwort von Systemen 2. Ordnung

e) Bearbeitungsfeld (String): zur Anzeige der Art des Systems basierend auf dem Dämpfungsverhältnis
f) Panel: um das gesamte Design in einem einzigen Panel zu integrieren

Das Design des App-Layouts ist in Abb. 11.15 dargestellt.

Coding-Ansicht
Der Wert von K und ω_n (omega_n) werden als Werte der beiden „Bearbeitungsfelder (Numerisch)" betrachtet, die im folgenden Code als „app.K.Value" und „app.omega_n.Value" definiert sind. In der *AmplitudeSliderValueChanged* (), wird der Wert des Schiebereglers als Wert von zeta zugewiesen. Diese Werte werden alle verwendet, um die Übertragungsfunktion mit der allgemeinen Übertragungsfunktionsformel des Systems 2. Ordnung zu berechnen. Später wird der Plot-Befehl verwendet, um die Schrittantwort zu erzeugen und sie in der Achsenkomponente anzuzeigen. Ein weiteres „Bearbeitungsfeld (String)" zeigt die Art des Systems an, die auf dem ausgewählten Wert von zeta basieren kann. Laut dem Code sind fünf verschiedene Arten von Systemen definiert:

1. Überdämpftes System: $\zeta > 1$
2. Unterdämpftes System: $0 < \zeta < 1$
3. Kritisch gedämpftes System: $\zeta = 1$
4. Ungedämpftes System: $\zeta = 0$
5. Negativ gedämpftes System: $\zeta < 0$

Der hinzugefügte Code zur Konfiguration der App ist in den Abb. 11.16 und 11.17 dargestellt.

```
% Value changed function: zetavalue
function zetavalueValueChanged(app, event)
    value=app.zetavalue.Value;
end

% Value changed function: K
function KValueChanged(app, event)
    value = app.K.Value;
end

% Value changed function: Omega_n
function Omega_nValueChanged(app, event)
    value = app.Omega_n.Value;
end

% Value changed function: System
function SystemValueChanged(app, event)
    value = app.System.Value;
end
```

Abb. 11.16 Code – App zur Schrittantwort von Systemen 2. Ordnung

```
% Value changed function: AmplitudeSlider
function AmplitudeSliderValueChanged(app, event)
    app.zetavalue.Value = app.AmplitudeSlider.Value;
    K=app.K.Value;omega_n=app.Omega_n.Value;
    zeta=app.AmplitudeSlider.Value;
    s=tf('s');
    G=(K*omega_n^2)/(s^2+2*zeta*omega_n*s+omega_n^2);
    plot(app.UIAxes, step(G));
    if zeta>1
        app.System.Value='Overdamped';
    elseif zeta==1
        app.System.Value='Critically damped';
    elseif zeta>0 && zeta<1
        app.System.Value='Underdamped';
    elseif zeta==0
        app.System.Value='Undamped';
    else
        app.System.Value='Negative damped'
    end
end
```

Abb. 11.17 Code – App zur Schrittantwort von Systemen 2. Ordnung

Ausgabe

Nach dem Drücken der „Run"-Taste erscheint die Schrittantwort der App für Systeme 2. Ordnung. Um die App zu testen, werden die Werte von *K* und *omega_n* als 2 und 5 gewählt. Nach der Eingabe wird die Position des Schiebereglers geändert, um verschiedene Werte von zeta auszuwählen. Basierend auf der Änderung, die durch den Schieberegler vorgenommen wurde, wird der spezifische Wert von zeta im „Bearbeitungsfeld (numerisch)" namens zeta angezeigt. Wenn der Wert ausgewählt wird, wird die Schrittantwort des Systems 2. Ordnung auf der Achsenkomponente geplottet. Die Art des Systems wird auch im „Bearbeitungsfeld

11.3 App-Designer vs. GUIDE

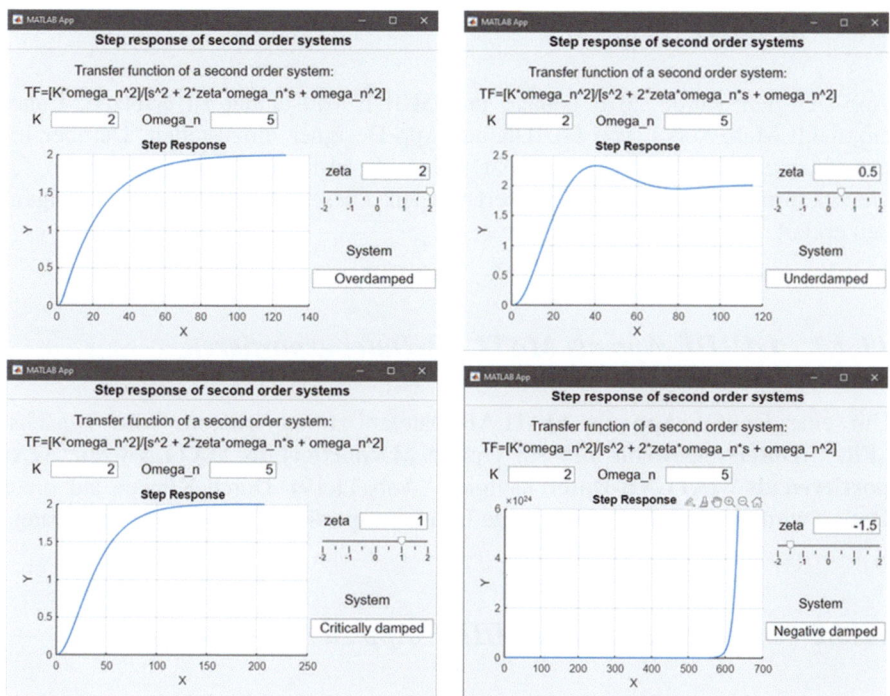

Abb. 11.18 Ausgabe – App zur Schrittantwort von Systemen 2. Ordnung

(String)" angezeigt. Die Werte von zeta werden in verschiedenen Bereichen ausgewählt, die verschiedene Arten von Systemen definieren, die zuvor beschrieben wurden. Die Schrittantworten von vier solchen Typen werden nacheinander erzeugt, um die Leistung der App zu überprüfen. Die erzeugten Ausgaben sind in Abb. 11.18 dargestellt.

11.3 App-Designer vs. GUIDE

App-Designer ist die neue verbesserte Version von MATLAB, die 2016 eingeführt wurde. GUIDE ist eine alte Version der App-Technologie, die auf Drittanbieter-Technologien basiert. Im App-Designer hat MATLAB jedoch die Leinwand und die Umgebung mit erhöhten Bibliothekskomponenten verbessert. Ebenso ist die Programmierung deutlich verbessert worden und webbasierte Freigabeoptionen eingebaut. Verbesserungen oder Updates von GUIDE wurden seit 2016 eingestellt. Laut einer Ankündigung von MathWorks aus dem Jahr 2019 [1] wird GUIDE vollständig aus der zukünftigen Version von MATLAB entfernt. Daher ist es sinnvoll, von GUIDE auf App-Designer umzustellen.

11.4 GUIDE

App-Designer wurde 2016 gebaut, um GUIDE vollständig zu ersetzen. Daher empfiehlt MathWorks, von GUIDE auf App-Designer umzustellen. Darüber hinaus können die aktuellen GUIDE-Dateien als M-Dateien und Fig-Dateien für die zukünftige Verwendung exportiert werden. Dieses Verfahren wird im Folgenden erklärt.

11.4.1 GUIDE-App als MATLAB-Datei exportieren

Um eine GUIDE-App als MATLAB-Dateien zu exportieren, wird zunächst **„File" (Datei)** angewählt und zur Option **„Exportiert to MATLAB-file" (Exportieren als MATLAB-Datei)** navigiert (Abb. 11.19). Durch Klicken auf diese Option wird die App als zwei separate Dateien exportiert – „.m"- und „.fig"-Datei.

11.4.2 Migration von der GUIDE-App zu App-Designer

Um von der GUIDE-App auf den App-Designer zu migrieren, ist der erste Schritt, GUIDE zu öffnen und eine neue grafische Benutzeroberfläche zu erstellen. Durch Eingabe des Befehls *„guide"* kann die Startseite von GUIDE geladen werden. Durch Klicken auf **„Blank GUI (Default)" (Leeres GUI, Standard)** und Durchsuchen des Verzeichnisses, kann eine neue GUIDE-Datei erstellt werden (Abb. 11.20).

Nach dem Öffnen einer GUIDE-Datei kann die Migration mit einer der beiden in Abb. 11.21 gezeigten Optionen gestartet werden.

Der o. g. Schritt lädt automatisch das „Guide-to-App-Designer-Migration-Tool" hoch und die Umwandlung erfolgt automatisch.

11.5 Schlussfolgerung

Dieses Kapitel diente der Veranschaulichung, wie der App-Designer für die Erstellung von Apps verwendet wird. Das Kapitel stellte das grundlegende Layout und die Komponenten des App-Designers vor, gefolgt von einer schrittweisen Anleitung zum Erstellen einer Rechner-App und weiteren Beispielen. Für die GUIDE-Benutzer wurde das Migrationsverfahren für den Wechsel zum App-Designer vorgestellt, da GUIDE in einer zukünftigen Version von MATLAB durch den App-Designer ersetzt werden wird.

11.5 Schlussfolgerung

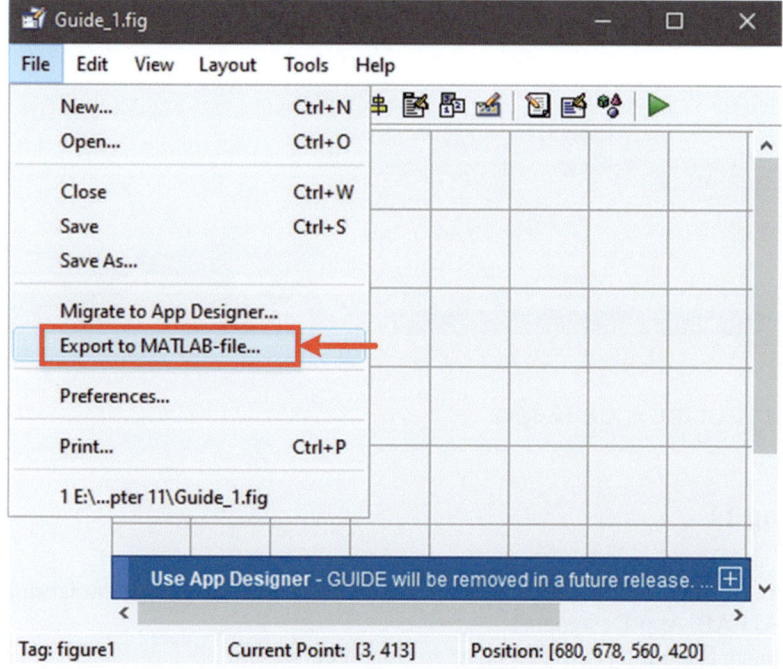

Abb. 11.19 GUIDE-App zu MATLAB-Datei

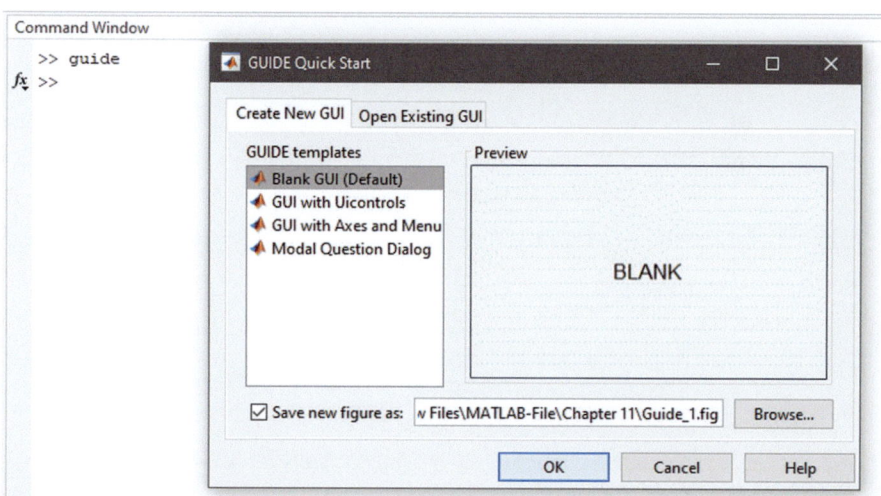

Abb. 11.20 GUIDE-Schnellstart

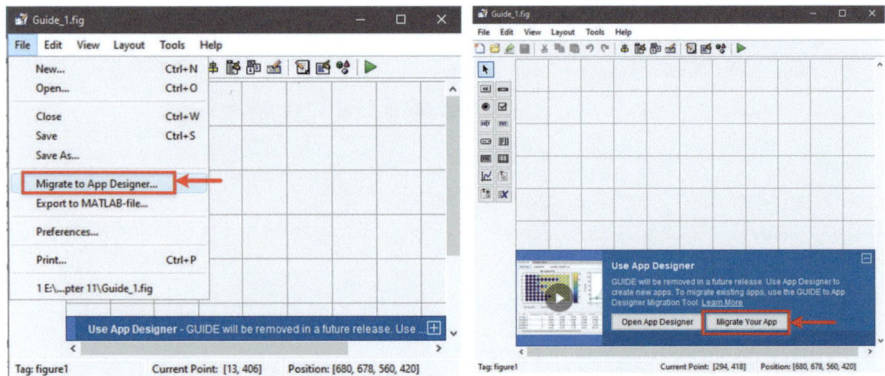

Abb. 11.21 GUIDE zu App-Designer

Übung 11

1. Was ist der Unterschied zwischen der Design- und der Programmansicht des MATLAB-App-Designers?
2. Nennen Sie einige Anwendungen im Ingenieurwesen.
3. Erstellen Sie eine App mit einem Button und einem Bearbeitungsfeld (Text), um den Satz „AppDesigner macht Spaß" anzuzeigen, sobald der Button „Klick mich" angeklickt wird. Die App sollte aussehen wie in Abb. 11.22.

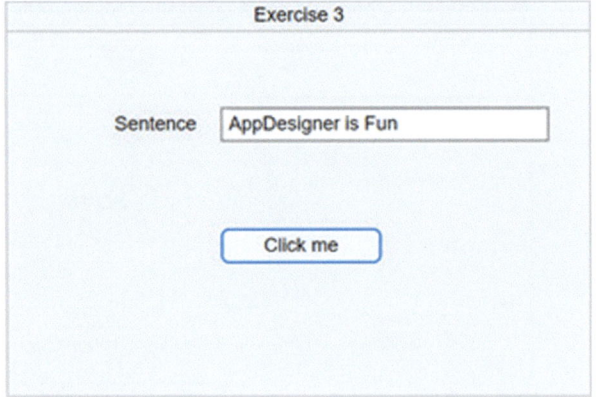

Abb. 11.22 AppDesigner macht Spaß

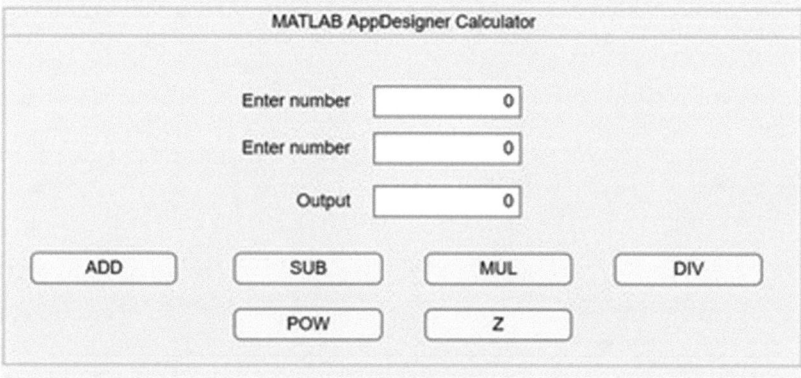

Abb. 11.23 MATLAB-App-Designer, Taschenrechner

4. Reproduzieren Sie die Taschenrechneranwendung, die im Beispiel 11.1 vorgestellt wurde.

   a) Fügen Sie eine weitere Schaltfläche „POW" hinzu, um die Potenz der ersten Zahl zur zweiten zu berechnen (ErsteZahl$^{\text{Zweite Zahl}}$).
   b) Fügen Sie eine weitere Schaltfläche „Z" hinzu, die den Durchschnitt beider Zahlen berechnet und das Ergebnis anzeigt.

   Die Anwendung sollte wie in Abb. 11.23 aussehen.

5. In dieser Übung müssen Sie einen Lautstärkeregler für ein Stereo-System mit fünf Lampen erstellen, die die Farbe ändern (Tab. 11.1).

Tab. 11.1 Der Status und die Lampenfarbe jeder Knopfebene des Stereo-Systems

Knopfpegel	Status	Lampenfarbe
0	Keine	Keine Farbe
1–20	Niedrig	Grün
21–40	Mittel-niedrig	Grün und Cyan
41–60	Mitte	Grün, cyan und gelb
61–80	Mittel-hoch	Grün, cyan, gelb und magenta
81–100	Hoch	Grün, cyan, gelb, magenta und rot

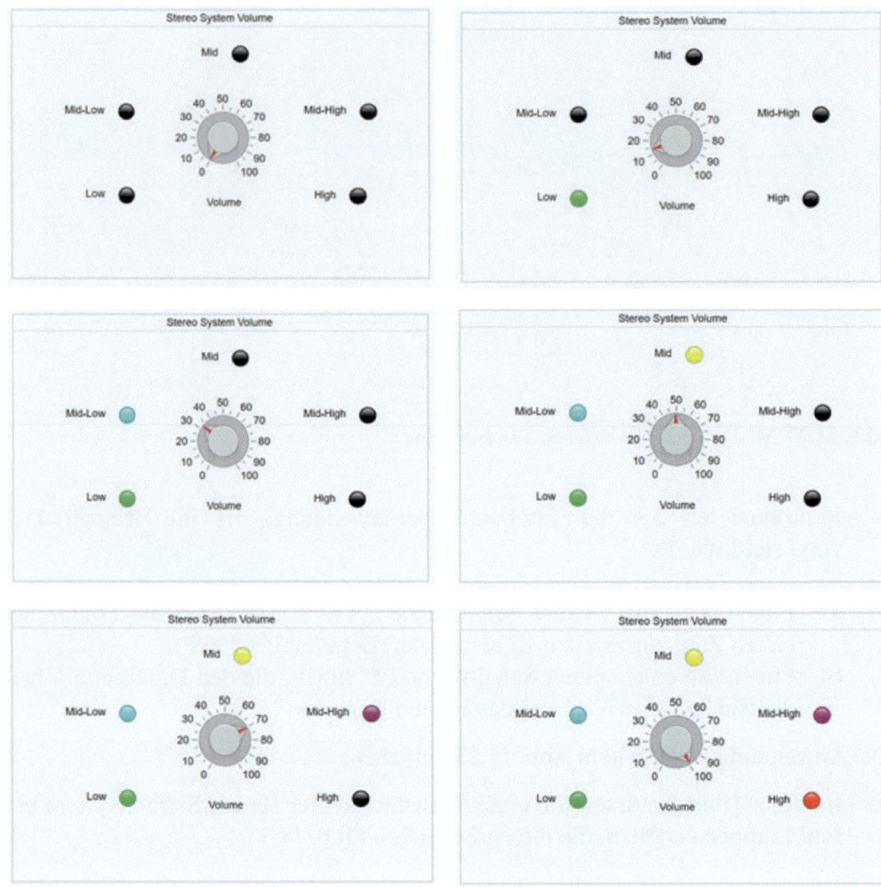

Abb. 11.24 Stereoanlagen-App-Layout

Die App sollte wie in Abb. 11.24 aussehen.

Kapitel 12
Einführung in Simulink

12.1 Was ist Simulink?

Simulink ist eine Plattform, die die Modellierung, das Designen und die Simulation jedes dynamischen physischen oder eingebetteten Systems ermöglicht. Sie bietet grafisch programmierbare Blöcke, die alle nach den Vorlieben der Benutzer angepasst werden können. Simulink und MATLAB können miteinander interagieren, wodurch das gleichzeitige Ändern und Simulieren des Verhaltens eines Modells möglich ist. Im Simulink Library Browser sind mehrere Blöcke verfügbar, die auf zahlreichen Anwendungen basieren. Der Benutzer kann zusätzliche anpassbare Blöcke erstellen, die über eine MATLAB-Programmierung definiert sind. Darüber hinaus kann auch ein Datenfluss von Simulink zu MATLAB und umgekehrt stattfinden. Ein getestetes Simulink-Modell kann in jedem eingebetteten System für den praktischen Gebrauch eingesetzt werden. Somit dient Simulink über grafische Werkzeuge der Simulation jedes dynamischen Systems in Echtzeit. Mit der Beteiligung der MATLAB-Umgebung kann ein solches Modell analysiert und gründlich getestet werden, um das Modell für die praktische Umsetzung zu verbessern.

12.2 Simulink starten

Simulink kann von der Kopfzeilen-Werkzeugleiste von MATLAB aus gestartet werden. In der Werkzeugleiste klicken Sie dafür einfach auf die Schaltfläche „Simulink" (Abb. 12.1).

Dann erscheint die „Simulink-Startseite" (Abb. 12.2), auf der ein neues Modell erstellt werden kann, indem die Option **„Blank Model" (Leeres Modell)**→**„Create Modell" (Modell erstellen)** ausgewählt wird.

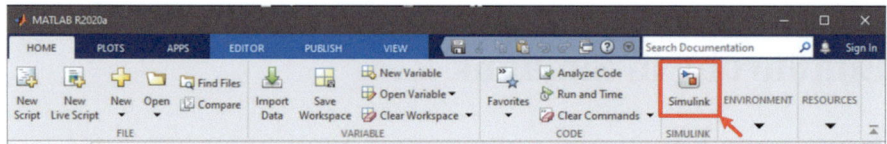

Abb. 12.1 Simulink starten

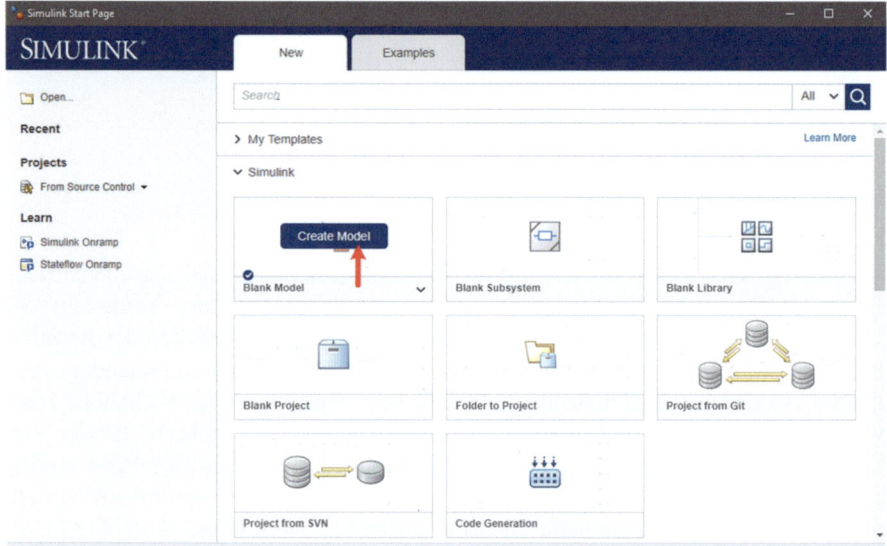

Abb. 12.2 Simulink-Startseite

Nachdem die Option ausgewählt wurde, erscheint das Simulink-Fenster (Abb. 12.3). Im Simulink-Fenster gibt es ein **„Modell Design Window" (Modell-Design-Fenster)**. Hier kann jedes Blockdiagramm-Modell mithilfe unterschiedlicher Komponenten entworfen werden (siehe Markierung in der Kopfzeilen-Werkzeugleiste von Simulink in Abb. 12.3). Es gibt zwei weitere Funktionen im Simulink-Startfenster – **„Model Browser"** und **„Property Inspector"**. „Model Browser" beinhaltet den Namen des Simulink-Modells, das im Browser verfügbar ist. Mit dem „Property Inspector" können die Eigenschaften des aktuellen Simulink-Modells angepasst werden, wie das Ändern des Namens der Simulink-Datei.

Die „Simulink-Starter-Seite" kann auch vom Befehlsfenster aus durch Eingabe des Befehls *simulink* aufgerufen werden. Danach muss die *Enter*-Taste auf der Tastatur gedrückt werden. Der Rest der Verfahren zur Erstellung eines neuen Simulink-Modells ist der gleiche wie zuvor erwähnt.

12.3 Grundelemente

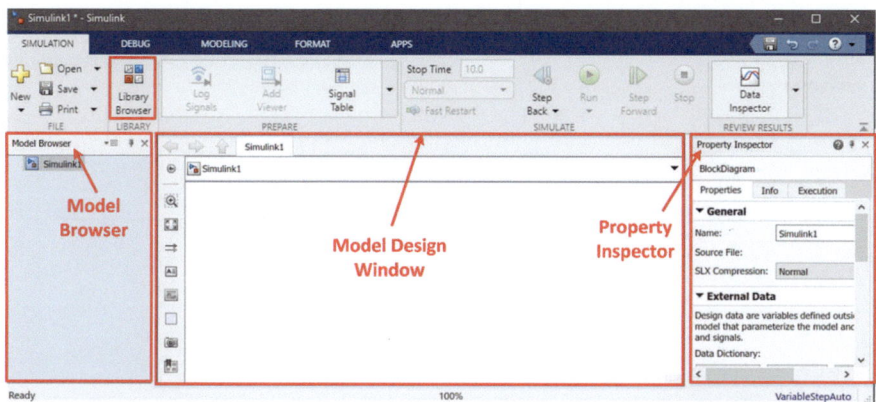

Abb. 12.3 Simulink-Fenster

12.3 Grundelemente

In Simulink sind zwei grundlegende Arten von Elementen verfügbar, mit deren Hilfe ein Simulink-Modell entworfen werden kann. Diese beiden Elemente sind Blöcke und Linien.

12.3.1 Blöcke

In Simulink kann ein dynamisches Modell entworfen und simuliert werden, indem verschiedene Blöcke aus dem Simulink-Library-Browser verwendet werden. Hier sind mehrere Blöcke aufgelistet, die auf verschiedenen Anwendungen basieren und in das Model-Design-Fenster gezogen werden können. Jeder dieser Blöcke kann aufgrund seiner Definition einen oder mehrere Ports haben. Sie haben bestimmte Eigenschaften, die nach den Anforderungen der Benutzer angepasst werden können. Mehrere Blöcke können verwendet und angepasst werden, um ein gesamtes Modell zu erstellen. In Abb. 12.4 wird ein Block namens „Add" in das Simulink-Model-Design-Fenster aus „Simulink Library Browser→Simulink→Math Operations→Add" gezogen. Im „Add"-Block gibt es drei Ports, zwei davon sind die Eingangsports (linke Seite des Blocks) und einer ist der Ausgangsport (rechte Seite des Blocks).

Durch Doppelklicken auf den „Add"-Block erscheint das folgende Fenster, in dem eine Beschreibung des Blocks gefunden werden kann. Darüber hinaus kann dieses Fenster verwendet werden, um Parameter nach Bedarf zu ändern.

Abb. 12.5 zeigt, dass der „Add"-Block sowohl zur Addition als auch zur Subtraktion verwendet werden kann. Dazu sind zwei weitere Eingangsblöcke und ein Ausgangsblock zur Simulation des Ergebnisses erforderlich. Daher werden zwei

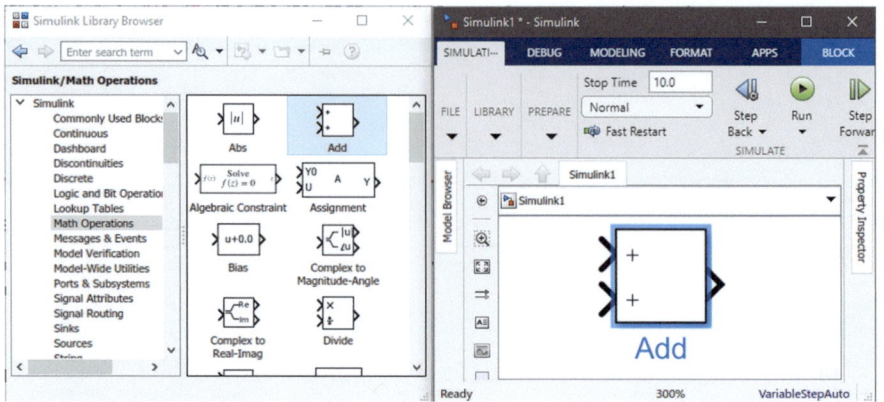

Abb. 12.4 Simulink-Blöcke

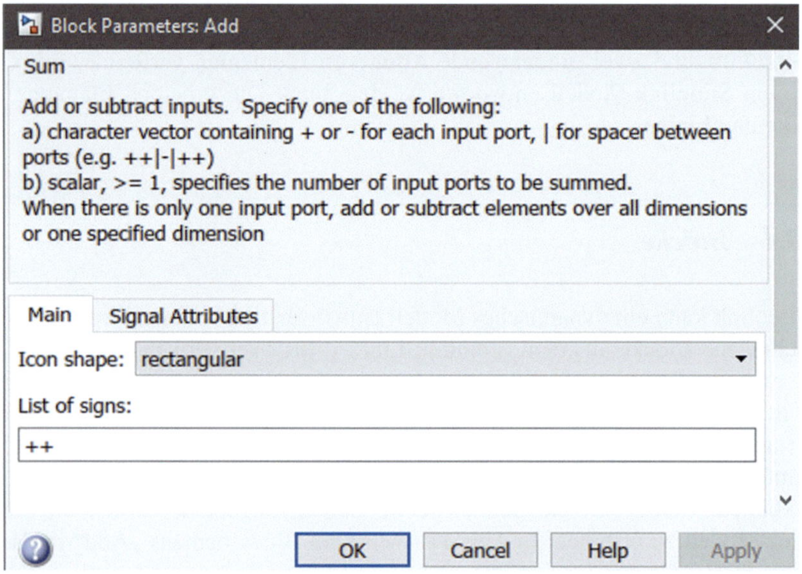

Abb. 12.5 Block Parameters (Blockparameter)

„Constant"-Blöcke und ein „Display"-Block in das Simulink-Model-Design-Fenster gezogen, um das Design wie in Abb. 12.6 dargestellt zu vervollständigen.

Durch Doppelklicken auf den „Constant"-Block kann der Wert manuell geändert werden. Im obigen Beispiel wurden die Werte 5 und 10 gewählt. Mit dem „Display"-Block kann das Ausgaberesultat nach der Simulation beobachtet werden.

12.3 Grundelemente

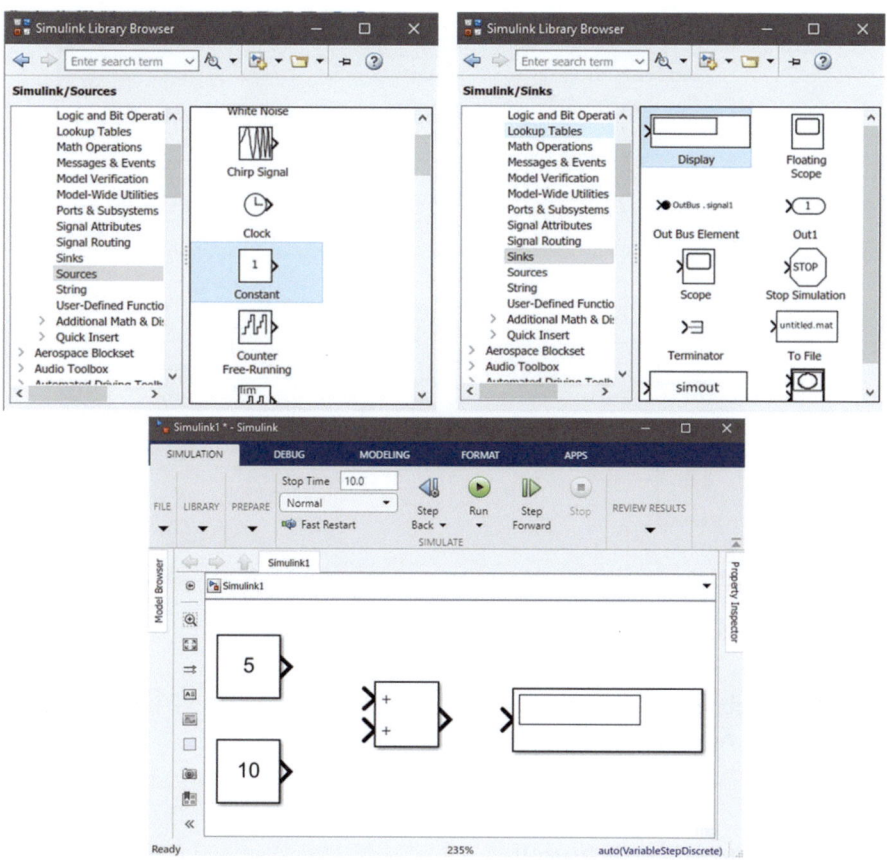

Abb. 12.6 Simulink-Library-Browser

12.3.2 Linien

Um die relevanten Verbindungen zwischen verschiedenen Blöcken herzustellen, sind Linien wichtig. Zum Beispiel soll in dem vorherigen Modell, das in Abb. 12.6 gezeigt wird, die Addition durchgeführt werden. Obwohl alle erforderlichen Blöcke im Fenster gesammelt sind, ist das Modell noch nicht funktionsfähig. Alle Blöcke sind im Float-Modus und müssen über Linien verbunden werden. Eine Linienverbindung kann nur zwischen einem Eingangs- und einem Ausgangsport hergestellt werden. Daher müssen die Ausgangsports der „Constant"-Blöcke mit den Eingangsports des „Add"-Blocks verbunden werden. Ebenso muss der Ausgangsport des „Add"-Blocks mit dem Eingangsport des „Display"-Blocks verbunden werden. Die Linienverbindung kann hergestellt werden, indem die Maus nahe an die Ports gezogen wird (Abb. 12.7). Abschließend wird das Modell simuliert, was durch Klicken auf die Schaltfläche „Run" erfolgt. Nach der Simulation

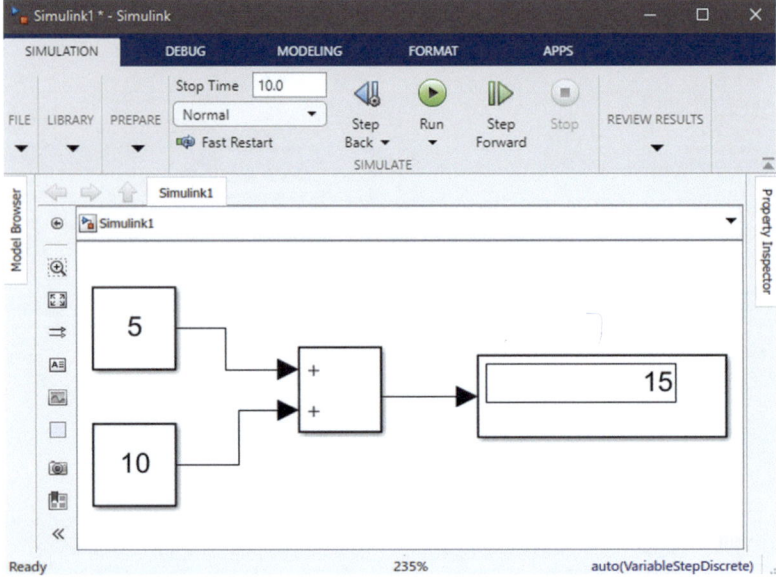

Abb. 12.7 Vollständiges Simulink-Design für den Additionsvorgang

wird das Ergebnis auf dem Display angezeigt (Abb. 12.7). Blöcke und Linien bilden so jedes grundlegende Modell-Design in Simulink.

12.3.3 Weitere Funktionen

Neben Blöcken und Linien gibt es einige andere Funktionen, die beim Erstellen eines Simulink-Designs hilfreich sind. Einige der Funktionen, wie Annotation, Show Block Name, Fit to View, Area, Comment Out und Uncomment, werden in diesem Abschnitt behandelt.

12.3.3.1 Annotation

Die Annotation wird verwendet, um Beschriftungen der Teile eines Designs oder eines gesamten Designs zu erstellen. Um eine Annotation im Simulink-Designfenster zu schreiben, muss zunächst auf die Option „Annotation" in der linken Leiste des Designfensters geklickt werden (Abb. 12.8). Der zweite Schritt besteht darin, auf das Simulink-Designfenster zu klicken, was das Erscheinen eines rechteckigen Textfeldes zum Schreiben von Text mit einer Anpassungsleiste darüber bewirkt. Die Annotation kann eingegeben werden. Danach wird durch Klicken

12.3 Grundelemente

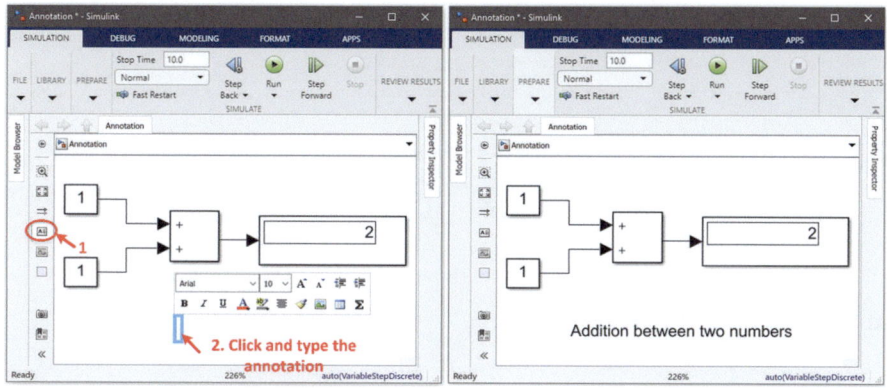

Abb. 12.8 Simulink-Annotation

außerhalb des Textfeldes die Annotation abgeschlossen (Abb. 12.8). Sie kann an jeder Stelle im Simulink-Designfenster verschoben werden.

12.3.3.2 Blocknamen anzeigen

In Simulink verschwindet der Name des Blocks nach dem Verschieben eines Blocks im Fenster. Um den Namen des Blocks anzuzeigen, wählen Sie den Block aus und bewegen Sie die Maus über die drei blauen Punkte, wie im ersten Bild von Abb. 12.9 zu sehen (roter Pfeil). Wenn die Maus über die drei blauen Punkte bewegt wird, erscheint eine kleine Werkzeugleiste (zweites Bild der Abb. 12.9). Auf dieser Werkzeugleiste bewegen Sie die Maus über jedes Symbol, was das Erscheinen des Namens bewirkt. Wählen Sie dort die Option „Show Block Name" **(Blocknamen anzeigen)** (drittes Bild der Abb. 12.9).

12.3.3.3 An das Fenster anpassen

Eine nützliche Funktion von Simulink ist die Option „With_Fit_to_Fiew" **(An Fenster anpassen)**. Betrachten Sie das erste Bild von Abb. 12.10, in dem das Design nicht das gesamte Fenster ausfüllt. Durch Klicken auf das Symbol „With_Fit_to_Fiew" in der linken Werkzeugleiste wird das gesamte Design automatisch an das Designfenster angepasst. Eine alternative Möglichkeit besteht darin, die „Leertaste" zu drücken, nachdem Sie auf das Simulink-Designfenster geklickt haben.

Wenn der Benutzer einen bestimmten Block oder einen Teil eines Designs im Fenster anpassen möchte, muss der Block oder die Teile des Designs ausgewählt und „Leertaste + F" eingegeben werden.

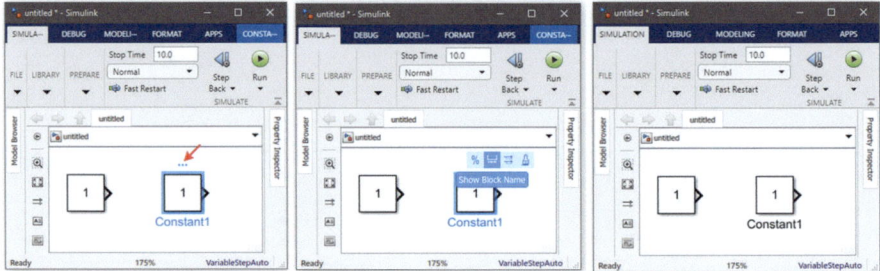

Abb. 12.9 Simulink-Blockname

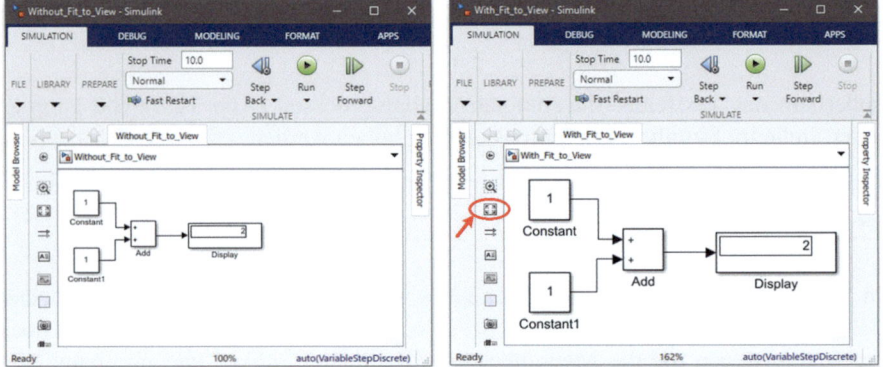

Abb. 12.10 „With_Fit_to_View"

12.3.3.4 Bereich

In Simulink wird die Funktion **„Area" (Bereich)** verwendet, um einen bestimmten Teil des Designs oder das gesamte Design einzuschließen. Der unter einem Bereich eingeschlossene Teil kann nur durch Bewegen des Bereichsfensters verschoben werden. In Abb. 12.11a wird das Verfahren zum Einfügen eines Bereichsfensters in das Simulink-Designfenster gezeigt. Das Symbol „Area" wird aus der linken Werkzeugleiste ausgewählt. Später kann die Form des Bereichsfensters nach den Vorlieben des Benutzers angepasst werden. Wenn ein bestimmtes Design von einem „Area"-Fenster eingeschlossen ist (Abb. 12.11b), kann das Design nur durch Ziehen des Area-Fensters (Abb. 12.11c) verschoben werden. Das Area-Fenster kann auch verwendet werden, um einen bestimmten Teil eines Designs hervorzuheben.

12.3 Grundelemente

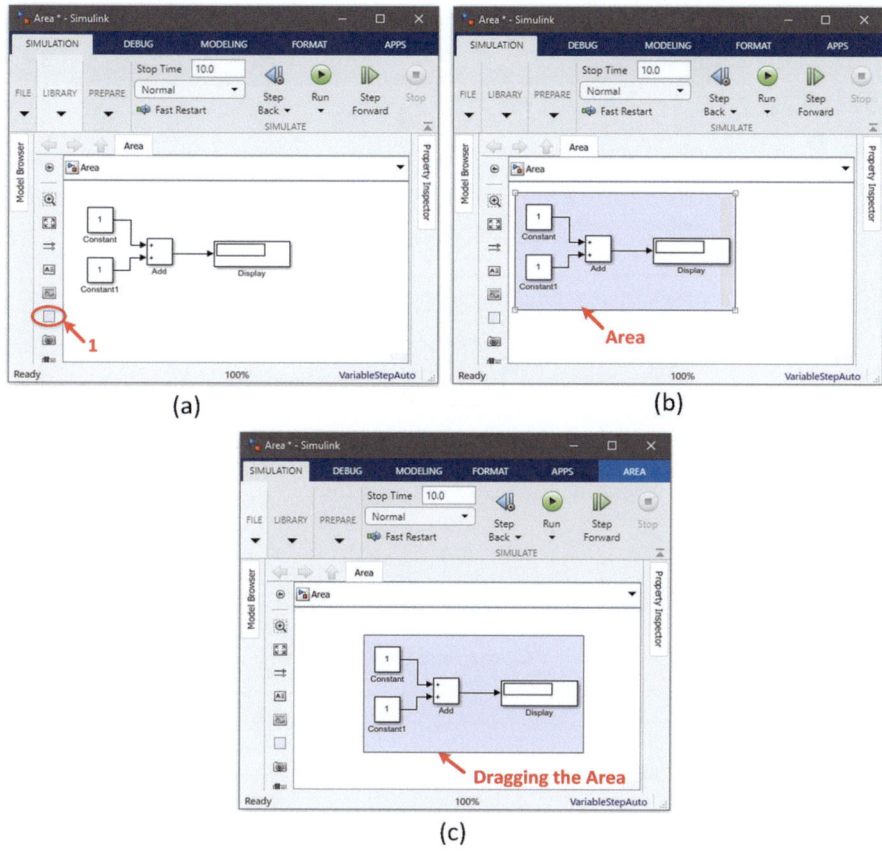

Abb. 12.11 a–c Area

12.3.3.5 Comment und Comment out (Aus- und Einkommentieren)

Beim Entwerfen eines vollständigen Modells in Simulink müssen manchmal einige Blöcke für Testverfahren inaktiv gemacht werden, was vor allem beim Entwerfen eines komplexen Modells der Fall sein kann. Da einige Blöcke für kurze Zeit inaktiv gemacht werden müssen, ist es nicht effizient, sie für diese Momente zu löschen und dann wieder in das Design einzufügen. Eine andere Möglichkeit besteht darin, die Blöcke unverbunden zu lassen; dies führt jedoch manchmal zu Fehlern bei der Simulation. Daher gibt es die Funktionen **„Comment"** **(Auskommentieren)** und **„Comment out"** **(Einkommentieren)**. Standardmäßig bleiben alle Blöcke im Modus „Comment", während sie in das Simulink-Designfenster gezogen werden. Wenn die Benutzer einen Block „Comment out", wird er auch beim Simulieren des Modells inaktiv. Wenn die Benutzer den Block wieder aktivieren möchten, kann dies durch Ändern des Modus in „Comment" erfolgen.

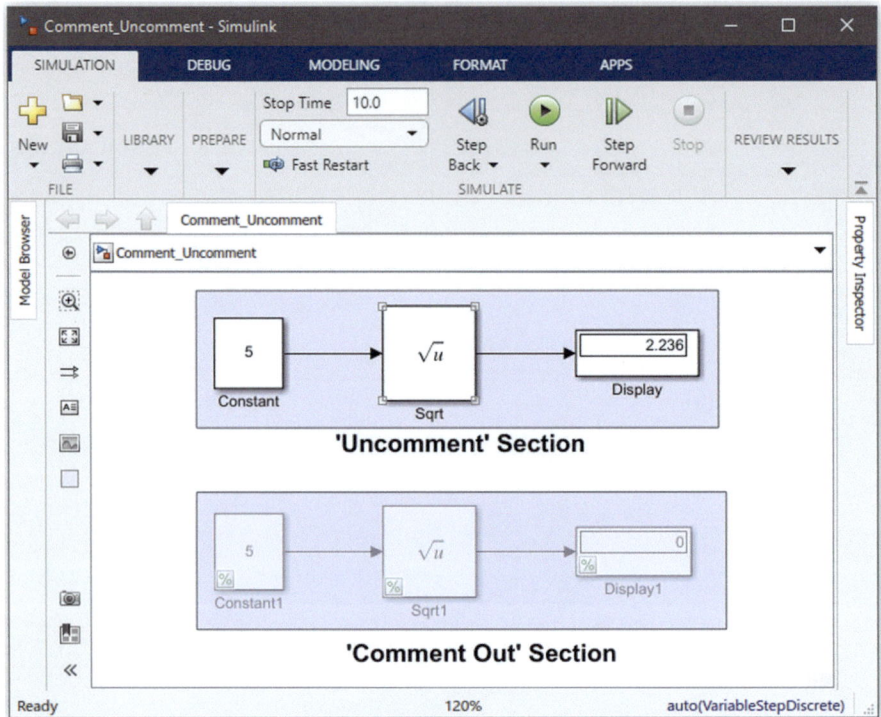

Abb. 12.12 „Comment" und „Comment out"

Um bestimmte Blöcke zu inaktivieren, ist der erste Schritt, diese Blöcke auszuwählen, was das Erscheinen von drei blauen Punkten bewirkt. Die Maus wird über diese blauen Punkte bewegt und es erscheint ein kleines Band mit Werkzeugleiste mit mehreren Werkzeugsymbolen. Bewegt man die Maus über diese Werkzeuge, erscheint die Option „Comment out". Durch Klicken auf diese Option werden die ausgewählten Blöcke ausgeblendet. Ein Beispiel ist in Abb. 12.12 gegeben, wo der erste Block im Modus „Comment" ist, während der zweite im Modus „Comment out" ist. Auch nach dem Starten der Simulation bleibt der zweite in diesem Modus (Abb. 12.12).

12.4 Simulink-Library-Browser (Bibliotheksbrowser)

Der Simulink-**„Library-Browser" (Bibliotheksbrowser)** enthält alle Blöcke, die in Simulink verfügbar sind, geordnet nach Anwendungen und Operationen. Durch Klicken auf die Option „Library Browser" in dem Simulink-Header-Toolstrip kann

12.4 Simulink-Library-Browser (Bibliotheksbrowser)

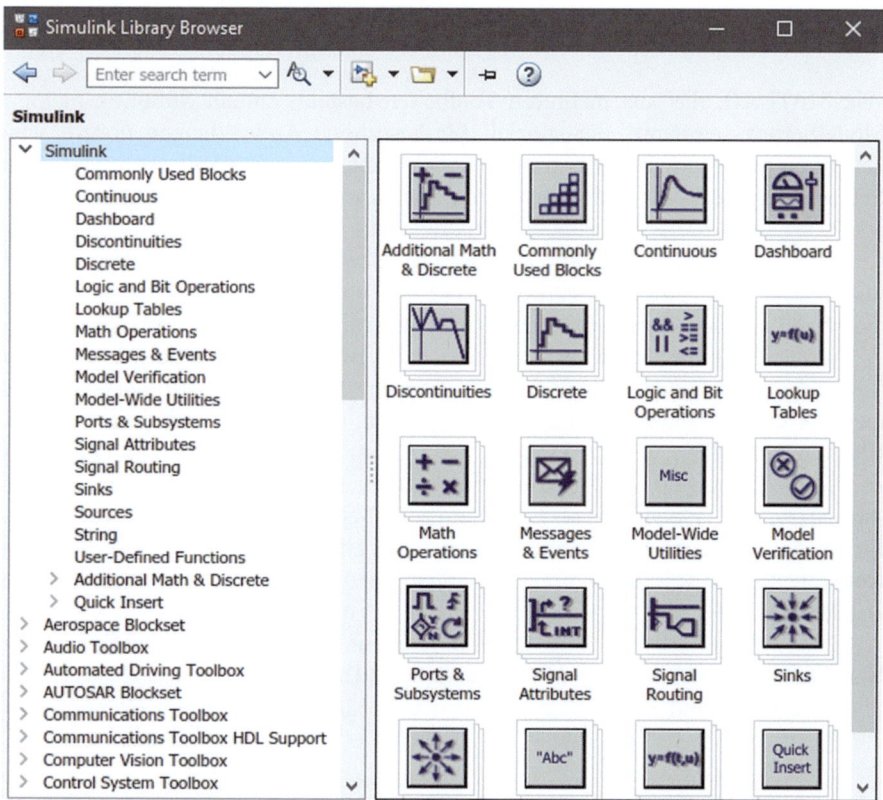

Abb. 12.13 Simulink Library Browser

darauf zugegriffen werden. Das Aussehen des Simulink-Library-Browsers wird in Abb. 12.13 dargestellt.

Hier erscheinen verschiedene Felder auf der linken Seite (wie Simulink, Aerospace Blockset, Audio Toolbox usw.). In jedem dieser Felder gibt es viele Unterfelder, die mehrere unterschiedliche Blöcke enthalten. Alle diese Blöcke können verwendet werden, um ein neues Modell zu erstellen. Jeder der Blöcke aus diesem Browser kann in das Simulink-Modell-Designfenster gezogen werden. Es gibt eine Suchoption oben im Browser, durch die ein bestimmter Block anhand seines Namens gesucht werden kann.

12.5 Modellierung von physikalischen Systemen

Wie MATLAB, das aus mehreren Toolboxen besteht, enthält Simulink mehrere Modellierungssegmente, die speziell für bestimmte Anwendungen erstellt wurden. Ereignisbasierte Modellierung, Modellierung von physikalischen Systemen, Systems Engineering, Codegenerierung, Anwendungsbereitstellung und Berichterstattung sind einige spezialisierte Produkte, die Simulink zu bieten hat, die aus verschiedenen Bibliotheken und Syntaxen bestehen. Da dieses Buch hauptsächlich mit Energie- und Energiesystemen zu tun hat, wird die Simscape-Umgebung für die Modellierung von physikalischen Systemen mit Multidomänen verwendet.

Simscape enthält eine neue Reihe von Bibliotheken und spezialisierten Simulationsfunktionen zur Arbeit mit elektrischen Systemen, Leistungselektronik, mechanischen Geräten und Steuerungssystemen, die mit allen anderen Simulink-Blöcken verbunden werden können. Der Ansatz, den Simscape zur Gestaltung von Modellen physikalischer Systeme verfolgt, wird als Physical-Network-Ansatz bezeichnet. Physikalische Systeme ermöglichen Benutzern eine einzigartige Erfahrung, mit nicht gerichteten Geräten zu arbeiten und sie wie echte physische Komponenten zu verbinden, ohne Flussrichtungen oder Informationsfluss angeben zu müssen.

Simscape-Bibliotheken sind im Simulink-Bibliotheksbrowser verfügbar. Die Namen der Hauptbibliotheken in Simscape sind Driveline, Electrical, Fluids, Multibody, Utilities und Foundation Library (Abb. 12.14). Die meisten Komponenten

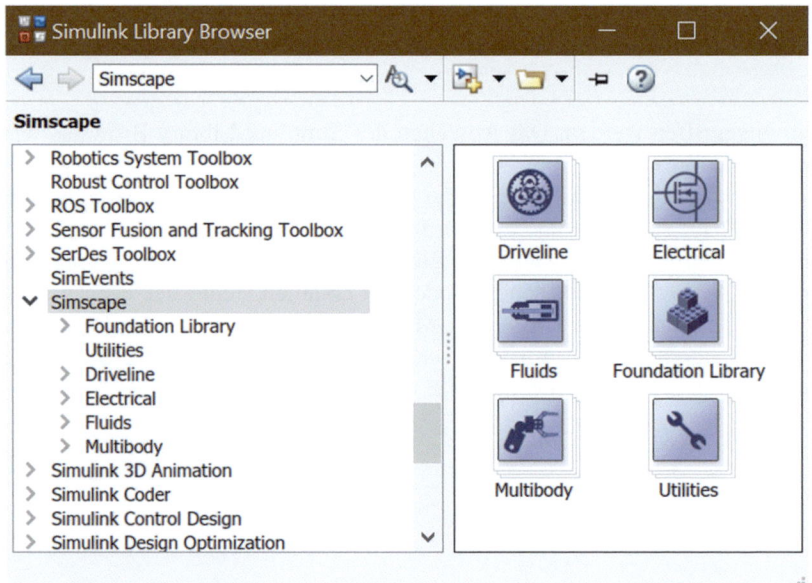

Abb. 12.14 Simscape-Bibliotheken

12.5 Modellierung von physikalischen Systemen

in der Bibliothek sind in blauer oder grüner Farbe, um sich von anderen Simulink-Bibliotheken zu unterscheiden.

Die physikalischen Systeme können nicht direkt mit den Simulink-Blöcken verbunden werden, da die sie normalerweise nicht gerichtet sind wie echte physische Komponenten, während Simulink-Blöcke Informationen über die Richtung benötigen. Hier kommen Konverterblöcke zum Einsatz, um das Signal eines physikalischen Systems in ein Simulink-Ausgangssignal und umgekehrt zu konvertieren. Es gibt einige Simscape-Blöcke, die den gleichen Zweck erfüllen. Zum Beispiel messen die „**Voltage sensor**" (**Spannungssensor**)- und „**Current sensor**" (**Stromsensor**)-Blöcke in Simscape Spannung und Strom ähnlich wie ein „Spannungsmessblock" und „Strommessblock". Die Ausgabe des Spannungssensors kann jedoch nicht in einem Anzeigeblock in Simulink angezeigt werden. Dafür muss ein „PS-Simulink-Converter" verwendet werden. Er konvertiert ein Simulink-Eingangssignal in ein physisches System, das von jedem Simscape-Block verwendet werden kann.

Abb. 12.15 zeigt ein Beispiel, in dem die Spannung und der Strom in einem Gleichstromkreis (mit einer Spannung von 12 V und einem Widerstand von 1000 Ω) sowohl in der physischen Umgebung (magentafarben) als auch in der Simulink-Umgebung (cyanfarben) gemessen werden. Jede Umgebung hat ihr eigenes Gegenstück für die gleiche Aufgabe. Zum Beispiel existieren „**DC Voltage Source**" (**Gleichspannungsquelle**) und „**Resistors**" (**Widerstände**) in beiden Umgebungen, können aber nicht austauschbar verwendet werden, wegen ihrer

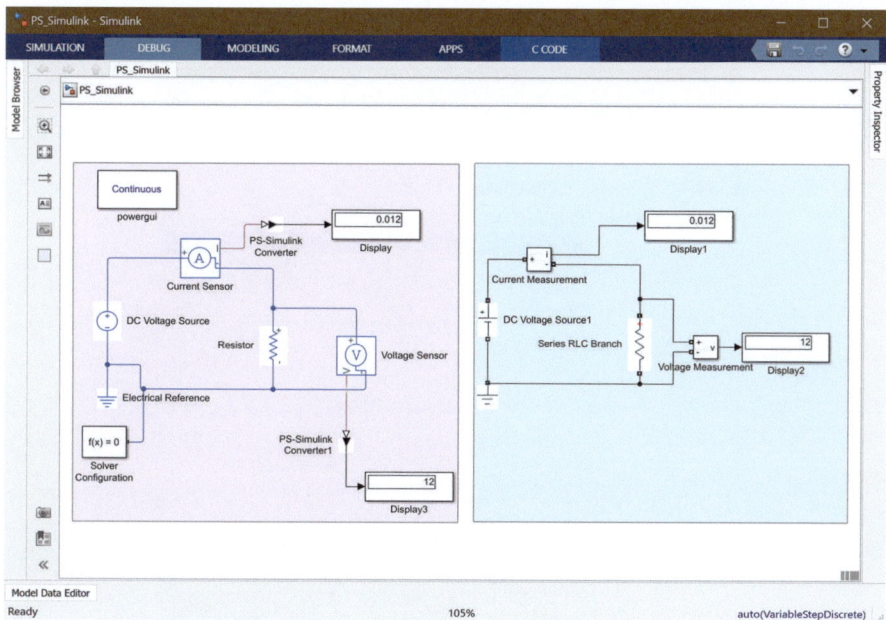

Abb. 12.15 PS-Simulink-Konverter

Unterschiede im Charakter. Ein „PS-Simulink-Converter" wird von den Spannungs- und Stromsensoren verwendet, um das physische Signal in das Simulink-Signal zu konvertieren, das mit dem „Display"-Simulink-Block dargestellt wird.

Physikalische Modelle verwenden zwei zusätzliche Blöcke zur Durchführung der Simulation, *„powergui"* und *„solver configuration"*.

Ein Powergui ist ein Umgebungsblock, der zum Entwerfen von elektrischen Modellen verwendet wird. Der Block hilft dabei, kontinuierliche und diskretisierte Methoden zur Simulation eines Modells zu verwenden. Da das Modell entweder mit einem variablen Schrittlöser gelöst werden kann, zu einem festen Zeitschritt, oder durch Phasorlösungen, hilft der Powergui-Block dabei, die geeignete Methode für das System auszuwählen. Der Block unterstützt den Benutzer auch bei der Durchführung von stationären Analysen und parametrisiert die Schaltung für fortgeschrittene Designs. Der Block muss nicht mit einer Komponente verbunden sein; vielmehr sollte er separat von anderen Komponenten in der Modelldatei platziert werden (Abb. 12.15). Er kann ausgewählt werden, indem man zu „Simscape →Electrical→Specialized Power Systems→Fundamental blocks" geht. Die Arten von Simulationen, die mit diesem Block durchgeführt werden, sind in Abb. 12.16 dargestellt. Er enthält auch Engineering-Tools, die einem Modell erweiterte Funktionen (wie stationäre und Anfangszustands-, Leitungsparameter- und Impedanzberechnung, Fast-Fourier-Transformations-, Leitungs-Linear-System-, Hysteresis-Design- und Lastflussanalyse) ermöglichen. Es können auch Berichte und benutzerdefinierte Blöcke im Zusammenhang mit Stromsystemen erstellt werden. Das Fenster für erweiterte Powergui-Tools ist in Abb. 12.17 dargestellt.

Tab. 12.1 fasst den Modellsimulationstyp der Powergui-Blöcke zusammen.

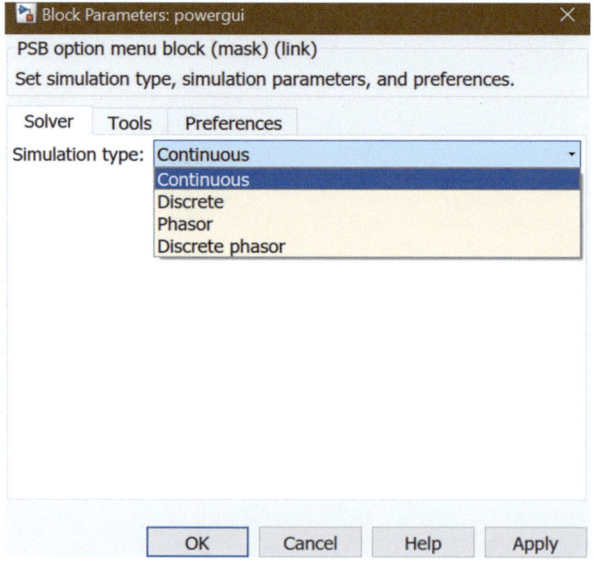

Abb. 12.16 Powergui-Blöcke

12.5 Modellierung von physikalischen Systemen

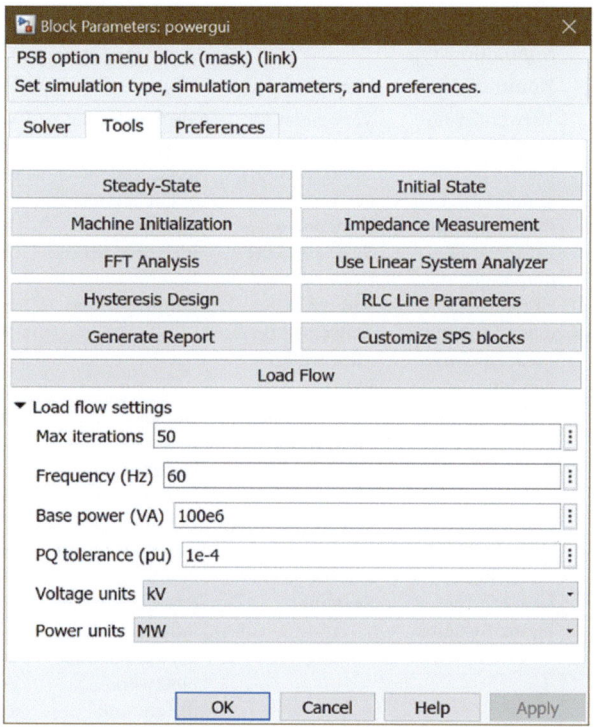

Abb. 12.17 Erweiterte Powergui-Tools

Ein Solver-Konfigurationsblock wird ebenfalls verwendet, um die Solver-Parameter des Modells zu spezifizieren. Der Block muss bei jedem physischen Netzwerk vorhanden sein. Im Gegensatz zum Powergui-muss der Solver-Konfigurationsblock an irgendeinem Punkt des Modells angeschlossen sein. Der Block validiert das Modell vor dem Start der Simulation, indem er die Solver-Einstellung bereitstellt, wie die Parameter für den Start der Simulation aus dem stationären Zustand, die Verwendung eines anderen Solvers oder die Bereitstellung einer anderen, Laufzeit-bezogenen Einschränkung. Der Solver-Konfigurationsblock ist über „Simscape→Utilities" verfügbar. Abb. 12.18 zeigt seine Standardparameter. Es kann eine stationäre oder transiente Initialisierung für das entworfene elektrische Modell durchgeführt werden. Eine eingehende Analyse anderer Solver-Einstellungsparameter wäre im Rahmen dieses Buches zu komplex.

Tab. 12.1 Modellsimulationstyp der Powergui-Blöcke

Eigenschaften	Simulationstyp			
	Kontinuierlich	Diskret	Phasor	Diskreter Phasor
Verwendung	Verwendet für kontinuierliche Systemsimulation, bei der vorherige Zustände (Bedingungen oder Ergebnisse) eines Systems berücksichtigt werden	Verwendet für diskrete Systemsimulation, bei der vorherige Zustände eines Systems keine Rolle spielen und ein fester Zeitschritt berücksichtigt wird	Verwendet für kontinuierliche Systeme, bei denen nur elektrische Phasoren für die Berechnung benötigt werden	Verwendet für diskrete Systeme, bei denen nur elektrische Phasoren für die Berechnung benötigt werden
Funktion	Berücksichtigt kontinuierliche Zeitschritte und integriertes System, bietet bessere Genauigkeit und schnelle Laufzeit für kleine Systeme	Berücksichtigt nur einen festen Zeitschritt, bietet bessere Genauigkeit und schnelle Laufzeit für große Systeme	Berücksichtigt Phasoren für kontinuierliche Zeitschritte, Berechnung ist schneller in großen Systemen, da es kontinuierliche Phasoren verwendet und Netzwerkdifferentialgleichungen in algebraische Gleichungen umwandelt	Berücksichtigt Phasoren für feste Zeitschritte, Berechnung ist schneller in großen Systemen, da es diskrete Phasoren verwendet und Netzwerkdifferentialgleichungen in algebraische Gleichungen umwandelt
Bemerkenswerte Anwendungen	Kleine Systeme (normalerweise mit 20–30 Zuständen in einem Modell), wie Nullkreuzungsanalyse	Systeme, die eine endliche Zyklusanalyse erfordern, wie nichtlineare Leistungselektronikschalter	Systeme, die eine Phasoranalyse erfordern, wie Maschinentransientenmodellierung	Multimaschinensystemdesign, wie Drehstrommotor oder Generator

12.6 Ein Modell in Simulink erstellen

Alle Komponenten, die zum Entwerfen eines Modells benötigt werden, wurden in den vorherigen Abschnitten vorgestellt. In diesem Abschnitt wird nun ein vollständiges Simulink-Modell entworfen und simuliert, um sich mit der Plattform vertraut zu machen. Eine schrittweise Anleitung zur Erzeugung einer Sinuswelle wird im folgenden Beispiel demonstriert:

12.6 Ein Modell in Simulink erstellen

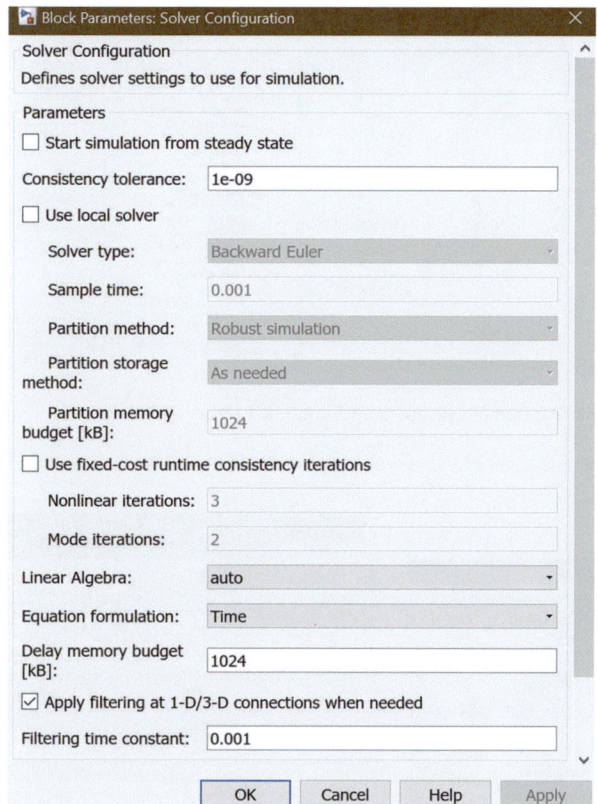

Abb. 12.18 Standardparameter des Solver-Konfigurationsblocks

Sinuswelle erzeugen

Für die Erzeugung eines Sinuswellenmodells in Simulink sind die folgenden Blöcke erforderlich:

1. **„Sine Wave"** (Sinuswelle)
2. Scope

In Abb. 12.19 sind die Verfahren zur Auswahl dieser beiden Blöcke dargestellt. Im Simulink-Library-Browser kann jeder Block auch durch Eingabe des Namens dieses Blocks gefunden werden, anstatt dorthin navigieren zu müssen. In Abb. 12.20 werden zwei alternative Verfahren zur Suche des Scope-Blocks gezeigt. In Abb. 12.20a wird der Name des Blocks „Scope" in die Suchoption des Simulink-Library-Browsers eingegeben. Nach dem Drücken der „Enter"-Taste auf der Tastatur erscheint der gesuchte „Scope"-Block. Das gleiche Suchverfahren kann im Simulink-Designfenster durchgeführt werden (Abb. 12.20b). Durch Doppelklicken auf das Designfenster erscheint ein blauer Streifen mit dem Suchsymbol. Dort

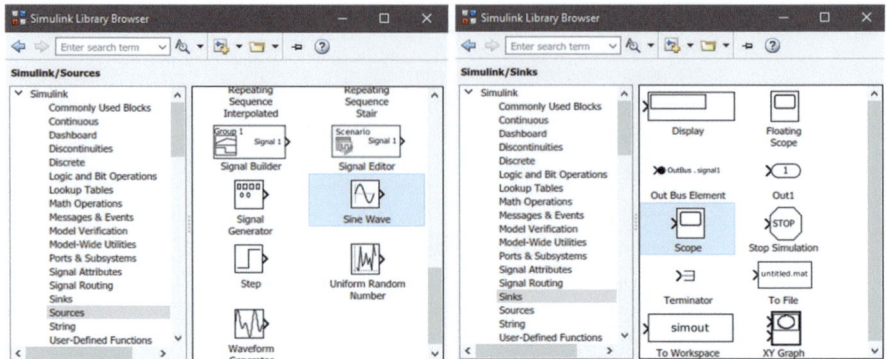

Abb. 12.19 Sine Wave und Scope aus dem Simulink-Library-Browser

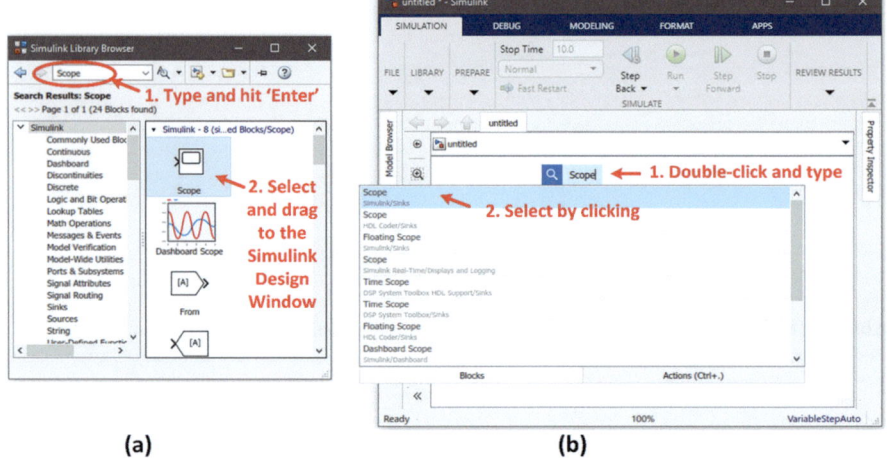

Abb. 12.20 a, **b** Zwei Möglichkeiten, den Scope-Block einzufügen

wird der Name des Blocks eingetragen, was zur Anzeige einer Liste verfügbarer Optionen führt. Der gewünschte Block aus der Liste wird angeklickt und sofort im Designfenster angezeigt.

Zur Erzeugung einer Sinuswelle wird ein Modell entworfen, das den Sinuswellen- und den Scope-Block nutzt. Diese beiden Blöcke werden mit einer Linie verbunden (Abb. 12.21). Der Sinuswellenblock kann durch Doppelklicken auf den Block je nach Benutzerwunsch angepasst werden. Nach dem Doppelklicken erscheint das Parameterfenster (Abb. 12.22). Hier gibt es eine kurze Beschreibung der Parameter des Sinuswellenblocks, die geändert werden können. In diesem Beispiel sind die Amplitude und die Frequenz der Sinuswelle auf 5 bzw. 1 eingestellt.

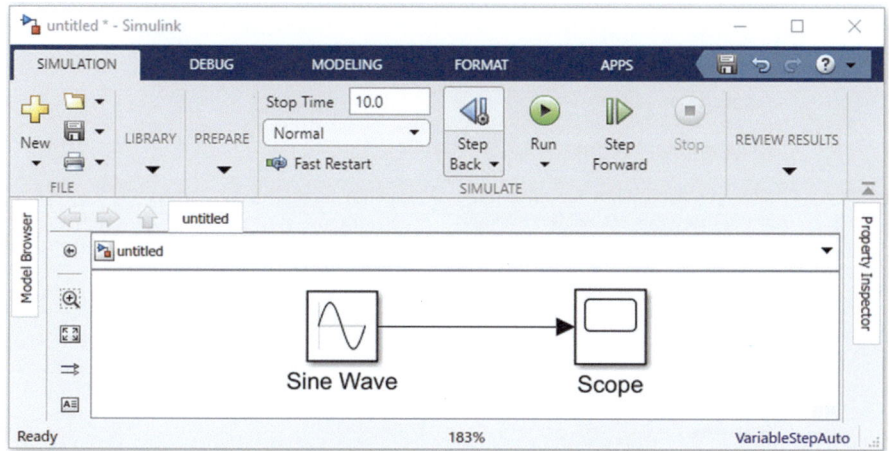

Abb. 12.21 Eine Sinuswelle kann vom Scope-Block beobachtet werden

Nach dem Klicken auf die Schaltfläche **„OK" (Anwenden)** ist der Sinuswellenblock angepasst und das Modell ist bereit zur Simulation.

12.7 Ein Modell in Simulink simulieren

Nach dem Erstellen eines Simulationsmodells ist der nächste Schritt, das Design zu simulieren und die Ausgaben zu beobachten. Mehrere Parameter können vor der Simulation eines Modells angepasst werden, ebenso wie das, was sich auf unterschiedliche Weise auf die Ausgaben auswirkt. In diesem Abschnitt werden einige dieser Parameteranpassungen mit Beispielen besprochen. Wenn die Parameter nicht angepasst werden, erfolgt die Simulation für eine Standardkonfiguration. Bevor die Anpassung verschiedener Parameter besprochen wird, wird das Simulationsverfahren mit der Standardkonfiguration behandelt.

12.7.1 Option „Run" (Ausführen)

Um ein beliebiges Modell in Simulink zu simulieren, muss der Benutzer die Schaltfläche **„Run" (Ausführen)** drücken (Abb. 12.23). Die Schaltfläche „Run" ist ein Dropdown-Feld mit zwei Optionen. Die erste Option „Run" bedeutet, das Modell mit der Standardgeschwindigkeit zu simulieren. Die zweite Option **„Simulation Pacing" (Simulationstaktung)** ermöglicht, das Modell in einem langsameren Tempo zu simulieren. Die zweite Option ermöglicht es, die Ausgabe in

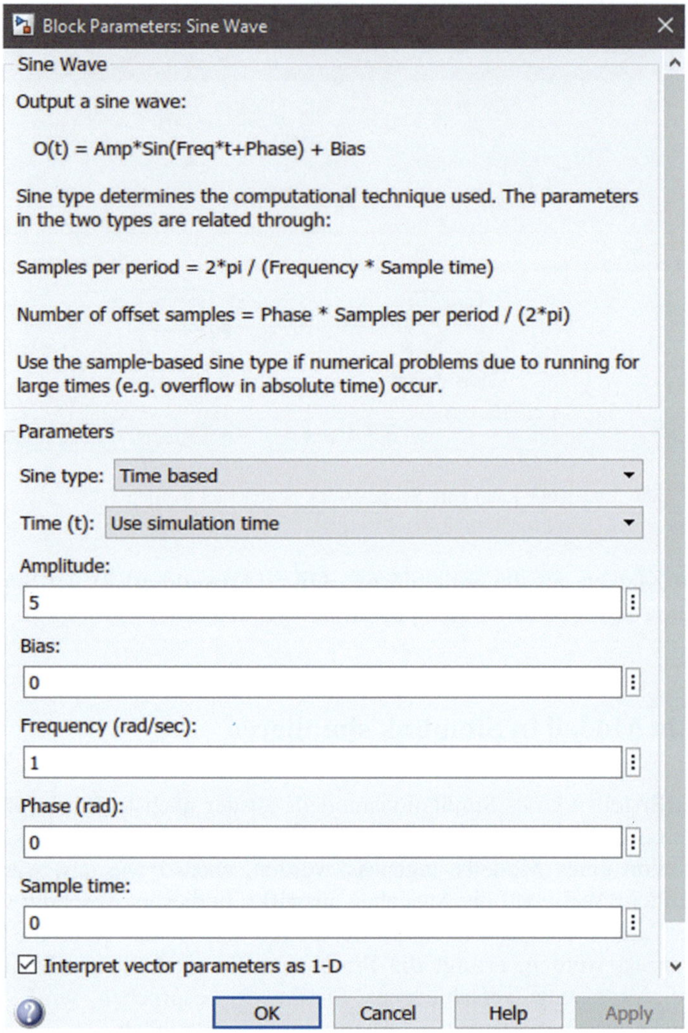

Abb. 12.22 Blockparameter der Sinuswelle

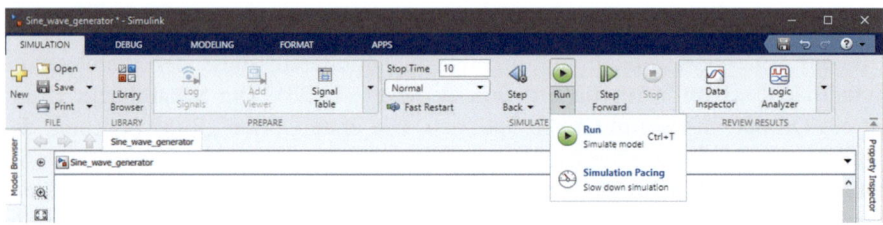

Abb. 12.23 Ausführen des Sinuswellengenerators

12.7 Ein Modell in Simulink simulieren

einem langsameren Modus zu beobachten, um die Änderung genauer zu visualisieren.

Um den Unterschied zwischen diesen beiden Simulationsoptionen zu überprüfen, betrachten wir unseren zuvor entworfenen Sinuswellengenerator. Doppelklicken Sie auf den Block „Scope", um die Ausgangswellenform zu beobachten. Anfangs wird vor der Simulation ein leeres Scope-Fenster erscheinen. Wenn die erste Option in der Schaltfläche „Run" platziert wird, wird die Simulation so schnell erfolgen, dass der Benutzer keine Zeit hat, die Simulation in der Mitte anzuhalten oder zu pausieren. Das Scope-Fenster zeigt die endgültige Ausgabe, d. h. die erzeugte Sinuswelle. Sie wird so schnell erzeugt, dass der Benutzer den gesamten Generator vom Anfang bis zum Ende nicht verfolgen kann. Die folgende Wellenform in Abb. 12.24 wird im Scope-Fenster erscheinen:

Wenn jedoch die zweite Option „Simulation Pacing" ausgewählt wird, kann die Geschwindigkeit der Simulation angepasst werden (Abb. 12.25).

Das hier gezeigte Fenster kann als „Fenster für Simulationstaktungsoptionen" bezeichnet werden. Hier muss das Kästchen **„Enable pacing, to slow down simulation" (Taktung aktivieren, um die Simulation zu verlangsamen)** markiert werden. Es gibt einen Schieberegler und ein Eingabefeld. Der Benutzer kann eine gewünschte Taktung wählen, indem er den Schieberegler bewegt oder einen Wert in das Eingabefeld schreibt. Im obigen Beispiel wurde eine Taktung von 0,45 s gewählt. Wann immer die Taktung aktiviert wird, erscheint ein Uhrensymbol direkt neben der Schaltfläche „Run" (Abb. 12.26).

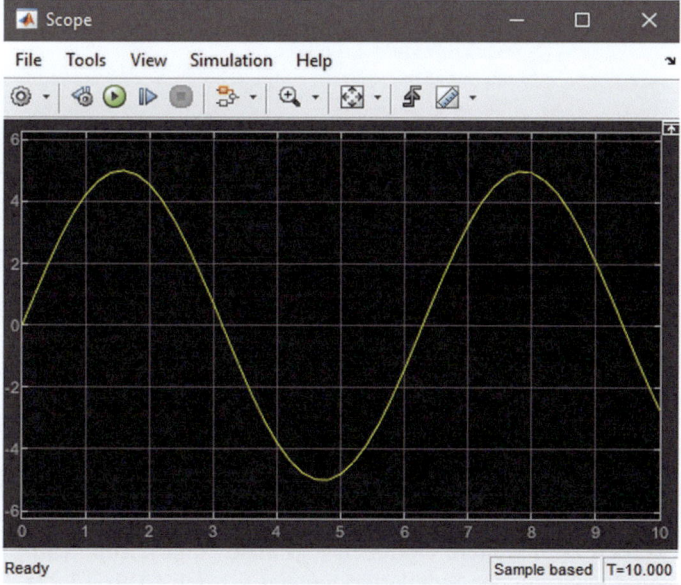

Abb. 12.24 Scope-Ausgabe des Sinuswellengenerators

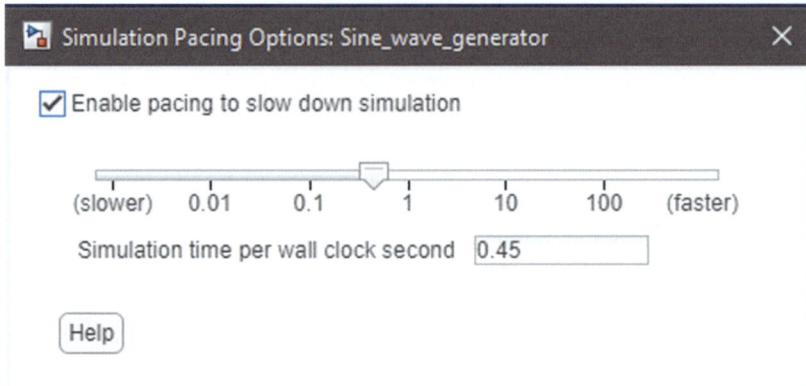

Abb. 12.25 Simulationstaktungsoptionen des Sinuswellengenerators

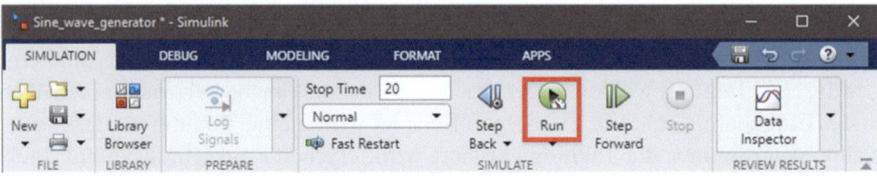

Abb. 12.26 Ausführen des Sinuswellengenerators mit Taktung

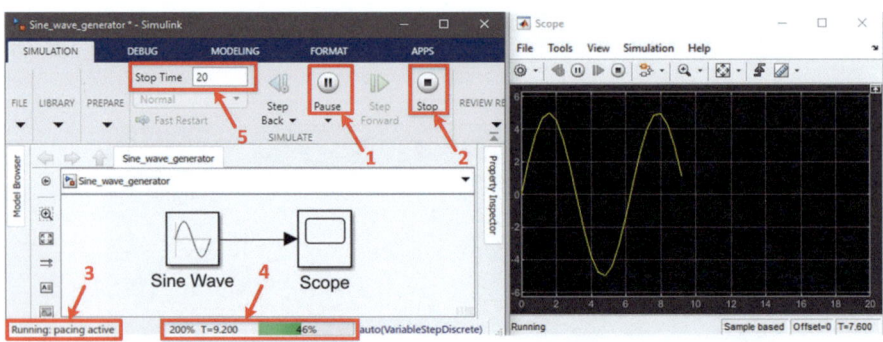

Abb. 12.27 Scope-Ausgabe des Sinuswellengenerators mit Taktung

Der nächste Schritt besteht darin, die Schaltfläche „Run" zu drücken, die das Modell mit der ausgewählten Taktung simuliert. Da das Modell langsamer simuliert wird, werden zwei weitere Optionen – **„Pause"** und **„Stop" (Stopp)** – sichtbar und können während der Simulation genutzt werden (Abb. 12.27). Der untere linke Teil des Fensters, der als 3 markiert ist, bestätigt, dass die Taktung aktiv ist.

12.7 Ein Modell in Simulink simulieren

Der als 4 markierte Teil zeigt den Prozentsatz der Fertigstellung der Simulation an. Aus dem Scope-Fenster kann die erzeugte Welle vom Startpunkt bis zum Ende verfolgt werden. Eine weitere Option, die als Nummer 5 in der Simulink-Header-Strip markiert ist, ist die **„Stop Time" (Stoppzeit)**, die die Dauer der Simulation angibt. Wenn die „Stop Time" mit 20 angegeben wird, bedeutet dies, dass die Simulation nach 20 s stoppt. Zu beachten ist, dass die Simulationszeit nicht identisch mit der Uhrzeit ist. Die Simulationszeit kann je nach Computerleistung, Komplexität des entworfenen Modells und anderen Aspekten variieren. Der Standardwert der „Stop Time" in Simulink beträgt 10 s.

12.7.2 „Schritt vorwärts" und „Schritt zurück"

Die Optionen **„Step Forward" (Schritt vor)** und **„Step Back" (Schritt zurück)** bieten Möglichkeiten, eine Simulation zu pausieren und mit einer vordefinierten Schrittgröße vorwärts- und rückwärtszugehen. Der erste Schritt zur Aktivierung dieser Funktion besteht darin, auf die Dropdown-Option „Step Back" zu klicken und die Option **„Configure Simulation Stepping" (Simulationsschritte konfigurieren)** auszuwählen (Abb. 12.28).

Dieser Schritt erzeugt das Erscheinen des folgenden Fensters (Abb. 12.29), aus dem der Benutzer die o. g. Funktion durch Anklicken des Kontrollkästchens neben der Zeile **„Enable stepping back" (Schritt zurück ermöglichen)** aktivieren kann. In diesem Fenster kann der Benutzer die maximale Anzahl der gespeicherten Rückschritte und das Intervall zwischen ihnen anpassen. Eine weitere Option erscheint, bei der der Benutzer entscheiden kann, wie viele Schritte er bei jedem Klick auf die Optionen „Step Forward" und „Step Back" vorwärts oder rückwärts gehen möchte. In Abb. 12.29 werden die Standardwerte für jede der Optionen angezeigt:

Nach der Anpassung der Schrittoption kann der Benutzer auf die Schaltfläche „Run" klicken, um die Simulation zu starten. Danach erscheinen die Optionen „Pause" und „Stop". Um jeden Schritt der Simulation genau zu beobachten, muss der Benutzer auf die Schaltfläche „Pause" klicken, was dazu führt, dass die Option „Pause" durch drei Optionen ersetzt wird. Die drei Optionen sind „Step

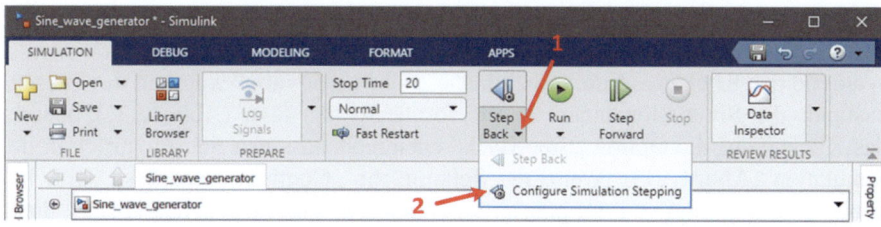

Abb. 12.28 Optionen „Step forward" (Schritt vor) und „Step Back" (Schritt zurück)

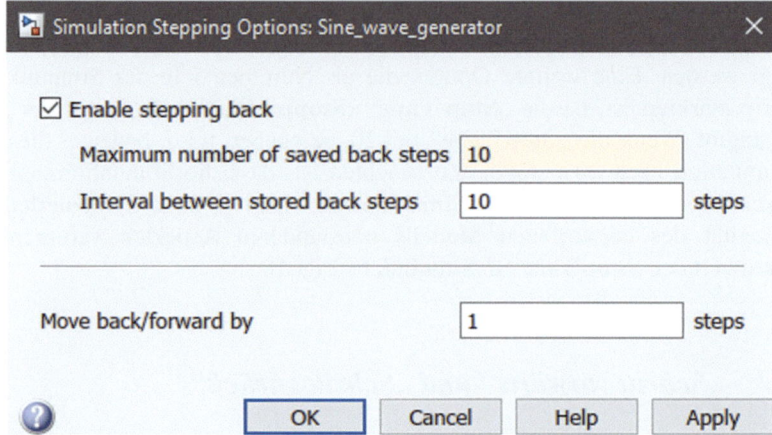

Abb. 12.29 Optionen für Simulationsschritte des Sinuswellengenerators

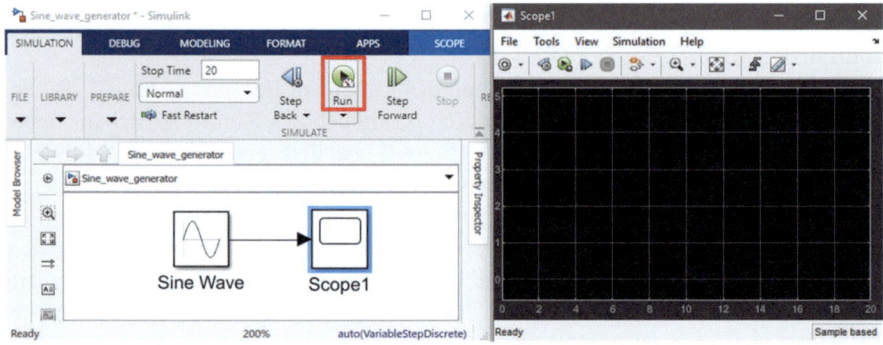

Abb. 12.30 Anfänglich leeres Scope-Fenster im Sinuswellengenerator

Back", **„Continue" (Fortsetzen)** und „Step Back". In Abb. 12.30 wird das Simulink-Fenster zusammen mit dem „Scope"-Fenster für das Modell des Sinuswellengenerators nach dem Klicken auf die Schaltfläche „Run" gezeigt, wobei das „Scope"-Fenster zunächst leer ist. In Abb. 12.31 wird das gleiche direkt nach dem Klicken auf die Schaltfläche „Pause" nach einer bestimmten Zeit gezeigt. Abb. 12.32 und 12.33 veranschaulichen das Konzept des Vorwärts- und Rückwärtsschritts. Während das Klicken auf die Schaltfläche „Schritt vorwärts" während des Pausenzustands die Simulation einen Schritt vorwärtsgehen lässt (Abb. 12.32), bewirkt das Klicken auf die Option „Step Back" entsprechend einen Schritt zurück in der Simulation (Abb. 12.33). Wenn die Schaltfläche „Continue" gedrückt wird, beginnt die Simulation von der pausierten Position aus fortzusetzen. Daher ist diese Funktion für eine detaillierte Analyse einer Simulation nützlich und effektiv.

12.7 Ein Modell in Simulink simulieren

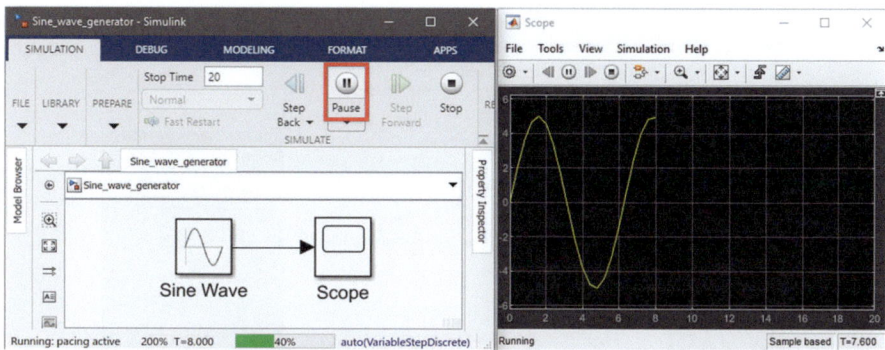

Abb. 12.31 Sinuswellengenerator im „Pause-Modus"

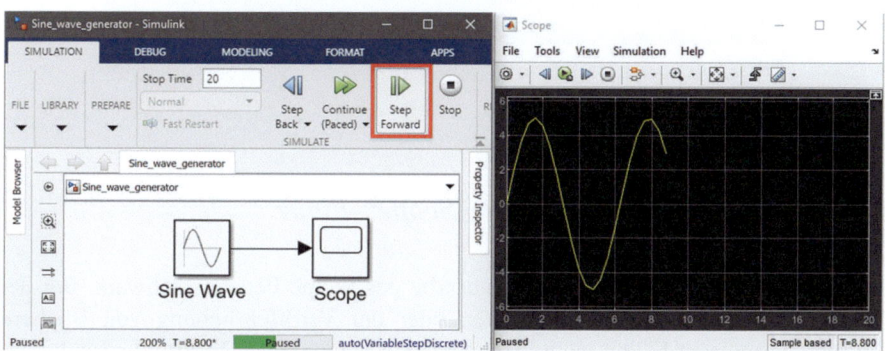

Abb. 12.32 Der Sinuswellengenerator mit Step Forward

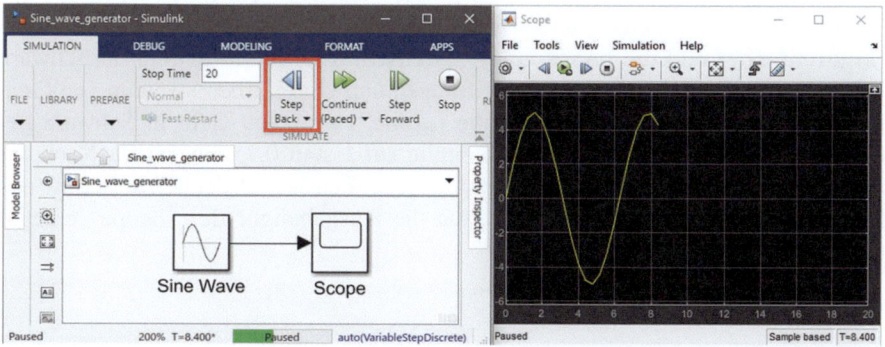

Abb. 12.33 Der Sinuswellengenerator mit Step Back

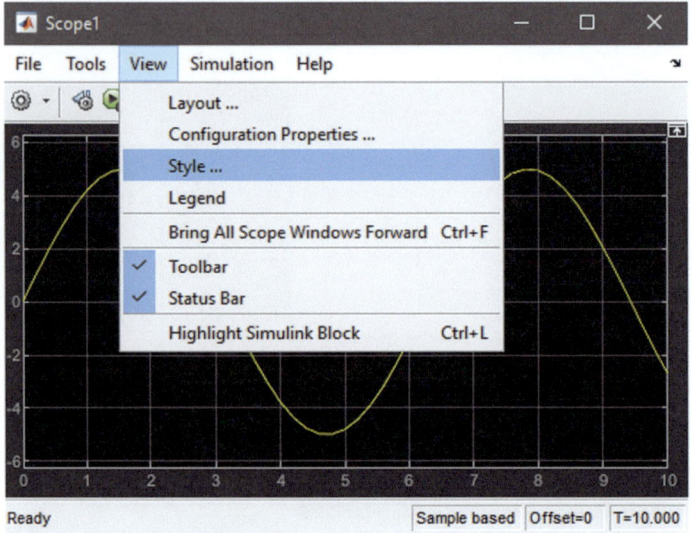

Abb. 12.34 Anpassung des Scope-Stils

12.7.3 Anpassen des Stils der „Scope"-Figur

Im Standardmodus ist die Hintergrundfarbe des Scope-Fensters schwarz. Bei der Erstellung wissenschaftlicher Arbeiten oder der Veröffentlichung von Büchern sind in den meisten Fällen weiße Hintergründe vorzuziehen. In Simulink kann der Stil des „Scope"-Fensters nach den Wünschen der Benutzer angepasst werden. Der erste Schritt besteht darin, die Option „**View**" (Ansicht)→„**Style**" (Stil) aus dem „Scope"-Fenster anzuwählen (Abb. 12.34).

Nach dem Klicken auf die Option „Style" erscheint ein „Style"-Fenster, das wie in Abb. 12.35 gezeigt geändert werden kann. Hier werden die **„Figure color"** (**Figurenfarbe**) und die **„Axes color"** (**Achsenhintergrundfarbe**) von Schwarz in Weiß geändert. Die „Ticks, Beschriftungen und Gitterfarben" werden von Grau in Schwarz geändert. Die **Linienfarbe** (**„Line"**) wird von Gelb in Schwarz geändert und schließlich wird die Linienbreite auf 1 statt 0,75 eingestellt. Nach der Änderung all dieser Optionen aus dem „Style"-Fenster ist der letzte Schritt das Klicken auf **„Apply"** (**Anwenden**), was die Ausgabefigur des „Scope" erzeugt (Abb. 12.36).

12.7.4 „Solver"-Option

Bei der Simulation eines Designs entscheidet die „Solver"-Option über den Lösungsalgorithmus, der für eine bestimmte Simulation funktioniert. Standard-

12.7 Ein Modell in Simulink simulieren

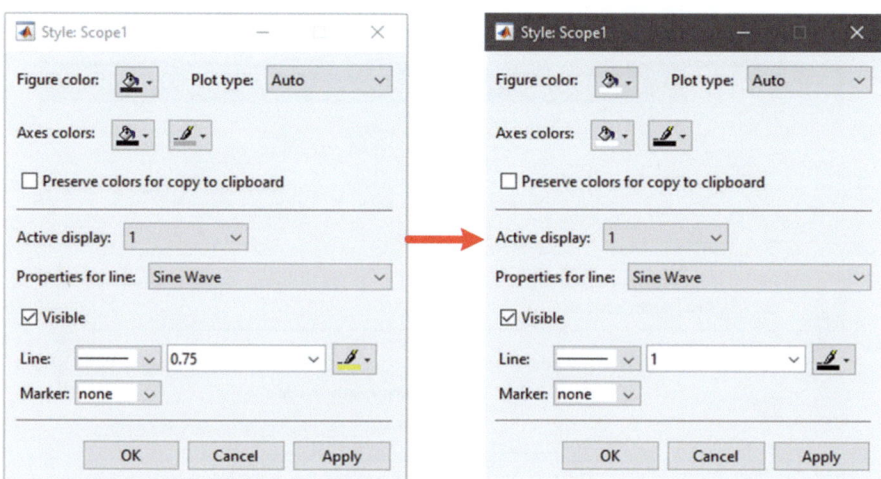

Abb. 12.35 Scope-Style

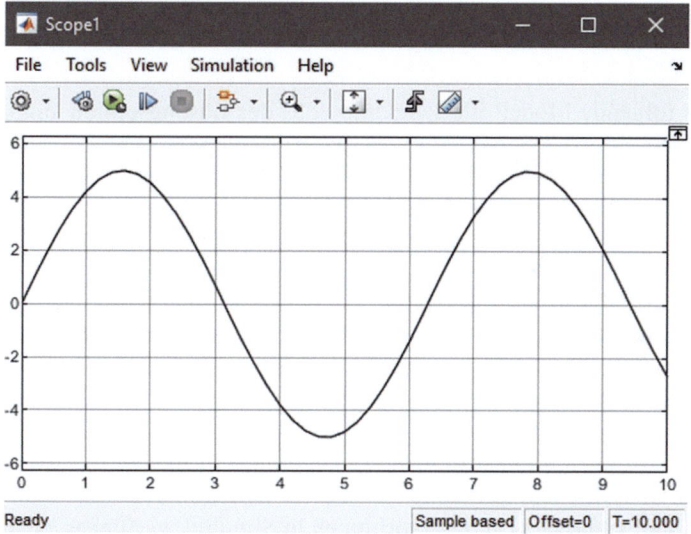

Abb. 12.36 Neuer Stil

mäßig bietet Simulink die Option „Auto", die automatisch einen Lösungsalgorithmus für ein bestimmtes Design auswählt. Der Benutzer kann herausfinden, welcher Lösungsalgorithmus verwendet wird, indem er auf die rot markierte Zone schaut (Abb. 12.37).

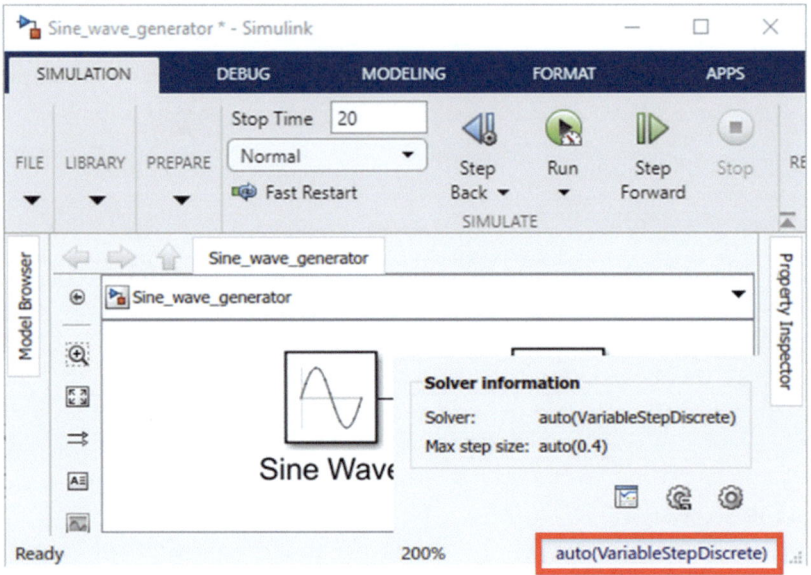

Abb. 12.37 Solver-Informationen

Da das folgende Modell im Standardmodus der Lösungsoption simuliert wird, ist ersichtlich, dass der Solver-Name in dieser Simulation „Variable StepDiscreet" im „Auto"-Modus ist. Wenn der Benutzer die Solver-Informationen anpassen möchte, kann dies durch Klicken auf die Einstellungsoption aus dem „Solver-Informationen"-Feature-Fenster durchgeführt werden, wie in blau in Abb. 12.38 markiert.

Nach dem Klicken auf die Option „Solver-Einstellung" erscheint das Fenster **„Configuration Parameters" (Konfigurationsparameter)** (Abb. 12.39), in dem Parameter, die für die Solver-Informationen relevant sind, nach Wahl der Benutzer geändert werden können.

Die Auswahl eines bestimmten Lösers hängt von der Art des Lösers ab. Die Arten von Lösungen können in zwei Typen eingeteilt werden – **„Variable-step" (Variabler-Schritt-)** und **„Fixed-step" (Fester-Schritt-)** Typ. Innerhalb jeder dieser Typen sind mehrere Lösungsalgorithmen in Simulink verfügbar, die nach Wahl der Benutzer genutzt werden können. In Tab. 12.2 sind alle verfügbaren Lösungen in der folgenden Tabelle auf der Grundlage der zwei verschiedenen Arten von Lösungen kategorisiert:

Die Benutzer können einen der Lösungsalgorithmen aus der o. g. Tabelle für eine bestimmte Simulation auszuwählen. Standardmäßig bleibt die Einstellung im „Auto"-Modus. Um einen bestimmten Lösungsalgorithmus zu konfigurieren, ist der erste Schritt, zum Abschnitt „Solver" zu navigieren und dann den Typ des Lösers auszuwählen, indem man die Dropdown-Option „Type" unter dem Abschnitt **„Solver selection" (Löser-Auswahl)** anklickt. Der zweite Schritt ist, auf die Drop-

12.7 Ein Modell in Simulink simulieren

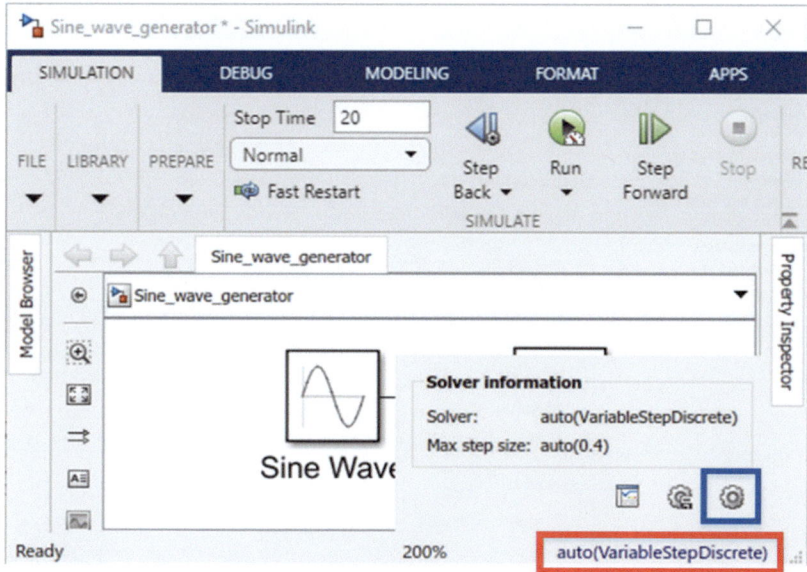

Abb. 12.38 Einstellungen in den Solver-Informationen

down-Option „Solver" zu klicken, um einen bestimmten Lösungsalgorithmus auszuwählen, der unter den zuvor ausgewählten Arten des Lösers fällt. Diese beiden Schritte sind in Abb. 12.40 mit 1 und 2 mit roten Markierungen hervorgehoben:

Für jede Art von Lösung bietet Simulink auch die Option, andere Parameter zu konfigurieren, um die Lösungsoptionen mit mehr Details anzupassen. Die verfügbaren Parameter, die für jede Art von Lösung konfiguriert werden können, sind in den Tab. 12.3 und 12.4 mit einigen Details aufgeführt:

12.7.5 Datenimport und -export

Im Fenster „Configuration Parameters" befindet sich der Befehl **„Data Import/ Export" (Datenimport/Export)** (Abb. 12.41). Durch ihn kann Simulink mit dem Arbeitsbereich von MATLAB verknüpft werden. Die Eingabedaten können mit der Option **„Connect Input" (Eingabe verbinden)** unter dem Unterabschnitt **„Load from workspace" (Aus Arbeitsbereich laden)** geladen werden. Der Anfangszustand kann auch extern zugewiesen werden.

Eine weitere Funktion dieses Abschnitts besteht darin, Daten im Arbeitsbereich aus Simulink zu speichern. Die Benutzer können die Daten auswählen, die sie im Arbeitsbereich exportieren möchten. So können die Parameter dieses Fensters konfiguriert werden, um eine Zusammenarbeit zwischen Simulink und MATLAB durch Import und Export von Daten zu ermöglichen.

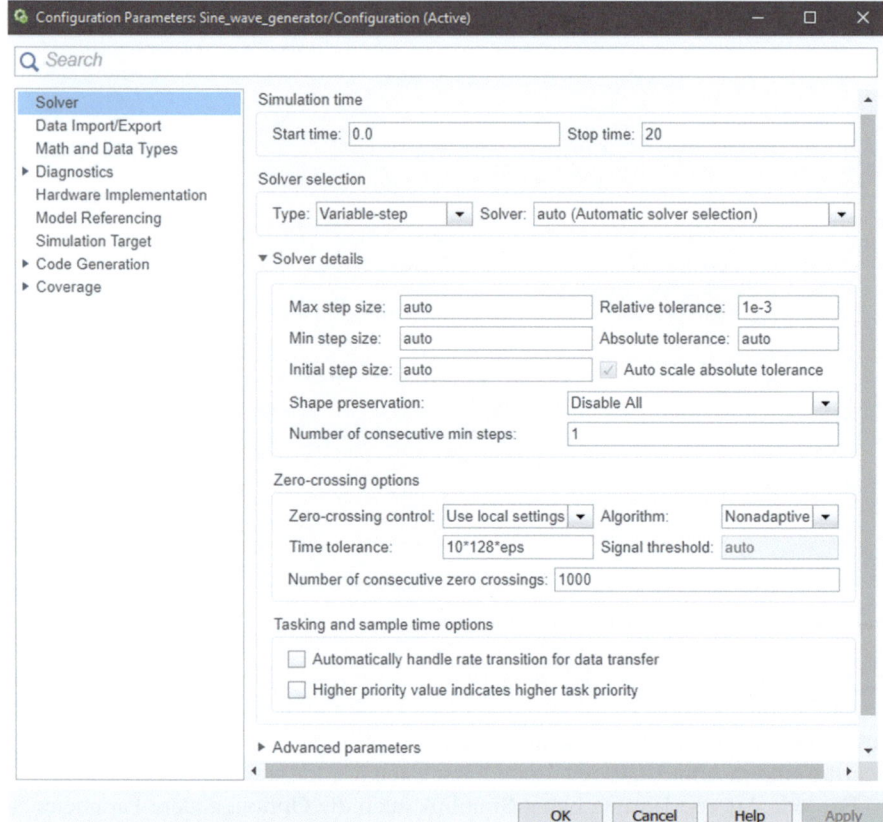

Abb. 12.39 Configuration Parameters

Tab. 12.2 Verschiedene Arten von Lösungsalgorithmen in Simulink

Lösungstyp	Fixed-Step	Variable-Step
Kontinuierlich	• Ode1 (Euler) • Ode1be (Rückwärts Euler) • Ode2 (Heun) • Ode3 (Bogacki-Shampine) • Ode4 (Runge-Kutta) • Ode5 (Dormand-Prince) • Ode8 (Dormand Prince) • Ode14x (Extrapolation)	• Ode15s (Steif/NDF) • Ode23 (Bogacki-Shampine) • Ode23s (Steif/Modifiziertes Rosenbrock) • Ode23t (Modifiziertes steifes/Trapez) • Ode23tb (Steif/TR-BDF2) • Ode45 (Dormand-Prince) • Ode113 (Adams) • OdeN (Nichtadaptiv) • Daessc (DAE-Lösung für Simcape)
Diskret	• Fester-Schritt-diskrete-Löser	• Variabler-Schritt-diskrete-Löser

12.7 Ein Modell in Simulink simulieren

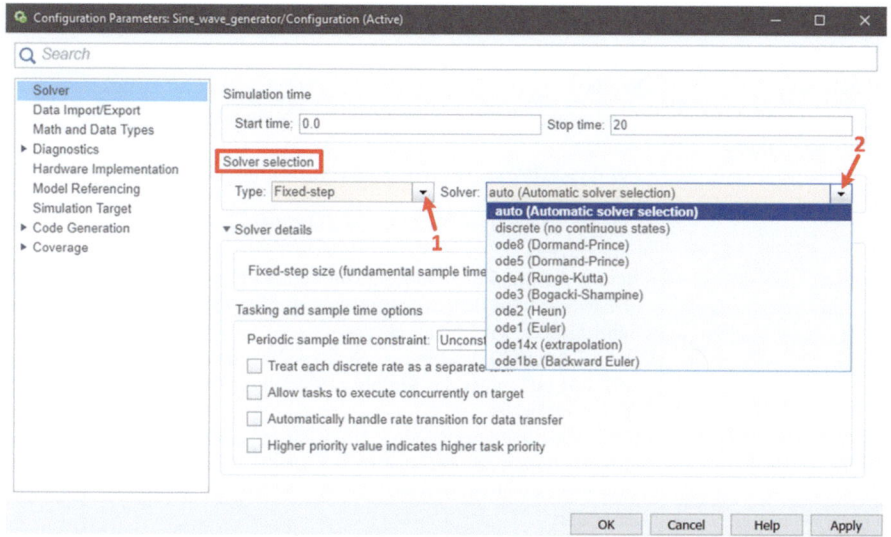

Abb. 12.40 Auswahl Solver

12.7.6 Mathematik und Datentypen

„**Math and Data Types**" (**Mathematik und Datentypen**) ist ein weiterer wichtiger Abschnitt. Im Math-Unterabschnitt können die Benutzer zwei Parameter konfigurieren. Der erste Parameter bezieht sich auf die Wahl, wie mit denormalen Zahlen während der Simulation umgegangen werden soll. Eine denormale Zahl kann als eine Zahl definiert werden, die ungleich null und kleiner als die kleinste normalisierte Gleitkommazahl ist. Manchmal werden denormale Werte auf null abgerundet. Daher gibt es im Unterabschnitt „Mathematik" eine Dropdown-Option namens „Simulationsverhalten für denormale Zahlen", die zwei Konfigurationsoptionen hat: „**Gradual Underflow**", die keine Änderungen für denormale Zahlen vornimmt, und „**Flush to Zero (FTZ)**", die jede denormale Zahl auf null setzt.

Es gibt weiterhin eine Checkbox-Option namens „**Use algorithms optimized forrow-major array layout**" (**Verwenden Sie Algorithmen, die für das Zeilen-Haupt-Array-Layout optimiert sind**) im Unterabschnitt „Math". Wenn das Kontrollkästchen aktiviert ist, um diese Option zu aktivieren, ermöglicht diese Konfiguration Simulink, einen effizienten Algorithmus zu aktivieren, der die Daten in Zeilen-Hauptreihenfolge durchläuft. Bei Auswahl einer solchen Option wird der generierte Algorithmus für ein Zeilen-Haupt-Array-Layout effizient sein, jedoch nicht für ein Spalten-Haupt-Array-Layout.

Das Deaktivieren der o. g. Option bedeutet, dass ein effizienter Algorithmus aktiviert wird, der die Daten in Spalten-Hauptreihen-Folge durchläuft. Daher wird der generierte Code effizient sein, wenn das Array-Layout spaltenbasiert ist.

Tab. 12.3 Verschiedene Arten von Parametern „Fixed-step type"

Fixed-step-Löser

Parameter	Details
1. Periodische Abtastzeitbeschränkung	• Die Beschränkung der periodischen Abtastzeit kann ausgewählt werden • Für diesen Parameter gibt es drei Auswahlmöglichkeiten: a) Unbeschränkt b) Sicherstellen, dass die Abtastzeit unabhängig ist c) Spezifiziert • Bei der Auswahl des Modus „Unbeschränkt" erscheint eine Option „Feste Schrittgröße", die angegeben werden muss. Die Option „Feste Schrittgröße" wird später erklärt • Bei der Auswahl des Modus „Sicherstellen, dass die Abtastzeit unabhängig ist", muss das Simulink-Modell eine von ihm selbst geerbte Abtastzeit haben • Bei der Auswahl des Modus „Spezifiziert" erscheint die Option „Eigenschaften der Abtastzeit", bei der die Prioritäten der Abtastzeit zugewiesen werden müssen. „Eigenschaften der Abtastzeit" wird später erklärt
2. Feste Schrittgröße (grundlegende Abtastzeit)	• Die Schrittgröße des numerischen Lösers, die einen festen Wert hat • Stellen Sie „Auto" ein oder geben Sie eine gültige Zahl ein • Es wird nur angezeigt, wenn die „Periodische Abtastzeitbeschränkung" im Modus „Unbeschränkt" zugewiesen ist
3. Eigenschaften der Abtastzeit	• Es werden die Prioritäten der Abtastzeit erwähnt und spezifiziert • Die Art der Eingabe dieses Parameters ist eine $n \times 3$ Größenmatrix, wobei n die Anzahl der Abtastzeiten angibt • Es ist geordnet von der schnellsten bis zur langsamsten der Abtastzeiten • Für jede Abtastzeit werden drei Werte zugewiesen, die Periode (Abtastfrequenz), Offset und Prioritäten sind, jeweils in dieser Reihenfolge • Abtastformat: [Periode_1 Offset_1 Priorität_1 (1. Abtastzeit) Periode_2 Offset_2 Priorität_2 (2. Abtastzeit) Periode_n Offset_n Priorität_n ($n$te Abtastzeit)]
4. Jede diskrete Rate als separate Aufgabe behandeln	• Eine Checkbox-Option, die zwei Modi „Ein" und „Aus" hat • Durch Anklicken des Kontrollkästchens kann der Modus „Ein" gestartet werden • Im Modus „Ein" ist Multitasking aktiviert, wobei das Simulink-Modell mit unterschiedlichen Abtastfrequenzen ausgeführt werden kann • Im Modus „Aus" werden alle Blöcke für eine einzige Abtastfrequenz ausgeführt
5. Ein höherer Prioritätswert zeigt eine höhere Aufgabenpriorität an	• Eine Checkbox-Option, die zwei Modi „Ein" und „Aus" hat • Durch Anklicken des Kontrollkästchens kann der Modus „Ein" gestartet werden • In den „Eigenschaften der Abtastzeit" kann der Prioritätswert zugewiesen werden. Welcher Prioritätswert jedoch eine höhere oder niedrigere Aufgabenpriorität anzeigt, kann durch diese Option zugewiesen werden • Im Modus „Ein" zeigt ein höherer Prioritätswert eine höhere Aufgabenpriorität an • Im Modus „Aus" bedeutet ein höherer Prioritätswert eine niedrigere Aufgabenpriorität

Tab. 12.4 Verschiedene Arten von Parametern für den Algorithmus „Variable-step-type"

Variable-Step-Löser

Parameter	Details
1. Maximale Schrittgröße	• Die maximale Schrittgröße des numerischen Solvers • Setzen Sie „Auto" oder geben Sie eine gültige Zahl ein • Standardmäßig wird es als „Auto" zugewiesen
2. Minimale Schrittgröße	• Die minimale Schrittgröße des numerischen Solvers • Setzen Sie „Auto" oder geben Sie eine gültige Zahl ein • Standardmäßig wird es als „Auto" zugewiesen
3. Anfängliche Schrittgröße	• Die anfängliche Schrittgröße des numerischen Solvers • Setzen Sie „Auto" oder geben Sie eine gültige Zahl ein • Standardmäßig wird es als „Auto" zugewiesen
4. Relative Toleranz	• Sie gibt den maximal akzeptablen Fehler des Solvers relativ zur Größe jedes Zustands während jedes Zeitschritts an • Standardwert: $1e-3$ • Es kann eine beliebige gültige Zahl eingestellt werden
5. Absolute Toleranz	• Sie gibt den maximal akzeptablen Fehler an, wenn der gemessene Zustandswert gegen null geht • Standardwert: „auto" • Es kann eine beliebige gültige Zahl eingestellt werden
6. Formbewahrung	• Es gibt zwei Optionen – alles deaktivieren und alles aktivieren • Bei der Option „alles aktivieren" wird die Formbewahrung auf alle Signale angewendet. In diesem Modus wird die Integrationsgenauigkeit in jedem Zustand durch Verwendung von Ableitungsinformationen in jedem Zeitschritt verbessert • Bei der Option „alles deaktivieren" wird die Formbewahrung nicht angewendet • Standardwert: „alles deaktivieren"
7. Nullstellenkontrolle	• Sie wird verwendet, um die Nullstellenerkennung zu aktivieren oder zu deaktivieren • Es gibt drei Optionen zur Auswahl: a) Lokale Einstellungen verwenden b) Alles aktivieren c) Alles deaktivieren • Bei der Option „lokale Einstellungen verwenden" kann die Nullstellenerkennung für jeden Block manuell aktiviert werden. Um die Nullstellenerkennung eines bestimmten Blocks zu aktivieren, navigieren Sie zum Parameterfeld dieses Blocks und aktivieren Sie die Option „Nullstellenerkennung aktivieren" • Durch Auswahl der Option „alles aktivieren" wird die Nullstellenerkennung für alle Blöcke in einem Simulink-Modell aktiviert • Durch Auswahl der Option „alles deaktivieren" wird die Nullstellenerkennung für alle Blöcke in einem Simulink-Modell deaktiviert
8. Algorithmus	• Er fällt unter die Kategorie der Nullstellenoption • Er wird verwendet, um den Algorithmus für die Nullstellenerkennung anzugeben • Simulink bietet zwei Algorithmen für diese Aufgabe – adaptiver und nicht adaptiver Algorithmus • Der adaptive Algorithmus ist besser geeignet für Modelle, die ein starkes Nullverhalten aufweisen • Der nicht adaptive Algorithmus kann eine genaue Erkennung liefern; jedoch kann es eine längere Simulationszeit in Anspruch nehmen • Standardwert: nicht adaptiver Algorithmus

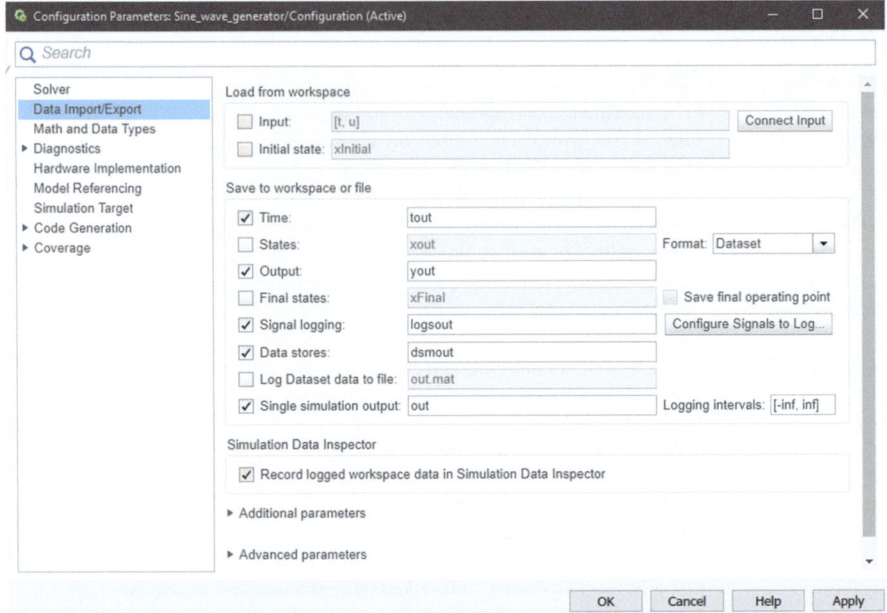

Abb. 12.41 Datenimport und -export in den Konfigurationsparametern

Im Unterabschnitt Datentypen können nicht spezifizierte Daten entweder als Double oder Single konfiguriert werden. Es gibt einige andere Parameter, wie die Optionen zur Berechnung der festen Punkt-Netzsteigungs-Berechnung zur Handhabung von Netzsteigungskorrekturen usw. Alle diese Parameter können mit dem in Abb. 12.42 gezeigten Fenster konfiguriert werden.

12.7.7 Diagnose

Ein Diagnosefenster erscheint, nachdem ein Simulationsmodell ausgeführt wurde, welches Fehler oder Warnungen anzeigt, die behoben werden müssen. Wenn es keinen Fehler oder zugehörige Warnung gibt, wird das **„Diagnostics" (Diagnose)**-Fenster nach der Simulation nicht angezeigt (Abb. 12.43). Simulink bietet den Benutzern die Flexibilität zu wählen, unter welchen Bedingungen ein simuliertes Modell Warnungen, Fehler oder keine anzeigen sollte.

12.7 Ein Modell in Simulink simulieren

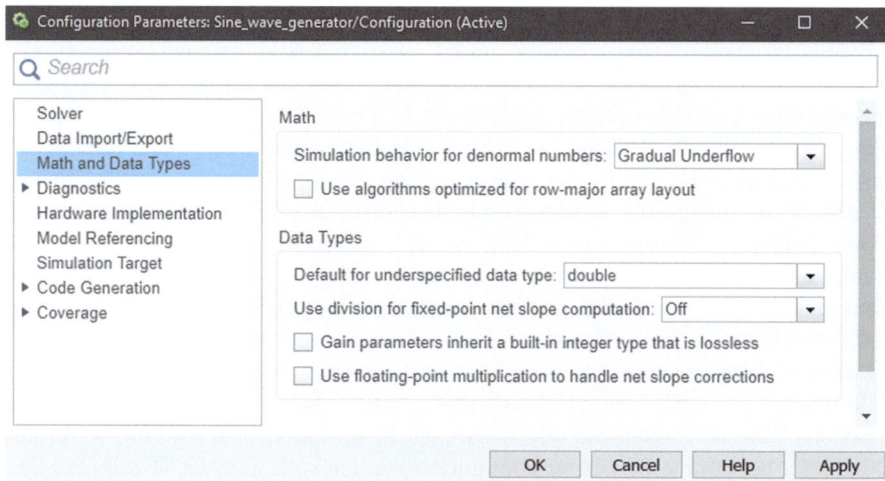

Abb. 12.42 Mathematik und Datentypen in Konfigurationsparametern

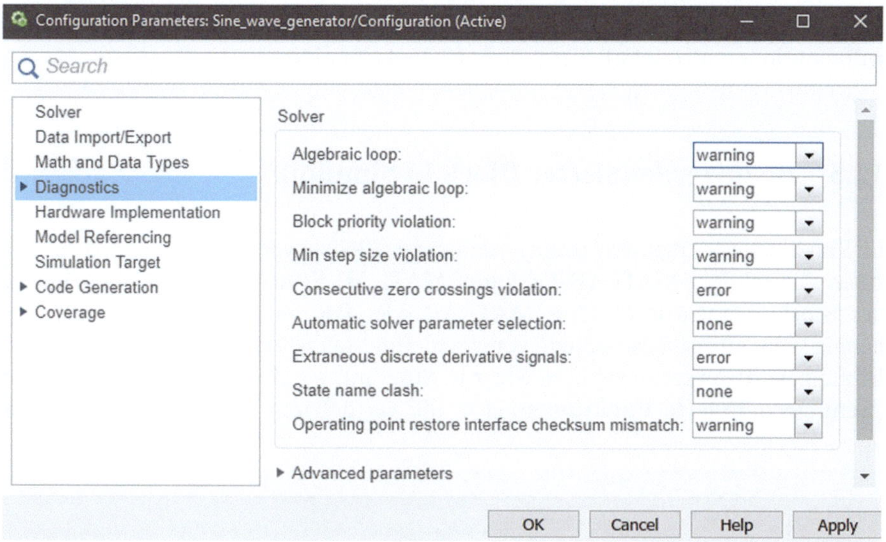

Abb. 12.43 Diagnose in Konfigurationsparametern

12.7.8 Andere Parameter

Es gibt fünf weitere Abschnitte, unter denen verschiedene Parameter angepasst werden können. Zum Beispiel kann der Abschnitt „Hardware-Implementierung" konfiguriert werden, um die Typen und Eigenschaften eines computerbasierten Modells zu spezifizieren, genauer gesagt, eines mit Simulink entworfenen, eingebetteten Systems. In diesem Kapitel werden diese Parameter nicht erklärt, da das Buch als Crashkurs für die Leser dient. Um mehr darüber zu erfahren, wählen Sie einen Abschnitt aus dem Fenster „Konfigurationsparameter" und klicken Sie auf die Schaltfläche „Hilfe" im unteren linken Teil des Fensters. Ein Beispiel ist in Abb. 12.44 dargestellt, wo der Abschnitt **„Hardware Implementation" (Hardware-Implementierung)** ausgewählt ist und nach dem Klicken auf die Schaltfläche **„Help" (Hilfe)** die Hilfeseite erscheint (Abb. 12.45). Von dieser Seite aus werden kurze Informationen über diesen Abschnitt gegeben. Um mehr über die individuelle Parameterkonfiguration zu erfahren, bewegen Sie die Maus zu einem bestimmten Parameter und klicken Sie mit der rechten Taste darauf. Ein Optionsfeld namens **„What's This" (Was ist das?)** wird angezeigt. Durch Klicken darauf erscheint eine Hilfeseite, die alle relevanten Informationen beschreibt, wann und wie dieser bestimmte Parameter konfiguriert werden soll. Abb. 12.44 zeigt ein Beispiel, in dem nach dem Rechtsklick auf die Option „Hardware Implementation" die Auswahlmöglichkeit „What's This?" erscheint. Nach dem Klicken auf diese Option erscheint eine kurze Anleitung zur Konfiguration dieses Parameters, die in Abb. 12.45 dargestellt ist. Um mehr Details über die Konfiguration dieses Parameters zu erfahren, klicken Sie auf die Option **„Show moreinformation" (Mehr Informationen anzeigen)**, die in Abb. 12.46 rot markiert ist.

12.8 Benutzerdefinierter Block in Simulink

In Simulink sind mehrere benutzerdefinierte Blöcke verfügbar, wie z. B. C-Anrufer, C-Funktion, MATLAB-Funktion, MATLAB-System usw. Die Algorithmen des Blocks können in C, C++, MATLAB oder Fortran geschrieben werden, abhängig von einem bestimmten benutzerdefinierten Block. Über den Simulink-Bibliotheks-Browser navigieren Sie zu „Simulink"→**„User-Defined Functions" (Benutzerdefinierte Funktionen)**, wo alle verfügbaren Blöcke aufgelistet sind.

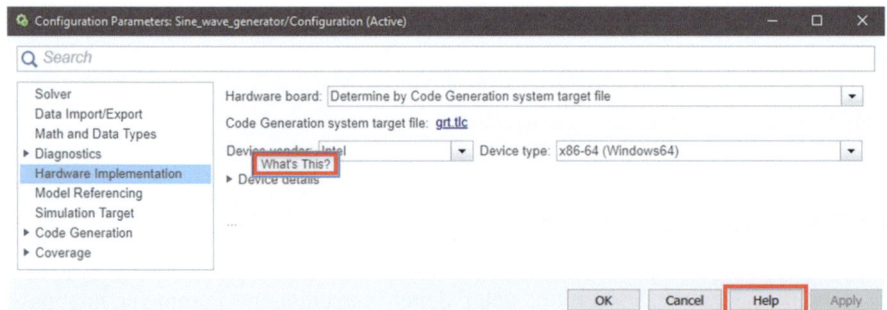

Abb. 12.44 Hardware-Implementierung in Konfigurationsparametern

12.8 Benutzerdefinierter Block in Simulink

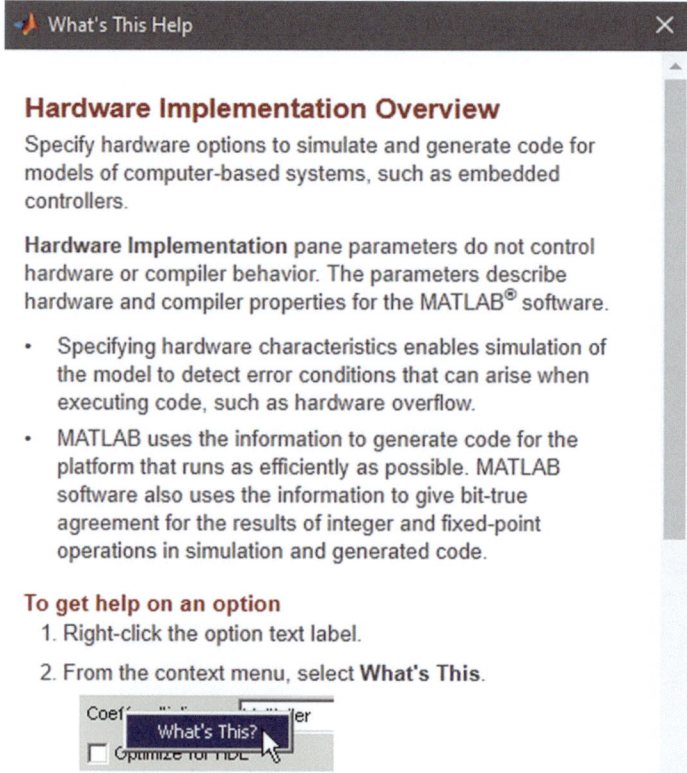

Abb. 12.45 Überblick über die Hardware-Implementierung

Im folgenden Beispiel wird der MATLAB-Funktionsblock verwendet, um zu veranschaulichen, wie man einen benutzerdefinierten Block in Simulink erstellt.

Beispiel 12.1 Ein Block zur Umwandlung von rechteckigen zu polaren Daten wird in diesem Beispiel mithilfe des MATLAB-Funktionsblocks Schritt für Schritt erstellt

Schritt 1: Ziehen Sie den „MATLAB-Functions"-Block aus dem „Simulink-Library-Browser→Simulink→User-Defined Functions→MATLAB Function" in das Simulink-Designfenster.

Schritt 2: Doppelklicken Sie auf die „MATLAB Function", die eine MATLAB-Skriptdatei im Editor öffnet.

Schritt 3: Schreiben Sie eine benutzerdefinierte Funktion, indem Sie Eingabe- und Ausgabeparameter festlegen, um die Aufgabe zu definieren. In diesem Beispiel sind die Eingabeparameter der Real- und Imaginärteil der Zahl in rechteckiger Form. Die Ausgaben sind der Betrag und der Winkel in polarer Form. Eine benutzerdefinierte Funktion zur Umwandlung von rechteckig zu polar ist in Abb. 12.47 im MATLAB-Skript beschrieben:

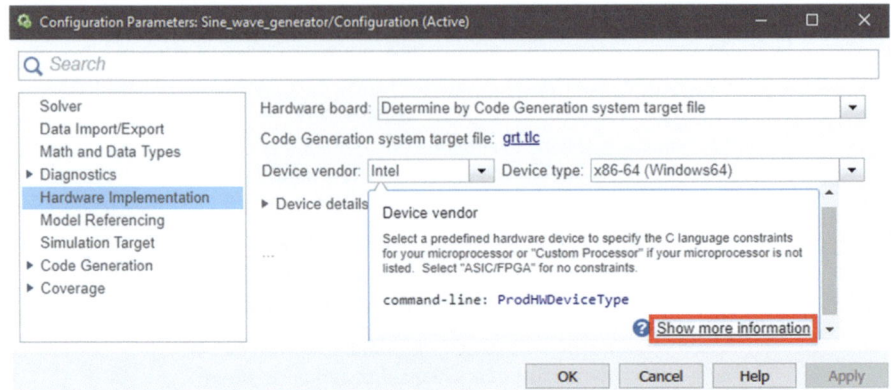

Abb. 12.46 Mehr Informationen über den Gerätehersteller erhalten

```
function [Magnitude, Angle] = Cartesian_to_polar(Real, Imaginary)
Magnitude = sqrt(Real^2 + Imaginary^2);
Angle = atan(Imaginary/Real)*(180/pi);
```

Abb. 12.47 Code – Funktion zur Umwandlung von rechteckigen zu polaren Koordinaten

Schritt 4: Speichern Sie das MATLAB-Skript (.m-Datei) im selben Arbeitsverzeichnis wie die Simulink-Datei (.slx-Datei). Es werden zwei Eingabe- und Ausgabeports im MATLAB-Funktionsblock erstellt, der zuvor in das Simulink-Designfenster gezogen wurde.

Schritt 5: Ziehen Sie zwei „Constant"-Blöcke aus dem „Simulink Library Browser→Simulink→Sink", um die Eingaben der Real- und Imaginärzahl zu liefern. Verbinden Sie beide mit dem Eingabeport des „MATLAB-Funktions"-Blocks.

Schritt 6: Holen Sie sich zwei „Display"-Blöcke aus dem „Simulink-Library-Browser→Simulink→Sink", um die beiden Ausgabeparameter – **„Magnitude"** **(Betrag)** und **„Ankle" (Winkel)** – anzeigen zu lassen. Verbinden Sie diese Displays mit den Ausgabeports der „MATLAB Functions".

Schritt 7: Doppelklicken Sie auf die „Constant"-Blöcke, um zwei verschiedene Werte – Real- und Imaginärteile – in den Blöcken festzulegen.

Schritt 8: Klicken Sie auf die Schaltfläche „Run", um das Modell zu simulieren. Das gesamte Simulink-Design nach der Simulation wird in Abb. 12.48 gezeigt, wo die „MATLAB Function" als benutzerdefinierter Block fungiert.

Beispiel 12.2 Ein benutzerdefinierter Simulink-Block, der Mittelwert, Standardabweichung und Varianz berechnen kann, soll erstellt werden. Dafür wird der MATLAB-Funktionsblock verwendet. Nach dem Doppelklicken auf den „MAT-

12.9 Verwendung von MATLAB in Simulink

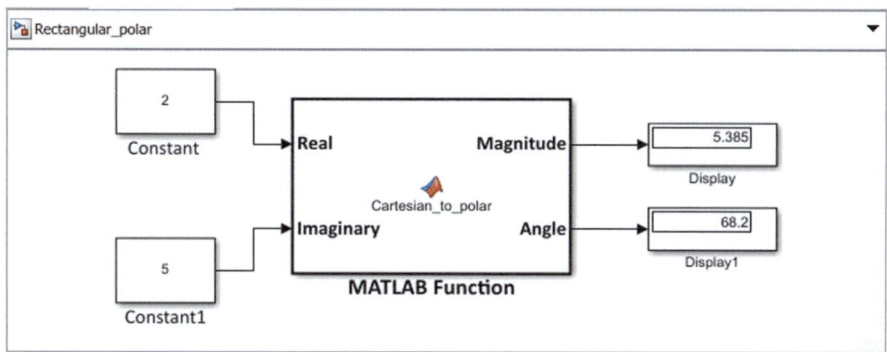

Abb. 12.48 Simulink-Diagramm der Funktion zur Umwandlung von rechteckigen zu polaren Koordinaten

```
function [Mean_value,Standard_deviation,Variance] = fcn(input)
Mean_value = mean(input);
Standard_deviation = std(input);
Variance = var(input);
```

Abb. 12.49 Code – Funktion zur Berechnung von Mittelwert, Standardabweichung und Varianz

LAB-Funktions"-Block erscheint ein MATLAB-Skript. Der MATLAB-Code zur Definition der Aufgabe ist in Abb. 12.49 dargestellt.

Im obigen Code wird eine benutzerdefinierte Funktion *fcn*() erstellt, bei der die Ausgaben Mean_value, Standard_deviation und Variance sind. Drei „Display"-Blöcke sind mit den Ausgabeports verbunden, um die Ergebnisse anzuzeigen. Im „Input"-Port ist ein „Constant"-Block verbunden, in dem ein Vektorarray [5 2 10 2 8 7 9] aus seinem Parameterfenster zugewiesen wird. Das Gesamtdesign des Modells wird in Abb. 12.50 nach der Simulation gezeigt.

12.9 Verwendung von MATLAB in Simulink

Von Simulink aus ist es möglich, jede simulierte Ausgabe oder Daten in die MATLAB-Arbeitsumgebung zu verschieben, von wo aus sie verwendet werden können, um jede Aufgabe mit MATLAB-Codierung durchzuführen. Eine der Möglichkeiten, eine solche Aufgabe durchzuführen, besteht darin, einen Simulink-Block „To Workspace" zu nutzen. Ein Beispiel wird unten gezeigt, um die Verwendung dieses Blocks zur Herstellung der Verwendung von MATLAB in Simulink zu demonstrieren:

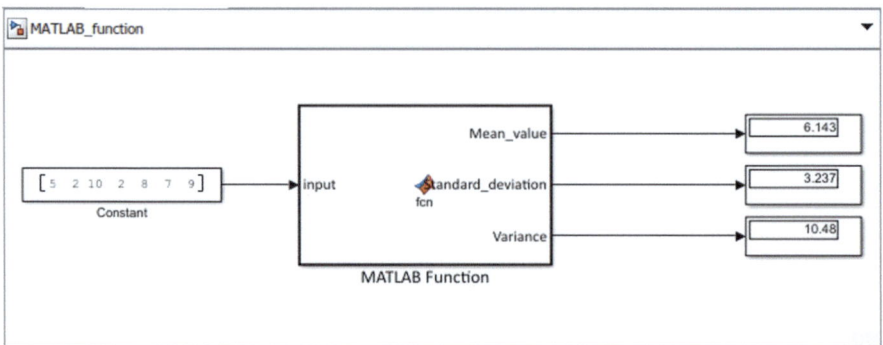

Abb. 12.50 Simulink-Diagramm der Funktion zur Berechnung von Mittelwert, Standardabweichung und Varianz

Beispiel 12.3 In diesem Beispiel wird eine Solarzelle simuliert, um die PV-Kennlinie für verschiedene Sonnenstrahlungswerte mit der Verwendung von sowohl Simulink als auch MATLAB zu demonstrieren. Die verwendeten Blöcke und die Navigationsrouten sind in der folgenden Tab. 12.5 zusammengefasst:

Das mit den o. g. Blöcken entworfene Modell ist in Abb. 12.51 dargestellt. Der Wert des PS-Konstantenblocks gibt den Wert der Sonnenstrahlung an, der zunächst auf 800 eingestellt ist. Mit Ausnahme von drei **„To Workspace" (Zur-Arbeitsfläche)**-Blöcken werden alle anderen Blöcke mit ihren Standardparameterwerten beibehalten. Der „To Workspace"-Block wird angepasst, indem der **„Variable name" (Variablenname)** und das **„Save format" (Speicherformat)** geändert werden. In Abb. 12.52 wird die Anpassung gezeigt, wobei der „Variable name" in „I1" und das „Save format" in „Array" geändert wurde. Für den „To-Workspace-1-"-Block werden die Namen entsprechend in „P1" und „Array" geändert, für den „To-Workspace-2-"-Block in „V1" und „Array". Die „To-Workspace-" und „Display"-Blöcke den Strom anzeigen; die 1er-Blöcke beziehen sich auf die **„Power" (Leistung)** und die 2-Blöcke zeigen die **„Voltage" (Spannung)** aus der Solarzellenschaltung an.

In diesem Beispiel soll die PV-Kennlinie für verschiedene Sonnenstrahlungswerte mit MATLAB geplottet werden. Daher wird im ersten Simulationsschritt der Wert des PS-Constant-Blocks zunächst auf 800 gesetzt, was dem Wert der Sonnenstrahlung entspricht. Um die Daten von Spannung, Strom und Leistung in den MATLAB-Workspace zu verschieben, werden die „To-Workspace"-Blöcke verwendet. Für den Sonnenstrahlungswert 800 werden die Variablennamen der drei „To-Workspace"-Werte wie zuvor erwähnt auf „I1", „P1" und „V1" gesetzt. Danach wird auf die Schaltfläche „Run" geklickt, um das Modell zu simulieren, was die Werte von I1, P1 und V1 in das MATLAB-Workspace-Verzeichnis verschiebt. Später wird der Wert des „PS-Constant"-Blocks auf 1000 und die Variablennamen der drei „To-Workspace"-Blöcke auf „I2", „P2" und „V2" geändert. Dann wird das Modell erneut simuliert, indem auf die Schaltfläche „Run"

12.9 Verwendung von MATLAB in Simulink

Tab. 12.5 Blöcke und Navigationsrouten, die im Beispiel 12.3 verwendet werden

Name des Blocks	Navigationsroute
Solarzelle	Simscape→Electrical→Sources→Solarzelle
PS-Konstante	Simscape→Foundation library→Physical signals→Sources→PS-Konstante
Solver-Konfiguration	Simscape→Utilities→Solver-Konfiguration
PS-Simulink-Konverter	Simscape→Utilities→PS-Simulink-Konverter
Simulink-PS-Konverter	Simscape→Utilities→Simulink-PS-Konverter
Stromsensor	Simscape→Foundation library→Electrical→Electrical sensors→Stromsensor
Spannungssensor	Simscape→Foundation library→Electrical→Electrical sensors→Spannungssensor
Veränderlicher Widerstand	Simscape→Foundation library→Electrical→Electrical elements→Veränderlicher Widerstand
Rampe	Simulink→Sources→Rampe
Zur Arbeitsfläche	Simulink→Sinks→Zur Arbeitsfläche
Produkt	Simulink→Math operations→Produkt
Anzeige	Simulink→Sinks→Anzeige

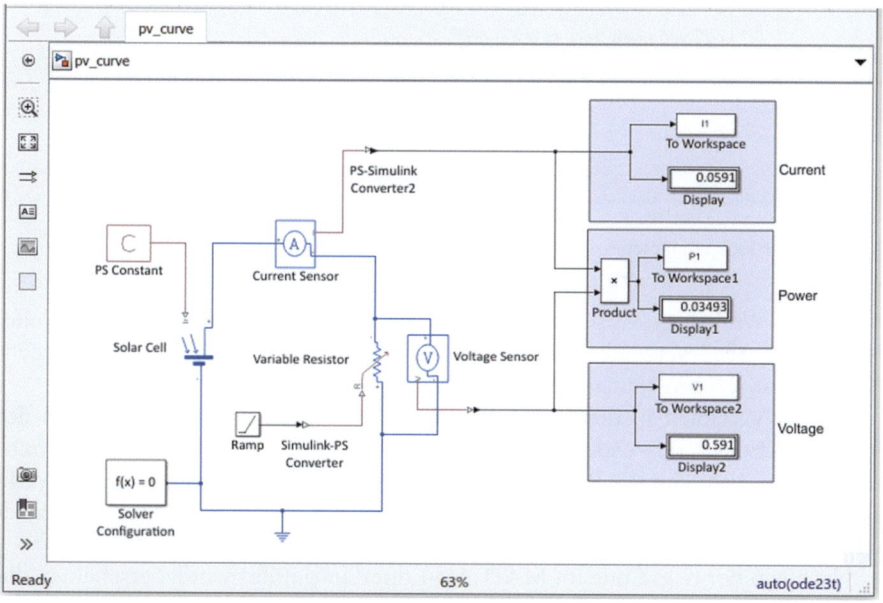

Abb. 12.51 Simulink-Diagramm für die Simulation einer Solarzelle zur Darstellung der PV-Kennlinie für verschiedene Sonnenstrahlungswerte

geklickt wird. Schließlich wird das Modell für den neuen „PS Constant"-Wert 1200 und den geänderten Variablennamen der drei „To Workspace"-Blöcke „I3", „P3" und „V3" simuliert. Um zu überprüfen, ob die Werte der Variablen in das

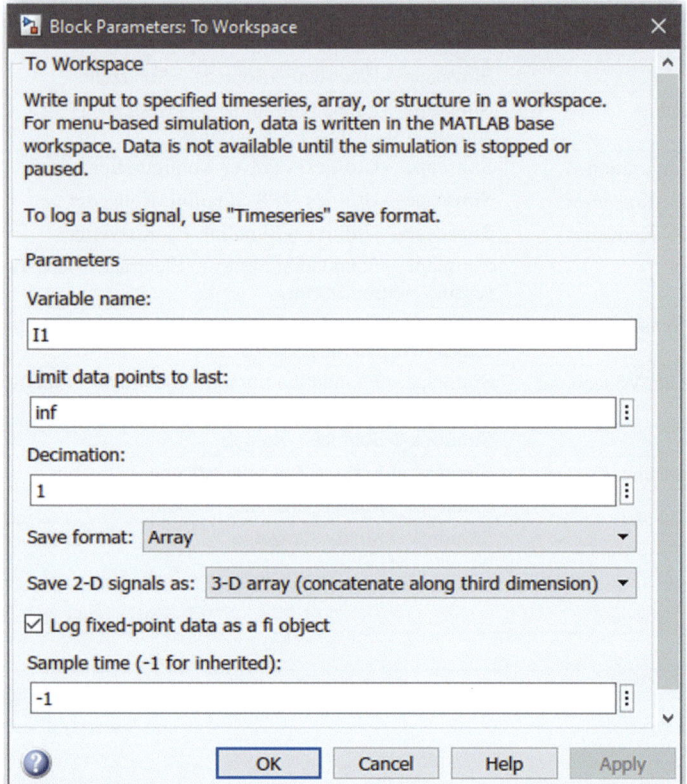

Abb. 12.52 Blockparameter

MATLAB-Workspace verschoben wurden, geht man auf die MATLAB-Startseite. Im „Workspace"-Verzeichnis sind alle Variablen mit dem im „To-Workspace"-Block zugewiesenen Namen verfügbar (Abb. 12.53).

Da die Variablen in den MATLAB-Workspace verschoben wurden, kann der MATLAB-Editor verwendet werden, um den Code mit den verfügbaren Variablen zu schreiben. Um die PV-Kennlinien für verschiedene Sonnenstrahlungswerte zu plotten, kann der folgende Code (Abb. 12.54) im MATLAB-Editor verwendet werden.

Nachdem der o. g. Code im MATLAB-Editor ausgeführt wurde, erscheinen die PV-Kennlinienplots (Abb. 12.55). Hier wurden nur die Werte von Leistung und Spannung zur Darstellung der PV-Kurve verwendet. Die Werte von Spannungen und Strömen ermöglichen das Plotten der VI-Kurve auf die gleiche Weise. So kann mit MATLAB jedes simulierte Modell detaillierter analysiert werden.

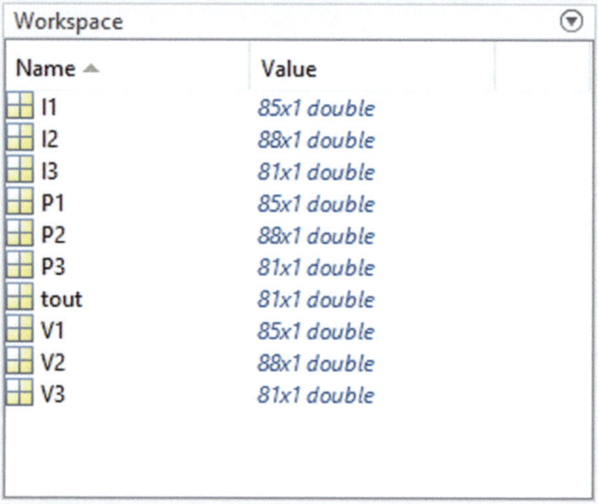

Abb. 12.53 Variablen im Workspace

```
clc;
figure(1);
plot(V1,P1,'LineWidth',2);
hold on;
plot(V2,P2,'LineWidth',2);
hold on;
plot(V3,P3,'LineWidth',2);
grid on;
xlabel('Voltage, V (Volt)');
ylabel('Power, P (Watt)');
title('PV characteristic curve of photovoltaic cell');
labels={'Solar Irradiance: 800 W/m^2','Solar Irradiance: 1000 W/m^2',...
    'Solar Irradiance: 1200 W/m^2'};
legend(labels,'Location','Northwest');
```

Abb. 12.54 Code – Darstellung der PV-Kennlinie für verschiedene Sonnenstrahlungswerte

12.10 Schlussfolgerung

Der Leser soll nach dem Studium des Kapitels dazu in der Lage sein, die grundlegenden Funktionen und Elemente von Simulink zu verstehen, die Grundlage für das Verständnis der folgenden Kapitel sind. Das Erstellen eines beliebigen Modells im Simulink-Designfenster, die Verwendung des Simulink-Library-Browsers und das Simulieren eines Modells wurden Schritt für Schritt mit Beispielen erläutert. Darüber hinaus wurde gezeigt, wie man einen benutzerdefinierten Block

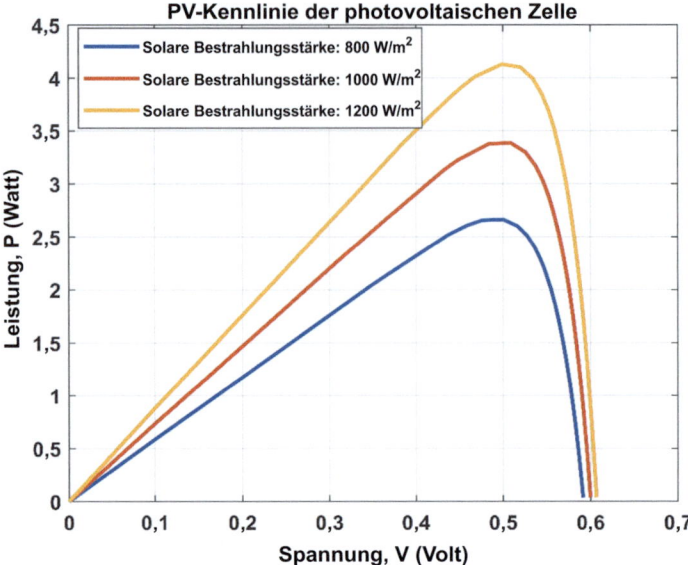

Abb. 12.55 PV-Kennlinie einer Photovoltaikzelle

erstellt und ihn nach den Interessen der Benutzer konfiguriert. Die Interaktion zwischen MATLAB und Simulink stand ebenfalls im Fokus.

Übung 12

1. Welche Bedeutung hat Simulink im Ingenieurwesen?
2. a) Wie kann man Simulink aus dem MATLAB-Fenster öffnen?
   b) Wählen Sie eine Methode und erstellen Sie mit dieser eine leere Simulink-Datei mit dem Titel „First_Exercise.slx."
   c) Ziehen Sie die folgenden Blöcke in das Simulink-Designfenster der Datei „First_Exercise.slx":
   i) Addieren
   ii) Konstante
   iii) Anzeigen
   d) Entwerfen Sie ein Modell, das mit den vorherigen Blöcken eine Subtraktion durchführen kann.
   e) Simulieren Sie das Modell und überprüfen Sie das Ergebnis, indem Sie es im MATLAB-Befehlsfenster ausführen.
3. a) Was ist der Zweck von benutzerdefinierten Blöcken?
   b) Erstellen Sie einen benutzerdefinierten Block, der beliebige Polarkoordinaten in kartesische Koordinaten umwandelt.

Übung 12

c) Entwerfen Sie mit dem in b) erwähnten benutzerdefinierten Block ein Modell, das eine Umwandlung von Polar- in kartesische Koordinaten durchführen kann.

d) Wandeln Sie die folgenden zwei Zahlen mit dem vorherigen Modell in ihre kartesischen Formen um:

   i) $10 \angle 45\ rad$

   ii) $20 \angle 30\ rad$

4. a) Rekonstruieren Sie das in Beispiel 12.3 gezeigte Modell und simulieren Sie es für eine Sonneneinstrahlung von 1000.

   b) Erzeugen Sie das Diagramm von P und V in Bezug auf die Zeit mit einem einzigen Scope. Passen Sie die folgenden Parameter des Stils des Diagramms im Scope-Fenster an:

   i) Figurenfarbe: Weiß

   ii) Hintergrundfarbe der Achsen: Weiß

   iii) Farben von Ticks, Beschriftungen und Gitter: Schwarz

   iv) Linienbreite: 1.0

   v) Linienfarbe des P-Diagramms: Blau

   vi) Linienfarbe des V-Diagramms: Rot

   c) Erzeugen Sie die PV-Kennlinie der Photovoltaikzelle mit einem XY-Graph-Block. (Der XY-Graph ist in Simulink→Sinks→XY Graph verfügbar). Ändern Sie den maximalen und minimalen Wert der x-Achse in [0 1] und der y-Achse in [0 3] durch einen Doppelklick.

   d) Verwenden Sie den MATLAB-Befehl „plot", um die VI-Kennlinie der Photovoltaikzelle für Sonneneinstrahlungen von 800, 1000, 1200 und 1600 zu erzeugen.

Kapitel 13
Häufig verwendete Simulink-Blöcke

13.1 Sink (Senke)

In Simulink ist es unerlässlich, Signalwerte oder -grafen anzuzeigen. Daher sind Senken eine der am häufigsten verwendeten Blöcke im Simulink-Modell, um die Ausgabewerte in Form von Werten oder Grafen visualisieren zu können. Es gibt verschiedene Formen von Senken, die im Folgenden erklärt werden.

13.1.1 Display (Anzeige)

Der „**Display**" (**Anzeige**)-Block wird verwendet, um Werte einer bestimmten Signalleitung zu beobachten. Um den „Display"-Block in das Simulink-Designfenster zu ziehen, dient folgender Pfad – **Simulink-Library Browser (Bibliotheks browser)**→**Simulink**→**Sinks (Senken)**→**Display (Anzeige)**.

> Navigationsroute:
> Simulink-Library Browser➡ Simulink➡ Sinks➡ Display

Nachdem der Block in das Designfenster gezogen wurde, erscheint durch einen Doppelklick das Fenster mit dem Namen „**Block Parameters: Display**" (**Blockparameter: Anzeige**). Hier können einige Parameter des Blocks angepasst werden, wie das numerische Anzeigeformat. Es gibt neun verfügbare Formate für den „Anzeige"-Block. Ein weiterer Parameter dieses Blocks heißt „Decimation", der die Häufigkeit der Datenanzeige angibt. Der letzte anpassbare Parameter ist die Option namens „Floating display". Durch Ankreuzen dieses Kästchens kann ein „Anzeige"-Block schwebend gemacht werden, was bedeutet, dass der Block nicht mit der Signalleitung verbunden sein muss. Durch Auswahl einer Signalleitung vor der Simulation reicht es aus, die Daten in einer schwebenden Anzeige zu zeigen. In Abb. 13.1 sind das Finden, Ziehen und Erscheinen des Parameterfensters des „Display"-Blocks grafisch dargestellt.

Ein Beispiel für die Verwendung des **„Display" (Anzeige)**-Blocks ist in Abb. 13.2 dargestellt. Hier wird der **„Constant" (Konstant)**-Block als Quelle verwendet. In der folgenden Abbildung sind drei „Display"-Blöcke zu finden, wobei sich „Display 2" im schwebenden Modus befindet. In „Display" und „Display 1" können die Werte der „Constant"-Blöcke nach der Simulation abgelesen werden; in „Display 2" ist jedoch nichts zu sehen.

In Abb. 13.3 ist die Signalleitung zwischen den **„Constant" (Konstant)**- und **„Display" (Anzeige)**-Blöcken ausgewählt und danach durch Klicken auf die „Run"-Taste simuliert. Dies führt dazu, dass der „Display-2"-Block, der sich im schwebenden Modus befindet, die Ausgabe des „Constant"-Blocks anzeigt.

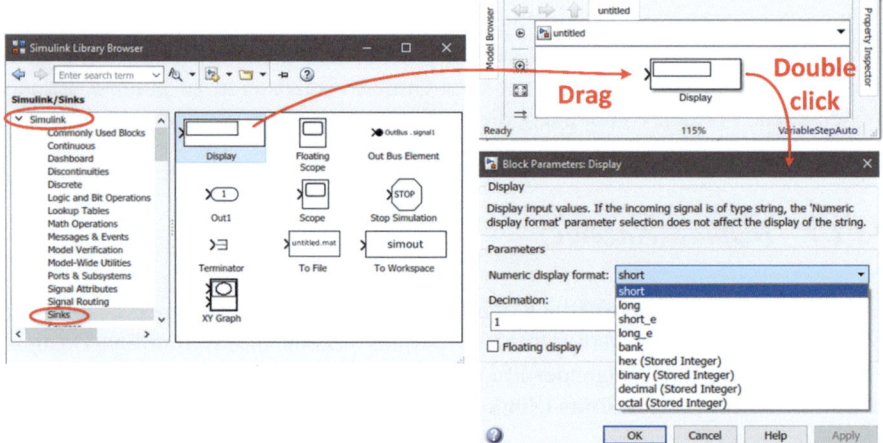

Abb. 13.1 Display-Block

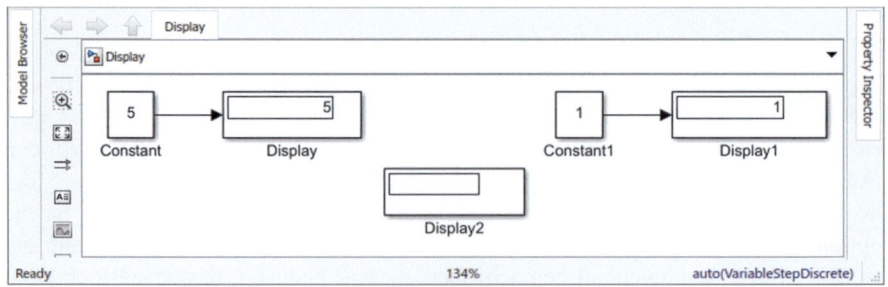

Abb. 13.2 Display-Blöcke

13.1 Sink (Senke)

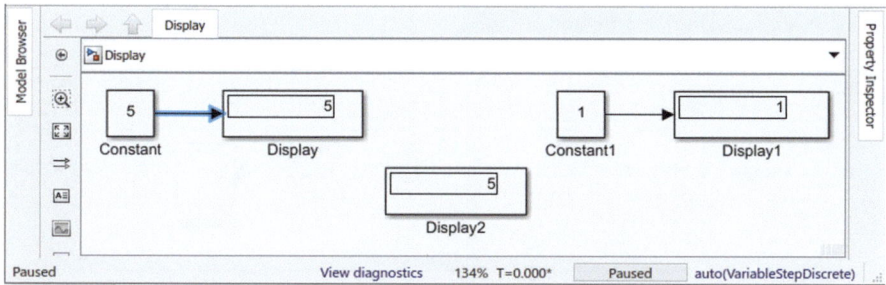

Abb. 13.3 Display 2 zeigt die gleiche Ausgabe wie der Display-Block

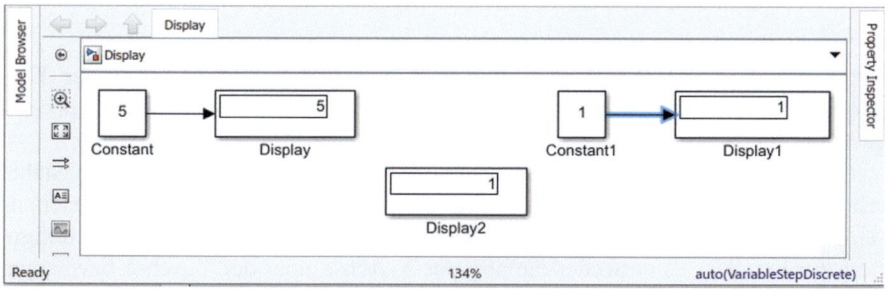

Abb. 13.4 Display 2 zeigt die gleiche Ausgabe wie der Display-1-Block

Andererseits ist in Abb. 13.4 die Signalleitung zwischen den „Constant-1"- und „Display-1"-Blöcken vor der Simulation ausgewählt. Als Ergebnis zeigt dieses Mal „Display 2" den Signalwert von „Constant 1" an. Wenn die Kontrollkästchenoption der „Floating displays" angekreuzt ist, verschwindet das Portzeichen vom „Display"-Block.

13.1.2 Scope-Block (Geltungsbereich)

Der Geltungsbereich ist ein häufig verwendeter Block in Simulink, der dazu dient, jedes Ausgangssignaldiagramm zu plotten. In Abb. 13.5 wird die Navigation des „Scope"-Blocks und seines Parameterfensters gezeigt:

Der „Scope" hat einen Eingangsport, der mit einer Signalleitung verbunden werden muss. Nach der Simulation kann das Ausgangsdiagramm der Signalleitung durch Doppelklick auf den „Scope"-Block abgelesen werden. Wenn mehrere Leitungsausgänge mit einem „Scope"-Block verbunden sind, ist das folgende Vorgehen sinnvoll. Mit der rechten Maustaste wird auf den „Scope"-Block getippt und die Option **„Signal and Ports→Numbers" (Signale und Ports - Anzahl)** der

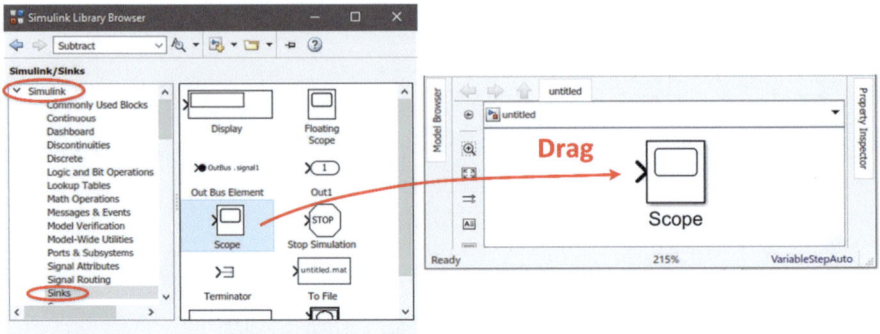

Abb. 13.5 Scope-Block

Eingangsports angewählt. Unter „**Number of input ports**" (Anzahl der Eingangsports) wird die gewünschte Anzahl der Eingangsports für einen Scope ausgewählt.

Die „**Style**" (**Stil**)-Funktion des Scope-Fensters wird in Abschn. 12.7.3 näher erläutert. Eine der am häufigsten verwendeten Funktionen des Scope-Fensters ist seine Skalierungsfunktion. Wenn ein Diagramm nicht passt, kann es so konfiguriert werden, dass es entweder entlang der X-Achse oder der Y-Achse bzw. sogar entlang beider Achsen skaliert wird.

Folgendes Beispiel demonstriert die Skalierungsfunktion: In Abb. 13.6a ist ein Sinuswellengenerator mit einem Scope-Block verbunden. In Abb. 13.6b ist ein rotes markiertes Feld platziert. In diesem sind drei Symbole in einer Dropdown-Optionsliste verfügbar. Das erste Symbol zeigt „**Scale X-Axis Limits**" **(Skalieren der X-Achsen-Grenzen)**, während das zweite auf „**Scale Y-Axes Limits**" **(Skalieren der Y-Achsen-Grenzen)** hinweist. Schließlich stellt das dritte „**Scale X- and Y-Axes Limits**" **(Skalieren der X- und Y-Achsen-Grenzen)** dar. In Abb. 13.6b ist die erste Option gewählt, die die Option „Scale X-Axis Limits" anzeigt. Das Modell wird für 10 s simuliert. Daher ist die höchste Grenze der X-Achse 10. Während das Scope-Fenster für die X-Achsen-Grenze skaliert wird, ist das gesamte Diagramm entlang der X-Achse sichtbar; jedoch wird die Y-Achsen-Grenze in diesem Fall nicht skaliert. Daher sind einige der oberen und unteren Teile des Diagramms in Abb. 13.6b unsichtbar. In Abb. 13.6c wird die Y-Achsen-Skalierungsoption gewählt. In diesem Fall wird das Diagramm über die Y-Achse, aber nicht über die X-Achse skaliert. Daher sind einige Teile des Diagramms entlang der X-Achse nicht sichtbar. Schließlich wird in Abb. 13.6d die Skalierung beider, der X- und der Y-Achse, gewählt. Daher ist das gesamte Diagramm sichtbar.

Wenn mehrere Diagramme im selben Scope-Fenster geplottet werden, können sie mit dem Prinzip des Subplots getrennt werden. Das Layout kann mit der Layout-Funktion definiert werden, auf welchem die Diagramme in separaten Unterfenstern des ursprünglichen Scope-Fensters geplottet werden. Ein Beispiel zeigt Abb. 13.7.

13.1 Sink (Senke)

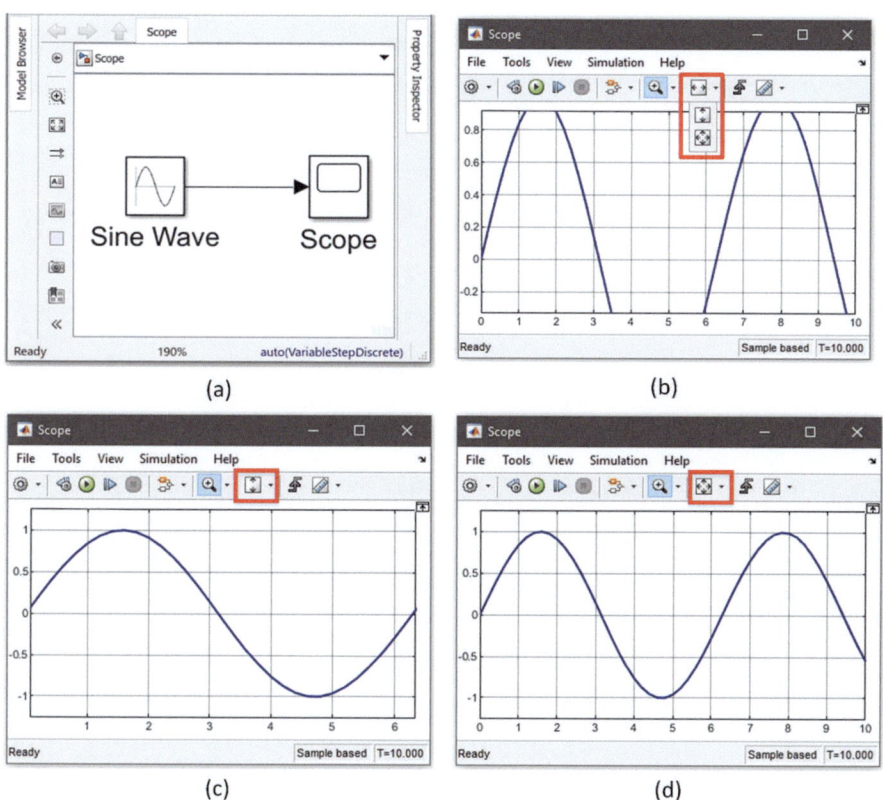

Abb. 13.6 Skalierung des Scope-Fensters

Abb. 13.7a zeigt vier Sinuswellenblöcke, die mit vier Eingangsports eines Scope-Fensters verbunden sind. Die Methode zur Anpassung der Anzahl der Eingangsports eines Scope-Blocks wurde bereits weiter oben erklärt. Nach der Simulation des Modells wird das Diagramm von Abb. 13.7b sichtbar, aus dem hervorgeht, dass alle vier Sinuswellendiagramme im selben Scope-Fenster geplottet sind. Dieses Layout kann geändert werden, indem man auf die Option „**Configuration Properties**" **(Konfigurationseigenschaften)** aus der oberen Werkzeugleiste klickt („1" in Abb. 13.7). Die Layout-Funktion, die als „2" in der Abbildung markiert ist, wird ausgewählt. Dies führt zum Erscheinen eines kleinen Fensters (Abb. 13.7c). Dieses Fenster stellt das Layout in einem Matrixformat dar. Der Benutzer hat die Möglichkeit, Unterfenster zu erstellen, indem er die Anzahl der Kästchenarrays aus diesem kleinen Fenster auswählt. In Abb. 13.7c sind vier Spalten-Kästchenarrays gewählt, die vier Spalten-Unterfenster im ursprünglichen Scope-Fenster bilden. Die vier Figuren wechseln zu einem dieser vier Unterfenster (3.7d). Das Layout kann auch in einem anderen Format geändert werden (Beispiel in Abb. 13.7e).

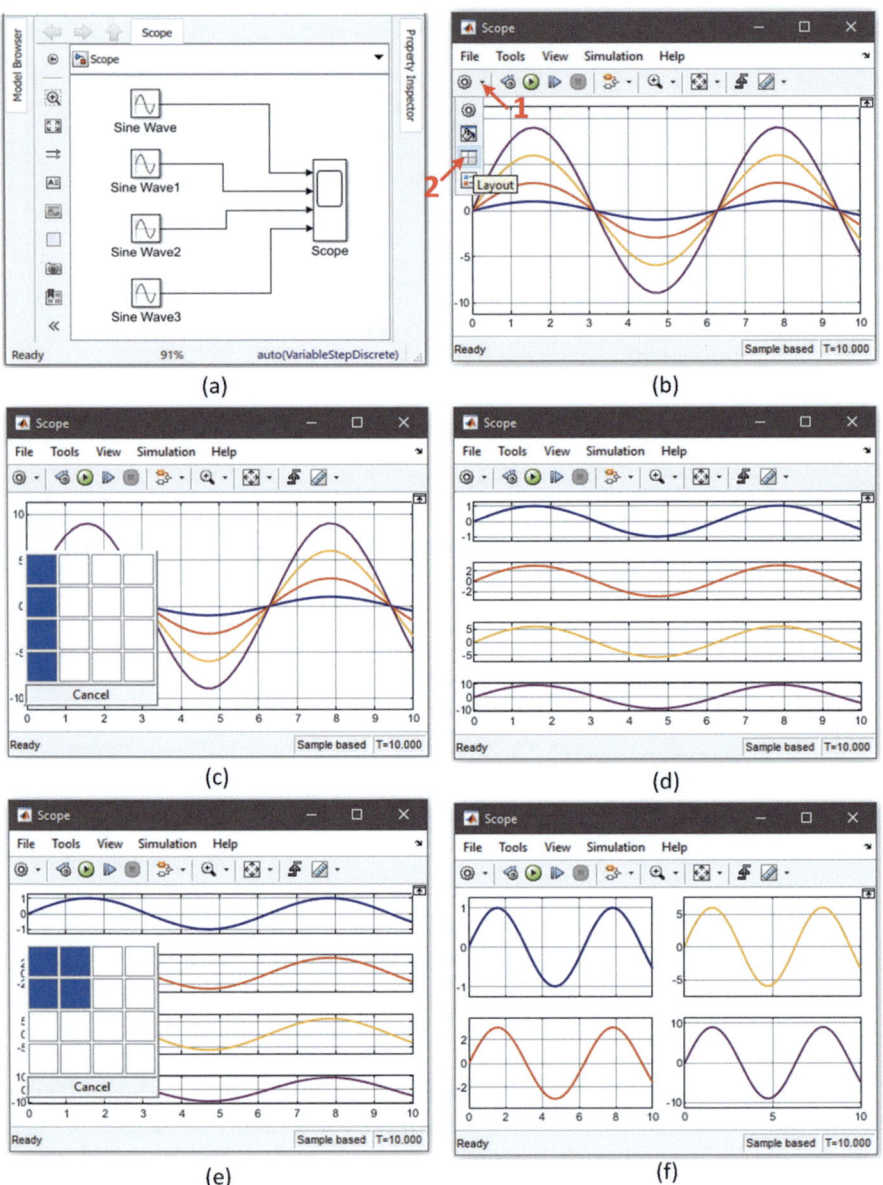

Abb. 13.7 Darstellung mehrerer Plots im Scope-Fenster

In diesem Fall werden vier Kästchenarrays in einem Format gewählt, das ein 2 mal 2 Matrixformat erzeugt, d. h., vier Kästchen in zwei Reihen und zwei Spaltenformation. Durch die Auswahl dieses Layouts werden die Unterfenster genau auf die gleiche Weise erstellt, wie in Abb. 13.7f gezeigt.

13.1 Sink (Senke)

13.1.3 Floating Scope (schwebender Bereich)

Der „**Floating Scope**" (**Schwebende Bereich**)-Block ermöglicht die Beobachtung des Ausgangssignals ohne jegliche Leitungsverbindung. Er bietet mehr Flexibilität, da er als Ersatz für mehrere „**Scope**" (**Bereich**)-Blöcke und direkte Leitungsverbindungen fungieren kann. Ein Beispiel zeigt Abb. 13.8. Drei separate „**Sine Wave**" (**Sinuswellen**)-Blöcke mit unterschiedlichen Amplituden sind mit drei separaten „**Out**" (**Aus**)-Blöcken verbunden. Um den Ausgang dieser drei Signalzeilen zu bewerten, können drei „Scope" (Bereich)-Blöcke mit den Signalzeilen verbunden werden. Eine Alternative besteht darin, den „Floating Scope" zu verwenden, der keine direkte Leitungsverbindung erfordert und von dem einer ausreicht, um die mehrfachen Signalausgänge zu beobachten. Der Navigationsweg des Schwebenden Bereichs wird in Abb. 13.8 gezeigt.

> Navigationsroute:
> Simulink-Bibliotheksbrowser→Simulink→Sinks→Flaoting Scope

Im Beispiel der Abb. 13.8 ist das Ziel, die Ausgangssignale von Sinuswelle 1, Sinuswelle 2 und Sinuswelle 3 zu beobachten. Diese drei Quellen sind mit drei Aus-1-Blöcken verbunden, die auf Simulink-Bibliotheksbrowser→Ports and Subsystems→Out 1 verfügbar sind. In der Abbildung ist ein Schwebender Bereich zu sehen, der entweder zum Plotten eines der Sinuswellensignale oder aller Signale verwendet werden kann. Die Schritte zur Verwendung des schwebenden Bereichs sind:

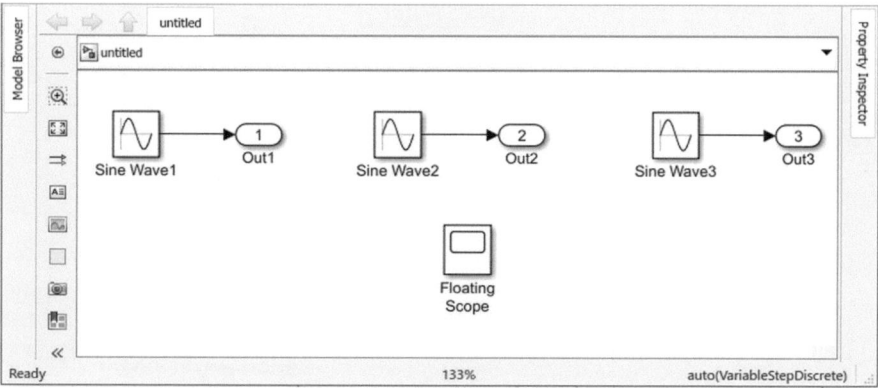

Abb. 13.8 Floating Scope

1. Doppelklicken Sie auf den „Floating Scope", was das Erscheinen des Bereichsfensters, wie in Abb. 13.9 gezeigt, bewirkt. Wählen Sie die Option **„Signal Selector" (Signalauswähler)** aus diesem Fenster.
2. Kehren Sie zum Simulink-Designfenster zurück und wählen Sie den Sinuswelle-1-Block und seine zugehörige Signalzeile aus (Abb. 13.10). Das Display-1-Fensters erscheint. Unter der Verbindungsoption befindet sich eine Checkbox-Option namens **„Sine wave" (Sinuswelle)** 1:1. Klicken Sie auf das Kontrollkästchen, wenn das Diagramm von Sinuswelle 1 beobachtet werden soll. Nach dem Klicken auf die Option **„Run" (Ausführen)** erscheint das gewünschte Ausgangssignal des Sinuswelle-1-Blocks im Schwebenden-Bereich-Fenster. In diesem Beispiel sollen drei der Ausgangssignale der Sinuswellenblöcke gleichzeitig im Schwebenden-Bereich-Fenster angezeigt werden. Daher wird die Option **„Run" (Ausführen)** übersprungen.
3. Wählen Sie anschließend den Sinuswelle-2-Block zusammen mit seiner Signalzeile aus (Abb. 13.11). Eine weitere Checkbox-Option im Display 1-Fenster namens **„Sine Wave" (Sinuswelle)** 2:1 erscheint. Wiederholen Sie den Vorgang für den Sinuswelle-3-Block.

Klicken Sie schließlich auf die Option **„Run" (Ausführen)**, die die Diagramme der drei Sinuswellensignale im Bereichsfenster erstellt (Abb. 13.12).

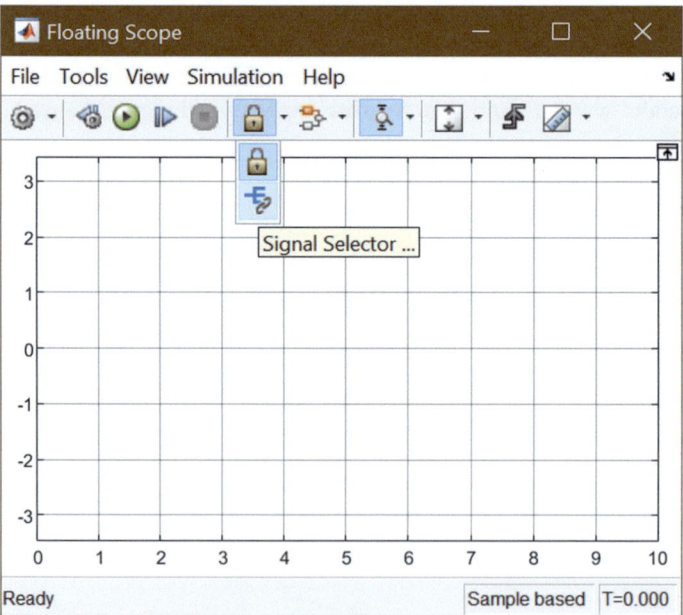

Abb. 13.9 Signal Selector aus dem Bereichsfenster

13.1 Sink (Senke)

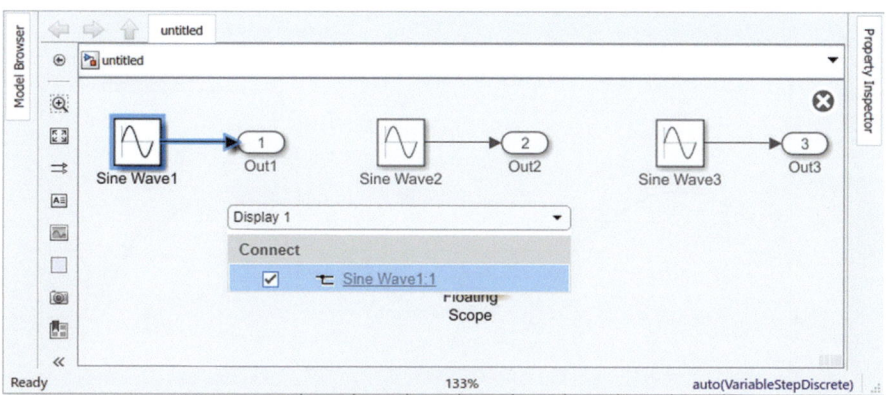

Abb. 13.10 Beobachtung des Diagramms von Sinuswelle 1

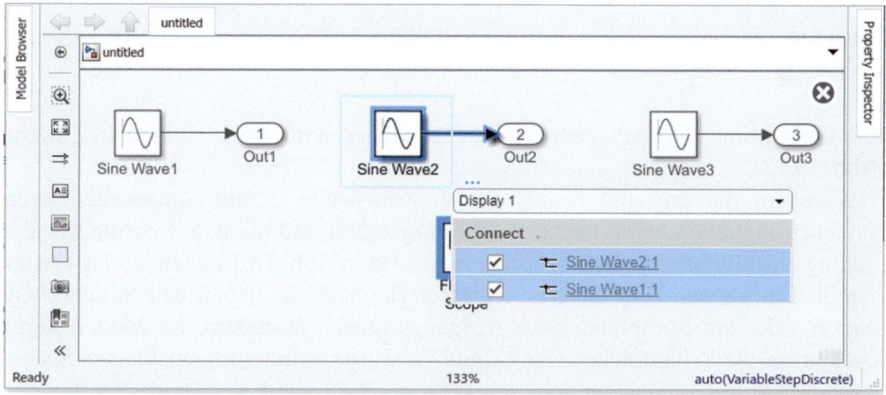

Abb. 13.11 Diagramm von Sinuswelle 1 und Sinuswelle 2

13.1.4 Add Viewer (Zuschauer hinzufügen)

Zuschauer hinzufügen ist eine alternative Funktion zum Beobachten jedes Ausgangssignals. Es bietet die Möglichkeit, jedes Ausgangssignal im Scope-Fenster zu beobachten, ohne einen Scope-Block im Simulink-Designfenster ziehen zu müssen. Das vorherige Beispiel des schwebenden Scopes wird in diesem Abschnitt erneut aufgegriffen, um die Funktion **„Add Viewer" (Zuschauer hinzufügen)** zu demonstrieren (Abb. 13.13). Der erste Schritt ist, die Signalleitung auszuwählen. Der zweite Schritt ist die Auswahl der Option „Add Viewer", die auf der Kopfleiste im Simulationsmodus zu finden ist. Durch Klicken auf die Option erscheint ein kleines Fenster mit mehreren Optionen. In diesem Beispiel

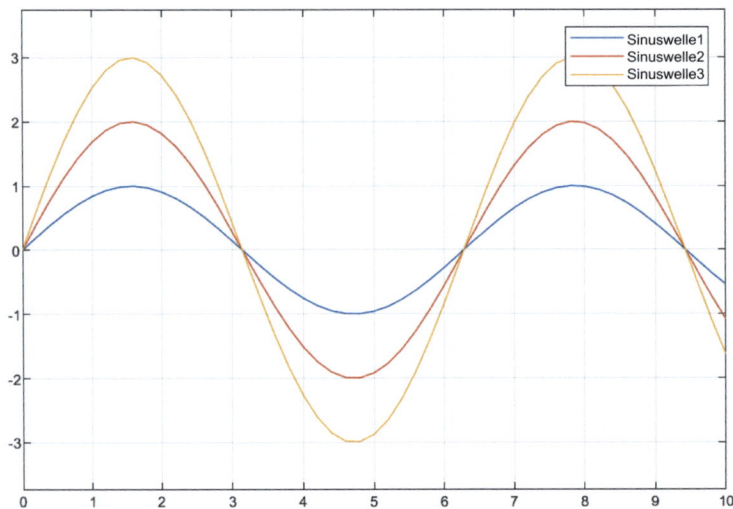

Abb. 13.12 Diagramme von Sinuswelle 1, Sinuswelle 2 und Sinuswelle 3 in einem Fenster

soll die Option „Scope" genutzt werden; daher wird diese Option ausgewählt (Abb. 13.13).

Nachdem die drei mit Sinuswelle 1, Sinuswelle 2 und Sinuswelle 3 verbundenen Signalleitungen nacheinander ausgewählt und die o. g. Schritte für jede Leitung einzeln durchgeführt wurden, wird, wie in Abb. 13.14 gezeigt, das Design erstellt. Ein kleines Fade-Scope-Fenster erscheint direkt neben den Sinuswellenblöcken oder am Startpunkt jedes Ausgangssignals. Nachdem das Modell durch Klicken auf die Schaltfläche „Run" simuliert wurde, wird eines der kleinen Scope-Symbole (Abb. 13.15) angeklickt. Dies erzeugt das Layout des Scope-Fensters mit dem zugehörigen Ausgangssignalleitungsdiagramm (Abb. 13.16).

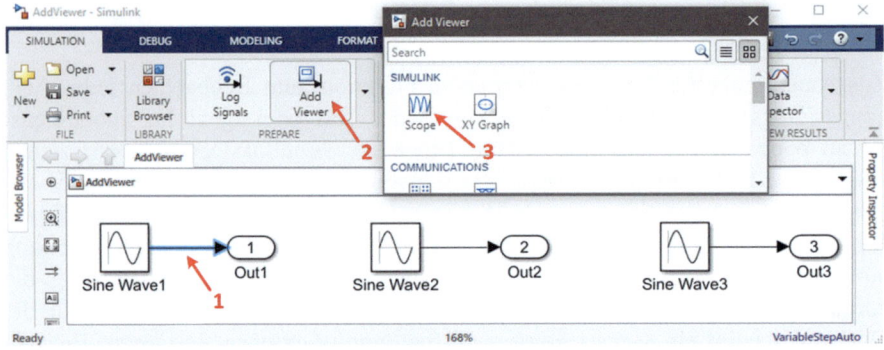

Abb. 13.13 Die Funktion „AddViewer" (Zuschauer hinzufügen)

13.1 Sink (Senke)

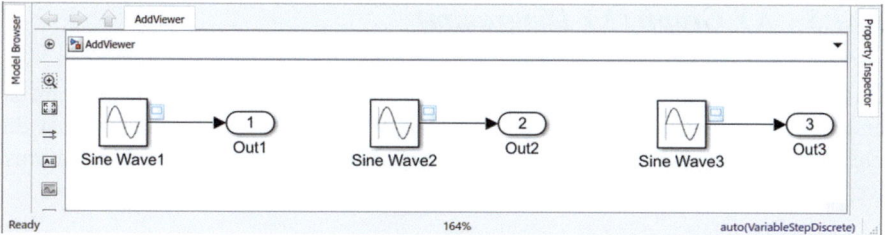

Abb. 13.14 Kleine Fade-Scope-Symbole neben den Sinuswellenblöcken

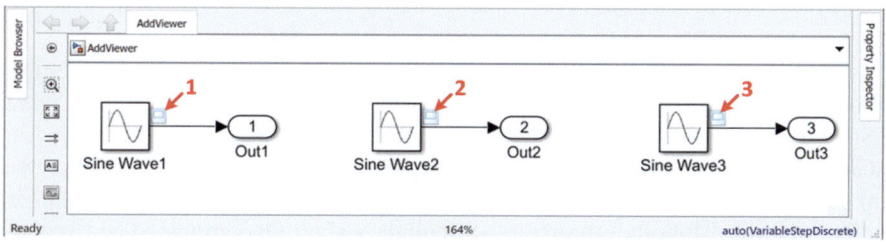

Abb. 13.15 Durch Klicken auf die Scope-Symbole wird das Scope-Fenster angezeigt

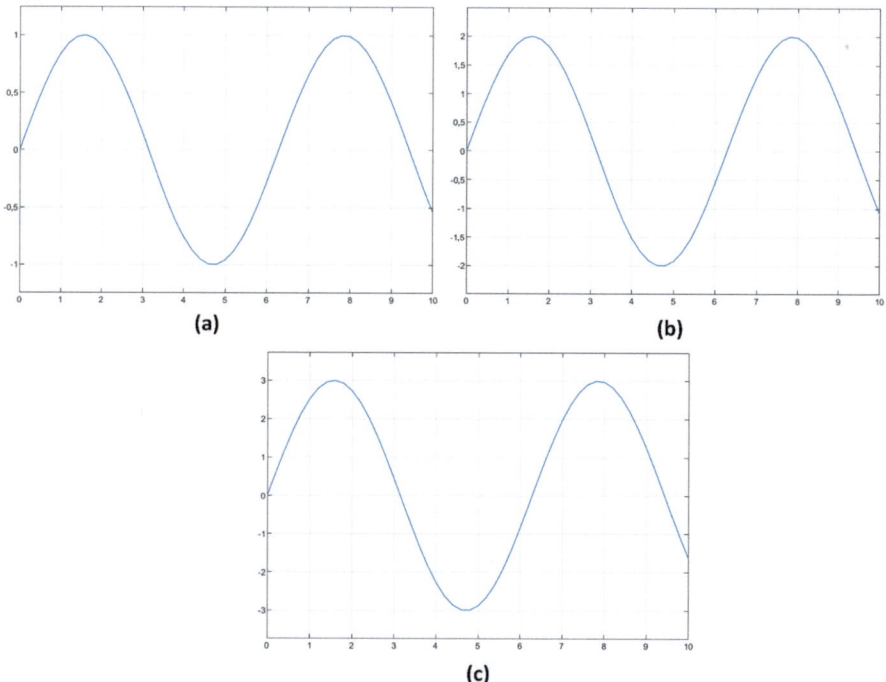

Abb. 13.16 Die Scope-Fenster nach dem Klicken auf die kleinen Scope-Symbole

13.1.5 XY Graph (XY-Diagramm)

Das XY-Diagramm kann verwendet werden, um ein einfaches 2D-Diagramm zu erstellen. Es handelt sich um ein grafisches Werkzeug in Simulink, das fast die gleiche Aufgabe wie die „plot"-Funktion von MATLAB erfüllt. Der Navigationsweg des XY-Diagramms lautet:

> Navigationsroute:
> Simulink-Bibliotheksbrowser→ Simulink→ Sinks→ XY Graph

In Abb. 13.17 wird ein Beispiel für die Verwendung des XY-Diagramm-Blocks gezeigt, bei dem zwei Eingaben durch Verwendung von zwei „Step"-Blöcken bereitgestellt werden. Für die zweite Eingabe wird ein „Gain"-Block verwendet, der das Step-Signal dreimal multipliziert, wie im Parameterfenster des Gain-Blocks zugewiesen. Der „Gain"-Block ist unter Simulink-Bibliotheksbrowser→ Simulink→ Math Operations→ Gain verfügbar.

Abb. 13.18 zeigt das Parameterfenster des „Step"-Blocks. Nach der Simulation des Modells erzeugt ein Doppelklick das Aussehen des XY-Plots (Abb. 13.19). Dieser Block kann auch von „Add Viewer" verwendet werden, indem die gleichen Verfahren wie im vorherigen Abschnitt durchgeführt werden.

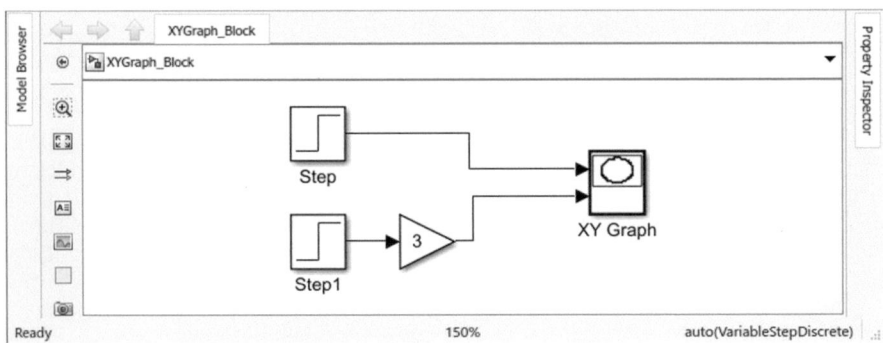

Abb. 13.17 Simulink-Block für XY-Diagramme

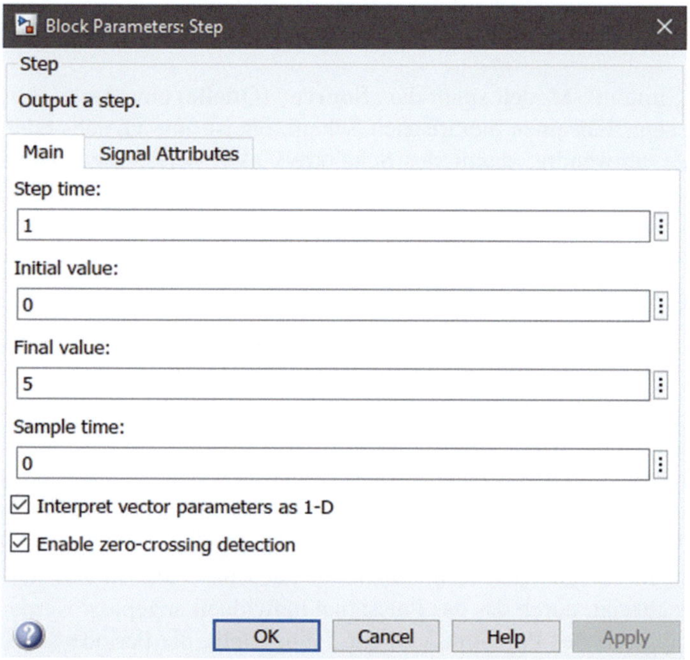

13.1 Sink (Senke)

Abb. 13.18 Blockparameter des Step-Blocks

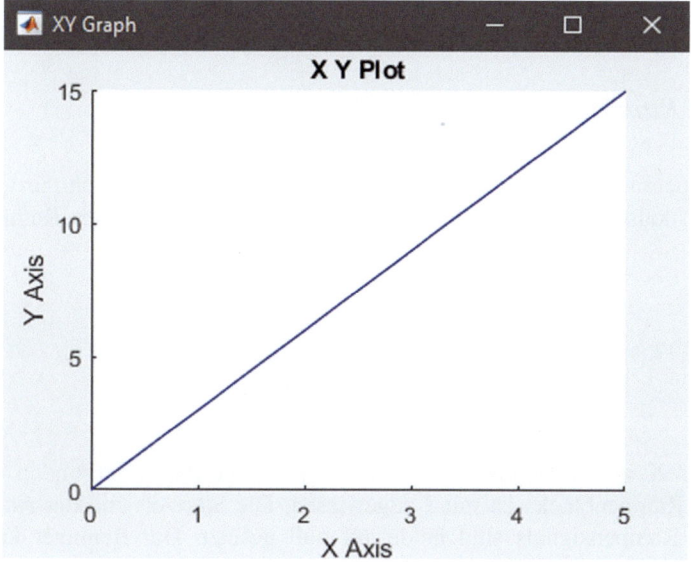

Abb. 13.19 XY-Diagramm

13.2 Source (Quelle)

Für jedes Simulink-Modell spielt die „**Source**" (**Quelle**) eine der wichtigsten Rollen im Design. Für einen elektrischen Schaltkreis ist eine Gleich- oder Wechselstromquelle notwendig, damit der Schaltkreis aktiv wird. Eine Quelle ist auch für jedes physische System der Motor. Daher werden in diesem Abschnitt verschiedene Blöcke beschrieben, die in Simulink als Quelle fungieren können. Dabei werden nur die am häufigsten verwendeten Quellenblöcke behandelt.

13.2.1 Pulse Generator (Pulsgenerator)

Der „**Pulse Generator**" (**Pulsgenerator**) ist ein Quellenblock, der jedes benutzerdefinierte Pulssignal erzeugen kann. Dieser Block ist unter Simulink Library Browser→Simulink→Sources→Pulse Generator verfügbar. Ein Beispiel ist in Abb. 13.20 dargestellt, in dem der Pulsgenerator mit einem „Scope"-Block verbunden ist. In der gleichen Abbildung wird auch das Parameterfenster des Pulsgenerators gezeigt, durch das das Pulssignal individuell angepasst werden kann.

Die Amplitude des Pulssignals ist auf 5 eingestellt, die Periode des Signals auf 2 und die Pulsbreite auf 10. Um das erzeugte Pulssignal darzustellen, wird ein Scope-Block zusammen mit dem Pulsgenerator-Block hinzugefügt. Nach der Simulation des Modells wird durch Doppelklicken auf das Scope-Signal das Pulssignal im Scope-Fenster dargestellt (Abb. 13.21).

13.2.2 Rampe

Der Rampenblock kann Rampensignale erzeugen, die eine wichtige Quelle für viele physikalische Modelle darstellen. Der Navigationspfad des Rampenblocks lautet:

> Navigationsroute:
> Simulink Library Browser➔ Simulink➔ Sources➔ Ramp

In Abb. 13.22 ist ein Rampenblock mit einem Scope-Block verbunden. Die Steigung des Rampenblocks ist mit 2 zugewiesen. Die Startzeit und der Anfangsausgang des Rampensignals sind beide auf null gesetzt. Der Benutzer kann diese Parameter individuell anpassen. Das Ausgangsrampensignal kann vom Scope-Block aus durch einen Doppelklick dargestellt werden (Abb. 13.23).

13.2 Source (Quelle)

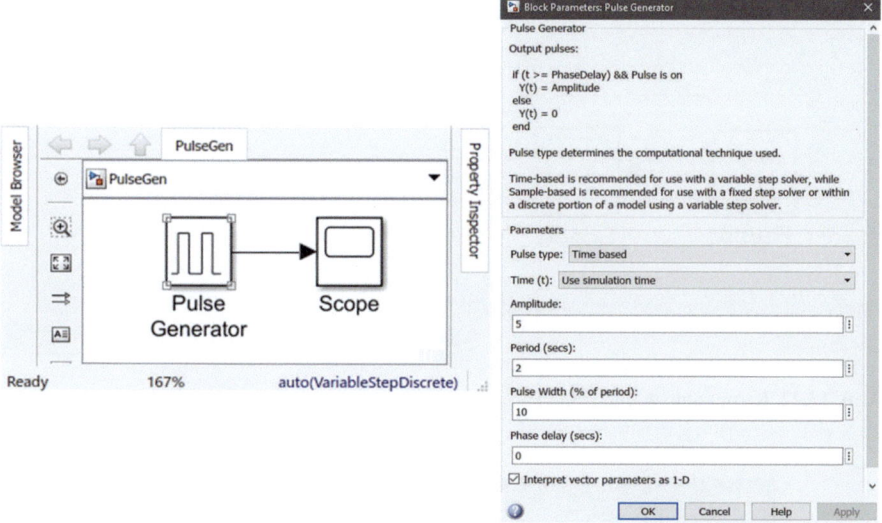

Abb. 13.20 Pulse Generator (Pulsgenerator)

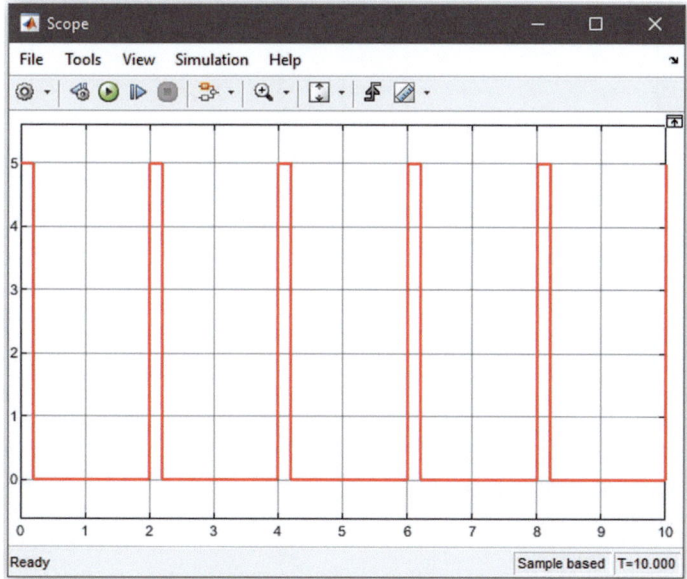

Abb. 13.21 Pulssignal im Scope-Fenster

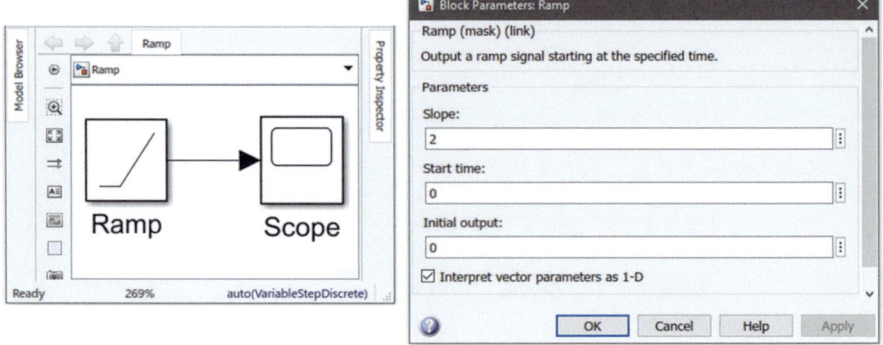

Abb. 13.22 Rampenblock und seine Parameter

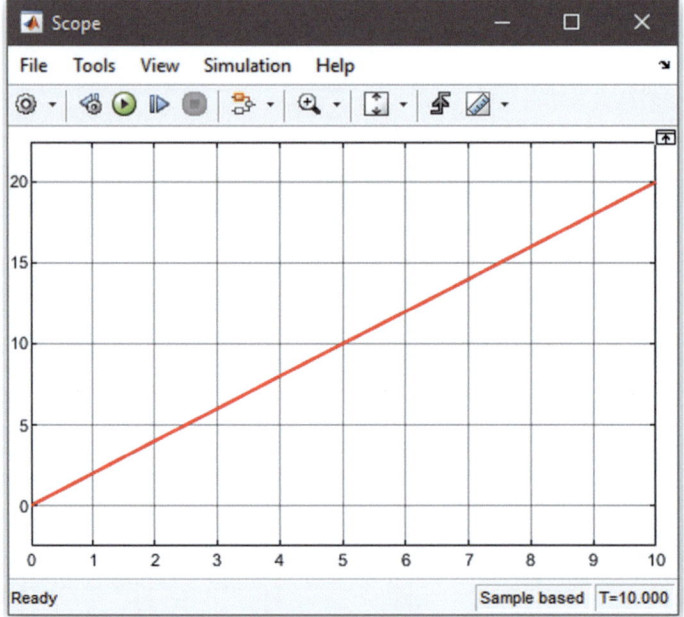

Abb. 13.23 Rampensignal im Scope-Fenster

13.2.3 Step Signal (Schrittsignal)

Ein „**Step Signal**" (**Schrittsignal**) ist ein häufig verwendetes Signal, der dazugehörige Navigationsweg lautet:

13.2 Source (Quelle)

> Navigationsroute:
> Simulink Library Browser→Simulink→Sources→Step

In Abb. 13.24 wird ein Schrittblock zusammen mit einem Scope-Block in das Simulink-Designfenster gezogen. Die Parameter des Schrittblocks, die in Simulink angepasst werden können, sind auch in Abb. 13.24 zu sehen. Im folgenden Beispiel beträgt die Schrittzeit 2. Die Anfangs- und Endwerte des Schrittsignals sind als 0 und 10 festgelegt. Die Abtastzeit wird für dieses Beispiel als null festgelegt. Entsprechend dieser speziellen Anpassung kann das Ausgangsschrittsignal über den Scope-Block beobachtet werden (Abb. 13.25).

13.2.4 Sine Wave (Sinuswelle)

Dieser Block kann ein „**Sine Wave-**" (**Sinuswellen-**)Signal erzeugen. Der dazugehörige Zielpfad lautet:

> Navigationsroute:
> Simulink-Library Browser→Simulink→Sources→Sine Wave

Für jede Sinuswelle ist es wichtig, individuell verschiedene Parameter wie Amplitude, Frequenz, Phase usw. anpassen zu können (Abb. 13.26). Die Sinuswellen-

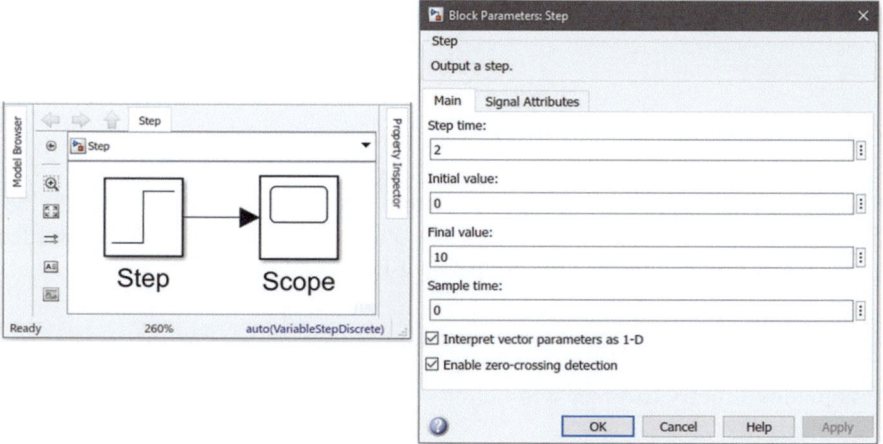

Abb. 13.24 Schrittsignalblock und seine Parameter

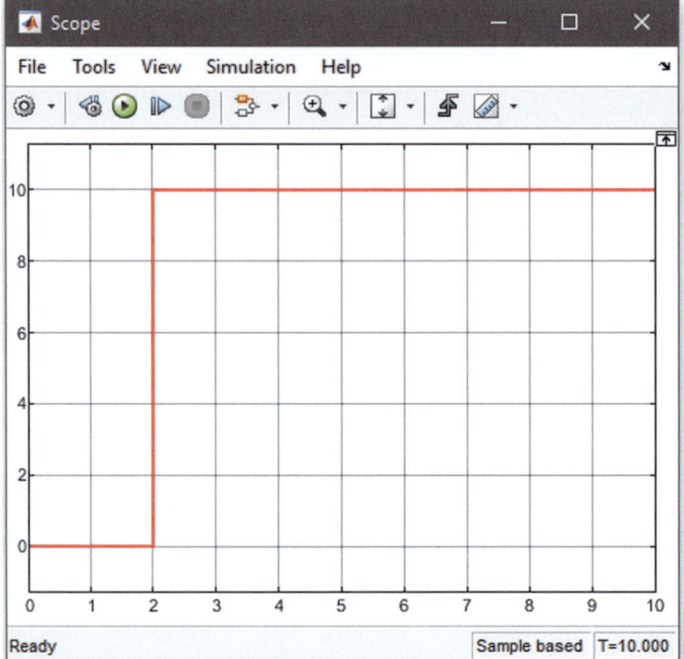

Abb. 13.25 Schrittsignal im Scope-Fenster

funktion in Simulink kann im Parameterfenster des Sinuswellen-Blocks (Abb. 13.26) dargestellt werden, in dem die Parameter zunächst erklärt werden. Im folgenden Beispiel werden die Amplitude und die Frequenz des Sinuswellensignals mit 5 und 1 festgelegt. Die restlichen Parameter werden als null zugewiesen. Das Ausgangssinuswellensignal ist im Scope-Block wiedergegeben (Abb. 13.27).

13.2.5 Constant (Konstante)

Die **„Constant"** **(Konstante)** ist eine weitere Quelle in Simulink, durch die beliebige numerische Werte oder Arrays von Zahlen als Eingabe geliefert werden können. Der Navigationspfad des Konstanten-Blocks lautet:

Navigationsroute:
Simulink-Library Browser→Simulink→Sources→Constant

13.3 Math Operators (Mathematische Operatoren)

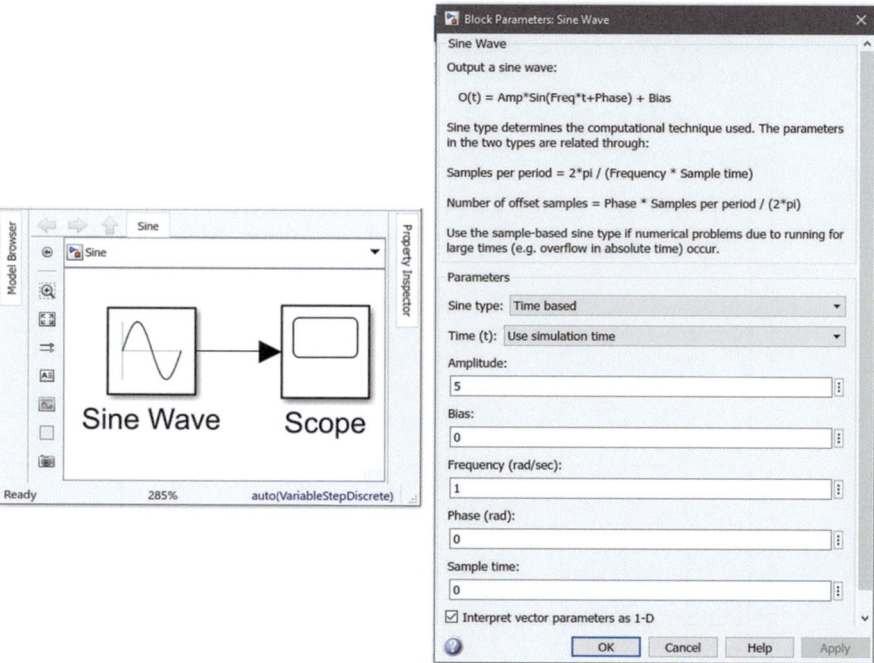

Abb. 13.26 Sinuswellen-Block und seine Parameter

In Abb. 13.28 werden zwei Beispiele dargestellt. Im ersten Beispiel wird ein einzelner numerischer Wert als Eingabe gegeben. Im zweiten Beispiel wird ein Array von Zahlen als Eingabe bereitgestellt. In den Anzeigeblöcken können die Ausgaben beobachtet werden.

In Abb. 13.29 wird die Parameteranpassung der Constant-Blöcke für die beiden verschiedenen Beispiele gezeigt. Für die Bereitstellung eines Arrays muss dabei als Eingabe die dritte Klammer zusammen mit Kommas zwischen den verschiedenen Zahlen verwendet werden.

Der Constant-Block kann auch verwendet werden, um eine Matrix als Eingabe zu liefern (Beispiel in Abb. 13.30).

13.3 Math Operators (Mathematische Operatoren)

Eine der wichtigen Funktionen von Simulink ist seine umfangreiche Bibliothek von mathematischen Operatoren. Mithilfe mehrerer Blöcke, die mathematische Operationen durchführen können, kann jedes mathematische Modell in Simulink simuliert werden. Aus mehreren Math-Operators-Blöcken werden einige der am häufigsten verwendeten Blöcke in diesem Abschnitt erklärt.

384 13 Häufig verwendete Simulink-Blöcke

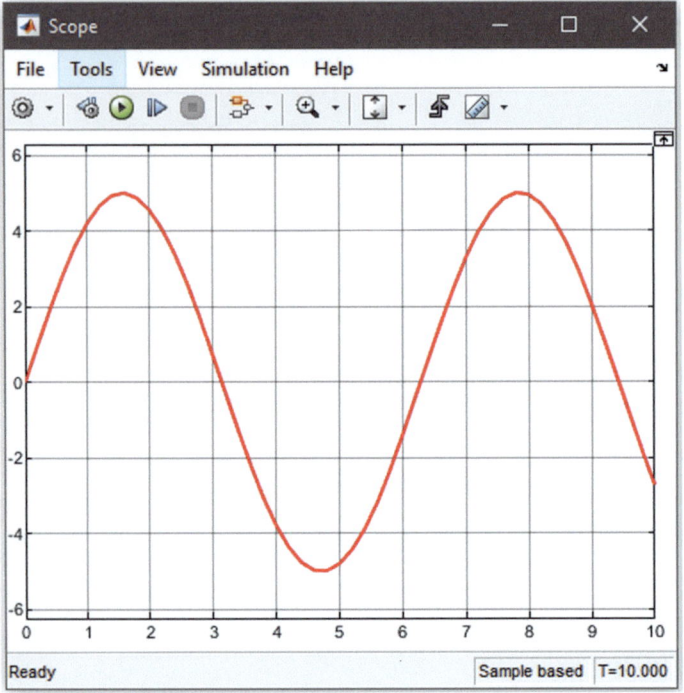

Abb. 13.27 Sinuswelle im Scope-Fenster

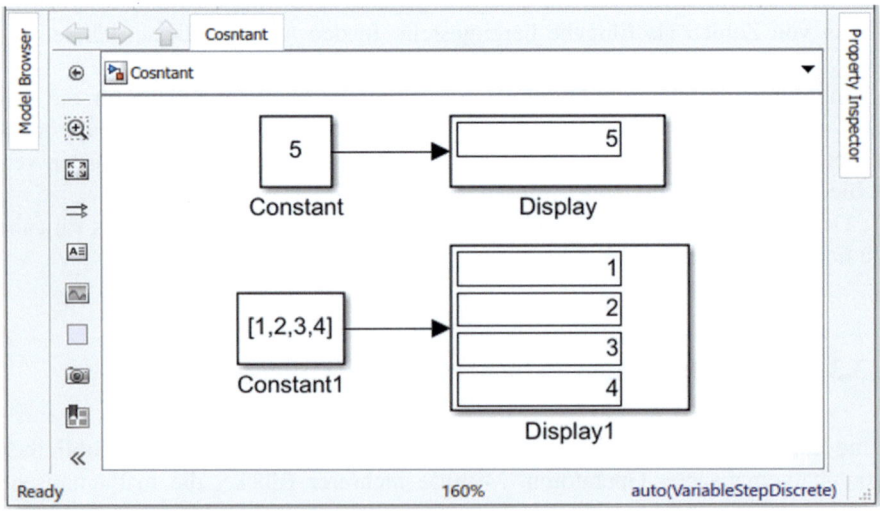

Abb. 13.28 Sinuswelle im Scope-Fenster

13.3 Math Operators (Mathematische Operatoren) 385

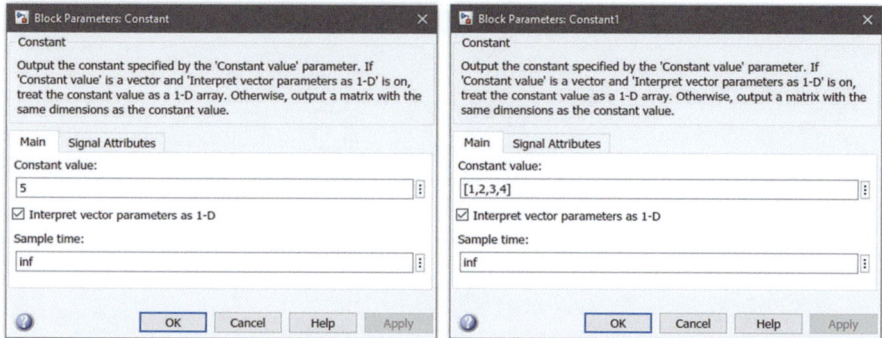

Abb. 13.29 Blockparameter der Constant-Blöcke

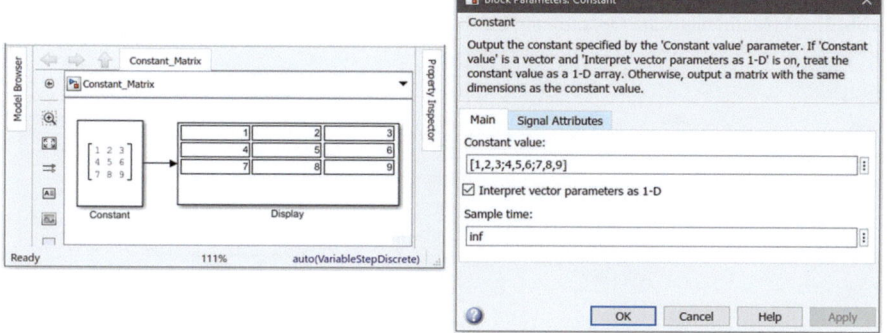

Abb. 13.30 Constant-Matrix

13.3.1 Abs und MinMax

Abs und MinMax sind zwei mathematische Operatoren, die im Simulink-Browser über die in Abb. 13.31 genannten Schritte gefunden werden können.

Durch den Abs-Block kann der absolute Wert jeder Zahl bestimmt werden, einschließlich einer komplexen Zahl. In Abb. 13.32 werden hierfür zwei Beispiele gegeben. Im ersten Beispiel wird eine negative Zahl -2 als Eingabe gegeben. Der Abs-Block kann den absoluten Wert von -2 bestimmen, der 2 ist und im Display-Block angezeigt wird. Im zweiten Beispiel wird eine komplexe Zahl $-3 + 4i$ als Eingabe eingegeben. Der absolute Wert dieser Zahl sollte $\sqrt{(-3)^2 + 4^2} = 5$ sein, was in Display 2 wiedergegeben ist.

In Abb. 13.33 werden zwei Beispiele für den MinMax-Block gezeigt. Er kann entweder den maximalen oder den minimalen Wert aus einem Array von Zahlen ermitteln. Im ersten Beispiel ist der MinMax-Block so konfiguriert, dass er den

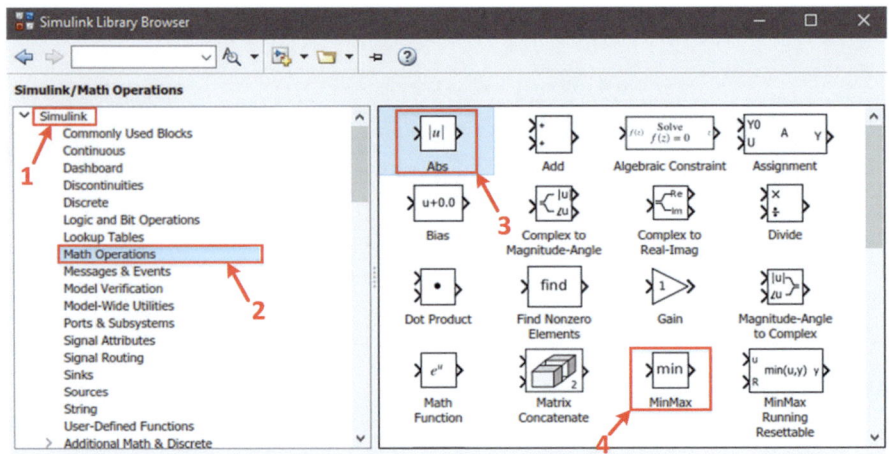

Abb. 13.31 Mathematische Operationen im Simulink-Bibliotheksbrowser

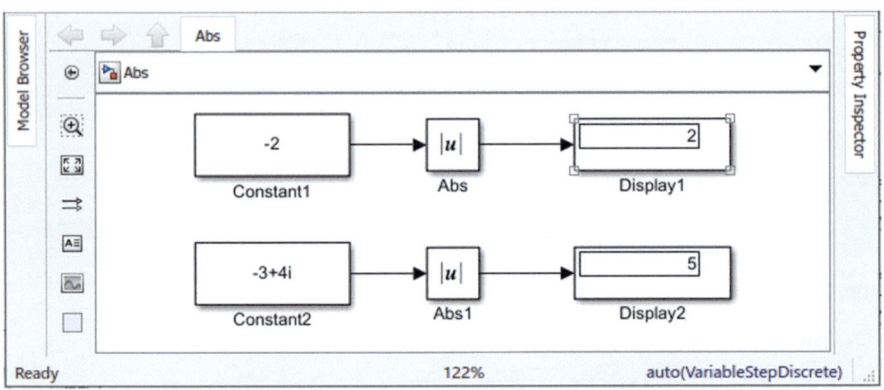

Abb. 13.32 Mathematische Operationen im Simulink-Bibliotheksbrowser

minimalen Wert aus einer Array-Eingabe ermittelt, die von einem Constant-Block gegeben wird. Aus dem Array von Zahlen geht hervor, dass der minimale Wert $-2,5$ ist, der gleiche Wert, der in Display 3 angezeigt wird. Im zweiten Beispiel wird für das gleiche Eingabe-Array der MinMax-Block in seinem Maximum-Modus konfiguriert, um den maximalen Wert aus dem Array zu ermitteln. In Display 4 kann man sehen, dass der ermittelte Maximalwert 10 ist.

Es ist zu beachten, dass zur Konfiguration des MinMax-Blocks entweder im Minimum- oder im Maximum-Modus das Parameterfenster durch Doppelklick auf den Block angepasst werden muss. In Abb. 13.34 wird das Parameterfenster des MinMax-Blocks gezeigt, in dem die Funktion eine Dropdown-Optionsliste hat, die

13.3 Math Operators (Mathematische Operatoren)

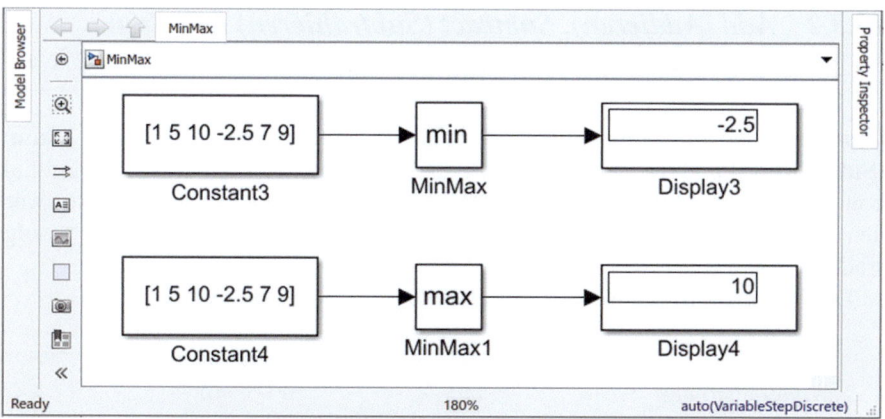

Abb. 13.33 Verwendung des MinMax-Blocks

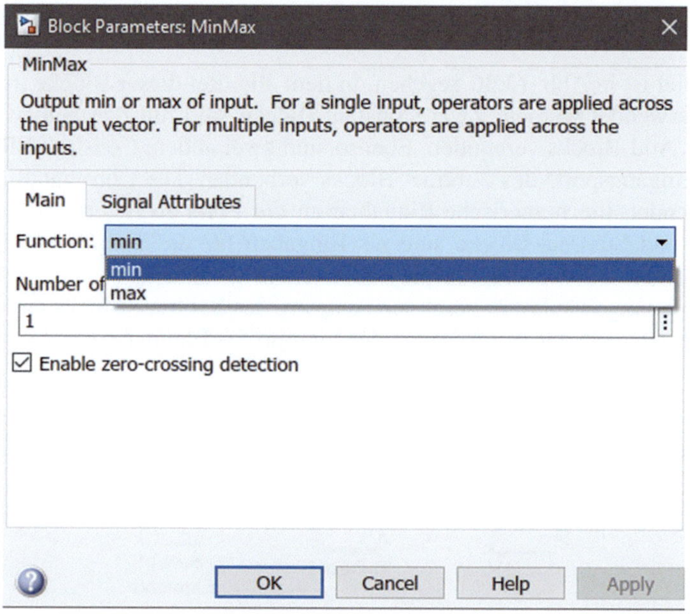

Abb. 13.34 Blockparameter des MinMax-Blocks

die Optionen *min* und *max* enthält. Zur Konfiguration im Minimum-Modus, muss die Funktionsoption als *min* ausgewählt werden, im Maximum-Modus muss entsprechend *max* ausgewählt werden.

13.3.2 Add (Addieren), Subtract (Subtrahieren) und Sum of Elements (Summe der Elemente)

Grundlegenden Operationen der Mathematik sind **„Add"** (**Addition**), **„Sum"** (**Subtraktion**) und die **„Sum of Elements"** (**Summe der Elemente**). In Simulink können diese drei Operationen grafisch mit separaten Blöcken durchgeführt werden – Addieren, Subtrahieren, Summe der Elemente – die in Abb. 13.35 gezeigt sind.

Die Navigationsrouten dieser drei Blöcke sind unten aufgeführt:

> Navigationsroute:
> Addieren: Simulink-Library Browser→Simulink→Math Operations→Add
> Subtrahieren: Simulink-Library Browser→Simulink→Math Operations→Sum
> Summe der Elemente: Simulink-Library Browser→Simulink→Math Operations→Sum of Elements

Ein Beispiel ist in Abb. 13.36 gegeben, in dem alle drei dieser Blöcke im gleichen Modell verwendet werden. Zwei Constant-Blöcke sind mit den beiden Eingangsports des Add-Blocks verbunden. Ebenso sind zwei andere Constant-Blöcke auch mit den Eingangsports des Subtract-Blocks verbunden. Die Constant-Blöcke werden verwendet, um numerische Eingaben an die Ports zu liefern. Die Ausgänge der Add- und Subtract-Blöcke sind als Eingaben für die Summe der Elemente-Blöcke gesetzt. In den drei Display-Blöcken zeigt „Display" den Ausgang des Add-Blocks an; „Display 2" zeigt den Ausgang des Subtract-Blocks an; und „Display 1" bezieht sich auf den Ausgang des Summe des Elemente-Blocks.

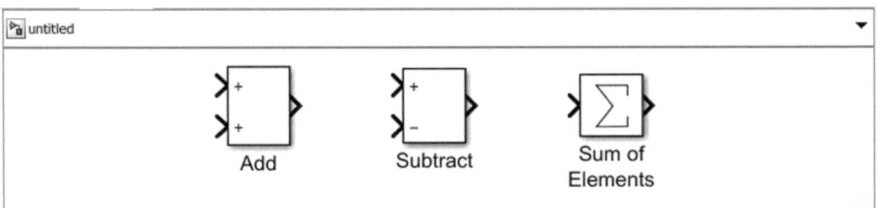

Abb. 13.35 Blöcke für Add, Sum und Sum of Elements

13.3 Math Operators (Mathematische Operatoren)

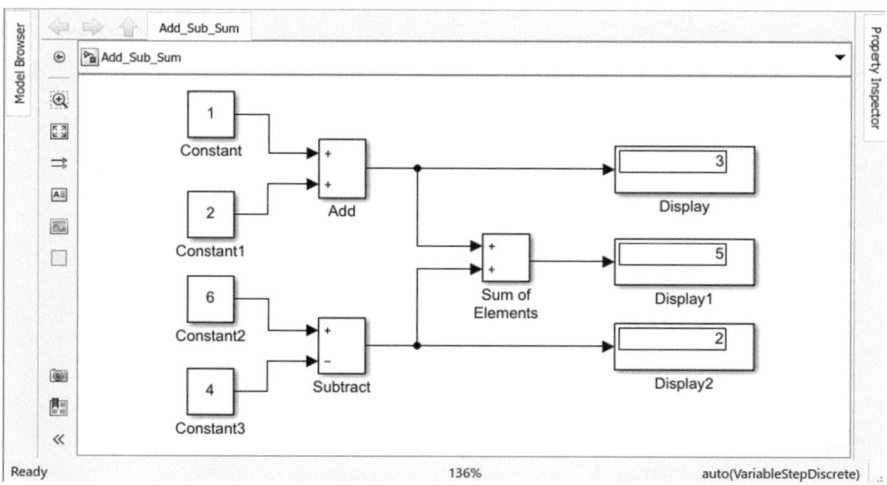

Abb. 13.36 Verwendung der Blöcke Addieren, Subtrahieren und Summe der Elemente

13.3.3 Product (Produkt) und Divide (Teilen)

Die Blöcke „**Product**" (**Produkt**) und „**Divide**" (**Teilen**) in Simulink führen die Multiplikations- und Divisionsoperation aus. Die Navigationsrouten dieser beiden Blöcke lauten:

> Navigationsroute:
> Produkt: Simulink Library Browser→Simulink→Math Operations→Product
> Teilen: Simulink Library Browser→Simulink→Math Operations→Divide

Produkt
In Abb. 13.37 werden zwei Beispiele für die Implementierung des Product-Blocks gezeigt. Im ersten Beispiel werden zwei numerische Zahlen zur Multiplikation über zwei Konstantenblöcke als Eingabe bereitgestellt. Im zweiten Beispiel werden anstelle eines einzelnen numerischen Werts zwei Matrizen als Eingabe für den Product-Block bereitgestellt. Der Konstantenblock 3 wird verwendet, um die erste Matrixeingabe der Größe 2 × 2 zu geben, und der Konstantenblock 4 liefert eine 2 × 3 große Matrix als zweite Eingabe. Der Product-Block 1 ist so angepasst, dass er Matrixmultiplikationen aus dem Parameterfenster des Product-Blocks 1 ausführt, wie in Abb. 13.38 gezeigt. Durch Auswahl der Multiplikationsoption „Matrix(*)" kann der Product-Block 1 zur Durchführung von Matrixmultiplikationen verwendet werden. Aus der in Display 1 (Abb. 13.37) gezeigten Ausgabe geht hervor, dass die Größe der Ausgabematrix 2 × 3 ist, was beweist,

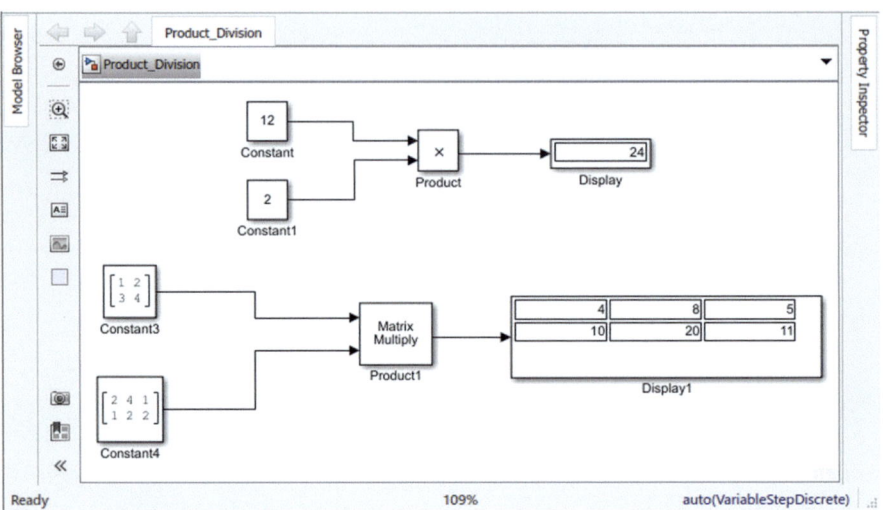

Abb. 13.37 Verwendung des Product-Blocks

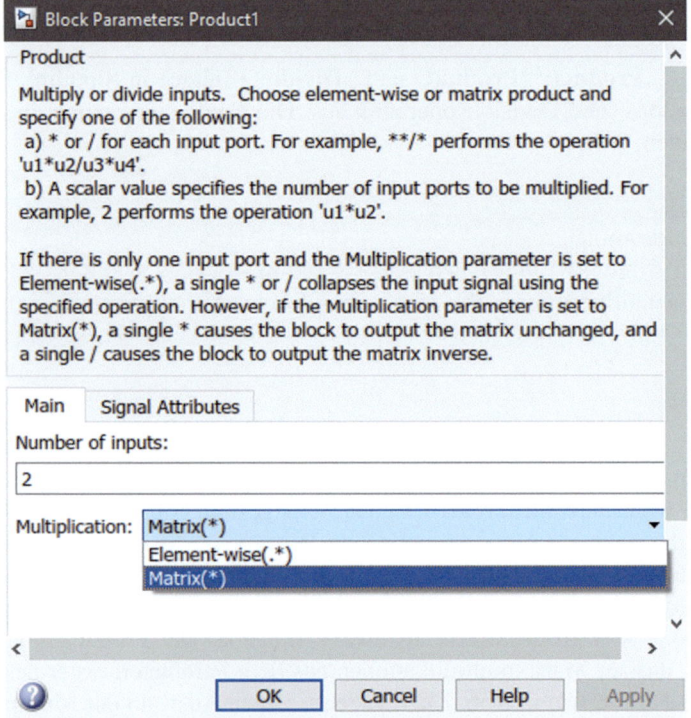

Abb. 13.38 Blockparameter des Product-Blocks

13.3 Math Operators (Mathematische Operatoren)

dass die Matrixmultiplikation stattgefunden hat. Wenn der Benutzer elementweise Multiplikationen durchführen möchte, müssen die beiden Eingabematrizen die gleiche Größe haben und die Multiplikationsoption aus dem Parameterfenster des Product-Blocks 1 muss als „Elementweise(.*)" zugewiesen werden.

Teilen

Der Divide-Block dient der Durchführung von Divisionen. Abb. 13.39 zeigt drei Beispiele für drei verschiedene Divisionseingaben. Im ersten Beispiel wird eine Division zwischen zwei numerischen Zahlen demonstriert. Im zweiten Beispiel wird bei zwei Matrizen der gleichen Größe eine elementweise Division durchgeführt. Im letzten Beispiel geht es um eine einzelne Matrix. Der Divide-Block 2 wird im Parameterfenster so angepasst, dass er eine Matrixoperation anstelle einer elementweisen Operation durchführt (Abb. 13.40). Durch Auswahl der Option „Matrix(*)" wird der Divide-Block 2 verwendet, um die inverse Matrix der gegebenen Eingabematrix zu bestimmen.

13.3.4 Sum (Summe) und Square root (Sqrt, Quadratwurzel)

„**Sum**" (**Summe**) und „**Square root**" (**Quadratwurzel**) sind zwei weit verbreitete mathematische Operatoren von Simulink. Die Navigationsrouten dieser beiden Blöcke sind unten aufgeführt:

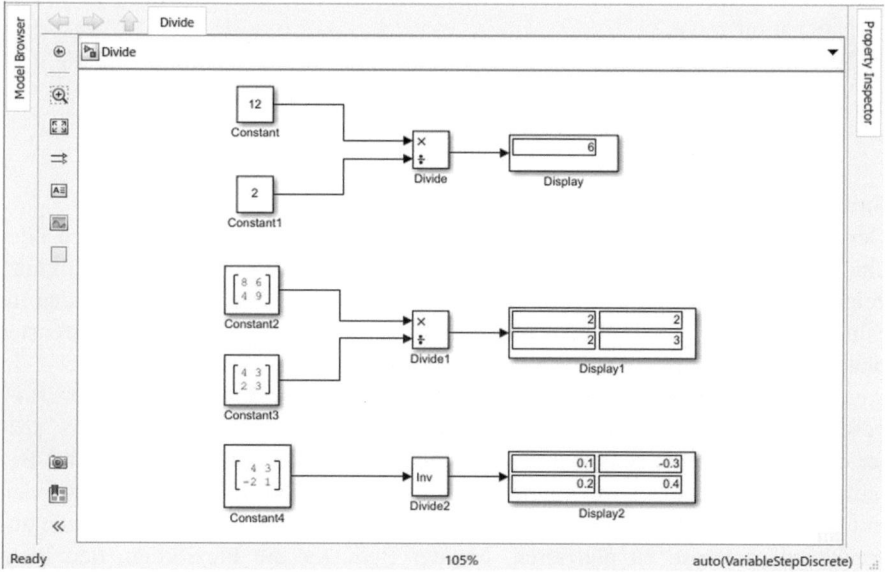

Abb. 13.39 Verwendung des Divide-Blocks

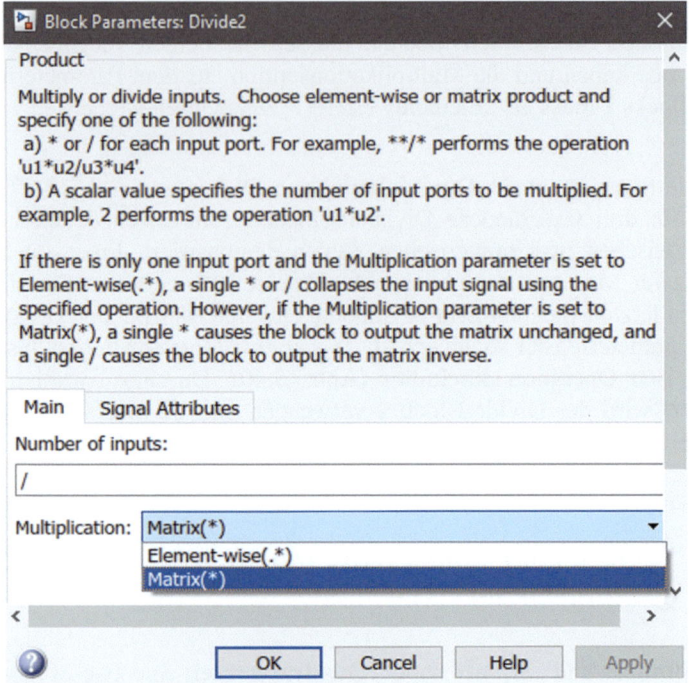

Abb. 13.40 Blockparameter des Divide-Blocks

Navigationsroute:
Summe: Simulink Library Browser→Simulink→Math Operations→Sum
Wurzel: Simulink Library Browser→Simulink→Math Operations→Sqrt

Sum (Summe)
Der Summenblock kann verwendet werden, um Additionen, Subtraktionen oder eine Kombination aus beiden durchzuführen (Abb. 13.41). In der Abbildung zeigt das erste Beispiel die Addition zweier numerischer Werte. Daher werden im Summenblock zwei Additionen über die Anpassung aus seinem Parameterfenster platziert. Abb. 13.42 zeigt rechts das Parameterfenster des Summenblocks. In diesem Fenster wird die Option **„List of Signs" (Liste der Zeichen)** mit „|++" gefüllt. Hier wird das Zeichen „|" verwendet, um Platz zwischen den beiden später durch „++" genannten Zeichen zu schaffen. Im Summenblock kann der Benutzer mehrere Zeichen verwenden, um mehrere Additionen oder Subtraktionen mit einem einzigen Block durchzuführen. Um die Zeichen im Block auf eine ansprechendere Weise zu platzieren, hat der Benutzer die Flexibilität, den Platz zwischen den Zeichen mit dem Zeichen „|" zu steuern. Ein zweites Beispiel

13.3 Math Operators (Mathematische Operatoren)

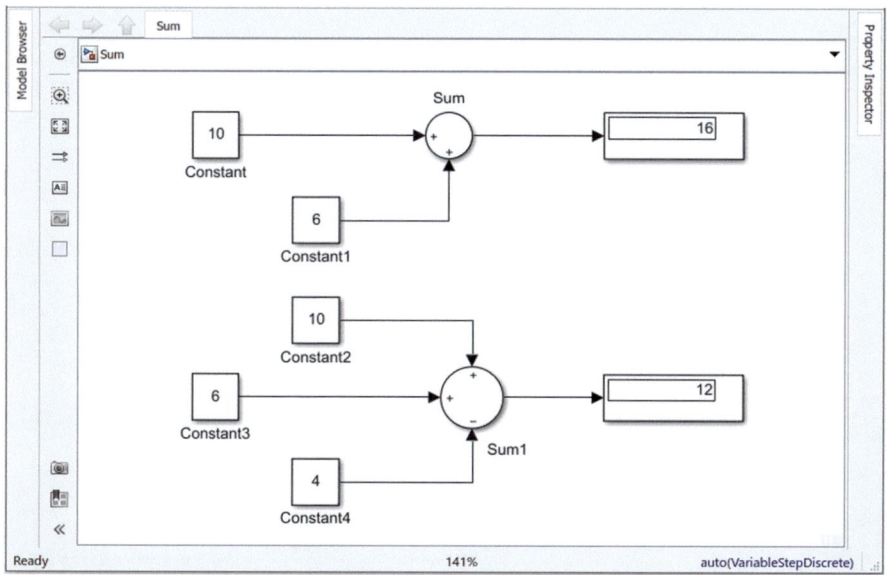

Abb. 13.41 Verwendung des Summenblocks

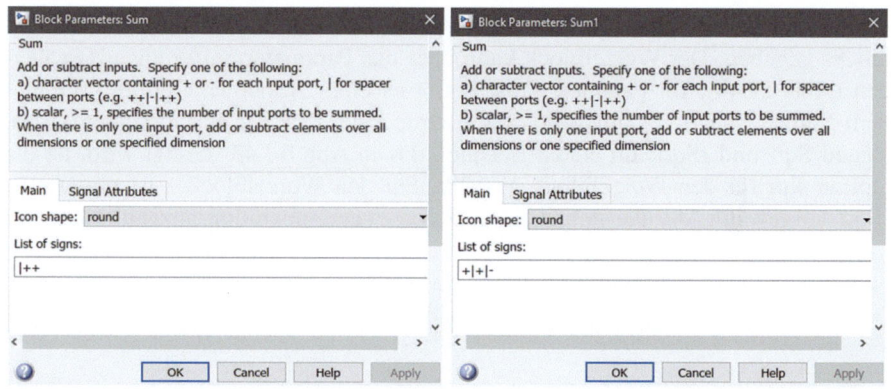

Abb. 13.42 Blockparameter des Summenblocks

zeigt Abb. 13.41. Die zwei Zeichen „+" und „−" sind hier im Summenblock 1. Die Anpassung des Blocks aus dem Parameterfenster zeigt Abb. 13.42 auf der linken Seite.

Square root (Sqrt, Quadratwurzel)
Der Wurzelblock verfügt über drei Funktionen – Quadratwurzel, umgekehrte Quadratwurzel und Quadratwurzel mit Vorzeichen. Ein Simulink-Modellbeispiel, das diese drei Varianten demonstriert, ist in Abb. 13.43 dargestellt. Im

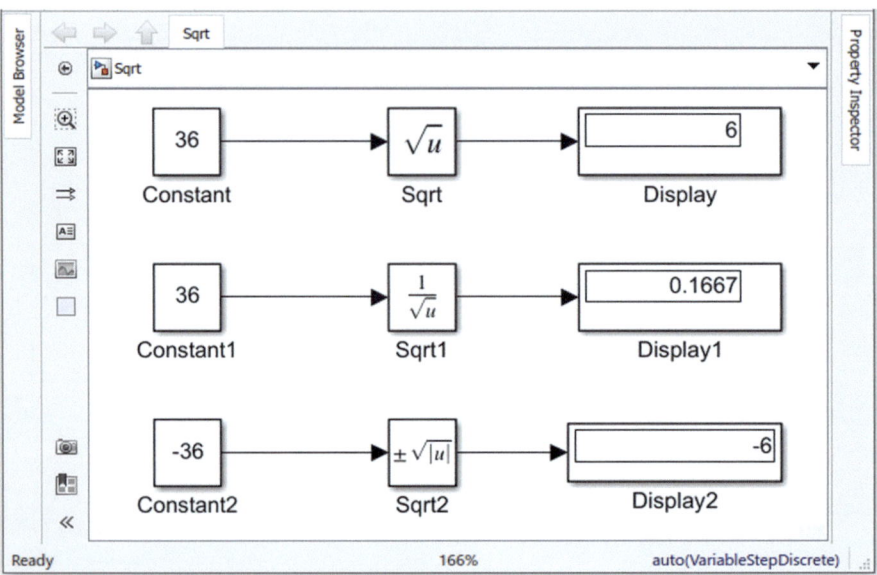

Abb. 13.43 Verwendung des Wurzelblocks

ersten Beispiel wird eine positive numerische Zahl, 36, als Eingabe des Wurzelblocks gegeben. Der Wurzelblock kann über das Parameterfenster angepasst werden (Abb. 13.44). Im Parameterfenster gibt es eine Dropdown-Optionsbox unter dem Namen Function (Funktion). Diese Dropdown-Box hat drei Optionen – sqrt, signed Sqrt und rSqrt. Im ersten Beispiel, das in Abb. 13.43 gezeigt wird, ist die Option sqrt für den Wurzelblock gewählt. Für den Wurzelblock 1 ist die Option rSqrt ausgewählt, die die umgekehrte Quadratwurzeloperation anzeigt. Nach der

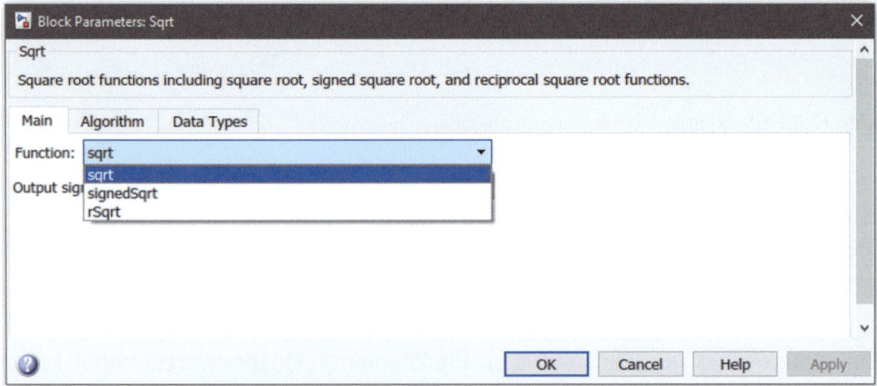

Abb. 13.44 Blockparameter des Wurzelblocks

13.3 Math Operators (Mathematische Operatoren)

Auswahl der Option rSqrt aus der Dropdown-Option ändert sich das Symbol im Wurzelblock 1 von $\sqrt{u}$ zu $\frac{1}{\sqrt{u}}$.

u zeigt die gegebene Eingabe an. Für den Wurzelblock 2 ist die Funktionsoption auf SignedSqrt eingestellt, was die Operation anzeigt, die vom Block durchgeführt wird ($\pm\sqrt{|u|}$). Die Ergebnisse der drei konfigurierten Wurzelblöcke werden in drei Anzeigeblöcken angezeigt.

13.3.5 Complex to Magnitude-Angle (Komplex zu Betrag-Winkel) und Complex to Real-Imag (Komplex zu Real-Imag)

In Kap. 4 wird die Darstellung einer beliebigen komplexen Zahl in zwei verschiedenen Formen – rechteckig und polar – erklärt. In Simulink steht der Block Komplex zu Betrag-Winkel zur Verfügung, in den eine komplexe Zahl in ihrer rechteckigen Form als Eingabe gegeben werden kann. Der Block kann den Betrag und den Winkel bestimmen. Durch einen weiteren Block namens Komplex zu Real-Imag-Block kann die Bestimmung von Real- und Imaginärwerten aus einer komplexen Zahl durchgeführt werden. Die Navigationswege dieser beiden Blöcke lauten:

> Navigationsroute:
> Komplex zu Betrag-Winkel: Simulink Library Browser➔Simulink➔Math Operations➔Complex to Magnitude-Angle
> Komplex zu Real-Imag: Simulink Library Browser➔Simulink➔Math Operations➔Complex to Real-Imag

Das in Abb. 13.45 gegebene Modell zeigt zwei Beispiele, in denen die Blöcke implementiert sind. Für beide dieser beiden Blöcke wird eine komplexe Zahl, $2 + 5i$, über die Constant (Konstant)-Blöcke als Eingabe gegeben. Im ersten Beispiel wird durch den Block Complex (Komplex) to (zu) Magnitude-Angle (Größe des Winkel) die Größe des Winkels der komplexen Zahl in ihrer Polarform berechnet. Aus den Blöcken Display und Display 1 können der Betrag des Winkels abgelesen werden. Die Ausgabe des Blockes kann entweder nur als Größe, als Winkel oder als beides individuell angewählt werden. Dies kann im Parameterfenster des Blocks Complex to Magnitude-Angle angepasst werden (Abb. 13.46). Ähnlich wird im zweiten Beispiel die komplexe Zahl als Eingabe an den Block Complex (Komplex) to (zu) Real-Imag gegeben, der die Real- und Imaginärwerte aus der komplexen Zahl bestimmt, die in den Blöcken Display 2 und Display 3 angezeigt werden. Wie beim Block Complex to Magnitude-Angle bietet sich auch hier die Möglichkeit, die Ausgabe als Real-, Imaginärwert oder als beides anzuwählen (Abb. 13.46).

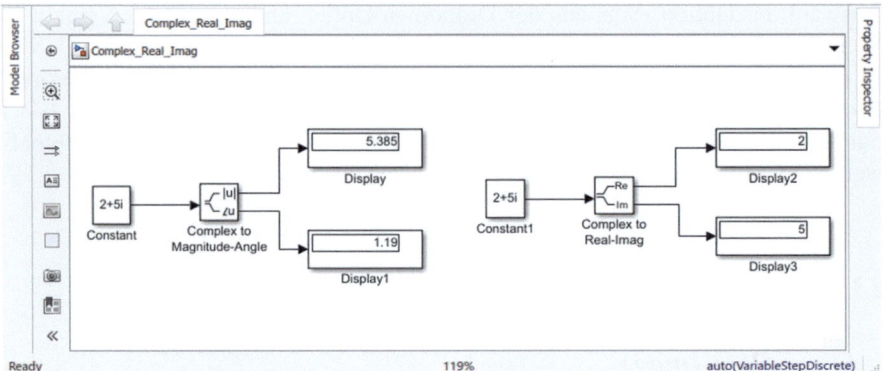

Abb. 13.45 Verwendung der Blöcke Complex to Magnitude-Angle und Complex to Real-Imag

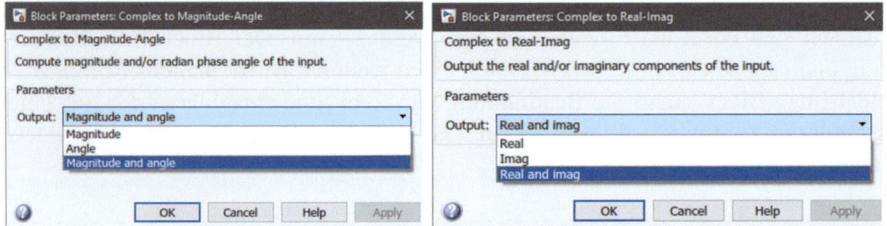

Abb. 13.46 Blockparameter der Blöcke Complex to Magnitude-Angle und Complex to Real-Imag

13.3.6 Magnitude-Angle to Complex (Größe des Winkels zu Komplex) und Real-Imag to Complex (Real-Imag zu Komplex)

Die Blöcke Magnitude-Angle to Complex (Größe des Winkels zu Komplex) und Real-Imag to Complex (Real-Imag zu Komplex) führen die entgegengesetzten Operationen der unter 13.3.5 genannten Blöcke aus. Wird die Eingabe in Form von Magnitude-Angle gegeben, kann der Block Magnitude-Angle to Complex die komplexe Zahl in rechteckiger Form bestimmen. Für den Block Real-Imag to Complex werden die Real- und Imaginärzahlen als Eingaben verwendet und der Block bestimmt die komplexe Zahl in ihrer rechteckigen Form. Die Navigationswege dieser beiden Blöcke lauten:

13.3 Math Operators (Mathematische Operatoren)

> Navigationsroute:
> Betrag-Winkel zu Komplex: Simulink Library Browser➜Simulink➜Math Operations➜Magnitude-Angle to Complex
> Real-Imag zu Komplex: Simulink Library Browser➜Simulink➜Math Operations➜Real-Imag to Complex

Abb. 13.47 zeigt ein Simulink-Modell, das die Implementierung dieser beiden Blöcke darstellt. Die Anpassung des Eingabeports erfolgt über das Parameterfenster (Abb. 13.48).

13.3.7 Math Functions (Mathematische Funktion)

Der MathFunction-Block dient der Durchführung mathematischer Operationen in Simulink. Er ist über den folgenden Pfad des Simulink Library Browsers verfügbar:

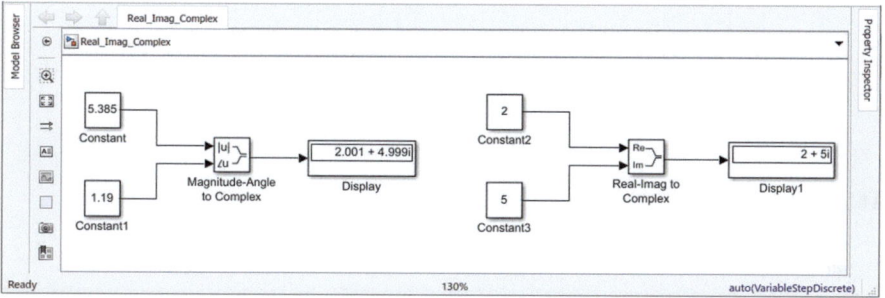

Abb. 13.47 Verwendung der Blöcke Magnitude-Angle to Complex und Real-Imag to Complex

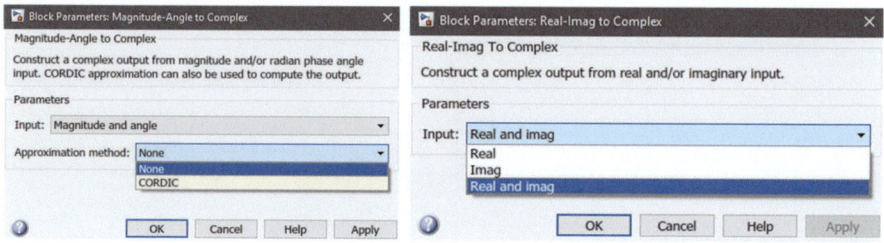

Abb. 13.48 Blockparameter der Blöcke Magnitude-Angle to Complex und Real-Imag to Complex

Navigationsroute:
Mathematische Funktion: Simulink Library Browser➜Simulink➜Math Operations➜Math Functions

Mit dem MathFunction-Block können 14 verschiedene mathematische Operationen durchgeführt werden. Um eine bestimmte mathematische Operation auszuwählen, muss zunächst eine Anpassung im Parameterfenster erfolgen. Abb. 13.49 zeigt sechs der verfügbaren 14 Operationen. In Abb. 13.50 wird das Parameterfenster des MathFunction-Blocks dargestellt, in dem unter der Option Function (Funktion) eine Dropdown-Optionsliste verfügbar ist. In der Liste

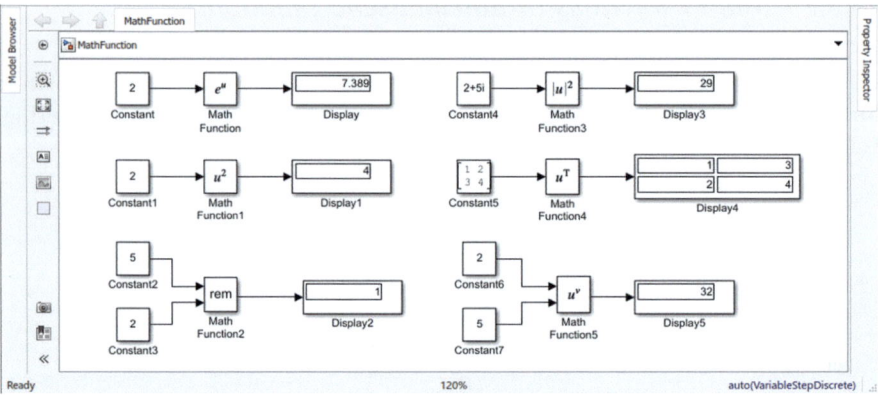

Abb. 13.49 Verwendung der MathFunction-Blöcke

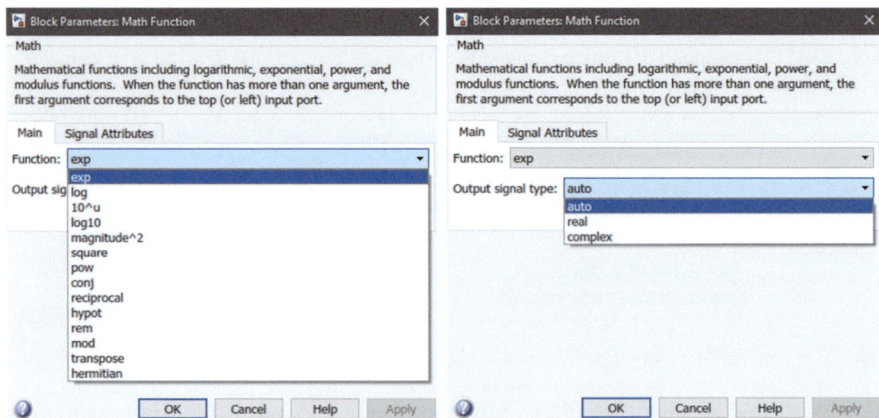

Abb. 13.50 Blockparameter der MathFunction-Blöcke

13.3 Math Operators (Mathematische Operatoren)

sind die Namen der 14 mathematischen Funktionen aufgeführt. In Abb. 13.49 ist als Beispiel der erste MathFunction-Block für einen Funktionsnamen „*exp*" ausgewählt. Das Symbol im MathFunction-Block wird in e^u geändert, wobei u die Eingabe des Blocks ist. Im zweiten Beispiel wurde der Funktionsname des MathFunction-1-Blocks als **„square"** (**Quadrat**) ausgewählt. Im dritten Beispiel wurde die Option „*rem*" für den MathFunction-2-Block gewählt, was automatisch zwei Eingabeports im Block erzeugt, da diese für die Durchführung der Restoperation benötigt werden. Drei weitere Beispiele sind ebenfalls im in Abb. 13.49 gezeigten Modell enthalten. Das Parameterfenster des MathFunction-Blocks hat einen weiteren Parameter namens „Outputsignal-Typ" (Ausgabesignal-Typ), der als auto, real oder complex angepasst werden kann.

13.3.8 Trigonometric Function (Trigonometrische Funktion)

Die Navigationsroute der **„Trigonometric Function"** (**Trigonometrische Funktion**) im Simulink-Block lautet:

> Navigationsroute:
> Trigonometrische Funktion: Simulink Library Browser➜Simulink➜Math Operations➜Trigonometric Function

Der Trigonometry-Function-Block beinhaltet 16 Operationen. Abb. 13.51 zeigt drei Beispiele mit drei verschiedenen Operationen. Um eine bestimmte trigonometrische Operation auszuwählen, muss das Parameterfenster des Trigonometry-Function-Blocks angepasst werden (Abb. 13.52). In Abb. 13.51 ist der erste Block für die Operation „sin" angepasst, der zweite Block für die Operation „*acos*" und der dritte Block für die Operation „*tanh*". Im zweiten Beispiel wird ein „Gain"-Block in der Mitte verwendet, um die Antwort mit dem Wert „180/pi" zu multiplizieren und die Ausgabe von Radiant in Grad umzurechnen. Daher zeigt die Anzeige 1 den Wert 60 in Grad anstatt in Radiant.

13.3.9 Derivative (Ableitung) und Integrator (Integrator)

In Simulink können **„Derivative"** (**Ableitung**) und **„Integrator"** (**Integrator**) mit den entsprechenden grafischen Blöcken durchgeführt werden (Abb. 13.53).

Abb. 13.54 zeigt ein Simulink-Modell, in dem ein Rampensignal zunächst mit dem Ableitungsblock differenziert und später das Ausgangssignal mit dem Integratorblock integriert wird. Das Eingangsrampensignal, das Ausgangssignal

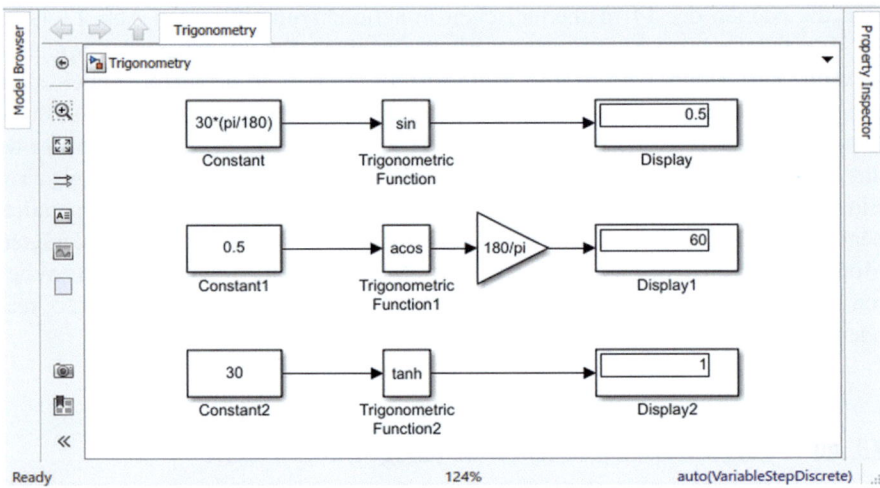

Abb. 13.51 Verwendung der Trigonometric-Function-Blöcke

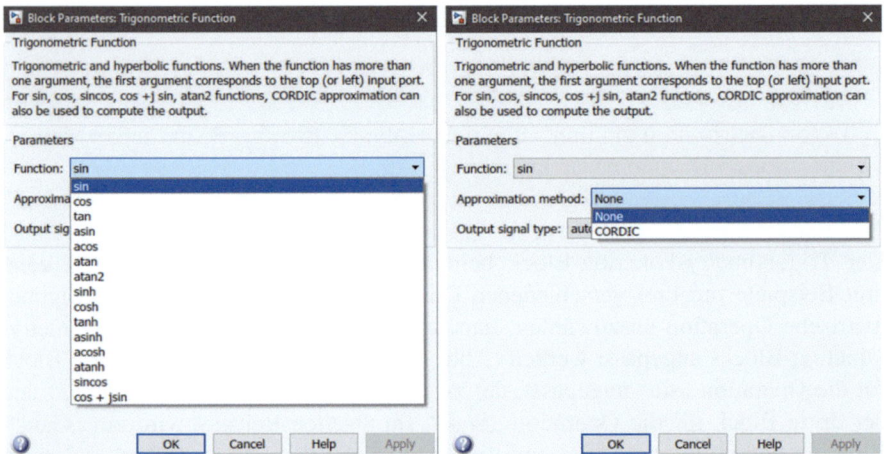

Abb. 13.52 Blockparameter der Trigonometric-Function-Blöcke

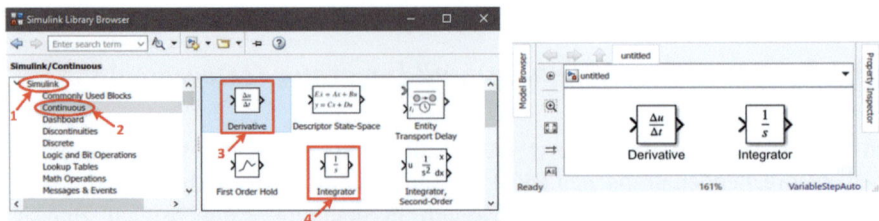

Abb. 13.53 Derivative- (Ableitungs-) und Integratorblöcke

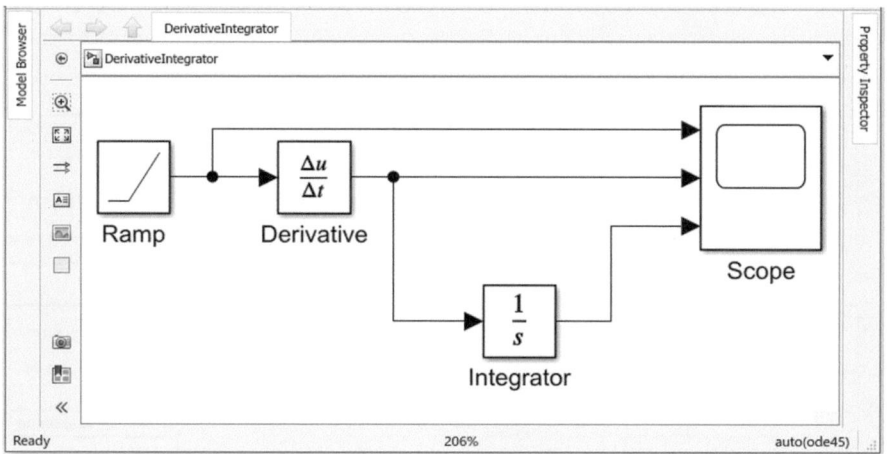

Abb. 13.54 Verwendung der Ableitungs- und Integratorblöcke

vom Ableitungsblock und das Ausgangssignal vom Integratorblock sind mit den Eingangsports des Scope-Blocks verbunden. Die Anzahl der Eingangsports des Scope-Blocks kann eingestellt werden, indem mit der rechten Maustaste auf den Scope-Block geklickt und zu „**Signal and Ports(Signal und Ports)→Number of Input (Anzahl der Eingangsports)→3**" navigiert wird. Da die Integration das Gegenteil der Differenzierung ist, sollte in diesem Beispiel der Ausgang des Integratorblocks identisch mit dem Eingangssignal sein. Nach der Simulation des Modells können die Eingangs- und Ausgangssignale im Scope-Fenster abgelesen werden (Abb. 13.55).

13.4 Port und Subsystem

Ein Subsystem ist eine Gruppe von Blöcken, die einen Teil des gesamten Systems darstellt. Die Blöcke, die ein Subsystem bilden, befinden sich in einer anderen Ebene, was die Darstellung des ursprünglichen Designmodells vereinfacht. Wenn ein bestimmter Teil eines Systems mehrmals im selben Design benötigt wird, kann die Erstellung eines Subsystems ebenfalls hilfreich sein, da es ähnlich wie ein benutzerdefinierter Block funktioniert. Der Unterschied zwischen einem Subsystem und einem benutzerdefinierten Block besteht darin, dass ein Subsystem nicht mit MATLAB programmiert werden muss. Bei der Erstellung eines Subsystems werden zwei Arten von Ports – **In1** und **Out1** – benötigt, um die Verbindung zwischen dem Subsystem und dem ursprünglichen System herzustellen. Darüber hinaus gibt es auch einige andere Arten von Ports, die beim Entwerfen eines Modells in Simulink notwendig sind. **Mux** und **Demux** sind zwei oft verwendete Port-Blöcke in Simulink. Die Verfahren zur Erstellung eines Subsystems und die Verwendung der anderen Ports werden in den folgenden Unterabschnitten beschrieben.

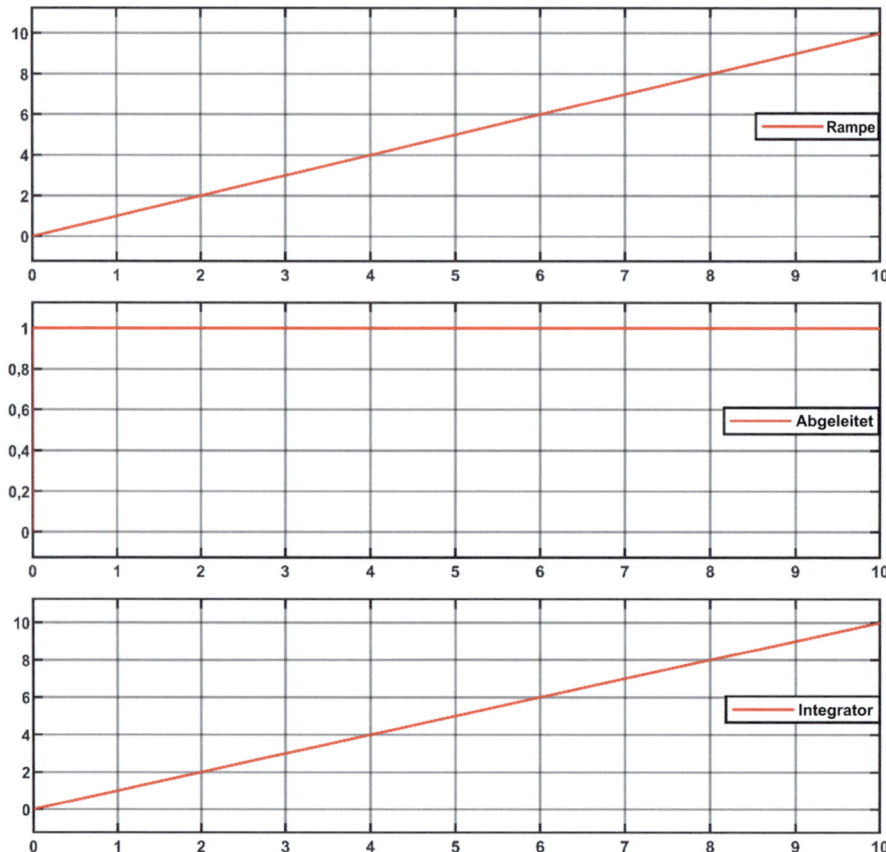

Abb. 13.55 Scope-Fensterausgabe der Rampen-, Ableitungs- und Integratorblöcke

13.4.1 Subsystem, In1 und Out1

Als Beispiel wird von einem Subsystem ausgegangen, das einen Derivative- (Ableitungs-) und einen Integratorblock enthält. Das Subsystem soll zwei Eingänge und zwei Ausgänge haben. Der erste Eingang soll das Derivative-Signal des gegebenen ersten Eingangs darstellen. Der zweite Ausgang des Subsystems soll die Integration des zweiten Eingangssignals anzeigen. Um das zu erreichen, müssen die folgenden Schritte befolgt werden:

Schritt 1: Ziehen Sie einen Derivative- und einen Integratorblock in das Simulink-Designfenster, indem Sie dem zuvor beschriebenen Navigationspfad in Abschn. 13.3.9 folgen.

Schritt 2: Wählen Sie beide Blöcke aus. Es Erscheinen drei blaue Punkte (Abb. 13.56, links). Berührt der Cursor diese drei Punkte, öffnet sich ein kleines blaues Band mit mehreren Optionen, die durch kleine Symbole dar-

13.4 Port und Subsystem

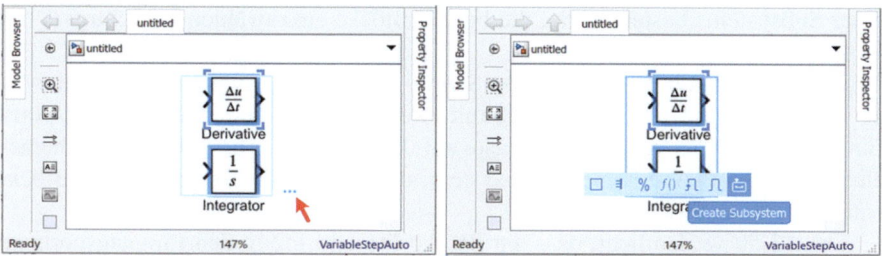

Abb. 13.56 Erstellen eines Subsystems

gestellt werden (Abb. 13.56, rechts). Bewegt sich die Maus auf die jeweilige Option, wird deren Namen anzeigt. Die Option „Create Subsystem" (Subsystem erstellen) wird angewählt (Abb. 13.56, rechts).

Schritt 3: Eine alternative Methode besteht darin, den zweiten Schritt zu überspringen und den Derivative- und Integratorblock wie zuvor auszuwählen und mit der rechten Maustaste anzuklicken. Dadurch erscheint ein kleines Fenster, aus dem die Option „Create Subsystem from Selection" (Subsystem aus Auswahl erstellen) angewählt werden muss (Abb. 13.57). Eine andere Methode zur Erstellung

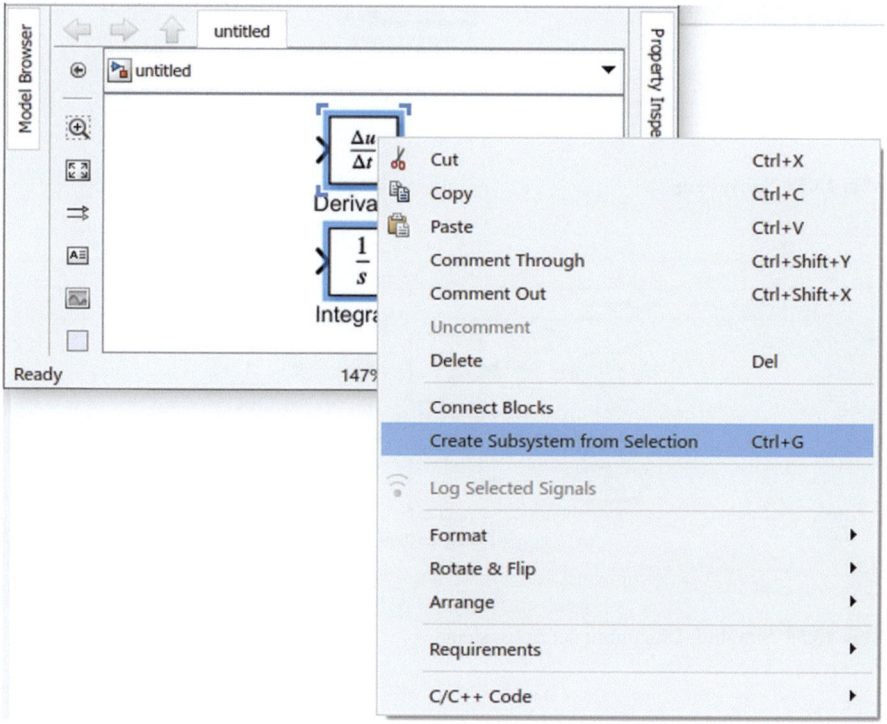

Abb. 13.57 Erstellung eines Subsystems aus Auswahl

eines Subsystems besteht darin, die beiden Blöcke auszuwählen und „Strg+G" zu tippen.

Schritt 4: Durch Schritt 2 oder Schritt 3 kann ein Subsystem erstellt werden und erscheint wie in Abb. 13.58 mit zwei Eingangs- und zwei Ausgangsports. Ein Klicken mit der rechten Maustaste auf das Subsystem bewirkt das Erscheinen einer weiteren Ebene namens Subsystem, die die ursprünglichen beiden Blöcke enthält (Abb. 13.59).

Abb. 13.59 verdeutlicht, dass die Blöcke In1 und In2 in den Eingangsports erscheinen, während die Ports Out1 und Out2 automatisch in den Ausgangsports erscheinen. Der Name der Ports kann im Parameterfenster geändert werden.

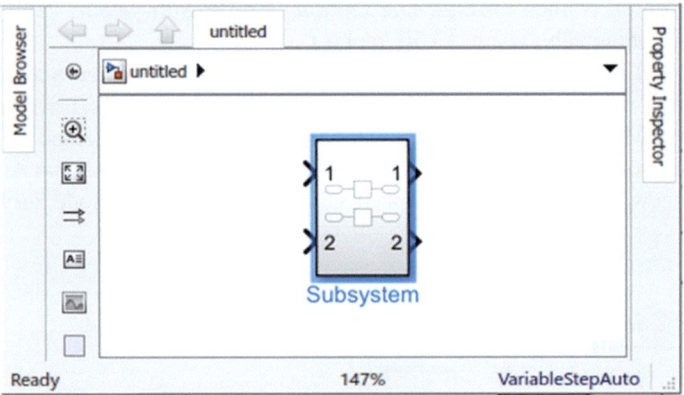

Abb. 13.58 Subsystem

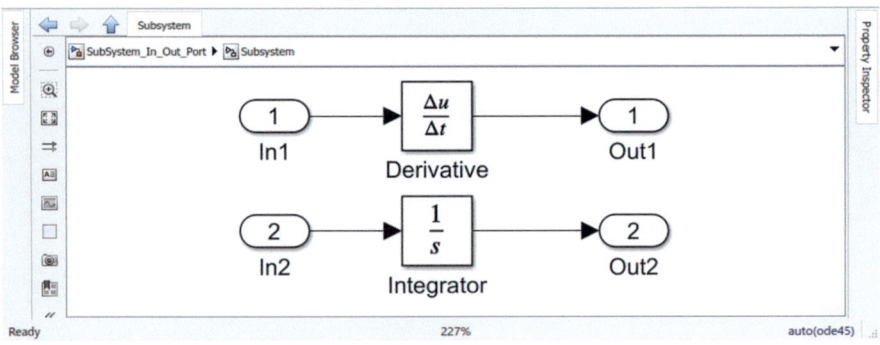

Abb. 13.59 Simulink-Diagramm der Subsysteme

13.4 Port und Subsystem

Der nächste Schritt besteht darin, das ursprüngliche Modell zu vervollständigen, indem den beiden Eingangsports Signale zugeführt und ein Scope an die Ausgangsseite angeschlossen wird. Das vollständige Modell ist in Abb. 13.60 dargestellt, wo ein Rampenblock an Port 1 und ein Sägezahngeneratorblock an Port 2 angeschlossen ist. Die Navigationsrouten beider Quellen sind unten angegeben:

> Navigationsroute:
> Rampe: Simulink-Bibliotheksbrowser→ Simulink→ Sources→ Ramp
> Sägezahngenerator: Simulink-Bibliotheksbrowser→ Simulink→ Quick Insert→ Sources→ Sawtooth Generator

Nach der Simulation des Modells werden die Ausgangssignale wie in Abb. 13.61 dargestellt.

13.4.2 Mux und Demux

Der Mux-Block wird verwendet, um mehrere Signalleitungen zu einer einzigen zu kombinieren, während der Demux-Block das Gegenteil bewirkt. Die Navigationsrouten dieser beiden Blöcke lauten:

> Navigationsroute:
> Mux: Simulink-Bibliotheksbrowser➔Simulink➔Signal Routing➔Mux
> Demux: Simulink-Bibliotheksbrowser➔Simulink➔Signal Routing➔Demux

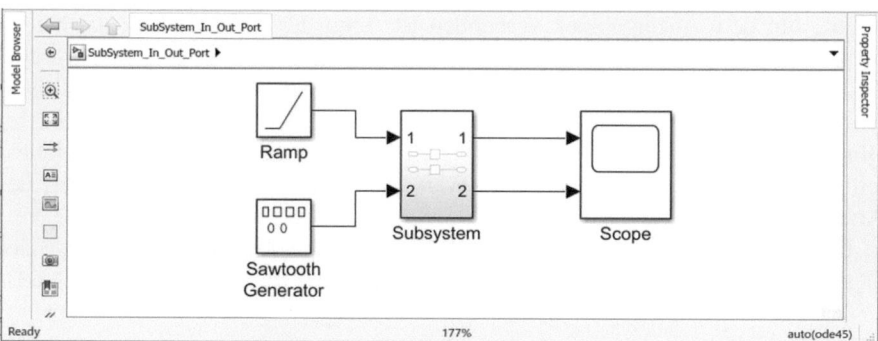

Abb. 13.60 Vollständiges Simulink-Diagramm der Subsysteme

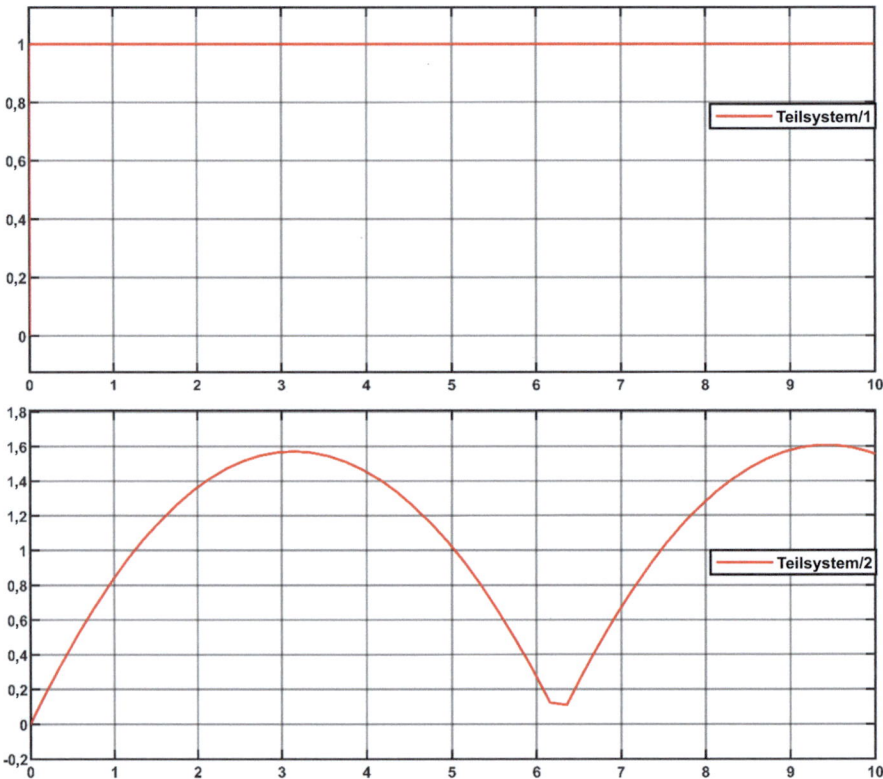

Abb. 13.61 Ausgangssignale der beiden Subsysteme

Abb. 13.62 zeigt ein Modell, in dem die Verwendung beider Blöcke in zwei separaten Beispielen gezeigt wird. Im ersten Beispiel sind die beiden Signalleitungen von zwei Constant- (Konstant-)Blöcken mit einem Mux-Block verbunden, der sie in eine einzige Ausgangsleitung umwandelt. Wenn jedoch diese Ausgangsleitung mit dem Anzeigeblock verbunden ist, zeigt der Anzeigeblock die beiden ursprünglichen Werte an, die von den beiden Constant-Blöcken generiert wurden. Das verdeutlicht, dass der Mux-Block keinen Datenverlust verursacht. Im zweiten Beispiel ist ein Constant-Block mit dem Eingang von Demux verbunden. Der Block beinhaltet ein Array von zwei Werten. Der Demux erzeugt zwei Ausgangsleitungen, von denen eine den ersten Wert und die zweite den anderen Wert des Arrays anzeigt.

Die Anzahl der Eingänge des Mux-Blocks und die Anzahl der Ausgänge des Demux-Blocks können in ihren Parameterfenstern angepasst werden (Abb. 13.63).

13.5 Logischer Operator, Relationaler Operator, Programme … 407

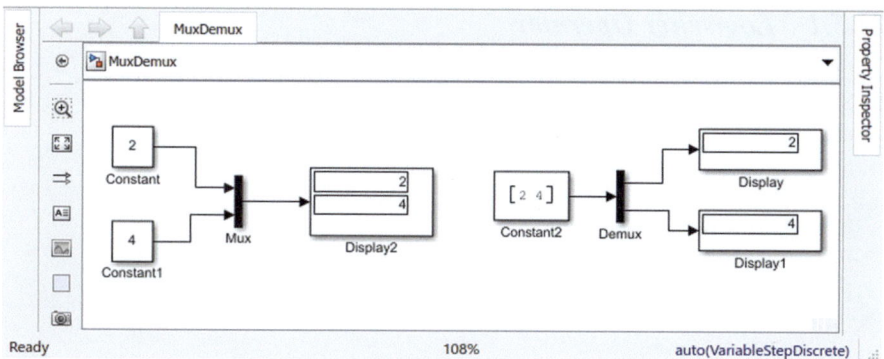

Abb. 13.62 Simulink-Diagramm von Mux und Demux

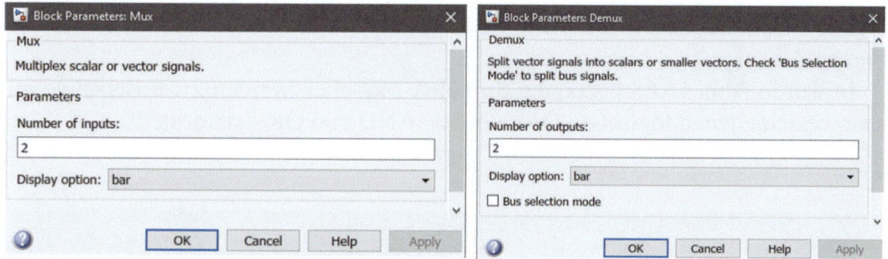

Abb. 13.63 Blockparameter von Mux und Demux

13.5 Logischer Operator, relationaler Operator, Programme und Lookup-Tabelle

Logische und relationale Operatoren können in einigen Anwendungen im Ingenieurbereich nützlich sein. Obwohl sie in MATLAB programmiert werden können, bietet Simulink die Möglichkeit, dieselbe Logik über grafische Blöcke zu implementieren. In diesem Abschnitt werden die Verfahren zur Implementierung sowohl logischer als auch relationaler Operatoren anhand von Beispielen erläutert. In Simulink können auch Programme wie „*If*" und „*Switch Case*" grafisch implementiert werden, was anhand von Beispielen gezeigt wird. Ein weiterer wichtiger Block von Simulink ist die Lookup-Tabelle, die bei der grafischen Approximation nützlich ist.

13.5.1 Logischer Operator

In Simulink kann der Block **„Logical Operator" (Logischer Operator)** im folgenden Pfad des Simulink-Bibliotheksbrowsers gefunden werden:

> Navigationsroute:
> Logischer Operator: Simulink-Bibliotheksbrowser➔Simulink➔Logic and Bit Operations➔Logischer Operator

Mit dem Block **„Logical Operator" (Logischer Operator)** können sieben logische Operationen durchgeführt werden. Zunächst wird durch einen Doppelklick auf den Block, das Parameterfenster geöffnet. Dort steht eine Dropdown-Optionsliste unter „Operator" zur Verfügung (Abb. 13.64). In dieser Liste stehen sieben logische Operatoren (AND, OR, NAND, NOR, XOR, NXOR und NOT) zur Verfügung.

In den in Abb. 13.65 gezeigten Simulink-Modellen werden zwei Beispiele mit zwei verschiedenen logischen Operatoren – AND und OR – dargestellt.

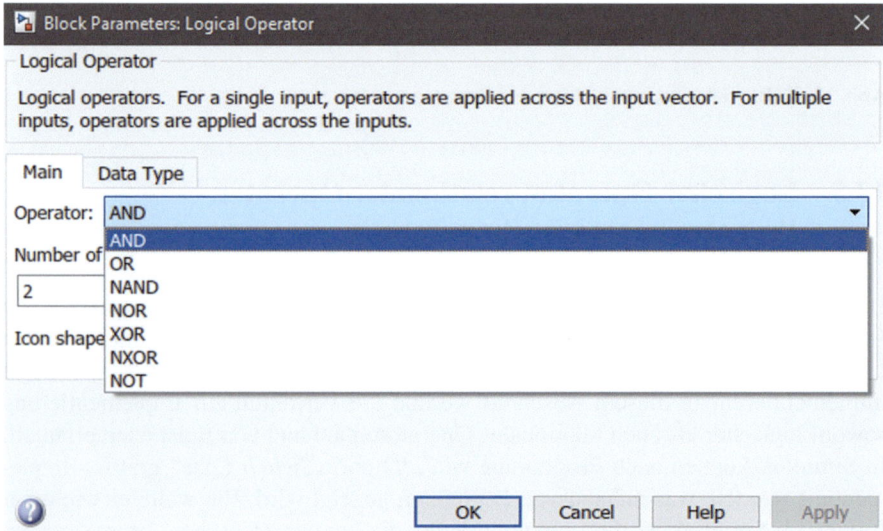

Abb. 13.64 Blockparameter des logischen Operators

13.5 Logischer Operator, Relationaler Operator, Programme …

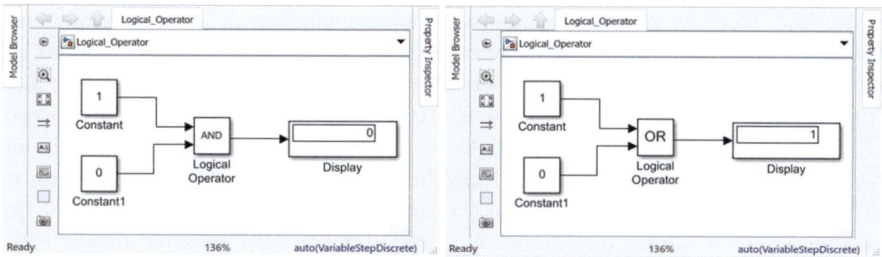

Abb. 13.65 Logische AND- und OR-Operatoren

13.5.2 Relational Operator (relationaler Operator)

In Simulink ist der „**Relational-Operator**"- (**relationaler Operator**)Block über den folgenden Navigationspfad im Simulink Library Browser verfügbar:

> Navigationsroute:
> Relationaler Operator: Simulink Library Browser➔Simulink➔Logic and Bit Operations➔relational Operator

Durch Doppelklick auf den Relational-Operator-Block wird das Parameterfenster geöffnet. Dort stehen zehn relationale Operatoren in einer Dropdown-Optionsliste zur Verfügung (Abb. 13.66).

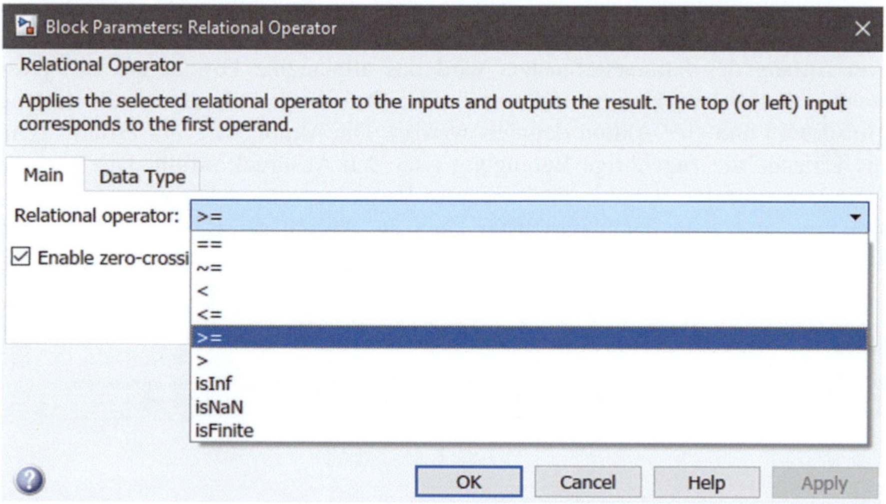

Abb. 13.66 Blockparameter des relationalen Operators

In Abb. 13.67 werden zwei Beispiele nebeneinander mit zwei verschiedenen Eingaben gezeigt. In beiden Beispielen ist der Relational-Operator-Block für die Option **„Greaterthan equal" (größer oder gleich)** ≥" angepasst. Im ersten Beispiel werden zwei numerische Zahlen (10 und 5) als Eingaben des Relational-Operator-Blocks gegeben. Wenn die Aussage „1. input≥2. input" wahr ist, liefert der Relational-Operator-Block die Ausgabe 1, sonst 0. Für das erste Beispiel ist „10 ≥5" wahr; daher ist die Ausgabe im Anzeige-Block nach der Simulation 1. Im zweiten Beispiel werden die Eingaben geändert; daher wird „5 ≥ 10" falsch. Folglich ist die Ausgabe des Blocks, wie im Anzeige-1-Block angezeigt, 0.

13.5.3 If und Switch Case

„If"-Block

In Simulink können der „If"-Block zusammen mit dem „If-Action-Subsystem"-Block das „If-else"-Programm ausführen. Der „If"-Block wird für die Bedingungen verwendet, das „If-Action-Subsystem", um die Aufgaben für verschiedene Bedingungen zu definieren. Der Navigationspfad beider Blöcke lautet:

> Navigationsroute:
> If: Simulink Library Browser➔Simulink➔Ports and Subsystems➔If
> If Action Subsystem: Simulink Library Browser➔Simulink➔Ports and Subsystems➔If Action Subsystem

Die Implementierung der o. g. Blöcke wird in den folgenden Abbildungen demonstriert. In Abb. 13.68 wird das Parameterfenster des „If"-Blocks gezeigt. Am Anfang des Parameterfensters wird das allgemeine Format des „If"-Ausdrucks beschrieben. Für jede „If"- und „Elseif"-Aussage müssen eine Bedingung (Ausdruck) und eine Aktion definiert werden. Die Aktion wird nur erfüllt, wenn die Eingabe die zugehörige Bedingung oder den Ausdruck erfüllt. Die Eingabe kann eine einzelne Variable oder mehrere Variablen sein, abhängig von der Anwendung. Aus dem Parameterfenster kann die Anzahl der Eingaben angegeben

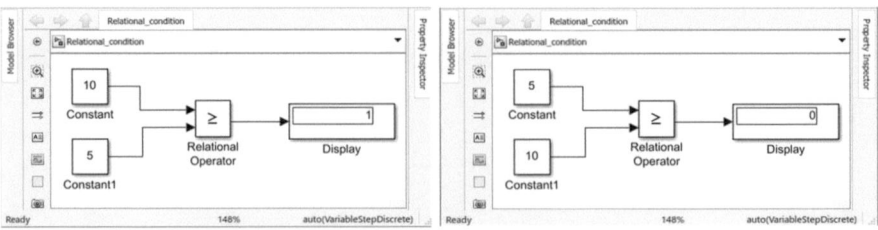

Abb. 13.67 Demonstration der Funktion des Relational-Operator-Blocks

13.5 Logischer Operator, Relationaler Operator, Programme … 411

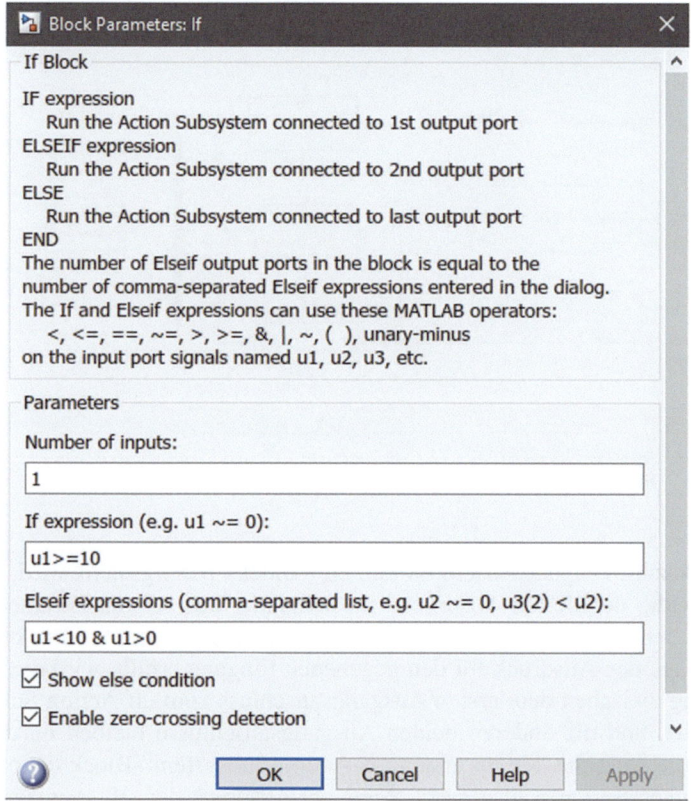

Abb. 13.68 Blockparameter des If-Blocks

werden. Für dieses Beispiel ist die Anzahl der Eingaben auf 1 gesetzt. Der zweite Schritt der Anpassung besteht darin, die Ausdruckssätze sowohl für „If" als auch für „Elseif" zu liefern. In diesem Beispiel ist der Ausdruck der „If"-Aussage als $u1 \geq 10$ definiert, und für die „Elseif"-Aussage ist der zugewiesene Ausdruck $u1 < 10 \& u1 > 0$. Es ist zu beachten, dass die zur Definition des Ausdrucks verwendeten Operatoren zuvor in Abschn. 13.3.4 erklärt wurden. Am Ende des Parameterfensters gibt es zwei Checkbox-Optionen, von denen eine „Show else statement" heißt. Dies ist eine optionale Bedingung, die von den Benutzerpräferenzen abhängt. Für dieses Beispiel wird „Else" berücksichtigt; daher ist die Checkbox-Option, wie in Abb. 13.68 gezeigt, aktiviert.

Zusammenfassend ist die Anzahl der Eingänge auf 1 festgelegt; daher hat der „If"-Block einen Eingangsanschluss im in Abb. 13.69 gezeigten Modell. „If", „Elseif" und „Else" – alle drei dieser Aussagen – sind ausgewählt, was drei Ausgangsanschlüsse für den „If"-Block erstellt. Für jede dieser drei Aussagen ist ein „If-Action-Subsystem"-Block verbunden. Diese drei Verbindungslinien sind als gestrichelte Linien in Abb. 13.69 dargestellt. Wenn ein Eingang über den Cons-

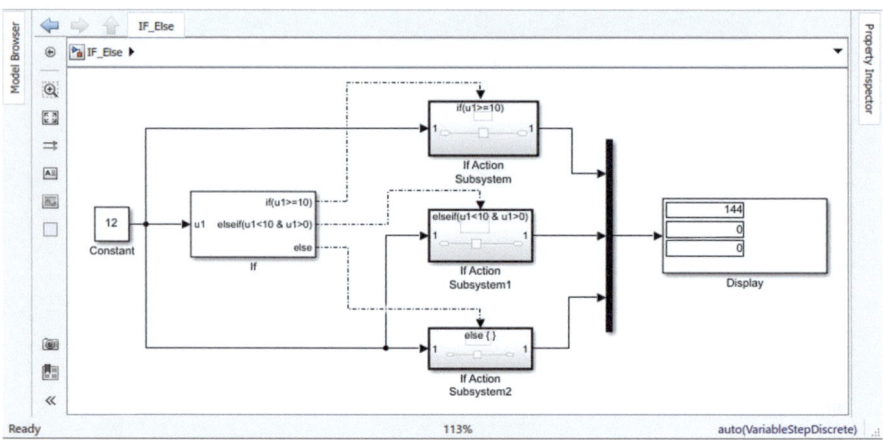

Abb. 13.69 Simulink-Diagramm des if…else-Blocks für die Konstante 12

tant-Block zum Eingangsanschluss des „If"-Blocks bereitgestellt wird, überprüft der Block die definierten Ausdrücke nacheinander aus seinem Parameterfenster, indem er den Eingangswert berücksichtigt. Wenn der erste Ausdruck unter der „If"-Aussage den Ausdruck für den gegebenen Eingang erfüllt, wird die Leitungsverbindung zwischen dem ersten Ausgangsanschluss zum „If Action Subsystem"-Block aktiv, und die anderen beiden Ausgangsanschlüsse bleiben inaktiv. Daher wird nur die Aufgabe, die im ersten „If-Action-Subsystem"-Block definiert ist, in einem solchen Szenario ausgeführt. Wenn der Ausdruck der „If"-Aussage den Eingangswert nicht erfüllt, wechselt der „If"-Block zur nächsten „Elseif"-Aussage zur Überprüfung. Wenn dieser Ausdruck durch den Eingangswert erfüllt wird, wird der zweite Ausgangsanschluss aktiviert, und nur die Aufgabe des „If-Action-Subsystem-1" wird ausgeführt. Ebenso wird, wenn sich der „Elseif"-Ausdruck für den Eingangswert als falsch herausstellt, der dritte Ausgangsanschluss aktiviert. Daher wird nur die Aufgabe, die im „If-Action-Subsystem-2"-Block definiert ist, ausgeführt.

Der Eingang in Abb. 13.69 ist so eingestellt, dass er den „If"-Ausdruck erfüllt. Daher wird die Aufgabe des „If-Action-Subsystem"-Blocks ausgeführt und das Ergebnis kann im Display-Block abgelesen werden. Da nur die Aufgabe des ersten „If-Action-Subsystem"-Blocks ausgeführt wird, kann der Ausgang der anderen „If-Action-Subsystem"-Blöcke als null aus dem Display-Block gesehen werden.

Für das zweite in Abb. 13.70 gezeigte Modell ist der Eingang geändert, der den „If"-Ausdruck nicht erfüllt, aber den Ausdruck des „Elseif" erfüllt. Daher wird die Aufgabe des „If-Action-Subsystem-1"-Blocks ausgeführt und das Ergebnis kann aus dem zweiten Ausgaberesultat des Display-Blocks abgelesen werden. Der Rest der Ausgänge des Display-Blocks wird in diesem Fall null.

13.5 Logischer Operator, Relationaler Operator, Programme ...

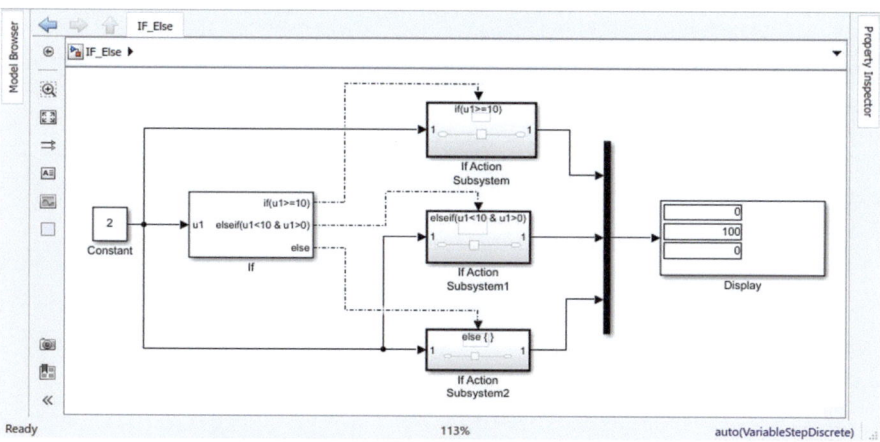

Abb. 13.70 Simulink-Diagramm des if...else-Blocks für die Konstante 2

In Abb. 13.71 erfüllt der Eingangswert keinen der „If"- und „Elseif"-Ausdrücke, wodurch die Aufgabe des mit dem „Else"-Port verbundenen „If-Action-Subsystem-2" aktiv wird. Aus dem Display-Block bezieht sich der dritte Ausgang auf das Ergebnis, während die verbleibenden zwei Ausgänge aufgrund von Inaktivität null werden.

Die von jedem „If-Action-Subsystem"-Block ausgeführten Aufgaben müssen vor der Simulation definiert werden. Dies kann durch Anpassen ihrer Parameterfenster durchgeführt werden. Die für dieses spezielle Beispiel definierten Aufgaben werden in Abb. 13.72 demonstriert. Die Ergebnisse können aus dem Ausgang des Display-Blocks überprüft werden.

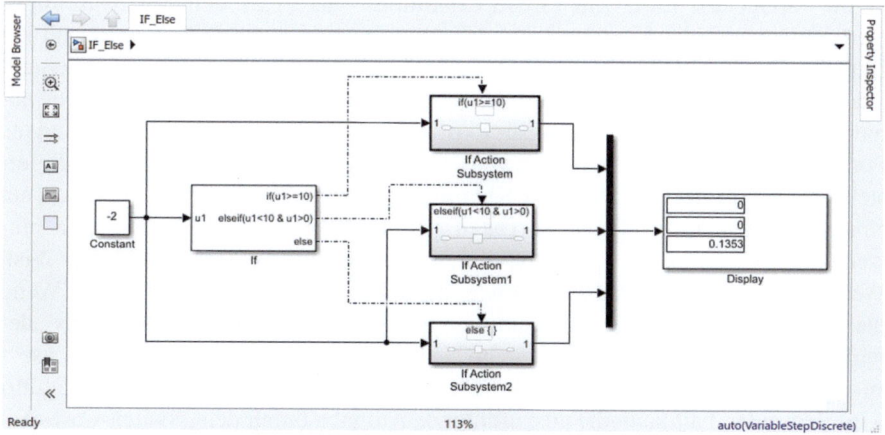

Abb. 13.71 Simulink-Diagramm des if...else-Blocks für die Konstante −2

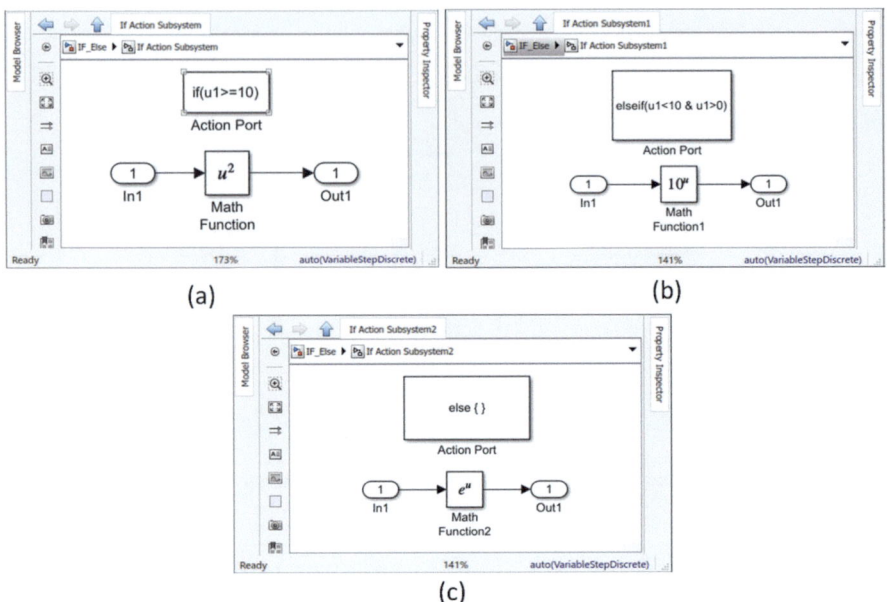

Abb. 13.72 Die drei Subsysteme der If-Aktion

„Switch Case"

Der „Switch-Case"-Block funktioniert fast genauso wie der „If"-Block. Anstelle von „If", „Elseif" und „Else"-Aussagen werden im „Switch-Case"-Block die Ausdrücke unter „Case [1]", „Case [2]", ..., „default"-Aussagen definiert. Der Benutzer hat die Möglichkeit, so viele Fälle zu erstellen, wie er benötigt. Um die Anzahl der Fälle und die zugehörige Bedingung zu definieren, muss das Parameterfenster des „Switch-Case"-Blocks angepasst werden (Abb. 13.73).

Im Parameterfenster wird „Case Conditions" als {1,2} definiert, was impliziert, dass, wenn die Eingabe 1 ist, der Ausgangsport 1 ausgeführt wird und bei Eingabe 2 der Port 2 aktiv wird. Innerhalb der geschweiften Klammer erzeugt jeder durch Kommas getrennte numerische Wert einen individuellen Fall. Der numerische Wert definiert den Eingabewert, für den der mit diesem Fall verbundene Port ausgeführt wird. Eine Bedingung {[1,2], 3} wird für zwei separate Fälle erstellt (innerhalb der geschweiften Klammer sind zwei Arten von Daten durch ein Komma getrennt). Für die ersten Daten gilt ein Array von [1,2], was darauf hinweist, dass Port 1 von Fall 1 aktiv wird, wenn die Eingabe entweder 1 oder 2 ist. Wenn die Eingabe 3 wird, wird Port 2, der mit Fall 2 verbunden ist, aktiv. Wenn die Option „Show default case" aktiviert ist, wird ein weiterer Port namens „default" als Ausgangsport des „Switch-Case"-Blocks erstellt. Der „Switch Case"-Block bestimmt nur, welcher Fall basierend auf der gegebenen Eingabe ausgeführt wird. Für jeden Fall kann die auszuführende Aufgabe durch den „Switch-Case-Action-Subsystem"-Block definiert werden, der fast ähnlich wie der „If-Action-Sub-

13.5 Logischer Operator, Relationaler Operator, Programme ...

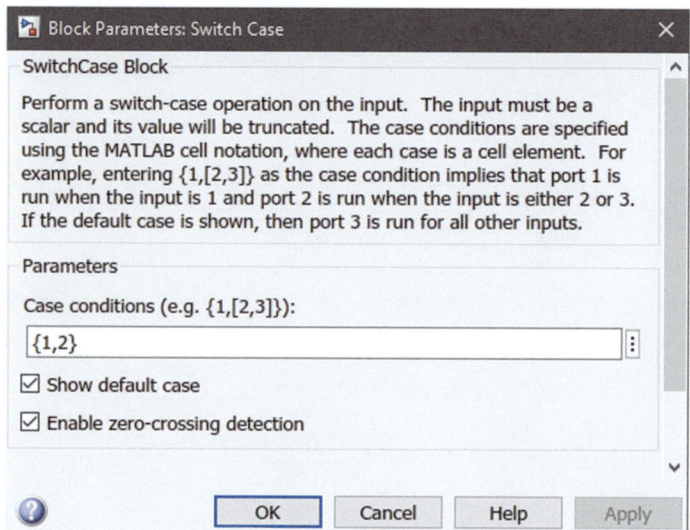

Abb. 13.73 Blockparameter des Switch-Case-Blocks

system"-Block funktioniert. Wenn ein bestimmter Fall aktiviert wird, wird das mit diesem Fall verbundene „Switch-Case-Action-Subsystem" ebenfalls aktiviert und nur die unter diesem speziellen Block definierte Aufgabe wird ausgeführt. In diesem Beispiel werden zwei Fälle zusammen mit einem zusätzlichen „default"-Fall moduliert. Daher hat der „Switch-Case"-Block drei Ausgangsports, die mit drei separaten „Switch-Case-Action-Subsystem"-Blöcken verbunden sind. Die Aufgaben dieser drei Blöcke sind wie in Abb. 13.74 definiert.

In Abb. 13.75 wird das vollständige Modell mit einer Eingabe von 1 gezeigt. Die „Case Conditions" ist wie zuvor für dieses Beispiel als {1,2} ausgewählt. Da die Eingabe 1 ist, wird Fall [1] aktiviert und die Aufgabe des „Switch-Case-Action-Subsystem" wird ausgeführt. Die Aufgabe ist wie in Abb. 13.74a definiert. Sie besteht darin, das Quadrat der Eingabe auszugeben. Die Eingaben der drei „Switch-Case-Action-Subsystem"-Blöcke sind auf denselben Wert gesetzt, der 4 ist. Daher sollte das Ausgaberesultat des ersten „Switch-Case-Action-Subsystem" das Quadrat von 4 sein. Aus der Anzeige kann das gleiche Ergebnis für die erste Ausgabe abgelesen werden, während die verbleibenden zwei Ausgaben null sind, da sie inaktiv sind. In Abb. 13.76 ist die Eingabe des „Switch-Case"-Blocks auf 2 gesetzt, was den Port des Falls [2] aktiviert. Daher wird die Aufgabe des „Switch-Case-Action-Subsystem-1"-Blocks ausgeführt und im Display-Block angezeigt. Ebenso kann aus Abb. 13.77 entnommen werden, dass die Eingabe des „Switch-Case"-Blocks den „default"-Fall-Port aktiviert und somit nur die Aufgabe des „Switch-Case-Action-Subsystem-2" ausgeführt und im Display-Block angezeigt wird.

416　　　　　　　　　　　　　　　　　13　Häufig verwendete Simulink-Blöcke

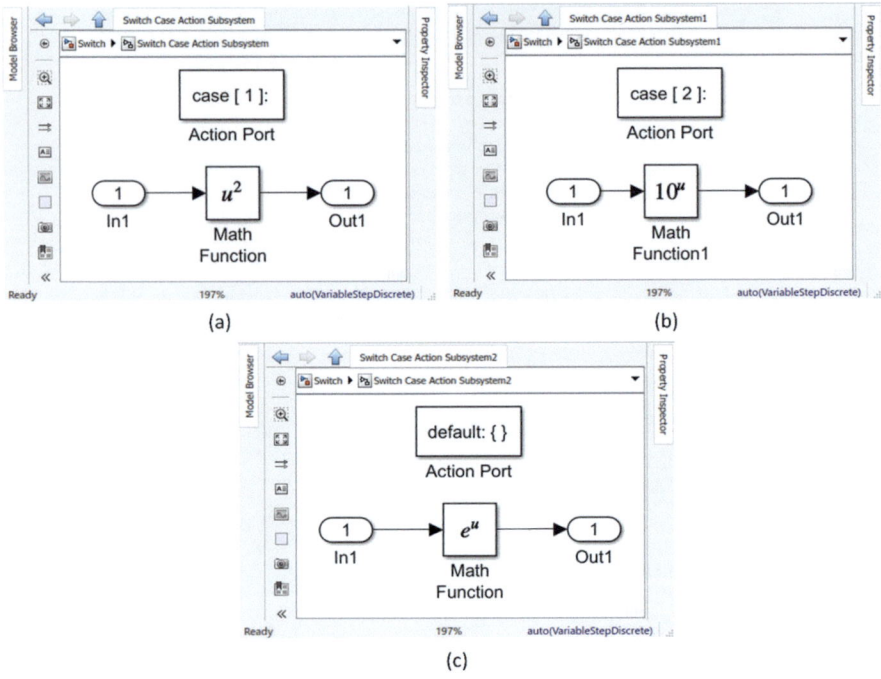

Abb. 13.74 Die drei Subsysteme der Switch-Case-Action

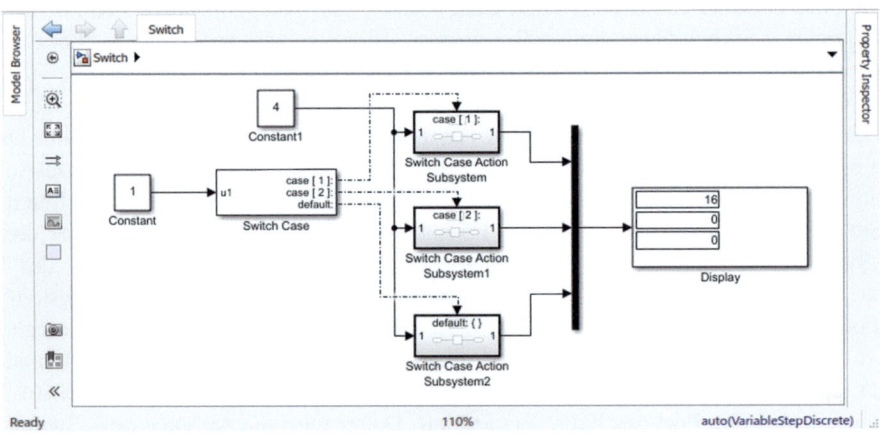

Abb. 13.75 Switch-Case-Action-Subsysteme mit Konstante 1

Sowohl der „Switch-Case"- als auch der „Switch-Case-Action-Subsystem"-Block sind unter Simulink Library Browser→Simulink→Ports und Subsysteme verfügbar.

13.5 Logischer Operator, Relationaler Operator, Programme ... 417

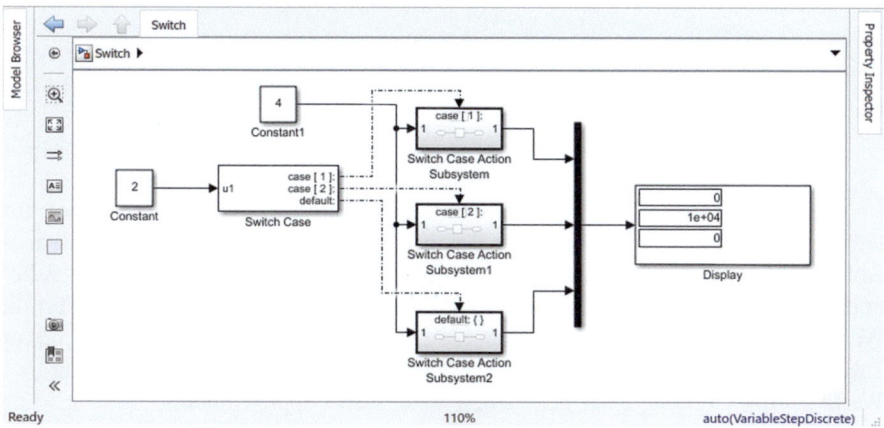

Abb. 13.76 Switch-Case-Action-Subsysteme mit Konstante 2

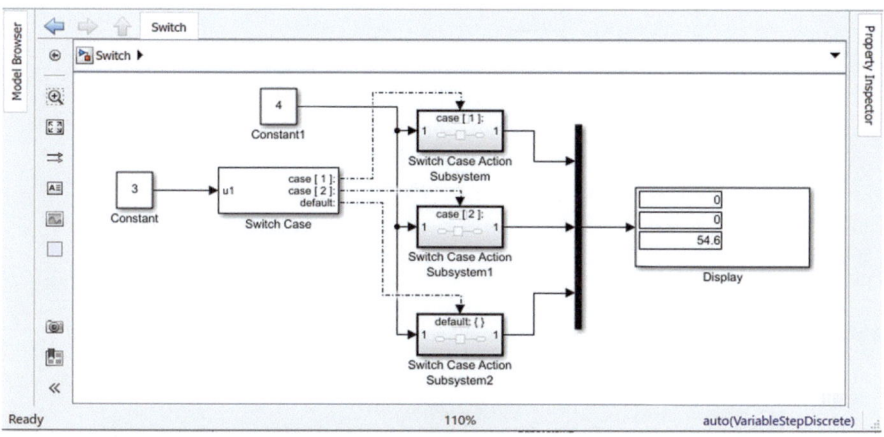

Abb. 13.77 Switch-Case-Action-Subsysteme mit Konstante 3

13.5.4 lookupTable (Nachschlagetabelle)

In Simulink sind verschiedene „**lookupTables**" (**Nachschlagetabellen**) verfügbar. In diesem Abschnitt wird der Block „**Lookup Table Dynamic**" (**Dynamische Nachschlagetabelle**) aufgrund seiner weit verbreiteten Verwendung im Ingenieurwesen detailliert erläutert. Er kann nützlich sein, um fehlende Werte auf der Grundlage gegebener Daten zu approximieren. Er kann Daten für Interpolation oder Extrapolation sowie für andere Anwendungen erzeugen. Der Navigationspfad dieses Blocks lautet:

Navigationspfad:
Simulink-Bibliotheksbrowser➔Simulink➔Lookup Table➔Lookup Table Dynamic

Im folgenden Beispiel wird der Block „Lookup Table Dynamic" verwendet, um unbekannte Werte einer gegebenen Datensatzbasis zu approximieren. In dem in Abb. 13.78 gezeigten Block gibt es drei Eingangsports – x, xdat und ydat. „xdat" und „ydat" sind der gegebene Datensatz von x- und y-Paaren. „x" repräsentiert die Werte von x, für die die entsprechenden „y"-Werte unbekannt sind. Die Lookup Table Dynamic in Abb. 13.79 kann die Werte von „y" für die entsprechenden „x"-Werte auf der Grundlage des gegebenen Datensatzes approximieren.

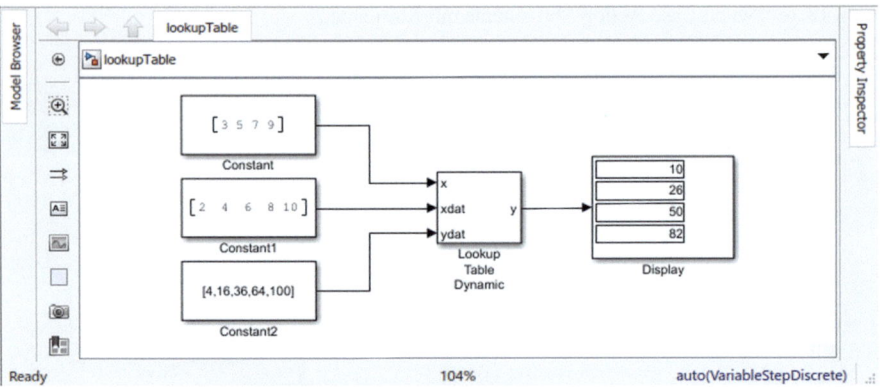

Abb. 13.78 Simulink-Diagramm der Nachschlagetabelle

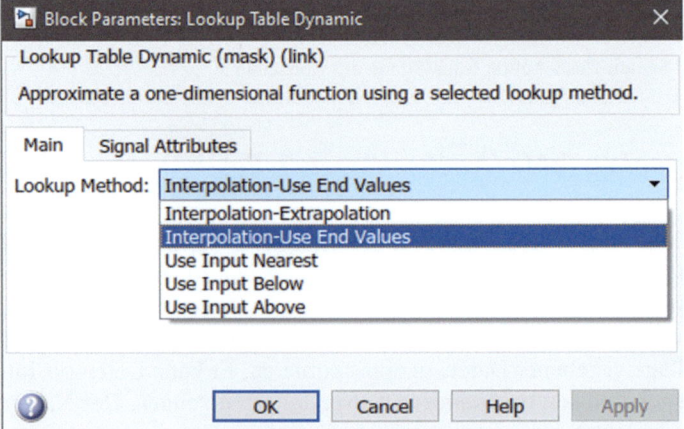

Abb. 13.79 Blockparameter der dynamischen Nachschlagetabelle

13.6 Schlussfolgerung

Ein Simulink-Modell besteht aus Blöcken und Linien. Dieses Kapitel stellte einige der am häufigsten verwendeten Blöcke vor, darunter Blöcke des Senken- und Quellentyps. Die Quellentyp-Blöcke sind wichtig, um einem physischen Modell Eingaben zu liefern, während die Senke zur Anzeige der Ausgabe dient. In Simulink können fast alle möglichen mathematischen Operationen durch die Verwendung verschiedener Mathematik-Operator-Blöcke durchgeführt werden, von denen einige in diesem Kapitel mit notwendigen Illustrationen aufgenommen wurden. Das Subsystem ist eine weitere wichtige Funktion von Simulink, das zusammen mit der Demonstration einiger wichtiger Ports, wie In1, Out1 usw., erklärt wurde. Logische und relationale Operatoren, „if" und „switch" als zwei wichtige Programme sowie Lookup Table Dynamic wurden ebenfalls detailliert erklärt.

Übung 13

1. Nennen Sie einige der Arten von häufig verwendeten Simulink-Blöcken und geben Sie zwei Beispiele für jeden Typ.
2. a) Was ist die Bedeutung von Quelltyp-Blöcken?
   b) Erzeugen Sie die folgenden Sinuswellen mit dem Sinuswellenblock und zeigen Sie sie in den beiden Scope-Blöcken:
   i) $5 \sin(2\pi \times 60 \times t)$
   ii) $2 \sin(50 \times t)$
   c) Zeigen Sie die gleichen Sinuswellen wie in b) erwähnt, indem Sie einen einzelnen Floating-Scope verwenden.
3. a) Schreiben Sie die Formeln auf, um eine Koordinate von ihrer Polarform in die rechteckige Form und umgekehrt umzuwandeln.
   b) Betrachten Sie die folgenden zwei komplexen Zahlen in ihrer rechteckigen Form. Verwenden Sie den Block Complex to Magnitude-Angle, um ihre Polarform zu bestimmen:
   i) $0{,}5 + 3i$
   ii) $2 + 0{,}5i$
   c) Führen Sie die vorherige Aufgabe in b) aus, indem Sie Blöcke in den mathematischen Operationen außer dem Block Complex to Magnitude-Angle verwenden. Überprüfen Sie das Ergebnis mit dem vorherigen.
4. a) Was ist ein Subsystem? Schreiben Sie einige der Vorteile auf, die ein Subsystem bietet.
   b) Erstellen Sie ein Subsystem, das zwei Eingaben (Eingabe1, Eingabe2) aufnehmen kann und den folgenden Ausgang liefert:

$$\text{Output} = 2\sin(\text{input1}) + \frac{d}{dt}(\cos(\text{input2})) + \sqrt{\text{input1}^2 + \text{input2}^2}$$

c) Zeigen Sie das Ergebnis unter Verwendung aller relevanten Blöcke aus dem Senkentyp an.

5. a) Wie ist das allgemeine Format der „wenn" und „schalten" Blöcke?

b) Wie ist die Navigationsroute des Lookup Dynamic Table-Blocks im Simulink Library Browser?

c) Erstellen Sie ein Modell, das bei Eingabe einer beliebigen Zahl bestimmen kann, ob diese gerade ist oder nicht. Wenn sie gerade ist, zeigen Sie 1 an, und wenn sie ungerade ist, zeigen Sie 0 an. Verwenden Sie für das Modell beliebige bequeme Programmblöcke.

Kapitel 14
Steuerungssystem in Simulink

14.1 Kontrollsystem

Im Ingenieurwesen ist das Kontrollsystem wichtig. Es bezeichnet ein übergeordnetes System, das den Input und damit das Outcome eines Systems regulieren oder steuern kann. Das Konzept des Kontrollsystems dient der Stabilität und der Steuerung eines Systems anhand einer vorbestimmten Referenz. Es gibt zwei Arten von Kontrollsystemen – das offene und das geschlossene Kontrollsystem.

14.2 Offenes Kontrollsystem

In diesem System wird das Ergebnis über die Eingabe gesteuert. Die Wirkung des Feedbacks wird dabei nicht berücksichtigt; daher wird das Resultat solcher Systeme nie gemessen. Das Design ist simpel und daher gut zu implementieren. Offene Systeme finden oft Anwendung im Alltag (z. B. bei Mikrowelle, Waschmaschine usw.). Die grundlegende Struktur zeigt das Blockdiagramm in Abb. 14.1. In diesem Fall sind in diesem Kontrollsystem sowohl die Controller- als auch die grundlegenden Prozessblöcke integriert, um zur gewünschten Ausgabe in Abhängigkeit der Eingabe zu kommen.

14.3 Geschlossenes Kontrollsystem

In einem geschlossenen Kontrollsystem wird das Ergebnis bzw. die Ausgabe des Systems berücksichtigt, um Anpassungen am Eingangssignal vorzunehmen. So kann man mit größerer Genauigkeit die Ausgabe steuern. Diese Form der Berücksichtigung der Auswirkungen wird im Kontrollsystem als **Feedback** bezeichnet.

Abb. 14.1 Eingabe und Ausgabe eines Kontrollsystems

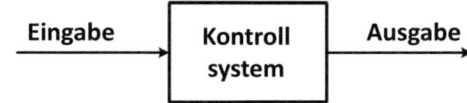

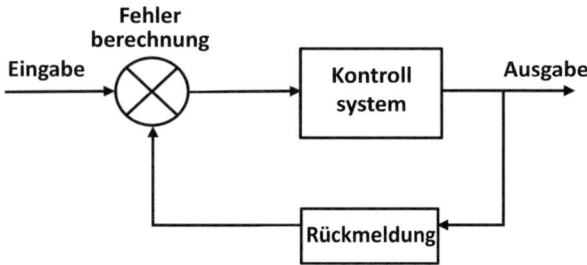

Abb. 14.2 Geschlossenes Kontrollsystem

Das Feedback schafft eine Verbindung zwischen Ausgang und Eingang; daher ist die Fehlerberechnung ein notwendiger Teil solcher Systeme, um die o. g. Anpassungen überhaupt vornehmen zu können. Das geschlossene System wird dadurch gegenüber dem offenen System genauer und stabiler. Dafür ist es komplexer und kostenintensiver, wenn es um die Implementierung in Echtzeitanwendungen geht. Ein grundlegendes Layout eines geschlossenen Kontrollsystems wird in Abb. 14.2 dargestellt.

14.4 Offenes vs. geschlossenes Kontrollsystem

Die Unterschiede zwischen dem offenen und dem geschlossenen System sind in Tab. 14.1 dargestellt.

14.5 Simulink-Modell-Design

In diesem Abschnitt wird das Design eines offenen und eines geschlossenen Kontrollsystems beschrieben.

14.5 Simulink-Modell-Design

Tab. 14.1 Unterschiede von offenen und geschlossenen Kontrollsystemen

Aspekt	Geschlossenes Kontrollsystem	Offenes Kontrollsystem
Stabilität	Ein geschlossenes System kann instabil werden, da sich die kontrollierten Parameter für verschiedene Aspekte ändern können.	Ein offenes System wird nie instabil, es sei denn, der Controller ist instabil.
Sensitivität	Die Sensitivität ist vergleichsweise hoch.	Das offene Kontrollsystem hat eine niedrige Sensitivität.
Verstärkung	Die Verstärkung ist vergleichsweise niedrig.	Ein offenes System besitzt eine hohe Verstärkung.
Genauigkeit und Komplexität	Ein geschlossenes System ist aufgrund seiner Fähigkeit zur Rauschunterdrückung vergleichsweise genauer, aber komplex im Design.	Ein offenes System ist einfach im Design, hat aber eine geringere Genauigkeit, da ein solches System erheblich von unbekannten Störfaktoren beeinflusst wird.

14.5.1 Open-Loop Control System (Offene Regelkreissysteme)

In diesem Abschnitt wird ein **„open-loop control system" (offenes Regelkreissystem)** mit Simulink entworfen. Die Eigenschaften eines Systems werden durch die Übertragungsfunktion dieses Systems definiert (siehe Abschn. 9.2.2). In einem offenen Regelkreissystem ist der Ausgang nicht über ein Feedback verbunden. In Abb. 14.3 wird ein Simulink-Modell gezeigt, das ein offenes Regelkreissystem

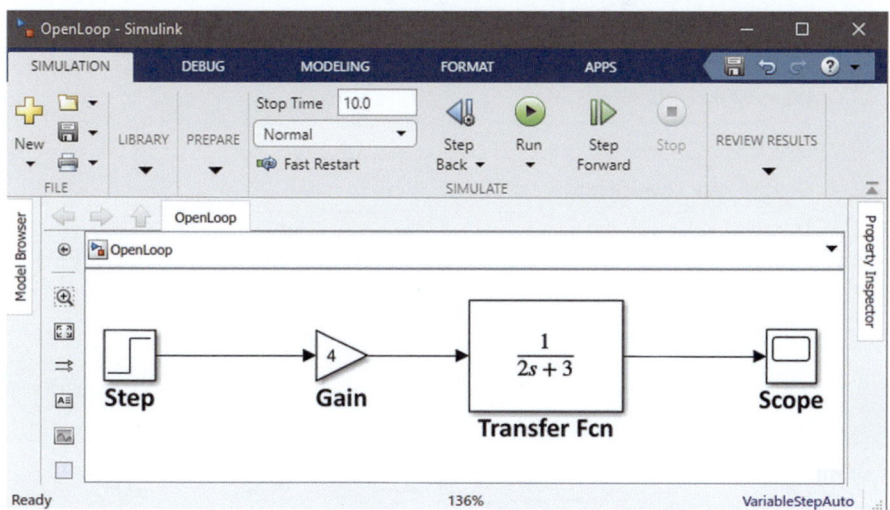

Abb. 14.3 Simulink-Diagramm OpenLoop

darstellt. Die für die Simulation verwendeten Blöcke sind in der folgenden Tab. 14.2 mit ihren Navigationsrouten zusammengefasst.

Die Parameter des Übertragungsfunktionsblocks werden im Parameterfenster angepasst (Abb. 14.4). Die in diesem Beispiel betrachtete Übertragungsfunktion des Systems ist $\frac{1}{2s+3}$. Um diese Funktion aus dem Parameterfenster anzupassen, müssen der Zähler und der Nenner der Funktion in Form eines Arrays definiert werden. Im Parameterfenster, das in Abb. 14.4 gezeigt wird, ist der erste Parameter als **„Numerator coefficience" (Zählerkoeffizienten)** benannt, der auf [1] gesetzt ist. Für die **„Denominator coefficients" (Nennerkoeffizienten)** wird ein

Tab. 14.2 Blöcke und Navigationsrouten zur Abb. 14.3

Blöcke	Navigationsrouten
Step (Schritt)	Simulink Library Browser→Simulink→Sources→Step
Gain (Verstärkung)	Simulink Library Browser→Simulink→Sources→Gain
Transfer Fcn (Übertragungsfunktion)	Simulink Library Browser→Continuous→Transfer Fcn
Scope (Oszilloskop)	Simulink Library Browser→Sinks→Scope

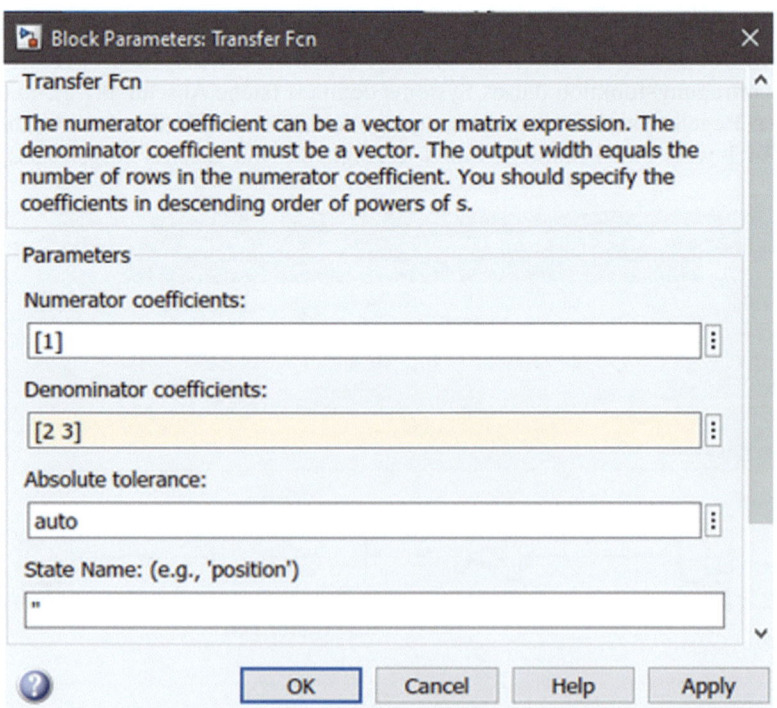

Abb. 14.4 Blockparameter des Transfer Fcn

14.5 Simulink-Modell-Design

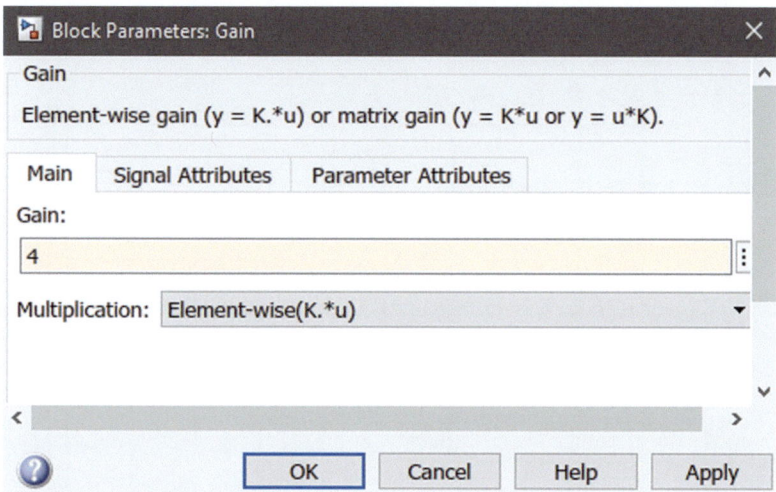

Abb. 14.5 Blockparameter des Gain

Array [2 3] zugewiesen, wobei 2 den Koeffizienten von „s" und 3 die Konstante darstellt. Das Konzept der Definition ähnelt fast der eingebauten Funktion *tf*(), die im MATLAB-Abschnitt verwendet wurde. Durch Angabe der Koeffizienten des Zählers und des Nenners kann der Übertragungsfunktionsblock die Übertragungsfunktion des Systems ermitteln. Sie wird automatisch angezeigt (Abb. 14.3). Der Verstärkungsblock wird angepasst, indem der Wert 4 (Abb. 14.5) eingestellt wird, der mit der Übertragungsfunktion des Systems multipliziert wird. Nach der Simulation des Modells kann die Ausgangsantwort des offenen Regelkreissystems im Scope beobachtet werden (Abb. 14.6). Simulink ermöglicht die Beobachtung der Ausgangsantwort eines offenen Regelkreissystems für verschiedene Übertragungsfunktionen und Verstärkungswerte. Die Auswirkungen der Verstärkung auf die Ausgangsantwort des Systems können im Scope beobachtet werden, indem der Wert der Verstärkung im Parameterfenster des Verstärkungsblocks geändert wird. So kann auch die Übertragungsfunktion geändert werden, um ein anderes System zu simulieren. Bevor ein Regelkreissystem in der Praxis mit realen Instrumenten entworfen wird, ermöglicht Simulink, verschiedene Systeme für variierende Parameter zu testen, um so einen Prototyp auf der Simulationsplattform zu erstellen. Dies reduziert die Kosten und den Aufwand von Testverfahren mit realen Instrumenten - einer der wichtigsten Vorteile der Nutzung von Simulink im Bereich der Regelkreissysteme.

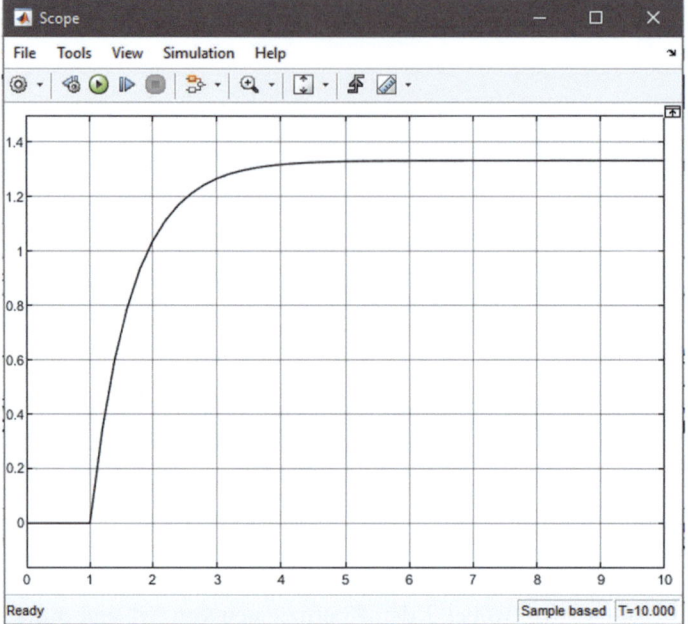

Abb. 14.6 Ausgabe im Scope

14.5.2 Closed-Loop Control System (geschlossenes Regelkreissystem)

Ein Simulink-Modell eines geschlossenen Regelkreises ist in Abb. 14.7 dargestellt. Die betrachtete Übertragungsfunktion für ein solches System ist $\frac{1}{2s^2+3s+5}$. Als Regler wird PID für das folgende System in Betracht gezogen. Da das System ein geschlossener Regelkreis ist, muss eine Rückkopplungsverstärkung zwischen Ausgang und Eingang bestehen. In diesem Beispiel hat diese den Wert 1. Wenn die Rückkopplungsverstärkung nicht 1 ist, muss ein Verstärkungsblock in die Leitung zwischen Ausgang und Eingang eingefügt werden. Der Eingang des Systems wird mit dem Step-Block bereitgestellt. Die Rückkopplungsverstärkung verbindet sich über den Sum-Block mit dem Eingang. Dieser kann entsprechend den Spezifikationen des Systems angepasst werden. In diesem Beispiel wird die Rückkopplung zum Eingang hinzugefügt; daher werden im Sum-Block zwei „+" Zeichen verwendet. Im Parameterfenster des Sum-Blocks können individuelle Änderungen vorgenommen werden.

Die Anpassung des Transfer-Fcn-Blocks wird in Abb. 14.8 gezeigt. Hier sind die **„Numerator" (Zähler)-** und **„Denominator" (Nenner)**-Koeffizienten angegeben. Die Anpassung des Sum-Blocks zeigt Abb. 14.9. Der Block **„PID-Controller" (PID-Regler)** kann ebenfalls angepasst werden. Er hat drei Konstanten – Proportional (P),

14.5 Simulink-Modell-Design

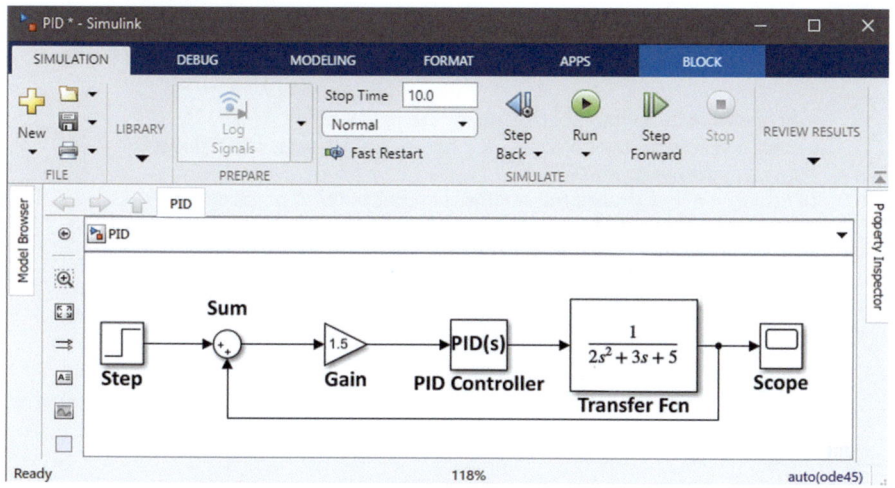

Abb. 14.7 Simulink-Diagramm eines PID-Controllers (-Reglers)

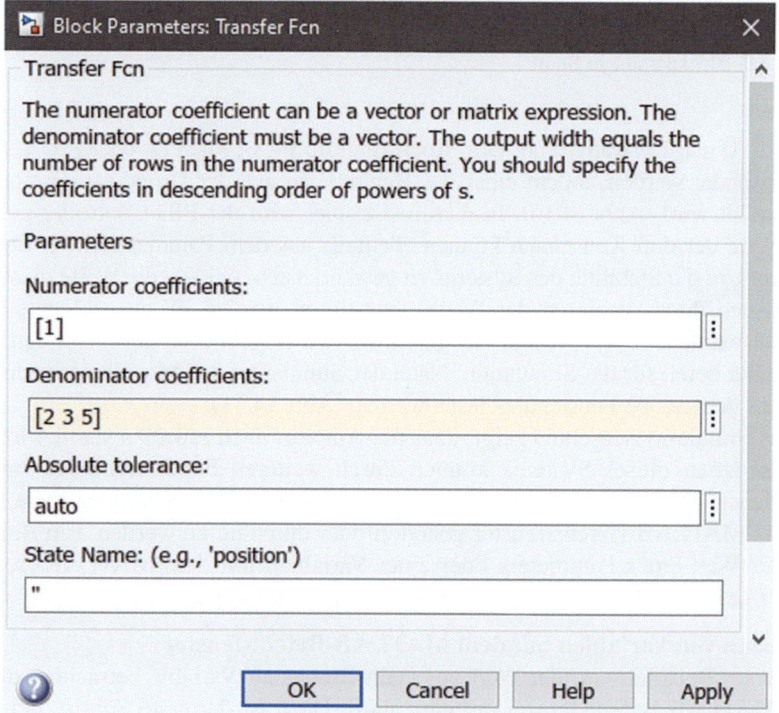

Abb. 14.8 Blockparameter des Transfer Fcn für den PID-Controller

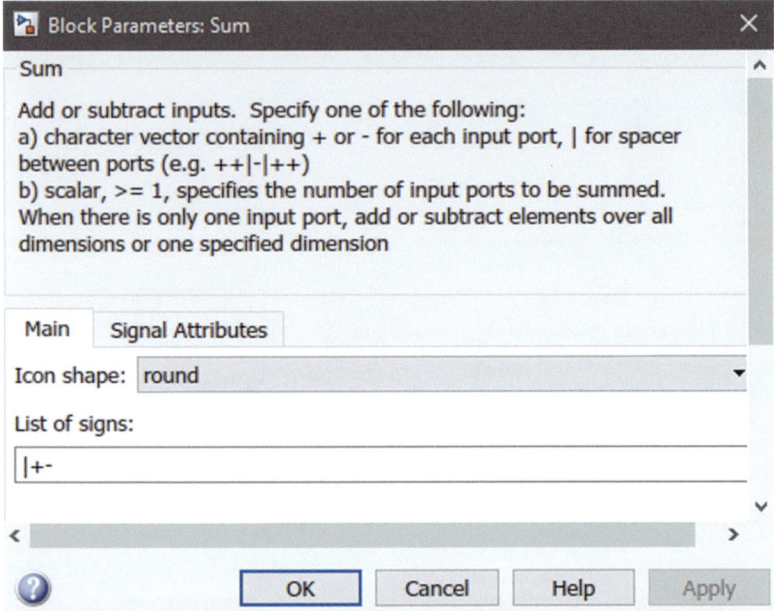

Abb. 14.9 Blockparameter Sum

Integral (I) und Derivative (D). Der Block kann für P-, I-, PI-, PD- oder PID-Controller verwendet werden, indem einer der Reglertypen aus der Dropdown-Optionsliste ausgewählt wird (Abb. 14.10). In diesem Beispiel wird der PID-Controller gewählt. Die Werte der drei Konstanten können ebenfalls aus dem Parameterfenster definiert werden. Um die Stabilität des Systems zu gewährleisten, müssen die Werte dieser drei Konstanten durch Variieren der Werte abgestimmt werden. Wenn geeignete Werte gewählt wurden, ist das Design des geschlossenen Regelkreissystems mit dem PID-Controller bereit für die Simulation. Nach der Simulation des Modells kann die Antwort aus dem Scope-Fenster abgelesen werden (Abb. 14.11).

Das Simulationsergebnis zeigt, dass die Antwort nach etwa 9 s stabil wird. Die Eigenschaften dieses Systems können durch weiteres Experimentieren mit verschiedenen Parameterwerten modifiziert werden. Der Parameterwert kann ebenfalls im MATLAB-Befehlsfenster geändert oder durchlaufen werden. Ein Beispiel, wie der Wert eines Parameters oder einer Variablen mit dem MATLAB-Befehlsfenster geändert werden kann, zeigt der folgende Abschnitt.

Anpassen von Variablen mit dem MATLAB-Befehlsfenster

Für dieses Beispiel wird der Wert des Gain-Blocks als Variable betrachtet, die mit dem MATLAB-Befehlsfenster definiert wird. Dazu ist der erste Schritt, den Wert der Verstärkung als „K" oder anderer Buchstaben aus dem Parameterfenster des Gain-Blocks zu setzen (Abb. 14.12).

14.5 Simulink-Modell-Design

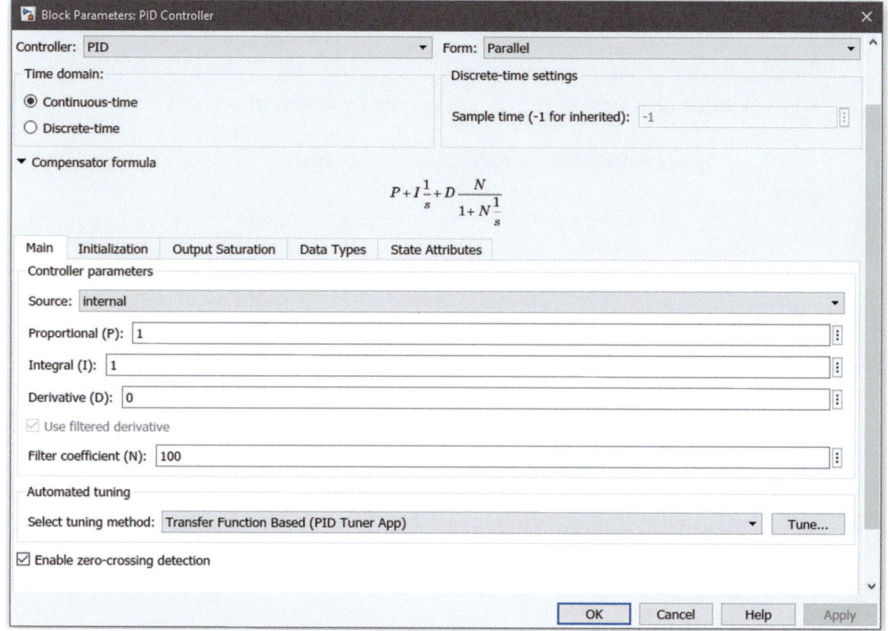

Abb. 14.10 Blockparameter PID-Controller

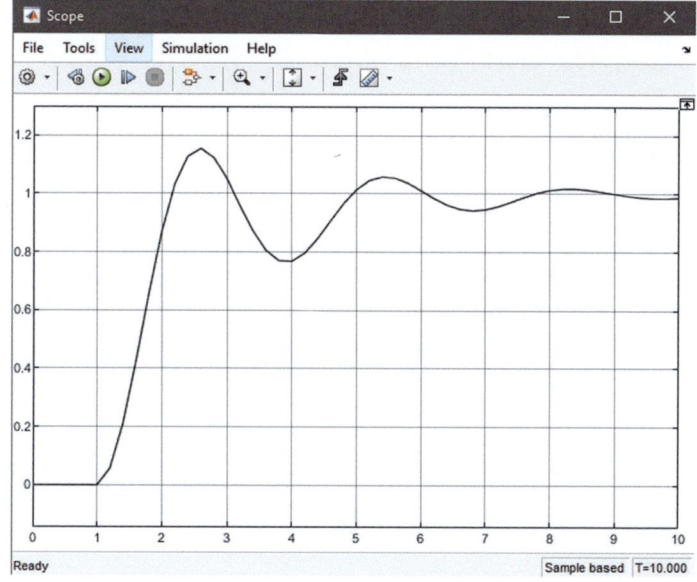

Abb. 14.11 Ausgabe im Scope-Fenster des PID-Controllers

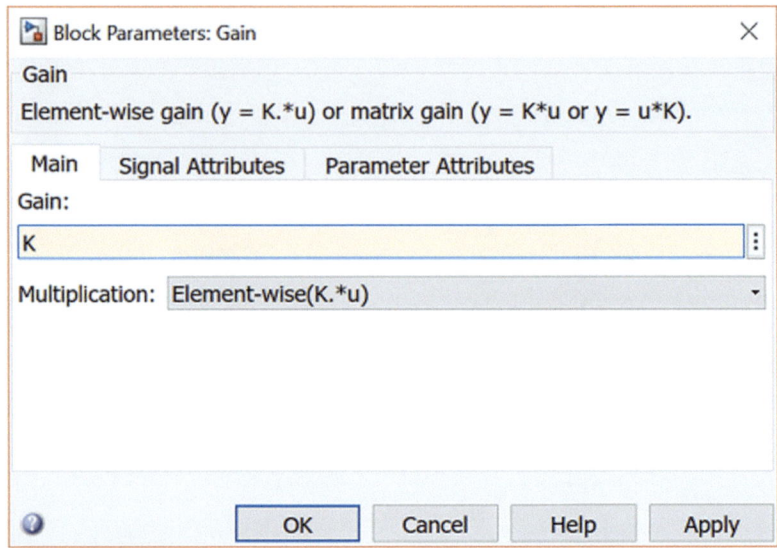

Abb. 14.12 Blockparameter des Verstärkungsblocks des PID-Controllers

Abb. 14.13 Definition der Variablen für die Verstärkung

Der nächste Schritt ist, den Namen der Variablen im MATLAB-Befehlsfenster durch Zuweisung eines Wertes zu definieren (Abb. 14.13).

Das vollständige Design des Simulink-Modells wird in Abb. 14.14 dargestellt, wobei die einzige Änderung im Gain-Block vorgenommen wurde.

Nach erneuter Simulation des Modells wird es für den neuen Wert des Verstärkungsfaktors, $K = 6.5$, simuliert. Somit kann der Wert eines bestimmten Parameters eines Blocks auch im MATLAB-Befehlsfenster geändert werden. Die Ausgangsantwort des Systems, die im Scope-Fenster abzulesen ist, zeigt Abb. 14.15.

Für eine weitere Simulation wird der Wert der Verstärkung K auf 9 gesetzt (Abb. 14.16). Das Ergebnis zeigt Abb. 14.17.

Aufgrund der Erhöhung der Verstärkung ist auch der Wert der frühen Oszillation für die in Abb. 14.17 gezeigten Antwort erhöht. Die Eigenschaften eines beliebigen Steuerungssystems können wie gezeigt durch Nutzung des Simulink-Modells analysiert werden.

14.5 Simulink-Modell-Design

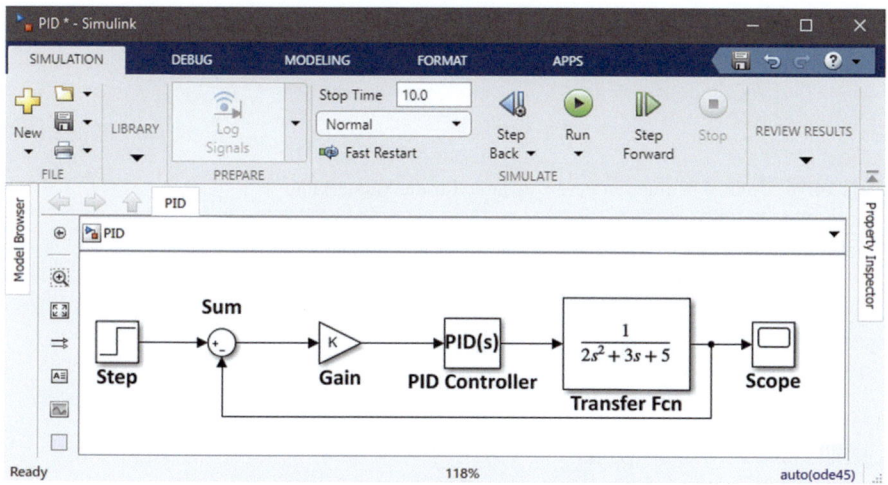

Abb. 14.14 Vollständiges Simulink-Diagramm des PID-Controllers

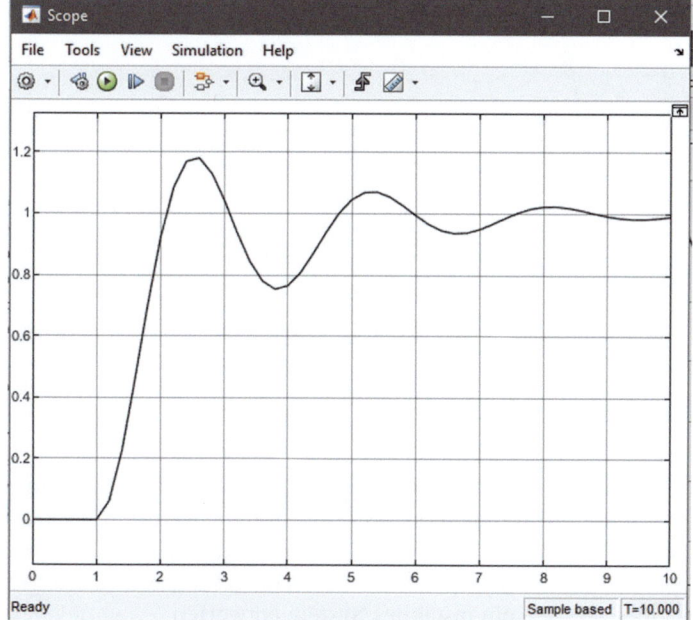

Abb. 14.15 Ausgabe im Scope-Fenster des PID-Controllers

Abb. 14.16 Definition einer weiteren Variable für die Verstärkung

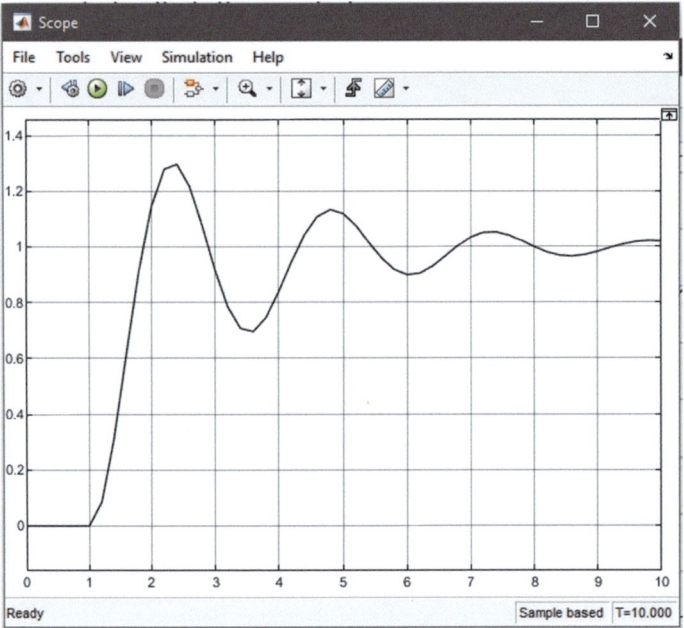

Abb. 14.17 Ausgabe im Scope-Fenster des PID-Controllers für die neue Verstärkung

14.6 Stabilitätsanalyse

Die Stabilitätsanalyse ist ein wesentlicher Bestandteil jedes Steuerungssystems. Die Stabilität eines Steuerungssystems kann durch mehrere Verfahren (wie die Pole-Zero-Karte, das Bode- oder das Nyquist-Diagramm) analysiert werden (zu den Verfahren siehe auch Abschn. 9.6). In diesem Abschnitt wird mit Simulink sowohl ein stabiles als auch ein instabiles System entworfen.

14.6.1 Stable System (stabiles System)

Ein Steuerungssystem, das eine Übertragungsfunktion, $G(s) = \frac{50}{s^2+12s+1}$ mit dem Step-Eingang integriert, zeigt Abb. 14.18. Die zur Gestaltung dieses Modells verwendeten Blöcke sind mit ihren Navigationsrouten in Tab. 14.3 aufgelistet.

Die Antwort des Systems kann im Scope-Fenster abgelesen und die Stabilität durch Erzeugung verschiedener Plots bestimmt werden.

Die Anpassungen der Step- und Transfer-Fcn-Blöcke sind in Abb. 14.19 dargestellt. Der Zähler der Übertragungsfunktion wird als [50] definiert, während der Nenner als Array von [1 12 1] angegeben wird, um die Übertragungsfunktion $G(s) = \frac{50}{s^2+12s+1}$ darzustellen.

Pole-Zero-Plot

Wenn alle Werte eines Systems in der linken Hälfte der Koordinatenebene liegen, kann das System als stabiles System betrachtet werden. In Simulink kann der Pole-Zero-Plot-Block zur Erzeugung solcher Plots verwendet werden. Die Konfiguration dieses Blocks funktioniert wie folgt:

Schritt 1: Doppelklick auf den Pole-Zero-Block → Erscheinen eines Parameterfensters (Abb. 14.20a) → Klicken auf die „+"-Taste (durch „1" rot markiert) → rechte Box im Parameterfenster (Abb. 14.20a) öffnet sich.

Schritt 2: Auswahl der Eingangssignalleitung (Abb. 14.21a) → automatische Namenseintragung des Signals in das rechte Feld des Parameterfensters (Abb. 14.21b) → Auswahl des Namens und Klicken auf die Schaltfläche „<<" (mit rot „3" markiert) → Signal wird in das linke Feld zu verschoben → im

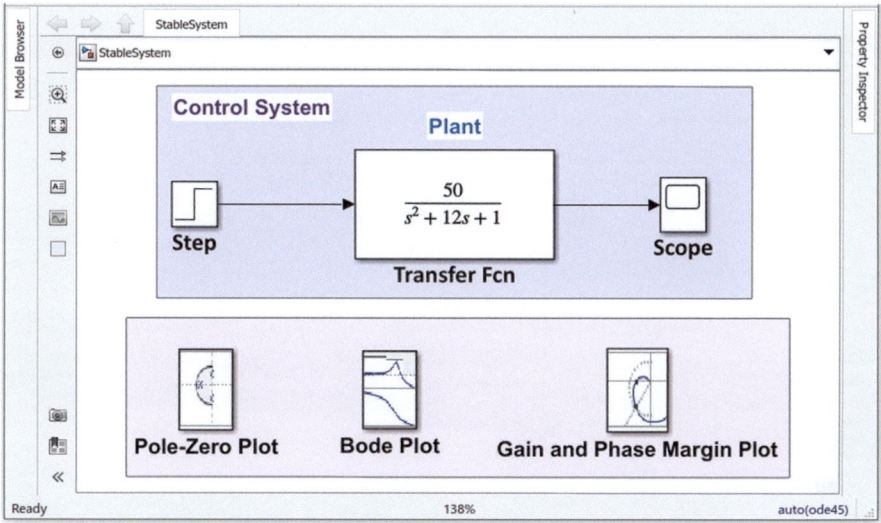

Abb. 14.18 Stable system (stabiles Steuerungssystem) mit einem Step-Eingang

Tab. 14.3 Navigationsrouten der in Abb. 14.18 verwendeten Blöcke

Blöcke	Navigationspfad im Simulink-Bibliotheksbrowser
Step	Simulink→sources→step
Transfer Fcn	Simulink library browser→continuous→transfer Fcn
Pole-zero plot	Simulink→control design→linear analysis plots→pole-zero plot
Bode plot	Simulink→control design→linear analysis plots→bode plot
Gain and phase margin plot	Simulink→control design→linear analysis plots→gain and phase margin plot

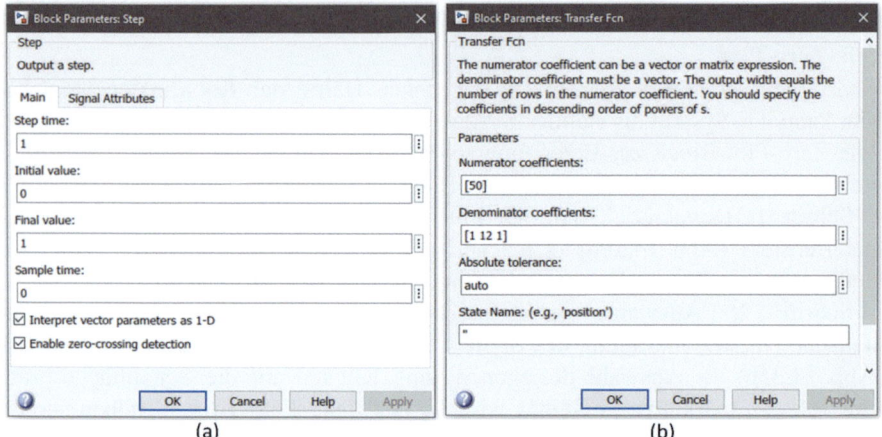

(a)   (b)

Abb. 14.19 a, b Blockparameter der Step- und Transfer-Blöcke

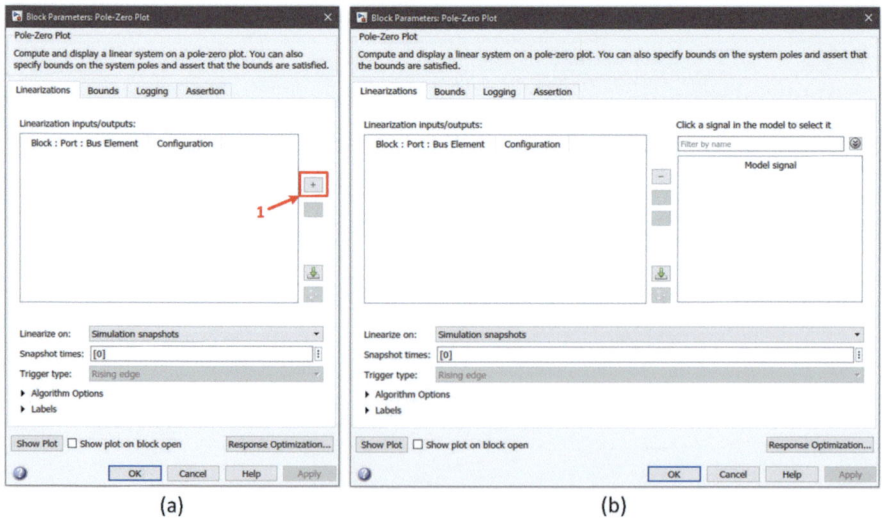

(a)   (b)

Abb. 14.20 a–c Blockparameter des Pole-Zero-Plots

„**Configuration**" (**Konfiguration**)-Tab des linken Feldes „**Open-loop Input**" (**Open-Loop-Eingang**) anwählen (Abb. 14.21c).

Schritt 3: Auswahl der Ausgangssignalleitung, die mit dem Scope verbunden ist → Wiederholung wie in Schritt 2 → Auswahl im „Configuration"-Tab der Option „**Open-loop Output**" (**Open-Loop-Ausgang**) → Auswahl der Option „**Show-plot-on-block-open**".

Damit ist die Anpassung des Pole-Zero-Plots abgeschlossen (Abb. 14.22).

Bode-Plot

Der Bode-Plot dient ebenfalls der Stabilität eines Systems zu bestimmen (siehe auch Abschn. 9.6.3).

Um das Bode-Plot-Diagramm zu erstellen, ziehen Sie den „Bode-Plot"-Block in das Simulinkfenster. Die Konfiguration des Bode-Plot ähnelt der Anpassung des Pole-Zero-Plot (siehe Schritte oben und Abb. 14.23).

Gain and Phase Margin Plot (Verstärkungs- und Phasenrand-Plot)

Der „**gain and phase margin plot**" (**Verstärkungs- und Phasenrand-Plot**) kann verwendet werden, um einen Bode-, Nyquist- bzw. Nichols-Plot usw. zu zeichnen. In diesem Beispiel wird ein Nyquist-Plot kreiert. Die Anpassung des Verstärkungs- und Phasenrand-Plot-Blocks kann auf die gleiche Weise durchgeführt werden, wie in der Anpassung des Pole-Zero-Plot-Blocks beschrieben. Ein zusätzlicher Schritt ist die Auswahl des „Plot-Typs" aus vier Optionen – Bode, Nichols, Nyquist und Tabular. In Abb. 14.24 wurde die Option „Nyquist" ausgewählt.

Simulation

Nach der Simulation des Modells für 100 s kann die Ausgangsantwort durch Doppelklick auf den Scope-Block abgelesen werden (Abb. 14.25).

Indem man auf den Pole-Zero-Plot-Block doppelklickt, wird jener erstellt. Wenn ein Fenster erscheint, wird die Schaltfläche „Run" in der Kopfleiste ausgewählt. Es wird eine Pole-Zero-Map erzeugt, wie in Abb. 14.26 dargestellt. Aus der Abbildung geht hervor, dass alle Pole in der linken Halbebene liegen, was für die Stabilität des Systems spricht.

Um das Bode-Diagramm zu erzeugen, wählt man durch einen Doppelklick den Bode-Diagramm-Block, wodurch sich ein Fenster öffnet. Dort wird die Schaltfläche „Run" ausgewählt, wodurch das Bode-Diagramm des Systems erzeugt wird (Abb. 14.27). Hier sind beide Margen positiv, daher ist das System stabil. Weitere Details zu den Verfahren zur Kommentierung der Stabilität eines Systems aus seinem Bode-Diagramm finden Sie in Abschn. 9.6.3.

Um das Nyquist-Diagramm zu erzeugen, erfolgt ein Doppelklick auf den Verstärkungs- und Phasenrandblock und dann erneut auf die Schaltfläche „Run". Die Kontur schließt den Punkt $(-1,0)$ nicht mit ein und es gibt keinen Pol in der rechten Halbebene. Daher ist das System stabil (weitere Details siehe Abschn. 9.6.4). Das Nyquist-Diagramm des Systems erscheint wie folgt (Abb. 14.28):

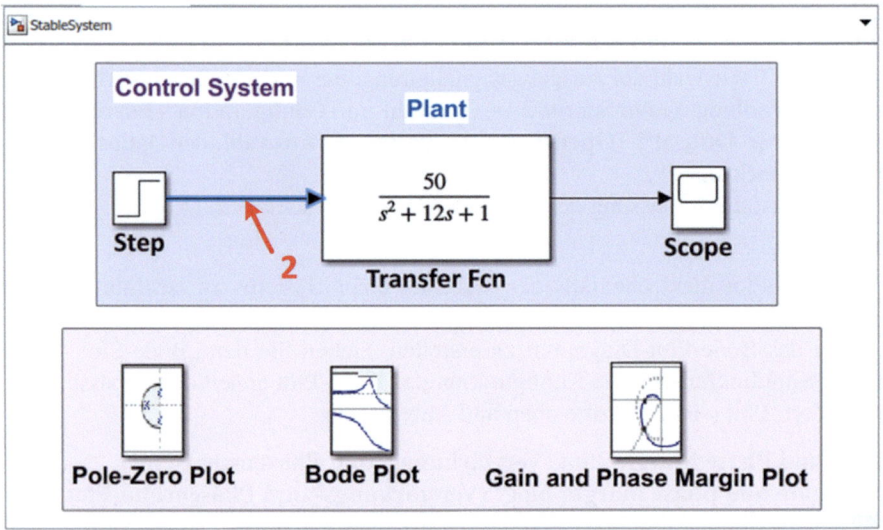

(a)

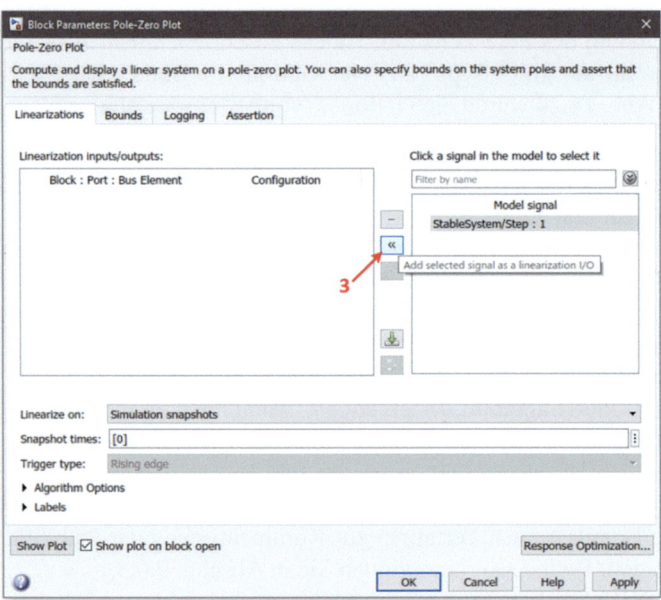

(b)

Abb. 14.21 Open-Loop-Eingang des Steuerungssystems

14.6 Stabilitätsanalyse

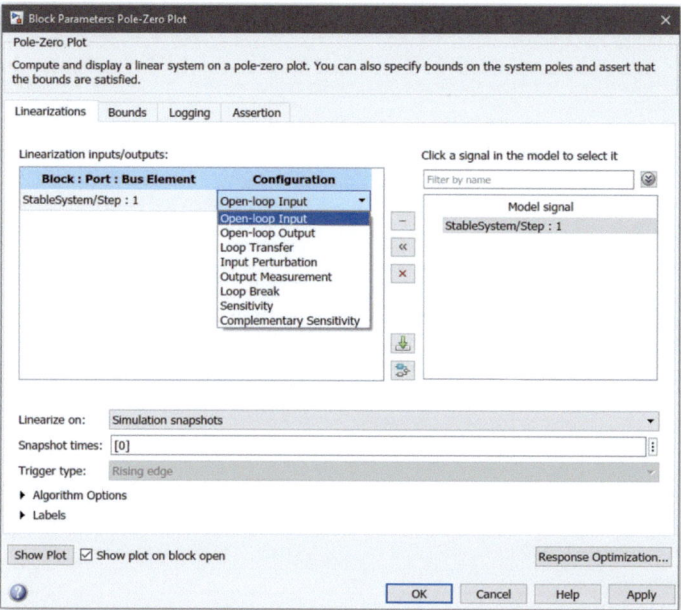

(c)

Abb. 14.21 (Fortsetzung)

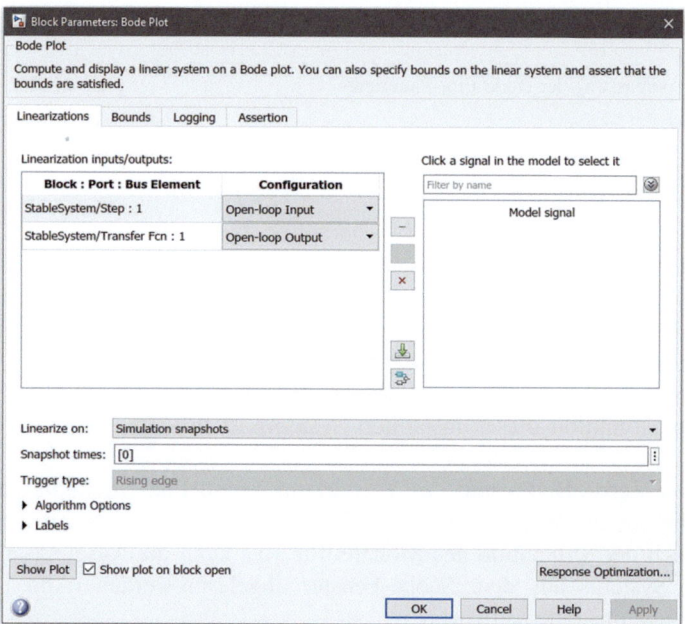

Abb. 14.22 Blockparameter des Bode-Plots

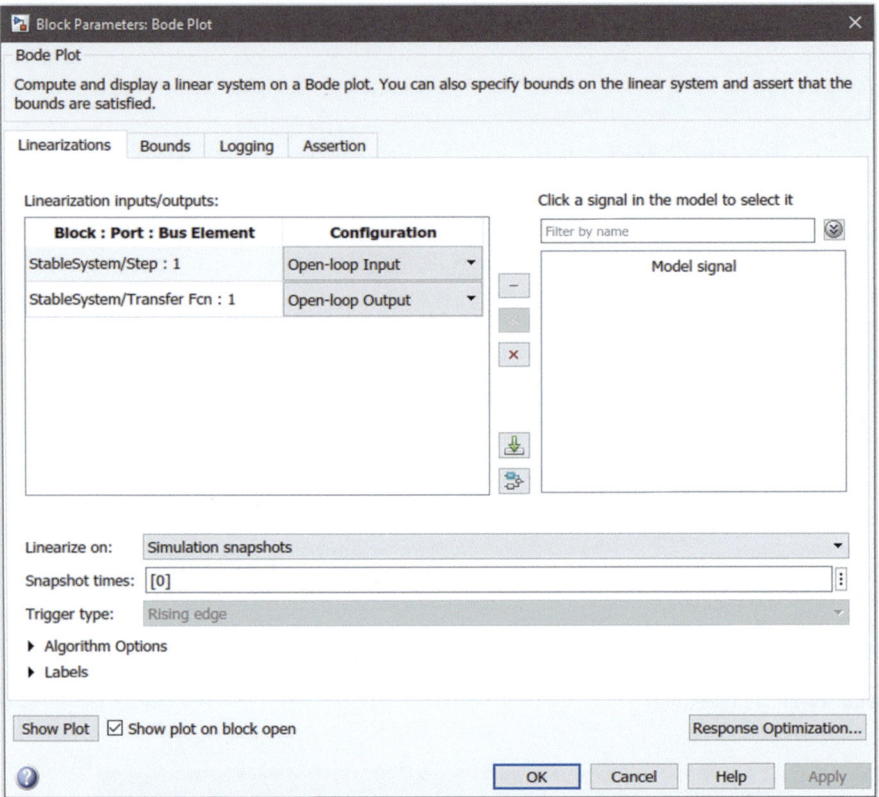

Abb. 14.23 Anpassung der Bode-Plot-Parameter

14.6.2 Unstable system (instabiles System)

Wie beim vorherigen stabilen System werden verschiedene Diagramme des „**unstable system**" (**instabilen Systems**) erstellt, um eine Stabilitätsanalyse durchzuführen (Abb. 14.29). Die in diesem Design verwendeten Blöcke sind die gleichen wie im vorherigen Modell (Tab. 14.3).

Die Anpassungen der Step- und der Transfer-Fcn-Blöcke zeigt Abb. 14.30. Die Übertragungsfunktion dieses instabilen Systems ist mit $G(s) = \frac{s+1}{s^3 - 20s^2 - 10s + 1}$ eingestellt.

Das Pole-Zero-, Bode- und das Verstärkungs- und Phasenranddiagramm werden auf die gleiche Weise angepasst, wie es für das stabile System demonstriert wurde. Nach der Simulation des Modells für 10 s kann die Ausgangsantwort des instabilen Systems aus dem Scope-Fenster abgelesen werden (Abb. 14.31). Es zeigt sich eine instabile Antwort.

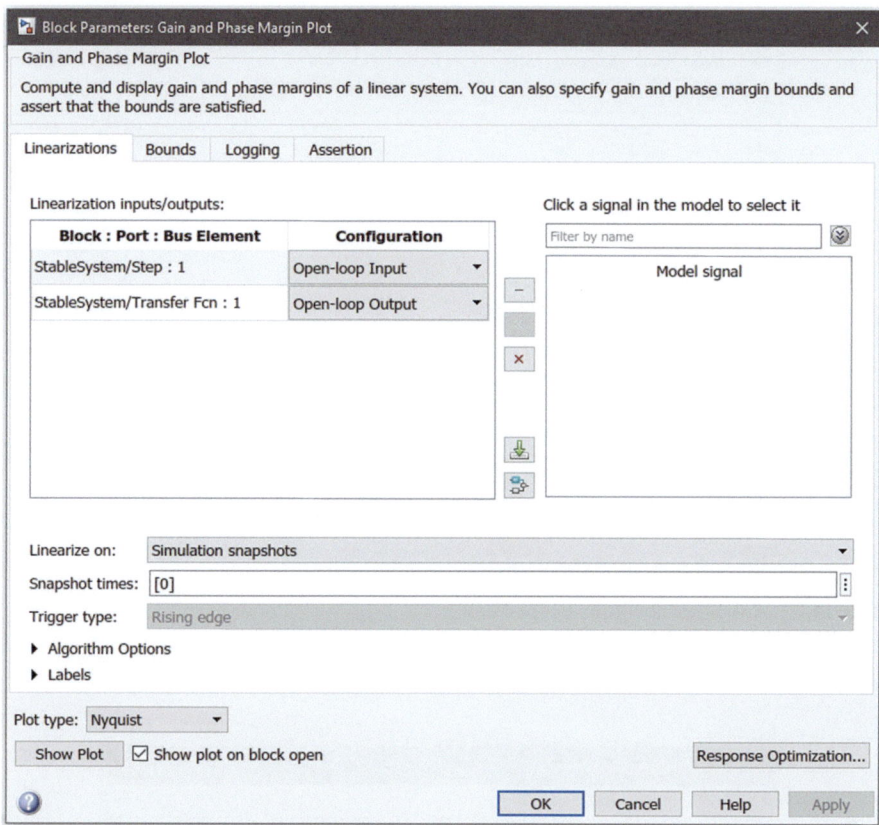

Abb. 14.24 Blockparameter Gain and Phase Margin Plot

Das Pole-Zero-, Bode- und Nyquist-Diagramm des instabilen Systems sind in Abb. 14.32a–c dargestellt (siehe auch Abschn. 9.6 für weitere Details).

14.7 Schlussfolgerung

Dieses Kapitel führt den Leser in die zwei verschiedenen Arten von Steuerungssystemen ein – offene und geschlossene Regelkreise. Simulink-Modellentwürfe wurden mit schrittweisen Anleitungen dargestellt. Für beide Typen wurden separate Beispielmodelle entworfen und simuliert. Die Stabilitätsanalyse eines beliebigen Steuerungssystems wurde mit den notwendigen Illustrationen demonstriert. Neben dem Pole-Zero-Diagramm sind auch Bode- und Nyquist-Diagramm

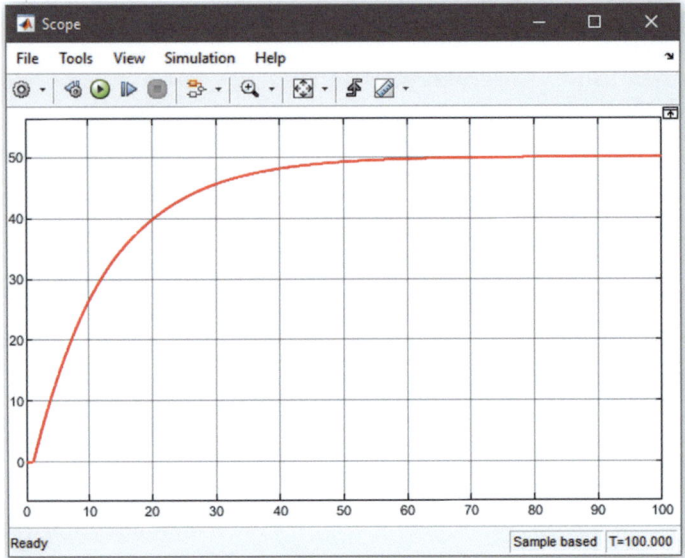

Abb. 14.25 Ausgangsantwort im Scope-Fenster

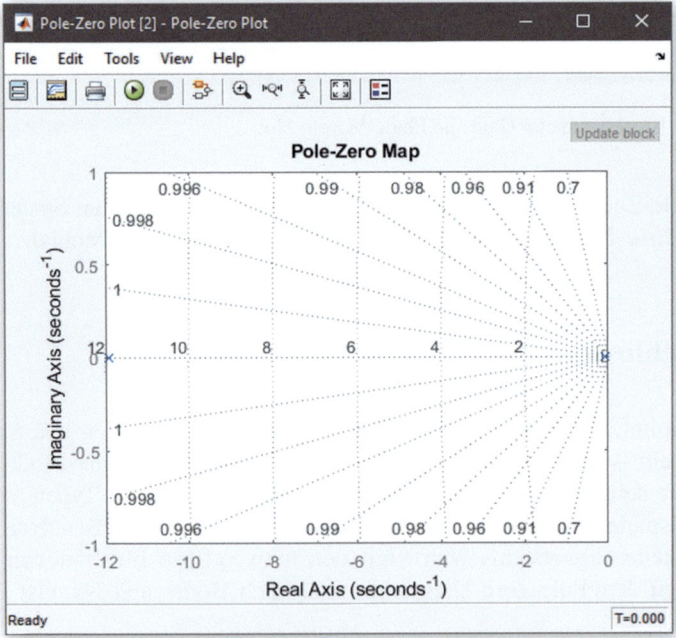

Abb. 14.26 Pole-Zero-Map des Steuerungssystems

14.7 Schlussfolgerung

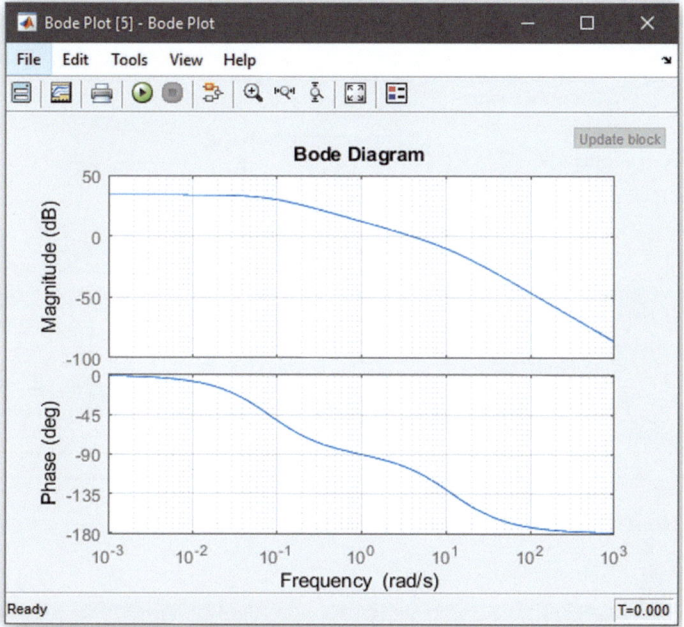

Abb. 14.27 Bode-Diagramm des Steuerungssystems

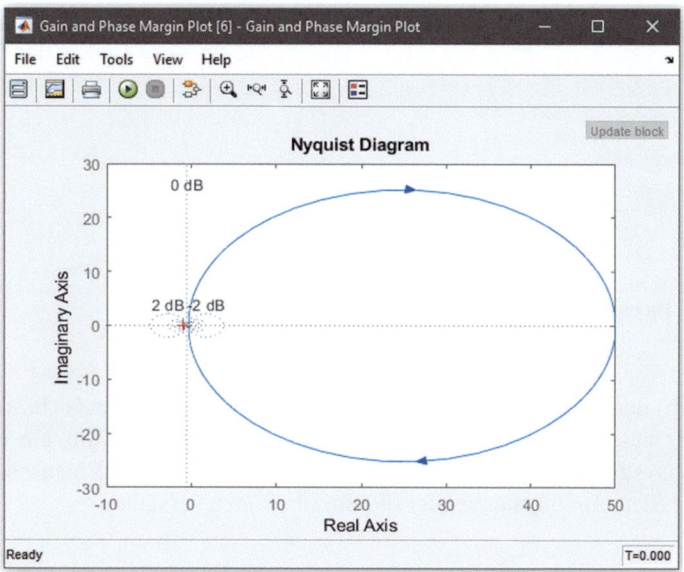

Abb. 14.28 Steuerungssystem, Gain and Phase Margin Plot

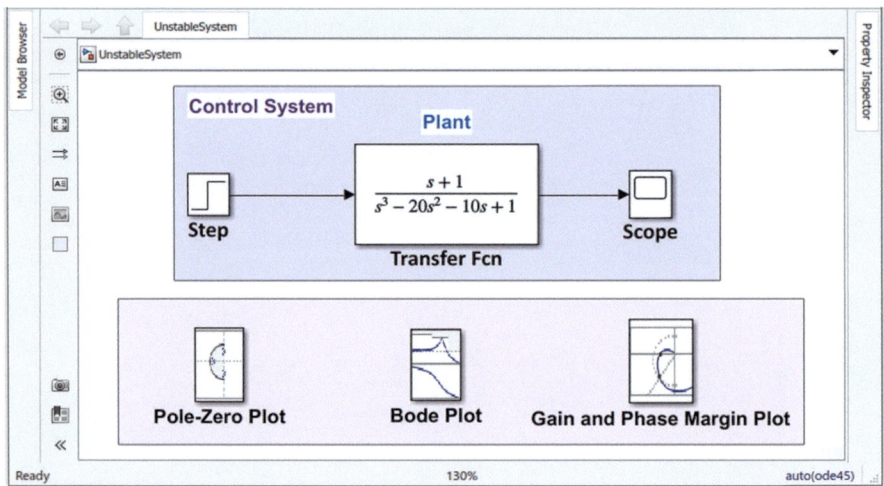

Abb. 14.29 Unstable system mit einem Step-Eingang

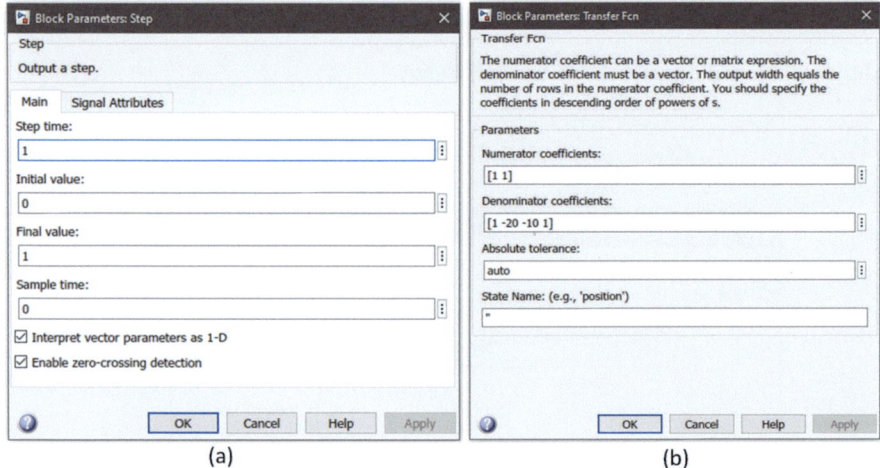

Abb. 14.30 Blockparameter Step und Transfer Fcn

ausführlich dargestellt worden. Das Hauptziel dieses Kapitels bestand darin, dem Leser ausreichendes Wissen zur Verfügung zu stellen, um ein beliebiges Steuerungssystemmodell im Simulink zu entwerfen und die Eigenschaften verschiedener Steuerungssysteme über die Simulation zu verstehen.

Übung 14

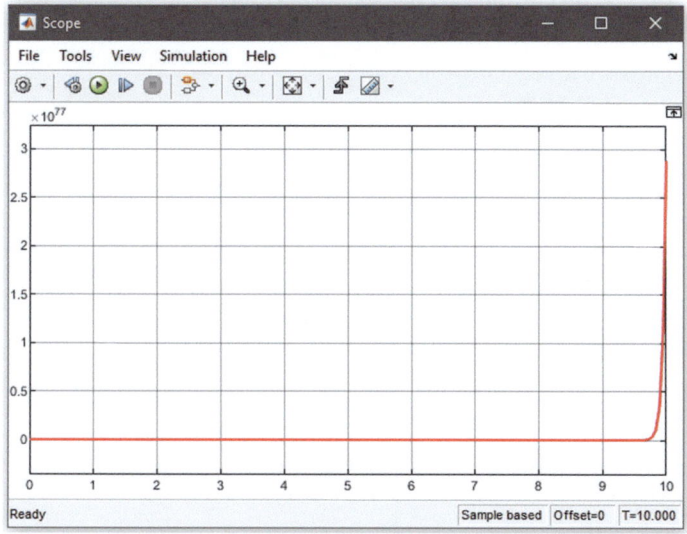

Abb. 14.31 Ausgangsantwort des Unstable system im Scope-Fenster

Übung 14

1. Definieren Sie das Kontrollsystem und schreiben Sie die Namen der beiden Arten von Kontrollsystemen auf.
2. a) Listen Sie die Vorteile eines offenen Kontrollsystems auf.
   b) Betrachten Sie ein offenes System mit einer Übertragungsfunktion $G(s) = \frac{s+2}{2S^2+1}$ und Verstärkung = 3. Entwerfen Sie das Modell in Simulink und zeigen Sie die Antwort in einem Scope-Fenster.
   c) Simulieren Sie das vorherige Modell für die Verstärkung von $K = 5$, $K = 8$ und $K = 12$. Schreiben Sie die Auswirkungen der Verstärkungserhöhungen für ein offenes System auf, basierend auf den hier erhaltenen Antworten.
3. a) Listen Sie die Vorteile eines geschlossenen Systems auf.
   b) Betrachten Sie ein geschlossenes System mit einer Übertragungsfunktion $G(s) = \frac{3s+5}{2S^2+5s+2}$ und der Verstärkung von $K = 2$. Entwerfen Sie für die Einheitsrückmeldung und den PID-Controller das Modell in Simulink und zeigen Sie die Antwort.
   c) Simulieren Sie das gleiche Modell, indem Sie den Wert der Verstärkung im MATLAB-Befehlsfenster auf $K = 6$ ändern. Zeigen Sie die Antwort des Systems.
4. a) Was sind die Schlüsselparameter eines PID-Controllers?
   b) Entwerfen Sie das folgende Modell (Abb. 14.33) in Simulink und zeigen Sie die Antwort des Systems im Scope-Fenster. Setzen Sie den Wert von P und I des PID-Controllers auf 1.

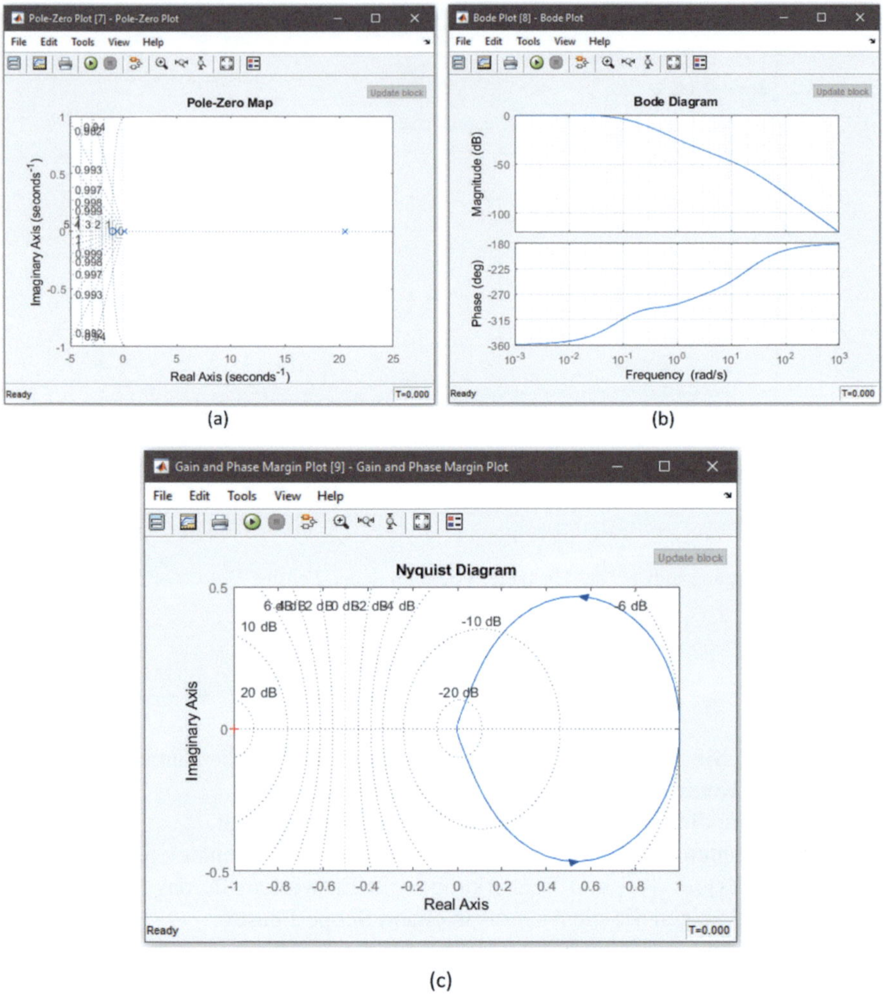

Abb. 14.32 Pole-Zero- (**a**), Bode- (**b**) und Nyquist-Diagramm (**c**) des Unstable system

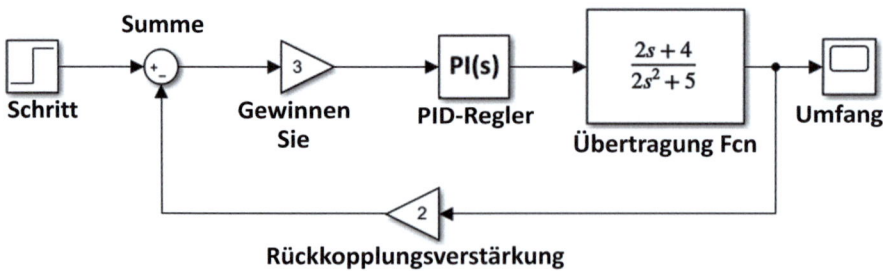

Abb. 14.33 PID-Controll-System mit Rückkopplungsgewinn

c) Simulieren Sie das gleiche Modell für einen PD-Regler mit dem Wert von P und D als 1. Zeigen Sie die Reaktion des Systems mit Scope.

d) Bewerten Sie die Auswirkungen der beiden Regler – PI und PD – auf die Reaktion des o. g. Systems.

5. a) Nennen Sie Methoden zur Bestimmung der Stabilität eines Steuerungssystems.

b) Betrachten Sie ein offenes Steuerungssystem mit einer Übertragungsfunktion $G(s) = \frac{400}{s^3 - 4s^2 + 50s + 45}$. Entwerfen Sie das Modell mit einem Schritteingang, um die folgenden Diagramme zu erzeugen:

   i) Pole-Zero-Diagramm
   ii) Nyquist-Diagramm

c) Kommentieren Sie die Stabilität des Systems basierend auf den einzelnen in b) erzeugten Diagrammen.

Kapitel 15
Elektrische Schaltkreisanalyse in Simulink

15.1 Messen von Spannung, Strom und Leistung eines Schaltkreises

Bei der Analyse elektrischer Schaltkreise werden am häufigsten die Parameter „Spannung", „Strom" und „Leistung" verwendet. In diesem Abschnitt wird die Simulation sowohl an Gleichstrom- als auch an Wechselstromschaltkreisen durchgeführt, um die Messung dieser Parameter zu demonstrieren.

15.1.1 DC-Schaltkreisanalyse (Gleichstrom-Schaltkreisanalyse)

Für den Entwurf elektrischer Schaltkreise stehen verschiedene elektrische Blöcke im Simulink zur Verfügung. Für diesen Abschnitt werden die Blöcke aus Simscape➜Electrical➜Specialized Power Systems verwendet. Ein Gleichstromkreis, bei dem eine Gleichspannungsquelle mit zwei Widerständen in Reihe geschaltet ist, zeigt Abb. 15.1. Nach der Simulation werden der Strom, die Spannung und die Leistung des Schaltkreises über einem der Widerstände angezeigt. Dies ist eine einfache Schaltkreiskonfiguration, die zeigen soll, wie man die Spannung, den Strom und die Leistung eines Gleichstromkreises misst. Die in Abb. 15.1 verwendeten Blöcke sind in Tab. 15.1 aufgeführt, um dem Leser die Navigation zu erleichtern und die Blöcke schneller finden zu können.

Die in Abb. 15.1 gezeigten Blöcke sind in Abb. 15.2 angepasst.

Die Amplitude der Spannung im Block „**DC Voltage Source1**" (**Gleichspannungsquelle**) ist auf 60 V eingestellt. Der Block „**Series RLC Branch**" bietet den Benutzern die Flexibilität, R, L, C oder eine Kombination dieser drei passiven Elemente mit einer seriellen Verbindung zu nutzen. Für dieses Beispiel ist

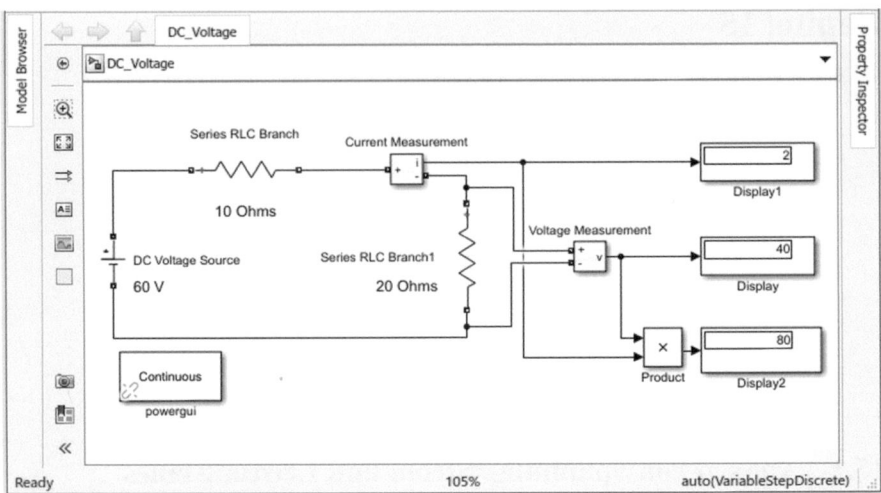

Abb. 15.1 Simulink-Diagramm eines Gleichstromkreises mit einer Spannungsquelle und zwei RLC-Zweigen

Tab. 15.1 Blöcke und Navigationswege, die für die Gleichstromkreisanalyse in Abb. 15.1 verwendet wurden

Blöcke	Navigationspfad im Simulink-Bibliotheksbrowser
DC voltage source 1 (Gleichspannungsquelle 1)	Simscape➔electrical (elektrisch)➔specialized power systems (spezialisierte Energiesysteme)➔fundamental blocks (grundlegende Blöcke)➔electrical sources (elektrische Quellen)➔DC voltage source (Gleichspannungsquelle)
Series RLC branch, series RLC branch 1 (serielle RLC-Verzweigung, serielle RLC-Verzweigung 1)	Simscape➔electrical➔specialized power systems➔fundamental blocks➔elements (Elemente) ➔series RLC branch (serielle RLC-Verzweigung)
Current measurement (Strommessung)	Simscape➔electrical➔specialized power systems➔fundamental blocks➔measurements (Messungen)➔current measurement (Strommessung)
Voltage measurement (Spannungsmessung)	Simscape➔electrical➔specialized power systems➔fundamental blocks➔measurements➔voltage measurement
Product (Produkt)	Simulink➔math operations (mathematische Operationen)➔product (Produkt)
Display 1...(Anzeige1....)	Simulink➔sinks (Senken)➔display (Anzeige)
Powergui	Simscape➔electrical➔specialized power systems➔fundamental blocks➔powergui

15.1 Messen von Spannung, Strom und Leistung eines Schaltkreises

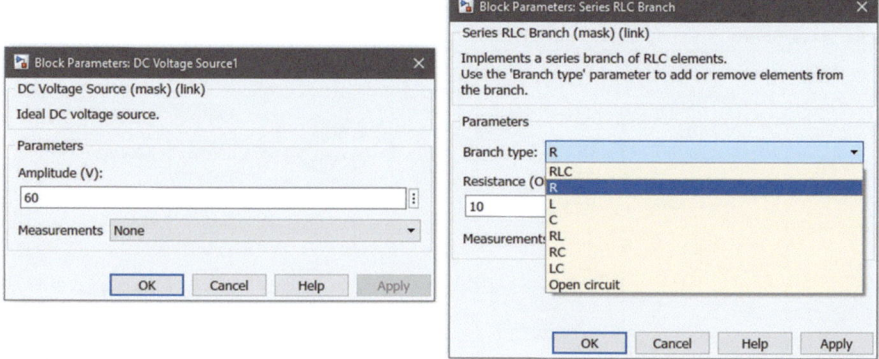

Abb. 15.2 Blockparameter der Spannungsquelle und des seriellen RLC-Zweigs

der Verzweigungstyp sowohl für die „Series RLC Branch" als auch für die „Series RLC Branch1" als „R" aus der Dropdown-Optionsliste ausgewählt. Die Werte der Widerstände für diese Blöcke sind auf 10 Ω und 20 Ω eingestellt. Um den Strom des Serienschaltkreises zu messen, ist der Block zur Strommessung in Reihe geschaltet, während der Block zur Spannungsmessung parallel über den Widerstand – serielle RLC-Verzweigung 1 – geschaltet ist, um die Spannung darüber zu messen. Zwei Anzeigen sind mit den Ausgangsports dieser beiden Messblöcke verbunden, um die Ergebnisse anzuzeigen. In einem Gleichstromkreis ist die Leistung über einem Widerstand das Produkt aus dem Strom durch den Widerstand und der Spannung darüber. Daher wird der Produktblock verwendet, bei dem die beiden Eingänge von den Ausgangsleitungen der Spannungs- und Strommessblöcke stammen. Der Produktblock multipliziert einfach die Spannung und den Strom, um die Leistung zu bestimmen, die in dem mit dem Ausgangsport des Produktblocks verbundenen Anzeigeblock angezeigt wird.

15.1.2 AC-Schaltkreisanalyse (Wechselstromkreisanalyse)

Für eine Wechselstromkreisanalyse ist eine Wechselspannungsquelle erforderlich. In Abb. 15.3 wird eine einfache Serien-Wechselstromkreissimulation gezeigt, bei der verschiedene Spannungen mit der Wechselspannungsquelle verbunden sind. In dem Serienschaltkreis befindet sich eine Induktivität und ein Widerstand in Serie mit einer Wechselspannungsquelle. Die Spannung über dem Widerstand wird im „Anzeige"-Block angezeigt. Die Amplitude der Spannung in der Wechselspannungsquelle ist auf 100 V eingestellt, die Frequenz beträgt 60 Hz (Abb. 15.4). Für eine Wechselspannungsquelle stehen verschiedene Spannungs- und Stromterminologien zur Verfügung. Dazu zählen RMS-Voltage, Peak-Voltage (Spitze), Peak-to-Peak-Voltage (Spitze zu Spitze), Average Voltage (Durchschnitt) und In-

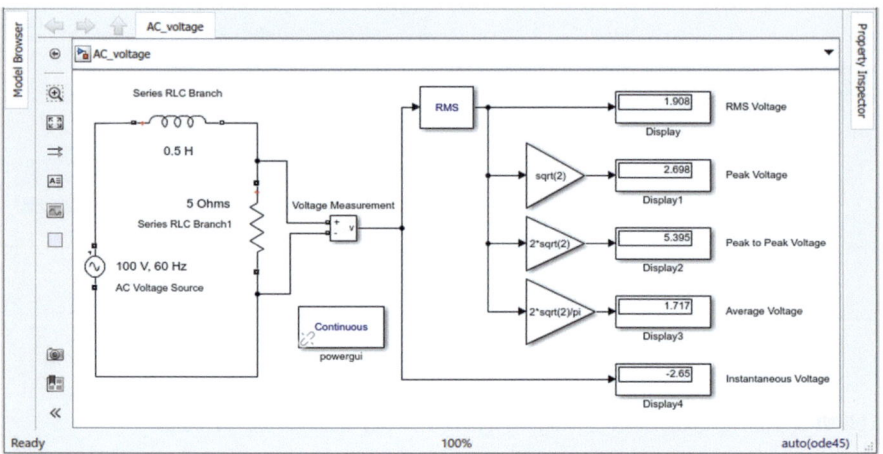

Abb. 15.3 Die Spannungsparameter des Wechselstromkreises werden in den Anzeigeblöcken gezeigt

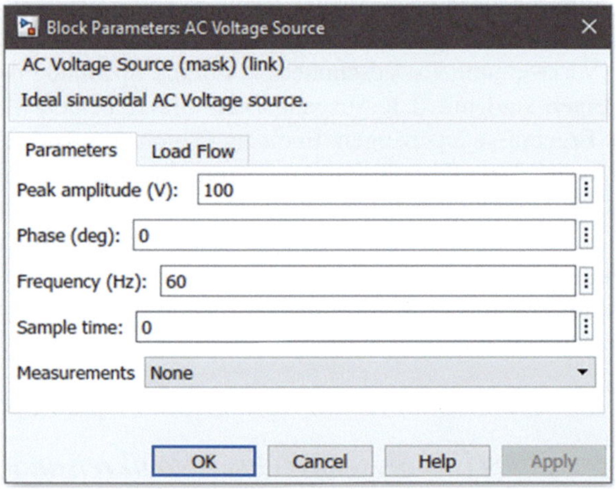

Abb. 15.4 Blockparameter der Wechselspannungsquelle

stantaneous Voltage (Momentanwert). In der hier gezeigten Simulation werden alle Spannungswerte angezeigt. Die Werte der gleichen Terminologien in Bezug auf den Strom werden in Abb. 15.5 gezeigt. Zur Bestimmung des RMS-Wertes wird RMS-Block verwendet. Die Ausgangssignalleitung vom Spannungsmessblock zeigt die Instantaneous Voltage an. Die anderen Werte können aus dem RMS-Wert ermittelt werden, indem die folgenden Formeln der Gl. (15.1), (15.2) und (15.3) über den Gain-Block angewendet werden:

15.1 Messen von Spannung, Strom und Leistung eines Schaltkreises

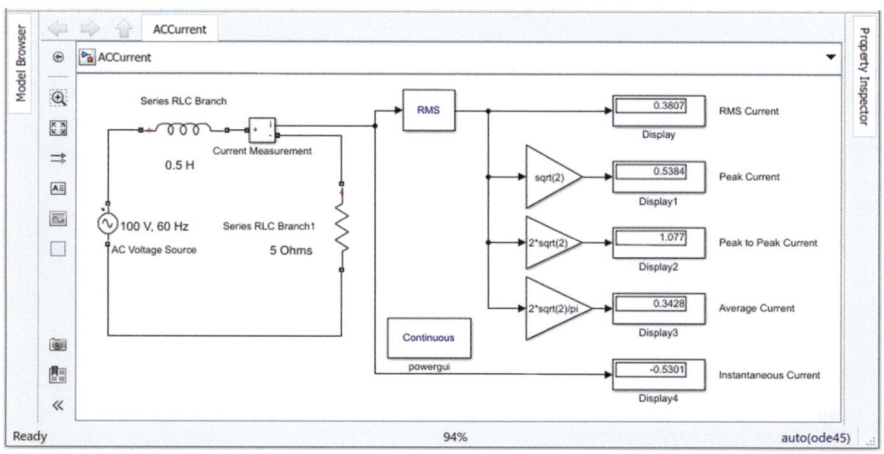

Abb. 15.5 Die Stromparameter des Wechselstromkreises werden in den Anzeigeblöcken gezeigt

$$\text{Peak value} = \sqrt{2} \times \text{RMS value} \tag{15.1}$$

$$\text{Peak to peak value} = 2 \times \sqrt{2} \times \text{RMS value} \tag{15.2}$$

$$\text{Average value} = \frac{2}{\pi} \times \sqrt{2} \times \text{RMS value} \tag{15.3}$$

In Abb. 15.3 werden all diese Werte für die Spannung über dem Widerstand in den „**Display**" **(Anzeige)**-Blöcken wiedergegeben. Die gleichen Werte für den durch den Serienschaltkreis fließenden Strom werden in Abb. 15.5 gezeigt.

In einem Wechselstromkreis kann die Leistungsmessung durch Verwendung des „**Power**" **(Leistungs)**-Blocks erfolgen, bei dem die Eingänge „**Voltage**" **(Spannung)** und „**Current**" **(Strom)** sind; die Ausgänge sind „**real power**" **(Wirkleistung)** (P) und „**reactive power**" **(Blindleistung)** (R). In Abb. 15.6 wird ein serieller Wechselstrom-RL-Kreis simuliert. In diesem Schaltkreis wird die Amplitude der Wechselspannungsquelle mit 100 V und die Frequenz mit 60 Hz ausgewählt (Abb. 15.7). Der Widerstand und die Induktivität des Schaltkreises betragen jeweils 20 Ω und 500 mH. Die Leistung über dem Widerstand, die Induktivität und die Eingangsquelle oder die Gesamtleistung werden hier gemessen. In einem Wechselstromkreis kann die Gesamtleistungskomponente in zwei Teile unterteilt werden – Wirk- und Blindleistung. Die Vektorsumme dieser beiden Komponenten bildet die Scheinleistung. In Scope 1 werden die Wirkleistungen über dem Widerstand, die Induktivität und die Eingangsquelle gezeigt (Abb. 15.7). In Scope 2 werden die Blindleistungen über dem Widerstand, die Induktivität und die Eingangsquelle dargestellt (Abb. 15.8). Im „Power"-Block muss die Frequenz des Blocks mit der Frequenz der Eingangsspannungsquelle identisch sein (Abb. 15.7).

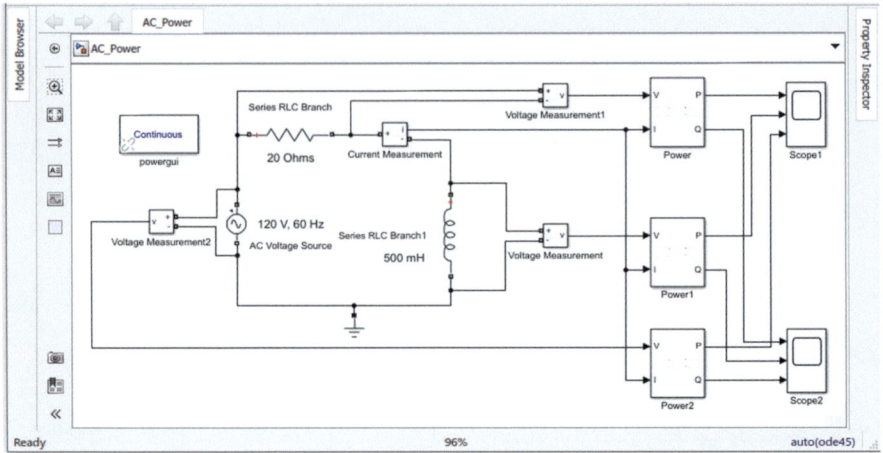

Abb. 15.6 Simulink-Diagramm eines seriellen RL-Wechselstromkreises

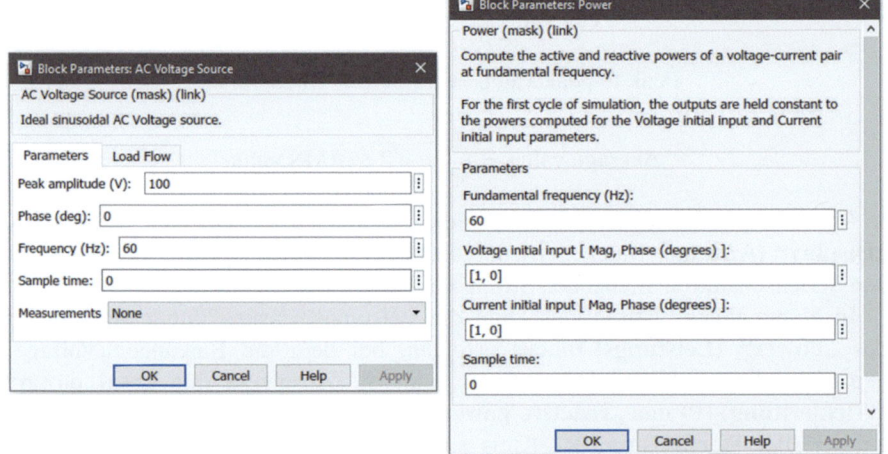

Abb. 15.7 Blockparameter der Wechselspannungsquelle und der Leistungsblöcke

Die Gesamtwirkleistung oder die Leistung der Eingangsquelle sind die Summe der Wirkleistung über den Widerstand und die Induktivität ist, wie Abb. 15.8 zeigt. Das Gleiche gilt auch für die Blindleistung, das in Abb. 15.9 dargestellt ist.

Power factor (Leistungsfaktor)
Der Leistungsfaktor eines Wechselstromkreises kann durch Verwendung der „real power" (Wirkleistung) (P), der „reactive power" (Blindleistung) (Q) und der „apparent power" (Scheinleistung) (S) der Eingangsquelle bestimmt

15.1 Messen von Spannung, Strom und Leistung eines Schaltkreises

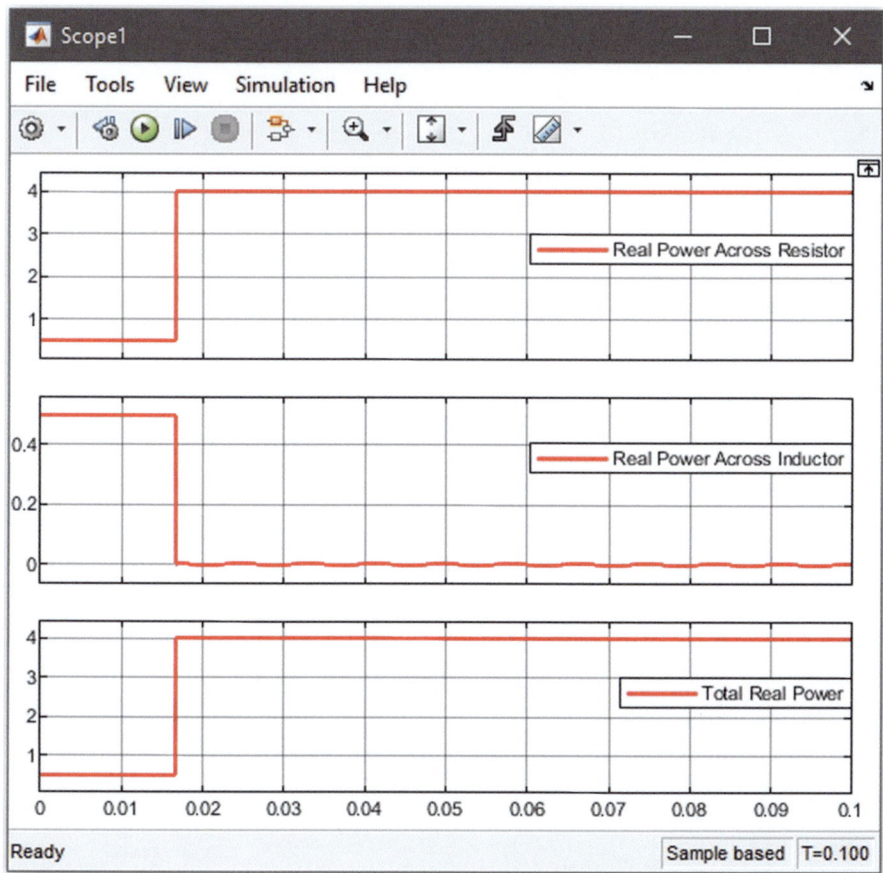

Abb. 15.8 Das Scope-Fenster zeigt die Wirkleistungsparameter

werden. Der Leistungsfaktor eines Schaltkreises kann mithilfe des Konzepts des Leistungsdreiecks berechnet werden:

In Abb. 15.10 ist der Kosinus des Winkels Θ der Leistungsfaktor. Er kann auch als Verhältnis von Wirkleistung zu Scheinleistung definiert werden. Daher lautet der Leistungsfaktor eines Wechselstromkreises wie in Gl. (15.4) oder (15.5) dargestellt:

$$\text{Power Factor} = \cos \Theta \tag{15.4}$$

$$\text{Power Factor} = \frac{P}{S} = \frac{P}{\sqrt{P^2 + Q^2}} \tag{15.5}$$

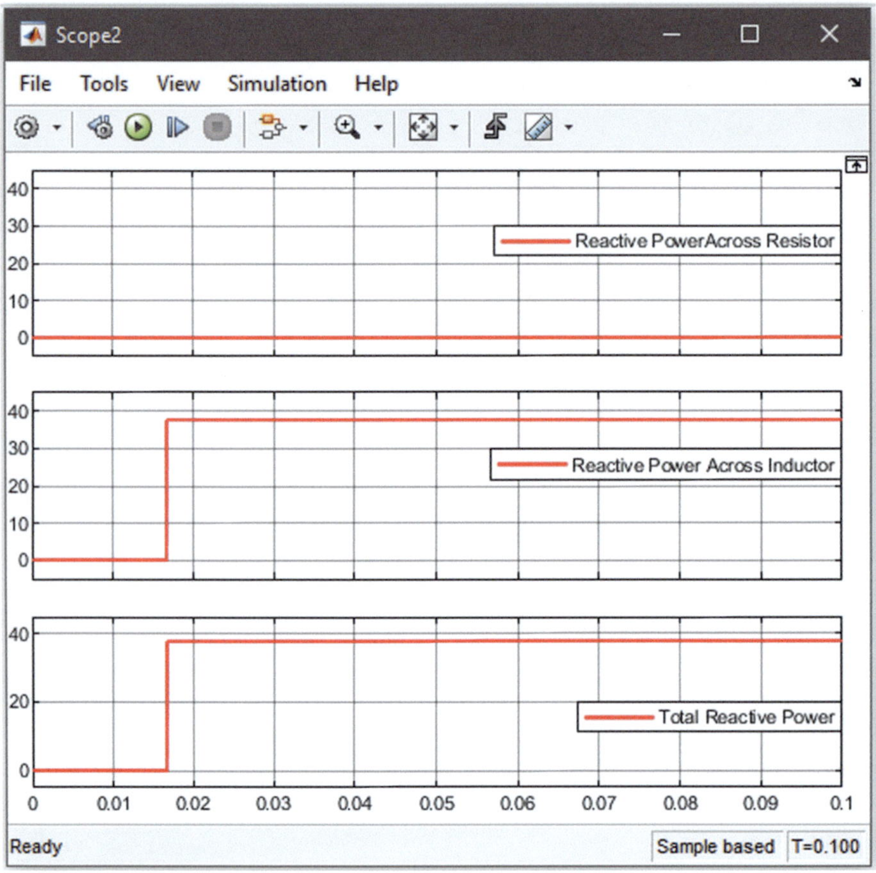

Abb. 15.9 Das Scope-Fenster zeigt die Blindleistungsparameter

Abb. 15.10 Leistungsdreieck

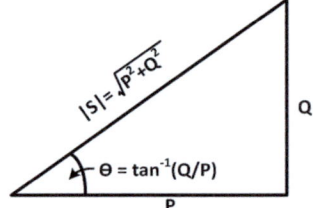

Im folgenden Beispiel wird der Leistungsfaktor eines seriellen RL-Kreises mithilfe des Simulink-Modells bestimmt, indem zwei Verfahren über die Implementierung der beiden obigen Formeln angewendet werden. Abb. 15.11 zeigt, dass der

15.2 RLC-Schaltkreisanalyse

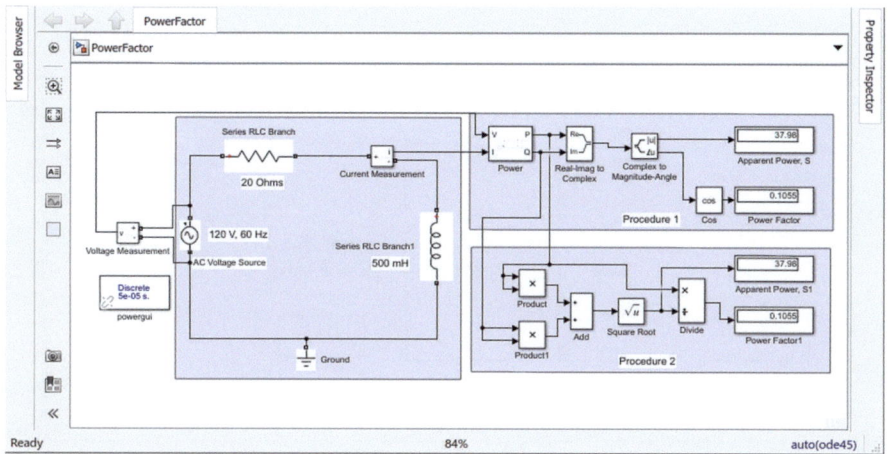

Abb. 15.11 Simulink-Diagramm eines seriellen RL-Wechselstromkreises

simulierte Leistungsfaktor, der aus den beiden Verfahren ermittelt wurde, gleich ist.

15.2 RLC-Schaltkreisanalyse

In jedem RLC-Schaltkreis sind drei Komponenten wichtig – „**resistance**" **(Widerstand)** (R), „**inductance**" **(Induktivität)** (L) und „**capacitance**" **(Kapazität)** (C). Daher wird ein Schaltkreis, der drei dieser Elemente enthält, als RLC-Schaltkreis bezeichnet. Im Bereich der Elektrotechnik ist der am häufigsten implementierte Schaltkreistyp der RLC-Schaltkreis.

15.2.1 AC-RLC-Schaltkreisanalyse

Abb. 15.12 zeigt ein RLC-Schaltkreis mit einer AC (Wechselstrom)-Eingangsquelle. Die Spannung und der Strom über den als „Series RLC Branch 1" bezeichneten Widerstand werden dargestellt.

15.2.2 DC-RLC-Schaltkreisanalyse

Das gleiche Beispiel wird mit dem Austausch der AC-Quelle durch eine DC-Spannungsquelle in Abb. 15.13 wiederholt. Für einen Schaltkreis mit einer DC

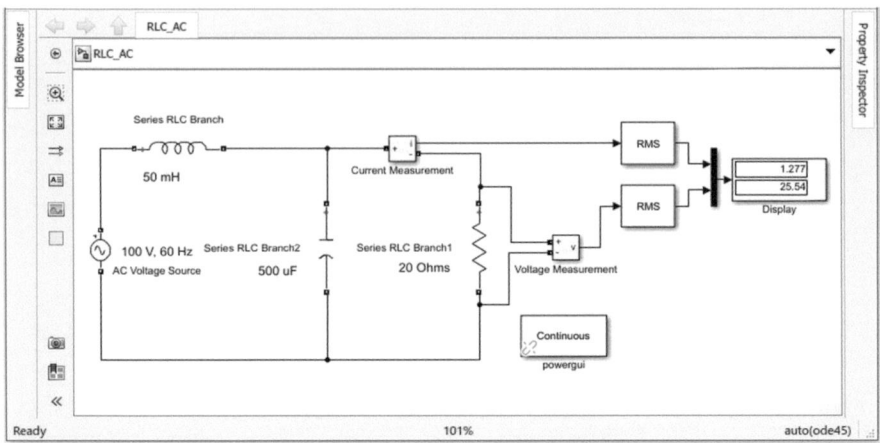

Abb. 15.12 Simulink-Diagramm eines seriellen AC-RLC-Schaltkreises

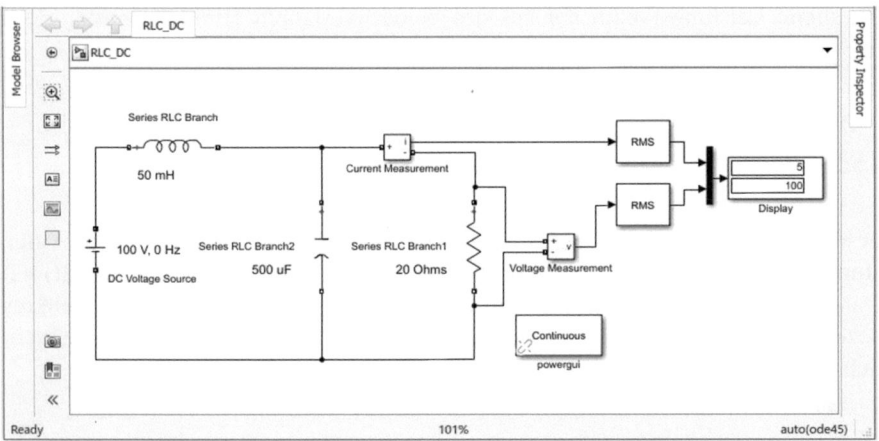

Abb. 15.13 Simulink-Diagramm eines seriellen RLC-DC-Schaltkreises

(Gleichstrom)-Quelle, die eine Frequenzkomponente von null hat, wirkt der Induktor wie ein Kurzschluss und der Kondensator verhält sich wie ein offener Schaltkreis (Abb. 15.13). Da der Kondensator einen offenen Schaltkreis erzeugt und der Induktor mit der DC-Spannungsquelle einen Kurzschluss bildet, wird die Spannung über dem Widerstand zur Spannung der DC-Quelle. In dieser Simulation sind die Spannung der DC-Quelle und der Widerstand identisch, was das vorherige Konzept durch Simulation beweist.

15.3 Schlussfolgerung

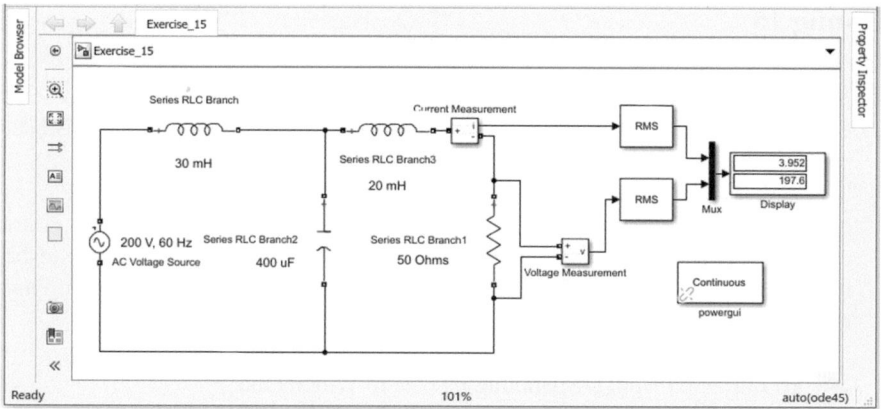

Abb. 15.14 Simulink-Diagramm einer Serien-RLC-Wechselstromschaltung für Frage 3b

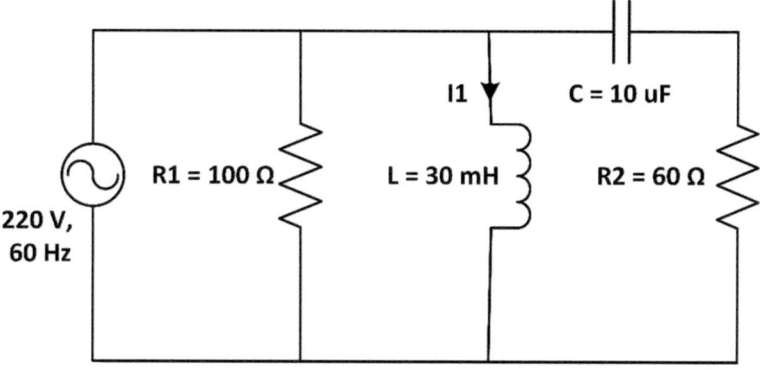

Abb. 15.15 RLC-Wechselstromkreis für Frage 4b

15.3 Schlussfolgerung

In diesem Kapitel wurden elektrische Schaltkreise sowohl für AC (Wechselstrom) als auch DC (Gleichstrom) mit separaten Beispielen, die in Simulink implementiert sind, vorgestellt. Parameter eines elektrischen Schaltkreises können so ohne komplexe Berechnungen bestimmt werden. Der Benutzer muss lediglich verschiedene Simulink-Blöcke aus dem Simulink Library Browser verwenden, um den Schaltkreis zu erstellen. Nach dem Ausführen der Simulation können die Werte verschiedener Parameter sowie grafische Darstellungen von Eingangs- und Ausgangssignalen abgelesen werden. Simulink kann als Simulationsplattform zur Überprüfung der Leistung verwendet und Schaltkreistheorien überprüft werden.

Übung 15

1. Nennen Sie einige Parameter des elektrischen Schaltkreises.
2. a) Schreiben Sie einige Unterschiede zwischen Gleichstrom- und Wechselstromkreisen auf.

    b) Betrachten Sie einen Serien-RLC-Schaltkreis mit einer Wechselstromquelle und einem Widerstand $R = 10\ \Omega$, einer Induktivität $L = 0{,}5$ H und einer Kapazität $C = 0{,}4\ \mu F$. Die Amplitude der Wechselspannungsquelle beträgt $V = 120$ V und die Frequenz $= 60$ Hz. Bestimmen Sie die folgenden Parameter:

        i) Effektivwert der Spannung über dem Widerstand

        ii) Spitze-zu-Spitze-Spannung über dem Widerstand

        iii) Durchschnittliche Spannung über dem Widerstand

3. a) Was ist ein RLC-Schaltkreis?

    b) Erstellen Sie das folgende Simulink-Modell mit den gleichen Parametern neu:

    c) Zeigen Sie die Wirk- und Blindleistung über den Widerstand von Abb. 15.14 mit einem Scope-Block an.

4. a) Was ist der Leistungsfaktor?

    b) Entwerfen Sie ein Simulink-Modell für die folgende Schaltung und messen Sie den Effektivstrom (I1) durch die Induktivität, L.

    c) Simulieren Sie das Modell von Abb. 15.15, um den Leistungsfaktor der Quelle zu bestimmen.

Kapitel 16
Simulink bei Energiesystemen

16.1 Modellierung einer single-phase (einphasigen) Stromquelle

Im Bereich der Stromversorgung wird Simulink, da es sich um eine fortschrittliche Simulationsplattform handelt und über eine umfangreiche Sammlung verschiedener Stromversorgungsblöcke verfügt, häufig verwendet.

Eine Stromquelle kann in zwei Typen unterteilt werden – Gleichstrom- und Wechselstromquelle. Bei Gleichstromquellen ist der Strom unidirektional, während eine Wechselstromquelle einen Strom erzeugt, der seine Richtung ständig ändert. In unserer heutigen Zeit gelten Wechselstromquellen aufgrund ihrer Effizienz bei der Übertragung von Strom über lange Strecken ohne signifikante Verluste als Standard-Stromquelle.

Ein einphasiges Wechselstromsystem beinhaltet eine einzige Wechselstromquelle mit zwei Drähten. Ein Draht wird als Stromdraht bezeichnet, während der andere als Neutralleiter bezeichnet wird. Der Strom fließt vom Stromdraht zum Neutralleiter. Fast alle Haushaltsgeräte arbeiten mit einer einphasigen Wechselstromquelle. Ein Simulink-Modell, das eine einfache einphasige Wechselstromquelle zeigt, ist in Abb. 16.1 dargestellt. Die Navigationsrouten aller in diesem Beispiel verwendeten Blöcke sind in Tab. 16.1 aufgeführt.

Der Block „Wechselspannungsquelle" wird angepasst, indem die Spannungsamplitude auf 120 V und die Frequenz auf 60 Hz eingestellt wird (Abb. 16.2). In den USA beträgt die Standardfrequenz für eine einphasige Wechselstromquelle 60 Hz. In einigen anderen Ländern kann er bei 50 Hz liegen.

Ein Spannungsmessblock wird verwendet, um die Spannungsausgabe der Quelle über das Scope-Fenster zu beobachten. Die Ausgangsspannung ist in Abb. 16.3 zu sehen (Doppelklick des Scope-Fensters).

Eine doppelte oder geteilte Stromquelle wird unter bestimmten Bedingungen auch als einphasige Stromquelle betrachtet. In solchen Szenarien können zwei Phasen mit einem Neutralleiter vorhanden sein. Ein Beispiel ist unten gegeben

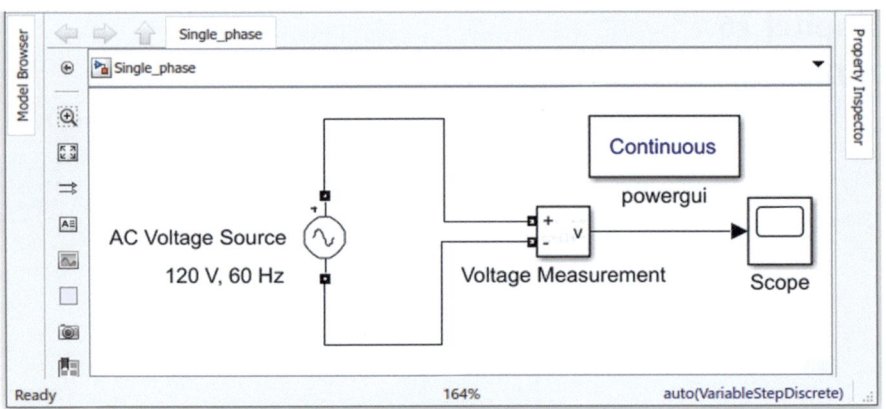

Abb. 16.1 Einfache einphasige Wechselspannungsquelle

Tab. 16.1 Blöcke und Navigationsrouten zur Modellierung einer einphasigen Wechselstromquelle

Blöcke	Navigationspfad im Simulink-Bibliotheksbrowser
AC Voltage Source (Wechselspannungsquelle)	Simscape → Electrical → Specialized Power Systems → Fundamental Blocks → Electrical Sources → AC Voltage Source
Voltage Measurement (Spannungsmessung)	Simscape → Electrical → Specialized Power Systems → Fundamental Blocks → Measurements → Voltage Measurement
Scope (Oszilloskop)	Simulink → Sinks → Scope
Powergui	Simscape → Electrical → Specialized Power Systems → Fundamental Blocks → powergui

(Abb. 16.4), bei dem der Phase-A- oder Phase-B-Draht mit dem Neutralleiter eine 120-V-Versorgung bereitstellt. Wenn jedoch die Spannung über die Phase-A- und Phase-B-Drähte ohne den Neutralleiter abgenommen wird, kann sie als Spannungsquelle von 240 V verwendet werden. Diese Art von Anordnung kann für multifunktionale Zwecke genutzt werden. Niedriglasten können etwa mit 120-V-Anordnungen betrieben werden; für Hochlasten ist ggf. die 240-V-Anordnung geeigneter.

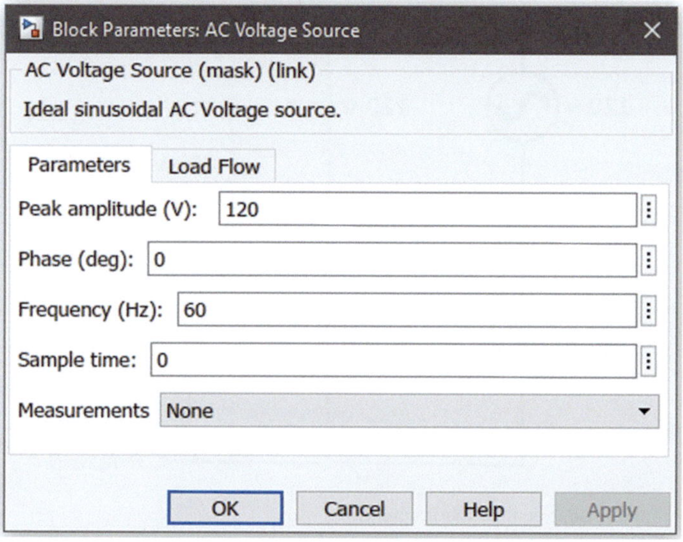

16.1 Modellierung einer single-phase (einphasigen) Stromquelle

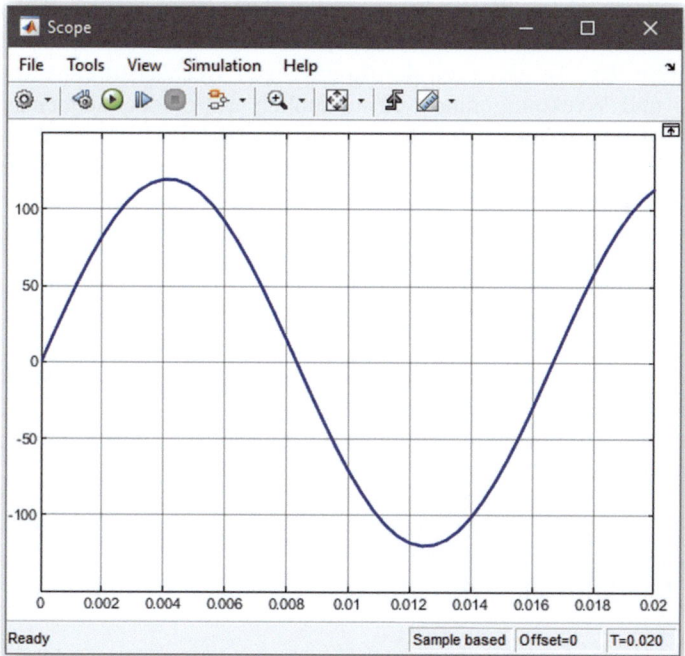

Abb. 16.2 Blockparameter der Wechselspannungsquelle

Abb. 16.3 Ausgabe der Wechselspannungsquelle im Scope

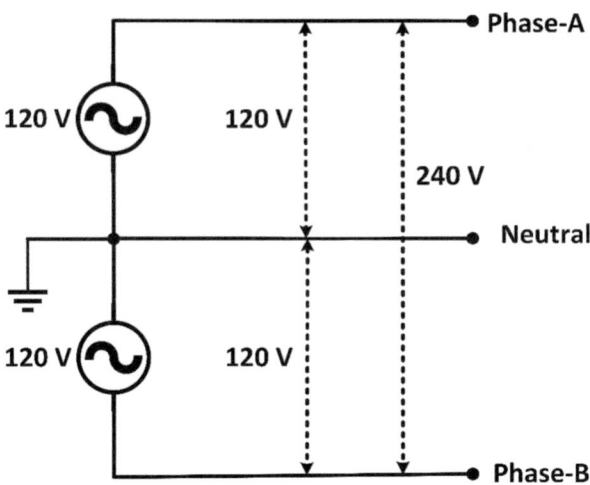

Abb. 16.4 Doppelte oder geteilte Stromquelle

16.2 Modellierung einer dreiphasigen Wechselstromquelle

Bei einer dreiphasigen Wechselstromquelle sind drei einzelne Wechselstromquellen entweder in Delta- oder Stern-/Wye-Konfiguration verbunden. Eine prägnante Analyse der Eigenschaften der dreiphasigen Wechselstromquelle basierend auf Delta- und Wyekonfiguration einschließlich der beiden Sequenzen wird in Abschn. 8.3.4 demonstriert. Daher wird das theoretische Konzept übersprungen, um Redundanzen zu vermeiden. In diesem Abschnitt wird eine dreiphasige Wechselstromquelle, sowohl für die Delta- als auch für die Wyekonfiguration, modelliert. Basierend auf verschiedenen Konfigurationen kann die dreiphasige Wechselstromquelle in unterschiedlichen Arten verwendet werden, z. B.:

1. „Delta-connected three-phase AC source" (Delta-verbundene, dreiphasige Wechselstromquelle).
2. „Wye-connected three-wire three-phase AC source" (Wye-verbundene, dreidrahtige dreiphasige Wechselstromquelle).
3. „Wye-connected four-wire three-phase AC source" (Wye-verbundene, vierdrahtige dreiphasige Wechselstromquelle).

16.2.1 Dreiphasige Wye-verbundene Wechselstromquelle

Bei einer dreiphasigen Wye-verbundenen Wechselstromquelle sind drei einzelne Wechselstromquellen in einer Wye-Konfiguration verbunden. Die Spannungen

16.2 Modellierung einer dreiphasigen Wechselstromquelle

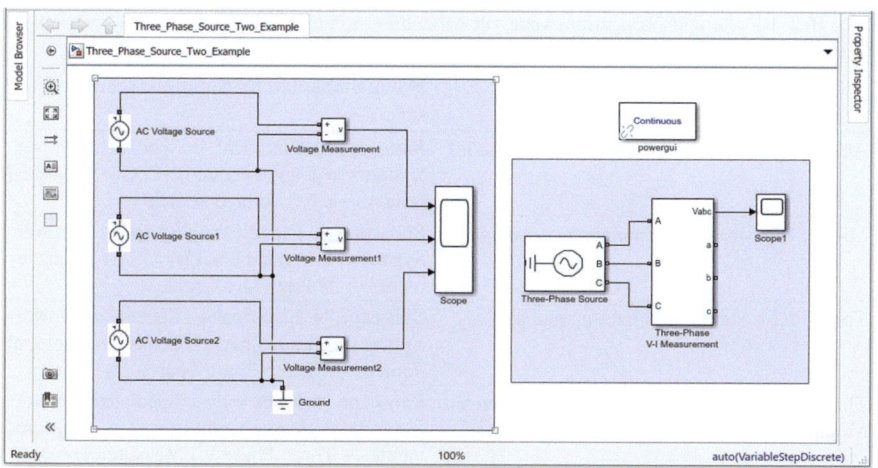

Abb. 16.5 Simulink-Diagramm einer dreiphasigen Wechselspannungsquelle

und Ströme der drei Quellen sind um 120° phasenverschoben. Die Sequenzen der Phasenunterschiede zwischen den drei Phasen ergeben die Einteilung in zwei Sequenzen – „abc"-Sequenz und „acb"-Sequenz –, die bereits in Abschn. 8.3.4 beschrieben wurden. In Abb. 16.5 werden zwei Beispiele gezeigt, in denen ein Modell einer dreiphasigen Wechselstromquelle in Wye-Konfiguration entworfen und simuliert wird. Die in diesem Beispiel verwendeten Blöcke sind in Tab. 16.2 aufgelistet.

In Abb. 16.5 sind zwei Beispiele durch die Verwendung von zwei Bereichsfenstern getrennt. Im ersten Beispiel sind drei Wechselspannungsquellen in einer Wye-Konfiguration verbunden und der Neutralpunkt ist geerdet. Die Spannungen der drei Phasen können im Scope-Fenster beobachtet werden. Dieses Beispiel liefert eine ausgeglichene dreiphasige Wechselstromquelle; daher werden die Amplituden und die Frequenzen (150 V/60 Hz) der drei Spannungsquellen gleich gehalten. Die Anpassung der Parameterfenster der Wechselspannungsquellen ist in Abb. 16.6 dargestellt. Der Phasengrad der Blöcke „Wechselspannungsquelle", „Wechselspannungsquelle1" und „Wechselspannungsquelle2" sind auf 0°, −120°, und +120° eingestellt, indem die „acb"-Sequenz beibehalten wird.

Im zweiten Beispiel wird die gleiche Konfiguration mit verschiedenen Blöcken entworfen. In Simulink ist ein Block für eine Dreiphasen-Spannungsquelle verfügbar, durch den eine Wye-Konfiguration einfach erstellt werden kann, ohne drei separate Spannungsquellen zu verwenden. Im Parameterfenster des Blocks für die Dreiphasen-Spannungsquelle sind drei Arten von Konfigurationen verfügbar – Y, Yg und Yn (Abb. 16.7). Die Y-Konfiguration bedeutet, dass der Neutralpunkt im Schwebezustand und nicht zugänglich ist. Die Yg-Konfiguration bedeutet, dass der Neutralpunkt geerdet ist. Bei der Yn-Konfiguration kann auf den Neutralpunkt extern zugegriffen werden. In diesem Beispiel wird die Yg-Konfiguration gewählt, um die Konfiguration des ersten Beispiels zu entsprechen. Die Spannungen

Tab. 16.2 Blöcke und Navigationswege zur Modellierung einer dreiphasigen Wye-verbundenen Wechselstromquelle

Blöcke	Navigationspfad im Simulink Library Browser
AC Voltage Source (Wechselspannungsquelle)	Simscape → Electrical → Specialized Power Systems → Fundamental Blocks → Electrical Sources → AC Voltage Source
Voltage Measurement (Spannungsmessung)	Simscape → Electrical → Specialized Power Systems → Fundamental Blocks → Measurements → Voltage Measurement
Three-Phase Source (Dreiphasenquelle)	Simscape → Electrical → Specialized Power Systems → Fundamental Blocks → Electrical Sources → Three-Phase Source
Three-Phase V-I Measurement (Dreiphasen V-I Messung)	Simscape → Electrical → Specialized Power Systems → Fundamental Blocks → Measurements → Three-Phase V-I Measurement
Scope (Oszilloskop, Oszilloskop1)	Simulink → Sinks → Scope
Ground (Erdung)	Simscape → Electrical → Specialized Power Systems → Fundamental Blocks → Elements → Ground
Powergui	Simscape → Electrical → Specialized Power Systems → Fundamental Blocks → powergui

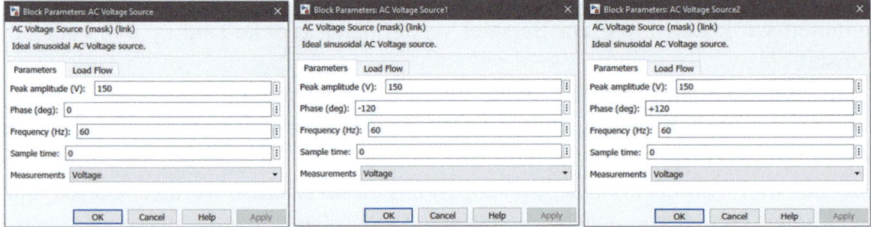

Abb. 16.6 Blockparameter der drei Wechselspannungsquellen

(Effektivwert) von der Leitung zum Neutralleiter der drei Phasen sind mit $150/\sqrt{2}$ eingestellt. Es ist zu beachten, dass im ersten Beispiel die Spitzenamplitude der Spannungen auf 150 V eingestellt ist. Um die Ergebnisse vergleichbar zu machen, werden die Effektivspannungen der Quellen im zweiten Beispiel als $1/\sqrt{2}$ mal die Spitzenamplituden des ersten Beispiels zugewiesen. Die Phasenwinkel sind auf 0°, −120°, +120° eingestellt, um die „acb"-Sequenz wie zuvor zu gewährleisten.

Ein Block für Dreiphasen-Spannungs- und Strommessungen ist mit der Dreiphasen-Spannungsquelle verbunden. Der Block für Dreiphasen-Spannungs- und Strommessungen hat drei Eingänge, die mit den drei Phasen des Blocks für die Dreiphasen-Spannungsquelle verbunden sind. Die Ausgangsanschlüsse sind V_{abc}, I_{abc} und die Ausgangsanschlüsse für die drei Phasen. Dieser Block kann verwendet

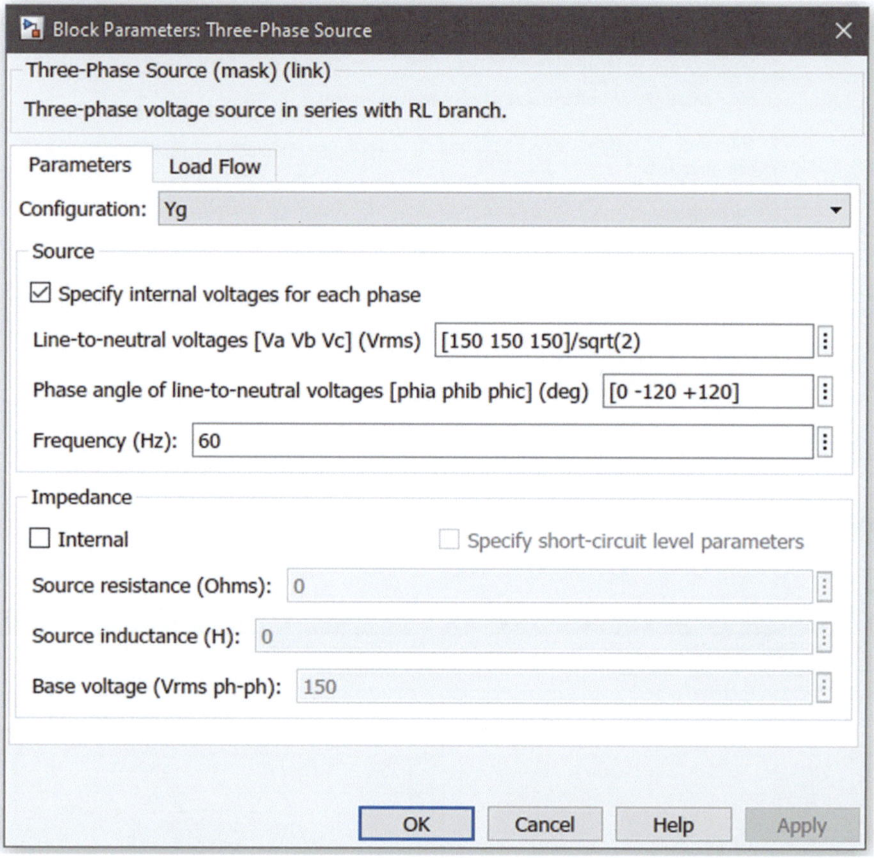

16.2 Modellierung einer dreiphasigen Wechselstromquelle

Abb. 16.7 Blockparameter der dreiphasigen Wechselspannungsquelle

werden, um die Spannungen und Ströme sowohl in Per-Unit-Werten als auch in Volt und Ampere zu messen. Das Parameterfenster des Blocks für Dreiphasen-Spannungs- und Strommessungen ist in Abb. 16.8 dargestellt, von wo aus Messoptionen für Spannungen und Ströme konfiguriert werden können. Für dieses Beispiel wird die Option **„phase-to-ground" (Phase zu Erde)** für die Spannungsmessung gewählt; die Option für den Per-Unit-Wert bleibt nicht markiert. Die **„Current-measurement-Option" (Strommessoption)** wird als **„no" (nein)** ausgewählt, da in diesem Beispiel die Ströme der Phasen nicht gemessen werden.

Die Spannungen der drei Phasen für beide Beispiele können aus den Scope-Fenstern abgelesen werden (Abb. 16.9).

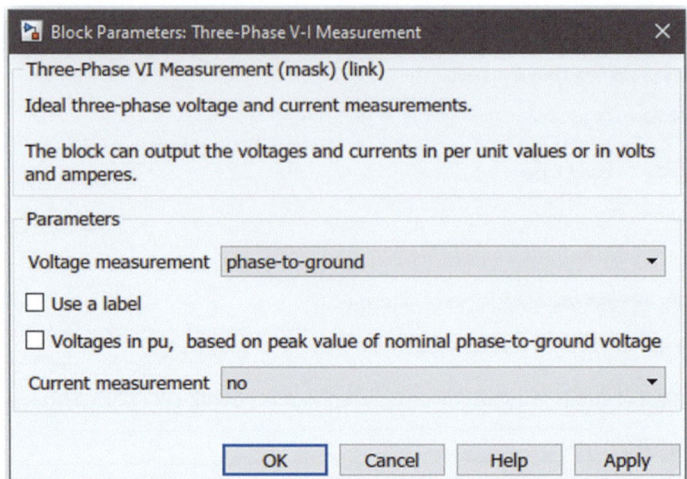

Abb. 16.8 Blockparameter der dreiphasigen Spannungs- und Strommessung

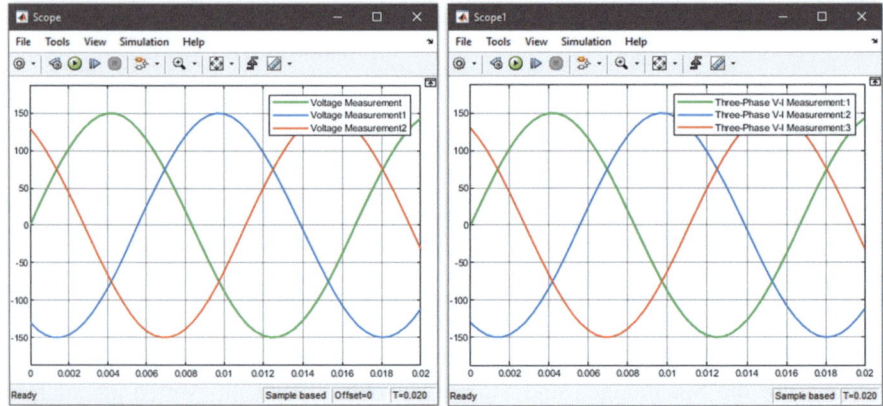

Abb. 16.9 Spannungsausgabe der drei Wechselspannungsquellen und der dreiphasigen Wechselspannungsquelle

16.2.2 Dreiphasige Delta-verbundene AC-Stromquelle

Eine dreiphasige Delta-verbundene AC-Stromquelle in Simulink zeigt Abb. 16.10. In der Abbildung sind drei AC-Spannungsquellenblöcke mit drei seriellen RLC-Zweigen so verbunden, dass eine Delta-Verbindung entsteht. Die für dieses Beispiel verwendeten Blöcke sind in Tab. 16.3 mit ihren Navigationsrouten aufgelistet.

16.2 Modellierung einer dreiphasigen Wechselstromquelle 467

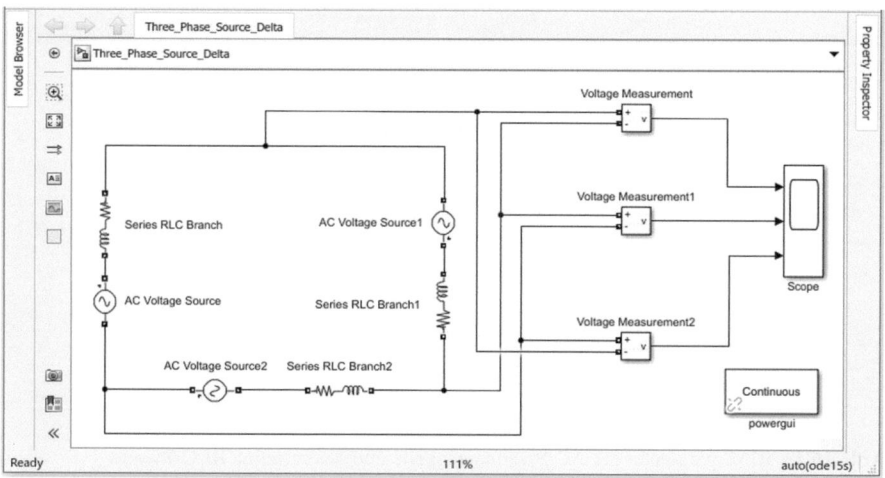

Abb. 16.10 Dreiphasige Delta-verbundene AC-Stromquelle

Tab. 16.3 Blöcke und Navigationsrouten zur Modellierung einer dreiphasigen Delta-verbundenen AC-Stromquelle

Blöcke	Navigationspfad im Simulink-Bibliotheksbrowser
AC Voltage (AC-Spannungsquelle)	Simscape → Electrical → Specialized Power Systems → Fundamental Blocks → Electrical Sources → AC Voltage Source
Spannungsmessung	Simscape → Electrical → Specialized Power Systems → Fundamental Blocks → Measurements → Voltage Measurement
Serieller RLC-Zweig	Simscape → Electrical → Specialized Power Systems → Fundamental Blocks → Elements → Series RLC Branch
Scope (Oszilloskop)	Simulink → Sinks → Scope
Powergui	Simscape → Electrical → Specialized Power Systems → Fundamental Blocks → powergui

Die Anpassung der AC-Spannungsquellenblöcke ähnelt der Anpassung der vorherigen Wye-förmig verbundenen AC-Spannungsquellenblöcke. Die Spitzenamplitude und die Frequenz sind auf 150 V und 60 Hz eingestellt. Die Phasenwinkel der drei Quellen sind auf 0°, −120°, und +120° eingestellt. In Abb. 16.11 wird das Parameterfenster eines der AC-Spannungsquellenblöcke in der ersten Abbildung gezeigt. In der zweiten Abbildung wird das Parameterfenster des seriellen RLC-Zweigs gezeigt, bei dem der Block für den RL-Zweig angepasst wird, indem der Widerstandswert 5000 Ω und der Induktivitätswert 100 mH eingestellt werden. Die anderen beiden seriellen RLC-Zweigblöcke werden auf die gleiche Weise angepasst.

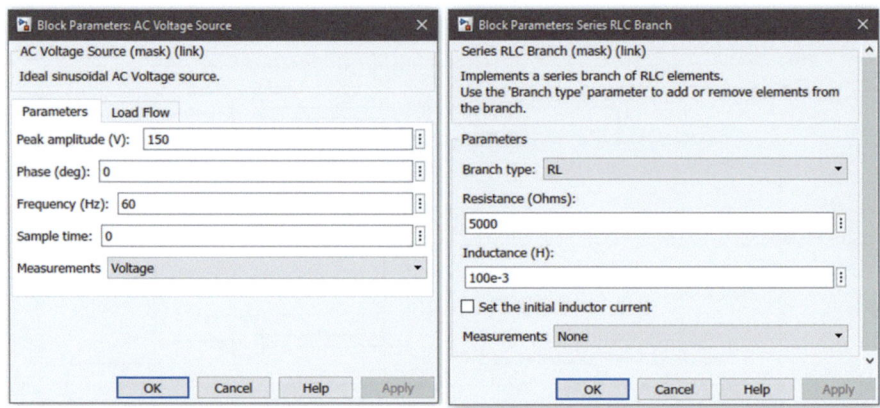

Abb. 16.11 Blockparameter der AC-Spannungsquelle und des seriellen RLC-Zweigs

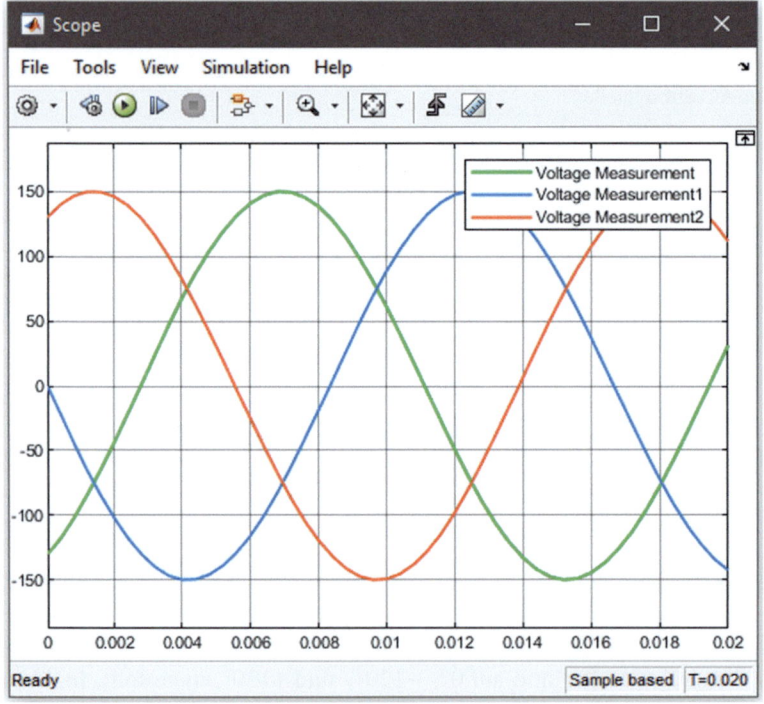

Abb. 16.12 Spannungen der drei Phasen im Scope

Die Spannungen der drei Phasen können aus den Scope-Fenstern beobachtet werden (Abb. 16.12).

16.3 Modell einer dreiphasigen Serien-RLC-Last mit dreiphasiger Wechselstromquelle

In diesem Abschnitt wird eine Dreiphasen-Serien-RLC-Last mit einer dreiphasigen Wechselstromquelle verbunden, um die Momentanleistung und den Strom des Schaltkreises zu beobachten. In Abb. 16.13 wird ein Modell gezeigt, in dem eine Dreiphasenquelle über einen Dreiphasen-V-I-Messblock mit einer Dreiphasen-Serien-RLC-Last verbunden ist.

Die Navigationswege der in diesem Beispiel verwendeten Blöcke sind in Tab. 16.4 angegeben.

Um die Wirk- und Blindleistung des Systems zu messen, werden die Spannungs- und Stromanschlüsse aus dem Dreiphasen-V-I-Messblock in den Eingang des Leistungsblocks (3 ph, Momentan) eingefügt. Die Ausgänge dieses Blocks werden in die Eingangsklemmen des Scope-Blocks eingefügt. Die V_{abc}- und die I_{abc}-Signal-Leitungen sind mit dem Scope1-Block verbunden. Die Parameterfenster der Dreiphasenquelle und des Dreiphasen-Serien-RLC-Lastblocks sind in Abb. 16.14 dargestellt. Sowohl die Quelle als auch die Last sind angepasst, um im Yg-Konfigurationsmodus zu arbeiten. Die Graphen der Wirk- und Blindleistung zeigt Abb. 16.15. Die Spannungen und Ströme des Systems sind im Scope1-Fenster dargestellt (Abb. 16.16).

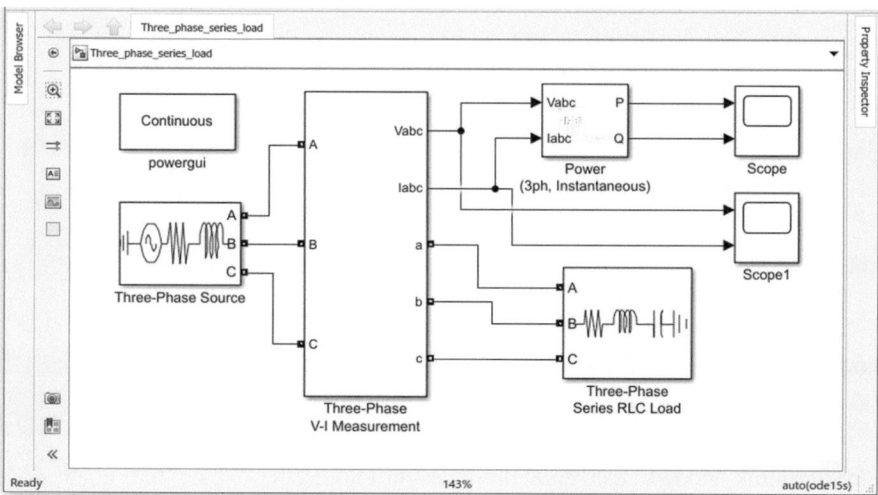

Abb. 16.13 Simulink-Diagramm einer dreiphasigen Serien-RLC-Last mit dreiphasiger Wechselstromquelle

Tab. 16.4 Blöcke und Navigationswege zur Modellierung einer dreiphasigen Serien-RLC-Last mit dreiphasiger Wechselstromquelle

Blöcke	Navigationspfad im Simulink Library Browser
Three-Phase Source (Dreiphasenquelle)	Simscape → Electrical → Specialized Power Systems → Fundamental Blocks → Electrical Sources → Three-Phase Source
Three-Phase V-I Measurement (Dreiphasen-V-I-Messung)	Simscape → Electrical → Specialized Power Systems → Fundamental Blocks → Measurements → Three-Phase V-I Measurement
Leistung (3 ph, Momentan)	Simscape → Electrical → Specialized Power Systems → Fundamental Blocks → Power Electronics → Pulse and signal generators/Measurements
Three-Phase Series RLC LoadDreiphasen-Serien-RLC-Last	Simscape → Electrical → Specialized Power Systems → Fundamental Blocks → Elements → Three-Phase Series RLC Load
Scope	Simulink → Sinks → Scope
Powergui	Simscape → Electrical → Specialized Power Systems → Fundamental Blocks → powergui

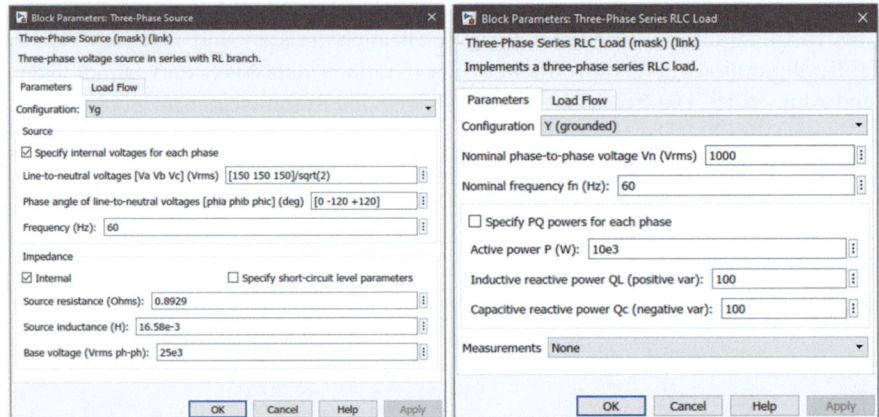

Abb. 16.14 Blockparameter der Dreiphasenquelle und der dreiphasigen Serien-RLC-Last

16.4 Modell einer dreiphasigen Parallel-RLC-Last mit dreiphasiger Wechselstromquelle

Ein Simulink-Modell, das eine dreiphasige Parallel-RLC-Last mit einer dreiphasigen Wechselstromquelle integriert, zeigt Abb. 16.17. Das Modell ähnelt dem vorherigen Modell (Abb. 16.13). Der einzige Unterschied besteht darin, dass

16.4 Modell einer dreiphasigen Parallel-RLC-Last mit dreiphasiger ...

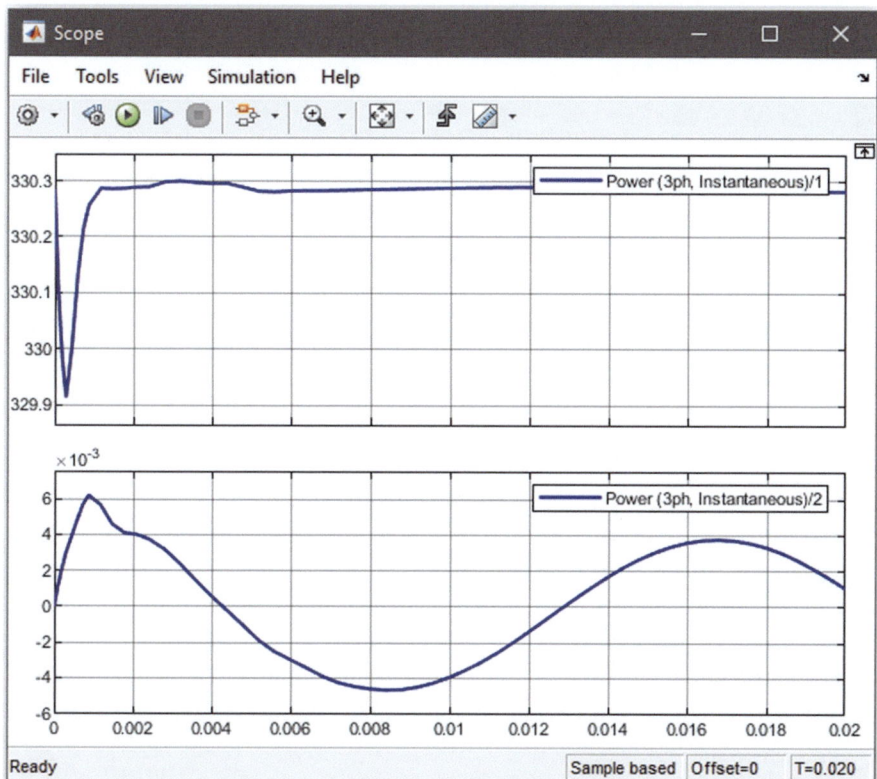

Abb. 16.15 Graphen der Wirk- und Blindleistung im Scope-Fenster

der Block „**Three-Phase Series RLC Load**" (**Dreiphasige Serien-RLC-Last**) durch einen Block „**Three-Phase Parallel RLC Load block**" (**Dreiphasige Parallel-RLC-Last**) ersetzt wird. Der Navigationspfad dieses Blocks lautet: Simulink Library Browser → Simscape → Electrical → Specialized Power Systems → Fundamental Blocks → Elements → Three-Phase Parallel RLC Load. Die Parameterfenster des Blocks „Dreiphasenquelle" und „Dreiphasige Parallel-RLC-Last" sind in Abb. 16.18 dargestellt. Die Wirk- und Blindleistung des Systems zeigt Abb. 16.19, während die Spannungs- und Stromverläufe des Systems in Abb. 16.20 illustriert sind.

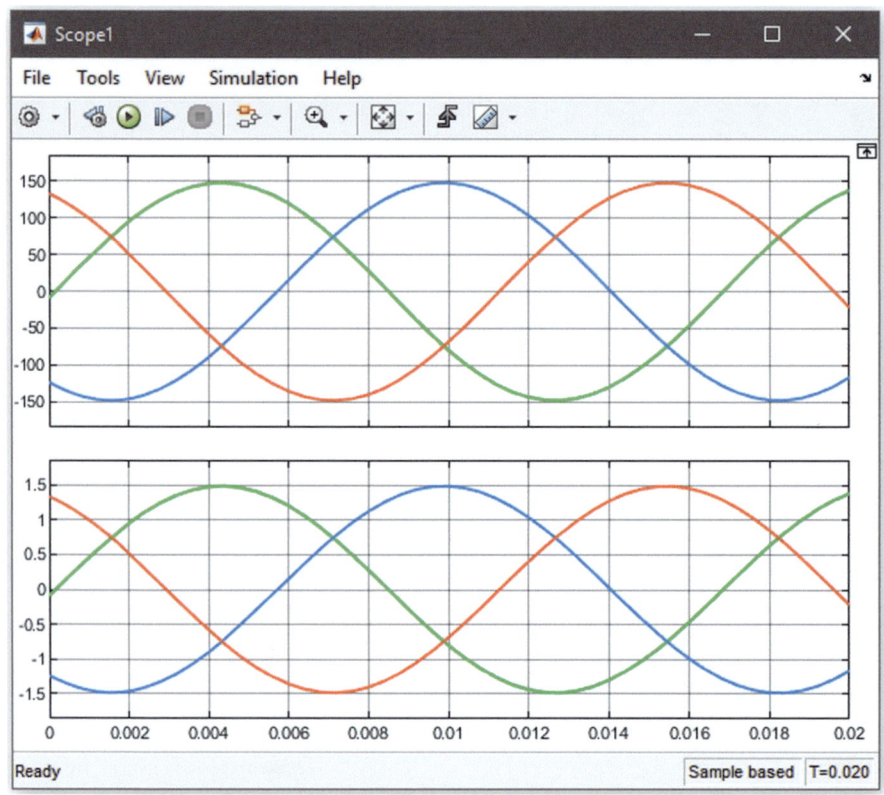

Abb. 16.16 Spannungen und Ströme des Systems im Scope1-Fenster

16.5 Berechnung des Leistungsfaktors

Im Stromnetz ist die Berechnung des Leistungsfaktors ein wichtiger Bestandteil der Analyse eines Systems. Simulink verfügt über ein Modell, um den Leistungsfaktor zu berechnen. Ein Beispiel ist in Abb. 16.21 gegeben, in dem der Leistungsfaktor eines Systems berechnet wird. Das System beinhaltet eine Dreiphasen-Quelle mit einer Dreiphasen-Parallel-RLC-Last. Um den Leistungsfaktor des Systems zu berechnen, wird die „**real**" **(reale)** (P) und „**reactive**" **(reaktive)** (Q) „**power**" **(Leistung)** des Systems mit dem Power-(3 ph, Instantaneous) Block bestimmt. Später wird die folgende Formel verwendet:

$$\text{Power factor} = \frac{\text{Real power}}{\sqrt{\text{Real power}^2 + \text{Reactive power}^2}} = \frac{P}{\sqrt{P^2 + Q^2}} \quad (16.1)$$

16.5 Berechnung des Leistungsfaktors

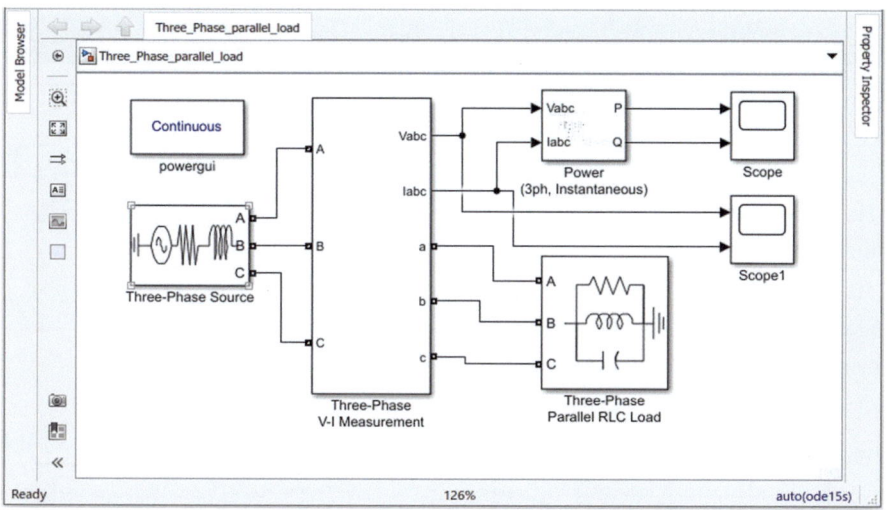

Abb. 16.17 Simulink-Diagramm einer dreiphasigen Parallel-RLC-Last mit dreiphasiger Wechselstromquelle

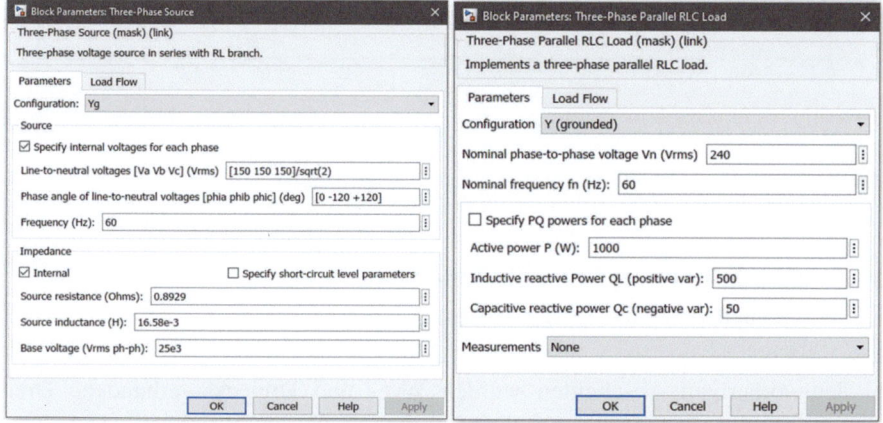

Abb. 16.18 Blockparameter der Dreiphasenquelle und der dreiphasigen Parallel-RLC-Last

Die für dieses Modell verwendeten Blöcke können über die in Tab. 16.5 genannten Navigationswege gefunden werden.

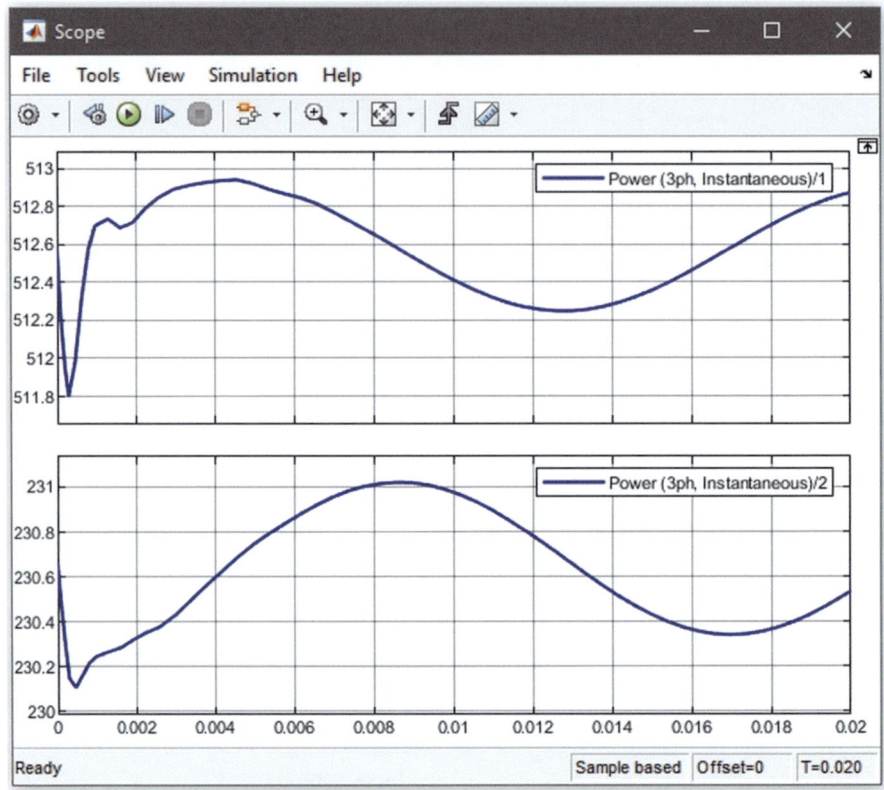

Abb. 16.19 Wirk- und Blindleistungsdiagramme im Scope-Fenster

16.6 Modellierung verschiedener Stromnetzkonfigurationen

In den vorherigen Abschnitten wurden Wye- und Dreiecks-verbundene Dreiphasen-Stromquellen gezeigt. Ähnlich wie die Dreiphasen-Stromquelle kann auch die Last in Wye- und Dreiecksformen verbunden werden. Basierend auf den Konfigurationen von sowohl Dreiphasen-Stromquelle als auch Dreiphasen-Last kann die Stromnetzkonfiguration in vier Formen kategorisiert werden:

1. Y-Y-Stromnetzkonfiguration.
2. Y-Δ-Stromnetzkonfiguration.
3. Δ-Δ-Stromnetzkonfiguration.
4. Δ-Y-Stromnetzkonfiguration.

Jede dieser Konfigurationen kann nach ihren Eigenschaften ausgeglichen oder unausgeglichen sein. In diesem Abschnitt wird eine Y-Y- und eine Δ-Δ-

16.6 Modellierung verschiedener Stromnetzkonfigurationen

Abb. 16.20 Spannungs- und Stromverläufe im Scope-Fenster

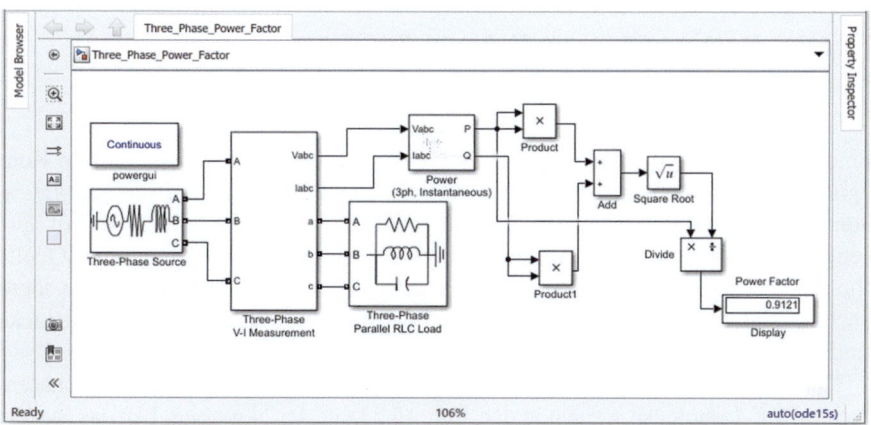

Abb. 16.21 Simulink-Diagramm einer Dreiphasen-Quelle mit einer Dreiphasen-Parallel-RLC-Last

Tab. 16.5 Blöcke und Navigationswege für die Modellierung der Berechnung des Leistungsfaktors

Blöcke	Navigationspfad im Simulink Library Browser
Three-Phase Source (Dreiphasen-Quelle)	Simscape → Electrical → Specialized Power Systems → Fundamental Blocks → Electrical Sources → Three-Phase Source
Three-Phase V-I Measurement (Dreiphasen V-I Messung)	Simscape → Electrical → Specialized Power Systems → Fundamental Blocks → Measurements → Three-Phase V-I Measurement
Leistung (3 ph, Instantaneous)	Simscape → Electrical → Specialized Power Systems → Fundamental Blocks → Power Electronics → Pulse & Signal Generators/ Measurements
Three-Phase Parallel RLC Load (Dreiphasen Parallel RLC Last)	Simscape → Electrical → Specialized Power Systems → Fundamental Blocks → Elements → Three-Phase Parallel RLC Load
Product (Produkt)	Simulink → Math Operations → Product
Add (Addieren)	Simulink → Math Operations → Add
Square root (Quadratwurzel)	Simulink → Quick Insert → Math Operations → Square Root
Divide (Teilen)	Simulink → Math Operations → Divide
Display (Anzeigen)	Simulink → Sinks → Display
Powergui	Simscape → Electrical → Specialized Power Systems → Fundamental Blocks → powergui

Konfiguration des Stromnetzes für ausgeglichene und unausgeglichene Systeme demonstriert.

16.6.1 Balanced (ausgeglichene) Y-Y-Stromnetzkonfiguration

Eine ausgewogene Y-Y-Stromsystemkonfiguration, bei der das erste „Y" die Konfiguration der Dreiphasen-Quelle anzeigt und das zweite „Y" auf die Konfiguration der Dreiphasen-Last verweist, wird in Abb. 16.22 dargestellt. In einem ausgewogenen System sind die Amplituden der Spannungen in der Dreiphasen-Quelle ähnlich. Zusätzlich sind die Impedanzen jeder Phase einer Dreiphasen-Last identisch. Die in dem in Abb. 16.22 gezeigten Beispiel verwendeten Simulink-Blöcke sind in Tab. 16.6 aufgelistet.

Die angepassten Parameterfenster der Dreiphasen-Quelle und der Dreiphasen-Serien-RLC-Lastblöcke werden in den Abb. 16.23 und 16.24 gezeigt. Um das System auszugleichen, werden die Größen der Spannungen jeder Phase angepasst, sodass sie identisch sind. Darüber hinaus werden die Nennphasen-zu-Neutral-Spannungen

16.6 Modellierung verschiedener Stromnetzkonfigurationen

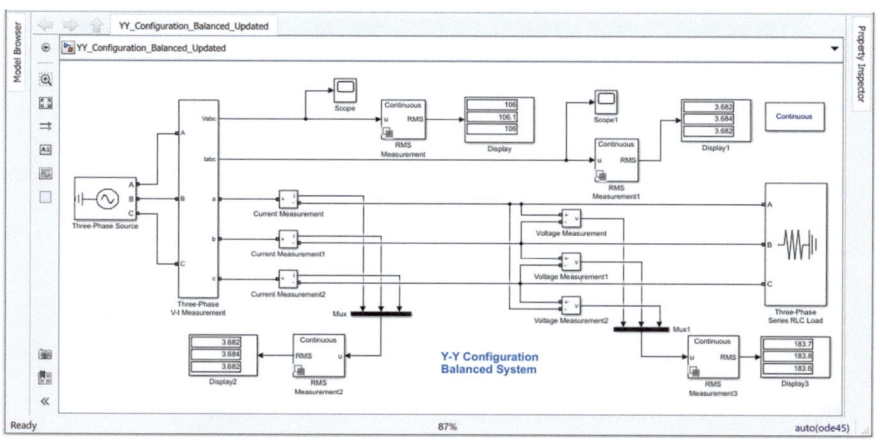

Abb. 16.22 Simulink-Diagramm eines ausgewogenen Y-Y-Konfigurationssystems

Tab. 16.6 Blöcke und Navigationsrouten zur Modellierung eines ausgewogenen Y-Y-Stromsystems

Blöcke	Navigationspfad im Simulink Library Browser
Three-Phase Source (Dreiphasen-Quelle)	Simscape → Electrical → Specialized Power Systems → Fundamental Blocks → Electrical Sources → Three-Phase Source
Three-Phase V-I Measurement (Dreiphasen-V-I-Messung)	Simscape → Electrical → Specialized Power Systems → Fundamental Blocks → Measurements → Three-Phase V-I Measurement
Three-Phase Series RLC Load (Dreiphasen-Serien-RLC-Last)	Simscape → Electrical → Specialized Power Systems → Fundamental Blocks → Elements → Three-Phase Series RLC Load
Voltage Measurement (Spannungsmessung)	Simulink → Sinks → Voltage Measurement
Current Measurement (Strommessung)	Simulink → Sinks → Current Measurement
RMS-Measurement (RMS-Messung)	Simscape → Electrical → Control → Measurements → RMS Measurement1
Scope (Oszilloskop)	Simulink → Sinks → Scope
Mux	Simulink → Signal Routing → Mux
Display (Anzeige)	Simulink → Sinks → Display
Powergui	Simscape → Electrical → Specialized Power Systems → Fundamental Blocks → powergui

und *PQ*-Spezifikationen der Dreiphasen-Lasten ebenfalls genau gleich eingestellt. In Abb. 16.25 werden die konfigurierten Parameterfenster der Dreiphasen-V-I-Messung und der RMS-Messungsblöcke gezeigt.

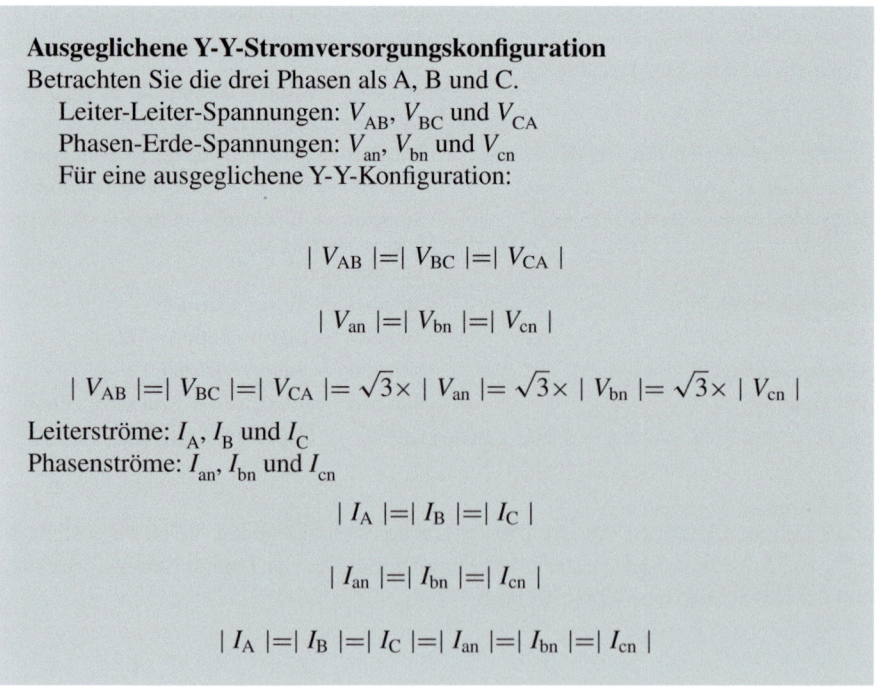

Abb. 16.23 Blockparameter der Dreiphasen-Quelle

Ausgeglichene Y-Y-Stromversorgungskonfiguration
Betrachten Sie die drei Phasen als A, B und C.
   Leiter-Leiter-Spannungen: V_{AB}, V_{BC} und V_{CA}
   Phasen-Erde-Spannungen: V_{an}, V_{bn} und V_{cn}
   Für eine ausgeglichene Y-Y-Konfiguration:

$$|V_{AB}| = |V_{BC}| = |V_{CA}|$$

$$|V_{an}| = |V_{bn}| = |V_{cn}|$$

$$|V_{AB}| = |V_{BC}| = |V_{CA}| = \sqrt{3} \times |V_{an}| = \sqrt{3} \times |V_{bn}| = \sqrt{3} \times |V_{cn}|$$

Leiterströme: I_A, I_B und I_C
Phasenströme: I_{an}, I_{bn} und I_{cn}

$$|I_A| = |I_B| = |I_C|$$

$$|I_{an}| = |I_{bn}| = |I_{cn}|$$

$$|I_A| = |I_B| = |I_C| = |I_{an}| = |I_{bn}| = |I_{cn}|$$

16.6 Modellierung verschiedener Stromnetzkonfigurationen

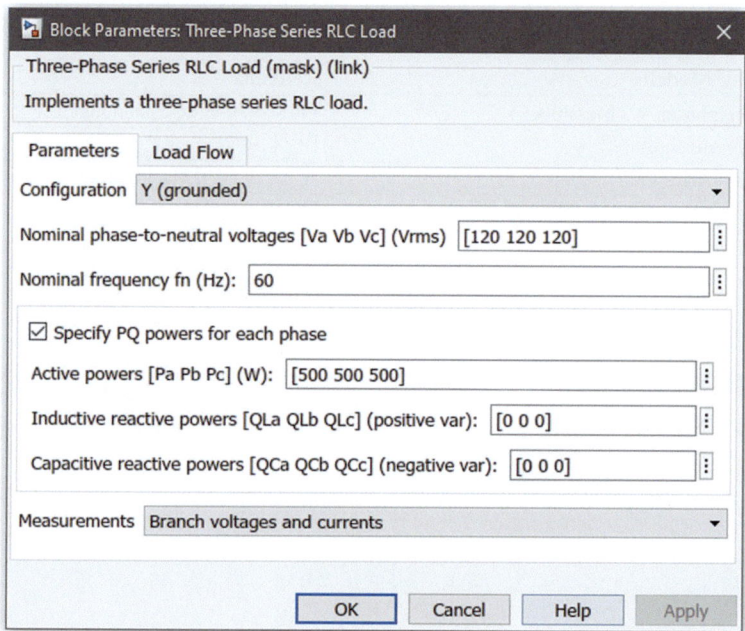

Abb. 16.24 Blockparameter der Dreiphasen-Serien-RLC-Last

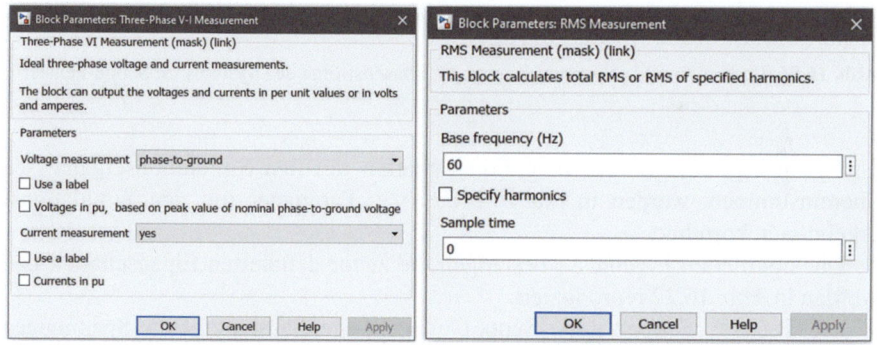

Abb. 16.25 Blockparameter der Dreiphasen-V-I-Messung und RMS-Messung

Tab. 16.7 Korrelation zwischen dem Simulink-Modell und den Referenzparametern des ausbalancierten Y-Y-Systems

Simulink-Modell	Referenz
V_{abc} (Dreiphasen V-I Messblock)	Phasen-zu-Erde-Spannungen: V_{an}, V_{bn}, V_{cn}
Display (Anzeige)	$|V_{an}|$, $|V_{bn}|$, $|V_{cn}|$ (Effektivwerte)
Display1 (Anzeige1)	$|V_{AB}|$, $|V_{BC}|$, $|V_{CA}|$ (Effektivwerte)
I_{abc} (Dreiphasen V-I Messblock)	Phasenströme: I_{an}, I_{bn}, I_{cn}
Display2 (Anzeige2)	$|I_{an}|$, $|I_{bn}|$, $|I_{cn}|$ (Effektivwerte)
Display3 (Anzeige3)	$|I_A|$, $|I_B|$, $|I_C|$ (Effektivwerte)

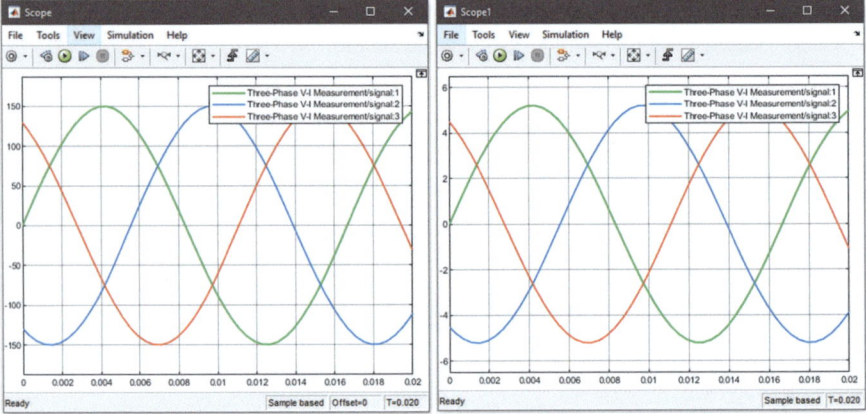

Abb. 16.26 Phasen-zu-Erde-Spannungen und die Phasenströme des Systems im Scope-Fenster

Um zu überprüfen, ob die o. g. Eigenschaften mit den Simulationsergebnissen übereinstimmen, werden in Tab. 16.7 die o. g. Parameter mit den Simulationsergebnissen korreliert.

Die simulierten Ergebnisse bestätigen die zuvor definierten Eigenschaften und werden in Abb. 16.22 reproduziert.

Die Fenster „Scope" und „Scope1" zeigen die Phasen-zu-Erde-Spannungen und die Phasenströme des Systems (Abb. 16.26). Die Leitung-zu-Leitung-Spannungen und die Leitungsströme können ebenfalls auf ähnliche Weise durch die Nutzung von zwei anderen Scopes abgelesen werden.

16.6 Modellierung verschiedener Stromnetzkonfigurationen

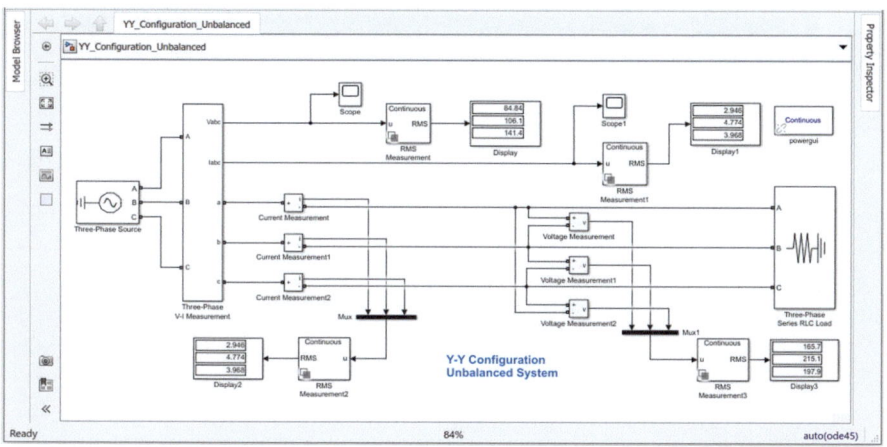

Abb. 16.27 Simulink-Diagramm eines unausgeglichenen Systems in Y-Y-Konfiguration

16.6.2 Unausgeglichene Y-Y-Stromversorgungskonfiguration

Für eine unausgeglichene Y-Y-Stromversorgungskonfiguration ändern sich die Impedanzen der Dreiphasen-Last. Wenn die Größen der Dreiphasen-Quelle variieren, kann das System ebenfalls unausgeglichen werden. Für das gleiche Simulink-Modell, das in Abb. 16.22 gezeigt wird, wird das System durch Ändern der Nennphasen-zu-Neutral-Spannung der Dreiphasen-Last und der Größen der Dreiphasenquelle aus den Parameterfenstern der Blöcke unausgeglichen (Abb. 16.27). Das angepasste Parameterfenster des Dreiphasen-Quellenblocks wird in Abb. 16.28 gezeigt. Hier werden die Größen der drei Phasen ungleich gemacht. Abb. 16.29 zeigt das Parameterfenster der Dreiphasen-Serien-RLC-Last, in dem die Nennphasen-zu-Neutral-Spannungen und die *PQ*-Spezifikationen ebenfalls ungleich gemacht werden.

Für ein unausgeglichenes Stromversorgungssystem in Y-Y-Konfiguration sollten die folgenden Merkmale beachtet werden:

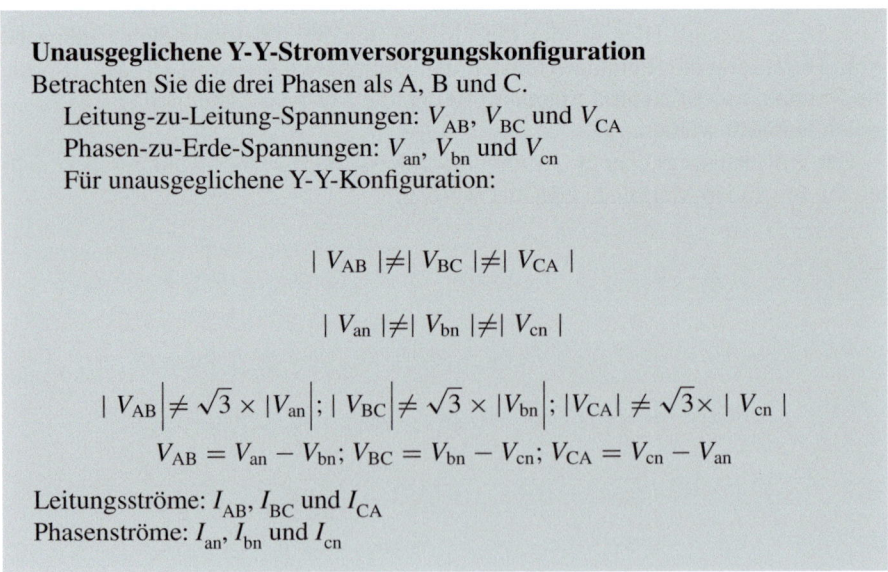

Abb. 16.28 Blockparameter der Dreiphasen-Quelle

Unausgeglichene Y-Y-Stromversorgungskonfiguration
Betrachten Sie die drei Phasen als A, B und C.
  Leitung-zu-Leitung-Spannungen: V_{AB}, V_{BC} und V_{CA}
  Phasen-zu-Erde-Spannungen: V_{an}, V_{bn} und V_{cn}
  Für unausgeglichene Y-Y-Konfiguration:

$$|V_{AB}| \neq |V_{BC}| \neq |V_{CA}|$$

$$|V_{an}| \neq |V_{bn}| \neq |V_{cn}|$$

$$|V_{AB}| \neq \sqrt{3} \times |V_{an}|; |V_{BC}| \neq \sqrt{3} \times |V_{bn}|; |V_{CA}| \neq \sqrt{3} \times |V_{cn}|$$

$$V_{AB} = V_{an} - V_{bn}; V_{BC} = V_{bn} - V_{cn}; V_{CA} = V_{cn} - V_{an}$$

Leitungsströme: I_{AB}, I_{BC} und I_{CA}
Phasenströme: I_{an}, I_{bn} und I_{cn}

16.6 Modellierung verschiedener Stromnetzkonfigurationen

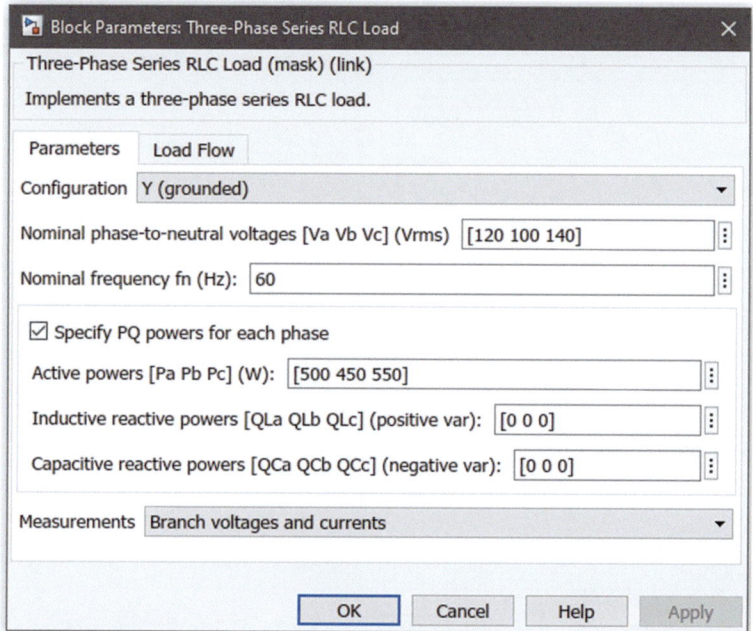

Abb. 16.29 Blockparameter der Dreiphasen-Serien-RLC-Last

Tab. 16.8 Blöcke und Navigationswege zur Modellierung eines unausgeglichenen Y-Y-Stromsystems

Simulink-Modell	Referenz
Display (Anzeige)	$|V_{an}|$, $|V_{bn}|$, $|V_{cn}|$ (Effektivwerte)
Display1 (Anzeige1)	$|V_{AB}|, |V_{BC}|, |V_{CA}|$ (Effektivwerte)
Display2 (Anzeige2)	$|I_{an}|, |I_{bn}|, |I_{cn}|$ (Effektivwerte)
Display3 (Anzeige3)	$|I_{AB}|, |I_{BC}|, |I_{CA}|$ (Effektivwerte)
Scope	V_{an}, V_{bn}, V_{cn}
Scope1	I_{an}, I_{bn}, I_{cn}

$$|I_{AB}| \neq |I_{BC}| \neq |I_{CA}|$$

$$|I_{AB}| = |I_{an}|; |I_{BC}| = |I_{bn}|; |I_{CA}| = |I_{cn}|$$

Zur Überprüfung der o. g. Eigenschaften kann Tab. 16.8 verwendet werden.

Die Phasen-Erdspannungen und die Phasenströme der Last können im Scope-Fenster angezeigt werden (Abb. 16.30). Aus der Abbildung ist ersichtlich, dass die Amplituden der drei Phasen sowohl für Spannungen als auch für Ströme variieren.

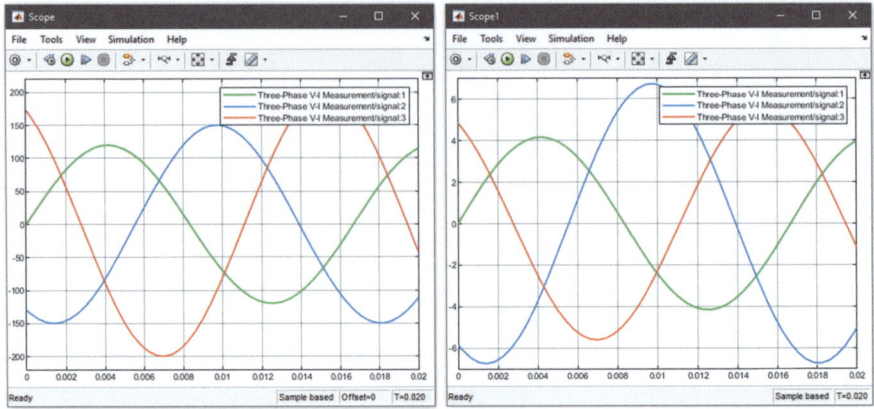

Abb. 16.30 Phasen-Erdspannungen und die Phasenströme der Last im Scope-Fenster

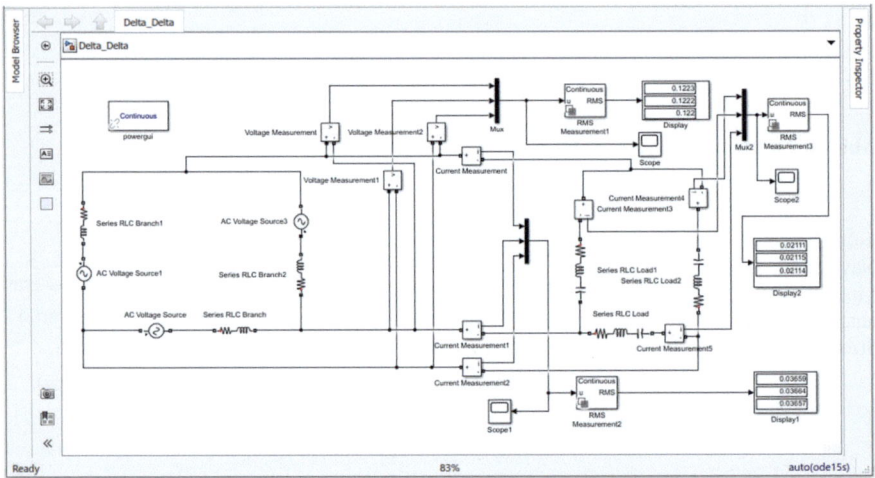

Abb. 16.31 Simulink-Diagramm eines ausgeglichenen Delta-Delta-Konfigurationssystems

16.6.3 Ausgeglichene Δ-Δ-Stromsystemkonfiguration

Für ein ausgeglichenes Δ-Δ-Dreiphasen-Stromsystem sind sowohl die Quelle als auch die Last in der Delta-Konfiguration angegeben. Eine Delta-konfigurierte Dreiphasen-Quelle wurde bereits zuvor in Abschn. 16.2.2 demonstriert. In diesem Beispiel wird eine zusätzliche Delta-verbundene Dreiphasen-Last angeschlossen (Abb. 16.31). Die zur Erstellung des Modells verwendeten Blöcke sind zusammen mit ihren Navigationsrouten in Tab. 16.9 zusammengefasst.

16.6 Modellierung verschiedener Stromnetzkonfigurationen

Tab. 16.9 Blöcke und Navigationsrouten zur Modellierung eines ausgeglichenen Δ-Δ-Stromsystems

Blöcke	Navigationspfad im Simulink Library Browser
AC Voltage Source (Wechselstromquelle)	Simscape → Electrical → Specialized Power Systems → Fundamental Blocks → Electrical Sources → AC Voltage Source
Series RLC Branch (Serien-RLC-Zweig)	Simscape → Electrical → Specialized Power Systems → Fundamental Blocks → Elements → Series RLC Branch
Voltage Measurement (Spannungsmessung)	Simulink → Sinks → Voltage Measurement
Current Measurement (Strommessung)	Simulink → Sinks → Current Measurement
RMS Measurement (RMS-Messung)	Simscape → Electrical → Control → Measurements → RMS Measurement
Scope, Scope1	Simulink → Sinks → Scope
Mux, Mux1	Simulink → Signal Routing → Mux
Display, Display1, Display2	Simulink → Sinks → Display
Powergui	Simscape → Electrical → Specialized Power Systems → Fundamental Blocks → powergui

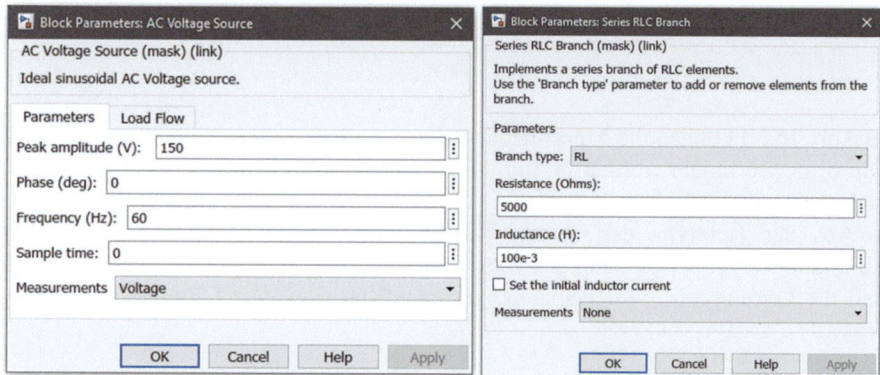

Abb. 16.32 Blockparameter der AC-Spannungsquelle und des seriellen RLC-Zweigs

Die Parameterfenster der AC-Voltage-Source und der Series-RLC-Branch sind beispielhaft in Abb. 16.32 dargestellt. Der Series-RLC-Branch-Block dient der Darstellung der internen Impedanz der AC-Voltage-Source. Die anderen beiden AC-Voltage-Source- und Series-RLC-Branch-Blöcke sind auf die gleiche Weise angepasst.

Für ein ausgeglichenes Δ-Δ-konfiguriertes Stromsystem können die Eigenschaften wie folgt dargestellt werden:

Ausgeglichene Δ-Δ-Stromsystemkonfiguration
Betrachten Sie die drei Phasen als A, B und C.
Leitung-zu-Leitung-Spannungen: V_{AB}, V_{BC}, V_{CA}
Phase-zu-Phase-Spannungen: V_{ab}, V_{bc}, und V_{ca}
Für ausgeglichene **Δ-Δ**-Konfiguration:

$$|V_{AB}|=|V_{BC}|=|V_{CA}|$$

$$|V_{ab}|=|V_{bc}|=|V_{ca}|$$

$$|V_{AB}|=|V_{BC}|=|V_{CA}|=|V_{ab}|=|V_{bc}|=|V_{ca}|$$

Leitungsströme: I_A, I_B, und I_C
Phase-zu-Phase-Ströme: I_{ab}, I_{bc}, und I_{ca}

$$|I_A|=|I_B|=|I_C|$$

$$|I_{ab}|=|I_{ba}|=|I_{ca}|$$

$$|I_A|=|I_B|=|I_C|=\sqrt{3}\times|I_{ab}|=\sqrt{3}\times|I_{bc}|=\sqrt{3}\times|I_{ca}|$$

In Abb. 16.30 können die Merkmale aus den Simulationswerten abgelesen werden. Die o. g. Merkmale werden in Tab. 16.10 mit den Simulationsergebnissen in Beziehung gesetzt.

Aus der Referenz der obigen Tabelle und den aus Abb. 16.31 erhaltenen Simulationsergebnissen kann geschlussfolgert werden, dass die Phasenspannungen und die Leitung-zu-Leitung-Spannungen identisch sind. Der Leitungsstrom ist je-

Tab. 16.10 Korrelation zwischen dem Simulink-Modell und den Referenzparametern des ausgeglichenen Δ-Δ-Systems

Simulink-Modell	Referenz
Display (Anzeige)	$|V_{AB}|$, $|V_{BC}|$, $|V_{CA}|$ (Effektivwerte)
Display1 (Anzeige1)	$|I_A|$, $|I_B|$, $|I_C|$ (Effektivwerte)
Display2 (Anzeige2)	$|I_{ab}|$, $|I_{bc}|$, $|I_{ca}|$ (Effektivwerte)
Scope	Phasen-zu-Phasen-Spannungen oder Leitungs-zu-Leitungs-Spannungen
Scope1	Leitungsströme (I_A, I_B, I_C)
Scope2	Phasen-zu-Phasen-Ströme (I_{ab}, I_{bc}, I_{ca})

16.6 Modellierung verschiedener Stromnetzkonfigurationen

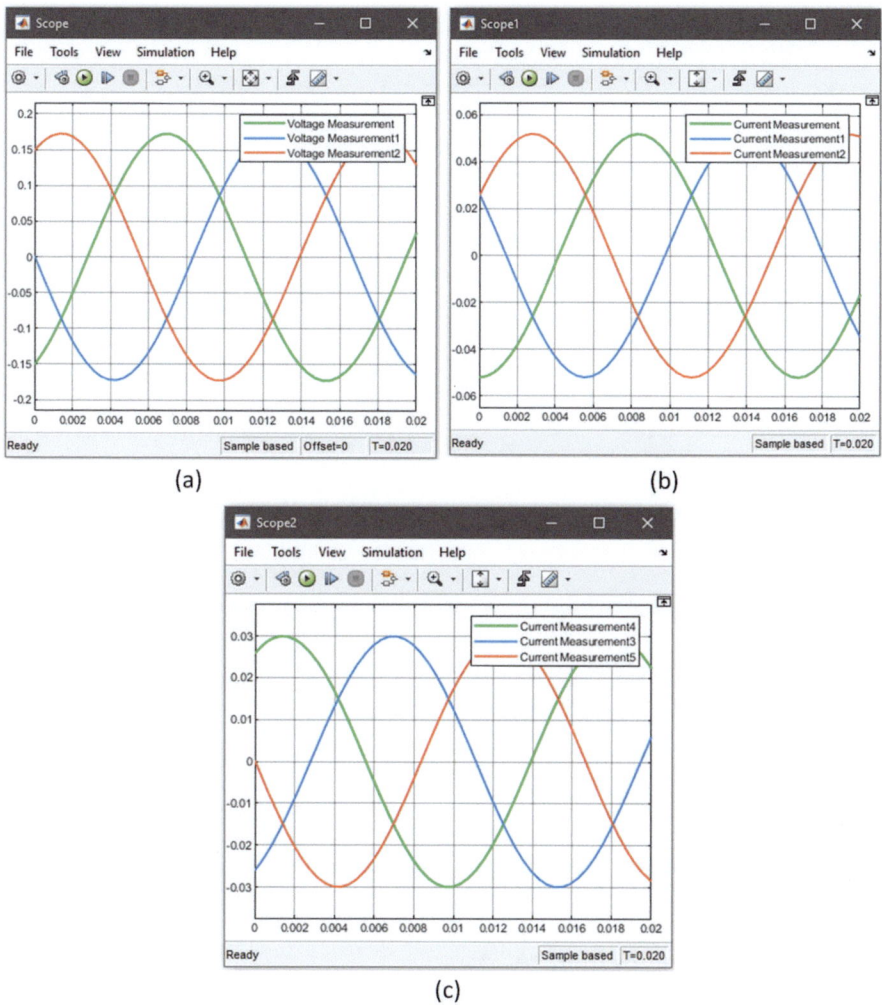

Abb. 16.33 Wellenformen der Phasen-zu-Phasen-Spannungen und -Ströme der Dreiphasen-Last im Scope-Fenster

doch $\sqrt{3}$ mal so groß wie die Phasen-zu-Phasen-Ströme pro Phase. Daher können die Merkmale einer ausgeglichenen Δ-Δ-Stromversorgungskonfiguration über das Simulink-Modell gerechtfertigt werden.

Die Wellenformen der Phasen-zu-Phasen-Spannungen und -Ströme der Dreiphasen-Last können aus den Scope-Fenstern abgelesen werden (Abb. 16.33).

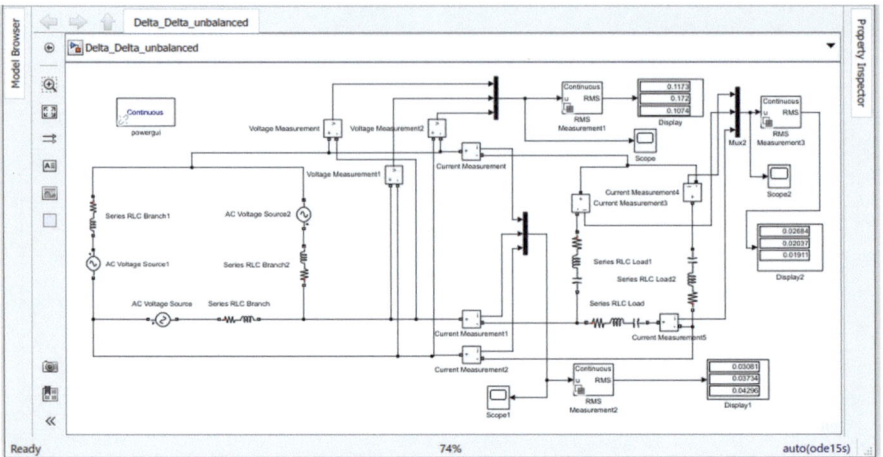

Abb. 16.34 Simulink-Diagramm eines unausgeglichenen Delta-Delta-Konfigurationssystems

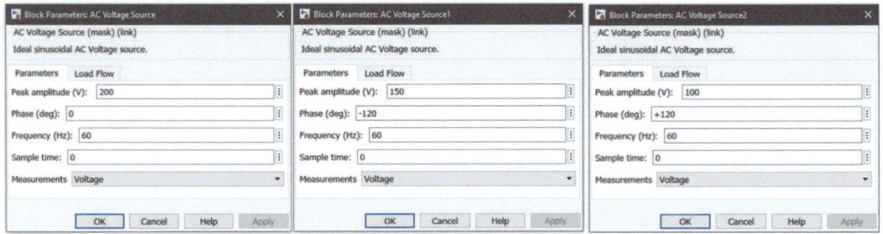

Abb. 16.35 Blockparameter der drei Wechselspannungsquellen

16.6.4 Unausgeglichene Δ-Δ-Stromversorgungskonfiguration

In einer unausgeglichenen Δ-Δ-Stromversorgungskonfiguration variieren entweder die Größen der dreiphasigen Wechselstromquelle oder die Impedanzen der dreiphasigen Last unterscheiden sich von Phase zu Phase. In Abb. 16.34 wird ein unausgeglichenes Δ-Δ-Stromversorgungssystem modelliert. Dieses Modell ist das gleiche wie das zuvor in Abb. 16.31 gezeigte. Der Unterschied besteht in der Anpassung der Blöcke der Dreiphasen-Wechselstromquelle und der Serien-RLC-Lastblöcke, um das System unausgeglichen zu machen. Die Amplituden der Dreiphasen-Wechselstromquellenblöcke werden als 200 V, 150 V und 100 V ausgewählt (Abb. 16.35). Darüber hinaus werden die Serien-RLC-Lastblöcke in den drei Phasen. wie in Abb. 16.36 gezeigt. angepasst. Die Nennphasen-zu-Neutral-

16.6 Modellierung verschiedener Stromnetzkonfigurationen

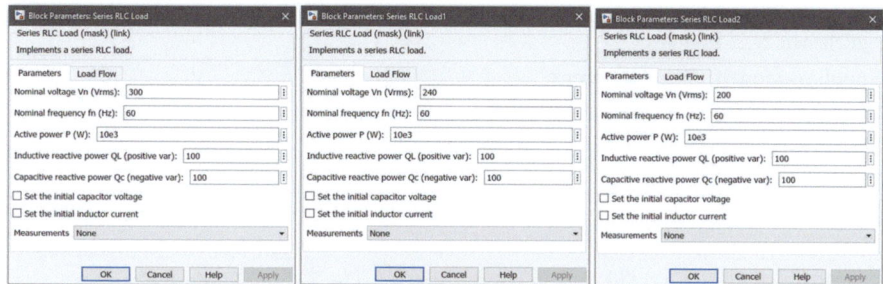

Abb. 16.36 Blockparameter der drei Serien-RLC-Lasten

Spannungen jedes Serien-RLC-Lastblocks sind ungleich, um das System unausgeglichen zu modellieren.

Für ein unausgeglichenes Δ-Δ-konfiguriertes Stromversorgungssystem können die Eigenschaften wie folgt dargestellt werden:

Unausgeglichene Δ-Δ-Stromversorgungskonfiguration
Betrachten Sie die drei Phasen als A, B und C.
  Leitung-zu-Leitung-Spannungen: V_{AB}, V_{BC} und V_{CA}
  Phase-zu-Erde-Spannungen: V_{an}, V_{bn} und V_{cn}
  Für eine ausgeglichene **Δ-Δ**-Konfiguration:

$$| V_{AB} | \neq | V_{BC} | \neq | V_{CA} |$$

$$| V_{ab} | \neq | V_{bc} | \neq | V_{ca} |$$

$$| V_{AB} | = |V_{ab}|; |V_{BC}| = | V_{bc} |; | V_{CA} | = | V_{ca} |$$

Leitungsströme: I_A, I_B und I_C
Phase-zu-Phase-Ströme: I_{ab}, I_{bc} und I_{ca}

$$| I_A | \neq | I_B | \neq | I_C |$$

$$| I_{ab} | \neq | I_{bc} | \neq | I_{ca} |$$

$$| I_A | \neq \sqrt{3} \times | I_{ab} |; | I_B | \neq \sqrt{3} \times | I_{bc} |; | I_C | \neq \sqrt{3} \times | I_{ca} |$$

$$I_A = I_{ab} - I_{bc}; I_B = I_{bc} - I_{ca}; I_C = I_{ca} - I_{ab}$$

Tab. 16.11 Korrelation zwischen dem Simulink-Modell und den Referenzparametern des unausgeglichenen Δ-Δ-Systems

Simulink-Modell	Referenz
Display (Anzeige)	$|V_{AB}|$, $|V_{BC}|$, $|V_{CA}|$ (Effektivwerte)
Display1 (Anzeige1)	$|I_A|, |I_B|, |I_C|$ (Effektivwerte)
Display2 (Anzeige2)	$|I_{ab}|, |I_{bc}|, |I_{ca}|$ (Effektivwerte)
Scope	Phasen-zu-Phasen-Spannungen oder Leitung-zu-Leitung-Spannungen
Scope1	Leitungsströme (I_A, I_B, I_C)
Scope2	Phasen-zu-Phasen-Ströme (I_{ab}, I_{bc}, I_{ca})

Tab. 16.11 hilft, die Eigenschaften mit den Simulationsergebnissen in Beziehung zu setzen:

Aus den Scope-Fenstern in Abb. 16.37 können die Phasen-zu-Phasen-Spannungen, Leitungsströme und Phasen-zu-Phasen-Ströme abgelesen werden.

16.7 Elektrische Maschine

Im Stromnetz ist das Konzept der elektrischen Maschine sehr wesentlich. Eine elektrische Maschine kann entweder als Generator oder als Motor fungieren. Im Allgemeinen kann sie auf der Grundlage ihrer Quellen in zwei Typen unterteilt werden: Gleichstrom- und Wechselstrommaschine. Die Wechselstrommaschine kann weiter unterteilt werden in asynchrone und synchrone Maschinen. In diesem Abschnitt werden nur Gleichstrommaschinen und asynchrone Maschinen unter Verwendung der Simulink-Plattform vorgestellt.

16.7.1 Gleichstrommaschine

In Simulink kann ein Gleichstrommaschinen-Block sowohl als Generator als auch als Motor genutzt werden. In einer Gleichstrommaschine werden zwei Gleichspannungsquellen benötigt. Eine wird als Feldspannungsquelle verwendet, die andere fungiert als Ankerspannungsquelle. Ein entsprechendes Modell zeigt Abb. 16.38. Als Feldspannungsquelle wird der Block „**DC Voltage Source1**" (**Gleichspannungsquelle1**) verwendet, dessen Amplitude auf 96 V eingestellt ist. Für die Ankerspannungsquelle wird der Block „**DC Voltage source**" (**Gleichspannungsquelle**) verwendet, der auf 480 V eingestellt ist. Am Eingangsanschluss „**Torque Load (TL)**" (**Drehmomentlast**) der Gleichstrommaschine wird eine Sprungantwort über einen Sprungblock bereitgestellt. Der Sprungwert ist auf +1 eingestellt - die Gleichstrommaschine wird als Motor fungieren. Bei einem gegebenen Sprungeingang von -1 kann die Gleichstrommaschine auch

16.7 Elektrische Maschine

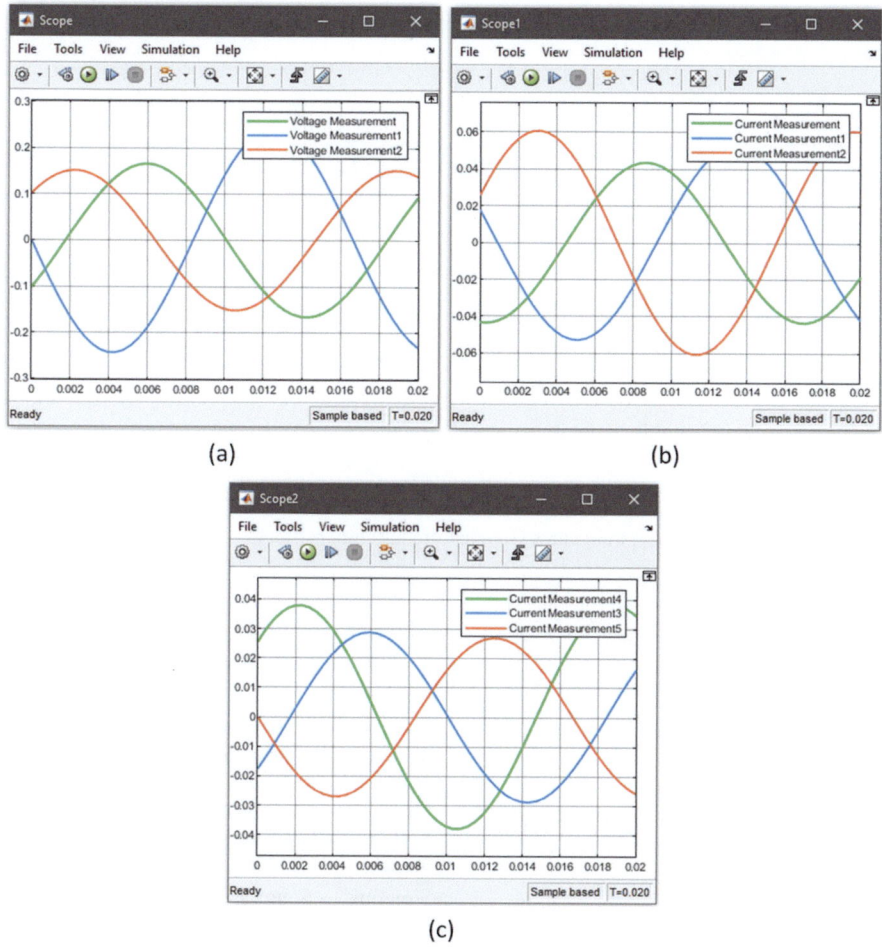

Abb. 16.37 Die Phasen-zu-Phasen-Spannungen, Leitungsströme und Phasen-zu-Phasen-Ströme im Scope

im Generatorbetrieb verwendet werden. Die mechanischen Ausgänge des Motors werden sowohl in den Anzeige- als auch in den Scope-Blöcken angezeigt. Die benötigten Blöcke zur Gestaltung des in Abb. 16.38 gezeigten Simulink-Modells sind in Tab. 16.12 zusammengefasst.

Das Parameterfenster der Gleichstrommaschine ist in Abb. 16.39 dargestellt. Hier hat der Benutzer die Möglichkeit, ein beliebiges voreingestelltes Modell aus der Dropdown-Optionsliste auszuwählen. Simulink ermöglicht fortgeschrittenen Benutzern, ihr eigenes Modell zu erstellen, indem sie die Parameter angeben, die in der zweiten Abbildung von Abb. 16.39 gezeigt sind. Um Zugang zum „Parameter"-Fenster zu erhalten, sollte das voreingestellte Modell auf **„No" (Nein)**

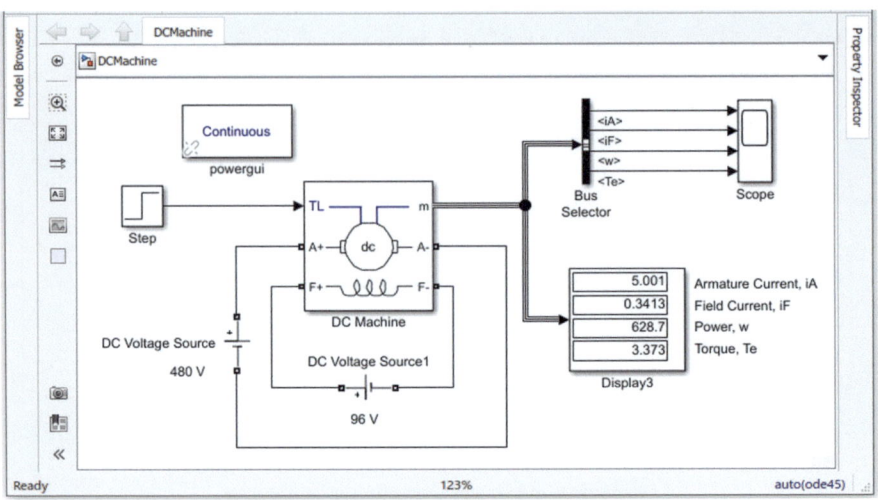

Abb. 16.38 Simulink-Diagramm eines Gleichstrommaschinen-Blocks

Tab. 16.12 Blöcke und Navigationswege zur Modellierung einer Gleichstrommaschine

Blöcke	Navigationspfad im Simulink-Bibliotheksbrowser
DC machine (Gleichstrommaschine)	Simscape → Electrical → Specialized Power Systems → Fundamental Blocks → Machines → DC Machine
DC Voltage Source (Gleichspannungsquelle)	Simscape → Electrical → Specialized Power Systems → Fundamental Blocks → Electrical Sources → DC Voltage Source
Step (Schritt)	Simulink → Sources → Step
Bus Selector	Simulink → Signal Routing → Bus Selector
Scope (Oszilloskop)	Simulink → Sinks → Scope
Display (Anzeige)	Simulink → Sinks → Display
Powergui	Simscape → Electrical → Specialized Power Systems → Fundamental Blocks → powergui

gesetzt werden. Für dieses spezielle Beispiel wird das erste voreingestellte Modell gewählt. Alle anderen Parameter werden für diese Simulation in ihrem Standardmodus belassen.

Die Ausgänge der Gleichstrommaschine sind der „**armatur current**" (**Ankerstrom**), der „**field current**" (**Feldstrom**), die „**power**" (**Leistung**) und das „**electrical torque**" (**elektrische Drehmoment**). Im Scope-Fenster werden die Ausgangssignale grafisch dargestellt (Abb. 16.40).

16.7 Elektrische Maschine

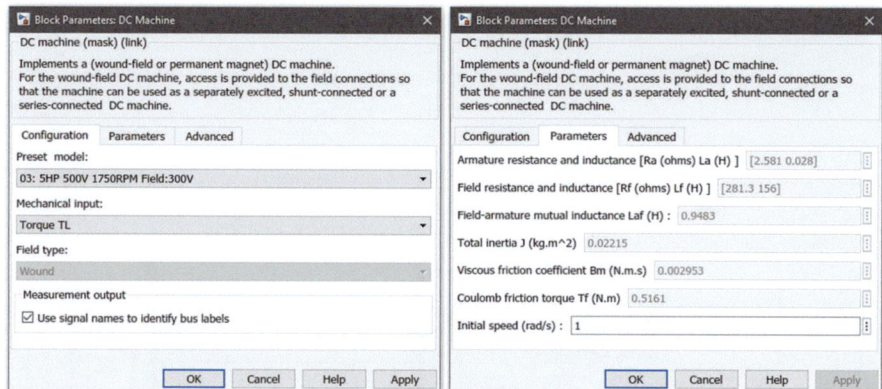

Abb. 16.39 Blockparameter der Gleichstrommaschine

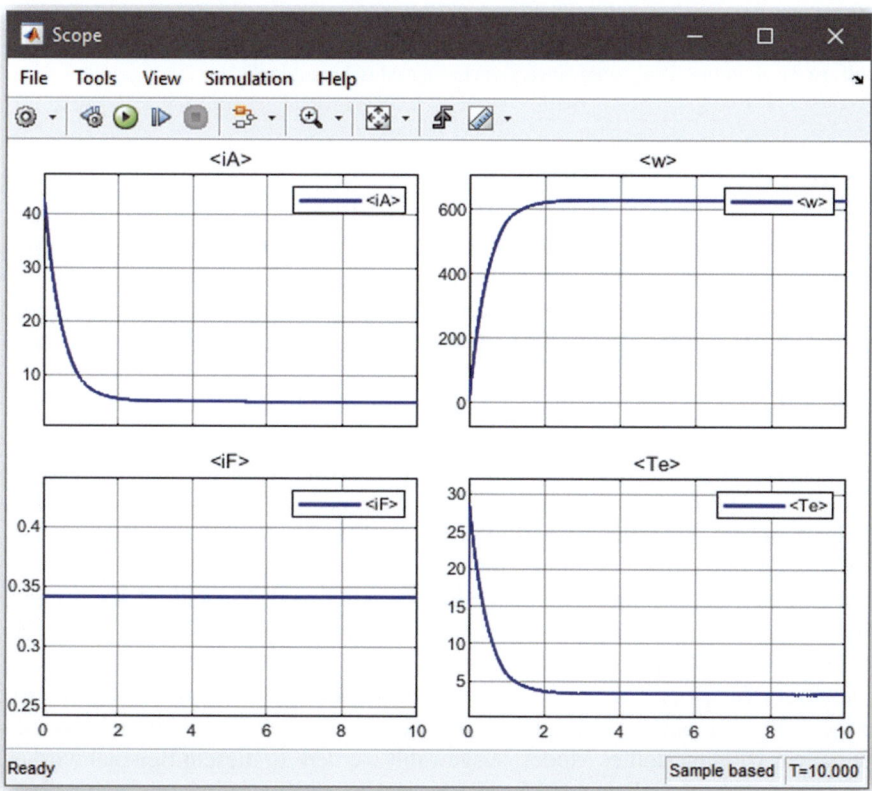

Abb. 16.40 Ankerstrom, Feldstrom, Leistung und elektrisches Drehmoment im Scope-Fenster

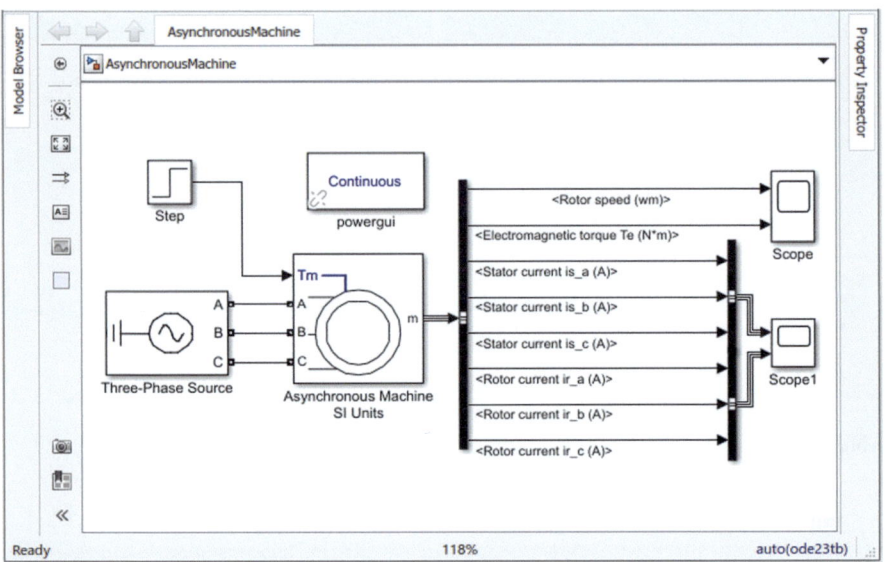

Abb. 16.41 Simulink-Diagramm eines asynchronen Maschinenblocks

16.7.2 Asynchrone Maschine

In einer asynchronen Maschine ist eine Wechselspannungsquelle als Versorgung gegeben. Ein Simulink-Modell, in dem eine asynchrone Maschine mithilfe einer dreiphasigen Wye-förmig verbundenen Wechselspannungsquelle betrieben wird, ist in Abb. 16.41 dargestellt. Für die Gestaltung des Modells sind die verwendeten Blöcke in Tab. 16.13 aufgelistet.

In Abb. 16.41 wird ein Block **„Asynchronous Machine" (Asynchrone Maschine)** verwendet, wobei die Eingangsquelle von einer dreiphasigen Wye-förmig verbundenen Wechselstromquelle bereitgestellt wird. Der Block, der zur Bereitstellung der Wechselstrom-Eingangsquelle verwendet wird, ist der Block **„Three-Phase-Source" (Dreiphasenquelle)** (Abb. 16.42). Die RMS-Spannungen für die drei Phasen sind auf 480 V eingestellt.

Der Block **„Asynchronous Machine" (Asynchrone Maschine)** kann wie in Abb. 16.43 dargestellt angepasst werden. Der **„Rotor Type" (Rotortyp)** der Maschine kann aus drei Optionen ausgewählt werden, wie z.B. Käfigläufer, Schleifringläufer oder Doppelter Käfigläufer. Für dieses Beispiel wird der Käfigläufertyp ausgewählt. Wie bei der Gleichstrommaschine kann auch für die asynchrone Maschine ein voreingestelltes Modell ausgewählt werden. In diesem Beispiel wird ein voreingestelltes Modell von 5 PS, 575 V, 60 Hz, 1750 U/min ausgewählt. Wenn das voreingestellte Modell als **„No" (Nein)** ausgewählt wird, kann das Modell manuell vom Benutzer aus der Option Parameter gestaltet werden. Die restlichen Parameter sind auf ihren Standardwerten eingestellt.

16.7 Elektrische Maschine

Tab. 16.13 Blöcke und Navigationswege zur Modellierung einer asynchronen Maschine

Blöcke	Navigationspfad im Simulink-Bibliotheksbrowser
Asynchronous Machine SI Units (Asynchrone Maschine SI-Einheiten)	Simscape → Electrical → Specialized Power Systems → Fundamental Blocks → Machines → Asynchronous Machine SI Units
DC Voltage Source (Dreiphasenquelle)	Simscape → Electrical → Specialized Power Systems → Fundamental Blocks → Electrical Sources → DC Voltage Source
Step (Schritt)	Simulink → Sources → Step
Bus Selector	Simulink → Signal Routing → Bus Selector
Scope	Simulink → Sinks → Scope
Display (Anzeige)	Simulink → Sinks → Display
Powergui	Simscape → Electrical → Specialized Power Systems → Fundamental Blocks → powergui

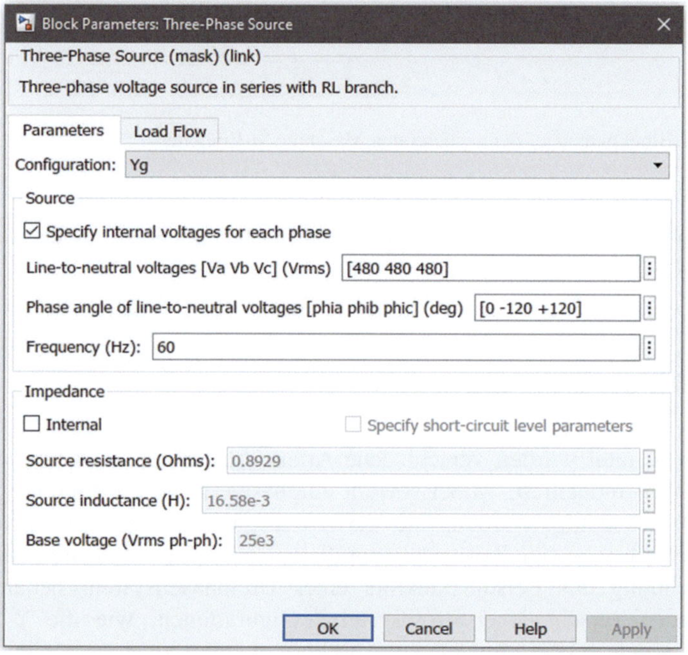

Abb. 16.42 Blockparameter der Three-Phase-Source

Die Ausgänge der asynchronen Maschine werden in zwei Scope-Fenstern zur besseren Sichtbarkeit angezeigt. Im ersten Scope-Fenster können die Rotordrehzahl und das elektromagnetische Drehmoment beobachtet werden (Abb. 16.44).

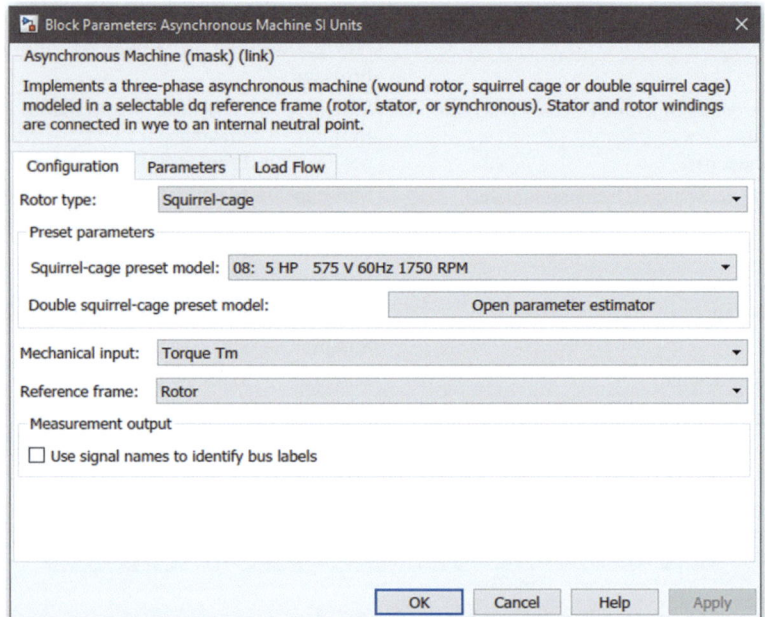

Abb. 16.43 Blockparameter der asynchronen Maschine SI-Einheiten

Die Stator- und Rotorströme können im Fenster „Scope1" abgelesen werden (Abb. 16.45).

16.8 Schlussfolgerung

In diesem Kapitel wurden verschiedene Arten von Stromquellen mit der Simulink-Plattform modelliert, wobei sowohl einphasige als auch dreiphasige Stromquellen berücksichtigt wurden. Die Verwendung der dreiphasigen Stromquellen mit verschiedenen seriellen oder parallelen RLC-Lasten wurde ebenso wie die Berechnung des Leistungsfaktors eines Dreiphasensystems behandelt. Danach wurden verschiedene Stromsystemkonfigurationen, wie die Y-Y-, Δ-Δ-Konfigurationen, erklärt. Im letzten Abschnitt werden zwei verschiedene Arten von Maschinen – Gleichstrommaschine und Asynchronmaschine – vorgestellt, um die Verwendung von Simulink im Bereich der Stromsysteme zu erfassen.

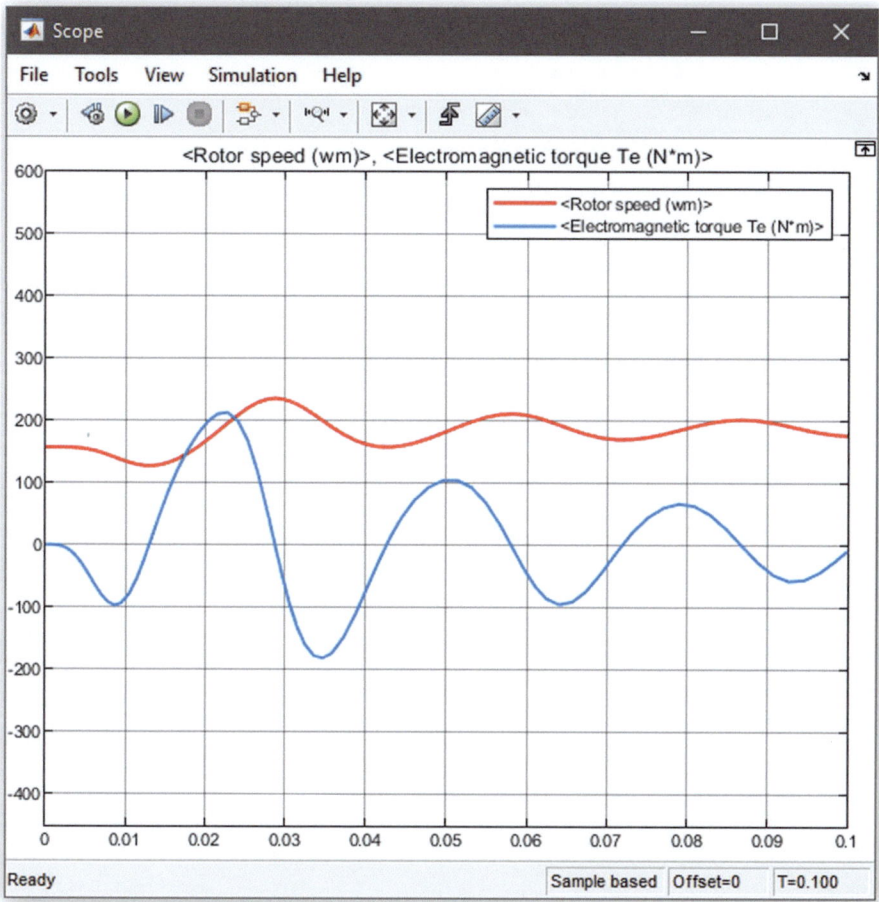

Abb. 16.44 Rotordrehzahl und das elektromagnetische Drehmoment im Scope-Fenster

Übung 16

1. a) Schreiben Sie die Unterschiede zwischen einphasigen und dreiphasigen Wechselstromquellen auf.
   b) Entwerfen Sie ein Simulink-Modell für eine dreiphasige Wye-förmige Wechselstromquelle, indem Sie einen Dreiphasen-Quellenblock für die folgenden Parameter verwenden:
   i) Spitzenamplitude = 480 V pro Phase; interne Impedanz, $R = 0{,}5\ \Omega$, $L = 0{,}015$ H.
   ii) Effektivwertspannung = 480 V pro Phase; interne Impedanz = 0.
   c) Zeigen Sie die Spannungen der Quelle in einem Scope-Block an.

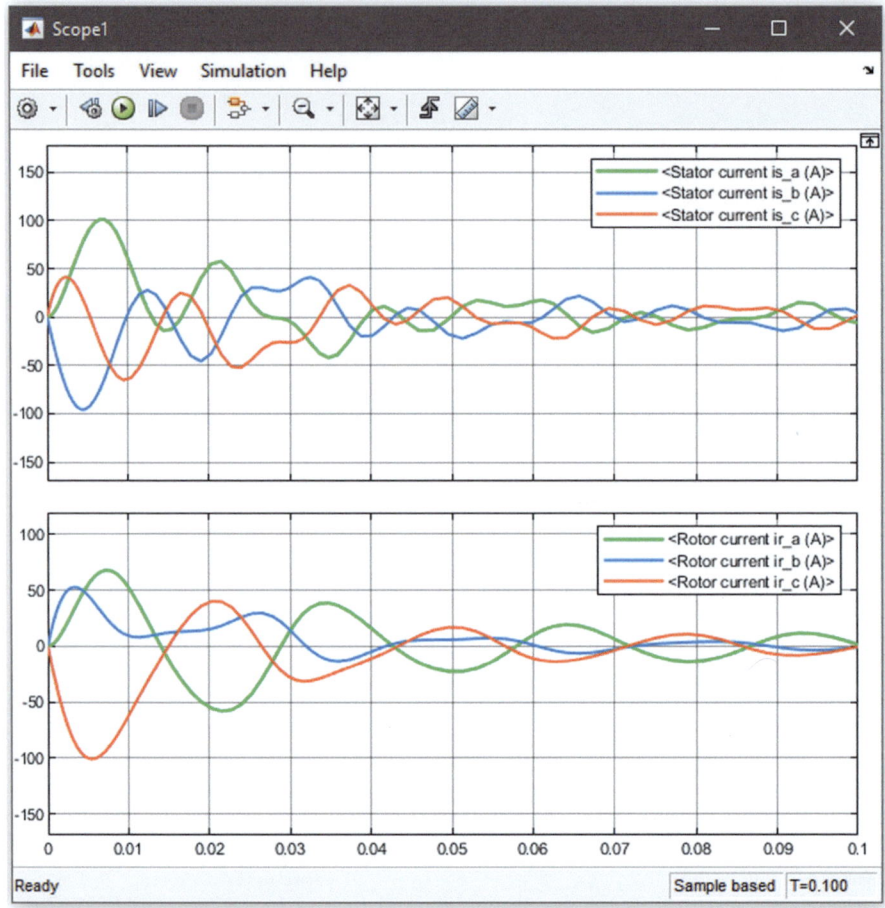

Abb. 16.45 Stator- und Rotorströme beobachtet im Scope-Fenster

d) Verbinden Sie mit einer dreiphasigen Wechselstromquelle eine dreiphasige serielle RLC-Last. Zeigen Sie die Spannungen und Ströme des Systems mit Scope an.

2. a) Stellen Sie den Leistungsfaktor in Bezug auf Wirk- und Blindleistung dar.

   b) Simulieren Sie für eine dreiecksverbundene dreiphasige Wechselstromquelle mit einer dreiphasigen parallelen RLC-Last ein Modell zur Berechnung des Leistungsfaktors des Systems.

   c) Zeigen Sie die Wirk-, Blind- und Scheinleistung des Systems mit einem Scope-Block.

3. a) Was sind die Merkmale eines ausbalancierten Y-Y-Stromsystems?

   b) Entwerfen Sie eine ausbalancierte Y-Δ-Stromsystemkonfiguration mit Simulink.

c) Zeigen Sie die verschiedenen Spannungen und Ströme (Leitung und Phase) des gesamten Systems an.

d) Kommentieren Sie die erhaltenen Simulationsergebnisse, um die Merkmale des Modells zu erklären.

4. a) Was sind die Unterschiede zwischen einem ausbalancierten und einem unausbalancierten System?

b) Entwerfen Sie ein unausbalanciertes Δ-Y-Stromsystem mit Simulink.

c) Zeigen Sie die Leitungsspannungen und -ströme des Systems zusammen mit den Phasenwerten an.

d) Kommentieren Sie die Merkmale eines solchen Modells auf Basis des Simulationsergebnisses.

5. a) Wie ist die Kategorisierung von elektrischen Maschinen?

b) Entwerfen Sie ein Simulink-Modell, um eine Gleichstrommaschine mit einem voreingestellten Modell von 20 HP, 500 V, 1750 U/min, Feld: 300 V zu betreiben.

c) Zeigen Sie die Ausgangsleistung und das Drehmoment der Gleichstrommaschine mit einem Scope-Block an.

6. a) Schreiben Sie einige der Rotortypen der Asynchronmaschine auf.

b) Entwerfen Sie ein Simulink-Modell, um eine Asynchronmaschine zu betreiben, indem Sie eine dreiecksverbundene dreiphasige Wechselstromquelle als Eingabe verwenden.

c) Zeigen Sie die Ausgangsparameter der Maschine mit Scope-Blöcken an.

Kapitel 17
Simulink in der Leistungselektronik

17.1 Diode

In der Leistungselektronik stehen elektronische Geräte mit hoher Leistung im Fokus. Sie verbinden Steuerung, Energie und Elektronik miteinander und sind mit hohen Spannungen und Strömen (Kilovolt und Ampere) assoziiert. Dabei sind Wechselstrom- und Gleichstromumwandlungen, Maschinensteuerungen und Schaltvorschriften wesentliche Elemente der in der Leistungselektronik relevanten Anwendungen.

Eine Diode ist ein Halbleitergerät mit zwei Anschlüssen, das als Schalter mit einer bestimmten Spannung, der sog. Vorwärtsspannung, arbeitet. Wenn beispielsweise die Vorwärtsspannung einer Diode 0,7 V beträgt und sie in einer Reihenschaltung zwischen dem Schalter und der Last platziert wird, leitet die Schaltung nur, wenn die Quellspannung über 0,7 V liegt. Man spricht von einem unidirektionalen Gerät, das den Strom nur in eine Richtung fließen lässt. Die wichtigsten Anwendungen von Dioden sind das Schalten, die Isolation eines Systems von externen Signalen und die Umwandlung von Wechselstrom- in Gleichstromparameter.

17.1.1 Eigenschaften

Die Diode arbeitet in zwei Modi – im „forward biased mode" (**Vorwärtsmodus**), wenn die Anode im Vergleich zur Kathode positiv ist, und im „**reverse-biased mode**" (**Rückwärtsmodus**), wenn die Kathode im Vergleich zur Anode positiv ist. Die Diode leitet, wenn die Spannung über der Diode höher ist als die Einschaltspannung der Diode. Typischerweise beträgt die Einschaltspannung der Diode 0,7 V, was je nach Material variieren kann. In Simulink können die Parameter der Diode individuell verändert werden. In der Simulink-Bibliothek sind

Dioden sowohl für die Modellierung von physikalischen Systemen als auch für die Simulink-Modellierung vorhanden. Das Arbeitsprinzip beider Geräte ist jedoch gleich, daher werden die Komponenten für Simulink in diesem Kapitel verwendet.

Zur Demonstration der Diodeneigenschaften wurde eine Einrichtung mit den folgenden Komponenten (Tab. 17.1) aufgebaut.

Eine 5-V-Wechselstromquelle wird mit einer Frequenz von 60 Hz und mit einem Widerstand von 5 Ω verwendet. Die verwendete Diode hat eine (Standard-) Vorwärtsspannung von 0,7 V (durch Doppelklick auf die Diode und Änderung der Vorwärtsspannung auf 0,7 anwählbar). In diesem Beispiel werden die Spannungen über der Quelle, der Diode und der resistiven Last gezeigt und verglichen.

Wenn die Diode in das Fenster eingefügt wird, besteht sie aus drei Anschlüssen, einschließlich eines zusätzlichen Messanschlusses zur Messung der Diodenspannungen und -ströme. Im Folgenden werden die Messanschlüsse für die Geräte nicht angezeigt und sind deaktiviert (Doppelklick auf die Diode, Deaktivierung des Kontrollkästchens **„Show measurement port" – Messanschluss anzeigen**). Der Messanschluss wurde deaktiviert, um die tatsächliche Messung der Spannung und des Stroms zu ermöglichen (Abb. 17.1).

Der diskrete Powergui-Block wird verwendet, die Konfigurationsparameter wurden geändert zu Modeling → Model Settings → Solver → Solver Selection → discrete (no continuous states) (Abb. 17.2).

Die Komponenten müssen, wie in Abb. 17.3 gezeigt, miteinander verbunden werden. Die Spannungsmessgeräte werden umbenannt, um die Demonstration im Scope zu erleichtern. Einige der Komponenten wurden gedreht oder gespiegelt, um eine bessere Visualisierung zu ermöglichen (Rechtsklick auf den Block, Auswahl von **„Rotate & Flip" (Drehen & Spiegeln)** und Auswahl der geeigneten Ausrichtung für die Demonstration).

Obwohl die Spannung sinusförmig von 0 V bis 5 V variiert (siehe Diagramm in Abb. 17.4), die Ausgabe für die Last aufgrund der Anwesenheit der Diode nicht

Tab. 17.1 Blöcke und Navigationsrouten zur Demonstration der Diodeneigenschaften

Name des Blocks	Navigationsroute
Powergui	Simscape → Electrical → Specialized Power Systems → Fundamental Blocks
AC Voltage Source (Wechselstromquelle)	Simscape → Electrical → Specialized Power Systems → Fundamental Blocks → Electrical Sources
Diode	Simscape → Electrical → Specialized Power Systems → Fundamental Blocks → Power Electronics
Voltage Measurement (Spannungsmessung)	Simscape → Electrical → Specialized Power Systems → Fundamental Blocks → Measurements
Series RLC Branch (Serien-RLC-Zweig)	Simscape → Electrical → Specialized Power Systems → Fundamental Blocks → Elements
Scope	Simulink → Sinks

17.1 Diode

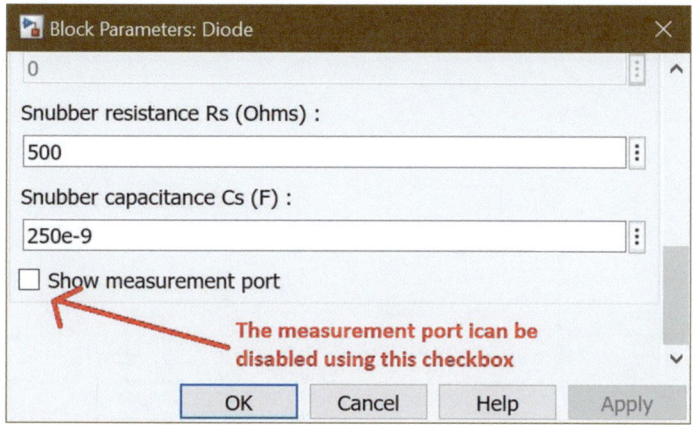

Abb. 17.1 Blockparameter des Diodenblocks

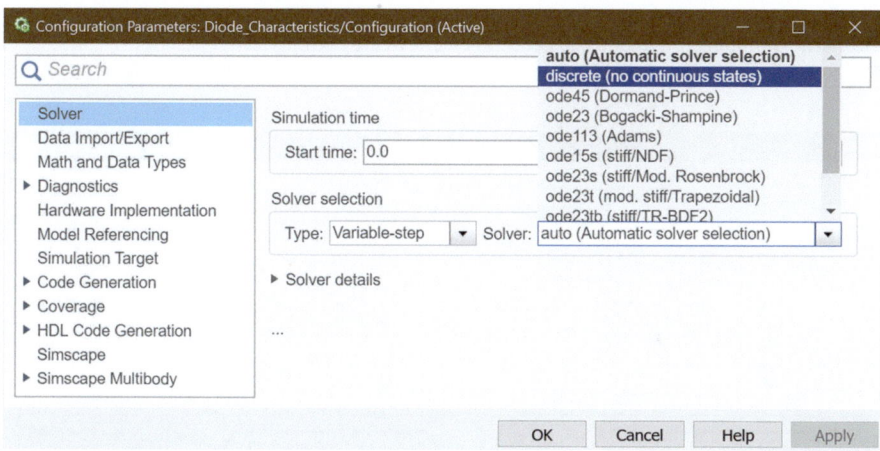

Abb. 17.2 Konfigurationsparameter der Diode

gleich ist. Da die Einschaltspannung für die Diode 0,7 V beträgt, erscheint die Spannung unter 0,7 V im zweiten Unterdiagramm. Die Diode lässt den Strom jedoch nur fließen, wenn die Spannungen über 0,7 V liegen, wodurch eine Spannungsdifferenz von 4,63 V über der Widerstandslast entsteht. Eine ähnliche Charakteristik für den Betrieb mit umgekehrter Vorspannung entsteht durch Änderung der Polarität der Diode in der gleichen Anordnung.

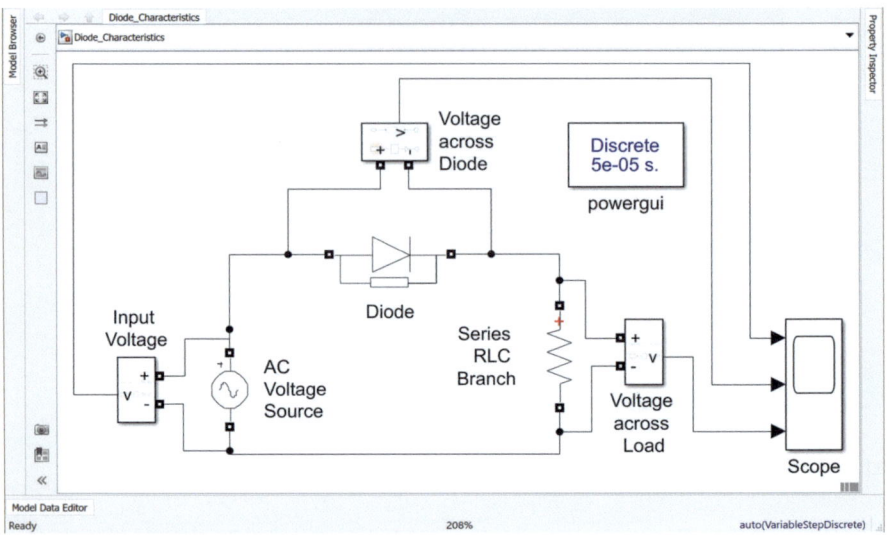

Abb. 17.3 Simulink-Diagramm der Diode in einem Wechselstromkreis

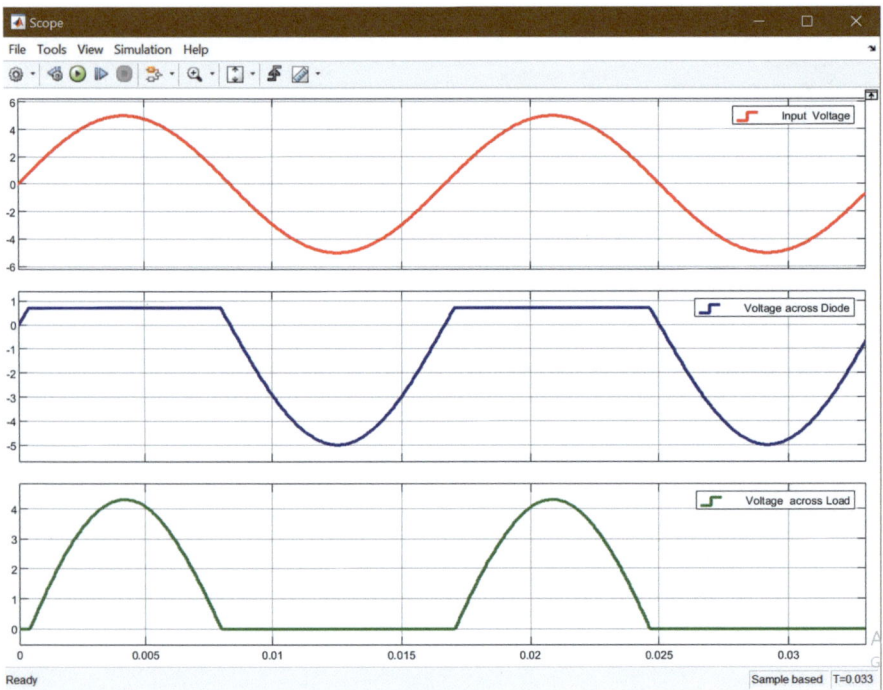

Abb. 17.4 Eingangsspannung und Spannungen über der Diode und der Last

17.1.2 Einphasiger Halbwellengleichrichter

Dioden werden, aufgrund ihrer unidirektionalen Fähigkeit, zur Strom- und Spannungsgleichrichtung verwendet – eine Operation zur Umwandlung von Wechselstrom in Gleichstrom. Ein erster Schritt für die Umwandlung ist das Kappen der negativen Hälfte der Spannung durch unidirektionales Schalten. Die Schaltung, durch die dies für eine einzelne Phase erfolgt, wird als einphasiger Halbwellengleichrichter bezeichnet.

17.1.2.1 Einphasiger Halbwellengleichrichter mit R-Last

Für dieses Beispiel wird eine ähnliche Anordnung wie im vorherigen Abschnitt mit einer Widerstandslast (R-Last) verwendet, wobei die Spannungs- und Strommessblöcke, wie in Abb. 17.5 gezeigt, platziert wurden. Eine Wechselspannungsquelle von 12 V bei 60 Hz mit einem Widerstand von 10 Ω ist angeschlossen.

In der Schaltung stoppt die Diode den Fluss, wann immer der Wechselstrom in Richtung der negativen Richtung in der Widerstandslast fließt, und wirkt so als „Ausschalter". Aus diesem Grund erscheint der Spannungs- oder Stromwert während der negativen Quellspannung mit null (Abb. 17.6). Die Schaltung kann nur für positive Halbzyklen arbeiten; daher wird sie als Halbwellengleichrichter bezeichnet.

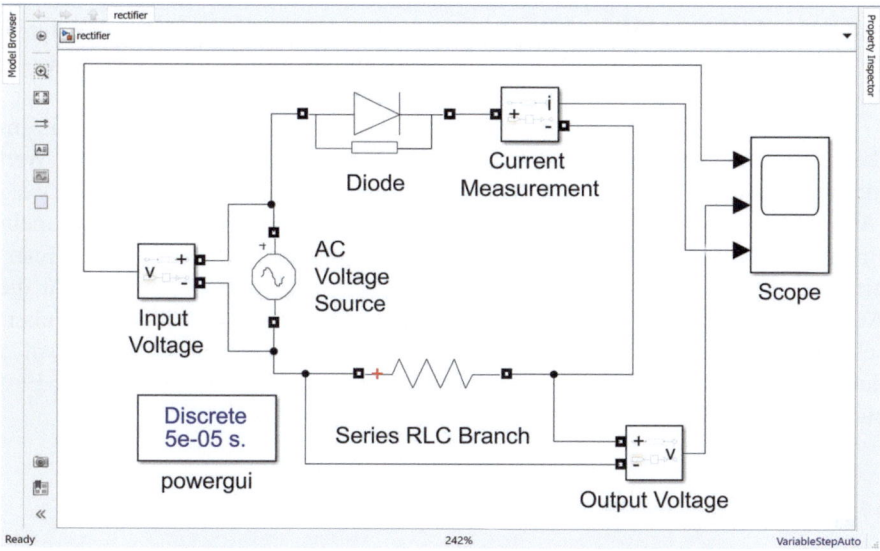

Abb. 17.5 Simulink-Diagramm eines einphasigen Halbwellengleichrichters mit Widerstandslast

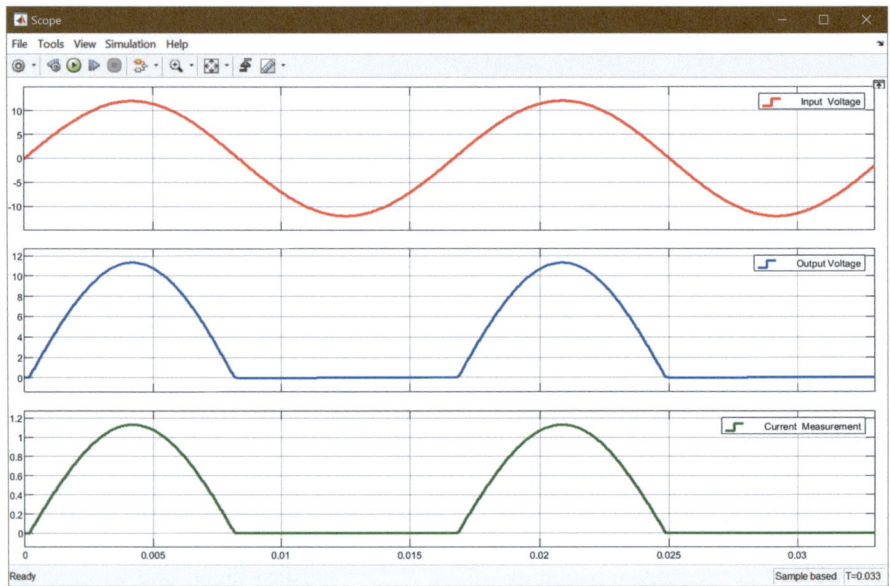

Abb. 17.6 Eingangs-, Ausgangsspannungen und Strommessung

17.1.2.2 Einphasiger Halbwellengleichrichter mit RL-Last

Der Wert der Induktivität als Last ändert die Ausgangswellenform. Um die Ausgabe mit einer Induktivitätslast zu demonstrieren, wird der „Serien-RLC-branch" durch Doppelklick in einen „RL"-Zweig geändert. Zwei Werte von Induktivitäten, 1 mH und 500 mH, wurden in Betracht gezogen, um den Einfluss von niedriger und hoher Induktivität auf die Anordnung zu vergleichen (Abb. 17.7).

Bei geringer Induktivität verhält der Zweig sich wie der R-Zweig. Da die Induktivität als Energiespeicher wirkt, speichert der Induktor bei geringem Wert nicht viel Energie. Somit verhält sich der gesamte Zweig ähnlich wie der R-Zweig (Abb. 17.8). Bei einem hohen Induktivitätswert speichert der Induktor aber mehr Energie, um einen konstanten Stromfluss zu ermöglichen. Diese zusätzliche Energie wird durch eine hohe Spannung über der Last abgegeben. Daher weicht die Ausgangswellenform von der der R-Last ab (Abb. 17.9). Manchmal kann die überschüssige Energie der Last die Diode beschädigen. Hier kann ein Umgehungspfad durch eine andere Diode, die als Freilaufdiode bezeichnet wird, parallel zur Last eingesetzt werden.

17.1.2.3 Einphasiger Halbwellengleichrichter mit RC-Last

Wie bei der Induktivität hat auch das Vorhandensein eines Kondensators im Diodenschaltkreis Auswirkungen auf die Ausgangsformen. Um die Ausgabe mit

17.1 Diode

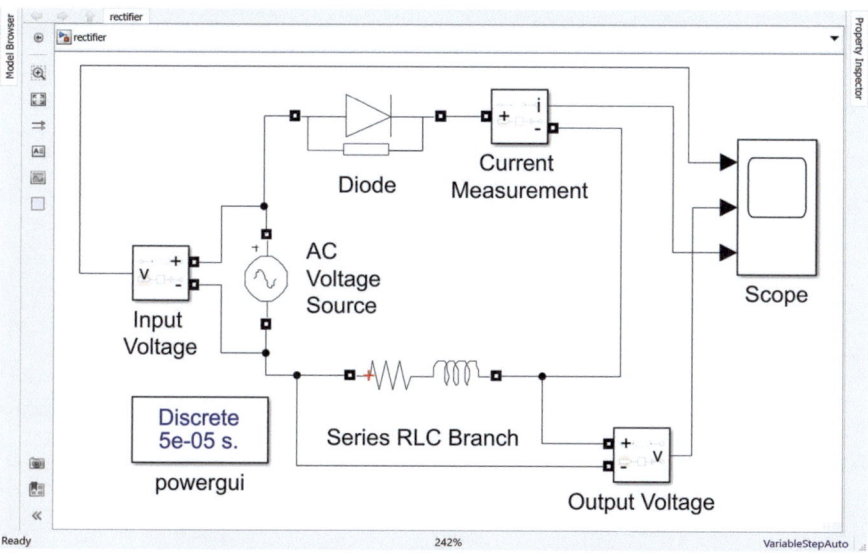

Abb. 17.7 Simulink-Diagramm eines einphasigen Halbwellengleichrichters mit RL-Last

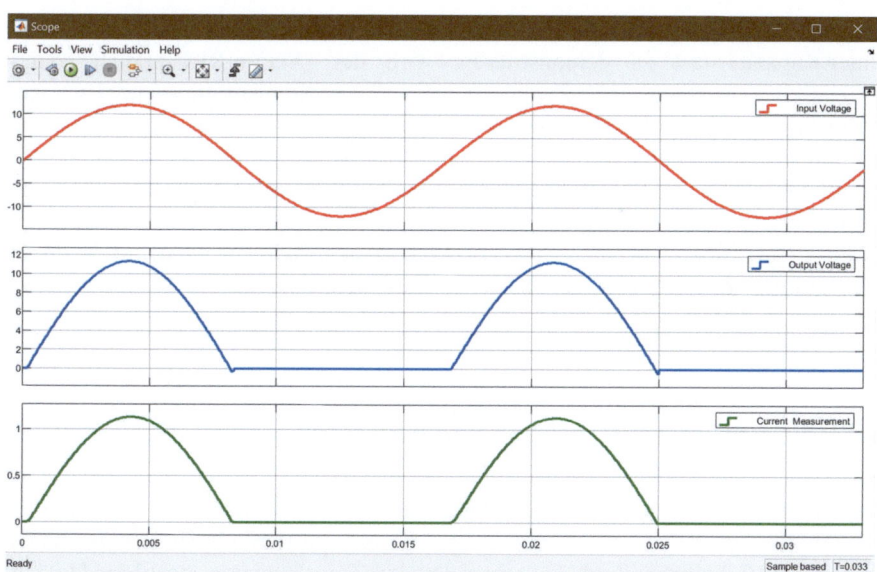

Abb. 17.8 Eingangs-, Ausgangsspannungen und die Strommessung

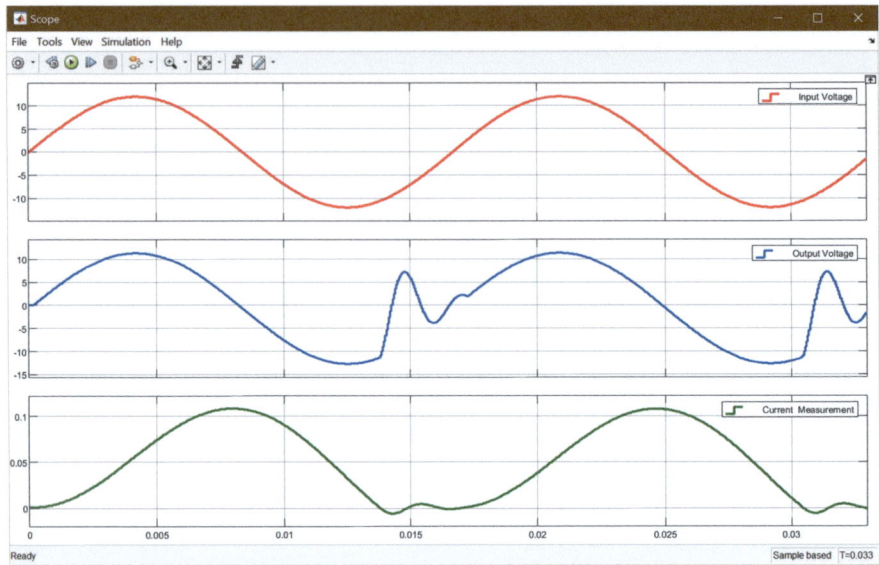

Abb. 17.9 Eingangs-, Ausgangsspannungen und Strommessung für einen hohen Induktivitätswert

einer Kapazitätslast zu demonstrieren, wird der „Serien-RLC-branch" durch Doppelklick in einen „RC"-Zweig geändert. Zwei Kondensatorwerte, 1 µF und 100 µF, wurden zum Vergleich der Auswirkung von niedriger und hoher Kapazität eingesetzt (Abb. 17.10).

Im Gegensatz zu Induktoren halten Kondensatoren eine konstante Spannung aufrecht. Bei einem niedrigeren Kapazitätswert schwankt die Ausgangsspannung (Abb. 17.11), aber bei einem höheren Wert gleicht sich die **„Output Voltage" (Ausgangsspannung)** fast an, was durch die Wellenform in Abb. 17.12 ersichtlich ist.

17.1.3 Einphasiger Vollwellengleichrichter

Im Gegensatz zu Halbwellenschaltungen kann dieser Gleichrichter beide Zyklen der AC-Sinuswelle in ein unidirektionales Signal (pulsierendes DC) umwandeln. Für diese Schaltung wird ein Zwei-Dioden-Transformator oder Vier-Dioden-Transformator mit Mittelanzapfung oder ein linearer Transformator verwendet. In diesem System ist ein Satz Dioden vorwärts gespannt und zwei Dioden bleiben im rückwärts vorgespannten Modus, um den ersten Halbzyklus in positiver Richtung

17.1 Diode

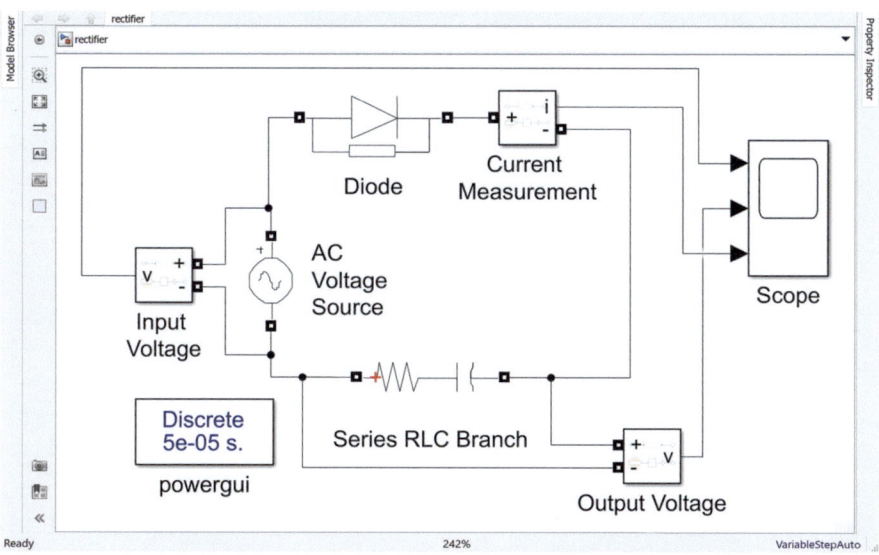

Abb. 17.10 Simulink-Diagramm des einphasigen Halbwellengleichrichters mit RC-Last

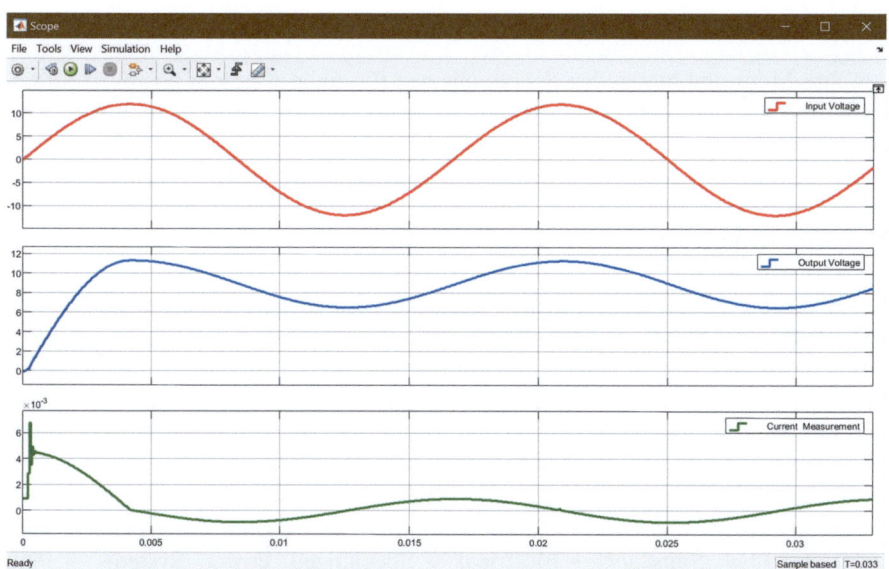

Abb. 17.11 Input- (Eingangs-), Ouptut- (Ausgangs)-Spannungen und Current Measurement (Strommessung)

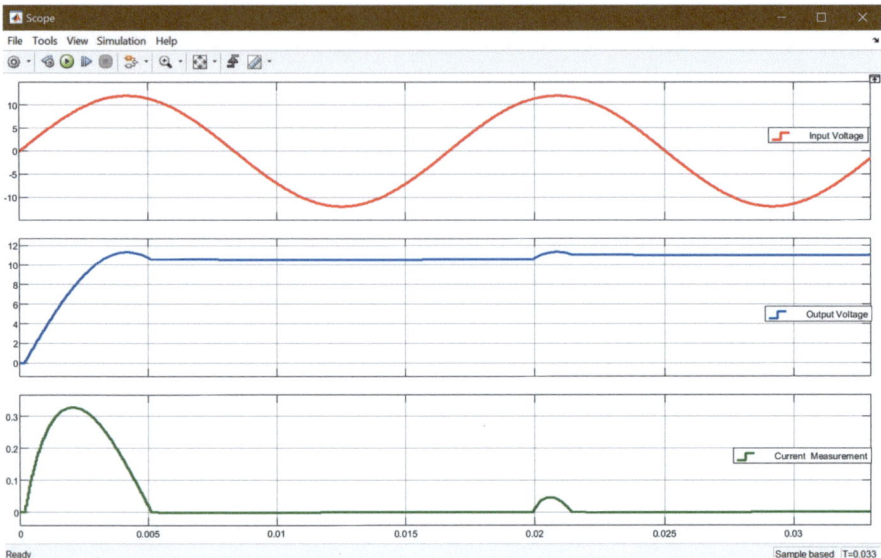

Abb. 17.12 Input- (Eingangs-), Ouptut- (Ausgangs)-Spannungen und Current Measurement (Strommessung) für hohe Kapazitätswerte

fließen zu lassen. Während des Flusses des negativen Halbzyklus ändern die Dioden ihre Modi und bieten den Schaltungsweg für einen weiteren positiven Stromfluss – sie wandeln den Eingangssinus in einen vollwellengleichgerichteten Ausgang um.

17.1.3.1 Zwei-Dioden-Vollwellengleichrichter

Bei einem Transformator mit Mittelanzapfung wird eine der Spulen mit Wicklung verwendet, um den Ausgang für Spannungs- oder Stromgleichrichtung oder -transformation zu nehmen. Solche Transformatoren werden häufig als Dual- oder Split-Versorgungen oder zur Gleichrichtung verwendet. Sie helfen, eine Vollwellengleichrichtung mit nur zwei Dioden durchzuführen; daher eignet sich diese Konfiguration für Laborexperimente (Abb. 17.13).

Die Konfiguration wird in Abb. 17.14 mit einer 110-V-60-Hz-AC-Spannungsquelle und einem Widerstand von 10 Ω simuliert. Der lineare Transformator wird aus dem Pfad Simscape → Electrical → Specialized Power Systems → Fundamental Blocks → Elements → Linear Transformer entnommen. Die Transformatorparameter werden für einen 40-VA-60-Hz-110/12-V-Transformator geändert. Wicklung zwei und drei werden mit einem Ground verkürzt (über den gleichen Bibliothekspfad wie der lineare Transformator).

17.1 Diode

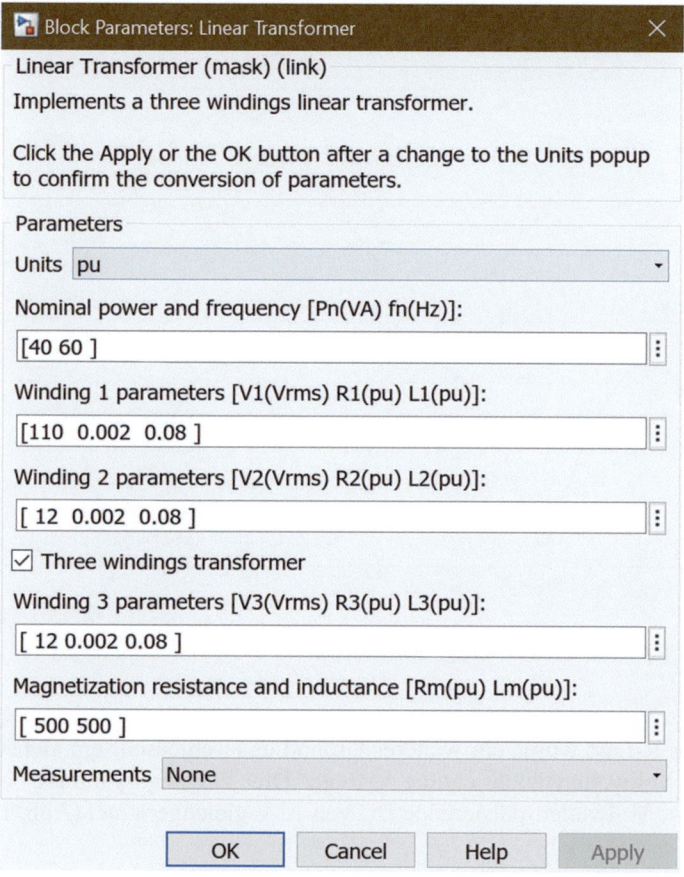

Abb. 17.13 Blockparameter des Linear Transformer (linearen Transformators)

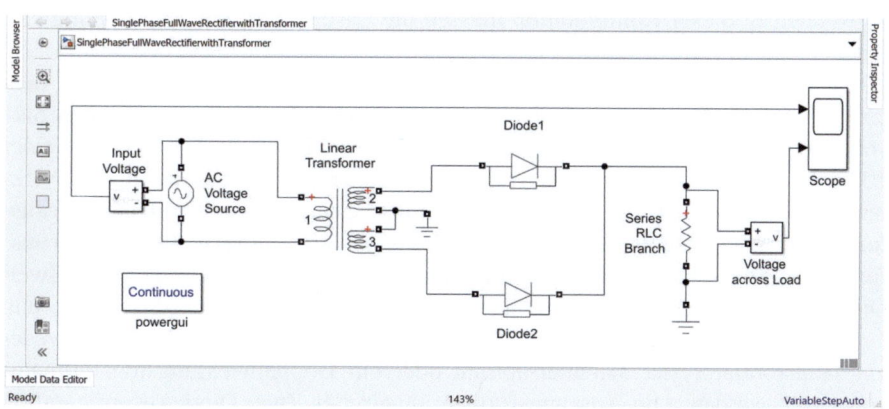

Abb. 17.14 Simulink-Diagramm des einphasigen Vollwellengleichrichters mit Transformator

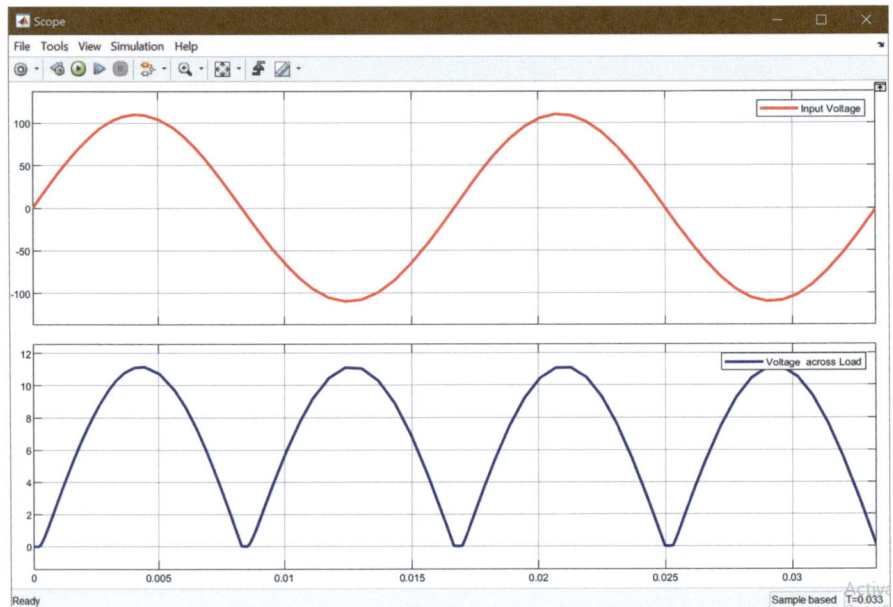

Abb. 17.15 Input Voltage und Voltage across Load

Mit der R-Last wurde ein weiterer Ground angeschlossen, um sicherzustellen, dass die Vollwellengleichrichtung erfolgt. Die Eingangsspannung von 110 V wird in eine Vollwellen-pulsierende DC von 12 V gleichgerichtet (Abb. 17.15).

17.1.3.2 Vier-Dioden-Vollwellengleichrichter

Vier-Dioden-Vollwellengleichrichter werden in leistungsstarken Anwendungen verwendet. In dieser Konfiguration müssen die Lasten nicht mit dem Ground verbunden werden (Abb. 17.16).

Der erste Anschluss der Verbindung der AC-Spannungsquelle ist mit dem ersten Satz von Dioden verbunden, der andere Anschluss mit dem zweiten Satz von Dioden. Die gleiche AC-Spannungsquelle von 110 V 60 Hz wird mit einer 10 Ω Widerstandslast eingesetzt. Beim Transformator wurde die dritte Wicklung deaktiviert durch Doppelklick auf **„Linear Transformer" (linearen Transformator)** und Deaktivierung des Kästchens für den **„Three windings transformer" (Drei-Wicklungs-Transformator)**. Für die Arbeit mit dem Zwei-Dioden-Vollwellengleichrichter muss ein Transformator mit Mittelanzapfung verwendet werden. Im Falle des Vier-Dioden-Pendants kann hingegen entweder ein Transformator mit Mittelanzapfung oder ein Doppelwicklungstransformator verwendet werden. Die Ausgangsformen ähneln der Zwei-Dioden-Konfiguration (Abb. 17.17).

17.1 Diode

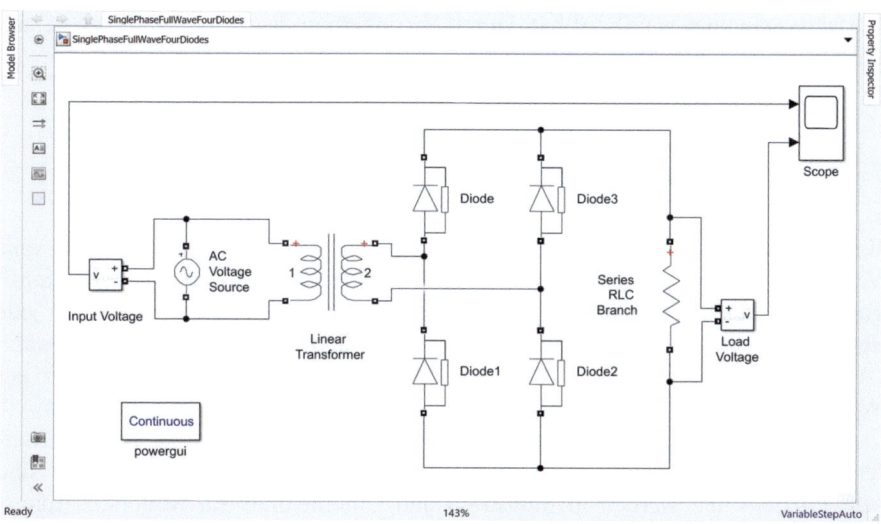

Abb. 17.16 Simulink-Diagramm des einphasigen Vollwellengleichrichters mit vier Dioden

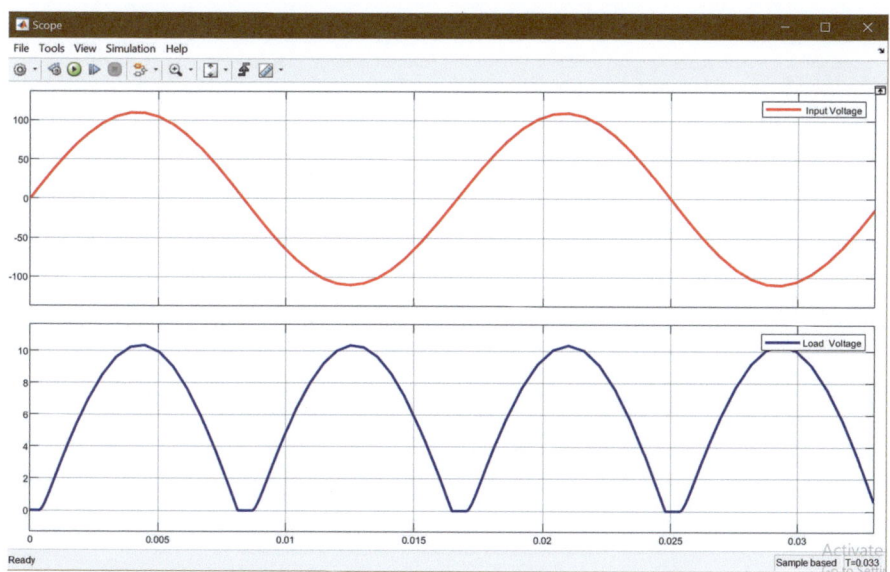

Abb. 17.17 Input- (Eingangs-) und Load- (Last-) Spannung

In beiden Beispielen ist zu sehen, dass die Ausgangsspannung nicht vollständig 12 V erreicht. Dies liegt an einem Spannungsabfall über anderen elektrischen Elementen in der Schaltung, insbesondere über der Diode, die in diesem Beispiel eine

Vorwärtsspannung von 0,7 V hat. Durch Verringerung des Werts kann eine genauere Ausgangsspannung erzielt werden.

17.1.4 Dreiphasen-Vollwellengleichrichter

Ein Dreiphasen-Vollwellengleichrichter führt gleichzeitig für alle drei Phasen eine Vollwellengleichrichtung durch. Zu diesem Zweck wird eine Sechs-Dioden-Konfiguration mit einer Dreiphasenquelle verwendet. Die Phasenwinkel werden für jede der Wechselspannungsquellen mit einem Phasenunterschied von 120° gewählt (Abb. 17.18). Die resistive Last beträgt 100 Ω. Die Spannung und Frequenz der Wechselspannungsquelle liegen bei 110 V und 60 Hz (Abb. 17.19).

Abb. 17.20 zeigt die dreiphasige Eingangsspannung, die resultierende vollwellengleichgerichtete Ausgangsspannung und den Strom. Solche Gleichrichter sind sehr effizient und werden in Industrien und Unternehmen für Motorsteuerungs-

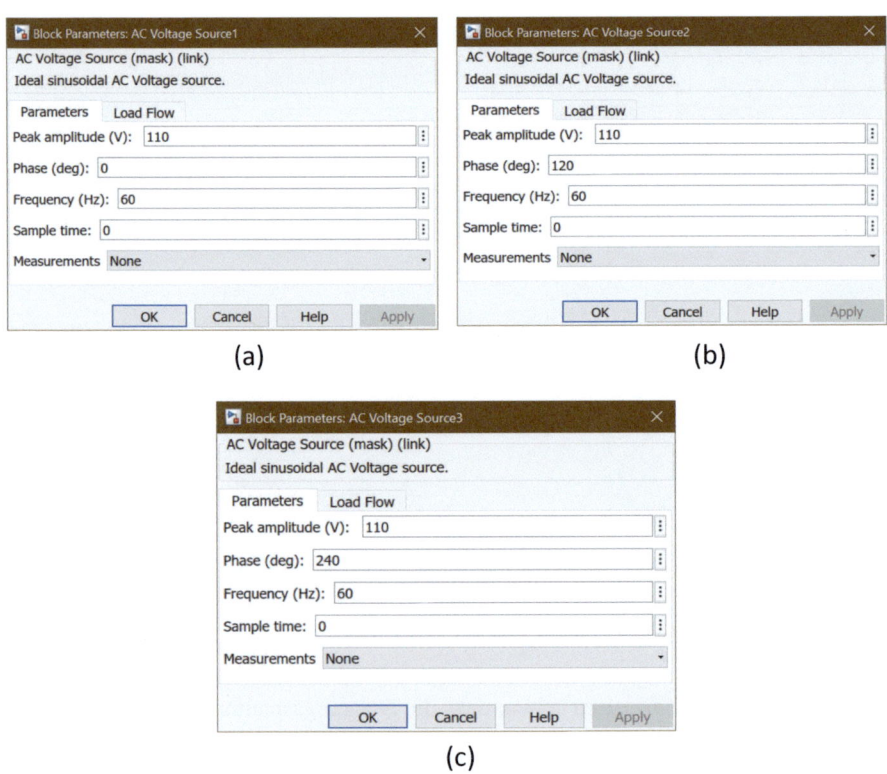

Abb. 17.18 Blockparameter der drei Wechselspannungsquellen

17.1 Diode

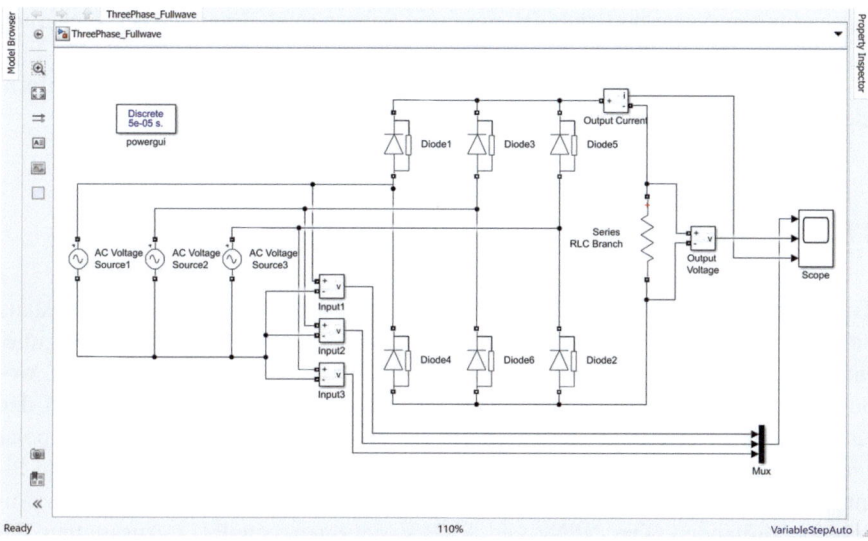

Abb. 17.19 Simulink-Diagramm eines Dreiphasen-Vollwellengleichrichters

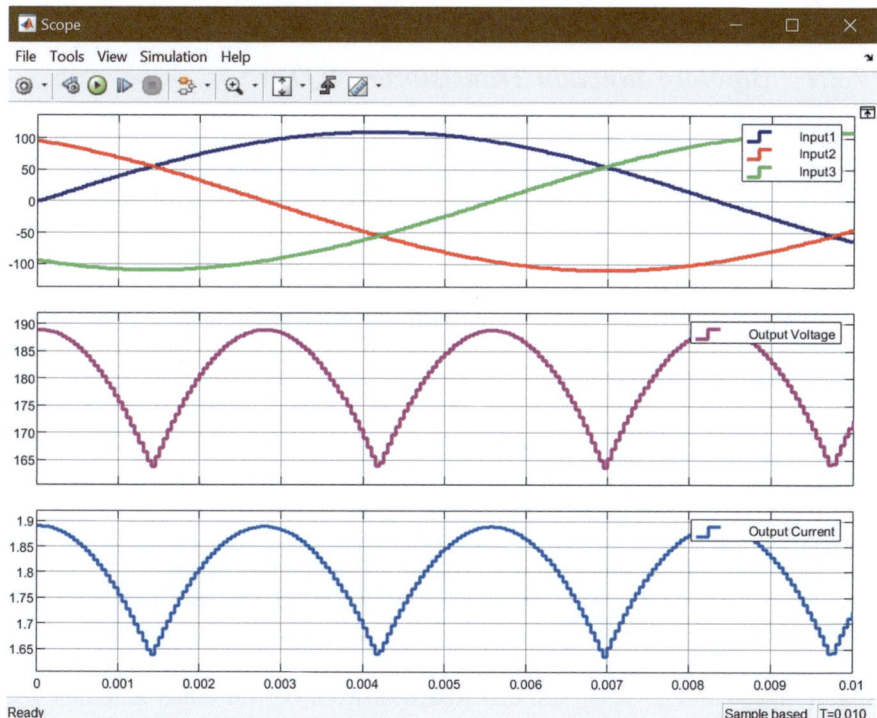

Abb. 17.20 Eingangsspannungen, die Ausgangsspannung und der Ausgangsstrom

anwendungen, Spannungsstabilisierung und Schutz sowie Energieladespeicherung eingesetzt.

Die Spannung ist über der Last gleichgerichtet und die Stromwellenform gleicht der Spannungswellenform.

17.2 Transistor

Transistoren sind dreipolige Geräte, die Signale von einem niedrigeren Widerstand zu einem höheren Widerstand übertragen können. Das Gerät wird zur Regulierung, Verstärkung, Erzeugung und Steuerung elektrischer Signale verwendet, wodurch mittlerweile viele Varianten von Transistoren existieren. Basierend auf den Konstruktionen unterteilen sich Transistoren hauptsächlich in zwei Arten: Bipolar Junction Transistors (BJTs) und Field-Effect Transistors (FETs). Beide sind in Simulink und einige der eingebauten Transistormodelle auch in der Simscape-Umgebung vorhanden. Die NPN- und PNP-Variationen von BJTs, zusammen mit Metalloxid-Halbleiter-Feldeffekttransistoren (MOSFETs) und isolierten Gate-Bipolartransistoren (IGBTs), werden in den folgenden Unterabschnitten ausführlich besprochen.

17.2.1 Bipolare Junction Transistoren (BJTs)

BJTs sind Transistoren, die aus drei Anschlüssen und zwei Übergängen bestehen, die sowohl von Elektronen- als auch von Lochträgern gesteuert werden. Der Transistor durchläuft zwei Halbleiterschichten, die als p- und n-Schicht bezeichnet werden. Je nach Konstruktion wird der Transistor entweder als NPN- oder als PNP-Transistor bezeichnet. Die drei Anschlüsse eines BJT werden Emitter, Basis und Kollektor genannt. Ein BJT ist ein stromgesteuertes Gerät; die geringe Menge an Strom, die von der Basis zum Emitter (bei NPN) geliefert wird, ebnet den Weg für einen höheren Stromfluss vom Kollektor zum Emitter (bei NPN). Bei PNP-Transistoren fließt der Strom in die entgegengesetzte Richtung. Die I-V-Kennlinien für NPN- und PNP-können in Simulink dargestellt werden. Die folgenden Elemente werden aus dem „Simulink Library Browser" für den Aufbau der Schaltungen in diesem Unterabschnitt entnommen (Tab. 17.2).

Die I-V-Kennlinie für den Transistor stellt sich als Diagramm für den Kollektorstrom (I_c) gegenüber der Kollektor-Emitter-Spannung (V_{ce}) dar. Ein Basisstrom von 0,003 A wird im Block **„DC Current Source" (Gleichstromquelle)** (benannt als Ib) bereitgestellt und eine Steigung von 4 in der Rampe (benannt als V_{ce}) am Eingang des Blocks „Controlled Voltage Source" **(gesteuerte Spannungsquelle)** gegeben, um den Kollektorstrom (I_c) für einen Zeitraum von 5 s zu beobachten. Da die Bipolartransistoren physische Komponenten sind (d. h. aus der Simscape-Umgebung), werden Konvertierungsblöcke (wie PS-Simulink

17.2 Transistor

Tab. 17.2 Blöcke und Navigationsrouten für die Modellierung des NPN-Bipolartransistors

Name des Blocks	Navigationsroute
Solver-Konfiguration	Simscape → Utilities
NPN-Bipolartransistor	Simscape → Electrical → Semiconductors & Converters
Gleichstromquelle	Simscape → Foundation Library → Electrical → Electrical Sources
Stromsensor	Simscape → Foundation Library → Electrical → Electrical Sensors
Gesteuerte Spannungsquelle	Simscape → Foundation Library → Electrical → Electrical Sources
PS-Simulink-Konverter	Simscape → Utilities
Simulink-PS-Konverter	Simscape → Utilities
Rampe	Simulink → Sources
XY-Diagramm	Simulink → Sinks
Elektrischer Bezug (ERef)	Simscape → Foundation Library → Electrical → Electrical Elements

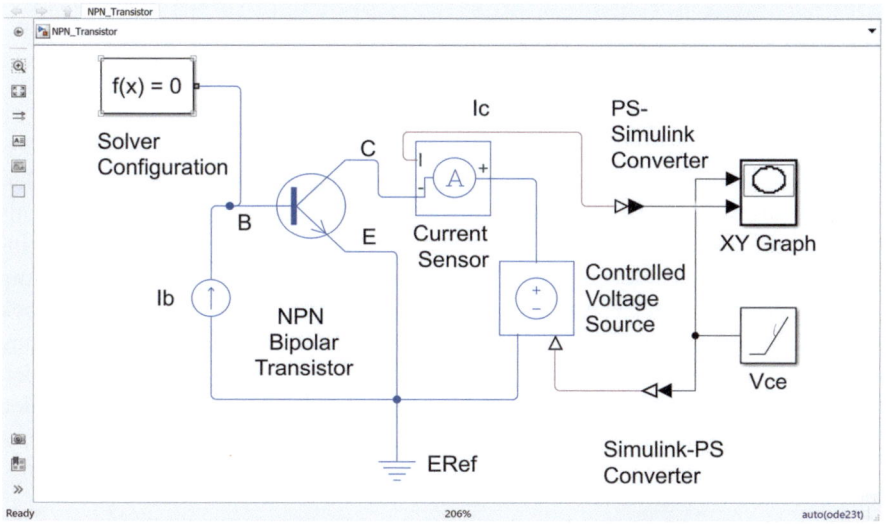

Abb. 17.21 Simulink-Diagramm einer Schaltung mit einem NPN-Transistor

und Simulink-PS-Konverter) für die Signalumwandlung verwendet. Da eine I-V-Kennlinie dargestellt werden soll, wird ein **„XY-Graph (XY-Diagramm)** mit einer Begrenzung von 0–5 auf der *x*-Achse und 0–0,3 auf der *y*-Achse verwendet. Die Schaltung wird gemäß Abb. 17.21 verbunden.

Die I-V-Kennlinien für einen Basisstrom von 0,003 A stellen sich daher wie in Abb. 17.22 angegeben dar.

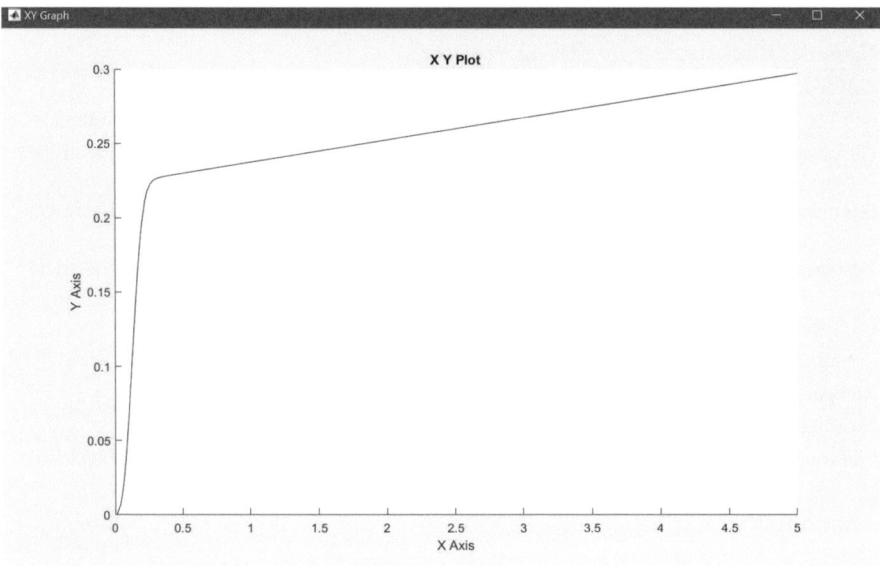

Abb. 17.22 I-V-Kennlinienkurve des NPN-Transistors

Der PNP-Transistor zeigt eine ähnliche Charakteristik wie der NPN-Transistor. Da der Stromfluss aber entgegengesetzt ist, sind die Werte negativ. Ein kleiner Basisstrom von −0,003 A wird im Block „DC Current Source" (benannt als Ib) angelegt und eine Steigung von 5 in der Rampe (benannt als V_{ce}) am Eingang des Blocks „Controlled Voltage Source" gegeben, um den Kollektorstrom (I_c) für einen Zeitraum von 5 s zu sehen. Die Startzeit ist in dem Rampenblock null und der Anfangsausgang beträgt −5. Ein „XY Graph" mit einer Begrenzung von −4 bis 0 auf der x-Achse und −0,3 bis 0,05 auf der y-Achse wird verwendet. Die Schaltung ist gemäß Abb. 17.23 mit den folgenden Komponenten verbunden (Abb. 17.24 und Tab. 17.3):

17.2.2 Metall-Oxid-Halbleiter-Feldeffekttransistor (MOSFET)

Der Metall-Oxid-Halbleiter-Feldeffekttransistor (MOSFET) ist ein FET mit drei Anschlüssen, die als Drain, Source und Gate bezeichnet werden. Im Gegensatz zum typischen BJT wird der FET durch ein Gatesignal gesteuert. Wann immer das Gatesignal größer als null ist, wird der MOSFET eingeschaltet, unabhängig von der Drain-Source-Spannung. Wenn jedoch der durch ihn fließende Strom negativ und kein Gatesignal vorhanden ist, schaltet sich der MOSFET aus. MOSFETs

17.2 Transistor

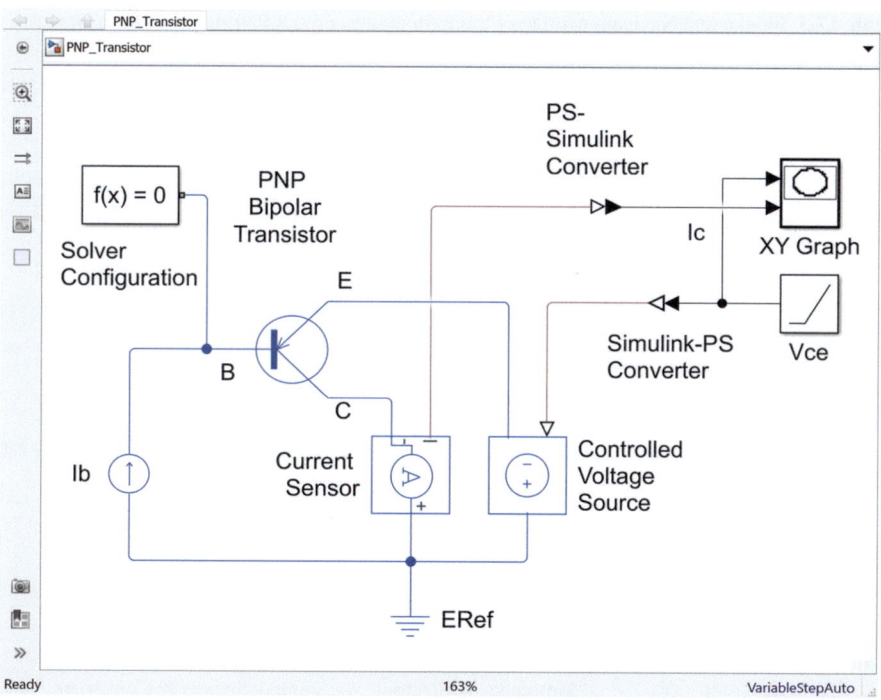

Abb. 17.23 Simulink-Diagramm einer Schaltung mit einem PNP-Transistor

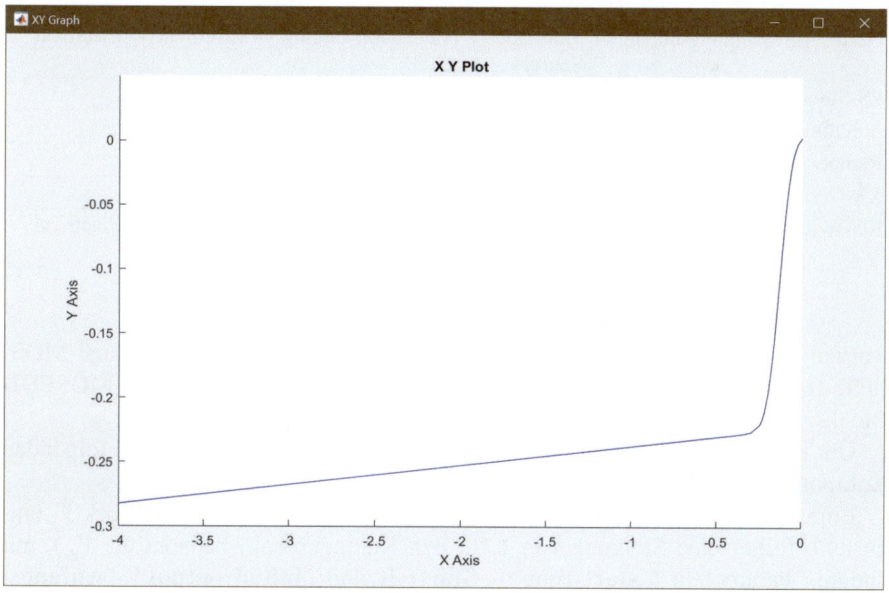

Abb. 17.24 I-V-Kennlinie des PNP-Transistors

Tab. 17.3 Blöcke und Navigationsrouten für die Modellierung des PNP-Bipolartransistors

Name des Blocks	Navigationsroute
Solver Configuration	Simscape → Utilities
PNP Bipolar Transistor	Simscape → Electrical → Semiconductors & Converters
DC Current Source	Simscape → Foundation Library → Electrical → Electrical Sources
Current Sensor	Simscape → Foundation Library → Electrical → Electrical Sensors
Controlled Voltage Source	Simscape → Foundation Library → Electrical → Electrical Sources
PS-Simulink Converter	Simscape → Utilities
Simulink-PS Converter	Simscape → Utilities
Rampe	Simulink → Sources
XY Graph	Simulink → Sinks
Electrical Reference (ERef)	Simscape → Foundation Library → Electrical → Electrical Elements

Tab. 17.4 Blöcke und Navigationswege zur Demonstration der MOSFET-Eigenschaften

Name des Blocks	Navigationsroute
Solver-Konfiguration	Simscape → Utilities
N-Kanal-MOSFET	Simscape → Electrical → Semiconductors & Converters
Gleichstromquelle	Simscape → Foundation Library → Electrical → Electrical Sources
Stromsensor	Simscape → Foundation Library → Electrical → Electrical Sensors
Gesteuerte Spannungsquelle	Simscape → Foundation Library → Electrical → Electrical Sources
PS-Simulink-Konverter	Simscape → Utilities
Simulink-PS-Konverter	Simscape → Utilities
Rampe	Simulink → Sources
XY-Grafik	Simulink → Sinks
Elektrischer Bezug (ERef)	Simscape → Foundation Library → Electrical → Electrical Elements

werden in zwei Typen unterteilt: den N-Kanal-MOSFET und den P-Kanal-MOSFET. In der Simscape-Bibliothek gibt es mehr als eine Instanz des MOSFET-Blocks. In diesem Beispiel wird der N-Kanal-MOSFET verwendet.

Um eine MOSFET-Schaltung exemplarisch darzustellen, wurden die folgenden Komponenten verwendet (Tab. 17.4).

Eine Gate-Spannung von 4,5 V wurde im Gleichspannungsquellenblock V_g eingestellt, ferner eine Steigung von 1 für den Rampenblock (benannt als V_{ds}), mit anderen Parametern („**start time**" - **Startzeit** und „**initial output**" - **Anfangsausgabe**) als 0. Die Parameter wurden für eine bessere Darstellung des V-I-Dia-

17.2 Transistor

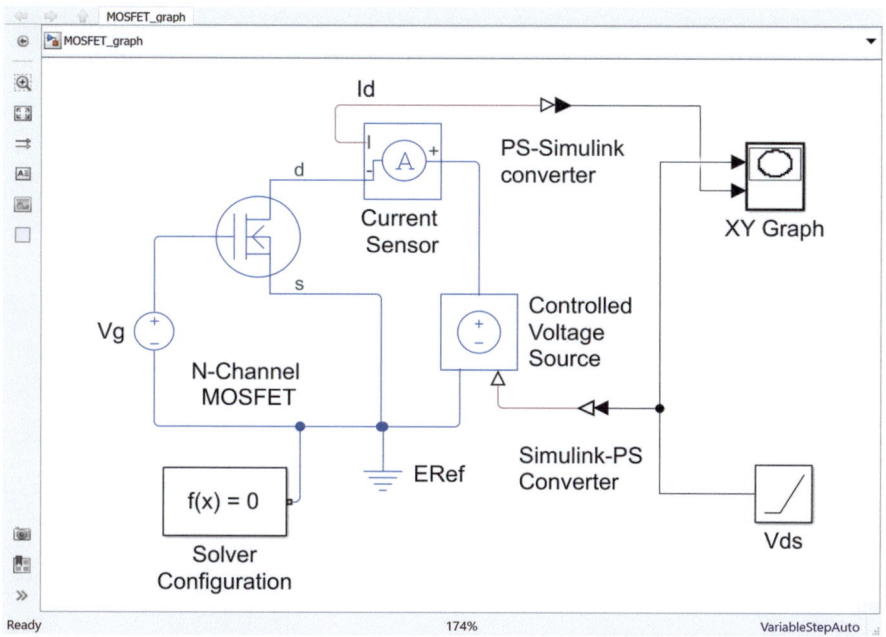

Abb. 17.25 Simulink-Diagramm einer Schaltung mit einem N-Kanal-MOSFET

gramms im XY-Grafikblock geändert in *X*-min 0, *X*-max 4, *Y*-min 0 und *Y*-max 20, mit der Standard-Abtastzeit. In der in Abb. 17.25 dargestellten Konfiguration und dem Diagramm in Abb. 17.26 werden die V-I-Charakteristiken für einen MOSFET für eine Stoppzeit von 5 s wiedergegeben. Der Strom steigt über den MOSFET mit zunehmender Spannung.

17.2.3 *Insulated Gate Bipolar Transistor (IGBT)*

Ähnlich wie MOSFET ist der Insulated Gate Bipolar Transistor (IGBT) ein Transistor mit drei Anschlüssen (Kollektor, Emitter, Gate). Diese werden mit vier Schichten aus abwechselnden P- und N-Typ-Halbleitern hergestellt. Ein IGBT vereint die Eigenschaften von BJT und MOSFET. Er schaltet sich ein, wenn ein positives Gatesignal angelegt wird und seine Kollektor-Emitter-Spannung positiv und größer als seine Vorwärtsspannung ist. Das Gerät schaltet bei einem Null-Gatesignal ab und bleibt im Aus-Zustand bei einer negativen Kollektor-Emitter-Spannung. In Simulink gibt es zwei IGBTs als physische Komponenten (benannt als „IGBT - Ideal, Switching" und „N-Kanal IGBT") und als Simulink-Komponenten (benannt als „IGBT" und „IGBT/Diode"). Der IGBT/Diode-Block besteht aus einer Diode parallel zum IGBT, die als antiparallele Diode bezeichnet wird, um den Stromfluss

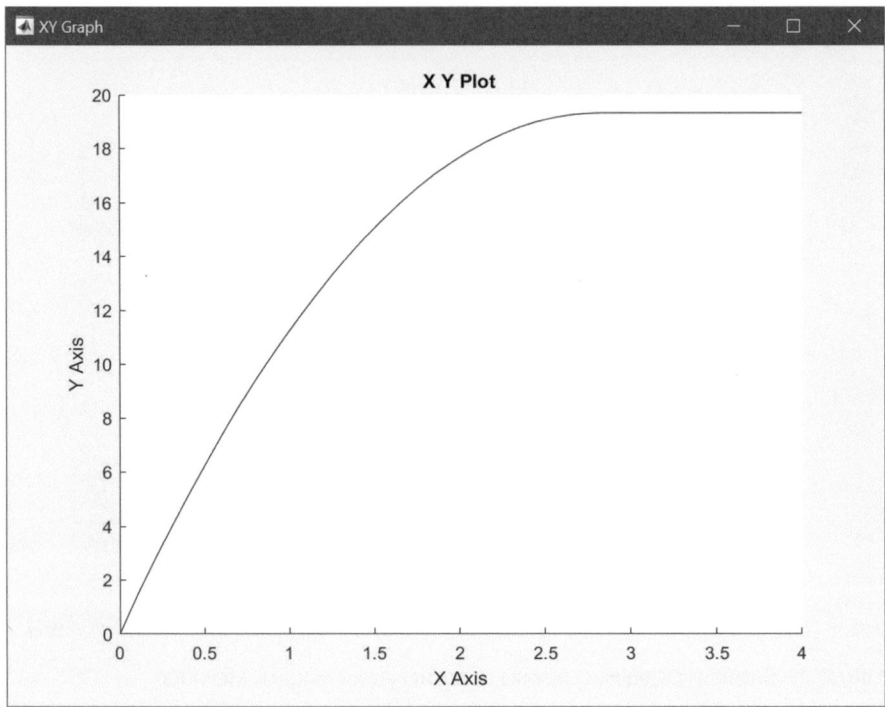

Abb. 17.26 I-V-Kennlinie des N-Kanal-MOSFET

in umgekehrter Richtung zu blockieren. Wie die MOSFET-Blöcke enthalten die IGBT-Blöcke Snubber-Schaltungen für einen verbesserten Schutz und eine höhere Leistung.

Die Komponenten für eine IGBT-Schaltung gibt Tab. 17.5 wieder.

Im in Abb. 17.27 dargestellten Aufbau und dem Diagramm in Abb. 17.28 werden die idealen V-I-Charakteristiken für einen IGBT gezeigt. Der DC-Voltage-Source-Block, der als „V_{ge}" bezeichnet wird, ist auf 4,5 V eingestellt. Der Rampenblock, der als „V_{ce} ramp" bezeichnet wird, aktualisiert den Controlled-Voltage-Source-Block mit einer **„Slope" (Steigung)** von 1, einer **„Start time" (Startzeit)** von null und einem **„Initial output" (Anfangsausgang)** von null. Um das V-I-Diagramm deutlich zu zeigen, wurden die Parameter im XY-Diagramm-Block auf *X*-min 0, *X*-max 5, *Y*-min 0 und *Y*-max 400 geändert (mit der Standard-Abtastzeit). Die Simulation wurde für 5 s durchgeführt.

17.2 Transistor

Tab. 17.5 Blöcke und Navigationswege zur Darstellung der IGBT-Eigenschaften

Name des Blocks	Navigationsroute
Solver-Konfiguration	Simscape → Utilities
N-Kanal IGBT	Simscape → Electrical → Semiconductors & Converters
Gleichstromquelle	Simscape → Foundation Library → Electrical → Electrical Sources
Stromsensor	Simscape → Foundation Library → Electrical → Electrical Sensors
Gesteuerte Spannungsquelle	Simscape → Foundation Library → Electrical → Electrical Sources
PS-Simulink Konverter	Simscape → Utilities
Simulink-PS Konverter	Simscape → Utilities
Rampe	Simulink → Sources
XY-Diagramm	Simulink → Sinks
Elektrischer Bezug (ERef)	Simscape → Foundation Library → Electrical → Electrical Elements

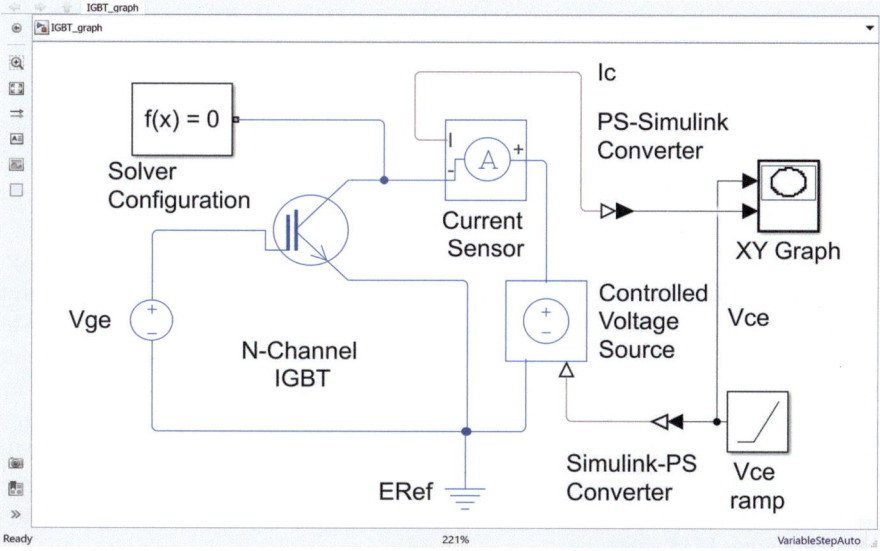

Abb. 17.27 Simulink-Diagramm einer Schaltung mit einem N-Kanal-IGBT

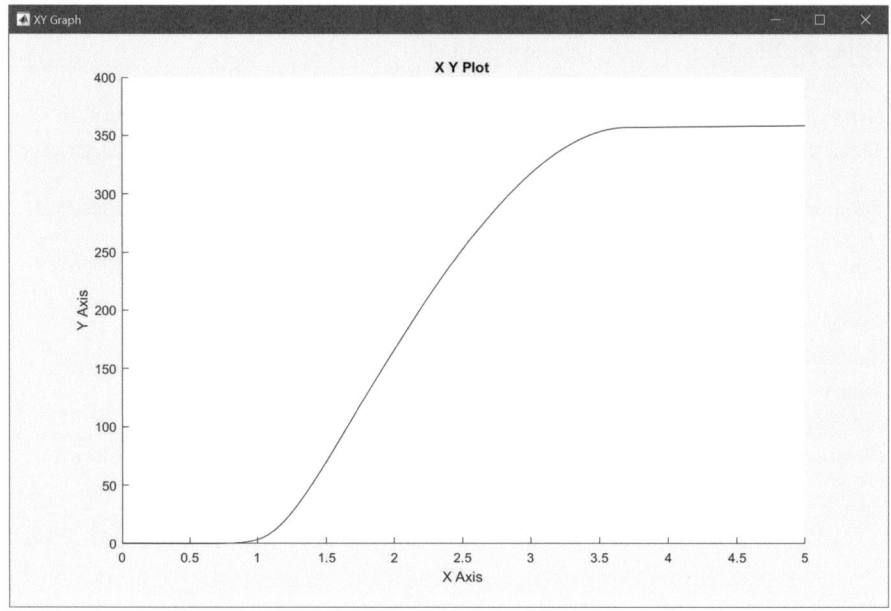

Abb. 17.28 I-V-Kennlinie des N-Kanal-IGBT

17.3 Operationsverstärker

Wie in Kap. 8 erwähnt, ist ein Operationsverstärker (oder Op-amp) ein aktives Gerät, das Eingangssignale verstärken, mathematische Operationen durchführen und Signale filtern kann. Ein Standard-Op-amp hat fünf Ports, die verwendet werden, um das Eingangssignal bei Bedarf zu invertieren, mit Stromsignalen zu verbinden und das Ausgangssignal zu liefern. Die Berechnungen für den invertierenden Verstärker, Nicht-Verstärker, Differentiator und Integrator wurden mit MATLAB in Kap. 8 demonstriert. In diesem Abschnitt werden Simulink-Modelle für die Op-amp-Schaltungen erstellt und mit den dazugehörigen Formeln verbunden, um die Anwendungen von Op-amp zu verdeutlichen. Op-amp ist unter dem folgenden Pfad verfügbar:

Simscape → Foundation Library → Electrical → Electrical Elements

17.3.1 Inverting Amplifier (invertierender Verstärker)

Hierbei verstärkt die Schaltung das Eingangssignal durch den Op-amp, invertiert aber gleichzeitig den Gewinn. Die Formel zur Bestimmung der Ausgangsspannung für den invertierenden Verstärker lautet:

$$V_{\text{out}} = -\frac{R_2}{R_1} V_{\text{in}}$$

Für eine Wechselstromquelle mit 12 V und 60 Hz, zwei Widerständen mit den Werten 10 Ω und 50 Ω (R_1 und R_2) und einem Lastwiderstand von 1 Ω (im Schaltkreis als Widerstand3 bezeichnet), werden die Zahlen wie folgt in die Formel eingesetzt:

$$V_{\text{out}} = -\frac{50}{10} * 12\ \text{V} = -60\ \text{V}$$

Das negative Vorzeichen zeigt die negative Polarität der Wellenform an. Der Schaltkreis wird nach den genannten Spezifikationen gemäß Abb. 17.29 aufgebaut. Der Op-amp wird für die Bequemlichkeit der Verbindung umgedreht. Dies geschieht durch Klicken mit der rechten Maustaste, der Auswahl von „Drehen & Flippen" → „Block umdrehen" → „Oben-Unten". Wenn die Simulation ausgeführt und das Diagramm im Scope beobachtet wird, zeigt sich, dass die Aus-

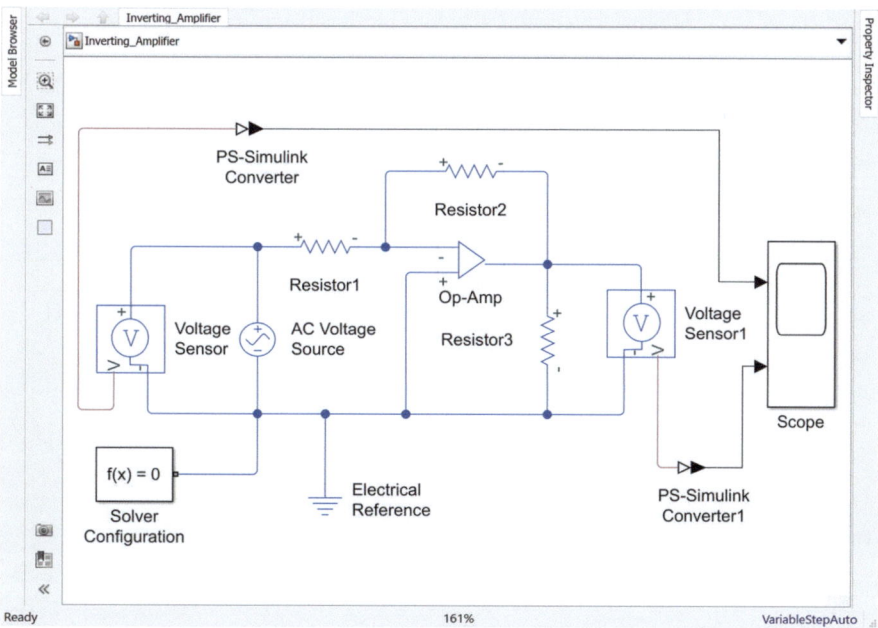

Abb. 17.29 Simulink-Diagramm einer Schaltung mit einem Operationsverstärker

gangswellenform der oben durchgeführten mathematischen Berechnung ähnelt, mit einem Spitzenwert von 60 V und in entgegengesetzter Richtung zum Eingangssignal (Abb. 17.30).

17.3.2 Non-inverting Amplifier (nicht-invertierender Verstärker)

Im Gegensatz zu einem Inverterverstärker verstärkt ein nicht-invertierender Verstärker das Eingangssignal, ohne das Signal zu invertieren. Die Formel für die Ausgangsspannung kann wie folgt geschrieben werden:

$$V_{out} = \left(1 + \frac{R_2}{R_1}\right) * V_{in}$$

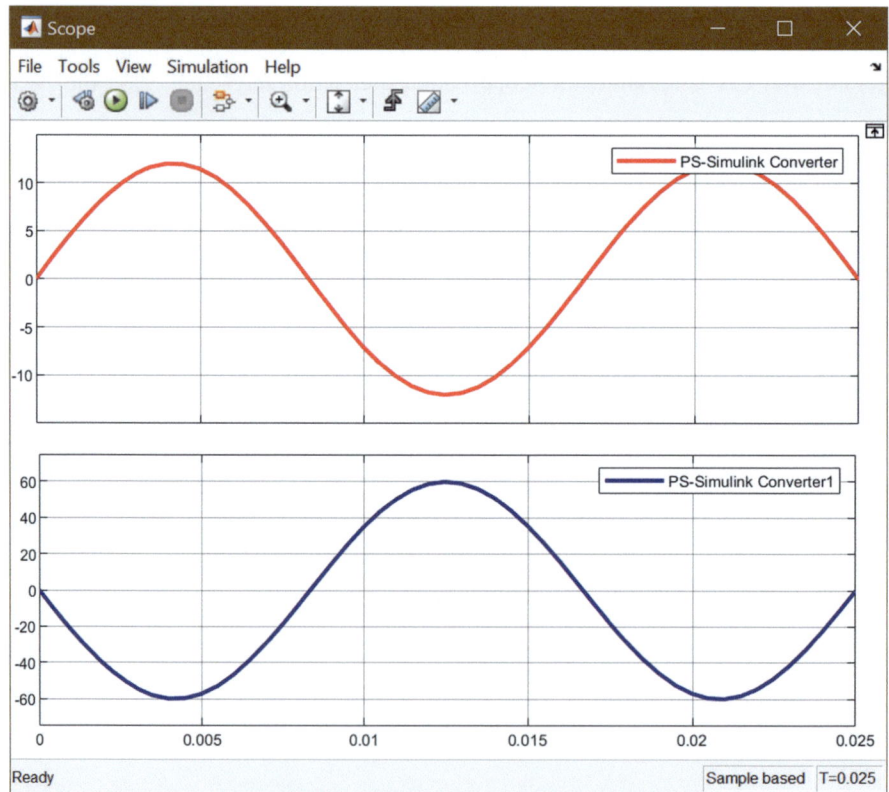

Abb. 17.30 Die vom PS-Simulink-Converter beobachteten Ausgänge im Scope-Fenster

17.3 Operationsverstärker

Für die gleiche Einrichtung wie im vorherigen Schaltkreis (12 V Schaltkreis mit 10 Ω R_1 Widerstand, 50 Ω R_2 Widerstand und Lastwiderstand von 1 Ω) kann die Ausgangsspannung wie folgt berechnet werden:

$$V_{\text{out}} = \left(1 + \frac{50}{10}\right) * 12\,\text{V} = 72\,\text{V}$$

Die Spannung über dem 1 Ω Lastwiderstand beträgt 72 V. Das positive Vorzeichen zeigt an, dass die Ausgangsspannung in der Richtung der Eingangsspannung liegt. Das Schaltbild und die Spannungswellenformen sind in Abb. 17.31 und 17.32 dargestellt.

17.3.3 Differenzierschaltung

In einer Differenzierschaltung führt der Op-Amp eine Differentiation am System durch und liefert das Signal als Ausgangssignal. Die Formel für die resultierende Spannung kann wie folgt dargestellt werden:

$$V_{\text{out}} = -RC\left(\frac{dV_{\text{in}}}{dt}\right)$$

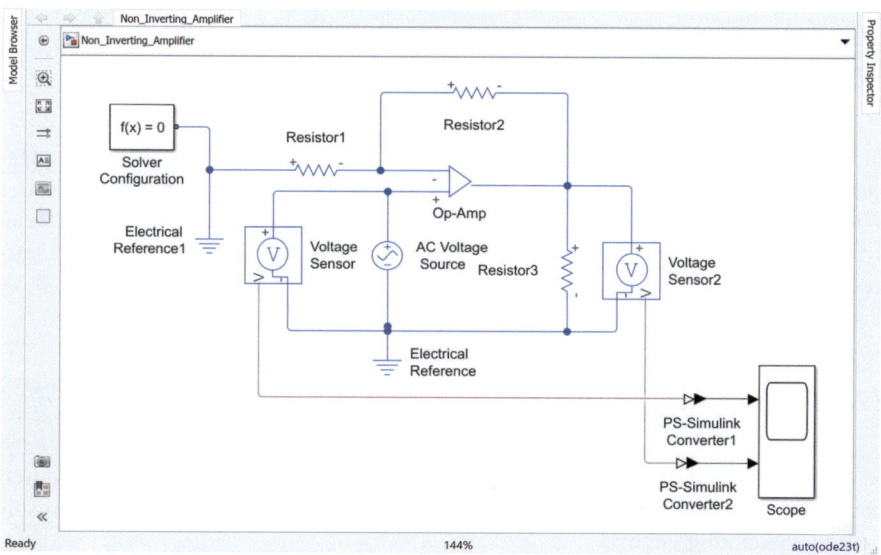

Abb. 17.31 Simulink-Diagramm einer Schaltung mit einem nicht-invertierenden Verstärker

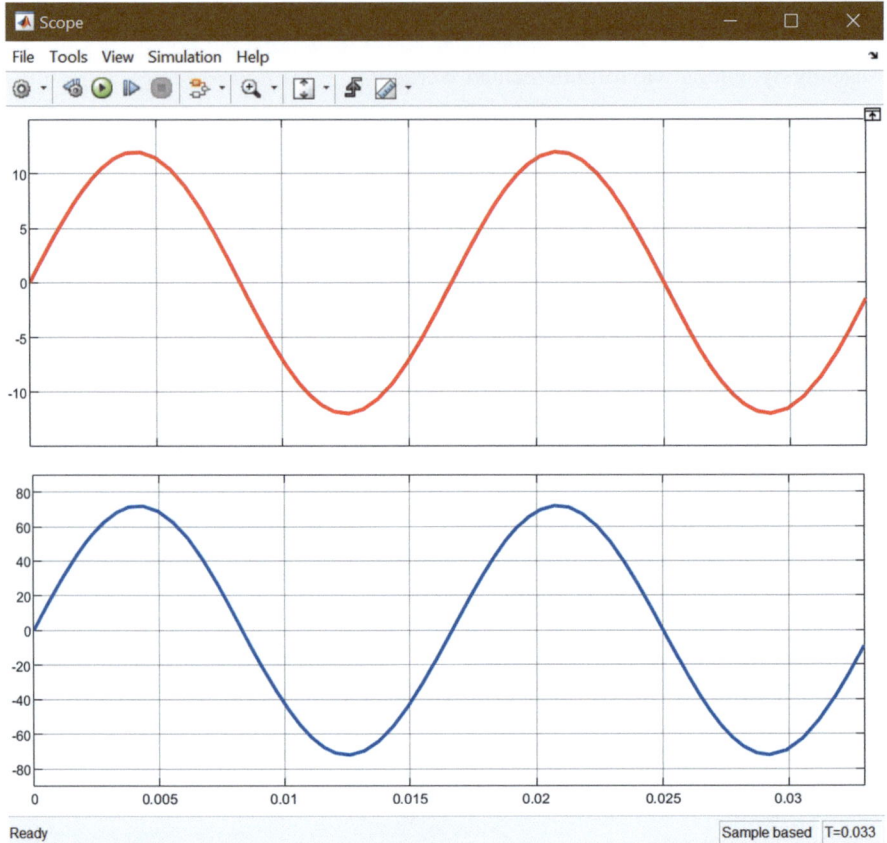

Abb. 17.32 Spannungsausgänge im Scope-Fenster

In der in Abb. 17.33 entworfenen Schaltung ist die Eingangs-Wechselspannungsquelle auf 12 V und 60 Hz eingestellt, wobei der Wert des Kondensators und des Widerstands jeweils 0,001 F und 10 Ω beträgt und nur ein Lastwiderstand von 1 Ω vorhanden ist. Die Eingangs- und Ausgangswellenform ist in Abb. 17.34 dargestellt.

17.3.4 Integratorschaltung

In einer Integratorschaltung führt der Op-Amp eine Integration am System durch und liefert das resultierende Signal als Ausgangssignal. Die Formel für die resultierende Spannung lautet:

17.3 Operationsverstärker

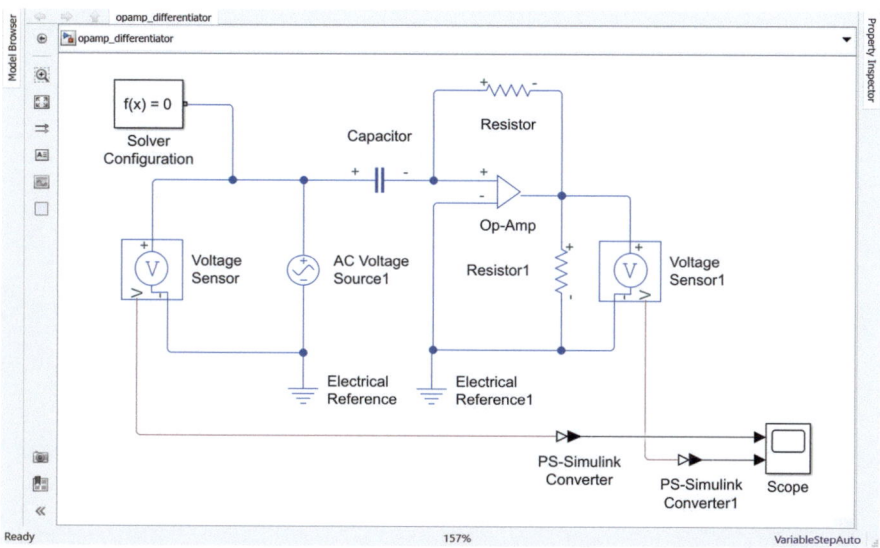

Abb. 17.33 Simulink-Diagramm einer Differenzierschaltung

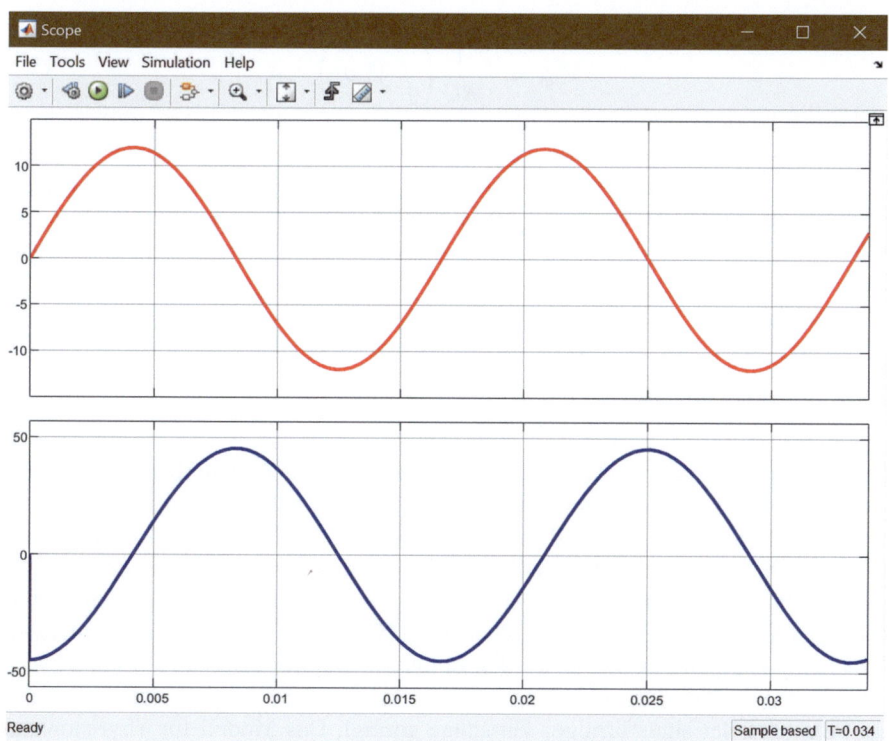

Abb. 17.34 Eingangs- und Ausgangsbeobachtung der Differenzierschaltung im Scope

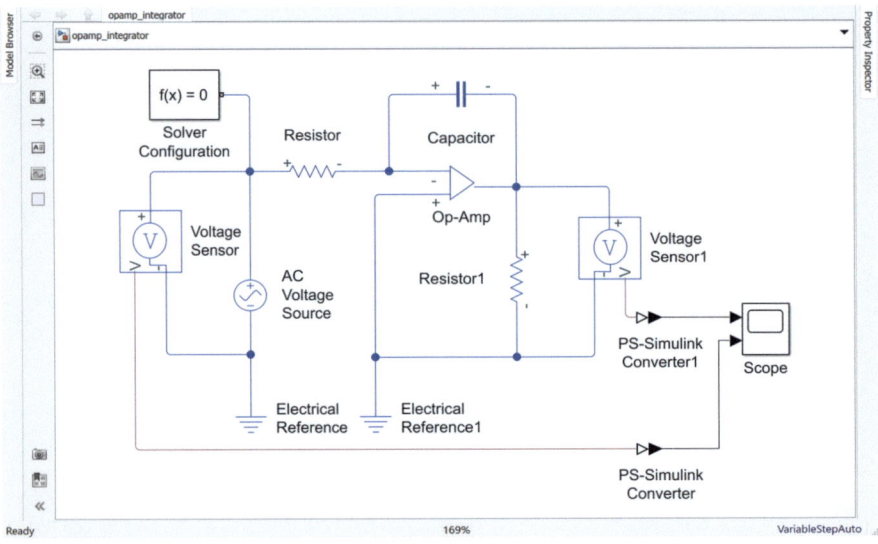

Abb. 17.35 Simulink-Diagramm einer Integratorschaltung

$$V_{\text{out}} = -\frac{1}{RC}\left(\int V_{\text{in}} dt\right)$$

In der in Abb. 17.35 entworfenen Schaltung ist die Eingangs-Wechselspannungsquelle auf 12 V und 60 Hz eingestellt, wobei der Wert des Kondensators und des Widerstands jeweils 0,001 F und 10 Ω beträgt und nur ein Lastwiderstand von 1 Ω vorhanden ist. Die Eingangs- und Ausgangswellenform ist in Abb. 17.36 dargestellt.

17.4 Steuergeräte

Leistungselektronikgeräte können in steuerbare und nicht steuerbare Geräte eingeteilt werden. Die Zweiterminalgeräte (wie Dioden) gelten als unkontrolliert, da es keine Möglichkeit gibt, den Stromfluss oder die Spannung zu steuern. Dreiterminalgeräte, wie MOSFET, IGBT und Thyristor, sind hingegen gesteuerte Geräte, da ihr dritter Terminal den Stromfluss zwischen den anderen beiden Terminals steuert. Da die Eigenschaften von MOSFET und IGBT bereits im vorherigen Abschnitt besprochen wurden, werden in diesem Kapitel Schaltungen mit Thyristoren und Gate Turn-Off- (GTO)Thyristor vorgestellt und die Eigenschaften durch die Steuerung der sinusförmigen Eingänge gezeigt. Das Modell für Thyristor und

17.4 Steuergeräte 531

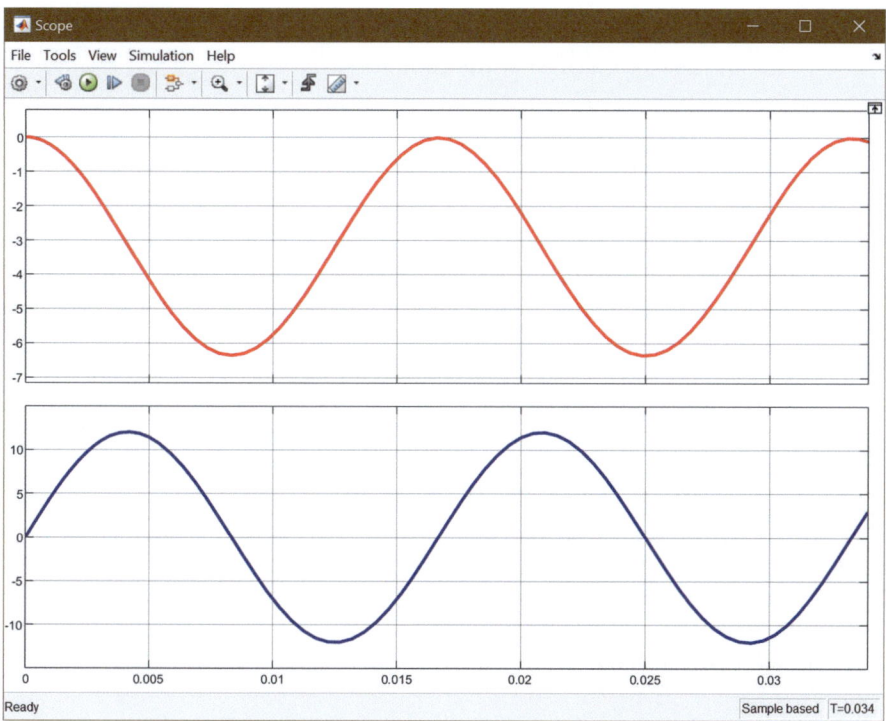

Abb. 17.36 Eingangs- und Ausgangsbeobachtung der Integratorschaltung im Scope

GTO ist in Simulink verfügbar und wird in anderen Abschnitten dieses Kapitels verwendet.

17.4.1 Pulserzeugung

Die Pulserzeugung ist wichtig für Steuergeräte in der Leistungselektronik, da die Signale bestimmen, wie der Stromfluss zwischen den Geräten fließt. Die Pulse sind normalerweise Rechteckwellen mit einer Einheitsamplitude, die nur zwischen 1 (Einschaltzustand) und 0 (Ausschaltzustand) variiert, ähnlich wie bei digitalen Systemen. Das Signal wird am Gate-Terminal der Steuergeräte bereitgestellt. Es gibt zwei Arten von Pulsen in Simulink, die mit diesen Geräten verwendet werden können: zeitbasierte und abtastbasierte Pulse. In diesem Kapitel wird der zeitbasierte Puls unter Verwendung der Simulationszeit verwendet. Der Pulsgenerator ist in „Simulink → Source" verfügbar. Hier kann die Amplitude, die Pulsperiode, die Pulsdauer und die Phasenverzögerung für zeitbasierte Pulse ausgewählt werden. Für jede Einrichtung werden die Pulscharakteristika bestimmt und dem Steuergerät für die gewünschte Leistung bereitgestellt.

17.4.1.1 Duty cycle (Tastverhältnis)

Das Tastverhältnis ist die prozentuale Zeit, in der ein Impuls im eingeschalteten Zustand bleibt, bezogen auf die gesamte Zykluszeit. Wenn ein Impuls eine Gesamtzykluszeit von T hat und er für eine Zeitperiode von T_1 und T_2 im ein- und ausgeschalteten Zustand bleibt, dann kann das Tastverhältnis wie folgt dargestellt werden:

$$\text{Duty cycle} = \frac{T_1}{T_1 + T_2} = \frac{T_1}{T}$$

Im folgenden Beispiel werden Tastverhältnisse von 20 % und 80 % gezeigt. Ein PWM-Generator-Block wird verwendet, da ein DC-Eingang mit konstantem Wert als Einschaltzeit für die Erzeugung eines Impulses verwendet werden kann. Konstante Werte von 0,2 und 0,8 erzeugen ein Tastverhältnis von 20 % und 80 %. Nachdem die Komponenten wie in Abb. 17.37 eingestellt wurden, zeigt die Ausgangswellenform eine Einschaltzeit von 0,2 und 0,8 ms, wobei die Gesamtzykluszeit in jedem Fall 1 ms beträgt (Abb. 17.38).

17.4.1.2 Pulsmodulation

Die Pulsmodulation ist die Übertragung von pulsierenden Signalen in verschiedene Formen, um Pulse unterschiedlicher Natur zu erzeugen (z. B. unterschiedliche Amplitude, Breite oder Position). Diese Pulse lösen (schalten ein) die gesteuerten Geräte aus, um die gewünschten Ausgangswellenformen zu erzeugen. Eine modulierende Welle dient als Referenz, um einen gegebenen Puls (Trägerpuls) zu modifizieren und modulierte Pulse zu erhalten. Mithilfe der modulierenden Welle und des Trägerpulses können Pulse durch drei Techniken moduliert werden:

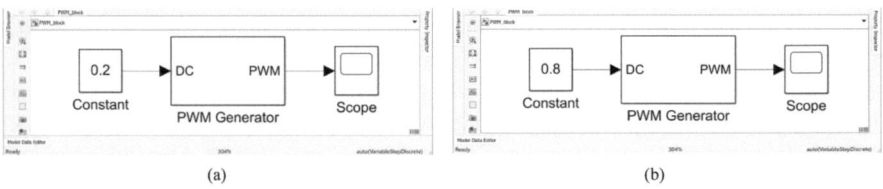

Abb. 17.37 Verwendung der PWM-Generator-Blöcke in Simulink

17.4 Steuergeräte

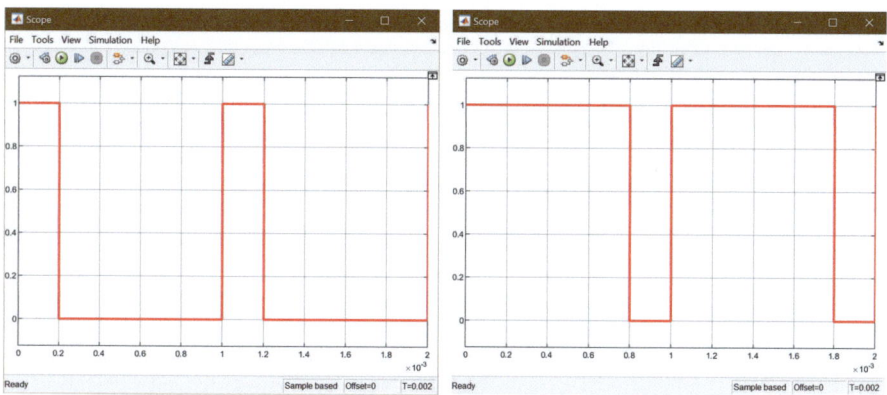

Abb. 17.38 Ausgabe der PWM-Generator-Blöcke im Scope

1. Pulsamplitudenmodulation (PAM)

   Bei der PAM wird die Amplitude des Trägerpulses geändert, während die Breite und Frequenz gleich bleiben. Die Amplitude des modulierten Signals hängt von der modulierenden Wellenform ab. In Abb. 17.39 wird ein Puls mit konstanter Amplitude und Breite erzeugt, indem der Pulse-Generator-Block verwendet wird. Die sinusförmige Welle, die aus dem Sine-Wave-Block erzeugt

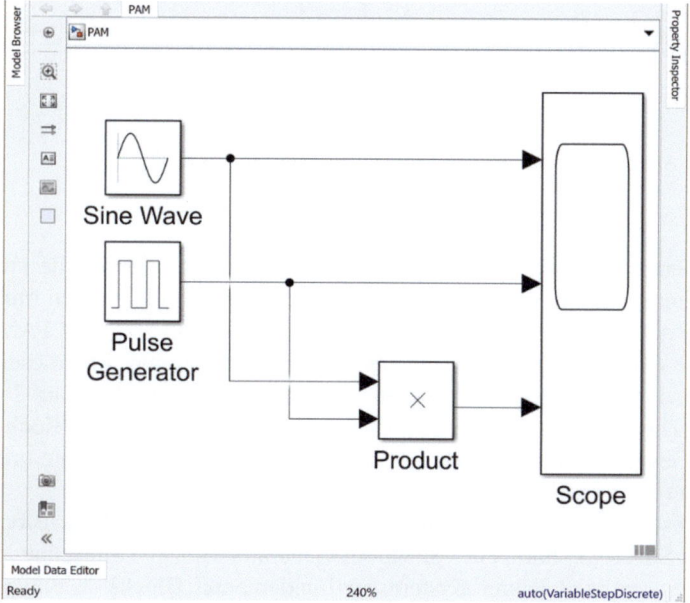

Abb. 17.39 Pulsamplitudenmodulation (PAM) in Simulink

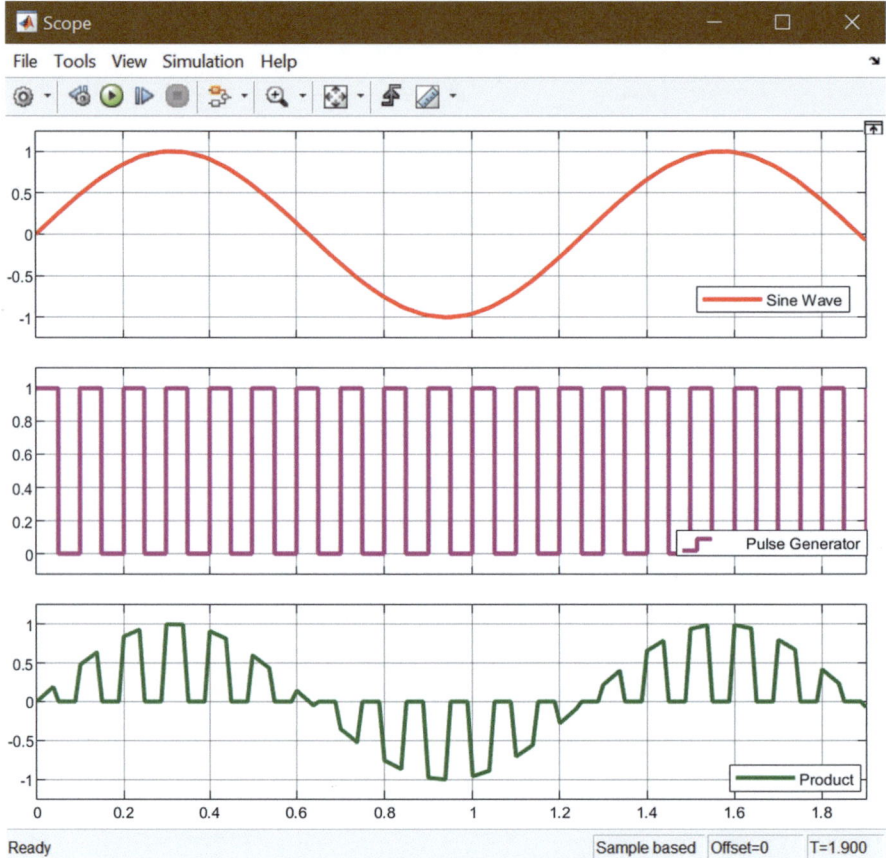

Abb. 17.40 Ausgabe der Pulsamplitudenmodulation (PAM) in Simulink

wird, wird als moduliertes Signal verwendet, um die Amplitude sinusförmig zu variieren. Die modulierende Welle und der Trägerpuls werden multipliziert, um die Amplitudenvariationen zu erhalten. Abb. 17.40 zeigt die PAM-Technik und die entsprechende Ausgabe für das gegebene Signal. Für dieses Beispiel wurden die Amplitude und Frequenz (rad/s) für die Einstellung auf 1 und 5 gewählt. Die restlichen Parameter sind null für den Sine-Wave-Block. Für den Pulse-Generator-Block wurden die Amplitude, Periode, Pulsbreite und Phasenverzögerung auf 1, 0,1, 50 und 0 festgelegt.

2. Um diese Modulation zu demonstrieren, wird ein Sine Wave-Block (Simulink → Sources) und ein Sawtooth-Generator-Block (Simscape → Electrical → Specialized Power Systems → Fundamental Blocks → Power Electronics → Pulse & Signal Generators) verwendet, deren Ausgangswellenformen mit einem Add-Block subtrahiert werden. Das Ergebnis wird dann mit einem

17.4 Steuergeräte

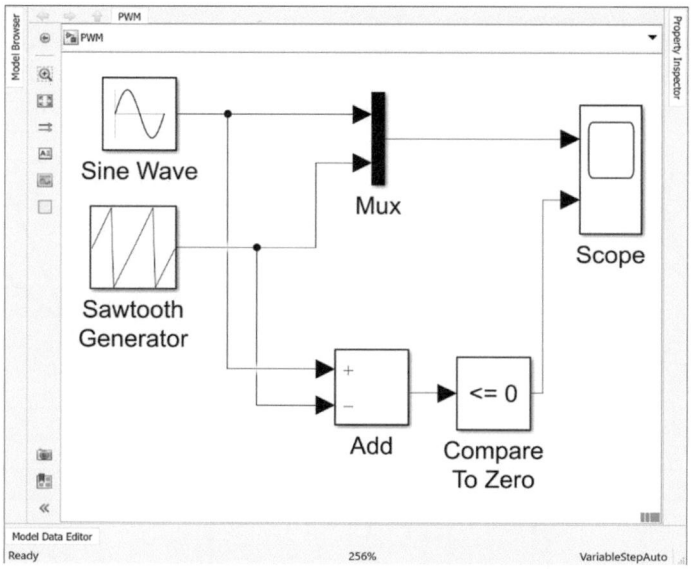

Abb. 17.41 Pulsweitenmodulation (PWM) in Simulink

„Compare-to-Zero"-Block (Simulink → Logic and Bit Operations) verglichen, der mit dem subtrahierten Ergebnis vergleicht und den Puls zurückweist, wenn das Resultat kleiner als null ist. Für dieses Beispiel wurden die Amplitude und Frequenz des Sine-Wave-Blocks auf 0,75 und 60 rad/s gewählt, die restlichen Parameter (Bias, Phase und Abtastzeit) betragen null. Für den Add-Block wurde das Zeichen in „+−" geändert, um eine Subtraktion durchführen zu können. Der Operator im Compare-to-Zero-Block wurde in „<=." geändert. Nachdem das Modell wie in Abb. 17.41 eingestellt wurde, werden die Wellenformen sichtbar (Abb. 17.42).

3. Pulspositionsmodulation (PPM)
Bei der PPM wird die Position des Trägerpulses in Bezug auf eine Referenzwellenform geändert, während die Amplitude und Breite gleich bleiben. Um die PPM zu demonstrieren, wird das PWM-Ausgangssignal aus dem vorherigen Beispiel als Referenzwellenform verwendet, die den steigenden Rand des PWM-Signals als Startposition für den PPM-Ausgangspuls nimmt (Abb. 17.43).
Die Einstellung ähnelt der PWM, aber ein neuer Block Monostable (verfügbar bei Simscape → Electrical → Specialized Power Systems → Control & Measurements → Logic) wird verwendet, um einen steigenden Puls zu liefern, wann immer eine Änderung in der PWM-Logik erkannt wird. Der Edge-Detection-Parameter für den Monostable-Block wird auf „Rising" eingestellt, mit einer Pulsdauer von 0,002 s, dem Anfangszustand des vorherigen Eingangs und einer Abtastzeit von null. Die Ausgangswellenform für PPM ist in Abb. 17.44

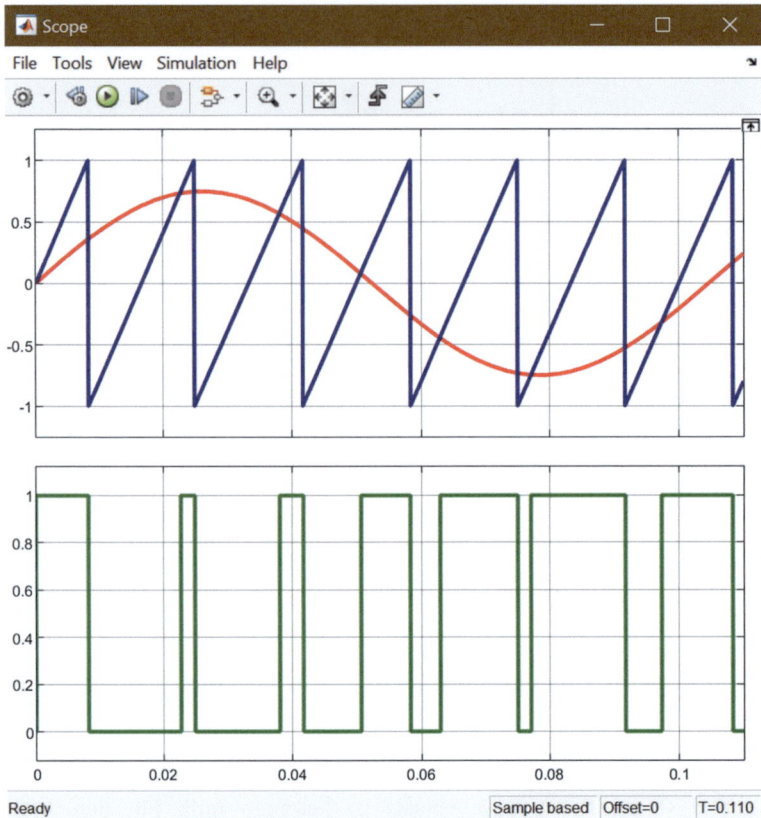

Abb. 17.42 Ausgabe der Pulsweitenmodulation (PWM) in Simulink

dargestellt, die die Positionsänderung in Bezug auf den steigenden Rand des PWM-Signals zeigt.

17.4.1.3 Bestimmung des Zündwinkels

Für eine bestimmte Frequenz von f für ein System kann die Zeitperiode als $T = \frac{1}{f}$ berechnet werden. Ein Zyklus entspricht 360°, wenn die Phase des Signals für $x°$ verzögert werden soll. Dann wird der Phasenwinkel berechnet als $\frac{x°}{360}$, wodurch für die Phasenverzögerung gilt: $x * \frac{1}{T} * \frac{1}{360}$. Die Einschaltzeit für ein Steuergerät vom Start der Wellenform kann durch den Verzögerungswinkel, auch Zündwinkel genannt, berechnet werden. Daher kann für ein 60-Hz-System, wenn ein Steuergerät einen Zündwinkel von 45° hat, die Phasenverzögerung für das System berechnet werden als $45 * \frac{1}{60} * \frac{1}{360} = 0{,}002083$ s. Mit dieser Berechnung wird der

17.4 Steuergeräte

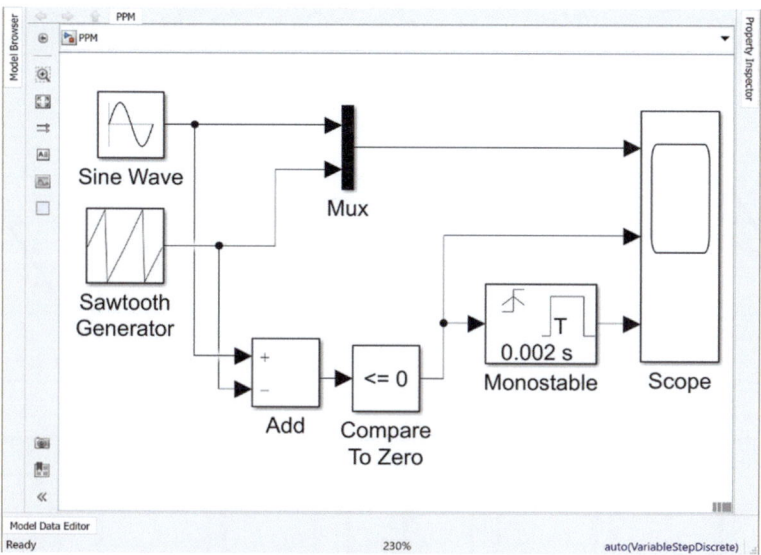

Abb. 17.43 Pulspositionsmodulation (PPM) in Simulink

Parameter „**phase delay**" (**Phasenverzögerung**) für den Pulsgenerator in Simulink basierend auf dem erforderlichen Zündwinkel bestimmt.

17.4.2 Kontrollierte Gleichrichtung mit Thyristor

Ein Thyristor ist ein Drei-Terminal-Gerät mit vier Schichten aus abwechselnden p- und n-Typ-Halbleitern. Ein Thyristor ist auch bekannt als ein Silizium-kontrollierter Gleichrichter (SCR). Diese Geräte unterscheiden sich von Transistoren durch ihre Verwendung in mehr Hochleistungsanwendungen aufgrund ihrer hohen Strom- und Spannungsbewertungen. Thyristoren haben drei Anschlüsse: Anode, Kathode und Gate. Über den Gate-Anschluss wird der Strom über die Anode und Kathode gesteuert. Dieser Unterabschnitt steuert einen sinusförmigen Eingang mit einem Zündwinkel von 60°, bereitgestellt von einer 240-V-60-Hz-AC-Spannungsquelle, verbunden mit einem 0,5-Ω-Widerstand in Serie (Abb. 17.45). Die folgenden Komponenten der Schaltung stammen der Simulink-Bibliothek (Tab. 17.6).

Die Parameter für den Pulse-Generator-Block werden wie in Abb. 17.46 gewählt, um einen Winkel von 60° zu erzeugen.

Die Ausgangsspannungswellenform zeigt eine Zündung bei 60°, nach der die Welle der positiven Halbwelle des Eingangs folgt und für die negative Halbwelle des Eingangs bei den Nulldurchgängen des Stroms abschaltet (Abb. 17.47).

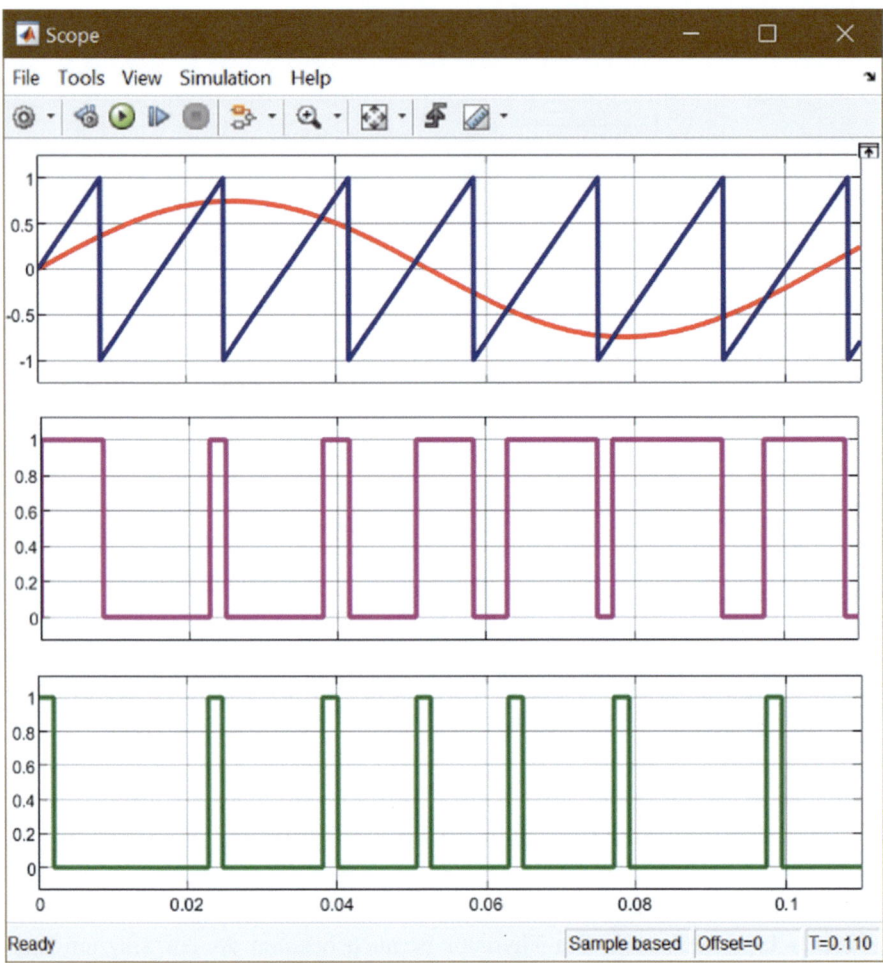

Abb. 17.44 Ausgabe der Pulspositionsmodulation (PPM) in Simulink

17.4.3 Gesteuerte Gleichrichtung mit GTO

Der Gate-Turn-Off- (GTO) Thyristor ist ein gesteuertes Gerät ähnlich einem „normalen" Thyristor, das durch Anlegen eines Gate-Signals am Gate des Geräts gesteuert wird. Ähnlich wie bei herkömmlichen Thyristoren werden die drei Anschlüsse des GTO als Anode, Kathode und Gate bezeichnet. Der GTO-Thyristor schaltet sich ein, wenn ein positives Gate-Signal gegeben wird. Der GTO-Thyristor unterscheidet sich jedoch von einem herkömmlichen Thyristor, da er jederzeit durch Anlegen eines Null-Gate-Signals ausgeschaltet werden kann.

Die Eigenschaften des GTO-Thyristors werden mit der gleichen Schaltung und den gleichen Parametern wie ein herkömmlicher Thyristor untersucht.

17.4 Steuergeräte

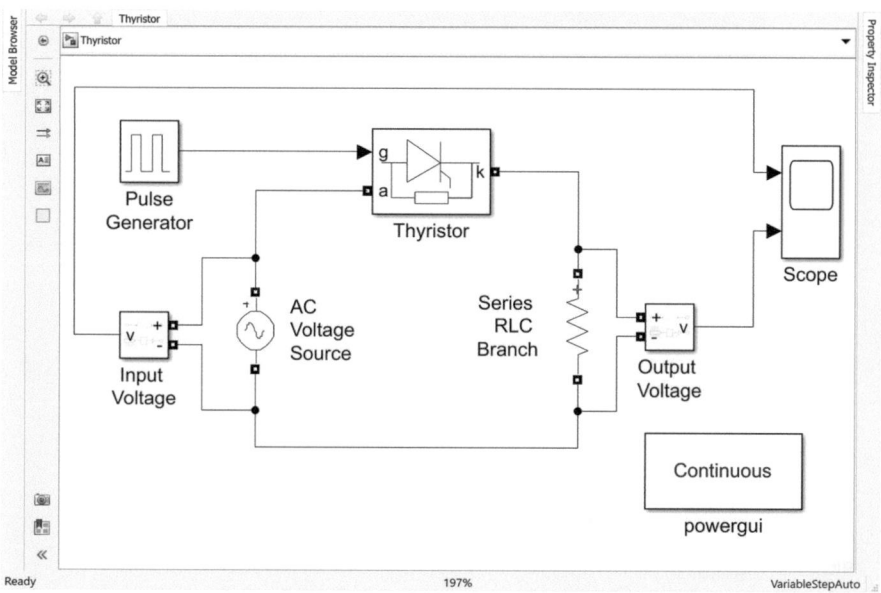

Abb. 17.45 Kontrollierte Gleichrichtung mit Thyristor in Simulink

Tab. 17.6 Blöcke und Navigationsrouten für die Modellierung des thyristorbasierten kontrollierten Gleichrichters

Name des Blocks	Navigationsroute
Powergui	Simscape → Electrical → Specialized Power Systems → Fundamental Blocks
AC Voltage Source	Simscape → Electrical → Specialized Power Systems → Fundamental Blocks → Electrical Sources
Series RLC Branch	Simscape → Electrical → Specialized Power Systems → Fundamental Blocks → Elements
Thyristor	Simscape → Electrical → Specialized Power Systems → Fundamental Blocks → Power Electronics
Pulse Generator	Simulink → Sources
Voltage Measurement	Simscape → Electrical → Specialized Power Systems → Fundamental Blocks → Measurements
Scope	Simulink → Commonly Used Blocks

Der Thyristor wird durch den GTO ersetzt und die Eingangs- und Ausgangsspannungen werden durch den Scope-Block visualisiert. Der GTO ist über den gleichen Navigationspfad wie die Thyristoren verfügbar (Simscape → Electrical → Specialized Power Systems → Fundamental Blocks → Power Electronics) (Abb. 17.48).

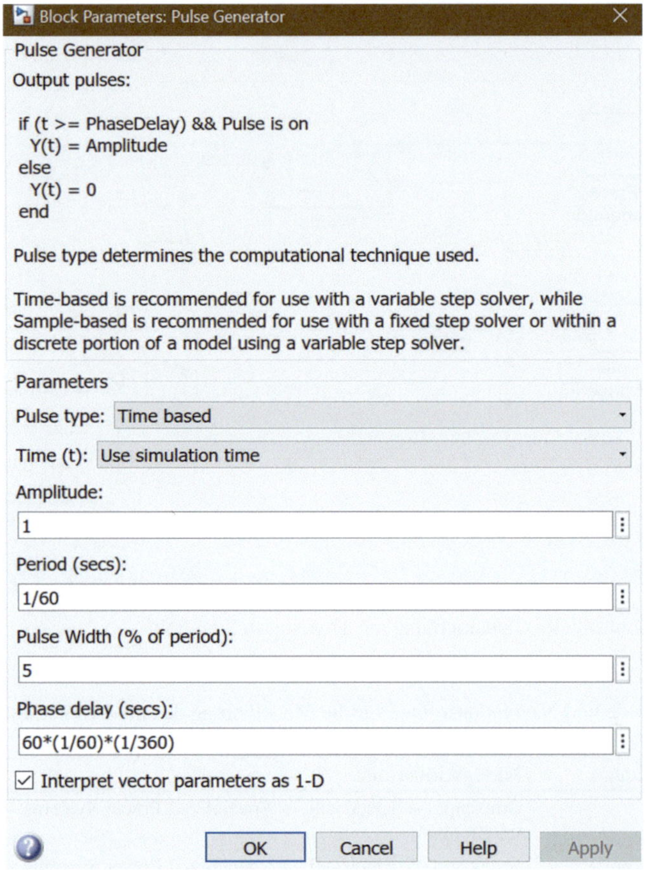

Abb. 17.46 Blockparameter des Impulsgenerators

Da für dieses Beispiel eine Pulsbreite von 5 % gewählt wurde, schaltet der Gate-Puls bei der genannten Phasenverzögerung ein (in diesem Beispiel bei 60°) und bleibt für 5 % der Periode eingeschaltet. Aus dem Diagramm geht hervor, dass der GTO zwar beim genannten Zündwinkel einschaltet, aber sofort ausschaltet, sobald der Gate-Puls auf null fällt (bei einer Pulsbreite von 5 %). Wenn die Pulsbreite erhöht wird, bleibt das Gate für einen längeren Zeitraum eingeschaltet und schaltet aus, sobald der Gate-Puls auf null fällt (Abb. 17.49).

17.4 Steuergeräte

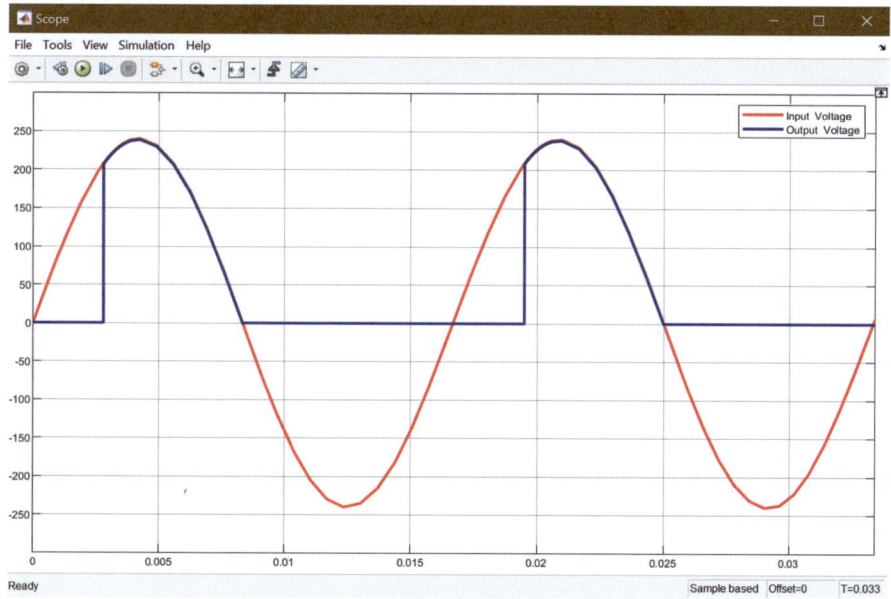

Abb. 17.47 Ausgang der kontrollierten Gleichrichtung mit Thyristor

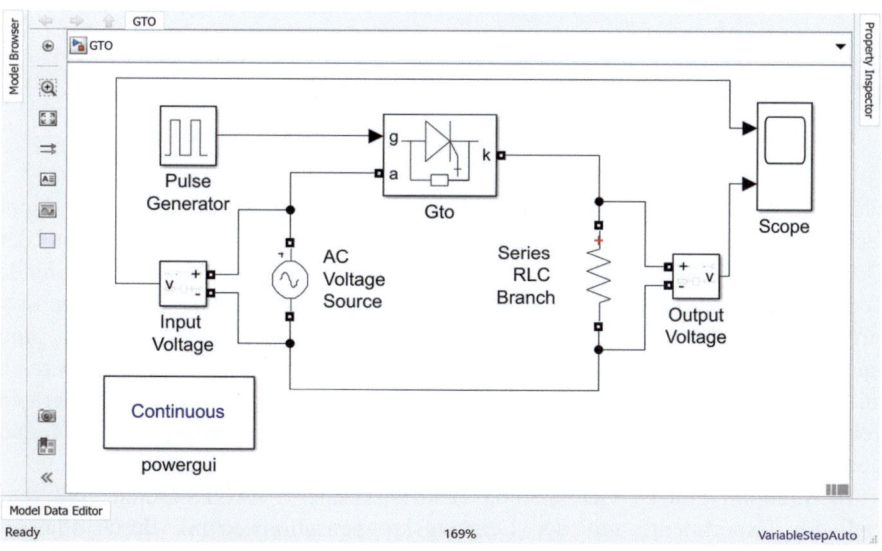

Abb. 17.48 Gesteuerte Gleichrichtung mit GTO in Simulink

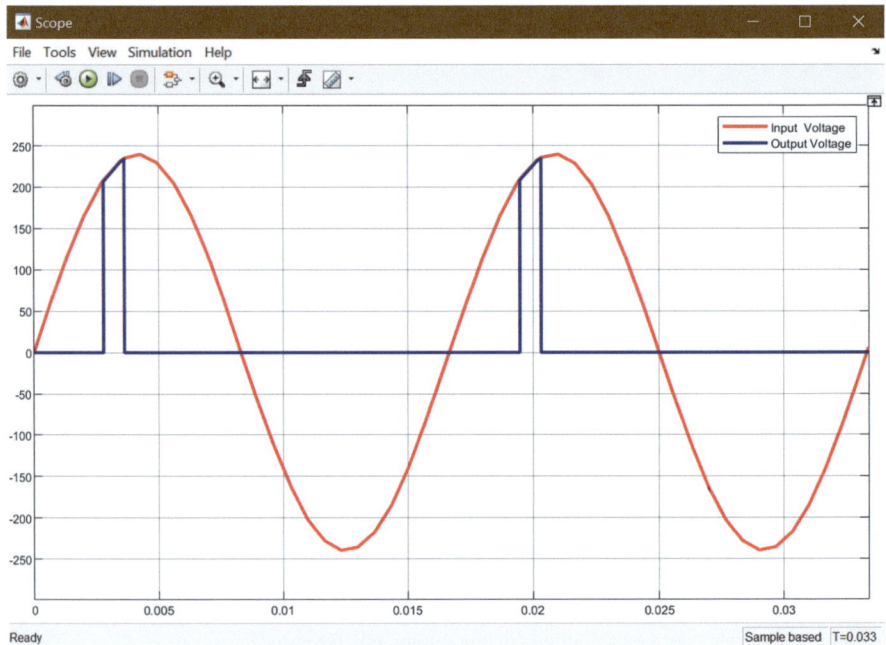

Abb. 17.49 Ausgang der gesteuerten Gleichrichtung mit GTO

17.5 Flexible AC transmission systems (flexible Wechselstrom-Übertragungssysteme) (FACTS)

Flexible Wechselstrom-Übertragungssysteme (FACTS) gelten in der Energietechnik, bei der statische Leistungselektronikkomponenten zur Verbesserung der Qualität der Wechselstromübertragung eingesetzt werden, als expandierende Technologie. FACTS-Geräte erhöhen die Steuerkapazität während der Wechselstromübertragung und verbessern so die Leistungsübertragungsfähigkeit und -qualität. Darüber hinaus können diese Geräte die Leistung im Megawattbereich mit Steuergeräten regeln. Zu den zahlreichen Anwendungen von FACTS-Geräten gehören u. a. Spannungsregelung, Steuerung von Übertragungsparametern und Leitungslastkapazität.

In Simulink gibt es vier leistungselektronikbasierte FACTS-Geräte, die speziell für Experimente mit der Leistungskompensationstechnik durch Phasor-Typ-FACTS-Geräte vorgesehen sind. Static Synchronous Compensator (STATCOM), Static Synchronous Series Compensator (SSSC), Static Var Compensator (SVC) und Unified Power Flow Controller (UPFC) sind die Blöcke, die über den Navigationspfad Simscape → Electrical → Specialized Power Systems → FACTS → Power-Electronics Based Facts abgerufen werden können.

17.5 Flexible AC transmission systems (flexible ...

Die Konstruktion dieser Geräte ist relativ komplex und erfordert einige Vorkenntnisse in Bezug auf Referenzrahmentransformation und Phasenregelschleife für die Gestaltung von Phasormodellen. Daher werden diese Konzepte hier kurz erläutert und der Betrieb des SVC in diesem Abschnitt demonstriert.

17.5.1 Transformation des Referenzrahmens

Der dreiaxiale Rahmen, in dem dreiphasige Größen des Wechselstromkreises dargestellt werden, wird als abc-Rahmen bezeichnet. Um die mathematische Berechnung zu erleichtern, müssen die dreiphasigen Größen der Wechselstromkreise manchmal in Bezug auf zwei stationäre Achsen dargestellt werden (z. B. zur Berechnung der Referenzsignale für die Raumvektormodulationssteuerung von dreiphasigen Wechselrichterschaltungen). Der zweiaxiale stationäre Rahmen wird als Alpha-Beta-Zero-Rahmen bezeichnet. Die Transformation vom abc-Rahmen zum Alpha-Beta-Zero-Rahmen ist die sog. Clarke-Transformation.

Es gibt einen weiteren Referenzrahmen mit einem rotierenden Rahmen, im Gegensatz zum Alpha-Beta-Zero-Rahmen, der stationär ist. Der Rahmen wird als **„direct-quadrature-zero" (Direkt-Quadratur-Zero-)** (auch bekannt als dq0 und dqz) Rahmen bezeichnet. Der Zweck dieses Rahmens besteht darin, die Referenzrahmen für die Wechselstromwellenformen zu drehen, sodass die Wechselstrommengen als Gleichstrommengen erscheinen, wodurch komplexe Berechnungen vereinfacht werden. Die Transformation vom abc-Rahmen zum dq0-Rahmen wird als Park-Transformation bezeichnet. Diese Transformation wird bei der Durchführung der Induktionsmotorsteuerung verwendet.

Simulink hat eingebaute Blöcke für eine einfache Transformation, ohne tiefer in komplizierte mathematische Berechnungen einzutauchen. Abb. 17.50 zeigt die Clarke- und Park-Transformation mit den Komponenten und ihrem Navigationspfad. Es gibt vier weitere Blöcke zur Durchführung der Transformation zwischen Alpha-Beta-0- zu dq0-Rahmen und umgekehrte Transformationen für jede Umwandlung (Tab. 17.7).

Eine Dreiphasen-Quelle wird verwendet, um dreiphasige Spannung zu erzeugen. Die Parameter lauten (Abb. 17.51):

Der Spannungsmessparameter des Dreiphasen-V-I Messblocks wird als **„phase-to-ground" (Phase-zu-Erde)** ausgewählt, um die Phasenspannung zu messen, indem die Strommessoption weggelassen wird (Abb. 17.52).

Der Rampenblock, der in der Einrichtung verwendet wird, hat eine Steigung von 2*pi*60, wobei die Startzeit und der Anfangsausgang null sind. Abb. 17.53 zeigt die Ausgangswellenformen für den Referenzrahmen. Im ersten Unterplot werden die abc-Größen gezeigt; im zweiten Unterplot werden die Alpha- (rot) und Beta- (blau) Komponenten aufgeführt (die grüne Welle ist 0). Schließlich werden im dritten Unterplot die direkten (rot) und quadratischen (blau) Komponenten des dq0-Rahmens gezeigt, die die Gleichstromäquivalentkomponenten von abc in einem rotierenden dq0-Rahmen darstellen.

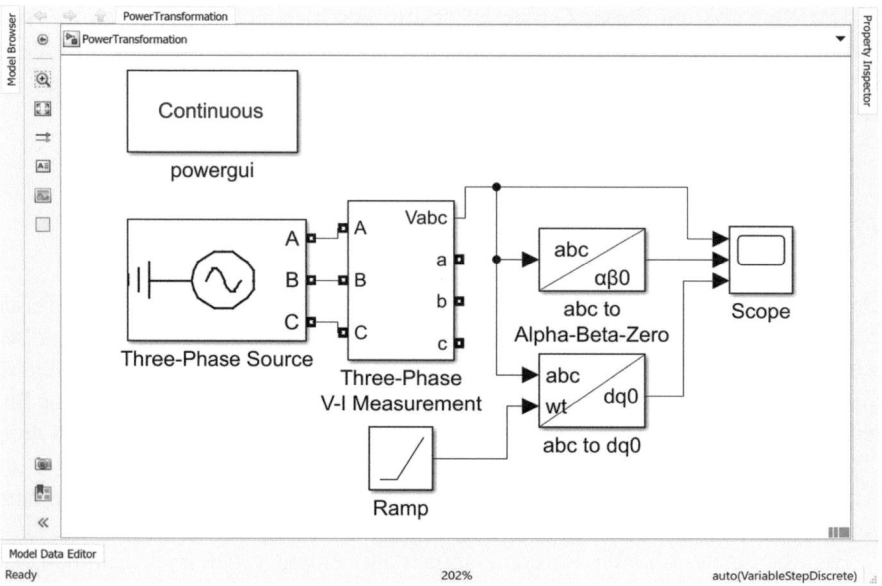

Abb. 17.50 Clarke- und Park-Transformation in Simulink

Tab. 17.7 Blöcke und Navigationsrouten zur Demonstration der Transformation des Referenzrahmens

Name des Blocks	Navigationsroute
Powergui	Simscape → Electrical → Specialized Power Systems → Fundamental Blocks
Dreiphasen-Quelle	Simscape → Electrical → Specialized Power Systems → Fundamental Blocks → Electrical Sources
Dreiphasen V-I Messung	Simscape → Electrical → Specialized Power Systems → Fundamental Blocks → Measurements
abc zu Alpha-Beta-Zero	Simscape → Electrical → Specialized Power Systems → Control & Measurements → Transformations
abc zu dq0	Simscape → Electrical → Specialized Power Systems → Control & Measurements → Transformations
Rampe	Simscape → Sources
Scope (Oszilloskop)	Simulink → Commonly Used Blocks

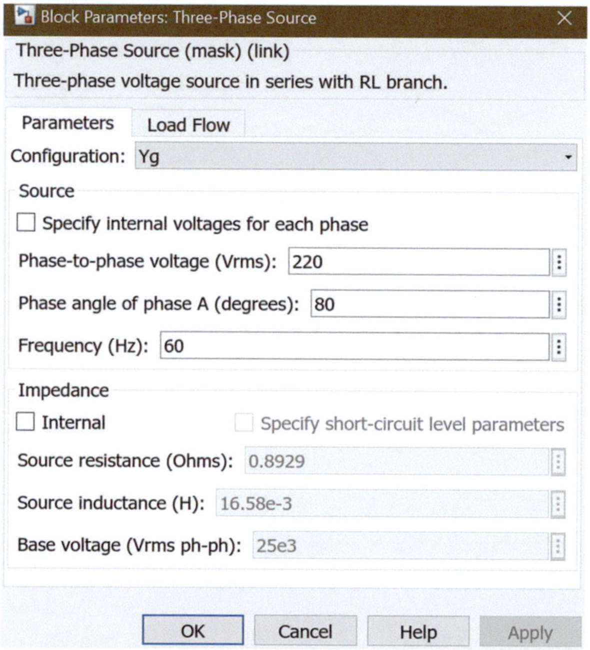

17.5 Flexible AC transmission systems (flexible ...

Abb. 17.51 Blockparameter der dreiphasigen Quelle

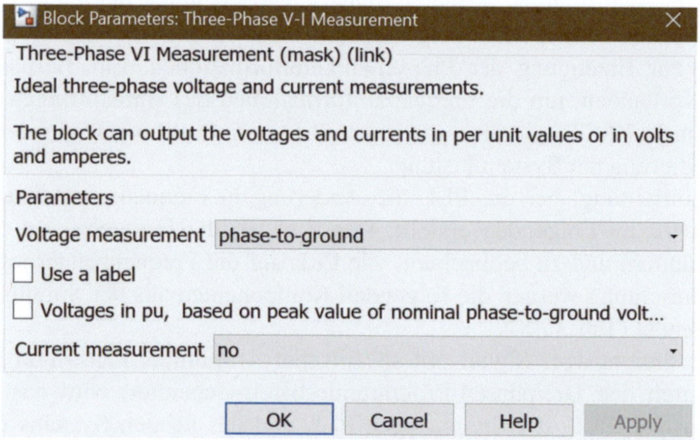

Abb. 17.52 Blockparameter der dreiphasigen V-I-Messung

17.5.2 Phasenverriegelte Schleife (PLL)

Eine phasenverriegelte Schleife (PLL) ist ein Steuerungsalgorithmus, der die Frequenz und den Phasenwinkel eines sinusförmigen Eingangs bestimmt. PLL wird zur Frequenzabstimmung zwischen zwei Systemen verwendet, nach der eine

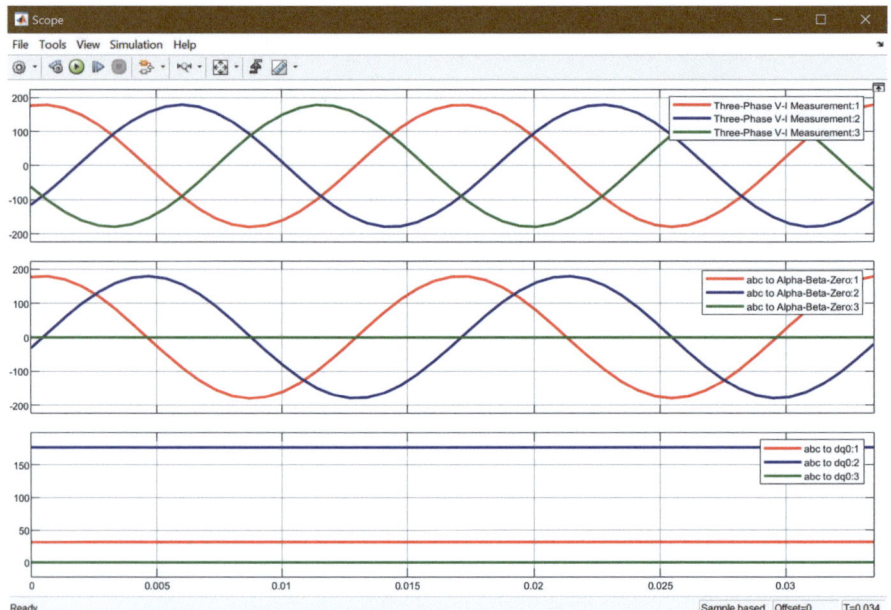

Abb. 17.53 Ausgangswellenformen der Clarke- und Park-Transformation

konstante Phasendifferenz verbleibt (daher „Verriegelung" der Phase). PLL besteht aus einem Phasenerkennungsmechanismus, einem PID-Regler und einem Oszillator zur Erzeugung der Phasenwinkelinformationen. Ein Tiefpassfilter ist ebenfalls vorhanden, um die Frequenzinformationen des sinusförmigen Eingangs zu erhalten. In FACTS-Geräten spielt der PLL-Gain eine entscheidende Rolle bei der Stabilisierung der Systemleistung.

Eine Einrichtung, bei der PLL die Änderung in Frequenz und Phase widerspiegelt, wird im Folgenden erstellt. Das Ziel ist, die Frequenz von 60 Hz auf 61 Hz zu ändern und zu beobachten, wie PLL auf die Frequenzänderung reagiert. Für die Einrichtung werden die folgenden Komponenten aus der Simulink-Bibliothek verwendet (Tab. 17.8):

Für ein dreiphasiges Signal mit spezifischer Amplitude, Phase und Frequenz, erzeugt durch den Dreiphasen-Programmierbaren-Generator, wird das Verhalten der einphasigen PLL, der dreiphasigen PLL und des idealen Systems durch den Bus-Selektor in Abb. 17.54 gezeigt.

Die Spezifikationen der Blöcke sind in den folgenden Abbildungen (Abb. 17.55, 17.56 und 17.57) angegeben:

Im ersten Bereich (grün) wird nur die erste Phaseninformation aus dem Dreiphasen-Programmierbaren-Generator durch einen Selektor erhalten. Der Selektor wird so modifiziert, dass die Größe des Eingangsports 3 und der Index 1 wird. Nach einem Doppelklick auf den Selektorblock werden der Index und die Größe

17.5 Flexible AC transmission systems (flexible ... 547

Tab. 17.8 Blöcke und Navigationsrouten für die Gestaltung der phasenverriegelte Schleife

Name des Blocks	Navigationsroute
Dreiphasen-Programmierbarer Generator	Simscape → Electrical → Specialized Power Systems →Fundamental Blocks → Power Electronics → Pulse & Signal Generatorsn
Selektor	Simulink → Signal Routing
Bus Selektor	Simulink → Signal Routing
PLL	Simscape → Electrical → Specialized Power Systems → Control & Measurements → PLL
PLL (3 ph)	Simscape → Electrical → Specialized Power Systems → Control & Measurements → PLL
Scope (Oszilloskop)	Simulink → Commonly Used Blocks

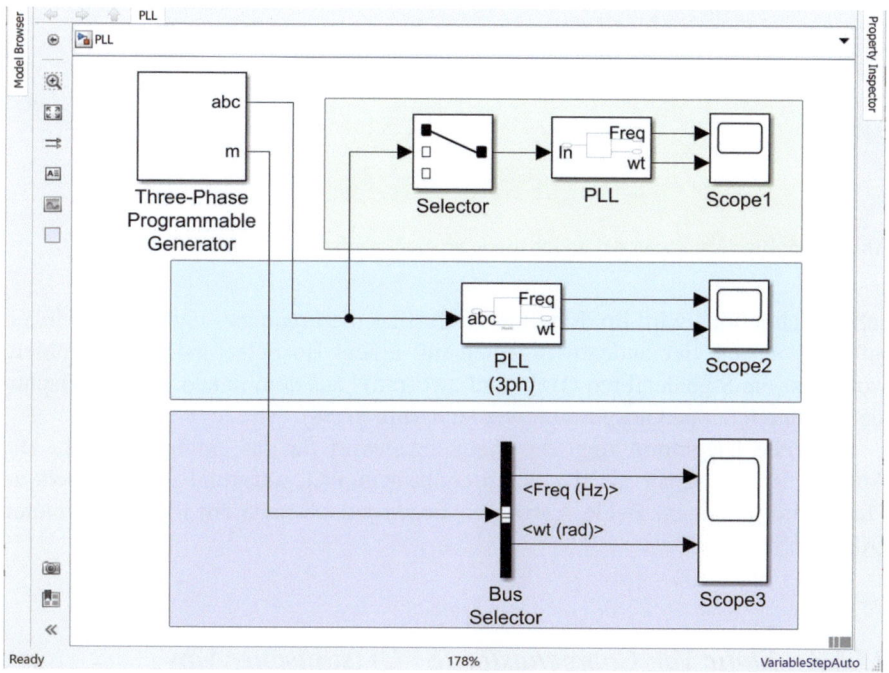

Abb. 17.54 Phasenverriegelte Schleife (PLL) in Simulink

des Eingangsports daher in 1 und 3 geändert (Abb. 17.54). Die einphasige Information wird über den Selektor an die einphasige PLL vermittelt, um die Frequenz- und Phasenwinkelinformationen mit Scope1 zu sehen.

Im zweiten Bereich (cyan) werden alle dreiphasigen Informationen direkt am Eingang des dreiphasigen PLL eingespeist, um die Ausgaberesultate in Scope2 zu

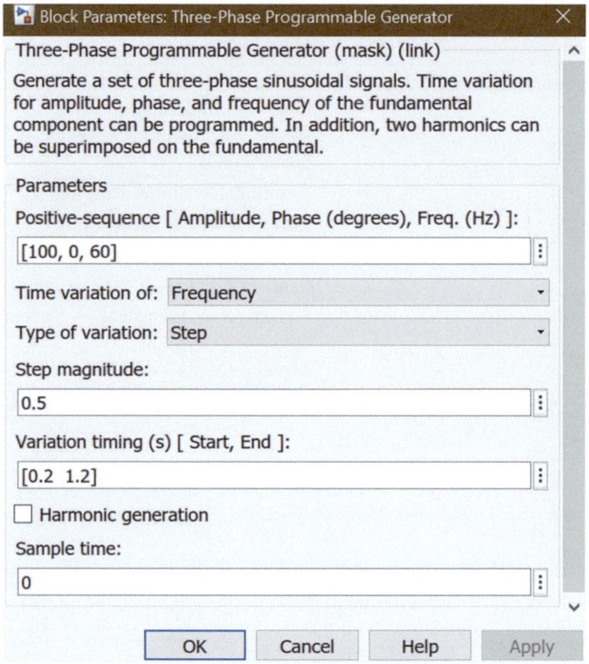

Abb. 17.55 Blockparameter des dreiphasigen programmierbaren Generators

sehen. Schließlich wird im dritten Bereich (lila) die Frequenz- und Phasenwinkelinformation aus vier anderen Signalen mit einem BusSelector-Block extrahiert, wobei nur die Signale „Freq (Hz)" und „wt (rad)" aus dem linken Teil zur Visualisierung durch Scope3 ausgewählt werden (Abb. 17.58).

Das erste Diagramm zeigt die Frequenzantwort für das einphasige PLL. Die Antwort ist langsamer als die des dreiphasigen PLL aufgrund des Mangels an Phaseninformationen. Beide Antworten liegen jedoch nahe am idealen Verhalten (Abb. 17.59).

17.5.3 Static Var-Compenastor (SVC) (statischer Var-Kompensator)

Der **„Static Var-Compensator (SVC)" (statischer Var-Kompensator)** ist ein Leistungselektronikgerät für FACTS-Anwendungen. Der SVC wird in einem Wechselstromübertragungssystem verwendet, um eine Blindleistung bereitzustellen oder zu absorbieren, um Spannungen zu regulieren. Bei niedrigen Spannungen wird der SVC kapazitiv und liefert Blindleistung, um diese zu kompensieren, daher der Name „Va-Kompensator". Bei hohen Spannungen absorbiert er

17.5 Flexible AC transmission systems (flexible ...

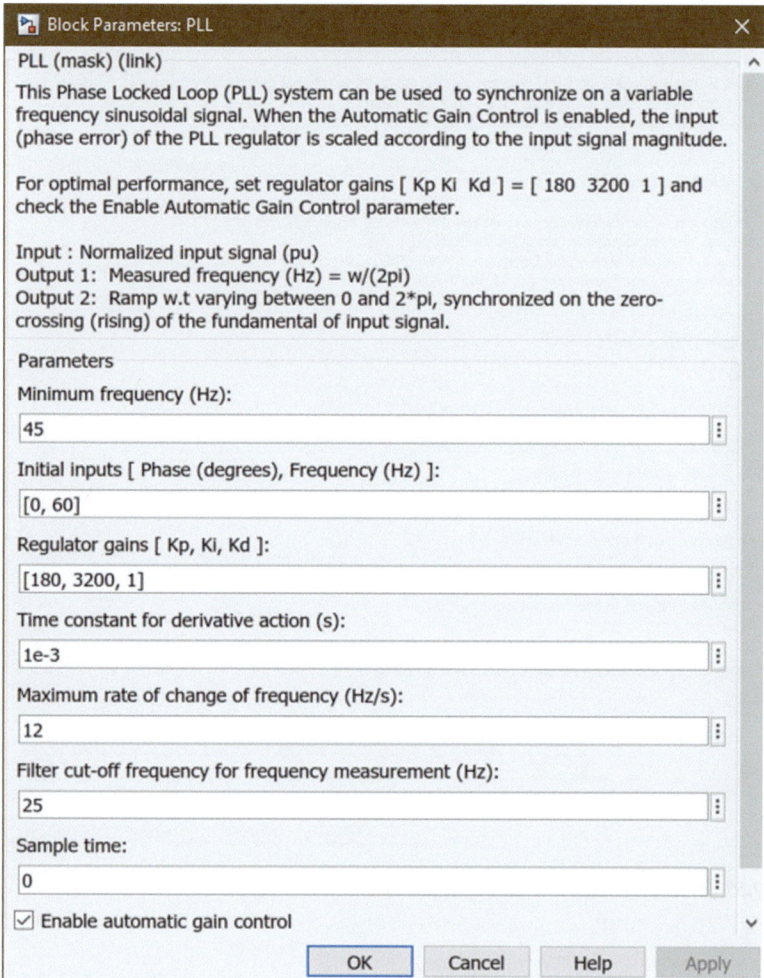

Abb. 17.56 Blockparameter der PLL

Blindleistung, um die Spannung an der Klemme zu halten. Das Umschalten zur Bereitstellung oder Absorption von Blindleistung auf diese Weise erfolgt durch eine Thyristorschalter, für die ein PLL-unterstützter Synchronisierungsmechanismus den Impuls liefert.

Um zu demonstrieren, wie ein SVC reaktive Leistung kompensiert, wird die in Abb. 17.60 gezeigte Einrichtung mit den folgenden Komponenten aus dem Simulink-Library-Browser (Tab. 17.9) aufgebaut:

Das Ziel besteht darin, die Leistung des Systems mit und ohne SVC zu vergleichen. Ein Dreiphasen-Programmierbarer-Spannungsquellenblock mit spezifischen Parametern (Abb. 17.61) wird als Hauptquelle verwendet. Nur die positive

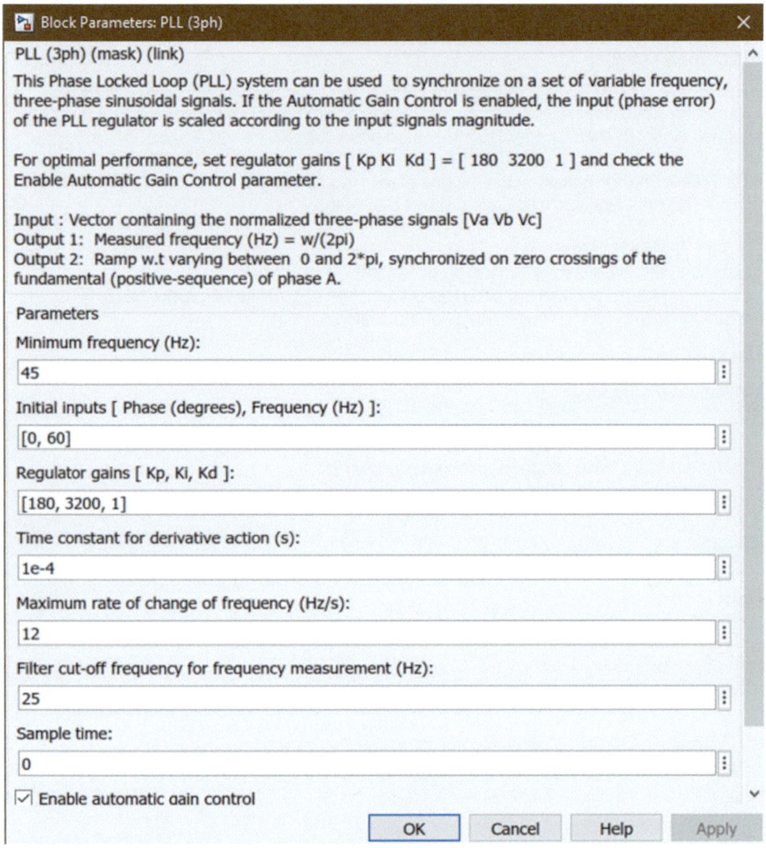

Abb. 17.57 Blockparameter der dreiphasigen PLL

Eingangsspannungssequenz wird durch die Blöcke **„Three-Phase V-I Measurement1"** (**Dreiphasen-V-I-Messung1**)-Block (Abb. 17.62) und **„Sequence Analyzer (Phasor)1"** (**Sequenzanalysator, Phasor1**) (Abb. 17.63) am ersten Eingang des Scopes (blau in Abb. 17.68) gemessen. Ein Terminator-Block am Ende des zweiten Ausgangs im Sequenzanalysator-Block wird verwendet, um den Ausgang abzudecken und jede Fehlermeldung von Simulink für das Halten des Terminals getrennt zu blockieren.

Über einen Dreiphasen-Serien-RLC-Zweig wird eine Dreiphasen-Serien-RLC-Last mit den in den Abb. 17.64 und 17.65 angegebenen Spezifikationen verbunden. Die positive Sequenzspannung, die vom **„Three-Phase V-I Measurement2"** (**Dreiphasen-V-I Messung2**)-Block genommen wird, ist die Spannung ohne den SVC (rote Linie in der Grafik). Die Spannung fällt im Vergleich zur Eingangsspannung erheblich ab. Ein SVC wird in diesem Fall verwendet, um das

17.6 Modellierung von Wandlern

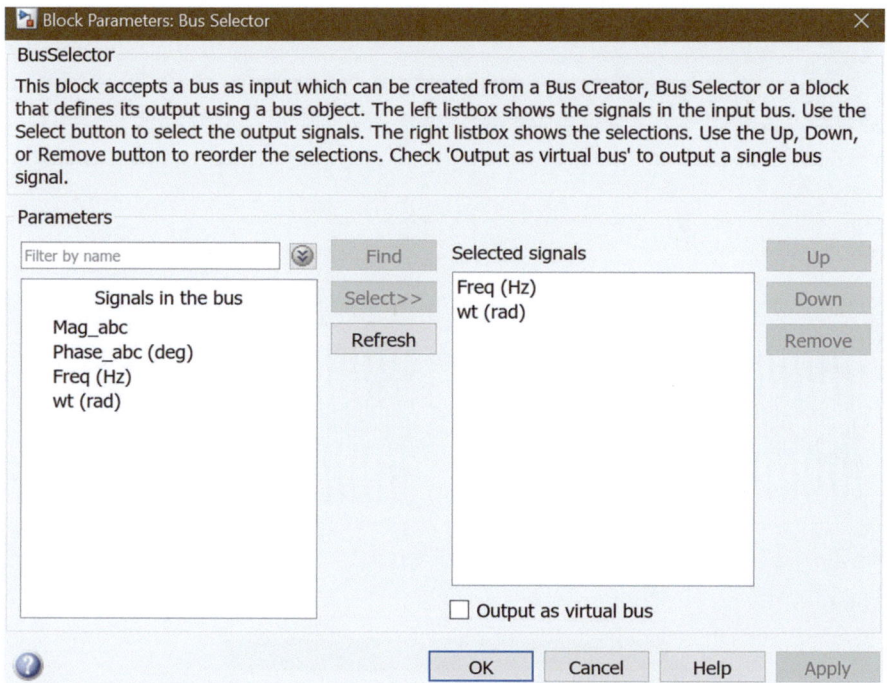

Abb. 17.58 Blockparameter des BusSelectors

Spannungsniveau zu verbessern und die Ausgangsspannung so nah wie möglich an die Eingangsspannung zu bringen.

Die folgenden Parameter gelten für den Static-Var-Compensator-Block (Abb. 17.66). Nur die Steuerspannung „Control VM (pu)" wird durch einen Bus-Selector-Block gewählt (Abb. 17.67).

Nach der Einführung des SVC stimmt der Ausgang mit der Eingangsspannung überein. Ein Gewinn wird dem Ausgang des Steuerspannungssignals hinzugefügt, um eine bessere Übereinstimmung mit der Eingangsspannung zu erreichen (Abb. 17.68).

17.6 Modellierung von Wandlern

In der Leistungselektronik ist es notwendig, mit verschiedenen Wellenformen zu arbeiten und diese - je nach Anforderung - auf ein geeignetes Niveau von Amplitude, Frequenz oder Phase zu konvertieren. Wandler dienen dem Zweck,

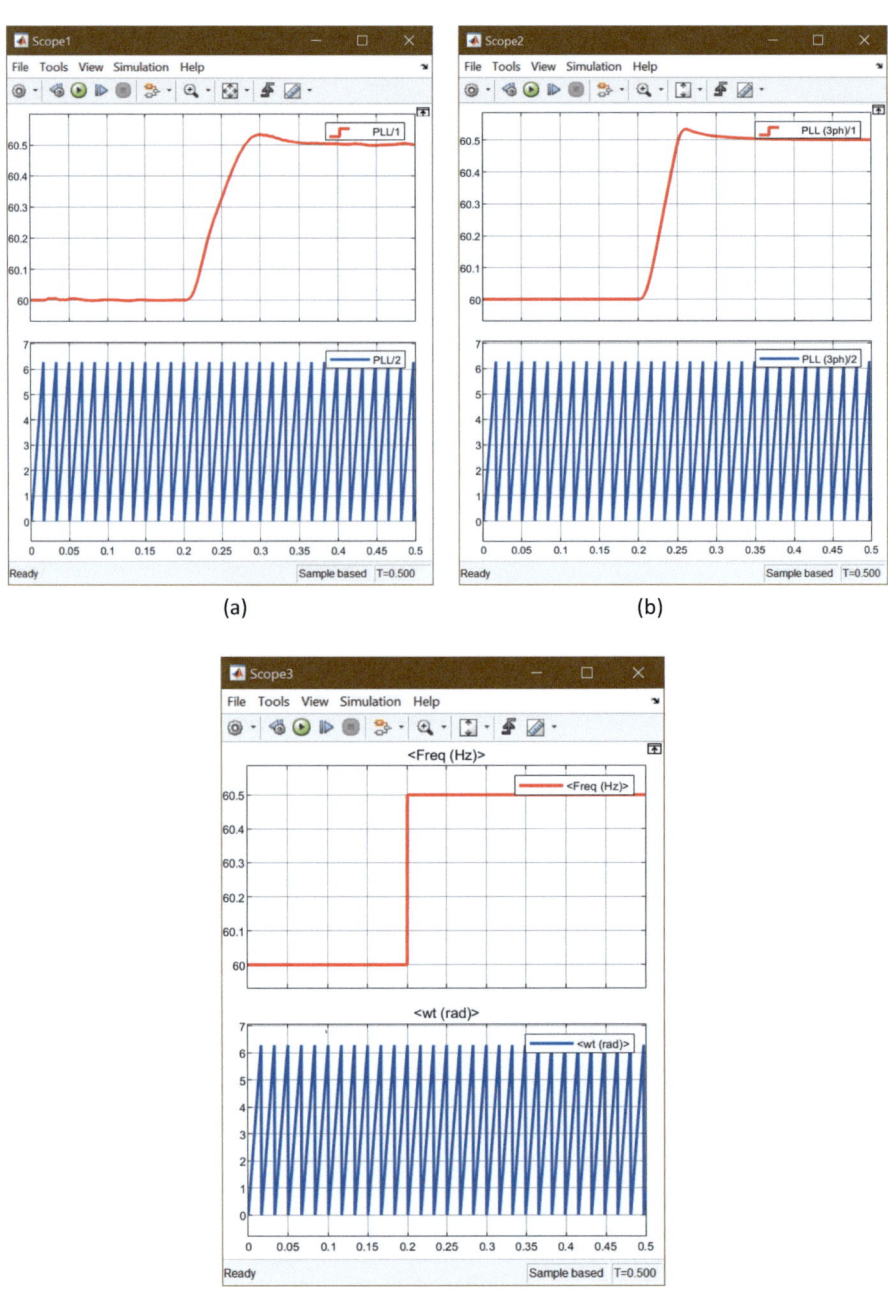

Abb. 17.59 Antwort des PLL-Systems im Scope-Fenster

17.6 Modellierung von Wandlern

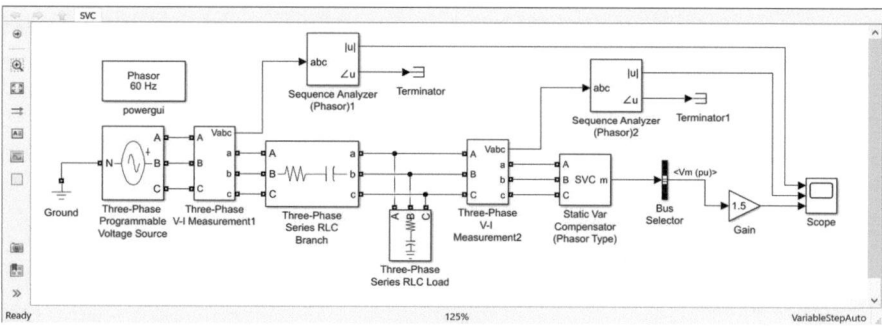

Abb. 17.60 Statischer Var-Kompensator (SVC) in Simulink

Tab. 17.9 Blöcke und Navigationswege zur Modellierung des statischen Var-Kompensators

Name des Blocks	Navigationsroute
Powergui	Simscape → Electrical → Specialized Power Systems → Fundamental Blocks
Dreiphasige programmierbare Spannungsquelle	Simscape → Electrical → Specialized Power Systems → Fundamental Blocks → Electrical Sources
Dreiphasige V-I Messung	Simscape → Electrical → Specialized Power Systems → Fundamental Blocks → Measurements
Dreiphasige Serien-RLC-Verzweigung	Simscape → Electrical → Specialized Power Systems → Fundamental Blocks → Elements
Dreiphasige Serien-RLC-Last	Simscape → Electrical → Specialized Power Systems → Fundamental Blocks → Elements
Statischer Var-Kompensator (Phasentyp)	Simscape → Electrical → Specialized Power Systems → FACTS → Power-Electronics Based FACTS
Sequenzanalysator (Phasor)	Simscape → Electrical → Specialized Power Systems → Control & Measurements → Measurements
Terminator	Simulink → Sinks
Busauswahl	Simulink → Commonly Used Blocks
Verstärkung	Simulink → Commonly Used Blocks
Scope (Oszilloskop)	Simulink → Commonly Used Blocks
Erdung	Simscape → Electrical → Specialized Power Systems → Fundamental Blocks → Elements

spezifische Merkmale entsprechend dem Verhalten der Schaltungselemente zu transformieren. In diesem Abschnitt wird eine kurze Übersicht über die bedeutenden DC-DC-, DC-AC-, AC-DC- und AC-AC-Wandlermodellierungen mithilfe von Simulink-Simulationen gegeben.

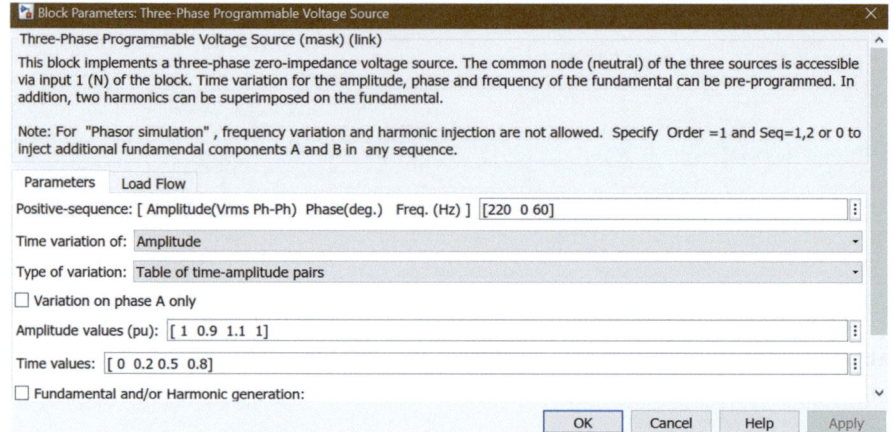

Abb. 17.61 Blockparameter der dreiphasigen programmierbaren Spannungsquelle

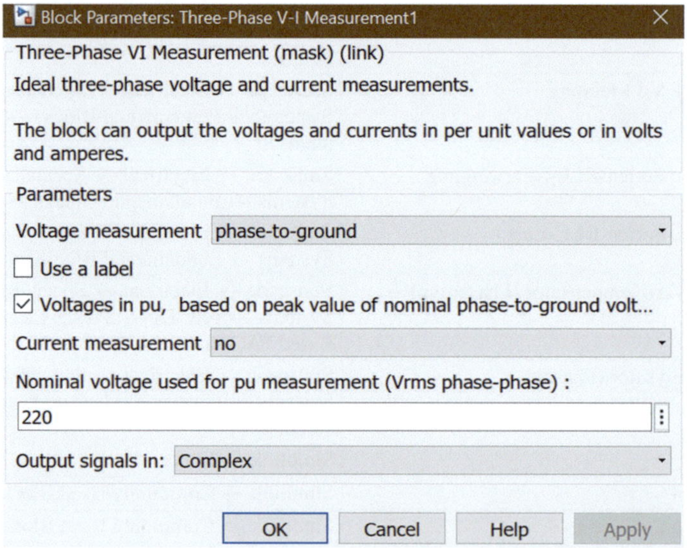

Abb. 17.62 Blockparameter der dreiphasigen V-I-Messung1

17.6.1 DC-DC-Wandlern

DC-DC-Wandler transformieren eine Gleichstromeingabe in eine Gleichstromausgabe einer anderen Spannung. Sie können als Schaltregler verwendet werden, die eine ungeregelte Gleichspannung in eine geregelte Gleichstromausgangsspannung umwandeln. Die Spannungen können entweder niedriger oder höher als die Ein-

17.6 Modellierung von Wandlern

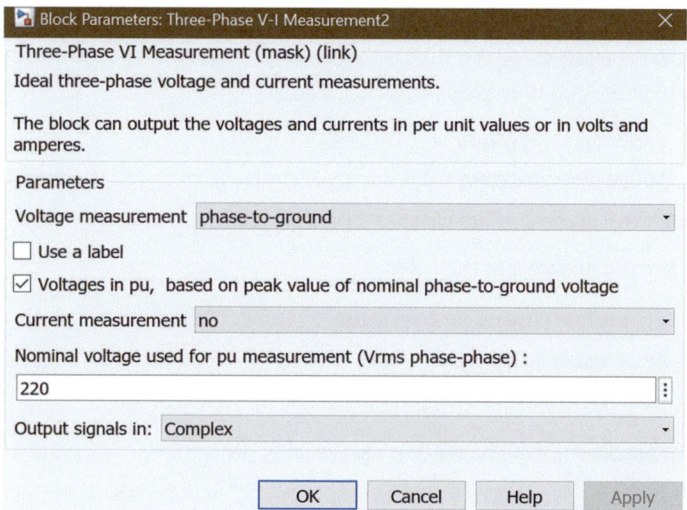

Abb. 17.63 Blockparameter der dreiphasigen V-I-Messung2

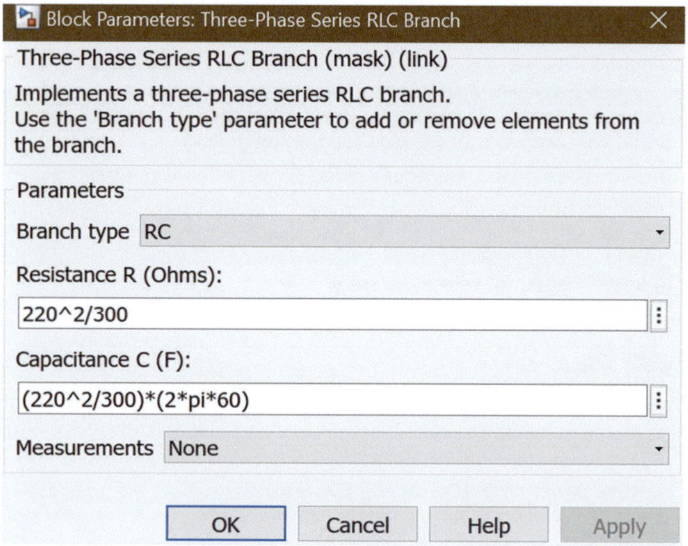

Abb. 17.64 Blockparameter des dreiphasigen Serien-RLC-Zweigs

gangsspannungen sein. Die Schaltung für eine solche Umwandlung wird mit Transistoren durchgeführt, die durch einen Impuls bei einer bestimmten Frequenz erzeugt werden. Buck- und Boost-Wandler sind die beiden bekanntesten Schaltregler. Der erste verringert eine Eingangs-Gleichspannung, während der letztere

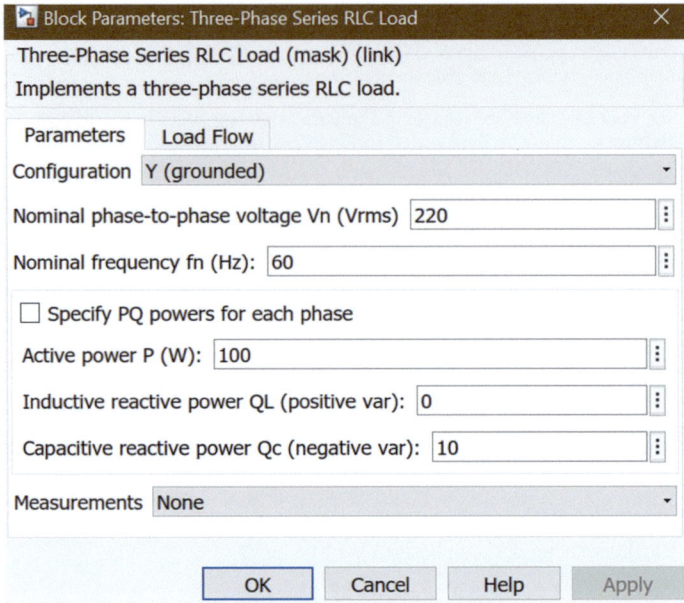

Abb. 17.65 Blockparameter der dreiphasigen Serien-RLC-Last

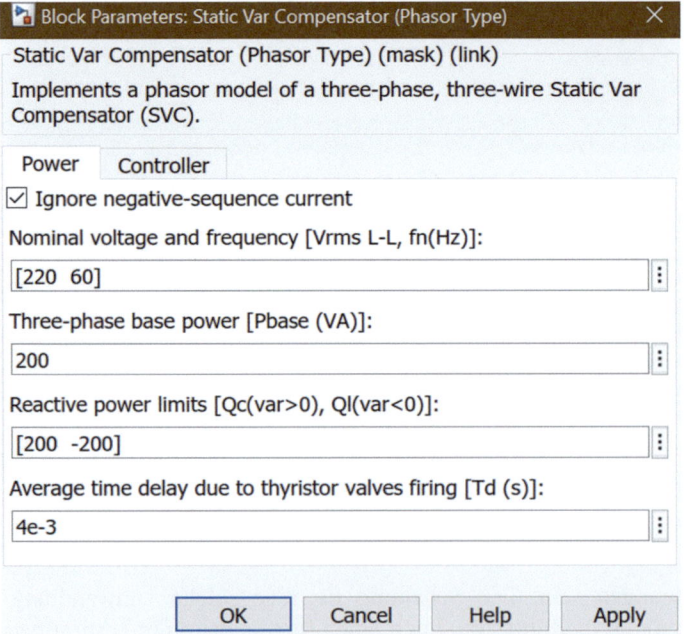

Abb. 17.66 Blockparameter des SVC (Phasortyp)

17.6 Modellierung von Wandlern

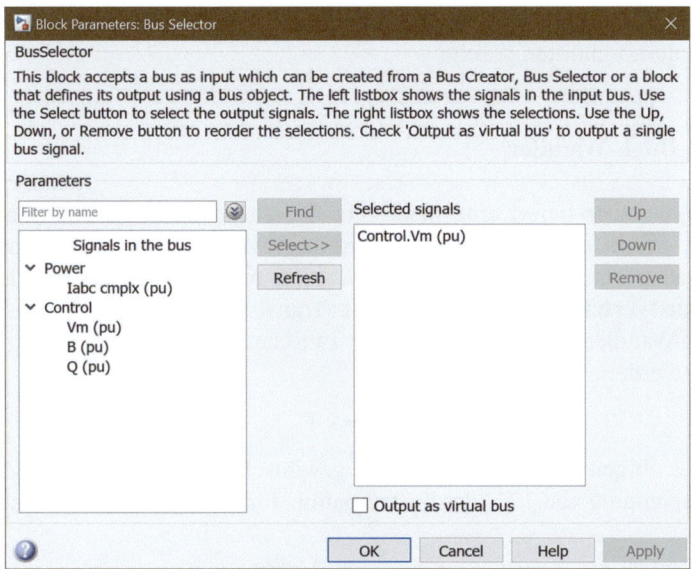

Abb. 17.67 Blockparameter des BusSelectors

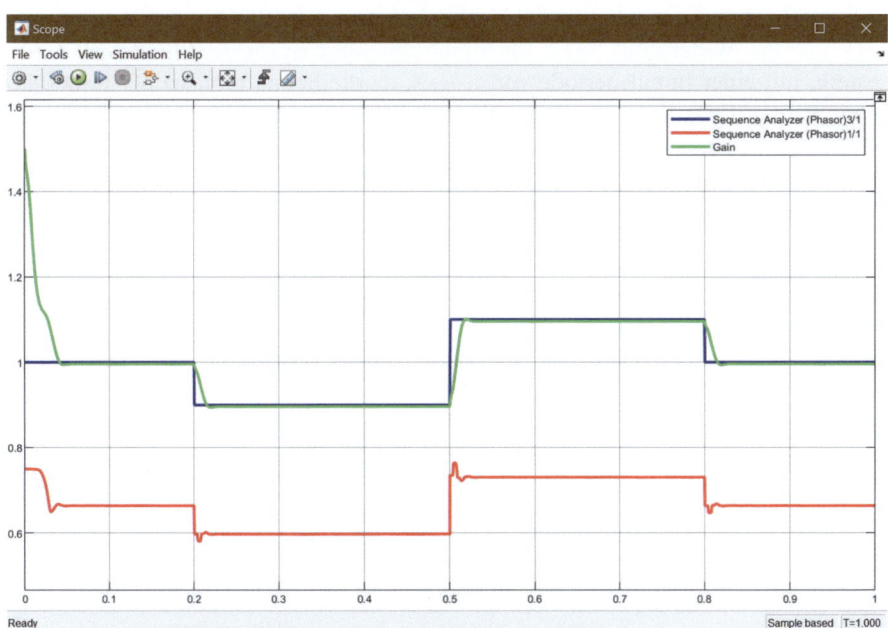

Abb. 17.68 Reaktion des SVC-Systems im Scope

die Spannung erhöht. Das Simulationsmodell für diese Wandler wird in den folgenden Unterabschnitten gezeigt.

17.6.1.1 Buck-Wandler

Ein Buck-Wandler liefert eine niedrigere Gleichspannung als die Quell-Gleichspannung. Wenn eine „voltage" (Spannung) von V_a von einer „source voltage" Quellspannung von V_s gewünscht wird, muss ein Impuls mit dem „duty cycle" (Tastverhältnis) k am Gate des Transistors bereitgestellt werden. Für den Buck-Wandler kann die Beziehung zwischen den Parametern wie folgt beschrieben werden:

$$V_a = k\, V_s$$

Gemäß der obigen Formel sollte für die gewünschte Spannung von 8 V bei einer Eingangsspannung von 12 V das Tastverhältnis für den Transistor lauten:

$$k = \frac{8}{12} = 0{,}667 \text{ s}$$

Die Komponenten für die folgende Modellierung des Buck-Wandlers werden in Tab. 17.10, der Schaltkreis in Abb. 17.69 dargestellt.

Die Gleichspannung beträgt 12 V, der Induktor hat 10 mH, der Kondensator 1 µF und der Widerstand 50 Ω. Im Impulsgenerator ist die Amplitude mit 1 eingestellt, mit einer Impulsperiode von $\frac{1}{10.000}$ s, da die Schaltfrequenz als 10.000 Hz betrachtet wird. Die Impulsbreite in Prozent ist der Tastgrad, der auf 66,67 % eingestellt ist, wie aus dem Wert von k aus der Gleichung berechnet werden kann. Nachdem die Simulation für 0,05 s durchgeführt wurde, zeigt sich, dass die Ausgangsspannung nahezu 8 V beträgt (Abb. 17.70).

Tab. 17.10 Blöcke und Navigationsrouten für die Gestaltung des Buck-Wandlers

Name des Blocks	Navigationsroute
Powergui	Simscape → Electrical → Specialized Power Systems → Fundamental Blocks
Gleichspannungsquelle	Simscape → Electrical → Specialized Power Systems → Fundamental Blocks → Electrical Sources
MOSFET	Simscape → Electrical → Specialized Power Systems → Fundamental Blocks → Power Electronics
Diode	Simscape → Electrical → Specialized Power Systems → Fundamental Blocks → Power Electronics
Pulsgenerator	Simulink → Sources
Serien-RLC-Zweig	Simscape → Electrical → Specialized Power Systems → Fundamental Blocks → Elements
Spannungsmessung	Simscape → Electrical → Specialized Power Systems → Control & Measurements → Measurements
Scope (Oszilloskop)	Simulink → Commonly Used Blocks

17.6 Modellierung von Wandlern

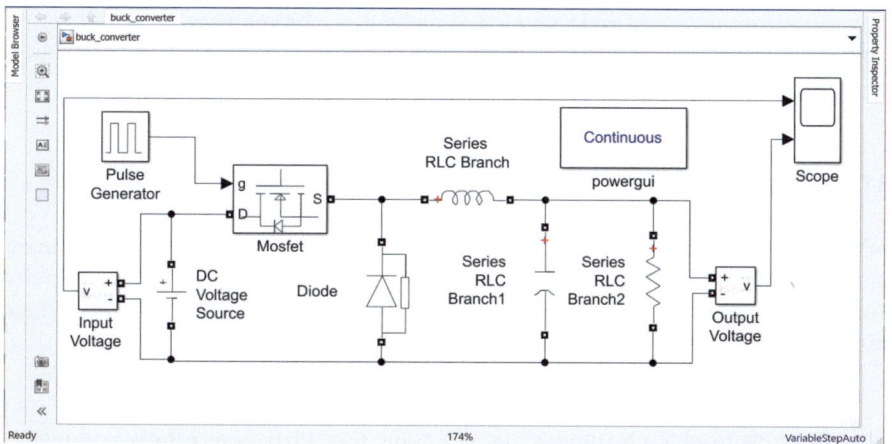

Abb. 17.69 Buck-Wandler in Simulink

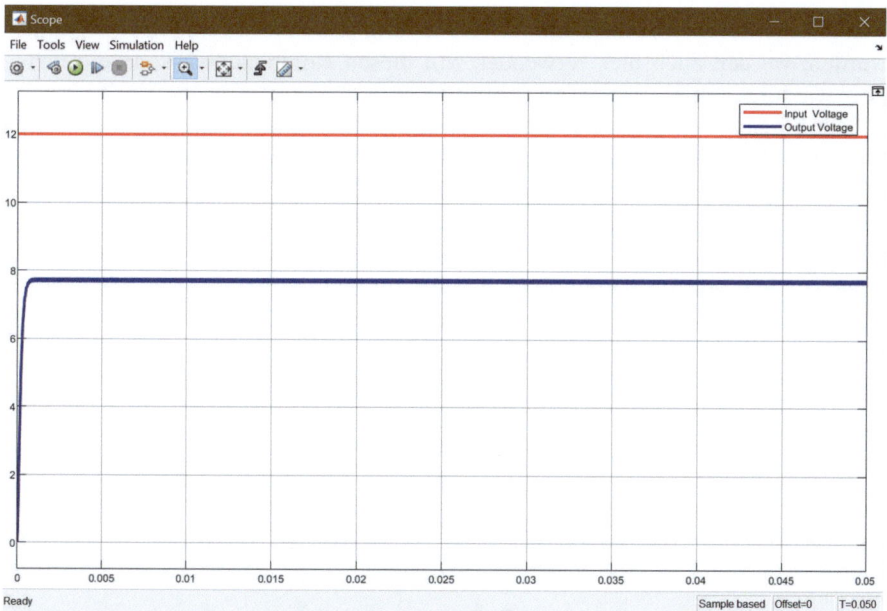

Abb. 17.70 Reaktion des Abwärtswandlers im Scope

Die Ausgangsspannung beträgt nicht genau 8 V. Das liegt daran, dass es einige Spannungsabfälle in anderen Schaltkomponenten (wie dem MOSFET oder der Diode) gibt. Beispielsweise sinkt die Ausgangsspannung aufgrund einer Standard-Vorwärtsspannung von 0,8 V in der Diode. Um das zu verifizieren, muss die

Vorwärtsspannung der Diode von 0,8 V auf einen Minimalwert (z. B. 0,1 V) geändert werden. Die Ausgangsspannung liegt näher an 8 V, da der Spannungsabfall über die Diode verringert wurde.

17.6.1.2 Boost-Wandler

Wie der Name schon sagt, liefert ein Boost-Wandler eine höhere Gleichspannung als die Quell-Gleichspannung. Für eine Eingangsspannung von V_s, die auf eine Ausgangsspannung von V_a erhöht werden soll, mit einem Impuls mit Tastverhältnis k am Gate des Transistors, lautet die Formel:

$$V_a = (1 - k)\, V_s$$

Bei einer gewünschten Spannung von 5 V sollte daher bei einer Eingangsspannung von 15 V das Tastverhältnis für den Transistor sein:

$$k = 1 - \frac{5}{15} = 0{,}667 \text{ s}$$

Die gleichen Komponenten, die zur Gestaltung des Abwärtswandlers verwendet wurden, werden auch hier verwendet. Mit diesen Komponenten kann die Schaltung wie folgt aufgebaut werden (Abb. 17.71).

Die Eingangs-Gleichspannung wird von 5 V auf 15 V erhöht, mit einer Amplitude von 1, einer Impulsperiode von $\frac{1}{10.000}$ s und einer Impulsbreite von 66,67 % am Impulsgenerator. Der Wert des Induktors wird mit 333 mH festgelegt, der Kondensator mit 10 µF und der Widerstand mit 500 Ω. Nachdem die Simulation für 0,2 s durchgeführt wurde, zeigt sich, dass die Ausgangsspannung nahezu 15 V beträgt. Ähnlich wie im vorherigen Fall hilft ein kleiner Spannungsabfall über die

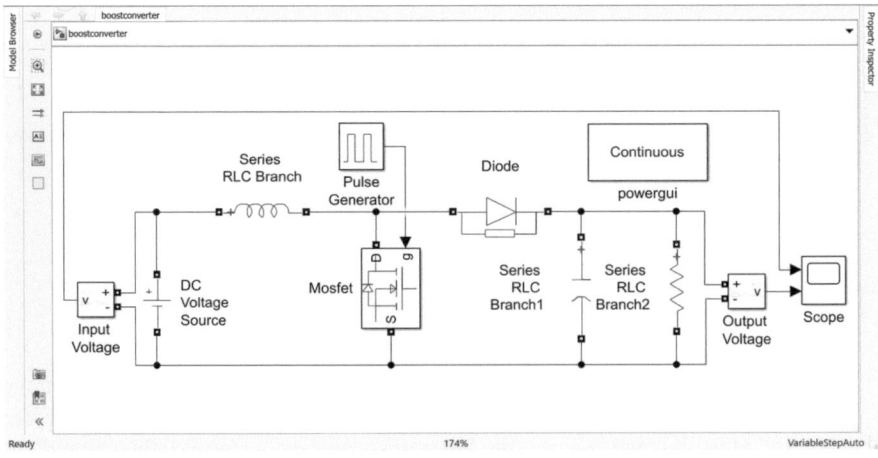

Abb. 17.71 Boost-Wandler in Simulink

17.6 Modellierung von Wandlern

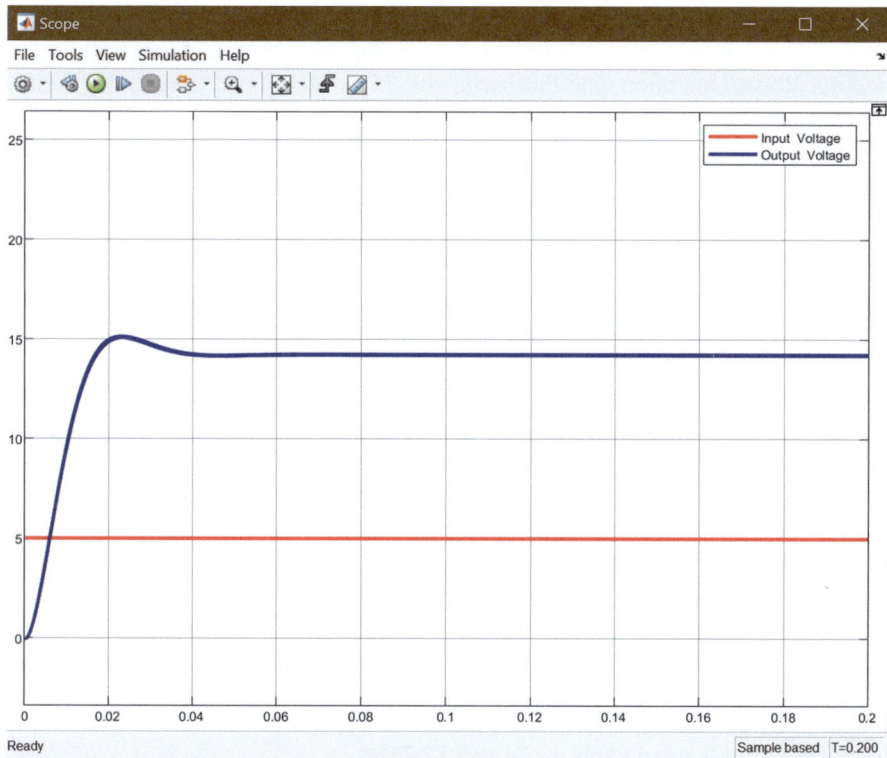

Abb. 17.72 Reaktion des Boost-Wandlers im Scope

Diode, wenn dieser durch Reduzierung der Vorwärtsspannung minimiert wird, die Ausgangsspannung auf 15 V zu erhöhen (Abb. 17.72).

17.6.1.3 Buck-Boost-Wandler

Der Buck-Boost-Wandler ändert die Eingangs-Gleichspannung abhängig von der Pulsbreite (Tastverhältnis) des Pulses. Wenn der Puls zwischen 1–50 % liegt, arbeitet der Wandler als Buck-Wandler. Wenn der Puls zwischen 51–100 % liegt, arbeitet der Wandler als Boost-Wandler. Eine besondere Eigenschaft des Buck-Boost-Wandlers ist, dass er die Polarität der Ausgangsspannung umkehrt. Für eine Quellenspannung von V_s kann die Ausgangsspannung V_a in Bezug auf das Tastverhältnis k wie folgt dargestellt werden:

$$V_a = -V_s * \frac{k}{1-k}$$

In diesem Beispiel wird eine Quellenspannung von 10 V betrachtet. Um die Buck-Operation zu demonstrieren, wird eine Pulsbreite von 25 % und zur Demonstration der Boost-Operation eine Pulsbreite von 75 % verwendet. Gemäß der Formel ergeben sich die Ausgangsspannungen:

Für $k = 0{,}25$,

$$V_a = -10\,\text{V} * \frac{0{,}25}{1 - 0{,}25} = -3{,}33\,\text{V}$$

Für $k = 0{,}75$,

$$V_a = -10\,\text{V} * \frac{0{,}75}{1 - 0{,}75} = -30\,\text{V}$$

Das negative Vorzeichen zeigt an, dass die Ausgangsspannung in entgegengesetzter Richtung zur Eingangsspannung verläuft.

Die gleichen Komponenten, die zur Gestaltung des Buck-Wandlers verwendet wurden, werden auch in dieser Simulation angewandt (Abb. 17.73).

Hier wird eine Eingangs-Gleichspannung von 10 V als Eingang für den Wandler verwendet. Ein 10 mH Induktor, ein 500 μF Kondensator und ein 10 Ω Widerstand werden verwendet. Ein Puls mit einer Amplitude von 1, einer Pulsperiode von $\frac{1}{10.000}$ s, wird zuerst mit 25 % Pulsbreite für eine Ausgangsspannung von $-3{,}33$ V (Buck-Betrieb) und dann mit 75 % Pulsbreite für eine Ausgangsspannung von -30 V (Boost-Betrieb) am Gate des MOSFET bereitgestellt. Nach dem Ausführen der Simulation für 0,1 s können die Ausgänge für beide Pulsbreiten wie folgt dargestellt werden (Abb. 17.74 und 17.75):

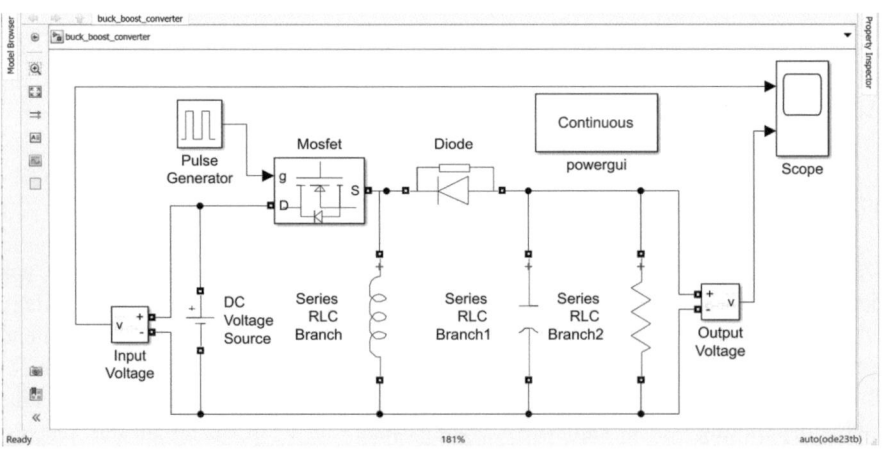

Abb. 17.73 Buck-Boost-Wandler in Simulink

17.6 Modellierung von Wandlern

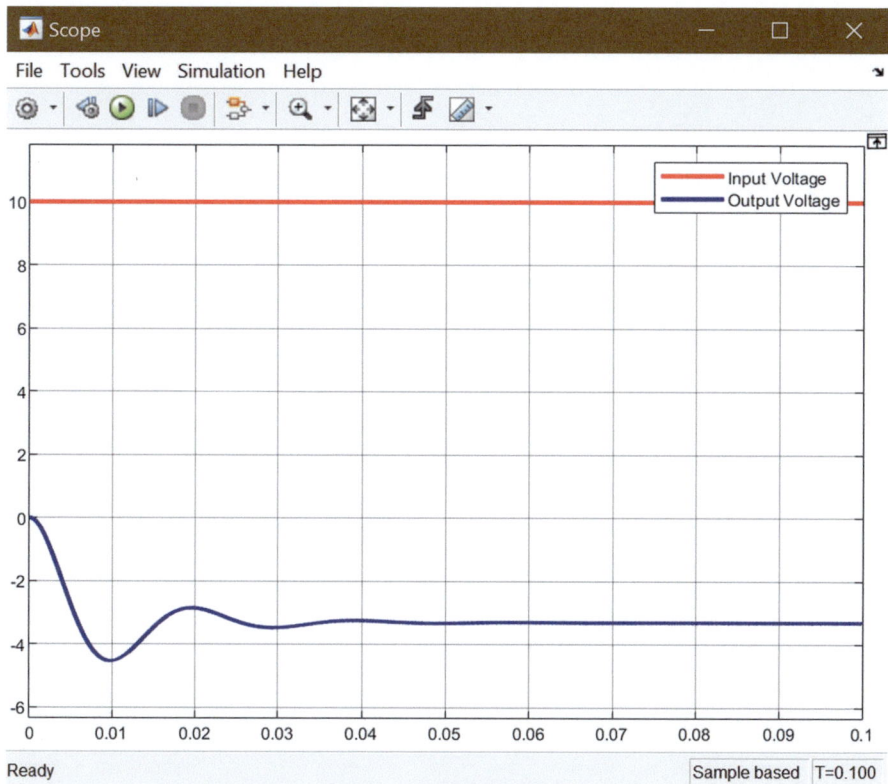

Abb. 17.74 Reaktion der Buck-Operation im Scope-Fenster

17.6.2 Modell des DC-AC-Wandlers

DC-AC-Wandler werden als Wechselrichter bezeichnet, da sie das eingehende DC-Signal in ein festes oder variables AC-Ausgangssignal umwandeln. Wechselrichter können entweder Spannungsquelle oder Stromquelle sein und invertieren entsprechend entweder Spannung oder Strom. Es werden i. d. R. PWM-Signale verwendet, um den Verstärkungsfaktor des Wechselrichters zu variieren und so ein Ausgangssignal der gewünschten Größe oder Frequenz zu erhalten. Die ideale Ausgangswellenform sollte sinusförmig sein. Aufgrund von Harmonischen (niederfrequente Komponenten des Grundsignals) oder Rauschen von externen oder internen Quellen kann es schwer sein, einen rein sinusförmigen Ausgang zu erhalten. Aus diesem Grund gibt es verschiedene Wechselrichterschemata, um Harmonische zu minimieren. In diesem Unterabschnitt wird das grundlegende Layout von Einphasen- und Dreiphasen-Wechselrichtern gezeigt, ohne tiefer in die Materie einzutauchen.

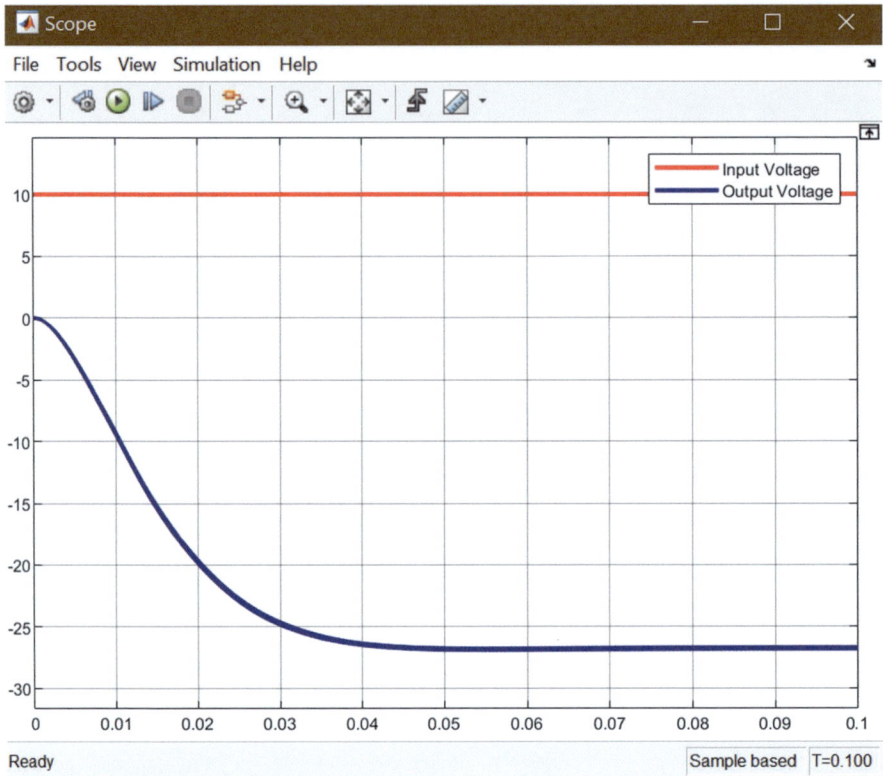

Abb. 17.75 Reaktion der Boost-Operation im Scope-Fenster

17.6.2.1 Einphasiger Halbwellen-Brückenumrichter

Ein einphasiger Halbwellen-Umrichter ist ein Spannungsquellen-Brückenumrichter, der mit zwei Steuergeräten ausgestattet ist. Eines der Geräte bleibt für die eine Hälfte der Zeitperiode im eingeschalteten Zustand, das andere für die andere Hälfte. In der in Abb. 17.76 gezeigten Konfiguration wurden zwei „IGBT/Diode"-Blöcke verwendet, da sowohl IGBT als auch eine antiparallele Diode enthalten sind. Zwei Gleichstromquellen oder Dreileiter-Gleichstromquellen oder zwei Kondensatoren werden zusätzlich in dieser Konfiguration verwendet. Die anderen Blöcke, die in dieser Konfiguration verwendet werden, sind in der Tab. 17.11 dargestellt.

Eine Gleichspannungsquelle von 48 V mit zwei Kondensatoren von jeweils 100 mF wird intergiert. Ein kleiner Widerstand von 1 Ω ist in Serie mit der Gleichspannungsquelle verbunden, da das direkte Verbinden eines Kondensators mit einer Gleichspannungsquelle die Quelle zunächst kurzschließen würde. Für den Schaltkreis wird ein Lastwiderstand von 5 Ω berücksichtigt. Zwei Pulse werden an die Gates der beiden IGBTs gegeben, einer direkt verbunden und der andere mit einem „NOT"-logischen Operator in der Mitte. Die Amplitude des Puls-

17.6 Modellierung von Wandlern

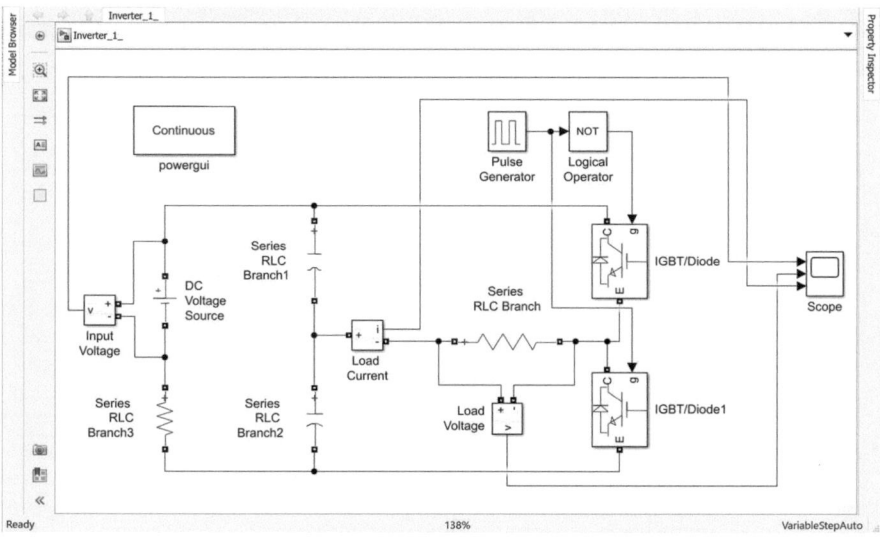

Abb. 17.76 Simulink-Diagramm eines einphasigen Halbwellen-Brückenumrichters

Tab. 17.11 Blöcke und Navigationswege zur Gestaltung eines einphasigen Halbwellen-Brückenumrichters

Name des Blocks	Navigationsroute
Powergui	Simscape → Electrical → Specialized Power Systems → Fundamental Blocks
Gleichspannungsquelle	Simscape → Electrical → Specialized Power Systems → Fundamental Blocks → Electrical Sources
IGBT/Diode	Simscape → Electrical → Specialized Power Systems → Fundamental Blocks → Power Electronics
Pulsgenerator	Simulink → Sources
Logischer Operator	Simulink → Logic and Bit Operations
Serien-RLC-Zweig	Simscape → Electrical → Specialized Power Systems → Fundamental Blocks → Elements
Spannungsmessung	Simscape → Electrical → Specialized Power Systems → Control & Measurements → Measurements
Strommessung	Simscape → Electrical → Specialized Power Systems → Control & Measurements → Measurements
Scope (Oszilloskop)	Simulink → Commonly Used Blocks

generators beträgt 12, mit einer Periode von 0,0167 s, einer Pulsdauer von 50 % und ohne Phasenverzögerung. Beim Anschluss des Schaltkreises muss die Polarität der Messgeräte übereinstimmen, da eine Änderung die Wellenformen mit der gleichen Größe und Frequenz, aber in entgegengesetzter Richtung anzeigen kann. Die Eingangs-Gleichspannung und die Ausgangswellenformen von Spannung und Strom sind in Abb. 17.77 dargestellt.

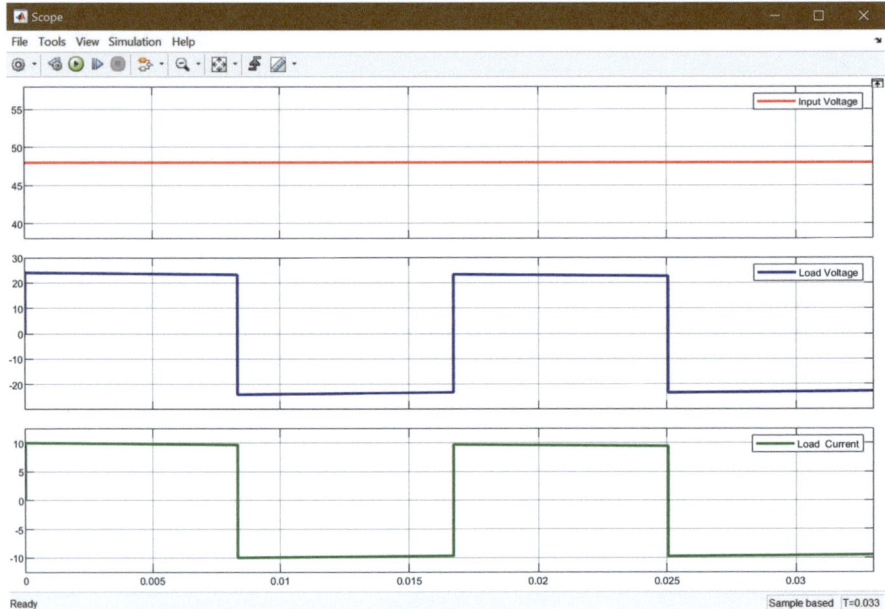

Abb. 17.77 Eingangsspannung, Lastspannung und Laststrom des einphasigen Halbwellen-Brückenumrichters im Scope

17.6.2.2 Einzelpuls-Vollwellen-Inverter

Im Gegensatz zu einem Einzelpuls-Halbwellen-Inverter kann der Vollwellen-Inverter ohne Kondensatoren mit Zwei-Draht-Gleichspannungsquellen verwendet werden. Allerdings erfordert die Einrichtung die Verwendung von vier Steuergeräten mit antiparallelen Dioden, wobei die Gate-Impulse in der in Abb. 17.78 gezeigten Reihenfolge erfolgen. Unter Verwendung der gleichen Komponenten, wie für den Halbwellen-Inverter (außer den Kondensatoren), wird die Konfiguration wie folgt verbunden.

Die Spannungsquelle beträgt 48 V und der Lastwiderstand 5 Ω. Die Parameter für den Impulsgenerator sind denen beim Halbwellen-Inverter ähnlich. Die Eingangsspannung, Lastspannung und der Strom sind im Scope (Abb. 17.79) sichtbar.

17.6.2.3 Dreiphasen-Inverter

Ein Dreiphasen-Inverter wandelt eine Gleichspannung in eine dreiphasige Wechselstromversorgung um, indem er sechs Steuergeräte mit sechs verschiedenen Impulsen verwendet. Jeder Arm des Inverters kann entweder um 120° oder 180° verzögert werden, um die dreiphasige Ausgabe zu erhalten. In der in Abb. 17.80 gezeigten Einrichtung wird der 180°-Leitungsmodus verwendet, bei

17.6 Modellierung von Wandlern

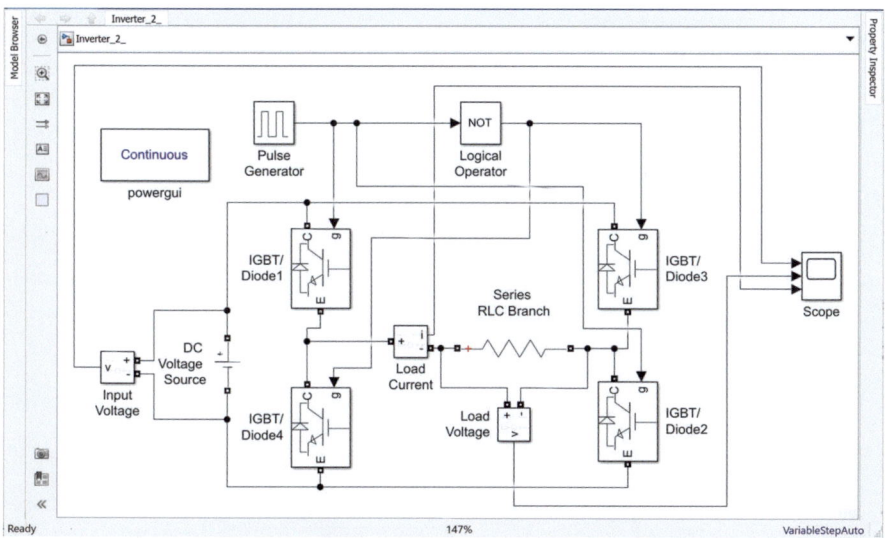

Abb. 17.78 Simulink-Diagramm eines Einzelpuls-Vollwellen-Inverters

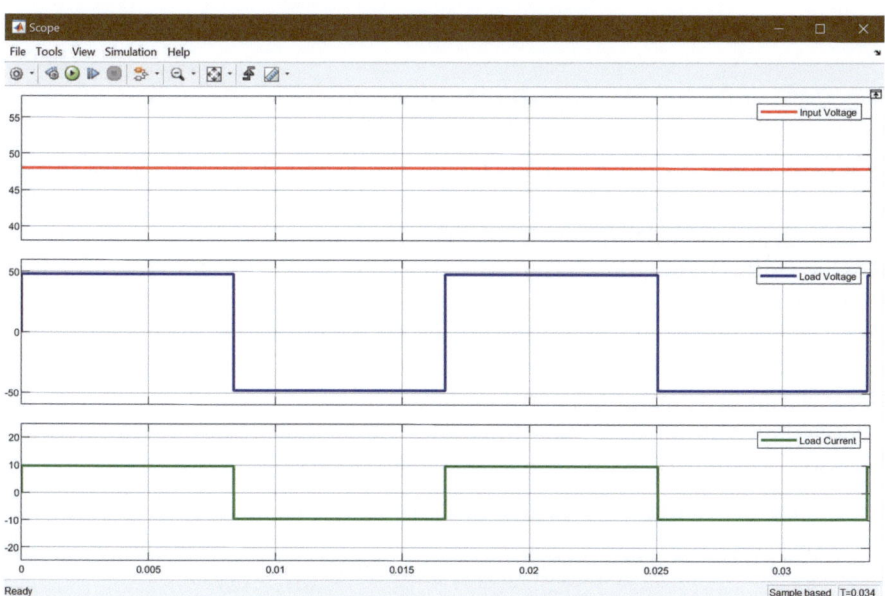

Abb. 17.79 Simulink-Diagramm eines Einzelpuls-Vollwellen-Inverters

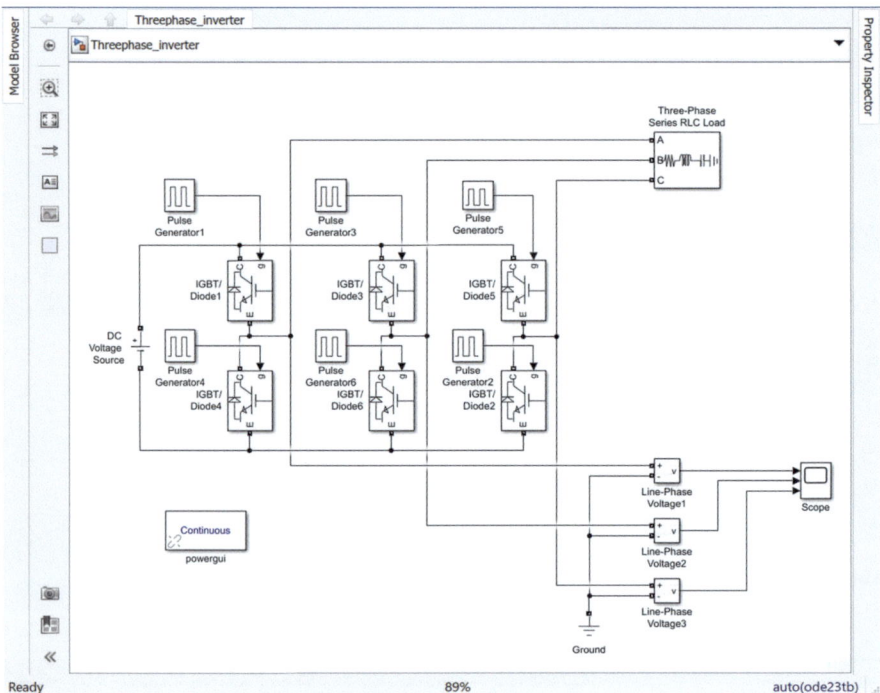

Abb. 17.80 Simulink-Diagramm eines Dreiphasen-Inverters

dem jedes der Steuergeräte in einem Intervall von 60° aktiviert wird. Die Liste der in dieser Simulation verwendeten Komponenten ist in Tab. 17.12 aufgeführt.

Eine Eingangs-Gleichspannung von 48 V wird mit einer **"Three-Phase Series RLC Load" (Dreiphasen-Serien-RLC-Last)** bereitgestellt. Die Blöcke „IGBT/ Diode" und **"Pulse Generator" (Pulsgenerator)** sollten in der Reihenfolge platziert werden, wie sie im Bild gezeigt sind. Da jeder Puls mit einer Verzögerung von 60° erfolgt, wird in jedem Signal eine variierende Pulsbreite bereitgestellt. Für alle sechs Pulsgeneratorblöcke ist die Amplitude auf 1 eingestellt, die Periode auf $\frac{1}{60}$ s (da die Frequenz als 60 Hz betrachtet wird) und die Pulsbreite als 50 %. Die Phasenverzögerung für jeden Puls variiert folgendermaßen:

Für **"Pulse Generator 1" (Pulsgenerator 1)** beträgt die **"phase delay" (Phasenverzögerung)** $0 * \left(\frac{1}{60}\right) * \left(\frac{1}{360}\right)$.

Für „Puls Generator 2" beträgt die phase delay $60 * \left(\frac{1}{60}\right) * \left(\frac{1}{360}\right)$.

Für „Puls Generator 3" beträgt die phase delay $120 * \left(\frac{1}{60}\right) * \left(\frac{1}{360}\right)$.

Für „Puls Generator 4" beträgt die phase delay $180 * \left(\frac{1}{60}\right) * \left(\frac{1}{360}\right)$.

Für „Puls Generator 5" beträgt die phase delay $240 * \left(\frac{1}{60}\right) * \left(\frac{1}{360}\right)$.

Für „Puls Generator 6" beträgt die phase delay $300 * \left(\frac{1}{60}\right) * \left(\frac{1}{360}\right)$.

Die Leitung-zu-Phase-Spannung wird für jeden Arm mit dem Block **"Voltage Measurement" (Spannungsmessung)** und **"Scope" (Oszilloskop)** gemessen.

17.6 Modellierung von Wandlern

Tab. 17.12 Blöcke und Navigationsrouten für die Gestaltung eines Dreiphasen-Inverters

Name des Blocks	Navigationsroute
Powergui	Simscape → Electrical → Specialized Power Systems →Fundamental Blocks
Gleichspannungsquelle	Simscape → → Electrical → Specialized Power Systems →Fundamental Blocks → Electrical Sources
IGBT/Diode	Simscape → → Electrical → Specialized Power Systems →Fundamental Blocks → Power Electronics
Impulsgenerator	Simulink → Sources
Dreiphasen-Reihen-RLC-Last	Simscape → → Electrical → Specialized Power Systems →Fundamental Blocks → Elements
Spannungsmessung	Simscape →→ Electrical → Specialized Power Systems →Fundamental Blocks → Measurements
Scope (Oszilloskop)	Simulink → Commonly Used Blocks

Abb. 17.81 zeigt, dass die Spannungen in drei Stufen auftreten, entsprechend dem äquivalenten Widerstand der Y-(geerdeten) Last. Es sind Spitzen im ersten Teil der Wellen sichtbar, die auf die internen Parameter der Dioden zurückzuführen sind, die für dieses Beispiel als vernachlässigbar betrachtet werden können. Solche Wechselrichter werden weitgehend in Hochspannungsanwendungen und elektrischen Maschinen in der Industrie eingesetzt.

17.6.3 Modell des AC-DC-Wandlers

In den vorherigen Abschnitten wurde die AC-DC-Umwandlung mit ungesteuerten Gleichrichtern demonstriert. Steuergeräte, wie Thyristoren und GTOs, kamen zur Anwendung. Mithilfe einer ähnlichen Einrichtung können die AC-DC-Wandler für einphasige und dreiphasige Vollwellen-AC-Signale modelliert werden, die in eine DC-Spannung umgewandelt werden sollen. Diese AC-DC-Wandler werden in der Geschwindigkeitsregelung von Motoren, beim Entwerfen von unterbrechungsfreien Stromversorgungen und beim Laden von Energiespeichersystemen eingesetzt.

17.6.3.1 Einphasiger Vollwellenkonverter

Für die Konstruktion eines einphasigen Vollwellenkonverters werden vier Thyristoren benötigt. In Tab. 17.13 sind die Komponenten aufgelistet, die für die Konstruktion des Konverters verwendet werden.

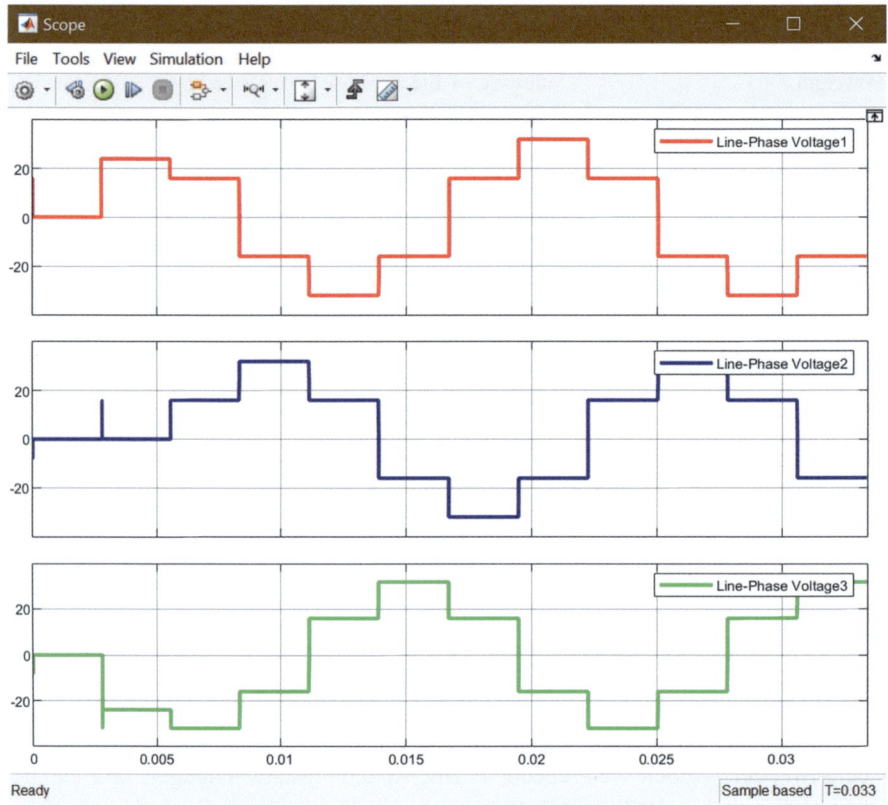

Abb. 17.81 Antwort eines Dreiphasen-Wechselrichters im Scope

In diesem Beispiel wird ein Paar der Thyristoren in einem Winkel von 45°, das andere Paar in einem Winkel von 225° ausgelöst. Eine Wechselspannungsquelle mit 110 V bei 60 Hz wird verwendet und eine R-Last von 5 Ω Widerstand ist als Last ausgewählt (Abb. 17.82).

In jedem Pulsgenerator wird eine Amplitude von 1, eine Periode von $\frac{1}{60}$ s und eine Pulsdauer von 5 % angegeben. Die Phasenverzögerung für jeden Pulsgenerator wird wie folgt angegeben:

Für den „Pulse Generator 1" beträgt die phase delay $45 * \left(\frac{1}{60}\right) * \left(\frac{1}{360}\right)$.

Für den „Pulse Generator 2" beträgt die phase delay $225 * \left(\frac{1}{60}\right) * \left(\frac{1}{360}\right)$.

Aus dem Ausgangssignalverlauf ist zu erkennen, dass eine gesteuerte Gleichspannungsausgangsspannung mit der gleichen Größe entsteht. Durch Änderung des Zündwinkels für die Thyristoren ist es möglich, den Signalverlauf nach Wunsch für die Anwendung zu variieren (Abb. 17.83).

17.6 Modellierung von Wandlern

Tab. 17.13 Blöcke und Navigationsrouten für die Konstruktion eines einphasigen Vollwellenkonverters

Name des Blocks	Navigationsroute
Powergui	Simscape → Electrical → Specialized Power Systems → Fundamental Blocks
AC Spannungsquelle	Simscape → Electrical → Specialized Power Systems → Fundamental Blocks → Electrical Sources
Thyristor	Simscape → Electrical → Specialized Power Systems → Fundamental Blocks → Power Electronics
Puls Generator	Simulink → Sources
Serien RLC Zweig	Simscape → Electrical → Specialized Power Systems → Fundamental Blocks → Elements
Spannungsmessung	Simscape → Electrical → Specialized Power Systems → Control & Measurements → Measurements
Scope (Oszilloskop)	Simulink → Commonly Used Blocks

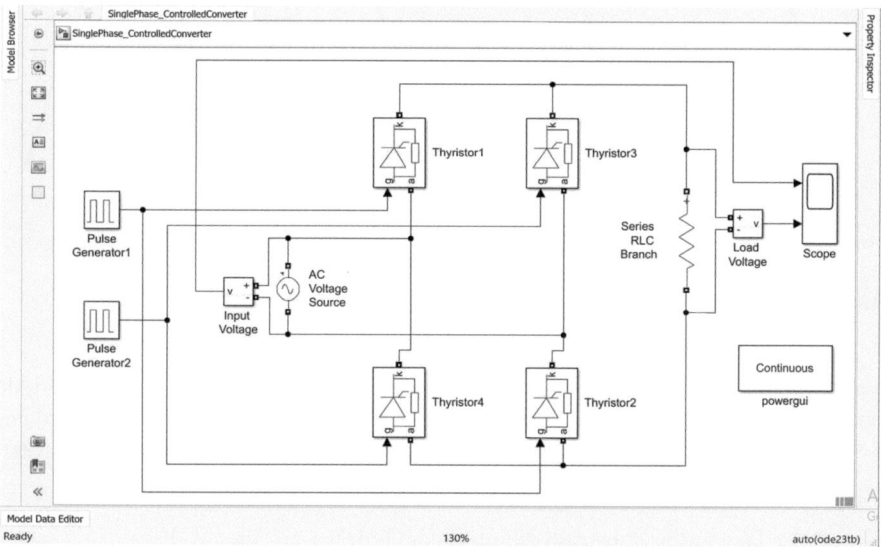

Abb. 17.82 Simulink-Diagramm eines einphasigen Vollwellenkonverters

17.6.3.2 Dreiphasen-Vollwellenkonverter

Ähnlich wie ein Einphasenkonverter wandelt der Dreiphasenkonverter einen dreiphasigen Wechselstromeingang in eine geregelte Gleichstromausgangsspannung um, die von drei Thyristorpaaren gesteuert wird. Zur Demonstration eines solchen Konverters werden die gleichen Komponenten wie beim Einphasen-Vollkonverter verwendet: drei Wechselspannungsquellen mit 220 V und 60 Hz, mit einer Phase von jeweils 0, 120 und 240. Eine 1-Ω-R-Last wird verwendet, um die Ausgangsspannung

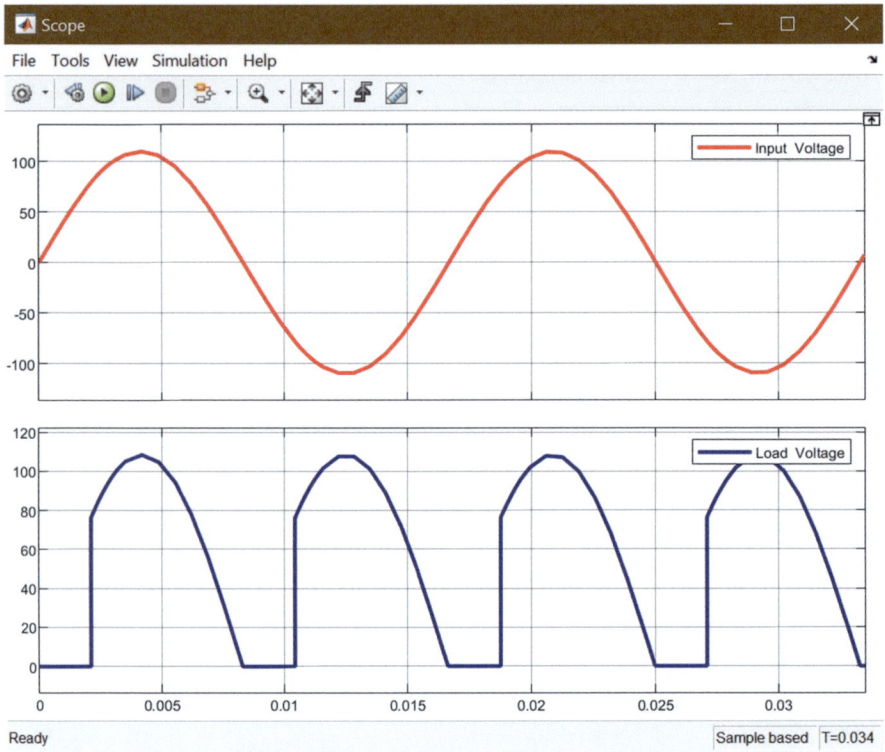

Abb. 17.83 Reaktion eines einphasigen Vollwellenkonverters im Scope

zu sehen. In jedem „Pulsgenerator" wird die Amplitude auf 1 eingestellt, die Periode wird auf $\frac{1}{60}$ s eingestellt, da die Systemfrequenz 60 Hz beträgt. Die Pulsbreite wird auf 5 % eingestellt. Die Phasenverzögerung für jeden der Pulsgeneratoren lautet wie folgt.

Für „Pulse Generator 1" beträgt die phase delay $45 * \left(\frac{1}{60}\right) * \left(\frac{1}{360}\right)$.

Für „Pulse Generator 2" beträgt die phase delay $165 * \left(\frac{1}{60}\right) * \left(\frac{1}{360}\right)$.

Für „Pulse Generator 3" beträgt die phase delay $285 * \left(\frac{1}{60}\right) * \left(\frac{1}{360}\right)$.

Die Schaltung wird in Abb. 17.84 gezeigt.

Die Simulation mit 0,0335 s zeigt eine Ausgangswellenform wie in Abb. 17.85. Die dreiphasige Eingangsspannung wird in eine geregelte Gleichstromausgangsspannung umgewandelt, die weiterhin durch Änderung der Phasenverzögerung in jedem Pulsgenerator gesteuert werden kann (Abb. 17.85).

17.6 Modellierung von Wandlern

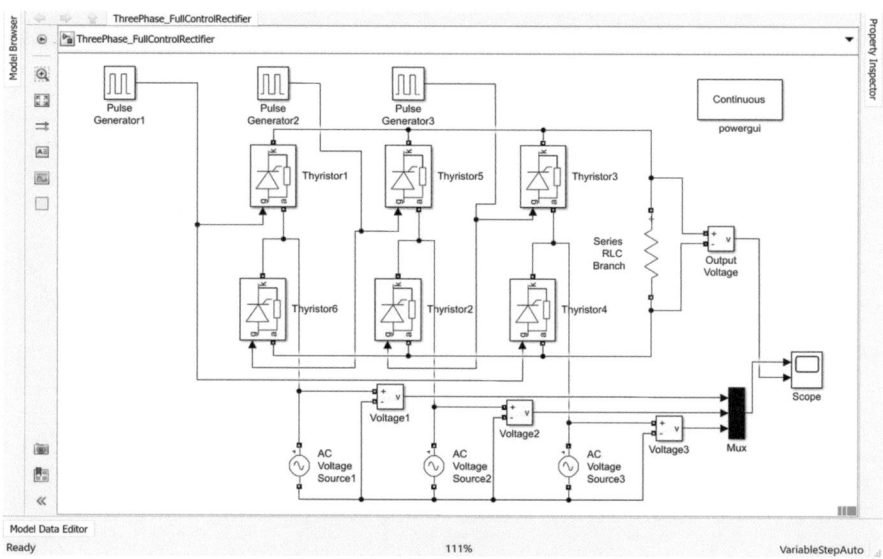

Abb. 17.84 Simulink-Diagramm eines Dreiphasen-Vollwellenkonverters

17.6.4 Modell des AC-AC-Konverters

AC-AC-Konverter wandeln die Größe und Frequenz einer Wechselstromeingangsspannung nach Wunsch um. Elektrische Transformatoren erfüllen denselben Zweck, indem sie eine Eingangs-Wechselspannung entweder „hoch-" oder „heruntertransformieren", wobei die Frequenz gleich bleibt. Der wesentliche Unterschied zwischen einem Konverter und einem Transformator liegt in der Methode der Wechselstromumwandlung. Bei Konvertern wird ein Eingangssignal in die Form des gewünschten Ausgangs zerlegt, aber im Falle eines Transformators wird die Länge der Eingangswelle modifiziert, ohne die Eingangswellenform zu ändern. Darüber hinaus können Konverter die Eingangsfrequenz modifizieren, während Transformatoren die Frequenz nicht ändern können. Da Transformatorblöcke (abhängig vom Wicklungsverhältnis) leicht das Spannungsniveau variieren können, geht es hier um den Konverter, der die Frequenz der Eingangs-Wechselspannung anpasst. Es gibt typischerweise drei Arten von Cycloconvertern: Einphasen-, Dreiphasen-zu-Einphasen- und Dreiphasen-zu-Dreiphasen-Cycloconverter. Da die Struktur der Dreiphasen-Cycloconverter leicht über den Einsatz von drei Einphasen-Cycloconvertern verstanden werden kann, wird im folgenden Abschnitt nur der Einphasen-Cycloconverters vorgestellt.

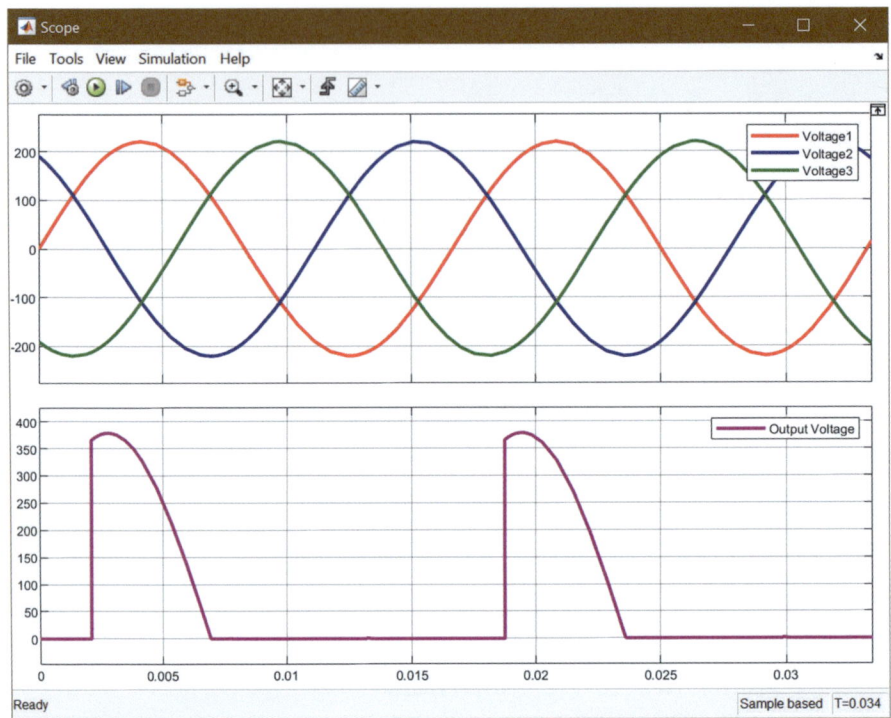

Abb. 17.85 Antwort eines Dreiphasen-Vollwellenkonverters im Scope-Fenster

17.6.4.1 Einphasiger Cycloconverter

Cycloconverter sind AC-AC-Wandler, die AC-Signale einer bestimmten Frequenz und Spannung in eine andere Frequenz und Spannung umwandeln. Abb. 17.86 zeigt einen einphasigen Cycloconverter. Die für die Modellierung des Wandlers verwendeten Komponenten sind in Tab. 17.14 aufgelistet.

In diesem System beträgt die Spannung der AC-Spannungsquelle 220 V und 60 Hz. Zwei Sets von Wandlern, P- und N-Wandler, sind in diesem einphasigen Cycloconverter mit vier idealen Schaltern kombiniert. Der linke Teil des Cycloconverters, bestehend aus den Thyristoren 1–4, wird als P-Wandler bezeichnet. Er liefert die positiven Halbwellen der Eingangswelle. Der rechte Teil des Cycloconverters, bestehend aus den Thyristoren 5–8, wird als N-Wandler bezeichnet. Er liefert die negativen Halbwellen der Eingangswelle. In dieser Schaltung werden drei Pulsgeneratoren verwendet: „Pulse Generator 1" liefert einen Impuls an den P-Wandler, „Pulsgenerator 2" an den N-Wandler und „Pulse Generator 3" und sein entgegengesetzter Impuls durch den logischen Operator „NOT" werden in den **„Ideal Switch 1 (Idealen Schalter 1)** bis **„Ideal Switch" (Idealen Schalter 4)** eingespeist.

17.6 Modellierung von Wandlern

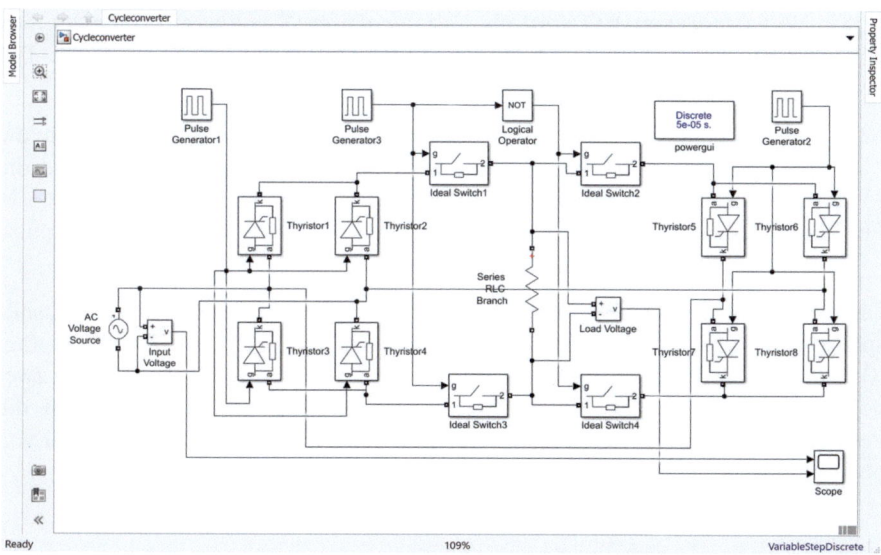

Abb. 17.86 Simulink-Diagramm eines einphasigen Cycloconverters

Tab. 17.14 Blöcke und Navigationswege zur Modellierung des einphasigen Cycloconverters

Name des Blocks	Navigationsroute
Powergui	Simscape → Electrical → Specialized Power Systems → Fundamental Blocks
AC-Spannungsquelle	Simscape → Electrical → Specialized Power Systems → Fundamental Blocks → Electrical Sources
Thyristor	Simscape → Electrical → Specialized Power Systems → Fundamental Blocks → Power Electronics
Idealer Schalter	Simscape → Electrical → Specialized Power Systems → Fundamental Blocks → Power Electronics
Pulsgenerator	Simulink → Sources
Logischer Operator	Simulink → Häufig verwendete Blöcke
Serien-RLC-Zweig	Simscape → Electrical → Specialized Power Systems → Fundamental Blocks → Elements
Spannungsmessung	Simscape → Electrical → Specialized Power Systems → Fundamental Blocks → Masurements
Scope (Oszilloskop)	Simulink → Commonly Used Blocks

Ein Widerstand von 1 Ω wird als Last für diesen Schaltkreis verwendet. Der powergui-Block wurde auf „Diskret" mit der Standardabtastzeit geändert. Die Parameter für die Pulsgeneratoren lauten:

Für „Pulse Generator 1" und „Pulse Generator 2" beträgt die Amplitude 1, die **„period" (Periode)** 0,00835 s, die **„pulse width" (Pulsbreite)** 50 % und die **„phase delay" (Phasenverzögerung)** 0.

Für „Pulse Generator 3" beträgt die Amplitude 1, die period 0,0334, die pulse witdh 50 % und die phase delay 0.

Die Periode in „Pulse Generator 3" ist ein Vielfaches von 0,0167, da die Quellspannung 60 Hz beträgt. Wenn die Periode das Doppelte von 0,0167 beträgt (0,0334, was in diesem Beispiel verwendet wird), werden zwei positive und zwei negative Halbwellen als Ausgangswellenform erzeugt (Abb. 17.87). Wenn die Periode erhöht wird, wird die Ausgangswellenform auch eine erhöhte Anzahl von positiven und negativen Zyklen aufweisen.

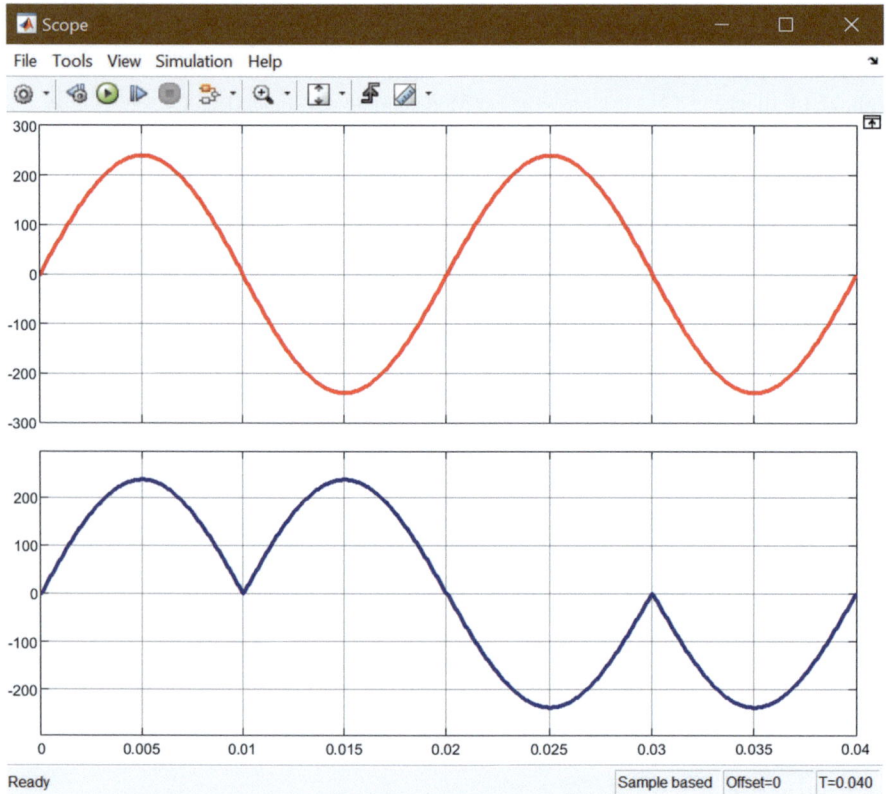

Abb. 17.87 Antwort eines einphasigen Cycloconverters im Scope

17.7 Schlussfolgerung

Leistungselektronik ist eine wichtige Komponente im Bereich der Elektrotechnik, da sie als Schnittstelle die Lücke zwischen Niedrigleistungs- und Hochleistungsanwendungen schließt. In diesem Kapitel wurden grundlegende Komponenten der Leistungselektronik wie Dioden, Bipolartransistoren, MOSFETs, IGBTs, GTOs und Operationsverstärker vorgestellt und ihre Eigenschaften mit Simulink demonstriert. Zwischenkonzepte der Leistungsrahmentransformation und der phasengesperrten Schleife wurden kurz anhand von Beispielen erklärt, damit die Leser mit den fortgeschrittenen Konzepten der flexiblen Wechselstromübertragungssysteme arbeiten können. Die Modellierung von DC-DC-Wandlern und Schaltreglern, Wechselrichtern, AC-DC-Wandlern und AC-AC-Zyklokonvertern mit geführten Simulationen helfen, die Leistungen zu unterscheiden und den für die Anwendungen am besten geeigneten Wandler auszuwählen.

Aufgabe 17

1. a) Nennen Sie Anwendungen der Diode.
   b) Nennen Sie die wesentlichen Unterschiede zwischen Einphasen-Halbwellen- und Einphasen-Vollwellengleichrichtern.
   c) Entwerfen Sie einen Einphasen-Vollwellengleichrichter mit i) zwei Dioden und ii) vier Dioden, der eine Eingangsspannung von 220 V aufnimmt und eine Ausgangsspannung von 24 V liefert.
   d) Replizieren Sie den Dreiphasen-Vollwellengleichrichter mit i) RL- und ii) RC-Last. Ändern Sie die Werte des Induktors und des Kondensators von niedrig auf hoch. Was sind die Auswirkungen dieser Variationen auf die Ausgangsspannung und den Strom?
2. a) Definieren Sie den Begriff „Transistor". Was ist der Unterschied zwischen einer Diode und einem Transistor?
   b) Demonstrieren Sie die BJT-Eigenschaften für i) NPN-Transistor bei einer Basis-Spannung von 0,004 V und ii) PNP-Transistor bei einer Basis-Spannung von $-0,004$ V.
3. a) Schreiben Sie die Formel zur Bestimmung der Ausgangsspannung des Op-Amp-Differentiator- und Integratorschaltkreises aus den Schaltungselementen auf.
   b) Entwerfen Sie eine Op-Amp-basierte Inverterschaltung mit geeigneten Widerständen, um eine Spannung von 50 V aus einer Eingangsspannung von 5 V zu erhalten.
   c) Entwerfen Sie eine Op-Amp-basierte Nicht-Inverterschaltung mit geeigneten Widerständen, um eine Spannung von 70 V aus einer Eingangsspannung von 7 V zu erhalten.
4. a) Was ist der Unterschied zwischen unkontrollierter und kontrollierter Gleichrichtung?

b) Führen Sie eine kontrollierte Gleichrichtung mit i) MOSFET mit einem Zündwinkel von 45° und 90° und ii) GTO mit Zündwinkel bei 45° bei einer Pulsdauer von 10 %, und mit einem Zündwinkel von 90° bei einer Pulsdauer von 25 % durch. Vergleichen Sie die Wellenformen für jeden Fall und erklären Sie die Geräteeigenschaften.

5. a) Replizieren Sie das Beispiel der Referenzrahmentransformation, das in Abschn. 17.5.1 gezeigt wird. Führen Sie eine Alpha-Beta-Zero- zu dq0-Transformation mit einem Simulink-Block durch und überprüfen Sie das Ergebnis anhand des im Beispiel angegebenen Ergebnisses.
  b) Entwerfen Sie einen Buck-Konverter, um eine geregelte Gleichspannung von 5 V aus einer Quelle von 24 V zu erhalten.
  c) Entwerfen Sie einen Boost-Konverter, um eine geregelte Spannung von 24 V aus einer Quelle von 5 V zu erhalten. Verwenden Sie beliebige Schaltungselemente.

6. a) Was sind die wichtigsten Anwendungen von AC-DC-Wandlern?
  b) Replizieren Sie das Dreiphasen-Inverter-Modell, das in Abschn. 17.6.2.3 gezeigt wird. Ändern Sie die Gleichspannung auf 24 V. Bestimmen Sie die Phasen-zu-Phasen-Spannung des Systems.
  c) Entwerfen Sie einen einphasigen Cycloconverter, wie er in Abschn. 17.6.4 erstellt wurde, der die Ausgangsspannung mit der gleichen Wellenform wie unten gezeigt erzeugt.

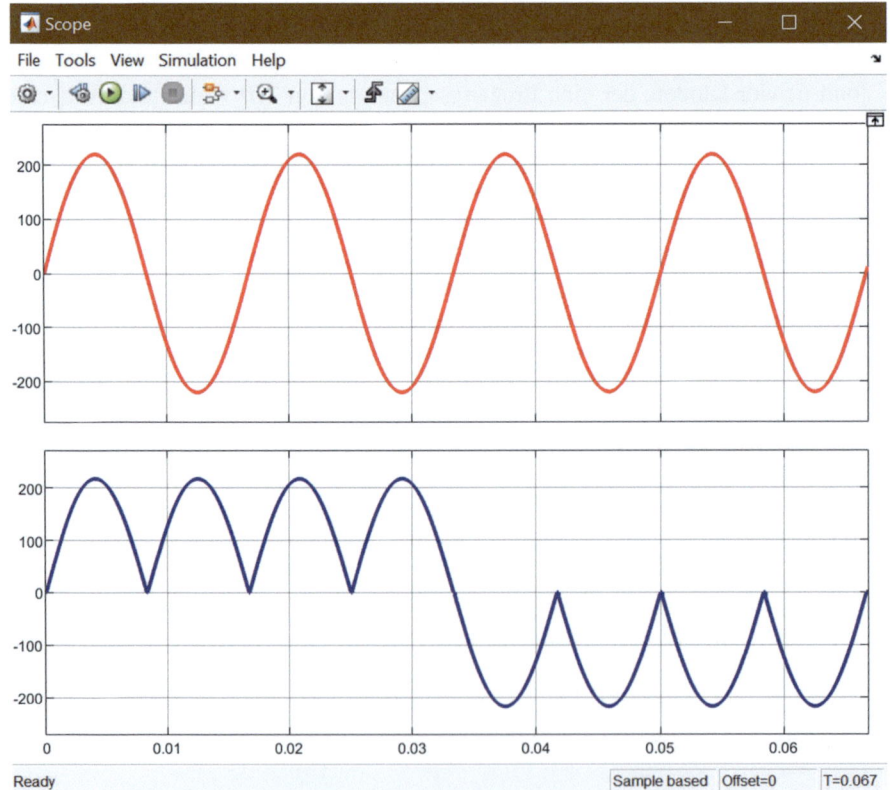

Kapitel 18
Simulink und erneuerbare Energietechnologien

18.1 Solarphotovoltaik

Solarenergie ist bei Stromsystemanwendungen eine der am häufigsten genutzten erneuerbaren Energien. Der Begriff „Photovoltaik" stammt aus der Kombination von zwei Begriffen – photonisch und voltage (Spannung). Solarphotovoltaik wandelt Sonnenlicht, d. h. Photonen, in Elektrizität um. Dieses Phänomen wird als „photovoltaischer Effekt" bezeichnet und gilt als das grundlegende Konzept hinter dem jüngsten Fortschritt der Solarphotovoltaik im Strombereich. Eine einzelne Photovoltaikzelle (kurz: PV-Zelle) kann eine bestimmte Gleichspannung und einen begrenzten Leistungswert erzeugen. Durch die Kombination mehrerer Zellen kann ein Array für den Einsatz in kleinen oder mittleren Bereichen gebildet werden. Für den Beitrag zu einem großflächigen Stromsystem werden Paneele verwendet, die durch die Kombination mehrerer Arrays entstehen.

18.1.1 Mathematisches Modell einer PV-Zelle

Um das mathematische Modell einer PV-Zelle zu verstehen, dient die folgende Darstellung einer einzelnen Solarzellenschaltung, die aus einer Stromquelle, zwei Photodioden und Widerständen besteht:

In der Schaltung (Abb. 18.1) wird der Strom der Stromquelle durch I_{ph} dargestellt, die beiden Dioden D1 und D2 sind parallel zur Stromquelle geschaltet. Der Parallelwiderstand wird als R_p bezeichnet und der Serienwiderstand wird durch R_s dargestellt. Der endgültige Ausgangsstrom aus dieser Solarzelle ist I, der durch die folgende mathematische Gleichung dargestellt werden kann:

$$I = I_{ph} - I_s \cdot (I_d - 1) - I_{s2} \cdot (I_{d2} - 1) \frac{V + I \cdot R_s}{R_P}$$

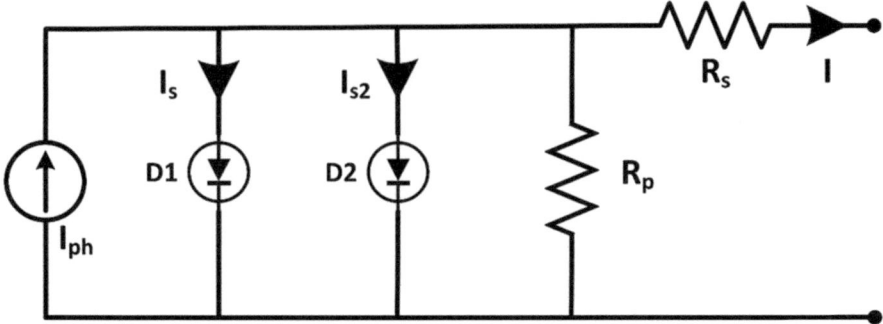

Abb. 18.1 Äquivalente Schaltung einer PV-Zelle

Hier, $I_d = e^{\frac{V+I \cdot R_s}{N \cdot V_t}}$; $I_{d2} = e^{\frac{V+I \cdot R_s}{N_2 \cdot V_t}}$ und, $V_t = \frac{kT}{q}$

Die endgültige Ausgangsleistung der Zelle kann durch die folgende Gleichung definiert werden:

$$\text{Power}, P = V \times I$$
$$= V \times \left[I_{ph} - I_s \cdot \left(e^{\frac{V+I \cdot R_s}{N \cdot V_t}} - 1 \right) - I_{s2} \cdot \left(e^{\frac{V+I \cdot R_s}{N_2 \cdot V_t}} - 1 \right) - \frac{V + I \cdot R_s}{R_P} \right]$$

Hierbei stellt I_s den Strom dar, der durch die erste Paralleldiode, D1, fließt; I_{s2} zeigt den Strom durch die Diode D2; V_t stellt die thermische Spannung dar; k ist die Boltzmann-Konstante; T ist die Temperatur; q stellt die Ladung eines Elektrons dar; N ist der Qualitätsfaktor von D1; N_2 ist der Qualitätsfaktor von D2; und V bezieht sich auf die Ausgangsspannung der Zelle.

Das mathematische Modell der Solar-PV-Zelle wird in Simulink, wie in Abb. 18.2 dargestellt, erstellt. Die PV- und IV-Kennlinien der PV-Zelle werden bestimmt und mit den XY-Graph-Blöcken gezeichnet.

Alle verwendeten Design-Blöcke sind in Tab. 18.1 zusammengefasst. Die mathematische Darstellung jedes Blocks basierend auf dem Ausgang ist ebenfalls aufgeführt.

In der Simulation werden mehrere Variablen verwendet, die in der Simulation über verschiedene Blöcke durch Parameteranpassung bereitgestellt werden. Die Werte der Parameter, die für das in Abb. 18.2 gegebene Beispiel berücksichtigt werden, sind in der Tab. 18.2 aufgeführt:

Die Kennlinien werden mithilfe von zwei XY-Grafikblöcken gezeichnet, die im Parameterfenster angepasst werden, um die Kurven besser darzustellen. Die Anpassung dieser beiden Blöcke wird in Abb. 18.3 gezeigt. Das Ergebnis der Simulation (die beiden Kennlinien) zeigt Abb. 18.4. Die erste Figur stellt die PV-Kennlinie dar, die zweite Figur die VI-Kennlinie.

18.1 Solarphotovoltaik

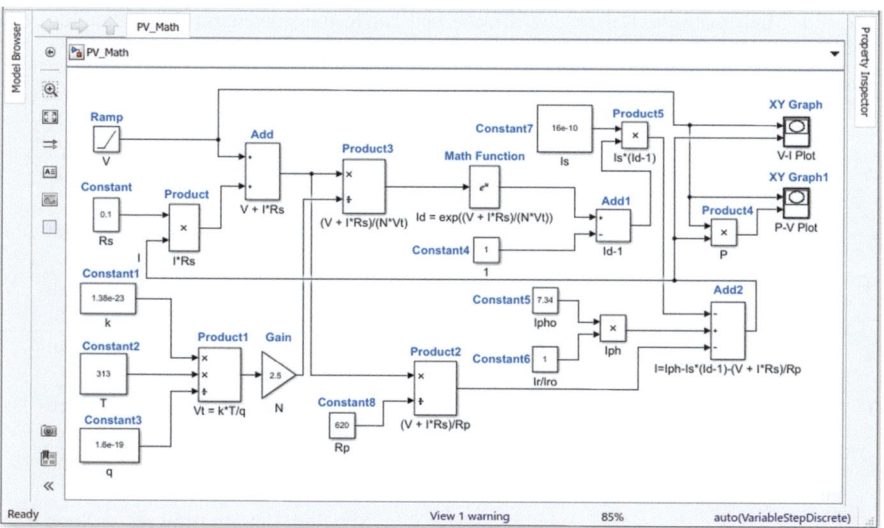

Abb. 18.2 Simulink mathematisches Modell der Solar-PV-Zelle

18.1.2 PV-Panel-Design aus Solarzelle

Bevor ein PV-Panel gebaut wird, ist es wichtig, die einzelne Solarzelle zu verstehen. Im vorherigen Abschnitt wurde das mathematische Modell einer einzelnen Solarzelle demonstriert. Die gleiche Modellierung kann durch Verwendung des Solarzellen-Blocks erfolgen, der über sein Parameterfenster angepasst werden kann. Durch Implementierung des Solarzellenblocks werden die PV- und VI-Charakteristikkurven gezeigt (Abb. 18.5). Die Blöcke, die zur Modellierung verwendet werden, sind in der Tab. 18.3 zusammengefasst.

Das Parameterfenster des Solarzellenblocks ist in Abb. 18.6 dargestellt. Die definierende mathematische Gleichung des Solarzellenblocks kann aus der Beschreibung des Parameterfensters entnommen werden. Es gibt drei mögliche Einstellungen – **„Cell Characteristics"** (Zellcharakteristika), **„Configuration"** (Konfiguration) und **„Temperature Dependence"** (Temperaturabhängigkeit). In jeder dieser Einstellungen sind mehrere Parameter verfügbar. Unter den Optionen „Cell Characteristiscs" können **„Short-circuit current" (Kurzschlussstrom)**, **„Open-circuit voltage" (Leerlaufspannung)**, **„Irradiance" (Einstrahlung)**, **„Quality factor" (Gütefaktor)** und **„Series resistance" (Serienwiderstand)** manuell konfiguriert werden. In der „Configuration" kann die Anzahl der Zellen in Serie definiert werden. Die Parameter der Funktion „Temperature Dependence" sind in Abb. 18.7 abgebildet.

Der PS-Constant-Block ist mit dem Eingangsport des Solar-Cell-Blocks verbunden. Dieser PS-Constant-Block symbolisiert den Bestrahlungswert der Solarzelle. Aus seinem Parameterfenster wird der konstante Wert auf 1000 eingestellt (Abb. 18.8), was bedeutet, dass die Bestrahlung der Solarzelle 1000 W/m^2 beträgt.

Tab. 18.1 Mathematische Darstellung, Blöcke und Navigationsrouten zur Darstellung des mathematischen Modells für die PV-Zelle

Mathematische Darstellung	Blockname	Navigationsroute
V	Rampe	Simulink Library Browser → Simulink → Sources → Ramp
R_s	Konstante	Simulink Library Browser → Simulink → Sources → Constant
k	Konstante1	Simulink Library Browser → Simulink → Sources → Constant
T	Konstante2	Simulink Library Browser → Simulink → Sources → Constant
q	Konstante3	Simulink Library Browser → Simulink → Sources → Constant
1	Konstante4	Simulink Library Browser → Simulink → Sources → Constant
I_{pho}	Konstante5	Simulink Library Browser → Simulink → Sources → Constant
I_r/I_{ro}	Konstante6	Simulink Library Browser → Simulink → Sources → Constant
I_s	Konstante7	Simulink Library Browser → Simulink → Sources → Constant
R_p	Konstante8	Simulink Library Browser → Simulink → Sources → Constant
$I * R_s$	Produkt	Simulink Library Browser → Simulink → Math Operations → Product
$V_t = \frac{kT}{q}$	Produkt1	Simulink Library Browser → Simulink → Math Operations → Product
$\frac{V+I*R_s}{R_p}$	Produkt2	Simulink Library Browser → Simulink → Math Operations → Product
$\frac{V+I*R_s}{N*V_t}$	Produkt3	Simulink Library Browser → Simulink → Math Operations → Product
P	Produkt4	Simulink-Bibliotheksbrowser → Simulink → Math Operations → Product
$I_s * (I_d - 1)$	Produkt5	Simulink-Bibliotheksbrowser → Simulink → Math Operations → Product
$I_d = e^{\left(\frac{V+I*R_s}{N*V_t}\right)}$	Mathematische Funktion	Simulink-Bibliotheksbrowser → Simulink → Math Operations → Math Function
$V + I * R_s$	Addieren	Simulink-Bibliotheksbrowser → Simulink → Math Operations → Add
$I_d - 1$	Addieren1	Simulink-Bibliotheksbrowser → Simulink → Math Operations → Add
$I = I_{ph} - I_s * (I_d - 1) - \left(\frac{V+I\cdot R_s}{R_p}\right)$	Addieren2	Simulink-Bibliotheksbrowser → Simulink → Math Operations → Add
N	Gain (Verstärkung)	Simulink-Bibliotheksbrowser → Simulink → Math Operations → Gain
V-I-Diagramm	XY Diagramm	Simulink-Bibliotheksbrowser → Simulink → Sinks → XY Graph
P-V-Diagramm	XY Diagramm1	Simulink-Bibliotheksbrowser → Simulink → Sinks → XY Graph

18.1 Solarphotovoltaik

Tab. 18.2 Berücksichtigte Parameterwerte für das Beispiel

Parameter	Berücksichtigter Wert
R_s	0,1 Ω
k	1,38e-23 J/K
T	313 K
q	1,6e-19 C
I_{pho}	7,34 A
I_r/I_{ro}	1
I_s	16e-10 A
R_p	620 Ω
N	2,5

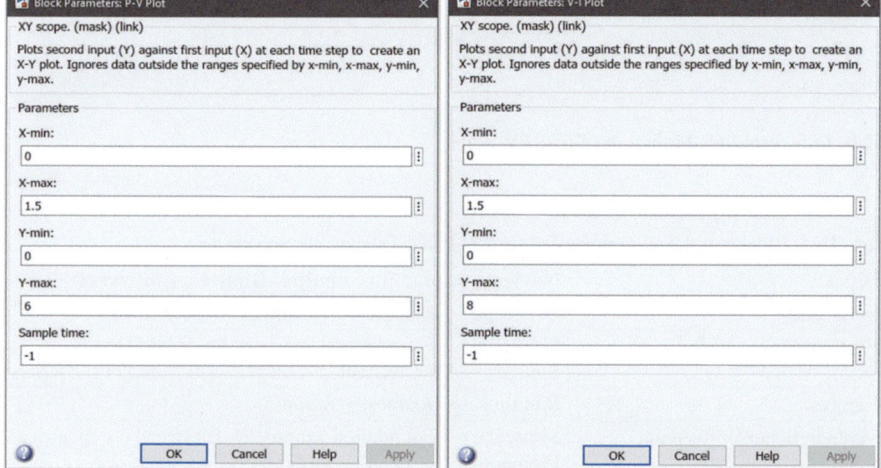

Abb. 18.3 Blockparameter des P-V- und des V-I-Diagramms

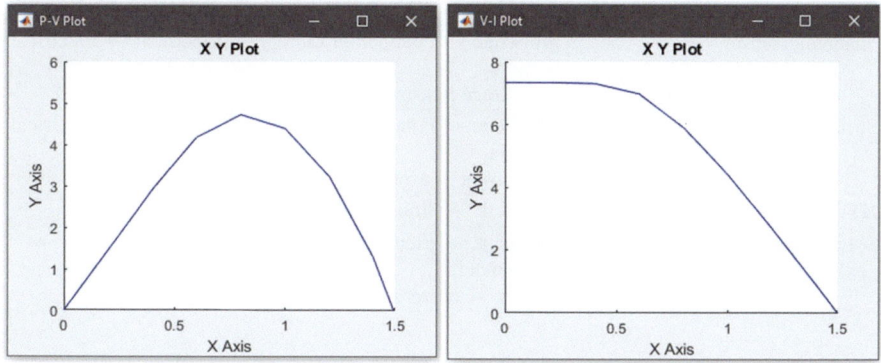

Abb. 18.4 P-V- und V-I-Diagramm

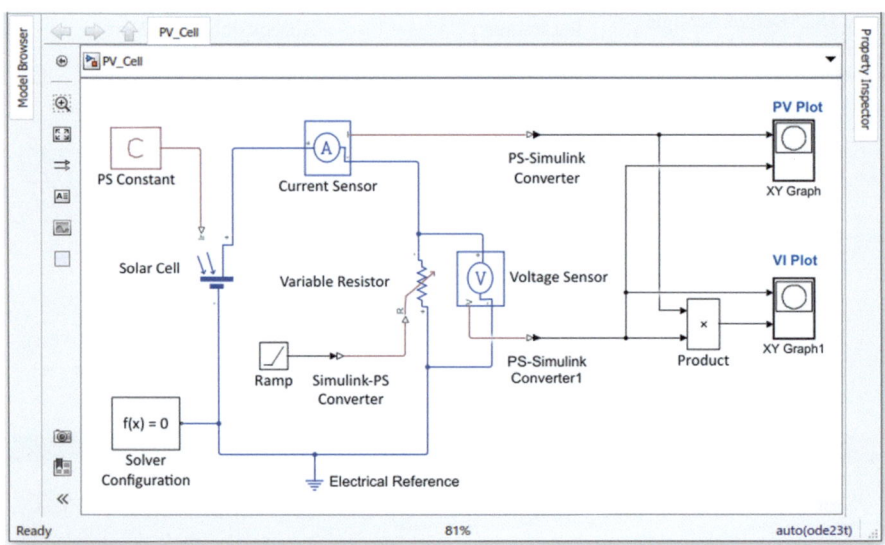

Abb. 18.5 Simulink-Modell der Solar-PV-Zelle

Tab. 18.3 Blöcke und Navigationspfad für PV-Panel-Design aus Solarzelle

Blöcke	Navigationspfad im Simulink-Bibliotheksbrowser
Solarzelle	Simscape → Electrical → Sources → Solar Cell
PS Konstante	Simscape → Foundation Library → Physical Signals → Sources → PS Constant
Rampe	Simulink → Sources → Ramp
Veränderlicher Widerstand	Simscape → Foundation Library → Electrical → Electrical Elements → Variable Resistor
PS-Simulink Konverter	Simscape → Utilities → PS-Simulink Converter
Simulink-PS Konverter	Simscape → Utilities → Simulink-PS Converter
Produkt	Simulink → Math Operations → Product
Spannungssensor	Simscape → Foundation Library → Electrical → Electrical Sensors → Voltage Sensor
Stromsensor	Simscape → Foundation Library → Electrical → Electrical Sensors → Current Sensor
XY Diagramm, XY Diagramm1	Simulink → Sinks → XY Graph
Solver Konfiguration	Simscape → Electrical → Specialized Power Systems → Fundamental Blocks → powergui

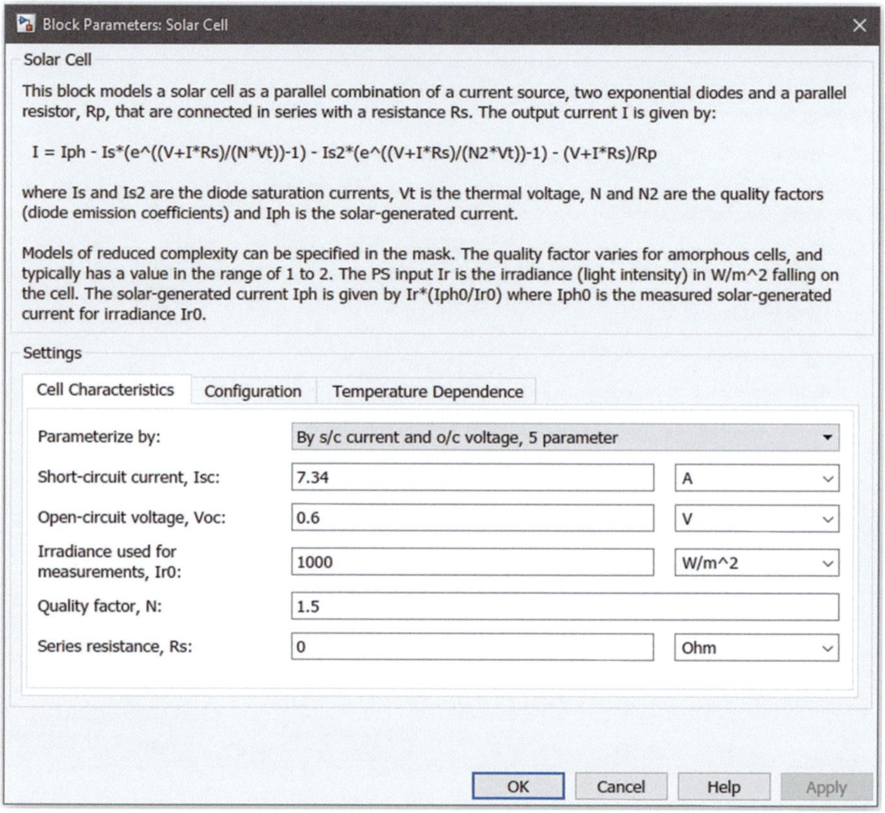

18.1 Solarphotovoltaik

Abb. 18.6 Blockparameter der Solarzelle: Cell-Characteristics

Um den Schaltkreis zu vervollständigen, wird ein Variable-Resistor-Block in Reihe mit dem Solar-Cell-Block geschaltet. Der Variable-Resistor-Block reagiert mit dem im Eingangsport über den Ramp-Block bereitgestellten Rampensignal. Beide Blöcke werden für dieses Beispiel im Standardparametermodus belassen. Ein Stromsensor ist zur Messung von Strom in Reihe und ein Spannungssensor zur Messung der Spannung parallel zum variablen Widerstand geschaltet. Zwischen dem Ramp-Block und dem Variable-Resistor-Block wird ein Simulink-PS-Converter verwendet, da die beiden Blöcke zu getrennten Bibliotheken gehören. Sowohl Strom- als auch Spannungssensoren sind physische Systeme; daher werden zur Anzeige ihrer Ergebnisse in einem XY-Graph-Block PS-Simulink Converter verwendet. Der Product-Block wird verwendet, um die Spannung und den Strom zu multiplizieren und die Gesamtleistung der Solarzelle zu bestimmen. In den XY-Graph- und XY-Graph1-Blöcken können nach der Simulation des Modells VI- und PV-Kennlinienplots abgelesen werden. Die Skalierung dieser XY-Graph- und XY-Graph1-Block erfolgt im jeweiligen Parameterfenster (Abb. 18.9).

Die Ausgangskurven sind in Abb. 18.10 dargestellt, wobei die erste Kurve die PV-Kennlinie und die zweite die VI-Kennlinie darstellt.

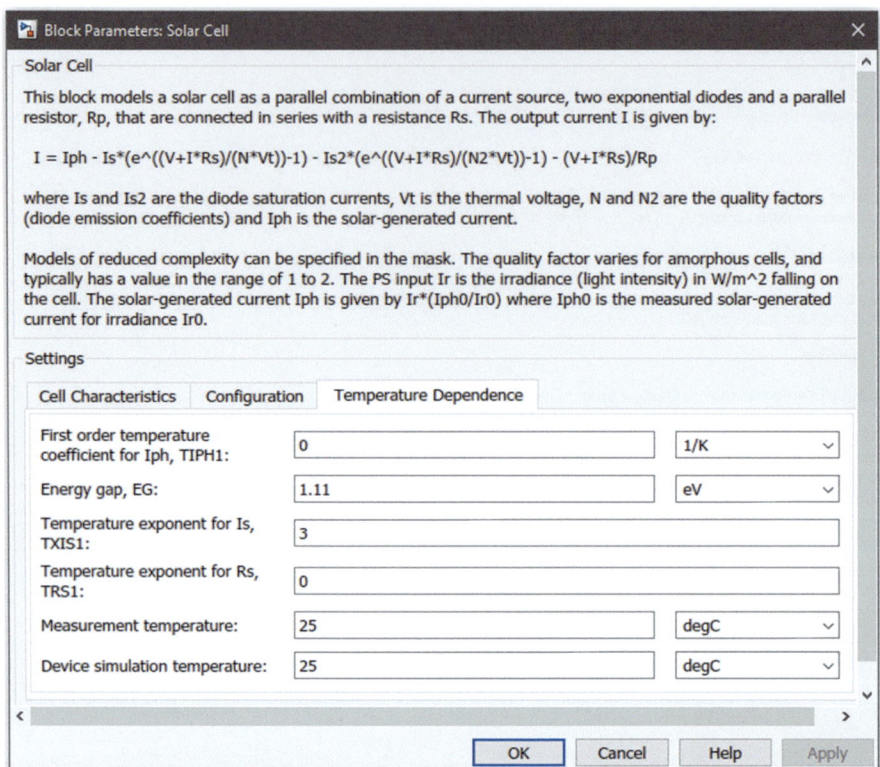

Abb. 18.7 Blockparameter der Solarzelle: Temperature Dependence

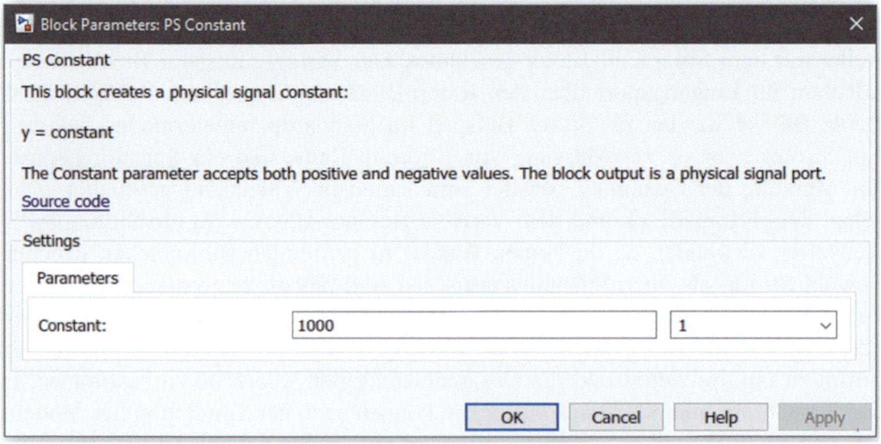

Abb. 18.8 Blockparameter des PS-Constant-Block

18.1 Solarphotovoltaik

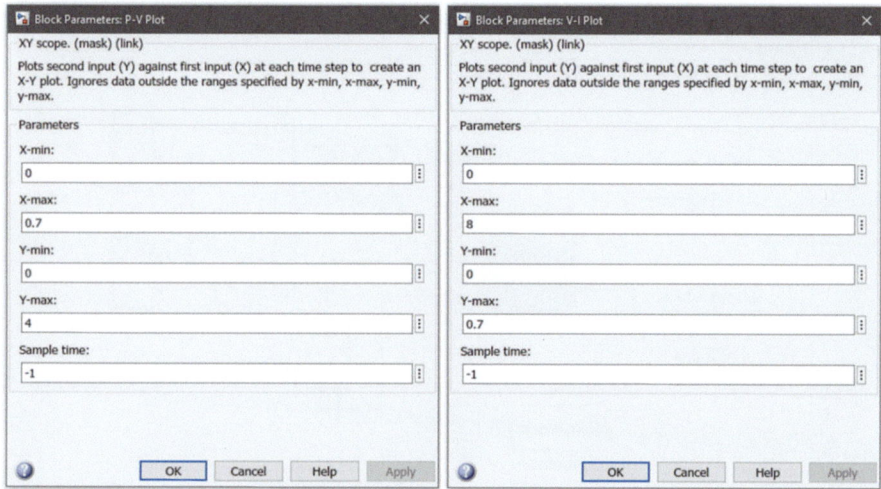

Abb. 18.9 Blockparameter des P-V- und V-I-Plots

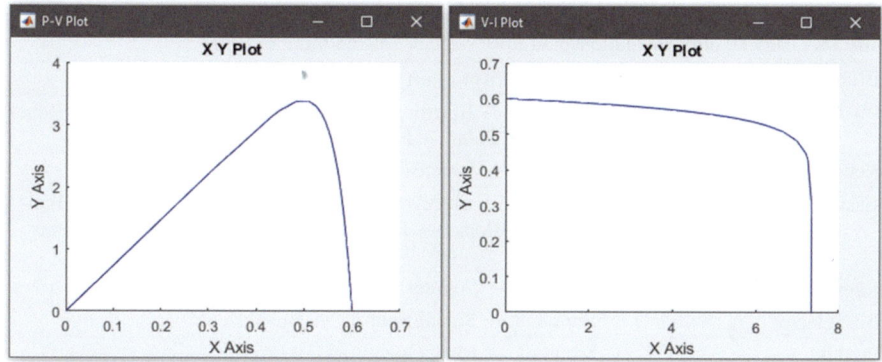

Abb. 18.10 P-V- und V-I-Plot

18.1.3 PV-Panel-Design mit PV-Array

Anstatt PV-Paneele aus den Solarzellen zu erstellen, ist es einfacher, PV-Arrays zu nutzen, bei denen verschiedene Solarzellen in Reihen- und Parallelschaltungen verbunden sind. Durch die Nutzung mehrerer PV-Arrays kann ein PV-Panel entworfen werden (Abb. 18.11). Die Navigationsrouten der in diesem Beispiel verwendeten Blöcke sind in der Tab. 18.4 aufgeführt:

Das Parameterfenster des PV-Array-Blocks wird in Abb. 18.12 gezeigt. In diesem Block sind mehrere Moduloptionen unter der Dropdown-Box-Option Modul verfügbar. Für dieses Beispiel wurde das Modul „SunPower SER-220P" ausgewählt.

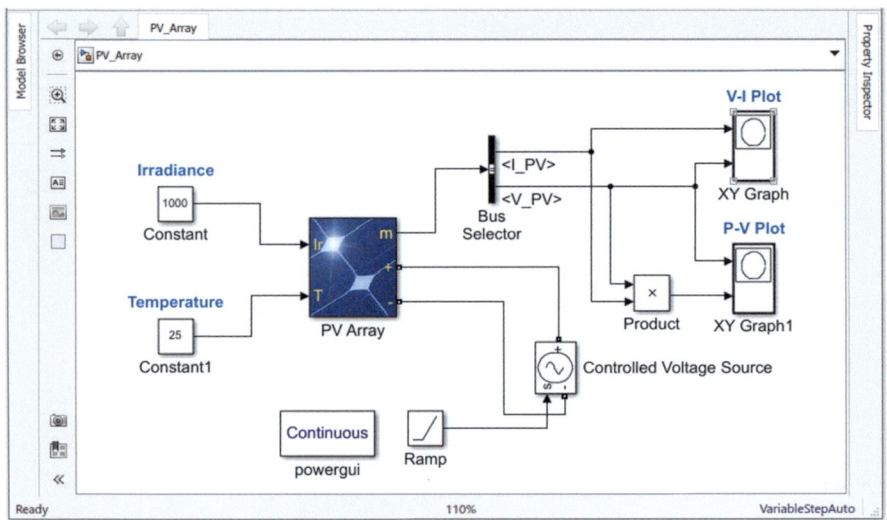

Abb. 18.11 Simulink-Modell des PV-Arrays

Tab. 18.4 Blöcke und Navigationspfad für PV-Panel-Design mit PV-Array

Blöcke	Navigationspfad im Simulink Library Browser
PV-Array	Simscape → Electrical → Specialized Power Systems → Renewables → Solar → PV-Array
Konstante, Konstante1	Simulink → Sources → Constant
Gesteuerte Spannungsquelle	Simscape → Electrical → Specialized Power Systems → Fundamental Blocks → Electrical Sources → Controlled Voltage Source
Rampe	Simulink → Sources → Ramp
BusSelector	Simulink → Signal Routing → BusSelector
Produkt	Simulink → Math Operations → Product
XY-Grafik, XY-Grafik1	Simulink → Sinks → XY Graph
Powergui	Simscape → Electrical → Specialized Power Systems → Fundamental Blocks → powergui

Die Anzahl der parallelen Strings und die in Serie geschalteten Module pro String sind beide auf 1 gesetzt. Wenn der Benutzer kein spezifisches Modul aus der Dropdown-Liste verwenden, sondern ein neues benutzerdefiniertes Modul durch Anpassung seiner Parameter erstellen möchte, kann dies durch Auswahl der Option „User-defined" (Benutzerdefiniert) aus der Dropdown-Optionsliste des Moduls erfolgen. Dies ermöglicht den Benutzern, benutzerdefinierte Module durch Definition der Parameter zu erstellen.

Der PV-Array-Block hat zwei Eingabeparameter – „Sun irradiance" (Bestrahlungsstärke) und „Cell temperature" (Temperatur). Diese beiden Werte

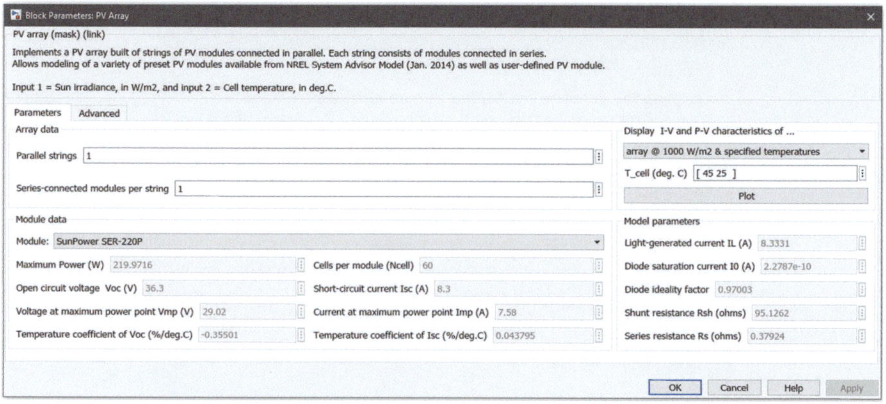

18.1 Solarphotovoltaik

Abb. 18.12 Blockparameter des PV-Arrays

werden dem PV-Array-Block durch die Verwendung von zwei Constant-Blöcken hinzugefügt. Der Constant-Block, der sich auf den Wert der Bestrahlungsstärke bezieht, wird angepasst, indem der konstante Wert 1000 eingestellt wird. Auf die gleiche Weise wird die Temperatur durch den Constant1-Block mit einem konstanten Wert von 25 eingestellt (Abb. 18.13).

Mit dem PV-Array-Block ist eine gesteuerte Spannungsquelle in Serie geschaltet, die durch einen Quellenblock ramp gesteuert wird. Der Quellentyp der gesteuerten Spannungsquelle wird als AC ausgewählt, alle anderen Werte der verschiedenen Parameter werden auf null gesetzt (Abb. 18.14).

Der Ausgangsport des PV-Arrays ist mit dem BusSelector-Block verbunden. Nach dem Verbinden des Blocks muss auf den BusSelector-Block doppelgeklickt werden. In dem dann erscheinenden Parameterfenster (Abb. 18.15) entspricht das linke Feld „**Signals in the bus**" (**Signale im BusSelector-Block**) den verfügbaren Ausgangssignalen des PV-Arrays. Das rechte Feld „**Selected Signals**"

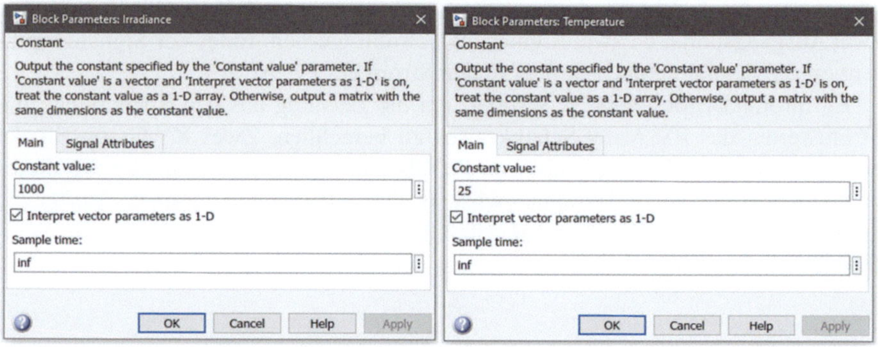

Abb. 18.13 Blockparameter von Irradiance der Temperature

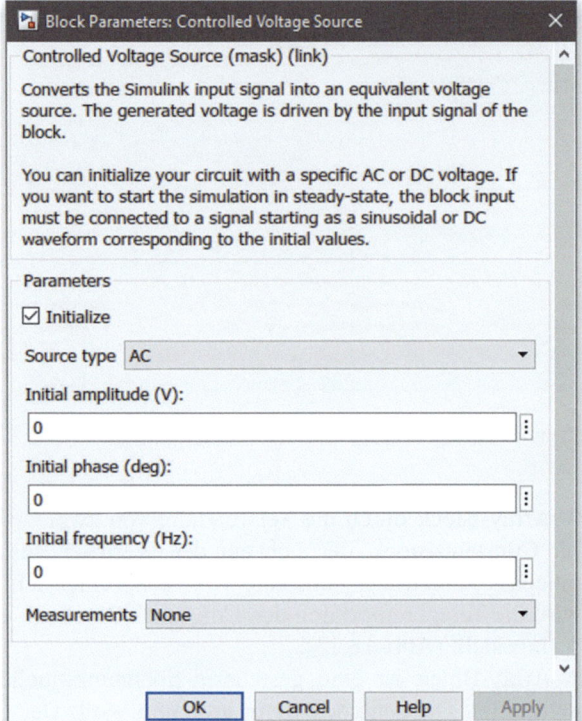

Abb. 18.14 Blockparameter der gesteuerten Spannungsquelle

(**ausgesuchte Signale**) repräsentiert die Signale, die für den Ausgangsport des BusSelector-Blocks ausgesucht wurden. Um ein beliebiges Signal vom linken in das rechte Feld zu verschieben, wählen Sie zuerst ein bestimmtes Signal aus und klicken Sie auf die Option „Select", was das ausgewählte Signal in das andere Feld verschiebt. Auf die gleiche Weise werden die Signale V_PV und I_PV ausgewählt. Nach dem Klicken auf die Schaltfläche **„Apply"** hat der BusSelector zwei Ausgangsports, da zwei Signale ausgewählt wurden. Eines der Signale repräsentiert die Spannung und das andere den Strom des PV-Arrays.

Ein Produkt-Block wird verwendet, um die Leistung aus den Spannungs- und Stromwerten des PV-Array-Schaltkreises zu berechnen. Zwei XY-Graph-Blöcke erzeugen die Kennlinien sowohl von PV als auch von VI. Die Skalierung dieser beiden Kurven in den XY-Graphen wird aus ihrem jeweiligen Parameterfenster angepasst (Abb. 18.16). Die Ausgangskurven zeigt Abb. 18.17. Sie ähneln den Standard-PV- und -VI-Kennlinien eines Solarsystems.

18.1 Solarphotovoltaik

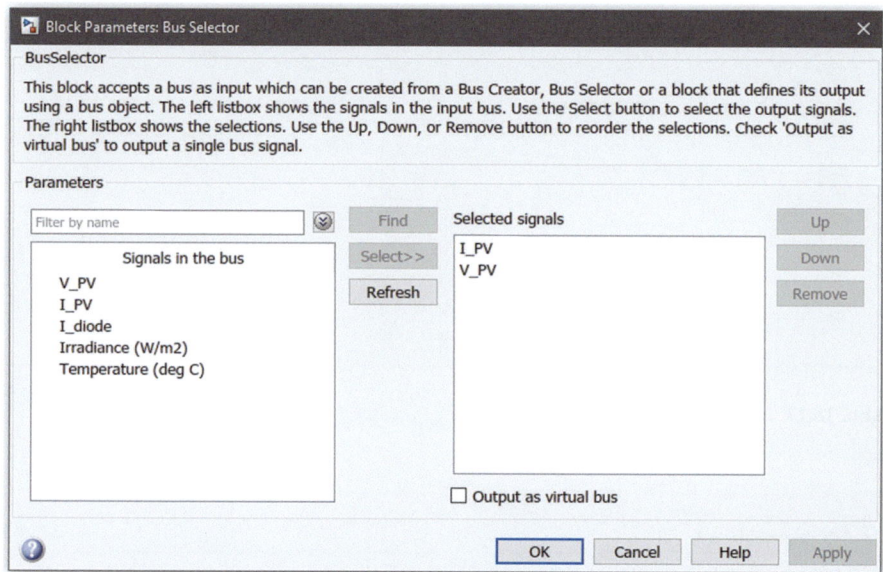

Abb. 18.15 Blockparameter des BusSelectors

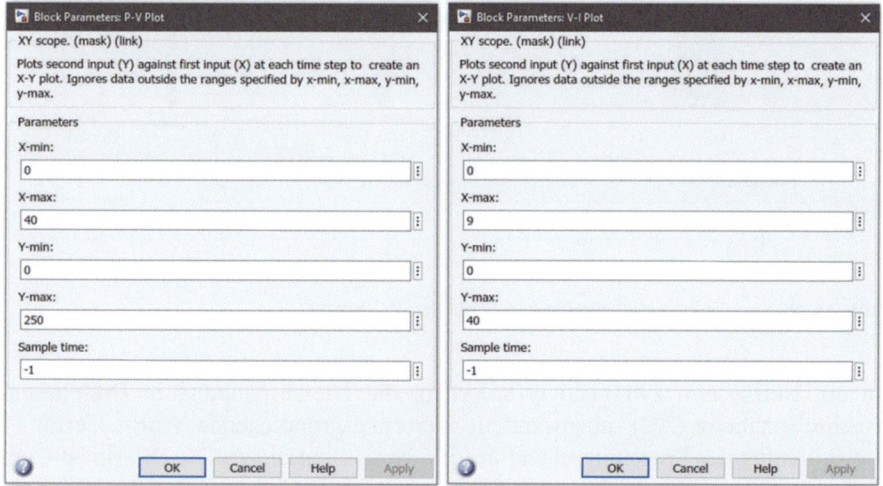

Abb. 18.16 Blockparameter des P-V- und V-I-Diagramms

18.1.4 Fallstudie: Netzgekoppeltes PV-Array

Abb. 18.18 zeigt ein Beispiel, bei dem ein PV-Panel zur Stromerzeugung verwendet und mit einem Versorgungsnetzsystem verbunden wird. Die Ausgangsspannung eines PV-Arrays ist Gleichstrom (DC); daher ist es vor dem Anschluss

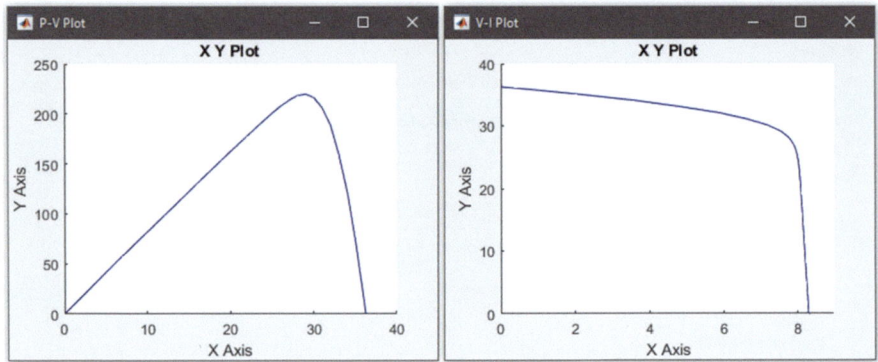

Abb. 18.17 P-V- und V-I-Diagramm

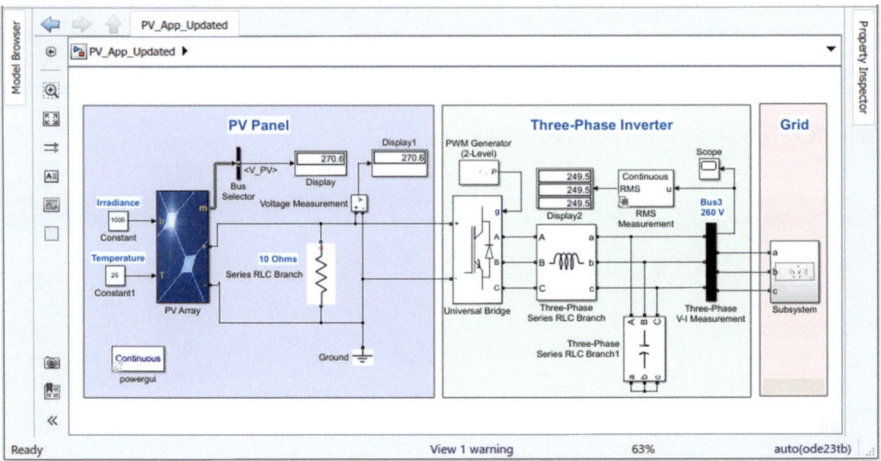

Abb. 18.18 Simulink-Modell eines netzgekoppelten PV-Arrays

an ein Netzsystem zwingend erforderlich, die Gleichspannung in Dreiphasen-Wechselspannung (AC) umzuwandeln. Der erste grundlegende Schritt hierfür ist die Erhöhung der Spannungsebene des PV-Arrays mit einem DC-DC-Boost-Converter. In diesem Beispiel wird aus Gründen der Einfachheit der Boost-Schaltkreis vermieden. Stattdessen wird die Anzahl der PV-Arrays in Serie und parallel erhöht, um eine vergleichsweise höhere Spannung zu erhalten. Ein Dreiphasen-Wechselrichter ist ebenfalls notwendig, um die Gleichspannung in eine Dreiphasen-Wechselspannung umzuwandeln. Schließlich wird die erhaltene Dreiphasen-Wechselspannung mit dem Netz verbunden. Daher kann das gesamte Design in drei Teile unterteilt werden – **„PV Panel" (PV-Panel)**, **„Three-Phase Inverter" (Dreiphasen-Wechselrichter)** und **„Grid" (Netzdesign)** –, die durch

18.1 Solarphotovoltaik

die Verwendung von drei verschiedenen Area-Boxen im in Abb. 18.18 gezeigten Design getrennt sind.

Bevor die Anpassung jedes Blocks erklärt wird, wird eine Liste aller Blöcke mit ihren Navigationspfaden für dieses Design in Tab. 18.5 gezeigt.

Das PV-Panel-Design dieser Fallstudie befindet sich im ersten Bereichsblock. Die Kernkomponente dieses Bereichsblocks ist das PV Array (Abb. 18.19). Für

Tab. 18.5 Blöcke und Navigationspfad für das entworfene netzgekoppelte PV-Array

Blöcke	Navigationspfad im Simulink Library Browser
PV-Array	Simscape → Electrical → Specialized Power Systems → Renewables → Solar → PV Array
Konstante, Konstante1	Simulink → Sources → Constant
Busauswahl	Simulink → Signal Routing → Bus Selector
Universelle Brücke	Simscape → Electrical → Specialized Power Systems → Fundamental Blocks → Power Electronics → Universal Bridge
PWM-Generator (Zweistufig)	Simscape → Electrical → Specialized Power Systems → Fundamental Blocks → Power Electronics → Pulse & Signal Generators
Dreiphasige Serien-RLC-Verzweigung, Dreiphasige Serien-RLC-Verzweigung1	Simscape → Electrical → Specialized Power Systems → Fundamental Blocks → Elements → Three-Phase Series RLC Branch
Dreiphasige V-I-Messungen, Dreiphasige V-I-Messungen1, Dreiphasige V-I-Messungen2	Simscape → Electrical → Specialized Power Systems → Fundamental Blocks → Measurements → Three-Phase V-I Measurements
Dreiphasige PI-Sektionsleitung, Dreiphasige PI-Sektionsleitung1	Simscape → Electrical → Specialized Power Systems → Fundamental Blocks → Elements → Three-Phase PI Section Line
Dreiphasiger Transformator (Zwei Wicklungen), Dreiphasiger Transformator (Zwei Wicklungen)1, Dreiphasiger Transformator (Zwei Wicklungen)1	Simscape → Electrical → Specialized Power Systems → Fundamental Blocks → Elements → Three-Phase Transformer (Two Windings)
Dreiphasige Serien-RLC-Last, Dreiphasige Serien-RLC-Last1	Simscape → Electrical → Specialized Power Systems → Fundamental Blocks → Elements → Three-Phase Series RLC Load
Dreiphasige Quelle	Simscape → Electrical → Specialized Power Systems → Fundamental Blocks → Electrical Sources → Three-Phase Source
RMS-Messung	Simscape → Electrical → Control → Measurement
Erdung	Simulink → Sources → Ground
Scope (Oszilloskop)	Simulink → Sinks → Scope
Anzeige, Anzeige1, Anzeige2	Simulink → Sinks → Display
Powergui	Simscape → Electrical → Specialized Power Systems → Fundamental Blocks → powergui

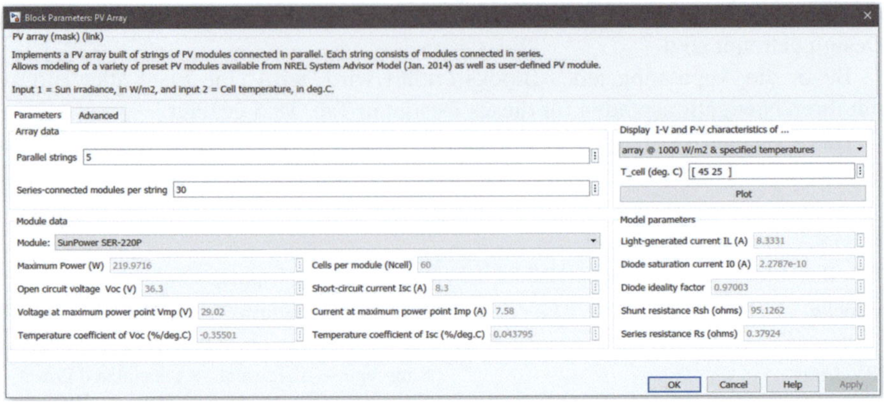

Abb. 18.19 Blockparameter des PV-Arrays

diese Simulation wurde das PV-Array-Modul „SunPower SER-220P" ausgewählt. Die Anzahl der parallelen Strings ist auf 5 eingestellt und die Anzahl der in Serie geschalteten Module pro String ist auf 30 festgelegt. Das PV Array hat zwei Eingangsports – **„Sun irradiance"** und **„Cell temperature"** (s. o.). Mithilfe von zwei Constant-Blöcken werden diese beiden Eingaben numerisch eingegeben. Der Wert der Bestrahlungsstärke ist 1000 W/m^2, während der Temperaturwert auf 25 °C eingestellt ist. Mit dem positiven und negativen Ausgangsport des PV-Arrays ist ein Series-RLC-Branch für nur 10-Ω-Widerstand verbunden. Mit dem mechanischen Ausgangsport des PV-Arrays ist ein BusSelector verbunden. Das Parameterfenster des BusSelectors ist in Abb. 18.20 dargestellt. Die linke Box zeigt die verfügbaren Ausgangssignale an und die rechte Box das ausgewählte Signal. Für dieses Beispiel ist nur die Spannung von Interesse; daher wird das V_PV-Signal ausgewählt. Aus dem Display-Block kann die erzeugte Gleichspannung aus dem PV-Panel beobachtet werden, die 270,6 V beträgt.

Der nächste Schritt des Designs ist der Dreiphasen-Wechselrichter, der durch den zweiten Bereichsblock gekennzeichnet ist. Zur Gestaltung eines Dreiphasen-Wechselrichters wird ein Universal-Bridge-Block verwendet (Abb. 18.21). Der erste Schritt zur Anpassung dieses Blocks besteht darin, die Anzahl der **„Bridge arms"** (**Brückenarme**) auf drei festzulegen und die Art des **„Power Electronic device"** (**Leistungselektronikgeräts**) als IGBT/Dioden auszuwählen. Später können die anderen Parameter, wie der **„Snubber resistance"** (**Snubber-Widerstand**) und die **„Snubber capacitance"** (**Snubber-Kapazität**) konfiguriert werden.

Die beiden Ausgangsgleichspannungsklemmen des PV-Panels sind mit den positiven und negativen Klemmen der Universal Bridge verbunden. Der Ausgang dieses Blocks sind die drei Klemmen, die die drei Phasen darstellen. Der Universalblock benötigt ein Gatesignal, das von einem **„PWM Generator (2-Level)"** (**PWM-Generator - zwei Level**) bereitgestellt wird (Abb. 18.22).

18.1 Solarphotovoltaik

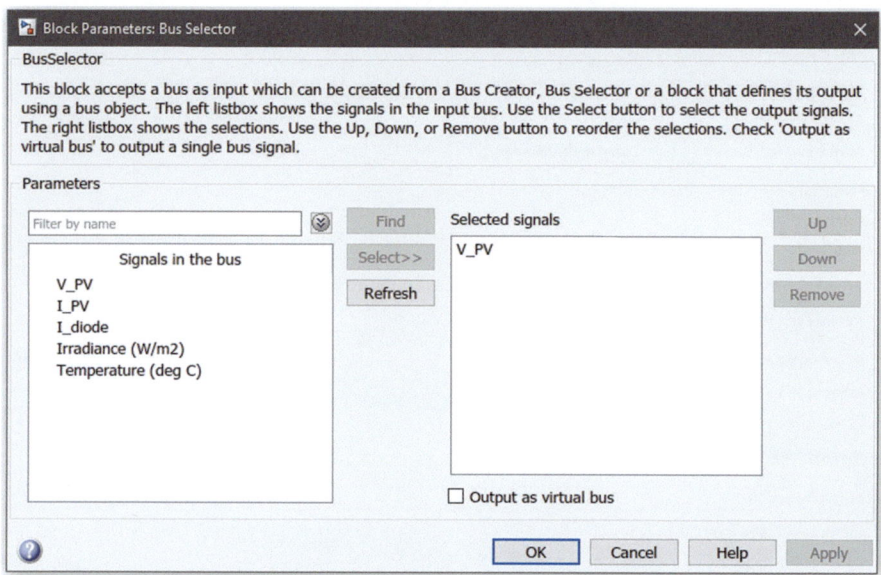

Abb. 18.20 Blockparameter des BusSelectors

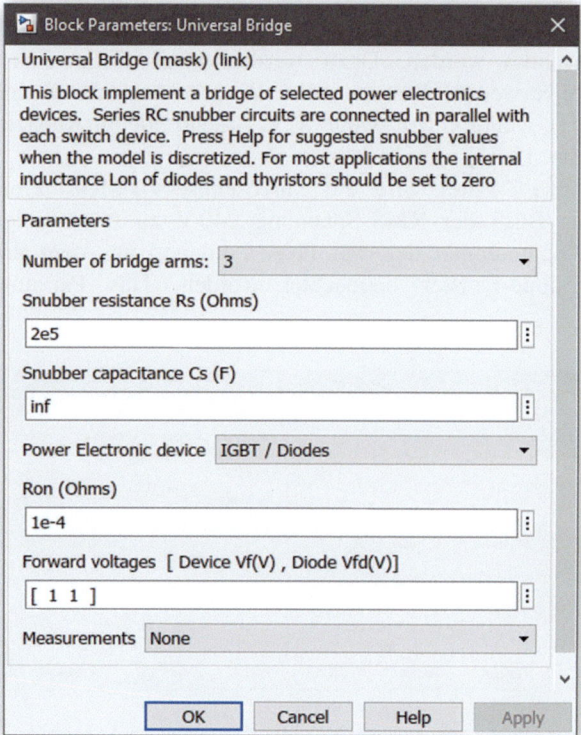

Abb. 18.21 Blockparameter der Universalbrücke

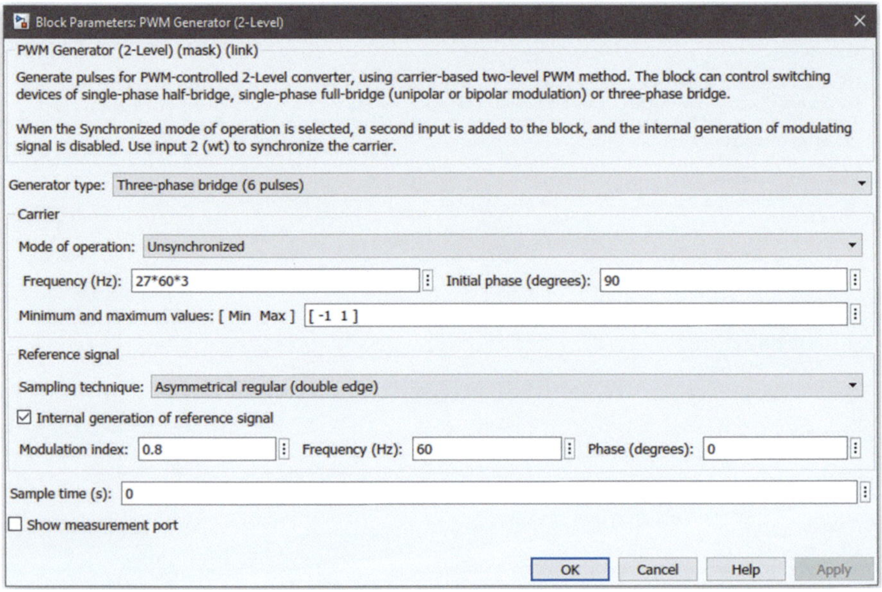

Abb. 18.22 Blockparameter PWM Generators (2-Level)

Um die Harmonische des Ausgangs des Wechselrichters zu filtern, muss ein LC-Filter verwendet werden. Dazu werden zwei „Three-Phase-Series-RLC-Branch"-Blöcke verwendet. Der erste RLC Branch ist nur für die Induktivität konfiguriert (30 mH), während der zweite RLC Branch nur für Kapazität konfiguriert ist (100 uF) (Abb. 18.23).

Nach diesem LC-Filter wird ein Three-Phase-V-I-Measurement-Block verwendet, um als Bus3 der RMS-Spannung 240 V zu repräsentieren. Die Phasen-zu-Neutral-Spannungen der drei Phasen können aus dem mit diesem Bus verbundenen Scope-Fenster beobachtet werden. Das Parameterfenster des

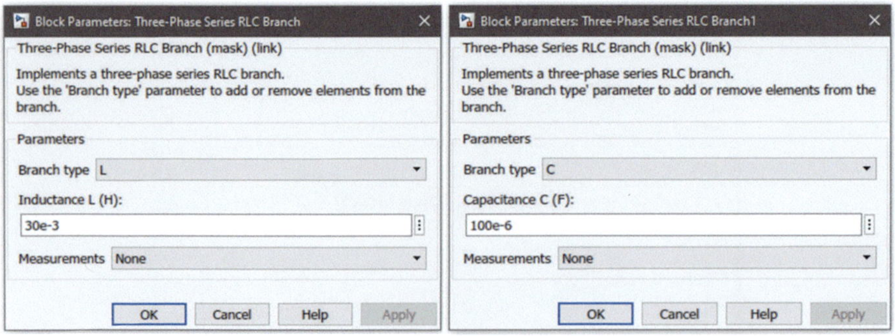

Abb. 18.23 Blockparameter Three-Phase Series RLC Branch

18.1 Solarphotovoltaik

Three-Phase-V-I-Measurement-Blocks zeigt Abb. 18.24. Der RMS-Measurement-Block ist mit dem Three-Phase-V-I-Measurement-Block verbunden, um den RMS-Spannungswert der **„phase-to-ground" (Phasen-zu-Erde)**-Spannungen der drei Phasen anzuzeigen, der für jede Phase 249,5 V beträgt.

Die dreiphasigen Klemmen der Wechselspannung sind mit einem Subsystem namens Grid verbunden. Dieses Subsystem beinhaltet das Design eines Utility Grid. Durch Doppelklick auf das Subsystem erscheint das ursprüngliche Design des Grids in einem anderen Unterfenster. Das Gesamtdesign dieses Grids ist in Abb. 18.25 gezeigt:

Das Netz enthält am Anfang einen **„Three-Phase Transfomer (Two Windings)" (Dreiphasen-Transformator mit zwei Wicklungen)**, der als Step-up-Transformator mit einer Spannung von 240 V/11 kV konfiguriert ist. Die Nennleistung des Transformators ist auf 250 MVA eingestellt. Die erste Wicklung des Transformators ist so eingestellt, dass sie in „Yg" verbunden ist, während die andere als „Delta(D1)"-Verbindung zugewiesen ist (Abb. 18.26).

Zwei **„Three-Phase PI Section Line" (Dreiphasen-PI-Abschnittsleitung)**-Blöcke, die auf 10 km Leitungen angepasst sind, sind mit einem Dreiphasen-V-I-Messblock in der Mitte verbunden. Diese beiden Blöcke werden verwendet, um die Übertragungsleitung eines Netzsystems darzustellen. Die angepassten Fenster dieser beiden Blöcke sind in Abb. 18.27 dargestellt, das Parameterfenster in Abb. 18.28.

Ein Scope ist mit dem Three-Phase-V-I-Messblock verbunden, um die Phase-to-ground-Spannungen in zu beobachten (Abb. 18.29).

Vor Bus2 des Designs, das durch den **„Three-Phase-V-I-" (Dreiphasen-V-I)**-Messblock2 konfiguriert ist, ist eine Last von 10 kW angeschlossen. Zur Darstellung der Last wird ein **„Three-Phase Parallel RLC Load" (Dreiphasen-Serien-RLC-Lastblock)** eingesetzt (Abb. 18.30).

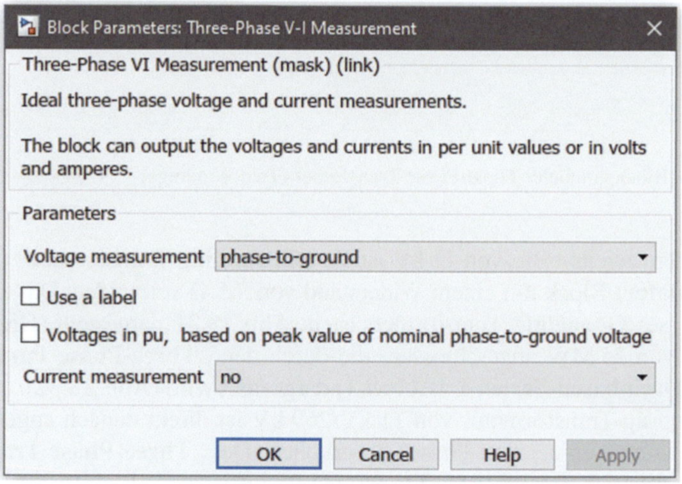

Abb. 18.24 Blockparameter Three-Phase V-I Measurement

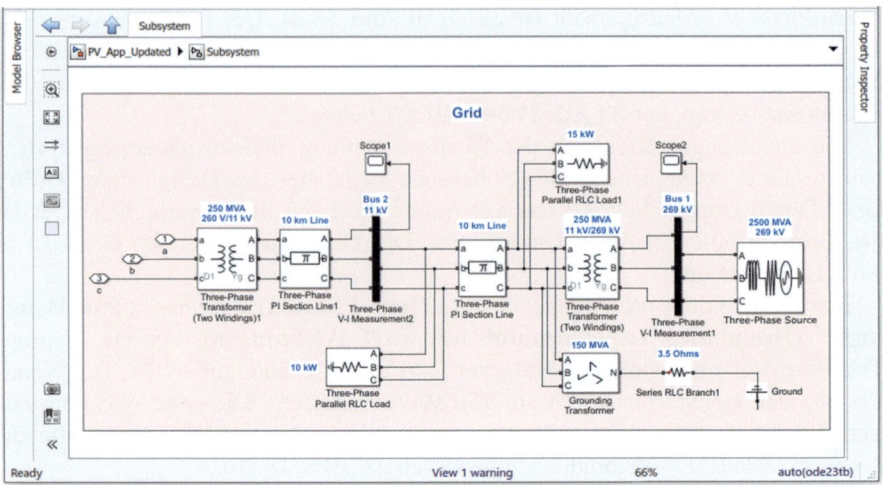

Abb. 18.25 Gesamtes Simulink-Design des Grids

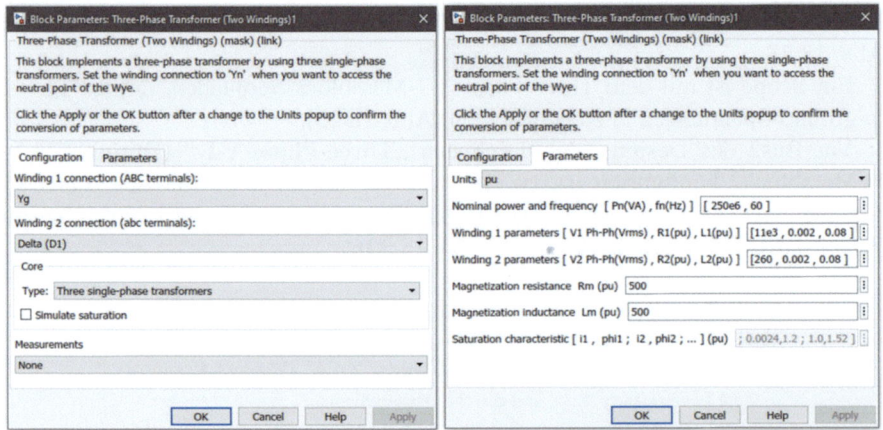

Abb. 18.26 Blockparameter Three-Phase Transfomer (Two Windings)

Nach dem zweiten Bus von 11 kV ist ein **„Grounding Transformer" (Erdungstransformator)**-Block mit einem Widerstand von 3,5 Ω verbunden. Das Parameterfenster dieses Grounding Transformers ist in Abb. 18.31 dargestellt. Hier ist auch eine Last von 25 MW angeschlossen, die durch den **„Three-Phase Parallel RLC Load1" (Dreiphasen-Serien-Lastblock1)** dargestellt wird (Abb. 18.32).

Ein Step-up-Transformator von 11 kV/269 kV ist direkt danach angeschlossen, um die Spannungen der drei Phasen zu erhöhen. Der **„Three-Phase Transformer (Two Windings)" (Dreiphasen-Transformator mit zwei Wicklungen)** wurde zu diesem Zweck angepasst (Abb. 18.33):

18.1 Solarphotovoltaik

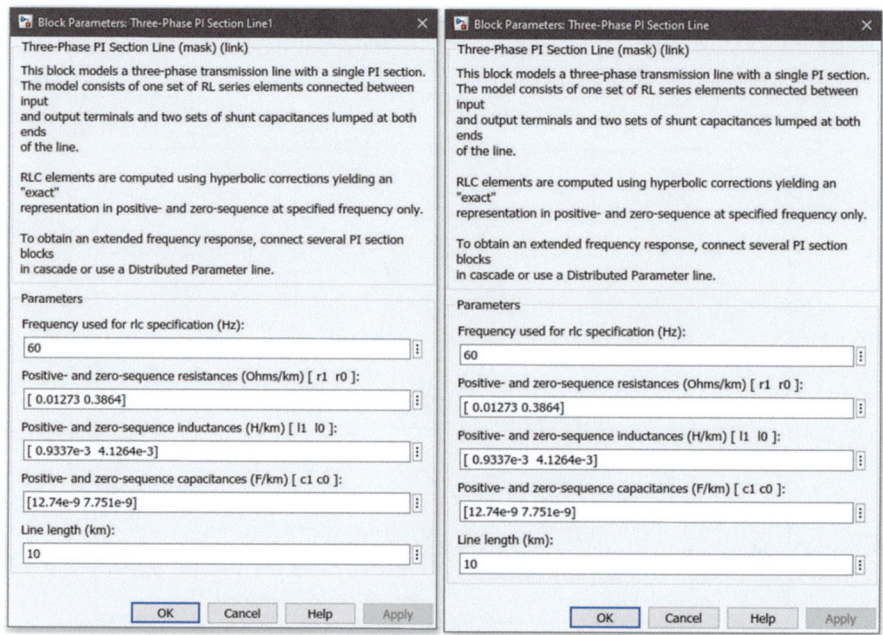

Abb. 18.27 Blockparameter des Three-Phase-PI-Section-Line-Abschnitts

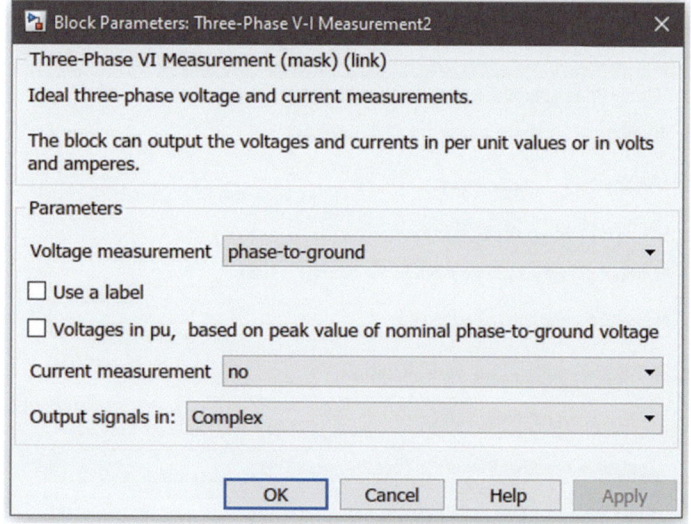

Abb. 18.28 Blockparameter Three-Phase V-I Measurement2

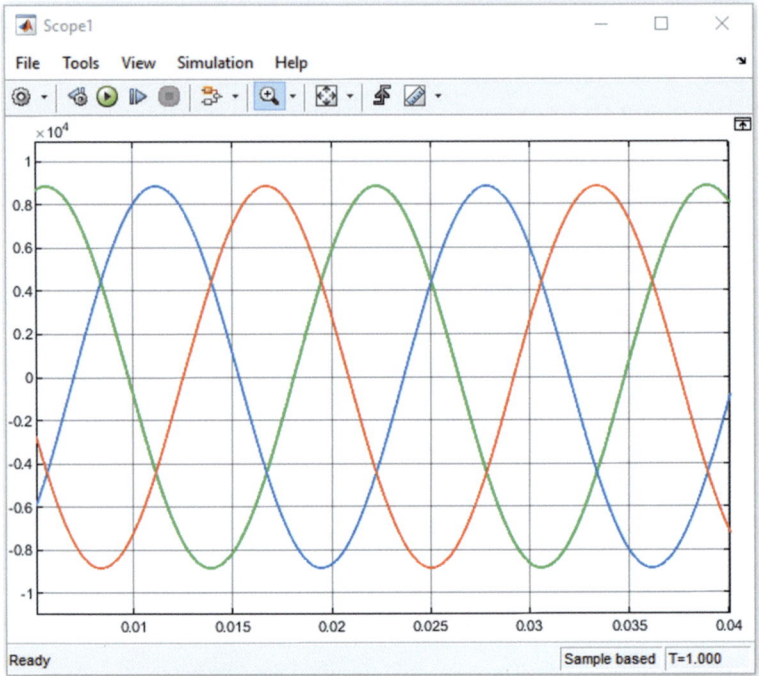

Abb. 18.29 Ausgangsspannungen im Scope1-Fenster

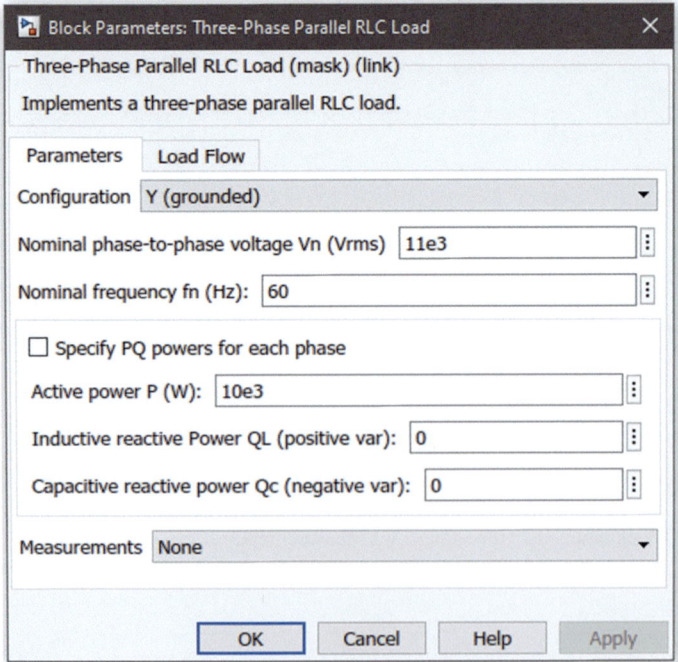

Abb. 18.30 Blockparameter Three-Phase Parallel RLC Load

18.1 Solarphotovoltaik

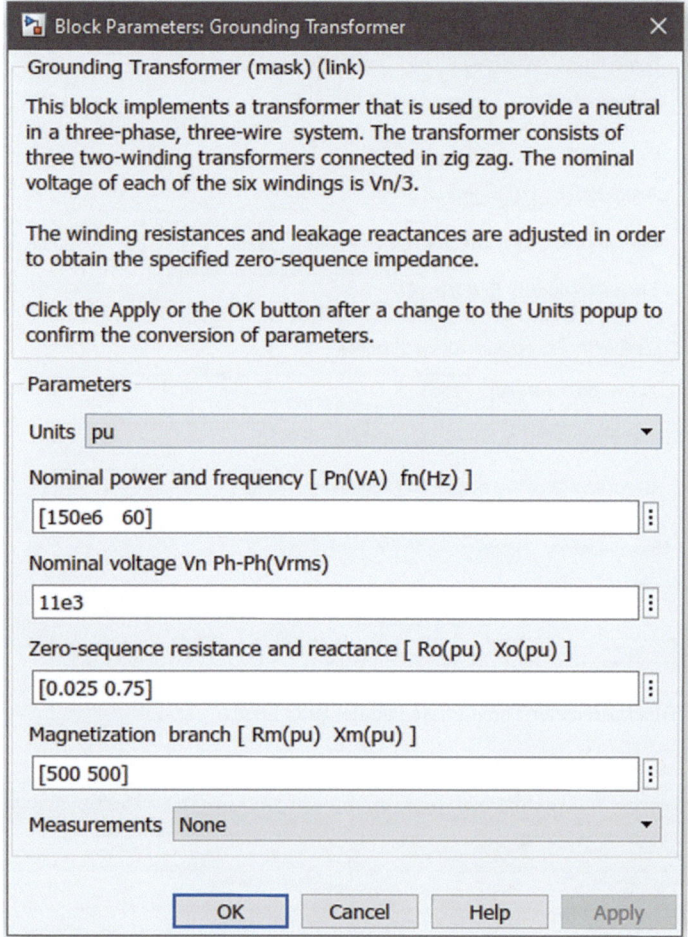

Abb. 18.31 Blockparameter Grounding Transformer

Ein „**Three-Phase-V-I-Measurement1**" (**Dreiphasen-V-I-Messung1**)-Block wurde integriert, um die „**phase-to-ground**" (**Phasen-zu-Erde**)-Spannung vom Scope2-Fenster aus zu beobachten. Er ist so konfiguriert, dass er Bus1 darstellt (Abb. 18.34). Die Spannungen der drei Phasen, die vom Scope2-Fenster aus beobachtet werden, sind in Abb. 18.35 dargestellt.

Schließlich wird eine „**Three-Phase-Source**" (**Dreiphasen-AC-Quelle**) mit 2500 MVA und 269 kV RMS-Spannung angeschlossen (Abb. 18.36). Damit ist das gesamte Design eines netzgekoppelten PV-Panel-Modells abgeschlossen.

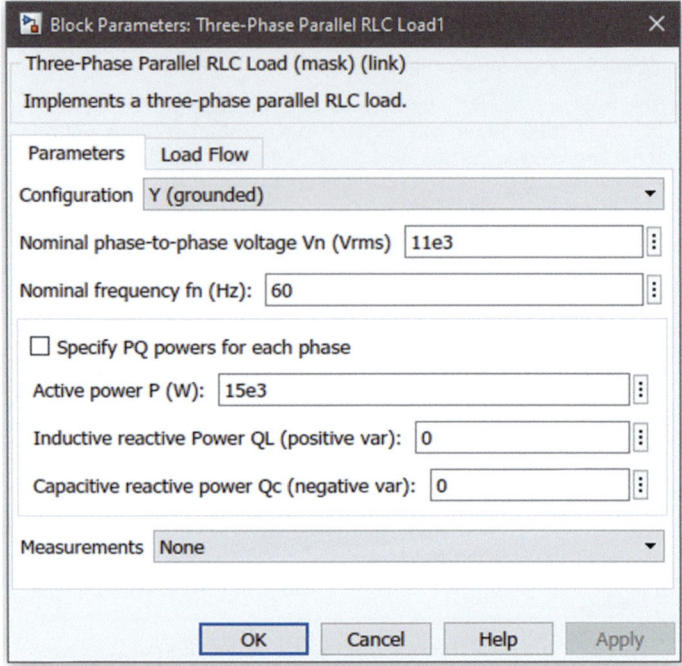

Abb. 18.32 Blockparameter Three-Phase Parallel RLC Load1

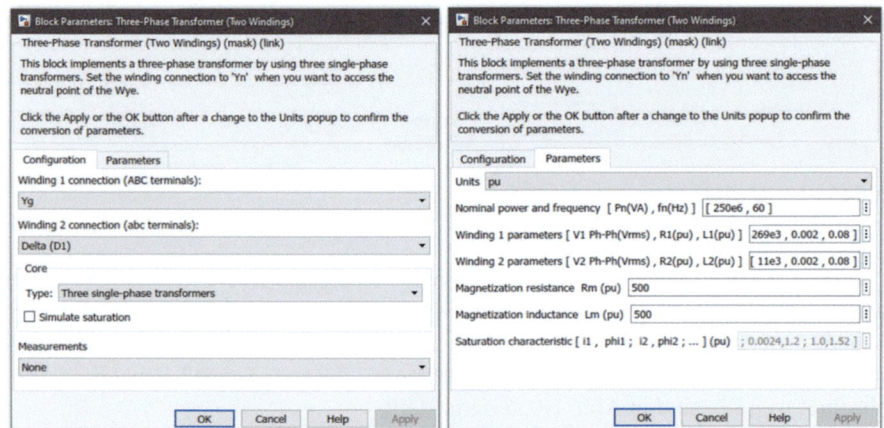

Abb. 18.33 Blockparameter Three-Phase Transformer (Two Windings)

18.1 Solarphotovoltaik

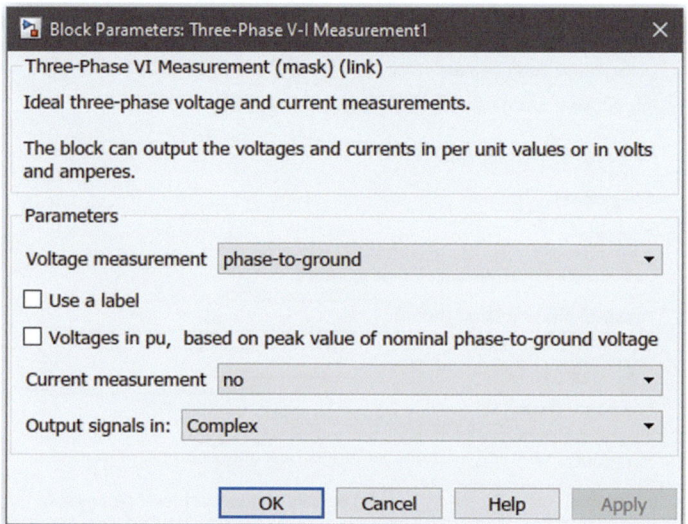

Abb. 18.34 Blockparameter der Three-Phase-V-I-Measurement1

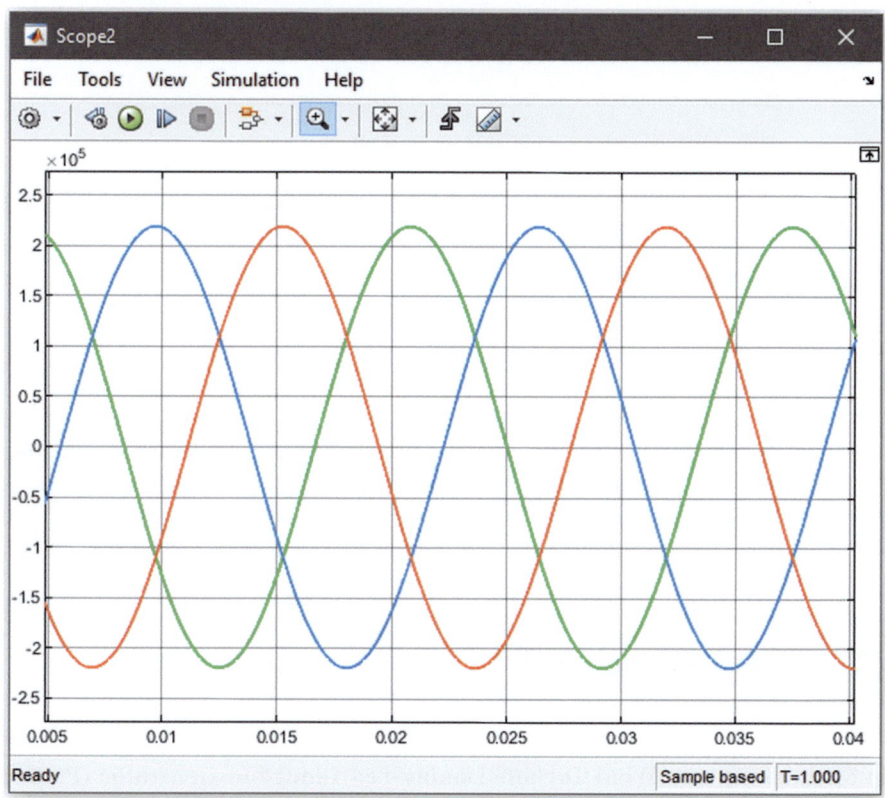

Abb. 18.35 Spannungen der drei Phasen im Scope-Fenster

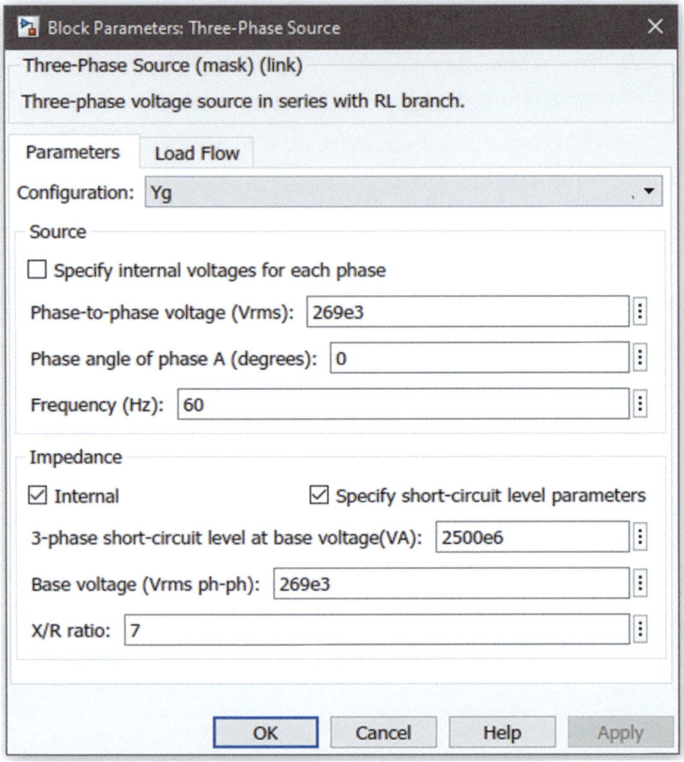

Abb. 18.36 Blockparameter der Three-Phase-Source

18.2 Windturbine

Windturbinen werden verwendet, um Strom zu erzeugen, indem die kinetische Energie der Windgeschwindigkeit in elektrische Energie umgewandelt wird. Ähnlich wie bei der Solarenergie wird die kinetische Energie der Windgeschwindigkeit als erneuerbare Quelle zur Stromerzeugung genutzt. Mit dem Aufkommen moderner Technologien hat die Kapazität von Windturbinen-basierten Generatoren erheblich zugenommen. In Simulink kann ein solcher entworfen und modelliert werden. In diesem Abschnitt wird der Windturbine Doubly-Fed Induction Generator (DFIG) verwendet.

18.2.1 Modellierung eines Windturbinen-basierten Generators

In Simulink ist ein „**Wind Turbine Doubly-Fed Induction Generator (Phasor Type)**" **(Windturbinen-Doppeltgespeisten Induktionsgenerators - Phasortyp)**-Block verfügbar, der zur Simulation eines Windturbinen-basierten Modells genutzt

18.2 Windturbine

werden kann. Ein Beispiel zeigt Abb. 18.37, wo eine **„Three-Phase Source"** **(Dreiphasen-Quelle)** mit dem Wind Turbine Doubly-Fed-Generator (Phasor Type) mit einer gegebenen Windgeschwindigkeit und Trip-Logik verbunden ist. Die verwendeten Blöcke in diesem Simulink-Design sind in Tab. 18.6 aufgeführt.

Die verschiedenen anpassbaren Funktionen des Parameterfensters des Wind Turbine Doubly-Fed-Generator (Phasortyp) Block werden in den Abb. 18.38, 18.39, 18.40, 18.41 und 18.42 gezeigt. In Abb. 18.38 werden die Parameter, die den Generatordaten entsprechen, gezeigt, z. B. die Nennleistung, die Leitung-zu-Leitung-Spannung, Stator- und Rotorimpedanzen basierend auf den Bewertungen

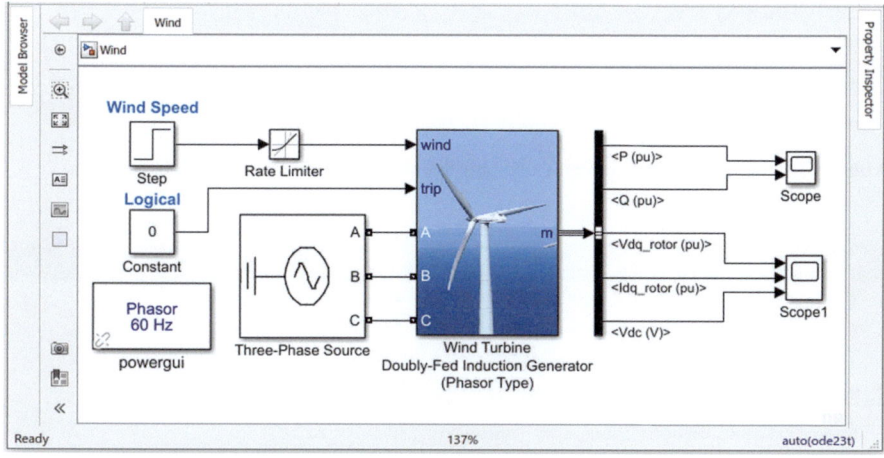

Abb. 18.37 Windturbinen-basierter Generator in Simulink

Tab. 18.6 Blöcke und Navigationspfad für die Modellierung eines Windturbinen-basierten Generators

Blöcke	Navigationspfad im Simulink Library Browser
Wind Turbine Doubly-Fed Induction Generator (Phasor Type)	Simscape → Electrical → Specialized Power Systems → Renewables → Wind Generation → Wind Turbine Doubly-Fed Induction Generator (Phasor Type)
Dreiphasen-Quelle	Simscape → Electrical → Specialized Power Systems → Fundamental Blocks → Electrical Sources → Three-Phase Source
Schritt	Simulink → Sources → Step
Konstante	Simulink → Sources → Constant
BusSelector	Simulink → Signal Routing → BusSelector
Rate Limiter	Simulink → Discontinuities → Rate Limiter
Scope, Scope1	Simulink → Sinks → Scope
Powergui	Simscape → Electrical → Specialized Power Systems → Fundamental Blocks → powergui

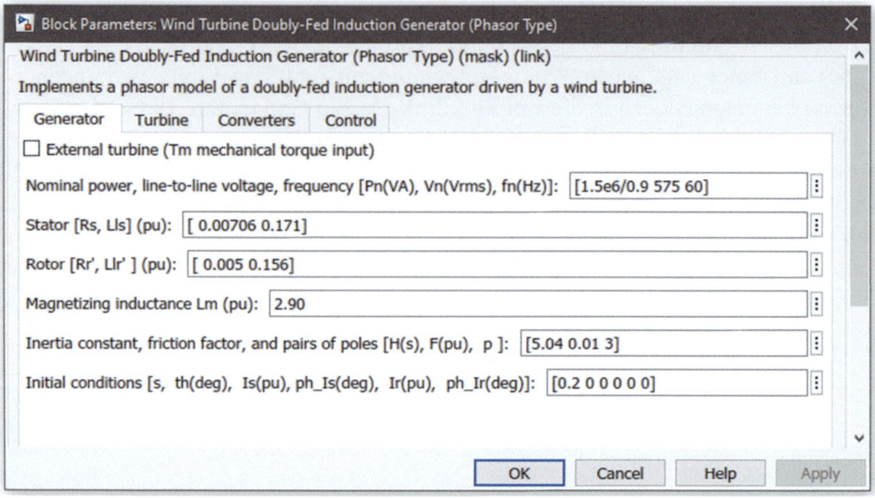

Abb. 18.38 Blockparameter für den Generator des Wind Turbine Doubly-Fed-Generators

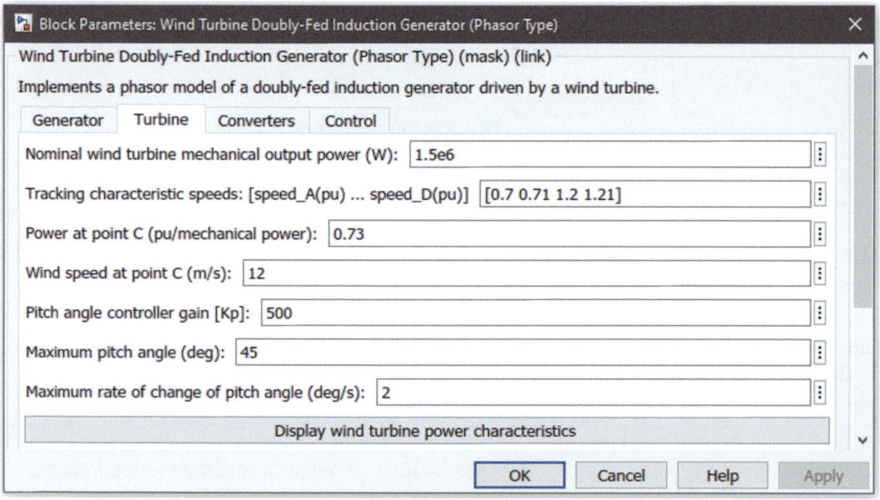

Abb. 18.39 Blockparameter der Turbine des Wind Turbine Doubly-Fed-Generator

des Generators, usw. Für dieses spezielle Beispiel können die Spezifikationen dieser Parameter aus dieser Abbildung entnommen werden.

In Abb. 18.39 werden die Parameter, die die Turbinendaten repräsentieren, gezeigt, wie z. B. die **„mechanical output power"** (mechanische Ausgangsleistung) der Windturbine, **„tracking characteristic speeds"** (Nachführungsgeschwindigkeiten), **„wind speed at point"** (Windgeschwindigkeit) usw. Die

18.2 Windturbine

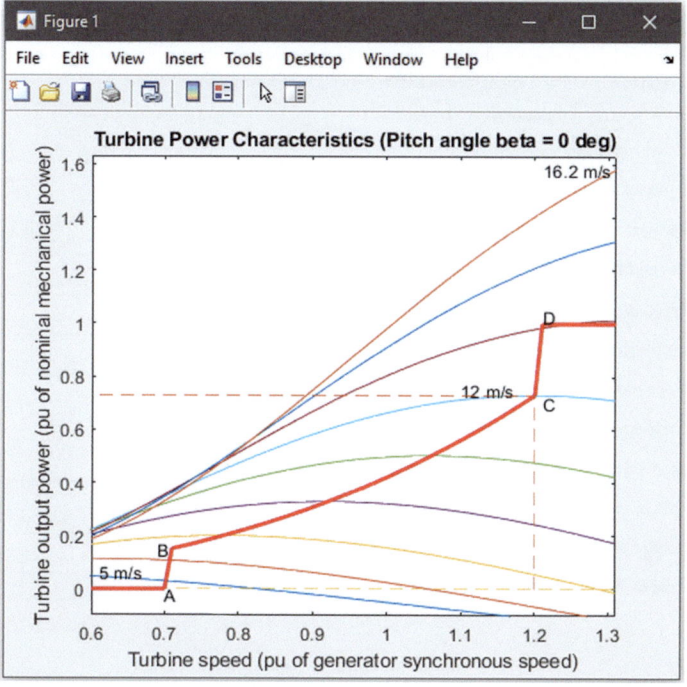

Abb. 18.40 Turbinenleistungscharakteristiken

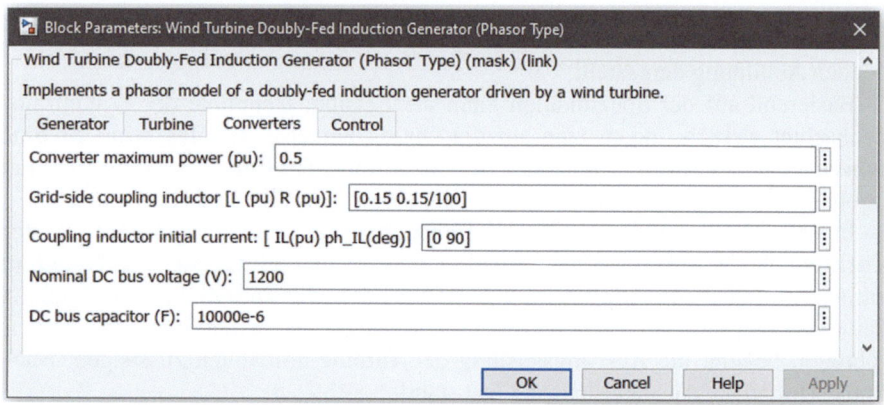

Abb. 18.41 Blockparameter des Konverters des Wind Turbine Doubly-Fed-Generators

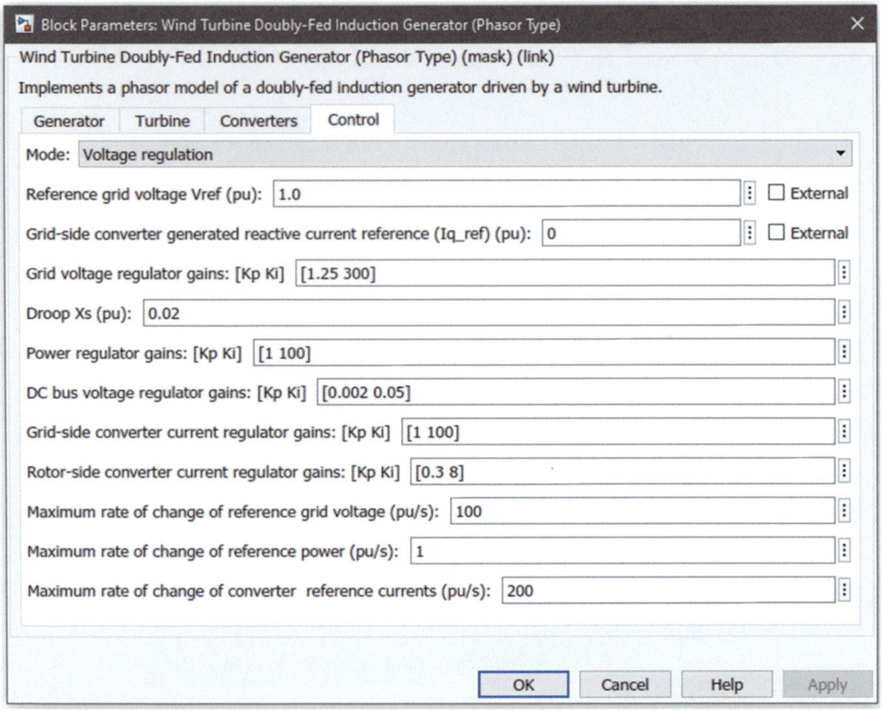

Abb. 18.42 Blockparameter der Steuerung des Wind Turbine Doubly-Fed-Generators

zugewiesenen Werte dieser Parameter für dieses spezielle Beispiel sind in der folgenden Abbildung dargestellt.

Basierend auf der Spezifikation kann die Leistungskennlinie der Windturbine beobachtet werden, indem man auf die Option namens **„Display wind turbine power characteristics" (Anzeige der Leistungskennlinie der Windturbine)** (Abb. 18.39) klickt, was das Erscheinen der folgenden Abb. 18.40 bewirkt.

In Abb. 18.40 werden die **„Turbine output power" (Ausgangsleistungen der Turbine)** gegen verschiedene **„Turbine speed" (Turbinengeschwindigkeiten)** aufgetragen. Aus dem Diagramm geht hervor, dass die Turbine bis zum Punkt A keine Ausgangsleistung erzeugt. Wenn die Turbinengeschwindigkeit 0,7 m/s überschreitet, beginnt die Ausgangsleistung der Turbine allmählich zu steigen. Nach Punkt D wird die Ausgangsleistung fast stabil.

Die Parameter, die die Konverter beeinflussen, können vom Konverter-Tab des Parameterfensters angepasst werden, das in Abb. 18.41 gezeigt wird.

Der letzte Tab des Parameterfensters des Wind Turbine Doubly-Fed-Generators ist der **„Control" (Steuerungs)**-Tab (Abb. 18.42). Von hier aus kann der Modus der Steuerung aus zwei Optionen ausgewählt werden – **„Voltage regulation" (Spannungsregelung)** oder **Var Regulation (Var-Regelung)**. Für dieses Beispiel ist der Modus Voltage Regulation ausgewählt. Abgesehen davon sind in diesem

18.2 Windturbine

Tab mehrere Steuerungsparameter verfügbar, die individuell angepasst werden können. Mehr Details dazu liefert der Button **„Help" (Hilfe)**.

Der Wind Turbine Doubly-Fed-Generators (Phasor-Type) hat Eingänge namens „Wind" und „Trip". Wind nimmt die Windgeschwindigkeit als Eingabe, während Trip beliebige logische Eingaben nimmt. Die Windgeschwindigkeit wird durch die Verwendung von zwei Blöcken bereitgestellt – **„Step" (Schritt)** und **„Rate Limiter" (Ratenbegrenzer)**. Step erzeugt eine Schrittantwort, deren Anfangs- und Endwerte als 6 und 16 mit einer Schrittzeit von 4 definiert sind. Da die Windgeschwindigkeit nicht konstant ist oder keine allmählichen Steigerungs- oder Abnahme-Eigenschaften hat, wird ein Rate Limiter-Block verwendet, um die Natur der Windgeschwindigkeit genau zu simulieren. Die Anpassung beider dieser Blöcke wird in Abb. 18.43 gezeigt.

Der Wind Turbine Doubly-Fed-Generator (Phasor-Type) ist mit einer **„Three-Phase Source" (Dreiphasenquelle)** verbunden (Abb. 18.44).

Schließlich wird ein BusSelector eingesetzt, um alle Ausgangsparameter des Wind Turbine Doubly-Fed-Generators aufzulisten und bestimmte Signale auszuwählen, die im Scope-Fenster beobachtet werden sollen. Nachdem der BusSelector mit dem Ausgangsport verbunden wurde, erscheint durch Doppelklick das Parameterfensters (Abb. 18.45). Im Parameterfenster listet das linke Feld alle verfügbaren Ausgangssignale auf (**„Signals in the Bus"**). Um eines dieser Signale auszuwählen, klicken Sie auf einen bestimmten Signalnamen und wählen Sie die Option **„Select" (Auswählen)** aus. Das ausgewählte Signal wird in das rechte Feld verschoben (**„Selected Signals"**). Wiederholen Sie das gleiche Verfahren, um mehrere Signale aus dem linken Feld auszuwählen. Basierend auf der Anzahl der Signale, die in das rechte Feld verschoben werden sollen, wird die Anzahl der Ausgangsports des BusSelectors festgelegt. Für dieses Beispiel werden fünf Signale auf die rechte Seite verschoben, was automatisch das Erscheinen von fünf Ausgangsports des BusSelector-Blocks erzeugt. Zwei separate Scope-Blöcke sind mit den Ausgangssignalen verbunden (Abb. 18.46 und 18.47).

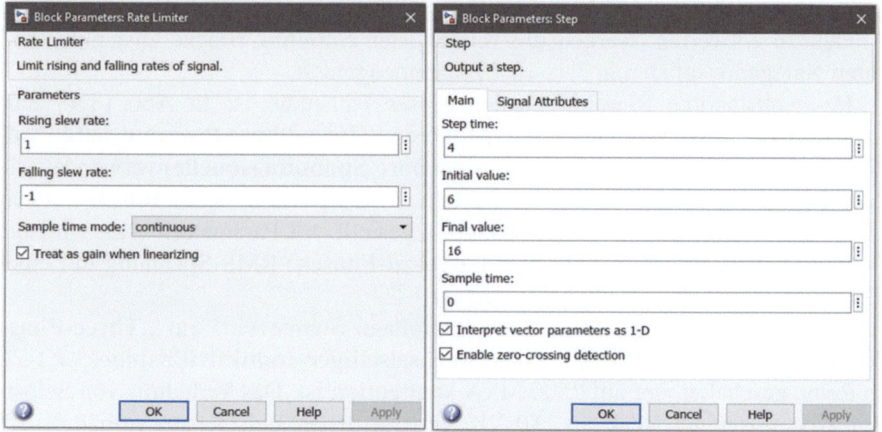

Abb. 18.43 Blockparameter des Rate-Limiters- und des Step-Blocks

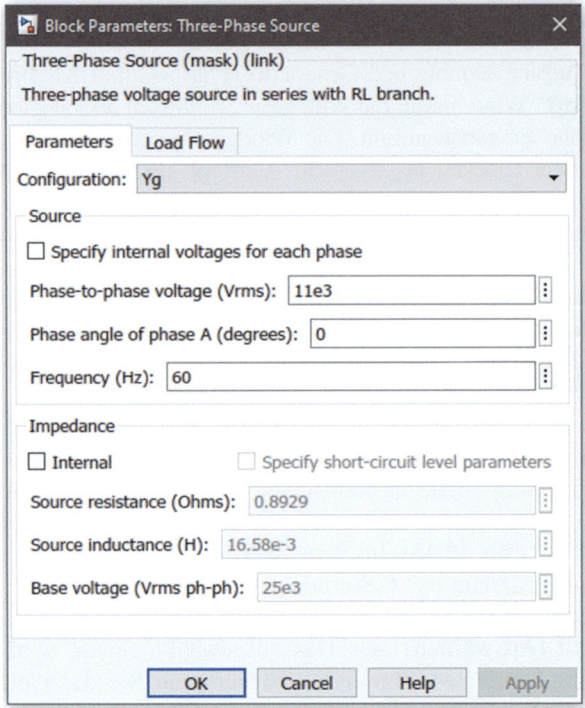

Abb. 18.44 Blockparameter der Three-Phase Source

18.2.2 Fallstudie: Netzgekoppelter Windturbinengenerator

In diesem Abschnitt wird eine Fallstudie eines netzgekoppelten Windturbinengenerators mithilfe eines Simulink-Designs demonstriert. Um das vollständige Modell zu entwerfen, werden die verwendeten Simulink-Blöcke zusammen mit ihren Navigationspfaden in Tab. 18.7 zusammengefasst.

Das vollständige Simulink-Design dieser Fallstudie ist in Abb. 18.48 dargestellt. Um das Netz zu entwerfen, wird eine **„Three-Phase Programmable Voltage Source" (dreiphasige programmierbare Spannungsquelle)** verwendet, die eine Quelle von 230 kV Spannung darstellt. Die Anpassung dieses Blocks aus seinem Parameterfenster ist in Abb. 18.49 dargestellt. Im Parameterfenster wird die Amplitude der **„phase-to-phase" (Phasen-zu-Phasen)**-RMS-Spannung mit einer Frequenz von 60 Hz auf 230 kV festgelegt.

Mit der Three-Phase Programmable Voltage Source wird ein **„Three-Phase Mutual Inductance" (dreiphasiger wechselseitiger Induktivitätsblock)** Z1-Z0 in Reihe geschaltet, der auf 2500 MVA konfiguriert ist. Das Verhältnis von Selbst- und wechselseitiger Reaktanz, $X0/X1$, wird für dieses Beispiel im Verhältnis 2:1 gehalten (Abb. 18.50).

18.2 Windturbine

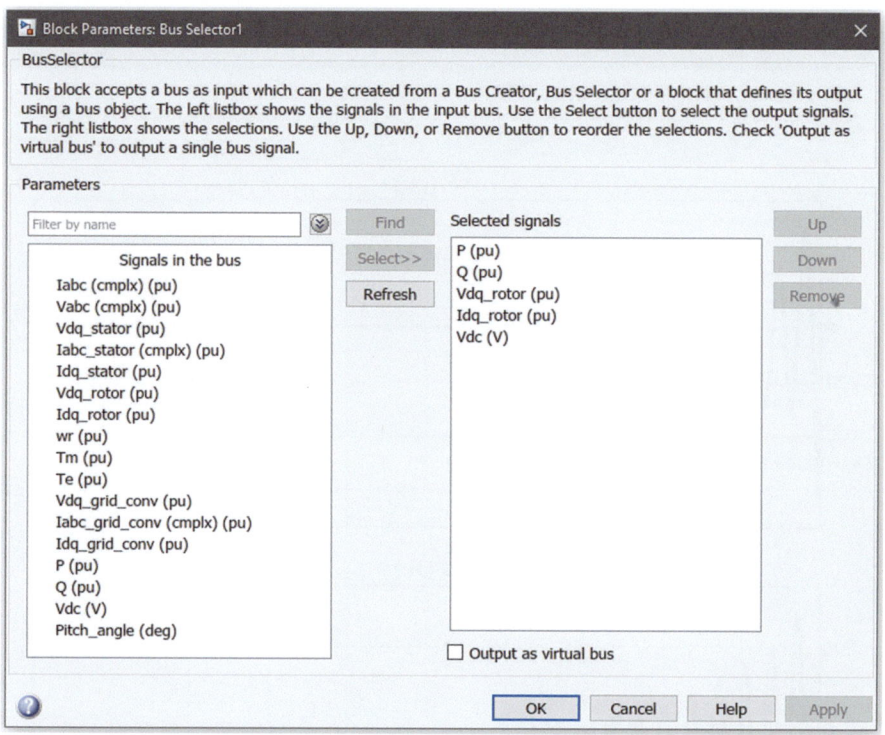

Abb. 18.45 Blockparameter des BusSelectors

Danach wird ein **„Three-Phase-V-I-Measurement" (dreiphasiger V-I-Messblock)** verwendet, um als Bus1 zu fungieren. Das Format des Blocks wird in diesem Beispiel geändert, indem mit der rechten Maustaste auf den Block geklickt und **„Format" (Format)** → **„Background color" (Hintergrundfarbe)** → **„Black" (Schwarz)** ausgewählt wird. Die Anpassung der Parameter dieses Blocks wird unten gezeigt, wo die Messungen als Etikett überprüft werden (Abb. 18.51).

Der zuvor mit einem Three-Phase-Transformator definierte Bus1 ist eine 230-kV-Leitung. Ein Step-up-Transformator wird verwendet, um die Spannung von 230 kV auf 33 kV zu erhöhen, um die Verluste bei der Übertragung von Strom über große Entfernungen zu minimieren. Als Step-up-Transformator wird der Three-Phase-Transformator (Two Windings) verwendet. Für die erste Wicklung wird eine „Yg"-Verbindung und für die zweite Wicklung eine „Delta(D1)"-Verbindung konfiguriert. Die 230 kV/33 kV-Konfiguration wird aus seiner Parameteroption eingerichtet, indem die Phase-to-phase-RMS-Spannungen der beiden Wicklungen aktualisiert werden (Abb. 18.52). Die Nennleistung des Transformators wird für dieses Beispiel auf 250 MVA festgelegt.

Bevor die Übertragungsleitung aktiviert wird, wird ein Three-Phase-Transformator (Two Windings) verwendet, um als Erdungstransformator zu fungieren.

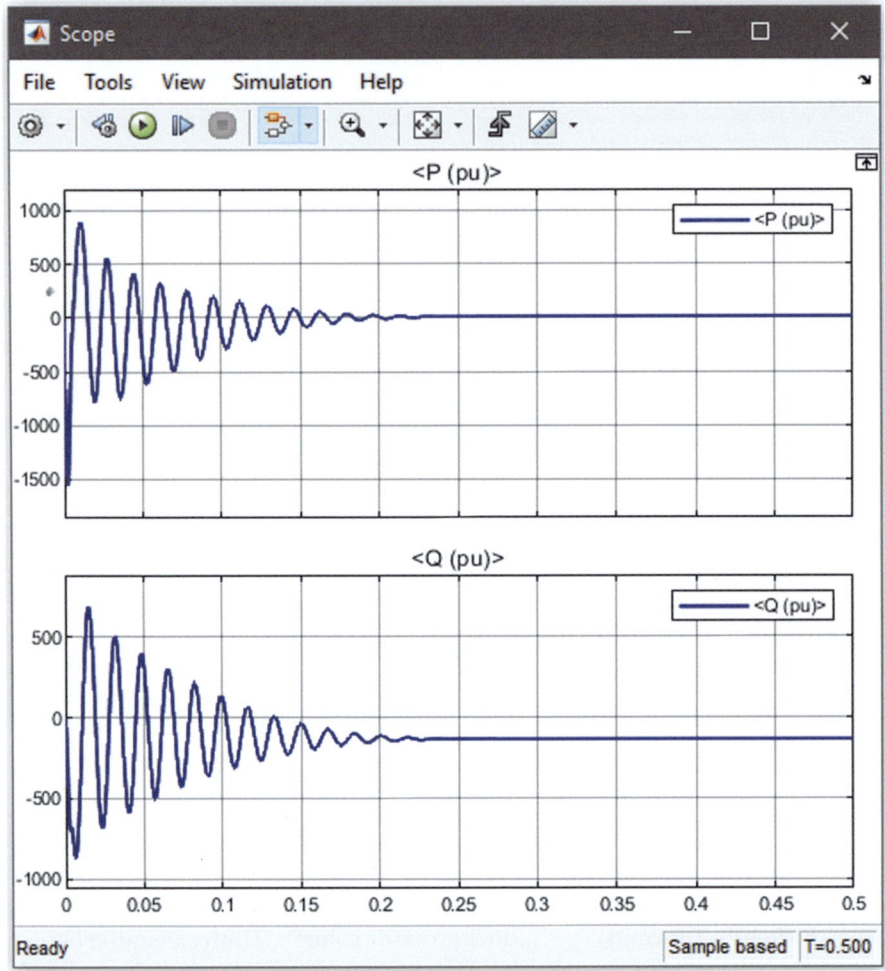

Abb. 18.46 Ausgewählte Ausgangssignale im Scope-Fenster

Daher wird die Konfiguration der ersten Wicklung als „Yn" eingestellt, während für die zweite Wicklung als „Delta (D11)"-Verbindung zugewiesen wird. Die Nennleistung dieses Transformators wird auf 150 MVA festgelegt. Sowohl der Magnetisierungswiderstand als auch die Induktivität dieses Transformators werden auf 500 pro Einheit eingestellt. Der Neutralanschluss des Transformators wird über einen in Reihe geschalteten Series-RLC-Branch-Block geerdet, der nur für einen Widerstand von 3,5 Ω konfiguriert ist. Die Anpassung des 150-MVA-Erdungstransformators wird in Abb. 18.53 gezeigt.

Zwei **„Three-Phase-PI-Section-Line"** (**dreiphasige PI-Sektionsleitung**) -Blöcke werden verwendet, um als Übertragungsleitung zu fungieren, die in der

18.2 Windturbine

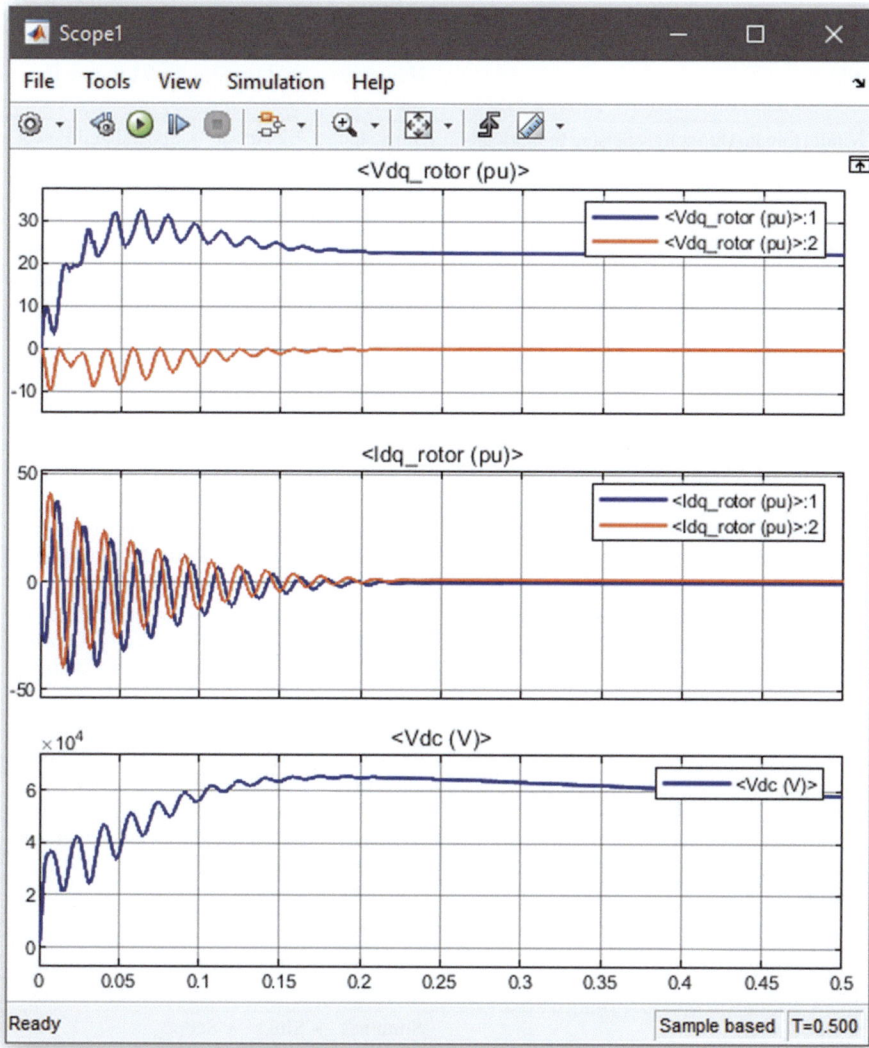

Abb. 18.47 Ausgewählten Ausgangssignale im Scope-Fenster

Mitte mit Bus2 verbunden ist. Bus2 wird modelliert, indem ein formatierter V-I-Messblock verwendet wird und das gleiche Verfahren wie bei der Bildung von Bus1 wiederholt (Abb. 18.54). Die Leitungen sind für eine Leitungslänge von 10 km konfiguriert.

Die Anpassung des V-I-Messblock2 (Bus2) wird in Abb. 18.55 (links) gezeigt. In diesem Netzwerk wird eine weitere 480 V-Busleitung namens Bus3 auf die gleiche Weise modelliert. Das konfigurierte Parameterfenster ist in Abb. 18.56 (rechts) zu finden, wo der Block als **„Three-Phase-V-I-Measurement1" (dreiphasige V-I-Messung1)** bezeichnet wird.

Tab. 18.7 Blöcke und Navigationspfad für die Modellierung des netzgekoppelten Windturbinengenerators

Blöcke	Navigationspfad im Simulink Library Browser
Windturbinen-Doppeltgespeister Induktionsgenerator (Phasortyp)	Simscape → Electrical → Specialized Power Systems → Renewables → Wind Generation → Wind Turbine Doubly-Fed Induction Generator (Phasor Type)
Dreiphasige programmierbare Spannungsquelle	Simscape → Electrical → Specialized Power Systems → Fundamental Blocks → Electrical Sources → Three-Phase Programmable Voltage Source
Dreiphasige gegenseitige Induktanz Z1-Z0	Simscape → Electrical → Specialized Power Systems → Fundamental Blocks → Elements → Three-Phase Mutual Inductance Z1-Z0
Dreiphasige V-I-Messungen, Dreiphasige V-I-Messungen1, Dreiphasige V-I-Messungen2	Simscape → Electrical → Specialized Power Systems → Fundamental Blocks → Measurements → Three-Phase V-I Measurements
Dreiphasige PI-Sektionsleitung, Dreiphasige PI-Sektionsleitung1	Simscape → Electrical → Specialized Power Systems → Fundamental Blocks → Elements → Three-Phase PI Section Line
Dreiphasiger Transformator (Zwei Wicklungen), Dreiphasiger Transformator (Zwei Wicklungen)1, Dreiphasiger Transformator (Zwei Wicklungen)2	Simscape → Electrical → Specialized Power Systems → Fundamental Blocks → Elements → Three-Phase Transformer (Two Windings)
Dreiphasige Serien-RLC-Last	Simscape → Electrical → Specialized Power Systems → Fundamental Blocks → Elements → Three-Phase Series RLC Load
Serien-RLC-Zweig	Simscape → Electrical → Specialized Power Systems → Fundamental Blocks → Elements → Series RLC Branch
Schritt	Simulink → Sources → Step
Konstante	Simulink → Sources → Constant
BusSelector	Simulink → Signal Routing → BusSelector
Rate Limiter	Simulink → Discontinuities → Rate Limiter
Scope, Scope1	Simulink → Sinks → Scope
Powergui	Simscape → Electrical → Specialized Power Systems → Fundamental Blocks → powergui

Vor dem Bus3 wird die Spannung der 33-kV-Busleitung durch Verwendung eines Step-down-Transformators in 33 kV/480 V umgewandelt. Ein **„Three-Phase Transformer (Two Windings)"** (dreiphasiger Transformator (zwei Wicklungen)) wird verwendet (Abb. 18.57).

Eine Last von 300 kW ist mit der 480-V-Leitung verbunden, die mit der **„Three-Phase Series RCL Load" (Dreiphasen-Reihenschaltung RLC-Last)** erstellt wird. Die Wirkleistung dieses Blocks ist auf 300 kW eingestellt, die Nennspannung von Phase zu Phase auf 480 V (Abb. 18.57).

18.2 Windturbine

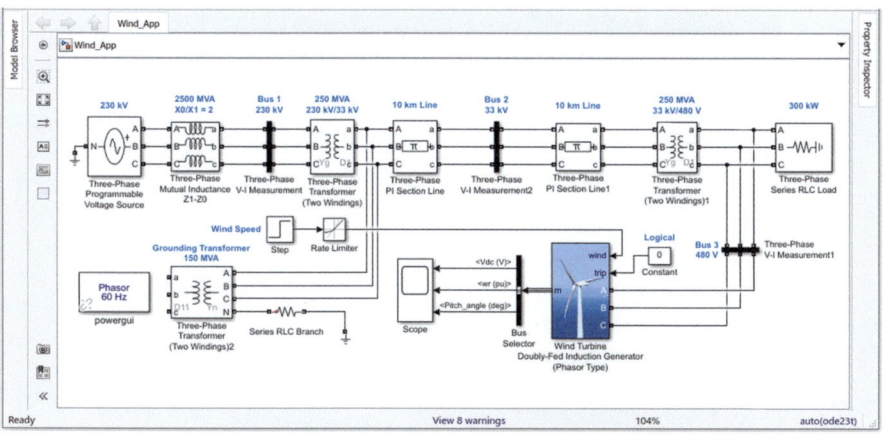

Abb. 18.48 Simulink-Diagramm eines netzgekoppelten Windturbinengenerators

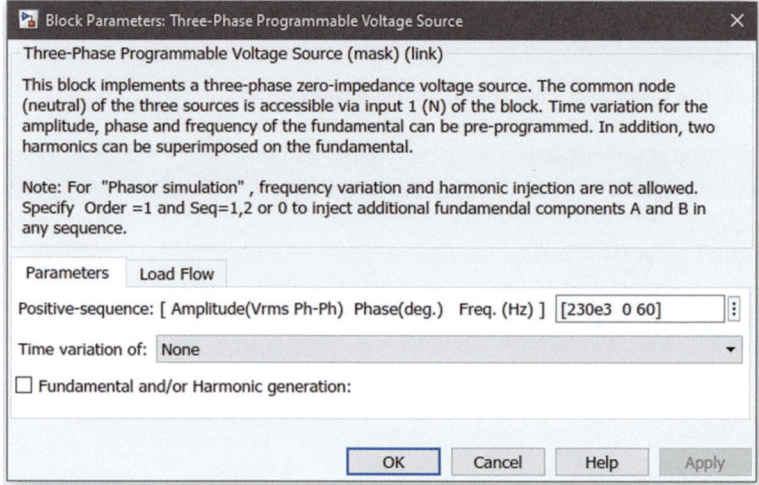

Abb. 18.49 Blockparameter Three-Phase Programmable Voltage Source

Mit Bus3 ist schließlich der Windturbinen-Doppeltgespeiste Induktionsgenerator-Block verbunden. Wie in Abschn. 18.4.1 gezeigt, benötigt der Windturbinen-DFIG-Block Windgeschwindigkeits- und Auslösewerte. Daher ist ein Step-Block so konfiguriert, dass er als Windgeschwindigkeitseingabe des Windturbinen-DFIG-Blocks fungiert, in Verbindung mit dem in Reihe geschalteten Rate-Limiter-Block. Für die Bereitstellung der Auslöseeingabe ist ein Constant-Block auf den Nullwert eingestellt und dient als logische Null-Eingabe. Die Parameterfenster des Step- und des Rate-Limiter-Blocks sind in Abb. 18.58 dargestellt.

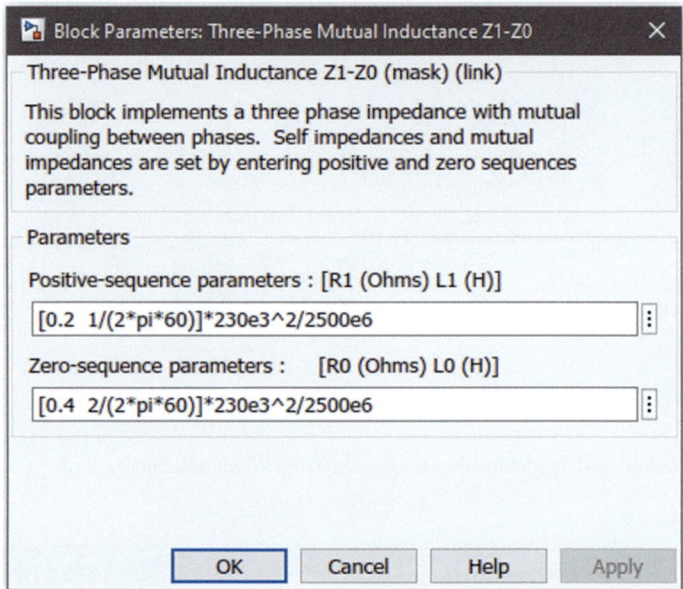

Abb. 18.50 Blockparameter Three-Phase Mutual Inductance

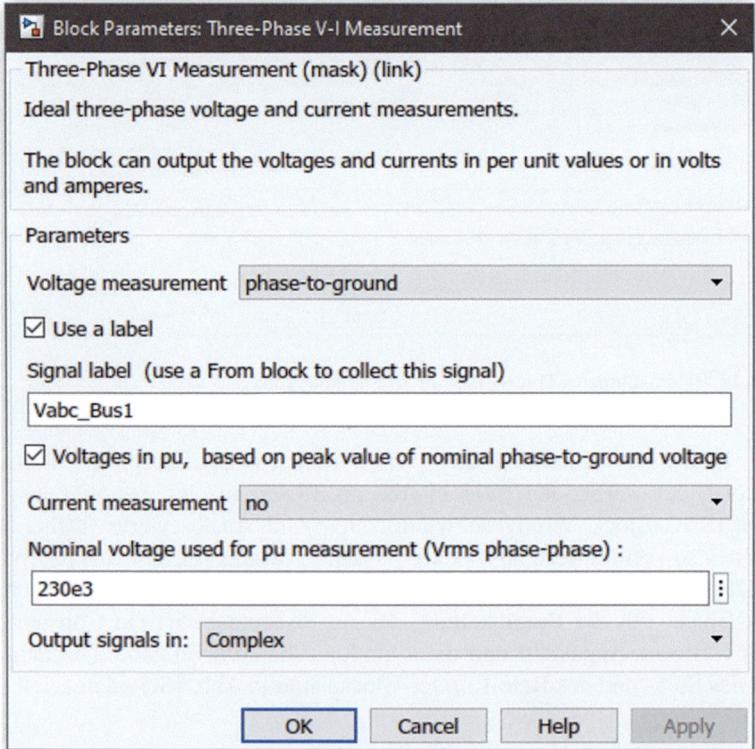

Abb. 18.51 Blockparameter Three-Phase-V-I-Measurement

18.2 Windturbine

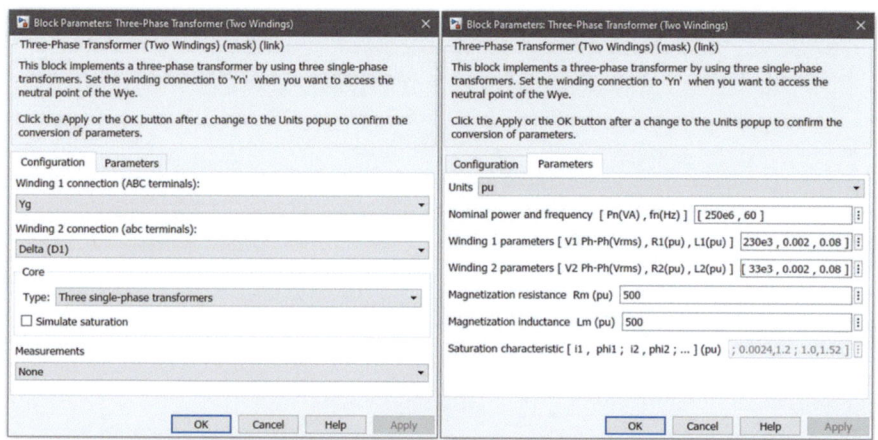

Abb. 18.52 Blockparameter Three-Phase-Transformator

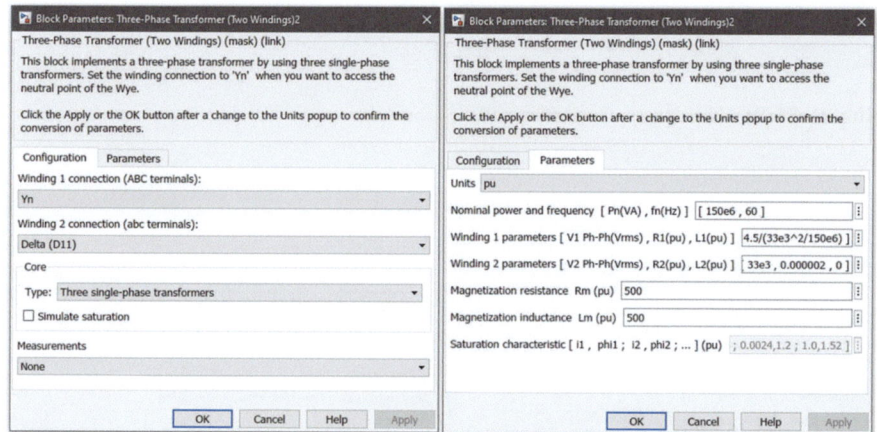

Abb. 18.53 Blockparameter Three-Phase Transformer (Two Windings)2

Mit dem Ausgangsport des Windturbinen-DFIG-Blocks ist der „**BusSelector**" (**Auswahl**)-Block verbunden, um die Ausgangssignale auszuwählen, die im Scope-Fenster angezeigt werden (Abb. 18.59). Aus den Signalen werden drei für diese spezielle Einrichtung ausgewählt – Vdc (V), wr (pu), pitch_angle (deg). Nach der Auswahl wird die Anzahl der Ausgangsports dieses Blocks automatisch auf drei konfiguriert. Ein Scope-Block, dessen Anzahl der Eingangsports auf drei eingestellt ist, ist mit den drei Ausgangsports des Busauswahlblocks verbunden.

Nach dem Ausführen der Simulation können die Ausgangssignale aus dem Scope-Fenster beobachtet werden (Abb. 18.60). Simulink bietet dem Benutzer die Flexibilität, das Modell für verschiedene Ausgangssignale zu simulieren, um sie im Scope-Fenster zu beobachten und zu analysieren.

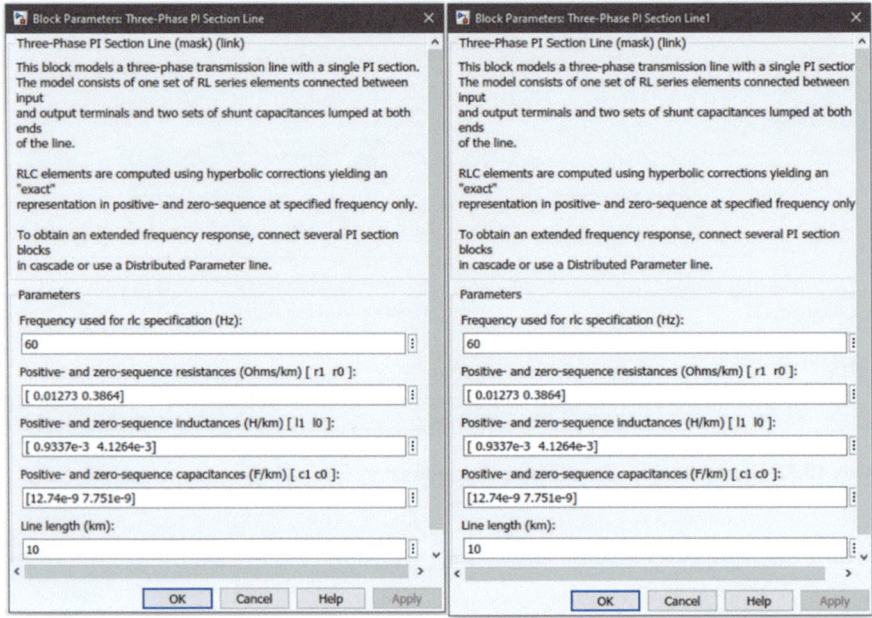

Abb. 18.54 Blockparameter Three-Phase-PI-Section-Line

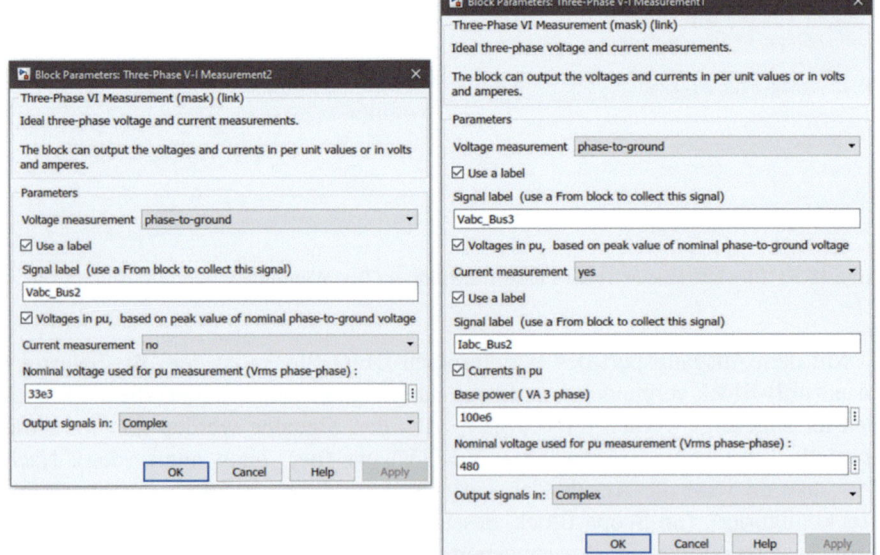

Abb. 18.55 Blockparameter Three-Phase-V-I-Measurement1

18.2 Windturbine

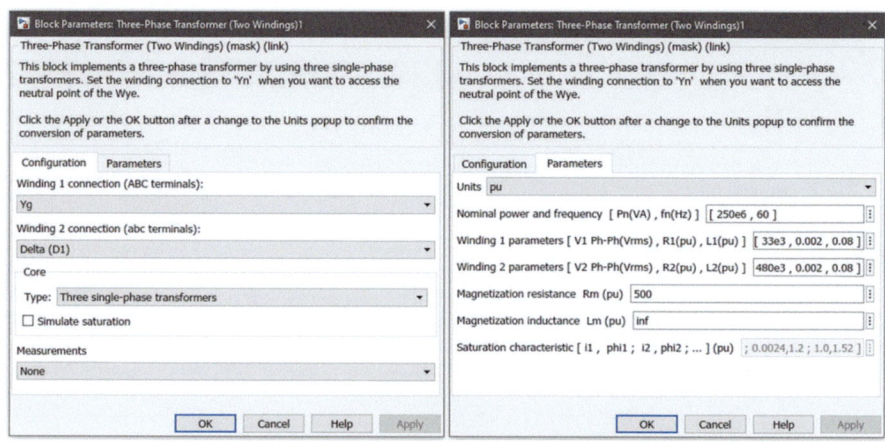

Abb. 18.56 Blockparameter Three-Phase Transformer (Two Windings)1

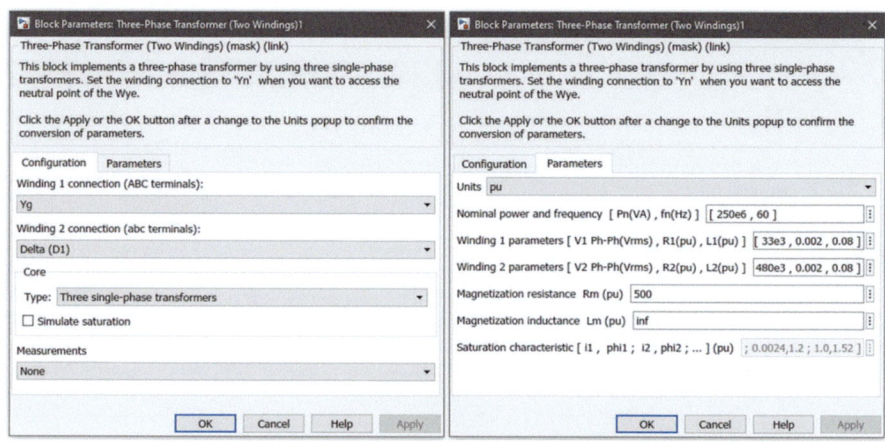

Abb. 18.57 Blockparameter Three-Phase Series RCL Load

620   18 Simulink und erneuerbare Energietechnologien

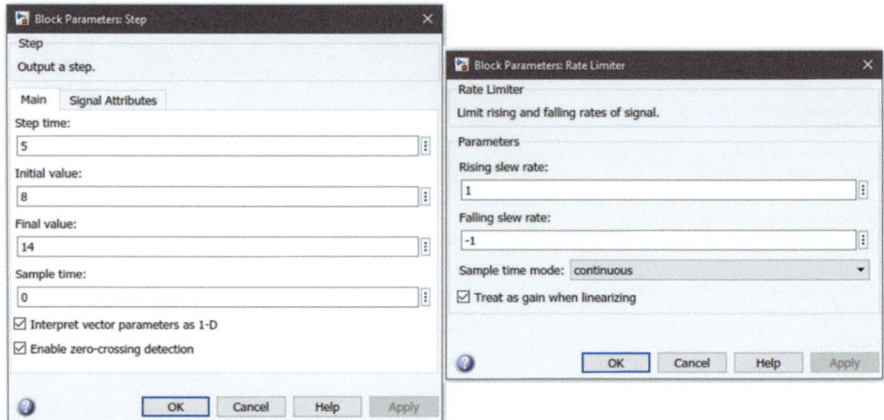

Abb. 18.58 Blockparameter Step- und des Rate-Limiter-Blocks

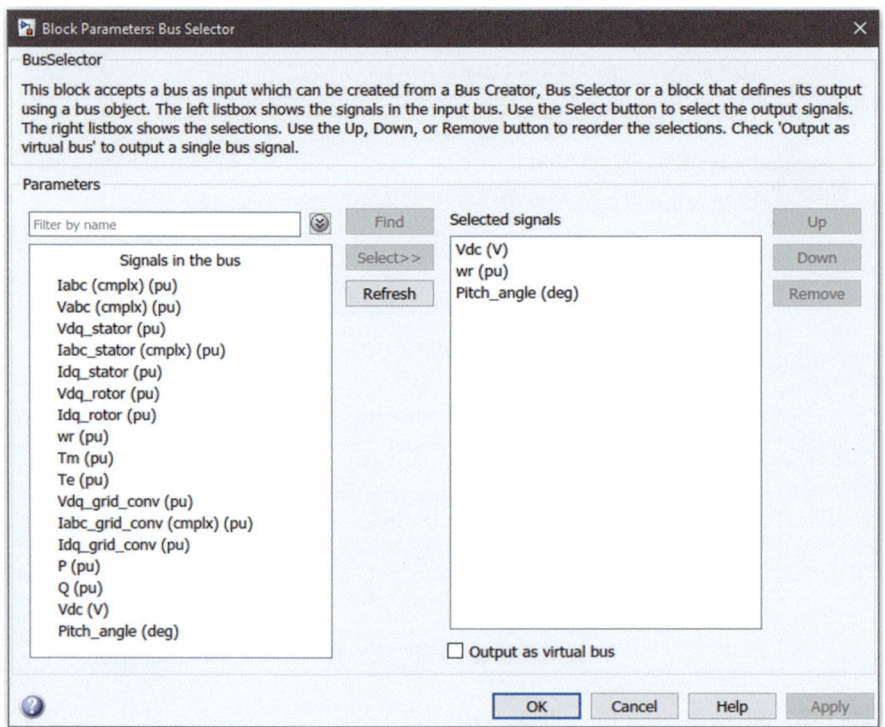

Abb. 18.59 Blockparameter des BusSelector-Blocks

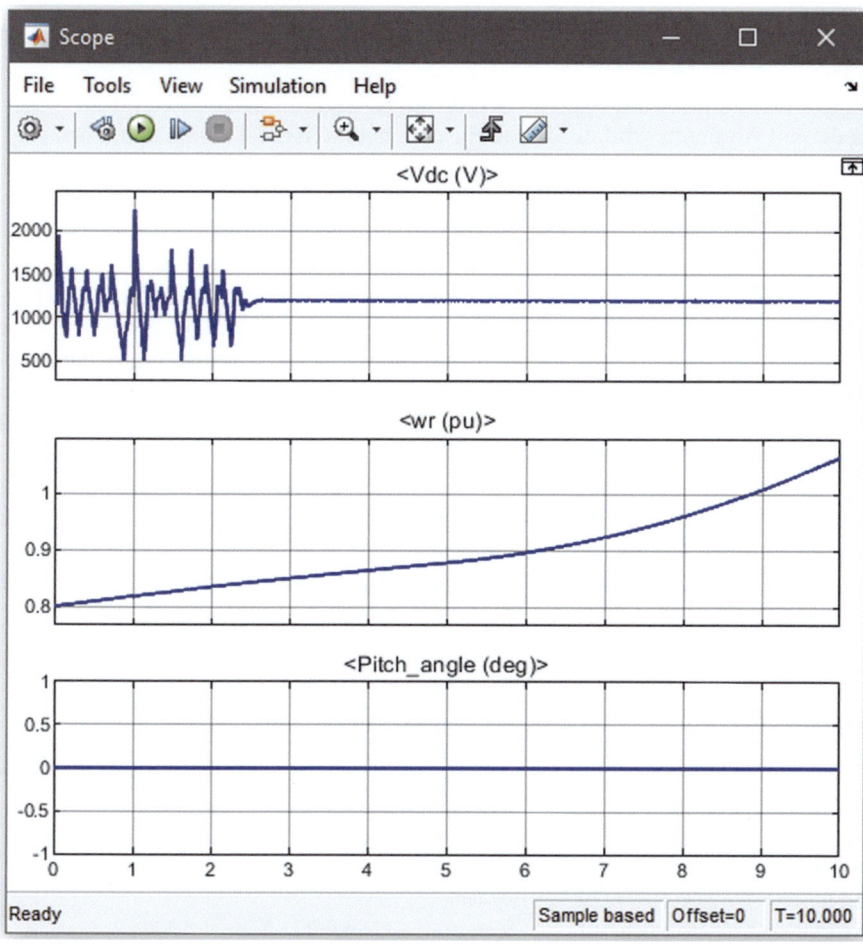

Abb. 18.60 Ausgangssignale im Scope-Fenster

18.3 Hydraulic Turbine (Hydraulische Turbine)

Die hydraulische Turbine und ihr Regler sind eine Kernkomponente eines auf Wasserkraft basierenden Stromgenerators. In einem solchen System wird die Energie des fließenden Wassers genutzt, um die Schaufel einer Wasserturbine zu drehen. Die Drehung dieser rotierenden Turbine, mit anderen Worten, die mechanische Energie, wird in elektrische Energie umgewandelt. Dies ist das Grundprinzip eines auf einer hydraulischen Turbine basierenden Stromgenerators.

18.3.1 Fallstudie: Modell der Hydro-Turbine und des Stromgenerators

In diesem Abschnitt wird ein Block für eine hydraulische Turbine und einen Regler verwendet, um einen Synchron-Generator mithilfe eines Erregungssystems zu betreiben. Das Gesamtdesign wird später mit den notwendigen Illustrationen erklärt. Die Navigationswege aller Blöcke, die in dieser Simulation verwendet werden, sind in Tab. 18.8 aufgeführt.

In Abb. 18.61 wird ein Simulink-Design gezeigt, das die Anwendung von hydraulischen Turbinen durch das Antreiben eines Synchron-Generators demonstriert. In diesem Design ist der Block für die hydraulische Turbine und den Regler die Kernkomponente und wird aus seinem Parameterfenster angepasst. Das Parameterfenster dieses Blocks ist in Abb. 18.62 dargestellt. Es gibt mehrere anpassbare Parameter für diesen Block, wie z. B. Verstärkung und Zeitkonstante des Servomotors, Grenzen für die Öffnung des Tores usw. Um mehr über diese Parameter zu erfahren, klicken Sie auf die Hilfeschaltfläche seines Parameterfensters. Der Block für die hydraulische Turbine und den Regler hat fünf Eingangsports – Referenzgeschwindigkeit (wref), Referenzmechanische Leistung (pref), tatsächliche Geschwindigkeit der Maschine

Tab. 18.8 Blöcke und Navigationspfad für die Modellierung von Wasserturbine und Stromgenerator

Blöcke	Navigationspfad im Simulink Library Browser
Hydraulische Turbine und Regler	Simscape → Electrical → Specialized Power Systems → Fundamental Blocks → Machines → Hydraulic Turbine and Governor
Erregungssystem	Simscape → Electrical → Specialized Power Systems → Fundamental Blocks → Machines → Excitation System
Synchronmaschine pu Standard	Simscape → Electrical → Specialized Power Systems → Fundamental Blocks → Machines → Synchronous Machine pu Standard
Dreiphasen-Transformator (Zwei Wicklungen)	Simscape → Electrical → Specialized Power Systems → Fundamental Blocks → Elements → Three-Phase Transformer (Two Windings)
Dreiphasen-Quelle	Simscape → Electrical → Specialized Power Systems → Fundamental Blocks → Electrical Sources → Three-Phase Source
Dreiphasen-Serien-RLC-Last, Dreiphasen-Serien-RLC-Last1	Simscape → Electrical → Specialized Power Systems → Fundamental Blocks → Elements → Three-Phase Series RLC Load
Konstante, Konstante1, Konstante2	Simulink → Sources → Constant
BusSelector	Simulink → Signal Routing → BusSelector
Ground	Simulink → Sources → Ground
Scope	Simulink → Sinks → Scope
Powergui	Simscape → Electrical → Specialized Power Systems → Fundamental Blocks → powergui

18.3 Hydraulic Turbine (Hydraulische Turbine)

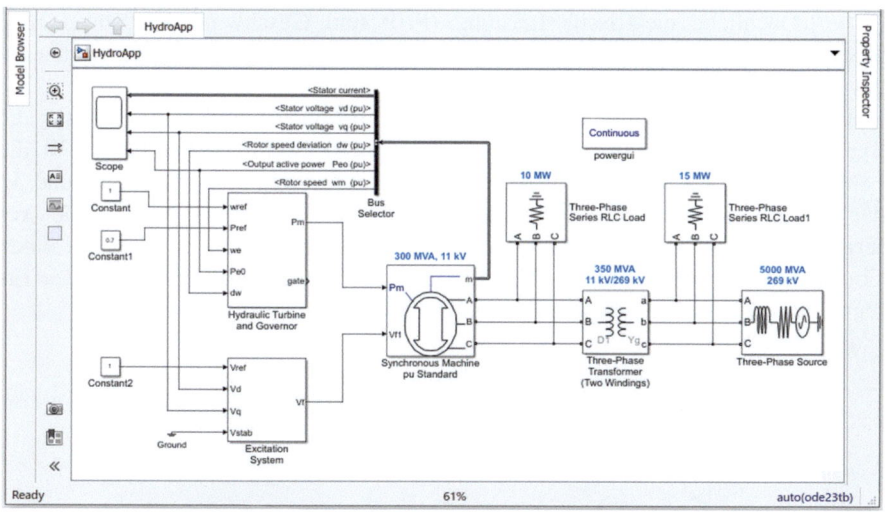

Abb. 18.61 Modell von Wasserturbine und Stromgenerator

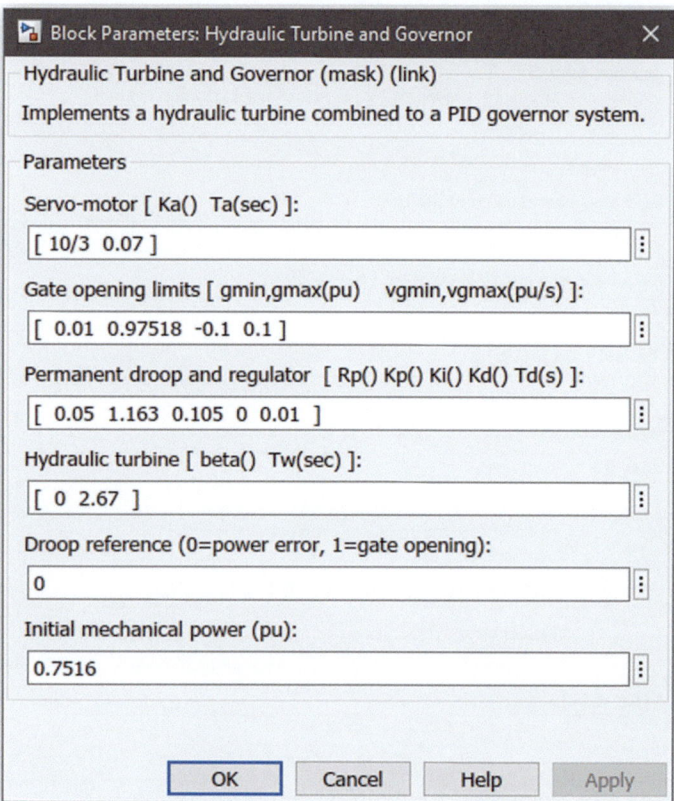

Abb. 18.62 Blockparameter der hydraulischen Turbine und des Reglers

(we), tatsächliche elektrische Leistung (Pe0) und Geschwindigkeitsabweichung (dw). Es ist zu beachten, dass alle Eingaben in ihren jeweiligen Per-Unit-Werten angegeben werden müssen.

Ein Erregungssystemblock stellt die „**field voltage**" (**Feldspannung**) für die Synchronmaschine bereit. Der Ausgangsport des Erregungssystemblocks ist die Feldspannung (V_f), im Per-Unit-Wert. Die Ausgangsstatorspannungen V_d und V_q der Synchronmaschine sind die beiden Eingänge des Erregungssystems. Die „**reference voltage**" (**Referenzspannung**) des Erregungssystems wird durch einen Constant-Block auf 1 gesetzt. Der Eingang des Spannungsstabilisators des Erregungssystems wird in diesem Beispiel geerdet (Abb. 18.63).

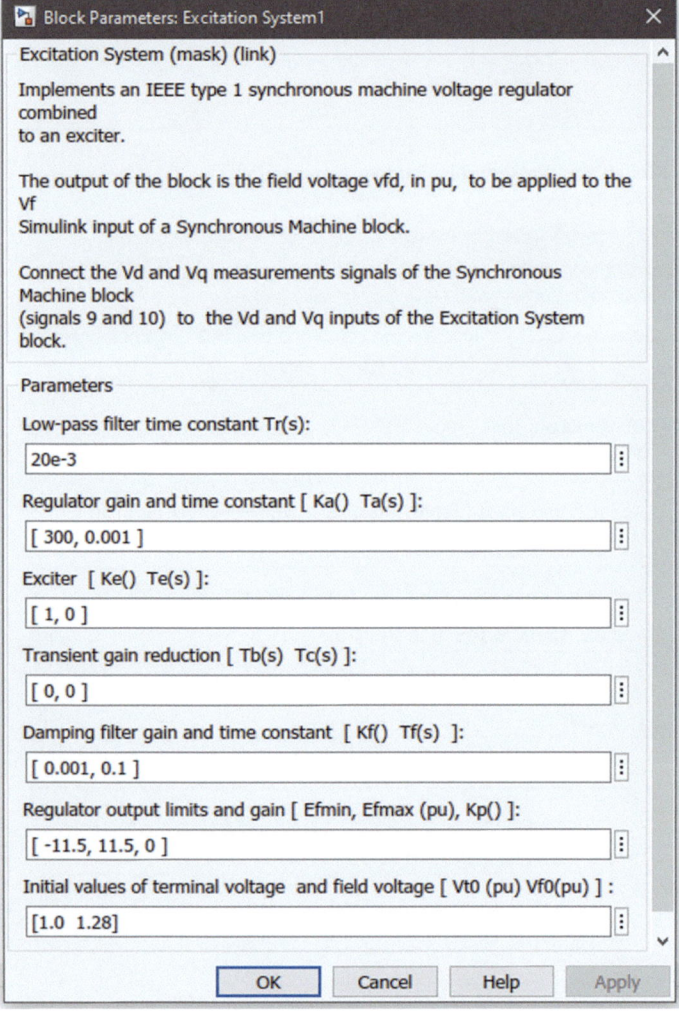

Abb. 18.63 Blockparameter des Erregungssystems

18.3 Hydraulic Turbine (Hydraulische Turbine)

Das Parameterfenster der Synchronmaschine ist in den Abb. 18.64, 18.65 und 18.66 dargestellt. In diesem Beispiel ist kein voreingestelltes Modell ausgewählt. Die Eingabe ist hier die **„mechanical power" (mechanische Leistung)** (P_m) (Bereitstellung über den Hydraulikturbinen- und Regler-Block). Der ausgewählte Rotortyp der Synchronmaschine ist für diesen Fall der Salient-pole-Typ. Nach der Anpassung der Konfiguration der Synchronmaschine (Abb. 18.64) wird das Parameter-Tab des Parameterfensters angewählt.

Abb. 18.65 zeigt die Anpassung der Parameter im Parameters-Tab. Die Nennleistung der Synchronmaschine ist auf 300 MVA eingestellt, mit einer Leitung-zu-Leitung-RMS-Spannung von 11 kV. Die d-Achse befindet sich im Kurzschlussmodus, während die q-Achse im Offenkreismodus zugewiesen ist. Alle anderen Parameter zeigt Abb. 18.65. Der letzte verbleibende Tab des Parameterfensters der Synchronmaschine heißt Load Flow. Von diesem Tab aus wird der PV-Typ-Generator ausgewählt. Die Wirkleistung des Generators wird auf 200 MW eingestellt, während der Bereich der Blindleistung auf −inf bis +inf eingestellt ist (Abb. 18.66).

Ein Dreiphasen-Transformator ist mit der Synchronmaschine verbunden, um die Spannung von 11 kV auf 269 kV zu erhöhen. Die Konfiguration des **„Three-Phase Transformer (Two Windings)" (Dreiphasen-Transformators, Zwei Wicklungen)** ist in der linken Abbildung von Abb. 18.67 dargestellt. Die Delta (D1) -Verbindung ist für die erste Wicklung ausgewählt, während die „Yg"-Verbindung für die Verbindung der zweiten Wicklung gewählt ist. Der Parameters-Tab dieses Blocks ist auf der rechten Seite von Abb. 18.67 dargestellt. Die Nennleistung des Transformators beträgt 350 MVA eingestellt. Da er als Step-up-Transformator arbeiten wird, ist die **„RMS-phase-to-phase voltage" (RMS-**

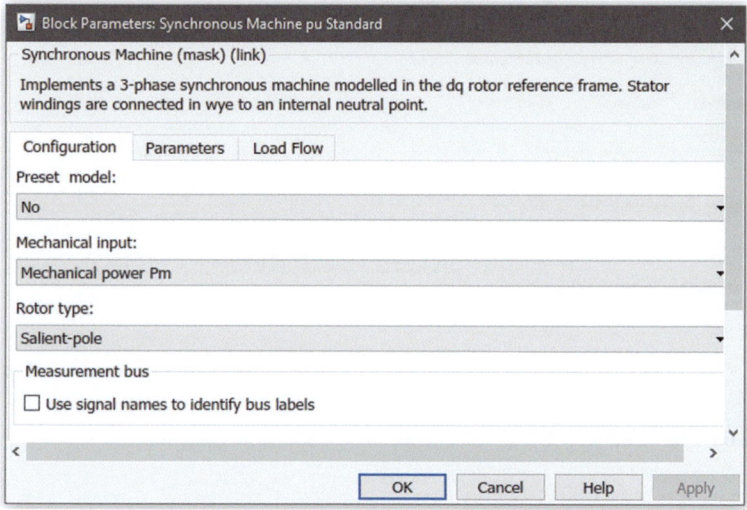

Abb. 18.64 Blockparameter Synchronous Machine pu Standard: Configuration

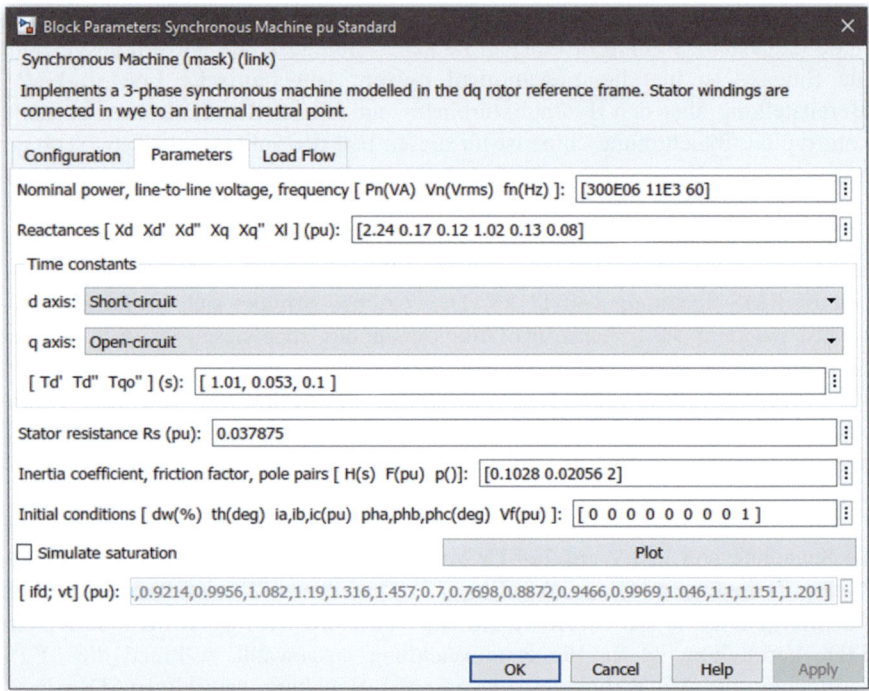

Abb. 18.65 Blockparameter Synchronous Machine pu Standard: Parameters

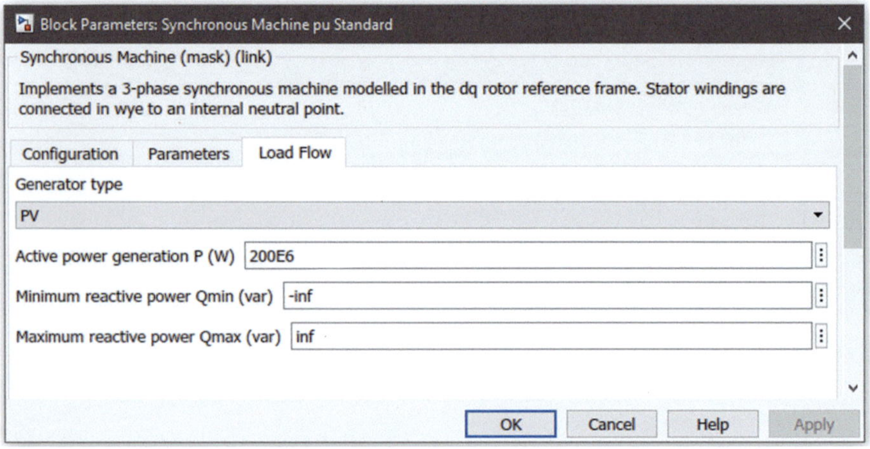

Abb. 18.66 Blockparameter Synchronous Machine pu Standard: Load Flow

18.3 Hydraulic Turbine (Hydraulische Turbine)

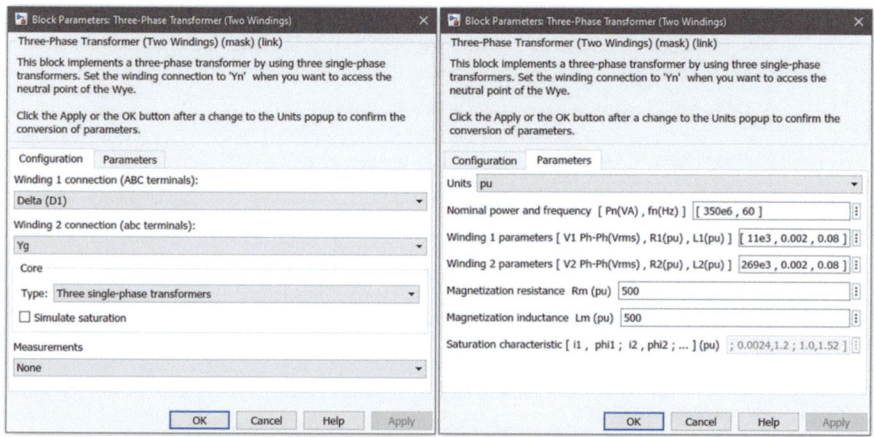

Abb. 18.67 Blockparameter Three-Phase Transformer (Two Windings)

Phasen-zu-Phasen-Spannung) der ersten Wicklung auf 11 kV eingestellt, während für die zweite Wicklung die zugewiesene Spannung 269 kV beträgt.

Mit dem Transformator ist eine „**Three-Phase Source**" (**Dreiphasen-AC-Quelle**) verbunden, die so angepasst ist, dass sie eine „**phase-to-phase voltage**" (**Phasen-zu-Phasen-RMS-Spannung**) von 269 kV hat. Die „**3-phase short-circuit level at base voltage**" (**Dreiphasen-Kurzschlussleistung der AC-Quelle bei der Basis-Spannung**) von 269 kV ist auf 5000 MVA eingestellt (Abb. 18.68). Das X/R-Verhältnis der Quelle für dieses Beispiel beträgt 7. Eine Last von 10 MW ist nach der Synchronmaschine angeschlossen, die Leitungsspannung beträgt 11 kV. Eine weitere Last von 15 MW ist mit der 269-kV-Leitung nach dem Step-up-Transformator verbunden. Die Anpassung dieser beiden Three-Phase-Series-RLC-Load-Blöcke wird in Abb. 18.69 dargestellt.

Der Ausgangsport der Synchronmaschine ist mit einem BusSelector-Block verbunden (Abb. 18.70, links Ausgangssignale, rechts ausgewählte Signale). Die Signalleitung der „**Mechanical-Rotor speed**" (**mechanischen Rotordrehzahl**) (wm) ist mit einem der Eingangsports des Blocks „**Hydraulic turbine**" (**Hydraulische Turbine**) und Regler verbunden, der als tatsächliche Geschwindigkeit der Maschine (we) bezeichnet wird. Ebenso sind die Signalleitungen der Ausgangsleistung (wm) und der „**Mechanical-Rotor speed deviation**" (**Abweichung der mechanischen Rotordrehzahl**) (dw) von den Ausgangsports des BusSelectors jeweils mit den beiden Eingangsports – tatsächliche elektrische Leistung (Pe0) und Mechanical-Rotor speed (dw) – der Hydraulischen Turbine und des Reglers verbunden. Die beiden anderen im BusSelector ausgewählten Signale v_d und v_q sind mit den beiden Eingangsports des Erregungssystems verbunden. Mit den vier Ausgangssignalen des BusSelectors ist ein Scope zur Darstellung verbunden (Abb. 18.71).

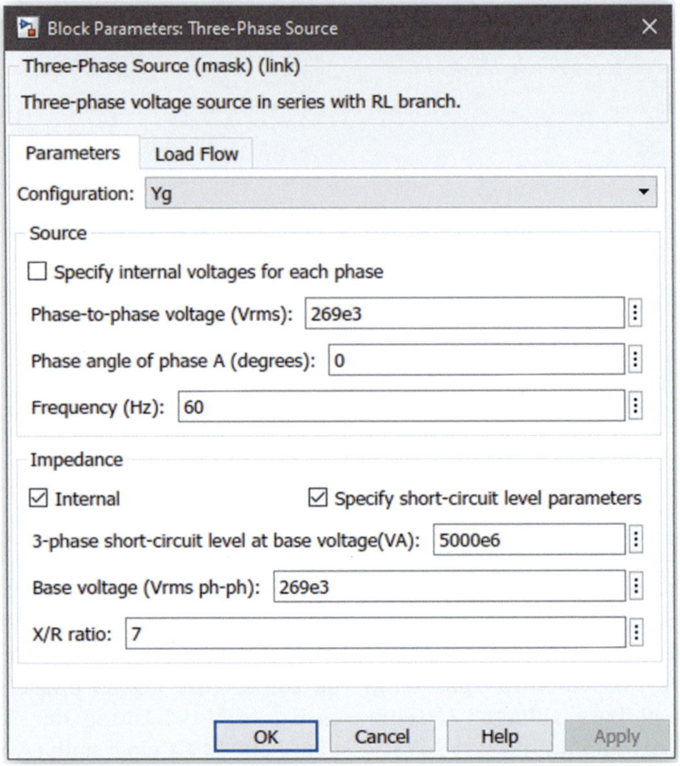

Abb. 18.68 Blockparameter Three-Phase Source

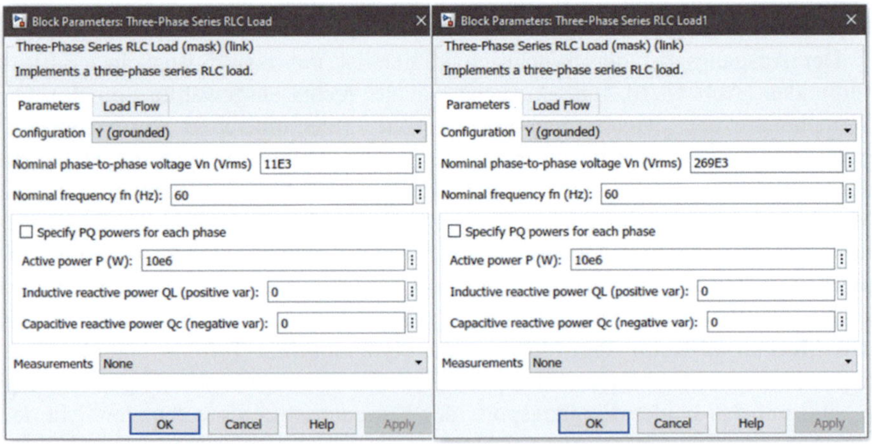

Abb. 18.69 Blockparameter Three-Phase-Series-RLC-Load

18.3 Hydraulic Turbine (Hydraulische Turbine)

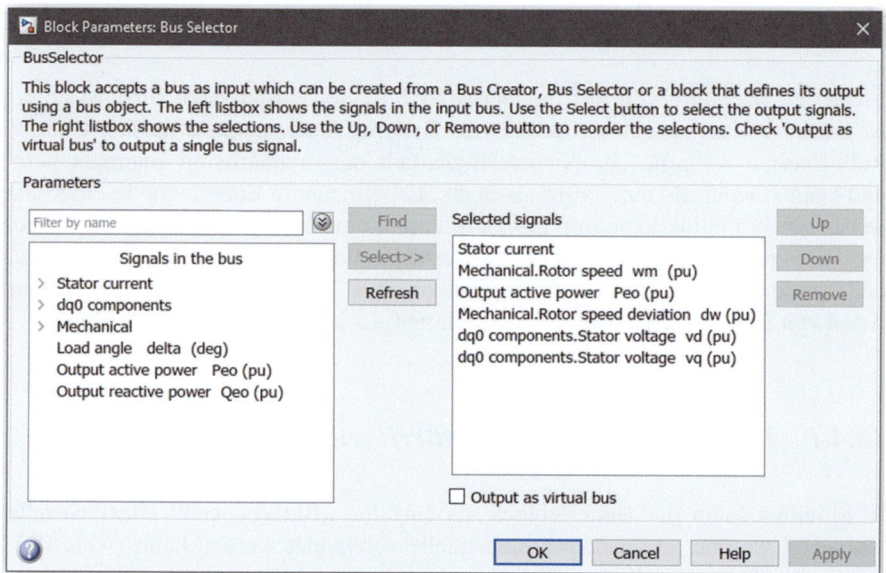

Abb. 18.70 Blockparameter des BusSelectors

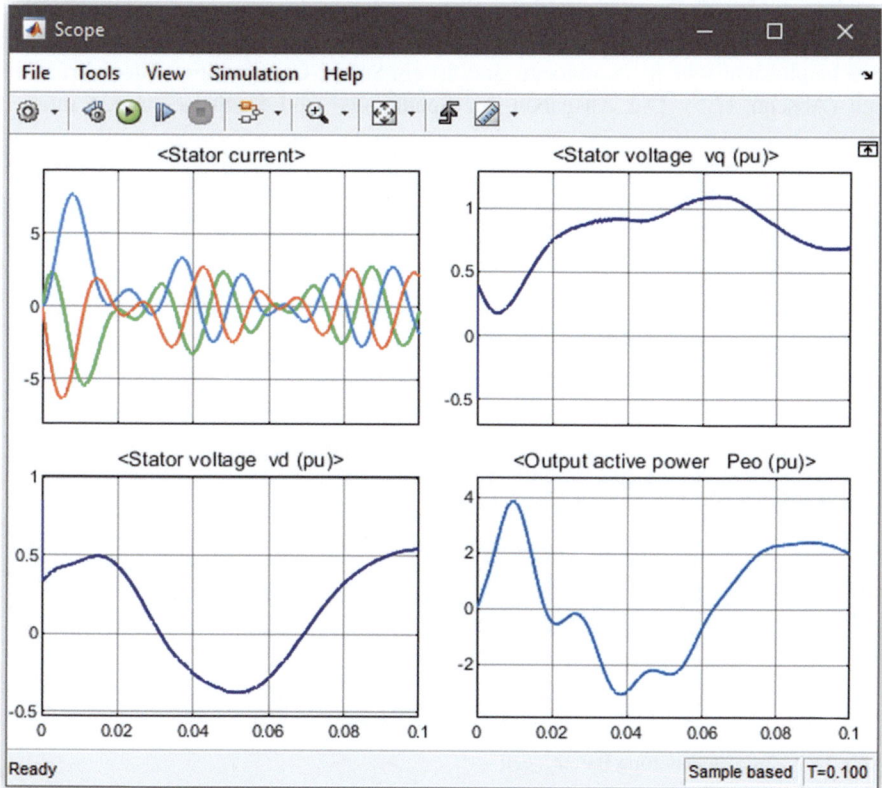

Abb. 18.71 Scope-Fenster

18.4 Batterie

Einer der Nachteile von auf erneuerbaren Energien basierenden Stromsystemen ist ihr Intermittenzproblem, für das das Batteriesystem genutzt werden kann. Es stellt Energie während der Nichtverfügbarkeit der erneuerbaren Energien bereit und kann sowohl als temporäre als auch als permanente Energiequelle eingesetzt werden. In Simulink kann ein Design mit einer einzelnen Batteriezelle oder durch die Verwendung eines aus mehreren Batteriezellen erstellten Batteriepacks modelliert werden. Basierend auf der Struktur einer Batteriezelle sind verschiedene Arten von Batterien, wie Blei-Säure-Batterien, Li-Ion-Batterien usw., verfügbar.

18.4.1 Implementierung von Batteriezellen

In Simulink kann der Batterieblock als einzelne „**Battery_cell**" **(Batteriezelle)** betrachtet werden, die als Spannungsquelle verwendet werden kann (Abb. 18.72 zeigt eine Battery_cell zur Stromversorgung eines Widerstands, Navigationswege der Blöcke sind in Tab. 18.9 aufgelistet).

Abb. 18.72 zeigte eine einzelne Battery, die mit einem Widerstand in Reihe verbunden ist. Um die Spannung und den Strom zu beobachten, ist ein Spannungssensor parallel zum Widerstand und ein Stromsensor in Reihe geschaltet. Da die verwendeten Blöcke physikalische Systemblöcke sind, ist ein Solver-Configuration-Block erforderlich (Abschn. 12.5). Die Ausgaben der Spannungs- und Strommessungen müssen

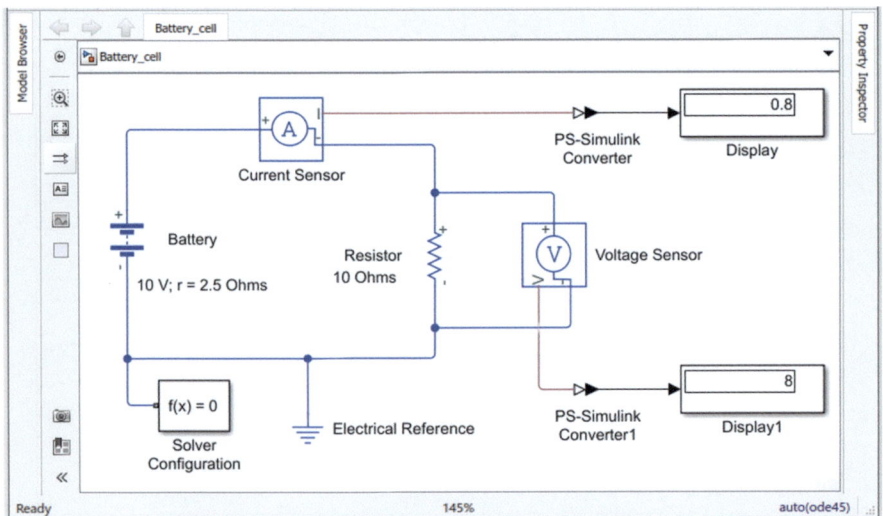

Abb. 18.72 Implementierung Battery_cell

18.4 Batterie

Tab. 18.9 Blöcke und Navigationspfad für die Implementierung Battery_cell

Blöcke	Navigationspfad im Simulink Library Browser
Batterie	Simscape → Electrical → Sources → Battery
Widerstand	Simscape → Electrical → Passive → Resistor
Solver Configuration	Simscape → Utilities → Solver Configuration
PS-Simulink Converter, PS-Simulink Converter1	Simscape → Utilities → PS-Simulink Converter
Stromsensor	Simscape → Electrical → Sensors & Transducers → Current Sensor
Spannungssensor	Simscape → Electrical → Sensors & Transducers → Voltage Sensor
Elektrischer Bezugspunkt	Simscape → Foundation Library → Electrical → Electrical Elements → Electrical Reference
Anzeige, Anzeige1	Simulink → Sinks → Display

in den Display-Blöcken angezeigt werden. Da der Display-Block jedoch nur Simulink-Signale anzeigen kann, sind PS-Simulink-Converter erforderlich. Dieser ist mit der Spannungssignalleitung verbunden, während der andere Converter mit der Stromsignalleitung verbunden ist.

Im Parameterfenster der Battery sind drei Registerkarten verfügbar. Die „Main" (Haupt)-Registerkarte enthält die „Nominal Voltage" (Nennspannung), den „Internal Resistance" (Innenwiderstand) und die „Battery Charge Capacity" (Ladekapazitätsparameter). Die Nominal Voltage der Batteriezelle wird auf 10 V festgelegt, mit einer Internal Resistance (r) von 2,5 Ω (Abb. 18.73). Die Battery Charge Capayity wird unendlich gehalten. Die Parameter, die zu den anderen Registerkarten gehören, werden in ihren Standardformen belassen.

Der „**Resistor**" (**Widerstand**), der in Reihe mit der Spannungsquelle verbunden ist, wird in Abb. 18.74 gezeigt. Sein Wert wird auf 10 Ω festgelegt, die „**Tolerance**" (**Toleranz**) auf 5 %. Alle anderen Parameter in den verbleibenden Registerkarten werden in ihren Standardformen oder -werten belassen.

Für physikalische Systeme wird der Solver-Configuration- anstelle des Powergui-Blocks verwendet (Abb. 18.75). Die Schaltfläche „**Help**" (**Hilfe**) enthält Informationen zur Solver-Configuration. Weitere Informationen liefert auch Abschn. 12.5.

Nach der Simulation des Modells kann aus den beiden Display-Blöcken beobachtet werden, dass die Spannung über den Lastwiderstand 8 V und der Strom 0,8 A beträgt. Aufgrund des Innenwiderstands der Batteriezelle und des Lastwiderstands treten Spannungsabfälle auf, was zu der erwarteten Reduzierung der Spannung über der Last führt. Daher kann eine einzelne Batteriezelle genutzt werden, um die notwendige Leistung für eine Last zu liefern.

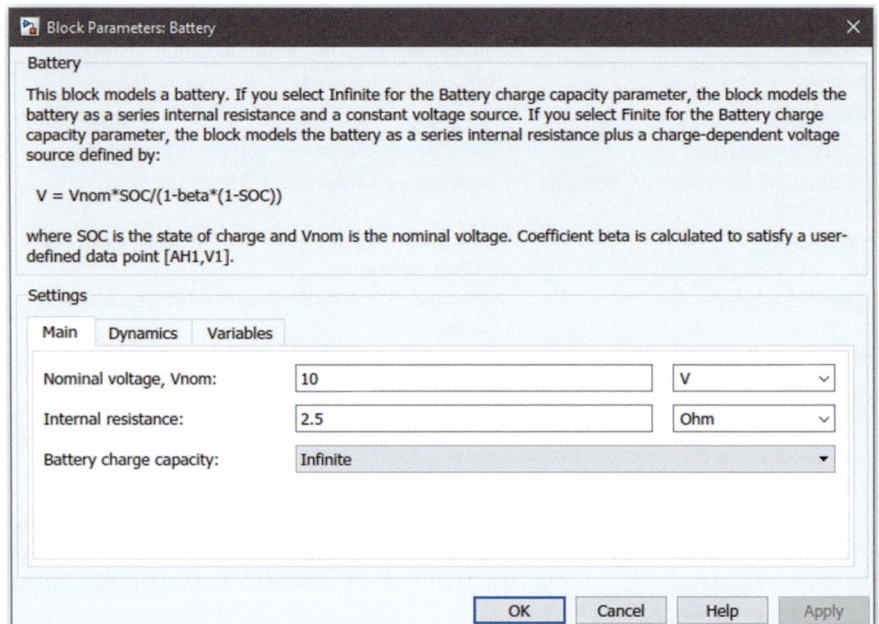

Abb. 18.73 Blockparameter Battery

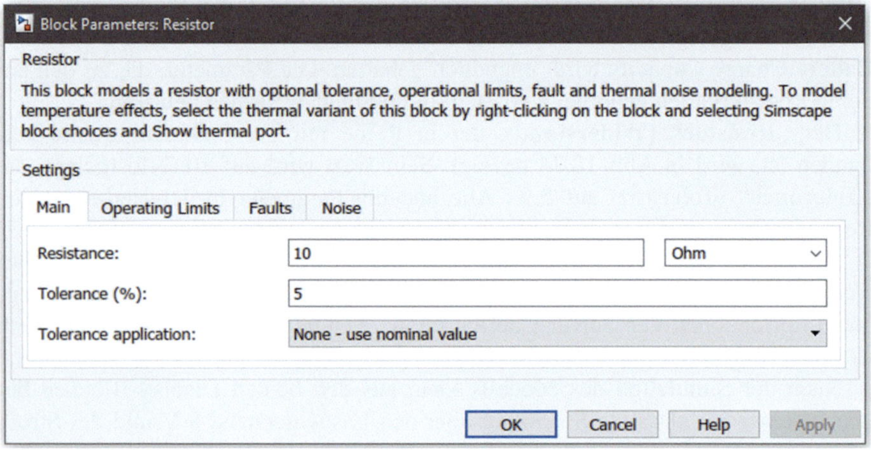

Abb. 18.74 Blockparameter Resistor

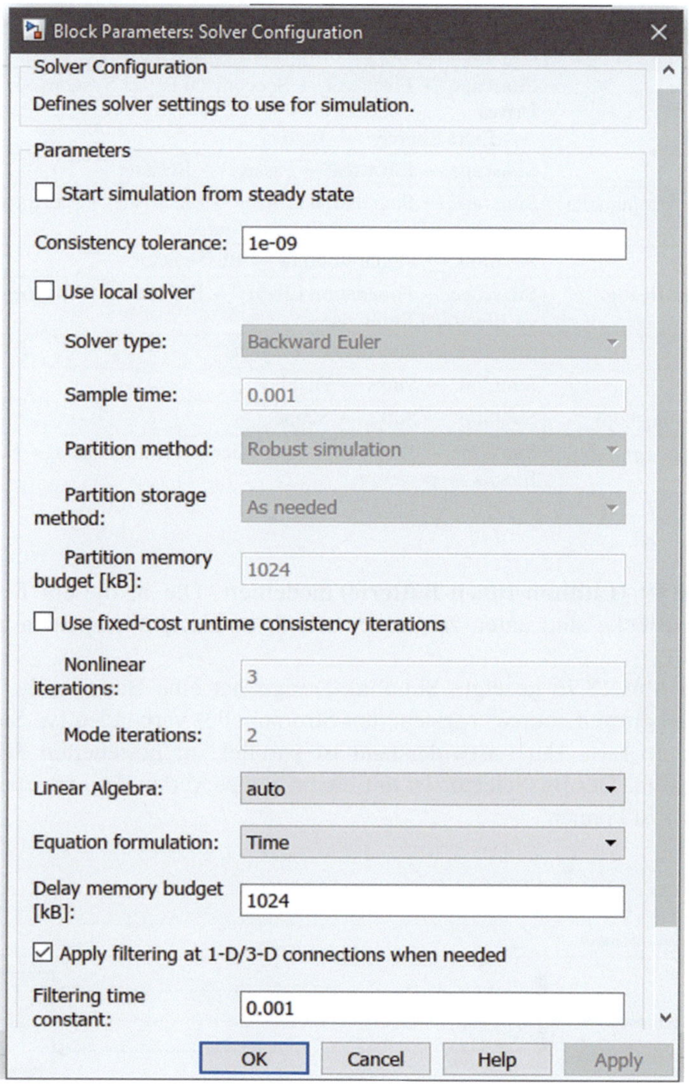

18.4 Batterie

Abb. 18.75 Blockparameter der Solver Configuration

18.4.2 Batteriemodellierung verschiedener Typen

In Simulink können verschiedene Batterietypen angepasst werden. Der Navigationspfad des entsprechenden Blocks ist in Tab. 18.10 gegeben. Der vorherige Batterieblock stellt eine einzelne Batteriezelle dar, während der Batterieblock innerhalb der Extra-Sources ein generisches Batteriemodell ist, das für verschiedene Typen angepasst werden kann. In Abb. 18.76 wird eine **„Lithium-**

Tab. 18.10 Blöcke und Navigationspfad für die Modellierung verschiedener Batterietypen

Blöcke	Navigationspfad im Simulink Library Browser
Batterie	Simscape → Electrical → Specialized Power Systems → Electric Drives → Extra Sources → Battery
Widerstand	Simscape → Electrical → Passive → Resistor
Gesteuerte Stromquelle	Simscape → Foundation Library → Electrical → Electrical Sources → Controlled Current Source
BusSelector	Simulink → Signal Routing → BusSelector
Elektrischer Bezug	Simscape → Foundation Library → Electrical → Electrical Elements → Electrical Reference
Konstante	Simulink → Sources → Constant
Anzeige	Simulink → Sinks → Display
Scope (Oszilloskop)	Simulink → Sinks → Scope
Powergui	Simscape → Electrical → pecialized Power Systems → Fundamental Blocks → powergui

Ion-Battery" (Lithium-Ionen-Batterie) modelliert. Die in diesem Design verwendeten Blöcke sind unten zusammen mit ihren Navigationspfaden aufgelistet (Tab. 18.10).

Das in Abb. 18.76 gezeigte Simulink-Design hat eine Batterie, die mit einer „Controlled current source" (gesteuerten Stromquelle) verbunden ist. Sie fungiert als konstante Last. Ein Lastwiderstand ist parallel zur gesteuerten Stromquelle angeschlossen. Der BusSelector ist mit einem Scope verbunden, um die Ausgabe beobachten zu können.

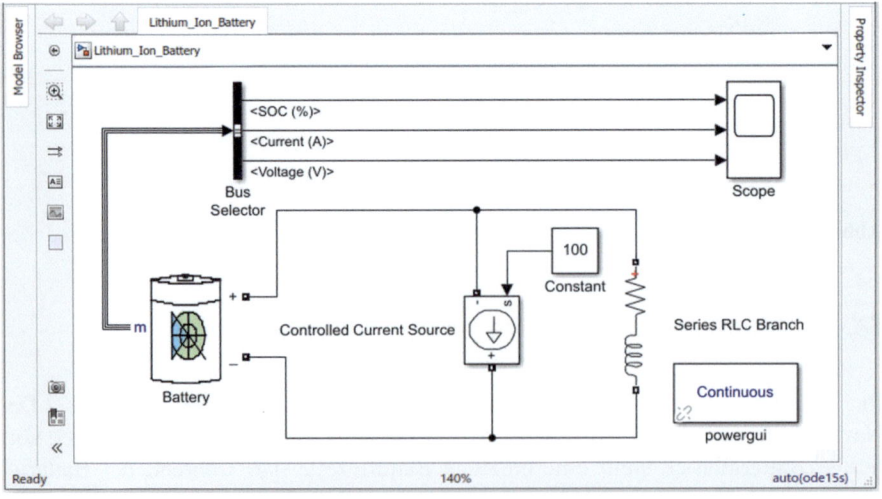

Abb. 18.76 Modellierung verschiedener Batterietypen in Simulink

18.4 Batterie

Das Parameterfenster der Battery ist in Abb. 18.77 dargestellt, wo zwei Tabs mit den Namen **„Parameters" (Parameter)** und **„Discharge" (Entladung)** zu finden sind. Unter dem Tab „Parameters" kann der Typ der Batterie aus vier verschiedenen Optionen ausgewählt werden: Lithium-Ionen-, Blei-Säure-, Nickel-Cadmium-und Nickel-Metallhydrid-Batterie. Für dieses Beispiel wird der Typ Lithium-Ion-Battery gewählt. Die **„Temperature" (Temperatur)** und der **„Age" (Alterungs)**-Effekt der Batterie können definiert werden. In diesem Beispiel sind beide nicht angekreuzt. Die **„Nominal voltage" (Nennspannung)** der Batterie wird als 50 V mit einer **„Rated Capacity" (Nennkapazität)** von 6,5 Ah ausgewählt. Der **„Initial state-of-charge" (anfängliche Ladezustand)** (SoC) der Batterie wird auf 100 % festgelegt und die **„response time" (Reaktionszeit)** auf 30 s eingestellt (Abb. 18.77 links). Unter Discharge sind mehrere Parameter verfügbar (Abb. 18.77 rechts), die automatisch basierend auf den zuvor für die Batterie zugewiesenen Nennwerten eingestellt werden können (Kontrollkästchen vorne). Sie können auch manuell eingestellt werden. Am unteren Rand eine Plot-Option verfügbar, über die die Entladecharakteristik der modellierten Batterie beobachtet werden kann. Auf der linken Seite der Plot-Taste befindet sich die **„Units" (Einheit)**-Option, die ausgewählt werden kann, um das Diagramm entweder in der Zeitskala oder in der Amperestunden-Skala entlang der x-Achse zu beobachten. Die Entladecharakteristikkurve ist in Abb. 18.78 dargestellt.

Die **„Controlled Current Source" (gesteuerte Stromquelle)** wird durch Auswahl der Anfangsparameter angepasst (Abb. 18.79). Die **„Initial amplitude" (Anfangsamplitude)**, **„Initial phase" (Initialphase)** und **„Initial frequency" (Initialfrequenz)** werden auf null gesetzt, mit dem **„Source type" (der Quellenart)** AC. Ein Constant-Block ist mit dem Eingangsport verbunden, der einen Wert von 100 hat. Eine **„Series RLC Branch" (Serien-RLC-Verzweigung)** ist parallel

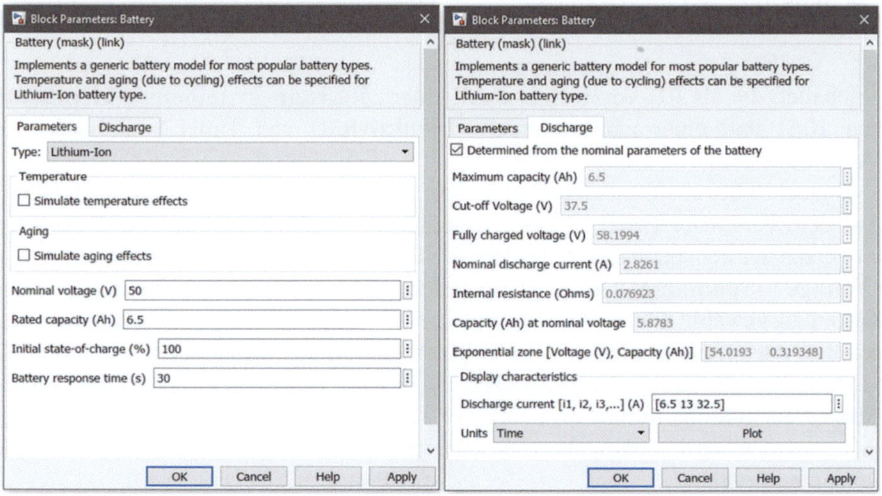

Abb. 18.77 Blockparameter Battery

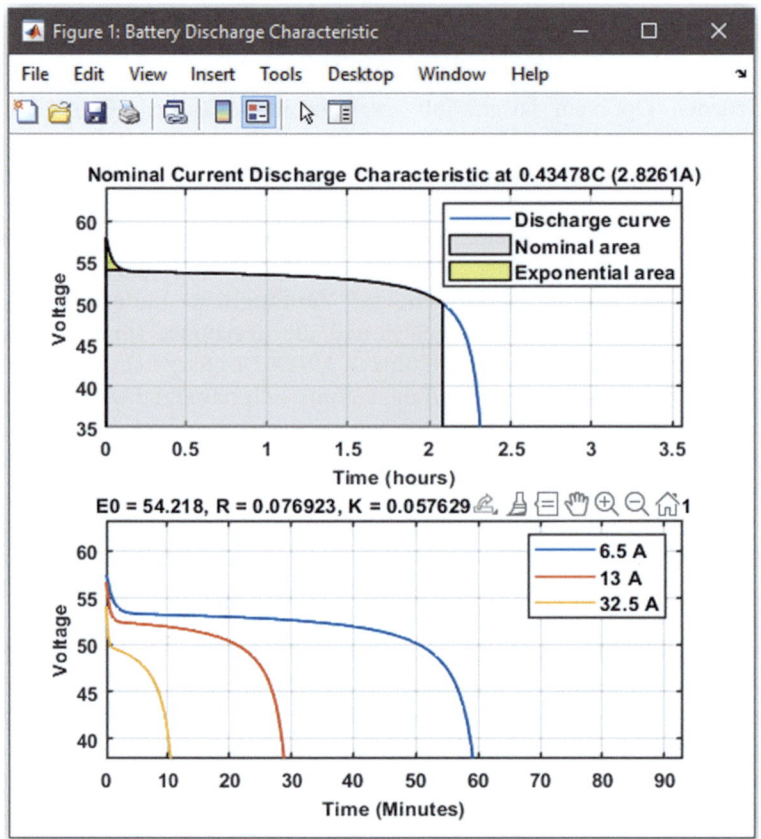

Abb. 18.78 Discharge Characteristics

geschaltet, die als RL-Verzweigung mit einer „**Resistance**" **(einem Widerstand)** von 10 Ω und einer „**Inductance**" **(Induktivität)** von 1 mH konfiguriert ist (Abb. 18.80).

Danach wird ein BusSelector mit dem Ausgangsport der Batterie verbunden. Aus dem Parameterfenster des BusSelectors (Abb. 18.81) können drei Parameter im linken Kasten beobachtet werden – SOC (%), „**Current**" **(Strom)** (A) und „**Voltage**" **(Spannung)** (V). Alle drei dieser Parameter werden für den rechten Kasten ausgewählt. Ein Scope, das mit drei Eingangsports angepasst ist, wird mit den drei Ausgangssignalen des BusSelectors verbunden. Nach der Simulation des Modells für 250 s zeigt das Scope-Fenster in Abb. 18.82 den Graphen. Der Ladezustand der Batterie nimmt im Laufe der Zeit von 100 % auf 0 % ab. Da die Batterie entladen wird, verringern sich auch der Strom und die Spannung über den genannten Zeitraum.

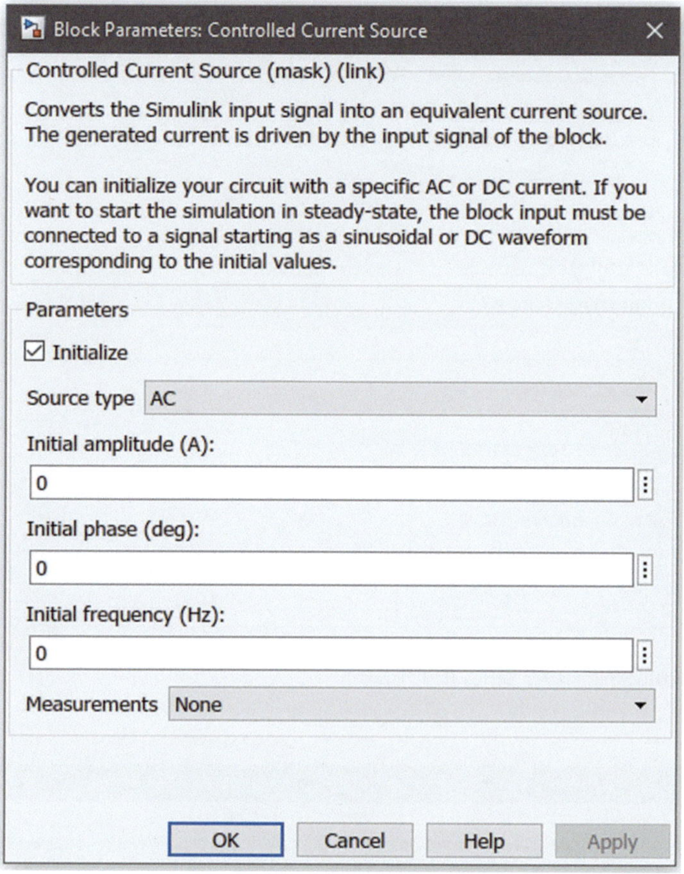

18.4 Batterie

Abb. 18.79 Blockparameter Controlled Current Source

18.4.3 Fallstudie: Batteriepack-Design mit Batteriezellen

Ein Batteriepack für bestimmte Nennwerte zu entwerfen, ist häufig für praktische Anwendungen erforderlich. Es kann mit mehreren Battery_Cells entworfen werden. In vielen Anwendungen können unterschiedliche Nennspannungen oder Ampere-Stunden-Bewertungen erforderlich sein. Es ist ineffizient, unterschiedlich bewertete Batterien zu verwenden, basierend auf unterschiedlichen Anforderungen der Anwendung. Stattdessen können gleich bewertete Batteriezellen genutzt werden, um verschiedene Batteriepacks unterschiedlicher Größe zu entwerfen. In dieser Fallstudie soll die Spannungsanforderung einer bestimmten Anwendung erfüllt werden.

Ein Batteriepack von 15 V wird modelliert, indem mehrere einzelne 4-V-Batteriezellen mit einem Innenwiderstand von 1 Ω genutzt werden (Abb. 18.83).

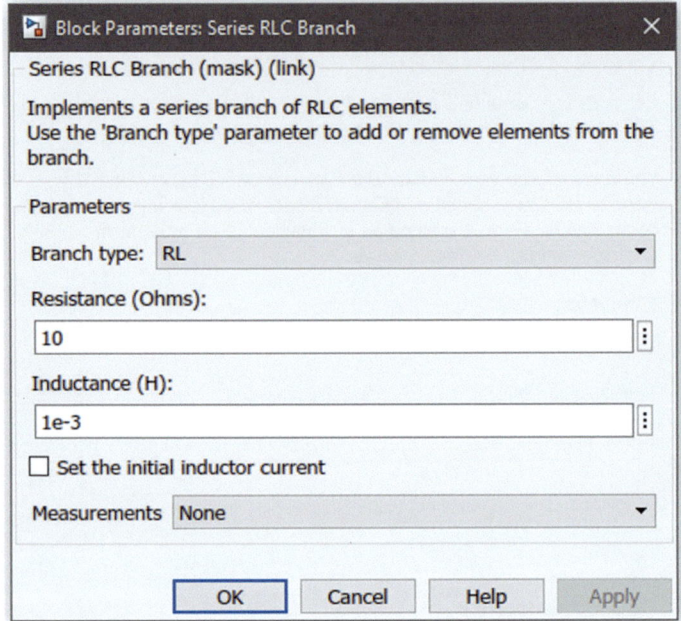

Abb. 18.80 Blockparameter Series RLC Branch

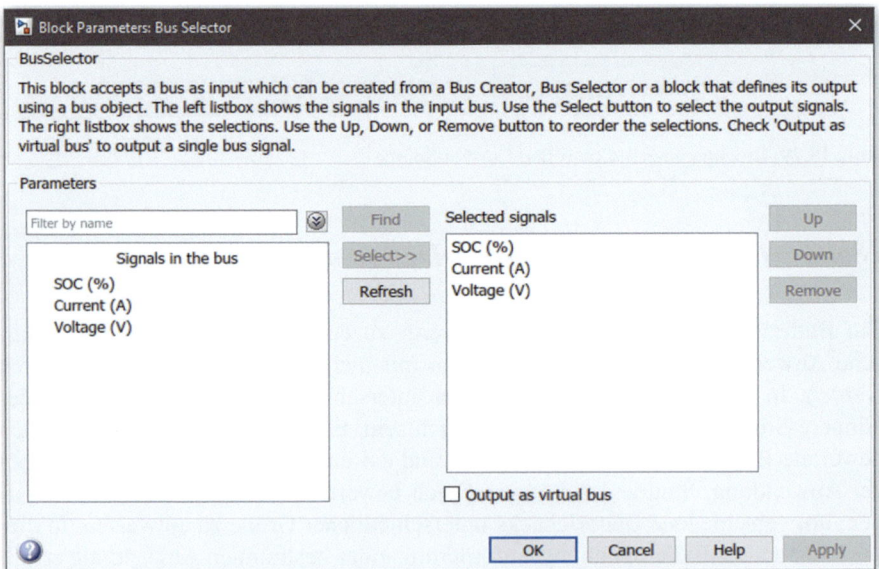

Abb. 18.81 Blockparameter BusSelectors

18.4 Batterie

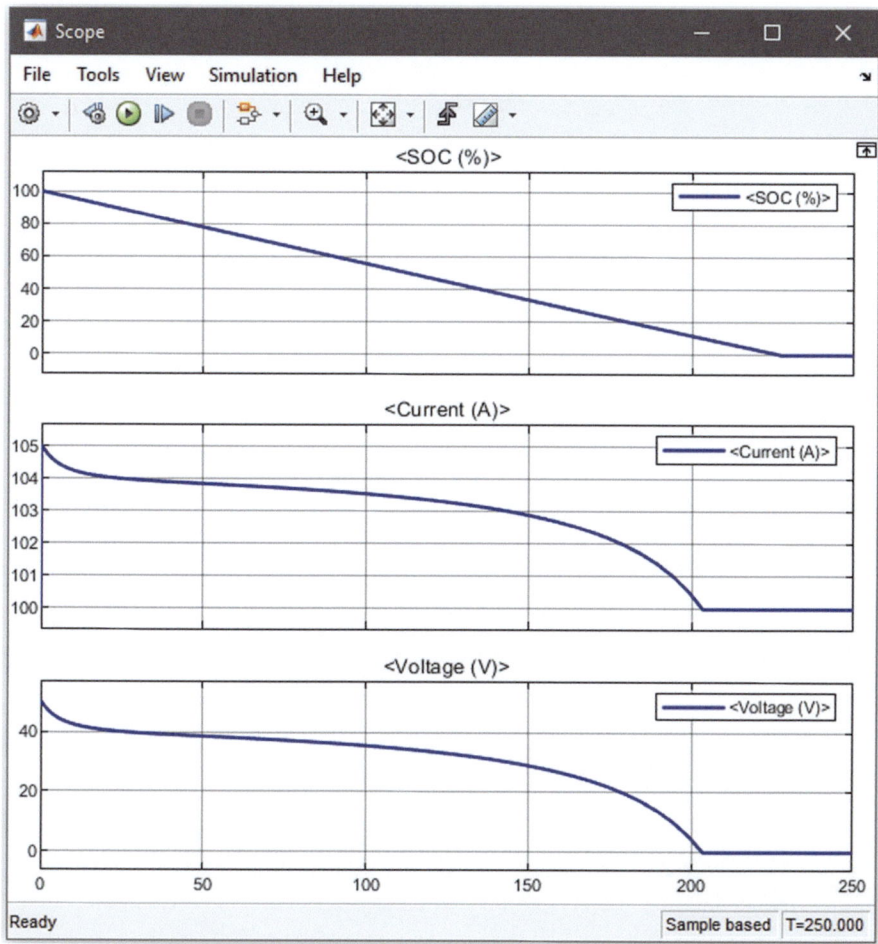

Abb. 18.82 Graph im Scope-Fenster

Vier einzelne Batteriezellen sind in Reihe mit einem externen Widerstand von 60 Ω verbunden. Die Ausgangsspannung über den Widerstand wird im Anzeigeblock gezeigt, der, wie gewünscht, die exakte 15-V-Spannung anzeigt.

Die vier Batteriezellen haben die gleiche Bewertung und sind daher auf die gleiche Weise angepasst. Das Parameterfenster des Batterieblocks ist in Abb. 18.84 dargestellt. **„Voltage" (Spannung)** und **„Resistance" (Innenwiderstand)** betragen 4 V und 1 Ω.

Die externe **„Resistance" (externer Widerstand)** wird über den Resistor eingegeben, der so konfiguriert ist, dass er eine Resistance von 60 Ω und eine **„Tolerance" (Toleranz)** von 5 % anzeigt (Abb. 18.85).

Alle in diesem Design verwendeten Blöcke sind in der folgenden Tabelle mit ihren Navigationswegen zusammengefasst (Tab. 18.11).

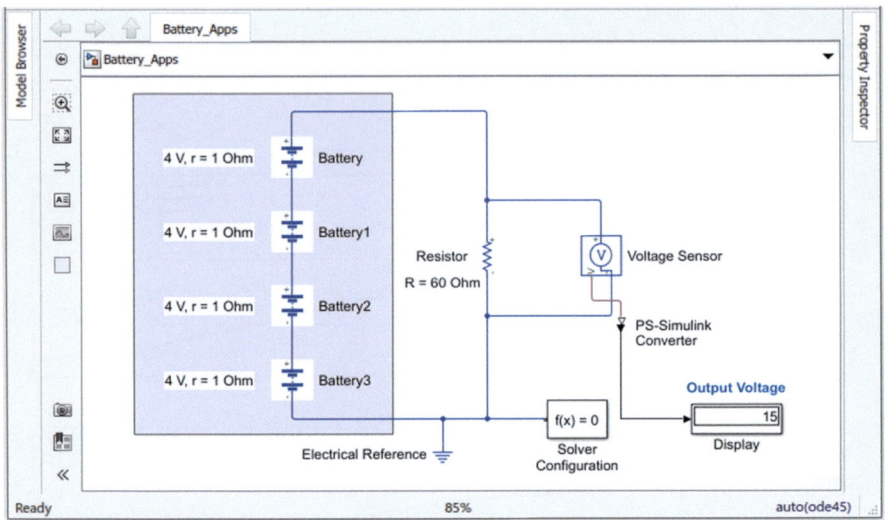

Abb. 18.83 Batteriepack-Design mit Batteriezellen

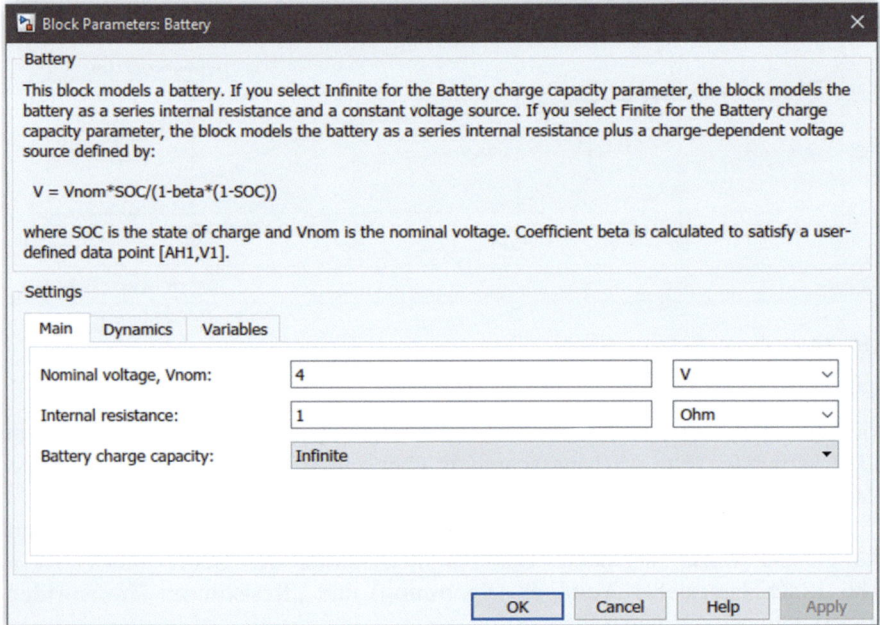

Abb. 18.84 Blockparameter Battery

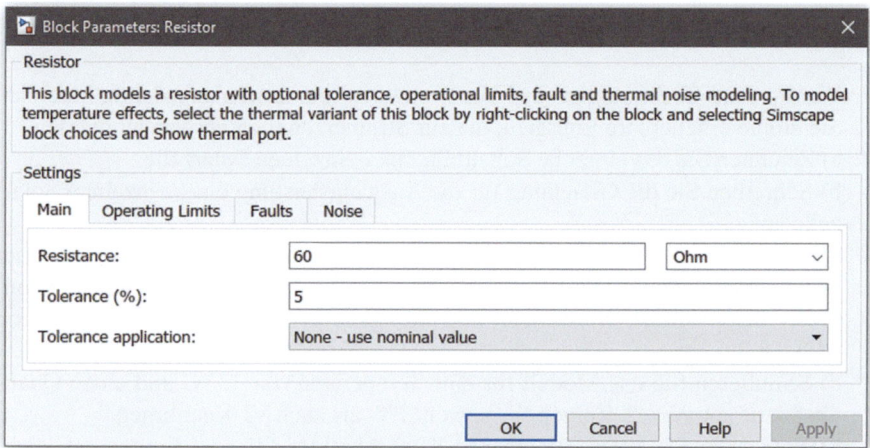

Abb. 18.85 Blockparameter des Widerstands

Tab. 18.11 Blöcke und Navigationspfad für das Design eines Batteriepacks mit Batteriezellen

Blöcke	Navigationspfad im Simulink-Bibliotheksbrowser
Batterie	Simscape → Electrical → Sources → Battery
Widerstand	Simscape → Electrical → Passive → Resistance
Solver-Konfiguration	Simscape → Utilities→ Solver Configuration
PS-Simulink-Konverter	Simscape → Utilities→ PS-Simulink Converter
Spannungssensor	Simscape → Electrical → Sensors & Transducers → Voltage Sensor
Elektrischer Bezug	Simscape → Foundation Library → Electrical → Electrical Elements → Electrical Reference
Anzeige	Simulink → Sinks → Display

18.5 Schlussfolgerung

In diesem Kapitel wurden die Modellierung und Anwendungen von Solarphotovoltaik, Windturbinen, Wasserturbinen und Batterien mittels Simulink demonstriert. Da Solarphotovoltaik eine weitverbreitete erneuerbare Energie im Bereich der Stromversorgung ist, legt dieses Kapitel vergleichsweise mehr Wert auf diesen Inhalt. Aber auch die Modellierung und Anwendung der Wind- und Wasserturbine wurde anschaulich demonstriert. Schließlich wurde die Modellierung von sowohl Batteriezellen als auch verschiedenen Batteriemodellen mit Simulink-Designs erklärt.

Übung 18

1. Warum sind Technologien auf Basis erneuerbarer Energien wichtig? Nennen Sie einige erneuerbare Energien, die zur Stromerzeugung verwendet werden.
2. a) Zeichnen Sie das einfache Schaltbild einer einzelnen Solarzelle.
   b) Schreiben Sie die Gleichung für die Ausgangsleistung einer einzelnen Solarzelle auf.
   c) Entwerfen Sie ein Simulink-Modell, das das mathematische Modell einer einzelnen Solarzelle zur Erzeugung sowohl von PV- als auch von VI-Kennlinien demonstriert. Verwenden Sie die gleichen Werte der Parameter von Abb. 18.2.
   d) Simulieren Sie das Modell für eine Temperatur von 37 °C und einen Qualitätsfaktor von $N = 2$. Zeigen Sie sowohl PV- als auch VI-Kennlinien.
   e) Entwerfen Sie einen Dreiphasen-Wechselrichter für eine Eingangs-Gleichspannung von 300 V.
3. a) Schreiben Sie die Navigationsroute des Windturbinen-Doppeltgespeisten Induktionsgenerators (Phasortyp) auf.
   b) Entwerfen Sie einen windturbinenbasierten Generator im Simulink, um die Ausgangsleistungen anzuzeigen.
   c) Reproduzieren Sie die Fallstudie des netzgekoppelten Windturbinengenerators, der in Abb. 18.48 gezeigt wird, um die Ausgangsgleichspannung des Windturbinen-Doppeltgespeisten Induktionsgenerators zu zeigen.
   d) Verwenden Sie eine Last von 500 kW im vorherigen Design, indem Sie die vorherige Last ersetzen und zeigen Sie die Ausgangsgleichspannung des Windturbinen-Doppeltgespeisten Induktionsgenerators.
4. a) Was ist die Bedeutung des Erregungssystemblocks, der im Design von Abb. 18.61 verwendet wird.
   b) Reproduzieren Sie das Simulink-Modell, das in Abb. 18.61 gezeigt wird, um die Ausgangsleistung der Synchronmaschine anzuzeigen.
   c) Verwenden Sie in dem vorherigen Design eine Synchronmaschine von 300 MVA, 33 kV und ersetzen Sie den Transformator durch einen 33 kV/269 kV-Step-up-Transformator. Zeigen Sie die Kurve der Ausgangsleistung der Synchronmaschine im Scope-Fenster.
5. a) Nennen Sie einige der Arten von Batterien.
   b) Entwerfen Sie ein Blei-Säure-Batteriemodell mit einer gesteuerten Stromquelle und einer parallel geschalteten einer RL-Impedanz. Zeigen Sie die Entladekennlinie der Batterie.
   c) Simulieren Sie das vorherige Design, um die SOC (%)-Kurve im Scope-Fenster anzuzeigen.
   d) Entwerfen Sie ein Batteriepack von 15 V mit einzelnen Batteriezellen von 6 V und einem Innenwiderstand von 2 Ω. Zeigen Sie die Ausgangsspannung in einem Anzeigeblock.

Lösungsschlüssel zu den Übungen am Ende des Kapitels

Kapitel 1

1. Siehe Abschn. 1.4
2. Siehe Abschn. 1.8
3. Geben Sie „help <Befehl/Funktionsname>" in das MATLAB-Befehlsfenster ein, um mehr Details über die Befehle/Funktionen zu erfahren
4.
   ```
   a=2*4^2;
   b=(2*4)^2;
   c=503+224-604;
   d=(10^3)/(9*2);
   e=6.25*0.42^3.56;
   f='MATLAB is fun!';
   whos
   ```
5.
   ```
   num1=input('Enter num1:');
   num2=input('Enter num2:');
   result1=num1/num2;
   result2=num1\num2;
   fprintf('result1:%f\n',result1);
   fprintf('result2:%f\n',result2);
   diary('diaryFile.txt');
   ```
   Diese Operationen erzeugen nicht das gleiche Ergebnis, weil der Operator „/" num1/num2 berechnet, während „\" den Ausdruck 1/(num1/num2) berechnet

Kapitel 2

1   Siehe Abschn. 2.1

2   Siehe Abschn. 2.6

3   Siehe Abschn. 2.3

4
```
MatA=[4,7,1;7,2,3;5,5,9];
MatB=[6,0,4;9,8,1;7,5,2];
MatC=[2,5,3;0,17,9;8,0,1];
fprintf('(a):'); MatA+MatB
fprintf('(b):'); MatB-MatC
fprintf('(c):'); MatA/MatC
fprintf('(d):'); MatB'
fprintf('(e):'); det(MatC)
fprintf('(f):'); inv(MatA)
fprintf('(g):');[MatA,MatC]
fprintf('(h):');[MatC;MatA]
fprintf('(i):');
MatA*MatB
MatB*MatA
MatA.*MatB
```

5
```
a = linspace(2,20,100);
fprintf('Mean:'); mean(a)
fprintf('Variance:'); var(a)
fprintf('Standard deviation:'); std(a)
fprintf('Mode:'); mode(a)
```

6a
```
Serial_Number = {1;2;3;4;5};
Element_Name = {'Silicon'; 'Germanium'; 'Tin'; 'Carbon'; 'Tellurium'};
Element_Symbol = {'Si'; 'Ge'; 'Sn'; 'C'; 'Te'};
Bandgap = {1.12; 0.67; 0.08; 5.47; 0.33};
Table = table(Serial_Number, Element_Name, Element_Symbol, Bandgap);
disp(Table)
```

6b
```
Field1 = 'Serial_Number';
val_field1 = {1;2;3;4;5};
Field2='Element_Name';
val_field2 = {'Silicon'; 'Germanium'; 'Tin'; 'Carbon'; 'Tellurium'};
Field3= 'Element_Symbol';
val_field3= {'Si'; 'Ge'; 'Sn'; 'C'; 'Te'};
Field4 = 'Bandgap';
val_field4 = {1.12; 0.67; 0.08; 5.47; 0.33};
array = struct(Field1,val_field1,Field2,val_field2,Field3,val_field3,...
    Field4,val_field4);
disp(array(1))
disp(array(2))
disp(array(3))
disp(array(4))
array(3).Bandgap = 0.07;
disp(array(3))
```

Kapitel 3

1   Siehe Abschn. 3.2

2   Siehe Abschn. 3.4

3
```
a = input('Take user input:\n');
if(a<0 || a>100)
    fprintf('Outside range\n');
else
    fprintf('Inside range\n');
    if(a > 25 && a <= 50)
        fprintf('First half\n');
    elseif(a > 50 && a <=75)
        fprintf('Second half\n');
    end
end
```

4
```
x = input('Enter the hexadecimal number:', 's');
switch x
    case '#FF0000'
        disp('Red');
    case '#00FF00'
        disp('Green');
    case '#0000FF'
        disp('Blue');
    case '#FFA500'
        disp('Orange');
    case '#FFFF00'
        disp('Yellow');
    case '#000000'
        disp('Black');
    case '#FFFFFF'
        disp('White');
    otherwise
        disp('The color code you entered is wrong/not available');
end
```

5
```
function dist = distance(x1,y1,x2,y2)
dist = (((x1-x2)^2)+((y1-y2)^2))^0.5;
end
```

6
```
function c = usercal(num1, num2, op)
if(op == 1)
    c = num1+num2;
elseif(op == 2)
    c = num1 - num2;
elseif(op == 3)
    c = num1 * num2;
else
    disp('wrong operation entered');
end
```

Kapitel 4

1. Siehe Abschn. 4.1
2. Geben Sie „help <Befehl/Funktionsname>" im MATLAB-Befehlsfenster ein, um mehr Details über die Befehle/Funktionen zu erfahren
3.
```
a=input('Enter the real portion of the complex number:\n');
b=input('Enter the imagniary portion of the complex number:\n');
[m_angle,m_mag]=cart2pol(a,b);
m_angle=m_angle*(180/pi);
m=[m_mag,m_angle];
disp(m)
[n_angle,n_mag]=cart2pol(5,-1);
n_angle=n_angle*(180/pi);
n=[n_mag,n_angle];
e_mag=m_mag*n_mag;
e_angle=m_angle+m_angle;
disp(['Exponential form: ', num2str(e_mag),'exp(i*',num2str(e_angle),')'])
```
4. Siehe Beispiel 4.4, da der Lösungscode diesem Beispiel ähnelt
5. Siehe Beispiel 4.6, da der Lösungscode diesem Beispiel ähnelt
6. Siehe Beispiel 4.7, da der Lösungscode diesem Beispiel ähnelt
7.
```
P=20; Q=35; t=86400; R=10; L=20*10^(-3); C=4*(10^-6); f=60;
X_L=2*pi*f*L;
X_C=-1/(2*pi*f*C);
Z_rec=R+i*(X_L-X_C);
disp('Impedance in rectangular form:');
disp(Z_rec);
Z_mag=abs(Z_rec);
Z_angle=angle(Z_rec)*(180/pi);
Z_polar=[Z_mag,Z_angle];
disp('Impedance in polar form: ');

disp(Z_polar);
S_rec=complex(P,Q);
disp('Apparent power in rectangular form');
disp(S_rec)
S_mag=abs(S_rec);
S_angle=angle(S_rec)*180/pi;
S_polar=[S_mag,S_angle];
disp('Apparent power in polar form');
disp(S_polar)
E=P*t; %Electrical energy
disp(['Electrical Energy: ',num2str(E), ' Joule']);
```

Kapitel 5

1. Siehe Abschn. 5.1
2. Geben Sie „help <Befehl/Funktionsname>" im MATLAB-Befehlsfenster ein, um mehr Details über die Befehle/Funktionen zu erfahren
3. Siehe Beispiele 5.2 und 5.3
4. Siehe Beispiele 5.4 und 5.5
5. Siehe Beispiele 5.8 und 5.11
6. Siehe Beispiel 5.9

Kapitel 6

1 Siehe Abschn. 6.2

2 Siehe die Beispiele, die die Funktionen zur Lösung von Gleichungen verwenden

3
```
M=[-4,5;8,-11];
N=[0.33,1,3.3;0.5,0.45,-5.12;2,-2,0];
fprintf('(a)');
rank(M)
rank(N)
fprintf('(b)');
inv(M)
inv(N)
fprintf('(c)');
eig(M)
[vector1,lambda1]=eig(M);
disp('The eigenvalues of M:');
lamda1=sum(lambda1);
disp(lamda1);
disp('The eigenvector of M:');
disp(vector1)
[vector2,lambda2]=eig(N);
disp('The eigenvalues of N:');
lamda2=sum(lambda2);
disp(lamda2);
disp('The eigenvector of N:');
disp(vector2);
```

4 Nur (a) und (d) sind fertig, die anderen sind ähnlich zu diesen Lösungen

(a)
```
syms x;
x_val=solve(x^2+5*x+9==0,x);
disp('The solutions are:');
disp(x_val)
```

(d)
```
syms x y;
[x_val,y_val]=solve(9*x^2+3*x*y-2==-3,4*x^2+7*x*y+(5/2)==0);
disp('The solutions are:');
disp('x=');
disp(x_val);
disp('y=');
disp(y_val);
```

5 Siehe Beispiel 6.6 für (a) und (b), Beispiel 6.7 für (c) und (d), Beispiel 6.8 für (e) und (f), und Beispiel 6.9 für (g) und (h), und ändern Sie die Gleichungen entsprechend

6 Nur (a)(i) wurde gemacht, da das andere vergleichbar ist
```
syms x;
I1=int((log10(x))^2,x);
disp('The solution without limit:');
y_sol=solve(I1-2*x==0,x);
disp(y_sol);
%with limit of [0 2]
I2=int((log10(x))^2,x,0,1);
disp('The solution with limit: ')
y_sol=solve(I2-2*x==0,x);
disp(y_sol);
```

Kapitel 7

1 Siehe Abschn. 7.2, 7.3, und 7.4 um die grundlegenden Schritte zusammenzufassen

2 Die Gauß-Seidel-Methode wird verwendet, um ein Gleichungssystem zu lösen und unbekannte Variablen zu bestimmen. Die Newton-Raphson-Methode wird verwendet, um die Wurzel einer nichtlinearen Funktion zu approximieren. Die Runge-Kutta-Methode wird verwendet, um gewöhnliche Differentialgleichungen zu lösen

3a Siehe Beispiel 7.1 und folgende Änderung:

```
fx=@(x,y,z) (1/20).*(122+2*y+z);
fy=@(x,y,z) (1/-60).*(76-4*x-18*z);
fz=@(x,y,z) (1/35).*(50-2*x+15*y);
```

Ergebnis:

```
The solution after 7 th iteration:
x: 6.079227 y: -0.616263 z: 0.81707
```

3b Für Toleranz = 0,0001:

```
The solution after 6 th iteration:
x: 6.079221 y: -0.616269 z: 0.81707
```

Für Toleranz = 0,001:

```
The solution after 5 th iteration:
x: 6.079169 y: -0.616321 z: 0.81705
```

Die Ergebnisse variieren von der Antwort in Frage (a). Mit weniger Präzision im Toleranzniveau nimmt die Iteration ab, daher werden weniger konvergierte Lösungen angezeigt

3c Für Toleranz = 0,000001:

```
The solution after 8 th iteration:
x: 6.079227 y: -0.616263 z: 0.81707
```

Für Toleranz = 0,0000001:

```
The solution after 9 th iteration:
x: 6.079227 y: -0.616262 z: 0.81707
```

Das Ergebnis weicht nicht viel von der Antwort in Frage (a) ab (abgesehen vom Wert von y, der sich sehr wenig ändert). Mit mehr Präzision im Toleranzniveau nimmt die Iteration zu, aber da konvergierte Lösungen bereits vorhanden sind, kann die Lösung als endgültige Lösung betrachtet und weitere Iterationen können abgekürzt werden

4a Siehe Beispiel 7.2 und ändere die Gleichung wie folgt:

```
F=@(x) (x^5)-(x)-2;
```

Ergebnis:

```
Root of the equation after 4th iteration: 1.85110
```

4b
```
F=@(x) 3*x+2*cos(x)-5;
```

Ergebnis:

```
Root of the equation after 6th iteration: 1.26717
```

5a Siehe Beispiel 7.2 und ändere die Gleichung wie folgt:

```
F=@(x,y) -4*(x^3)-6*(x^2)-(10*x)+2;
```

Ergebnis:

```
The final solution for x=2 is:-43.00000
```

5b
```
F=@(x,y) x*sin(y)+y*cos(x);
```

Ergebnis:

```
The final solution for x=2 is:13.11056
```

Lösungsschlüssel zu den Übungen am Ende des Kapitels 649

Kapitel 8

1
```
R1=5;R2=7;R3=7;R4=7;R5=10;
eq_r= R1+(1/((1/R2)+(1/R3)+(1/R4)))+R5;
fprintf('Eqivalent resistance: %f\n', eq_r);
V=1:12;
I=V/eq_r;
plot(V,I,'o-b','Linewidth',1.2);
xlabel('Voltage, Volt');
ylabel('Current, Amp');
title('Verification of Ohm''s Law');
grid on;
```

2
```
R1=0.2;R2=0.5;R3=1;R4=0.8;R5=1.44;
Ry1=(R1*R2)/(R1+R2+R3);
Ry2=(R1*R3)/(R1+R2+R3);
Ry3=(R2*R3)/(R1+R2+R3);
Rs1=Ry2+R4;
Rs2=Ry3+R5;
Rp=(Rs1*Rs2)/(Rs1+Rs2);
Req=Ry1+Rp;
fprintf('Equivalent Resistance of the circuit: %f Ohms\n', Req);
V=6;
I=V/Req;
fprintf('Current: %f Ampere\n',I);
```

3a
```
function [v2,v3]=voltdiv(R1,R2,R3,E)
  v2=(R2/(R1+R2+R3))*E;
  v3=(R3/(R1+R2+R3))*E;
  fprintf('Voltage across R2:%f\n',v2);
  fprintf('Voltage across R3:%f\n',v3);
end
```

3b
```
function [i1,i2]=curdiv(R1,R2,I)
  i1=(R2/(R1+R2))*I;
  i2=(R1/(R1+R2))*I;
  fprintf('Current through R1, I1:%f\n',i1);
  fprintf('Current through R2, I2:%f\n',i2);
end
```

4
```
R1=4; R2=9; RL=5; V=12;
Vth=(R2/(R1+R2))*V;
Rth=1/((1/R1)+(1/R2));
fprintf('Thevenin Voltage: %.3f V\n', Vth);
fprintf('Thevenin equivalent resistance: %.3f ohms\n',Rth);
IRL=Vth/Rth+RL;
fprintf('Load current: %.3f A\n', IRL);
RL=1:1:20;
for i=1:1:20
    I(i)=Vth/(Rth+RL(i));
    Power(i)=I(i)^2*RL(i);
end
plot(RL,Power,'o-b','LineWidth',1.2);
xlabel('Load resistance, R_L (Ohms)');
ylabel('Output power, P (W)');
title('Maximum power transfer theorem');
grid on;
RL=5;
P_max=(Vth/(Rth+RL))^2*RL;
fprintf('Maximum output power=%.3f\n',P_max);
```

5   Replizieren und führen Sie Beispiel 8.13 aus, indem Sie den Wert von *P* auf 50 und *Q* auf 13 ändern. Da (b) in der Vorgehensweise ähnlich wie (a) ist, wird nur das Ergebnis von (a) gezeigt

```
Positive reactive power
_____
Apparent Power:
Apparent power in polar form:
|S|=51.662 VA     Power angle=143.842 degree
Power factor= 0.783; Lagging

Negative reactive power
_____
Apparent Power:
Apparent power in polar form:
|S|=51.662 VA     Power angle=-143.842 degree
Power factor= 0.783; Leading

Zero reactive power
_____
Apparent Power:
Apparent power in polar form:
|S|=50.000 VA     Power angle=0.000 degree
Power factor= 1.000; Unity
```

6a Siehe und repliziere Beispiel 8.14 mit den folgenden Gleichungen:

```
V_AB=100*cos(0)+i*100*sin(0);
V_BC=110*cos(120*(pi/180))+i*110*sin(120*(pi/180));
V_CA=120*cos(240*(pi/180))+i*120*sin(240*(pi/180));
%Impedances
Z1=8*cos(25*(pi/180))+i*8*sin(25*(pi/180));
Z2=14*cos(55*(pi/180))+i*14*sin(55*(pi/180));
Z3=18*cos(-23*(pi/180))+i*18*sin(-23*(pi/180));
```

6b Siehe und repliziere Beispiel 8.15 mit den folgenden Gleichungen:

```
%Line-to-line voltages
V_AB=100*cos(0)+i*100*sin(0);
V_BC=110*cos(120*(pi/180))+i*110*sin(120*(pi/180));
V_CA=120*cos(240*(pi/180))+i*120*sin(240*(pi/180));
%Impedances
Z=5*cos(30*(pi/180))+i*5*sin(30*(pi/180));
```

7a Siehe Beispiel 8.20 und ändere die Werte gemäß der Frage

7b Siehe Beispiel 8.21 und ändere die Werte gemäß der Frage
Ergebnis:

```
(a)Output voltage: -16.80 V
Gain: -0.70
(b)Output voltage: 28.80 V
Gain: 2.40
```

8a Siehe Beispiel 8.23 und ändere die Werte gemäß der Frage

8b Siehe Beispiel 8.24 und ändere die Werte gemäß der Frage

Kapitel 9

1   Siehe Abschn. 9.2.2

2   Siehe Abschn. 9.2.3 und 9.2.4

3   Geben Sie „help <Befehls-/Funktionsname>" in das MATLAB-Befehlsfenster ein, um mehr Details über die Befehle/Funktionen zu erfahren

Lösungsschlüssel zu den Übungen am Ende des Kapitels 651

4   Nur (a) wurde gemacht, da die anderen vergleichbar sind
```
syms s
H=@(s) (s-12)/(s^2-4*s+1);
G=tf([1,-12],[1,-4,1]);
N=[1,-12];
D=[1,-4,1];
disp(G);
fprintf('Pole:\n');
disp(pole(G));
fprintf('Zero:\n');
disp(zero(G));
pzmap(G);

fprintf('Inverse Laplace:\n');
A=ilaplace(H(s));
pretty(A);
fprintf('Laplace:\n');
B=laplace(A);
pretty(B);
DC_gain=limit(H(s),s,0);
fprintf('DC Gain:\n');
disp(DC_gain);
[r,p,k]=residue(N,D);
Expan=@(s) r(1)/(s-p(1)) + r(2)/(s-p(2));
fprintf('Partial Fraction Decomposition:\n');
disp(vpa(Expan(s),2));
```

5   Nur (a) wurde gemacht, da die anderen vergleichbar sind. Das System ist überdämpft, weil Zeta größer als 1 ist
```
k=2;
omega_n=3;
zeta=2;
s=tf('s');
fprintf('Transfer Function:\n');
G=(k*omega_n^2)/(s^2+2*zeta*omega_n*s+omega_n^2)
step(G);

grid on;
ylim([0 2.5]);
fprintf('Parameters:\n');
disp(stepinfo(G));
figure(2);
pzmap(G);
grid on;
```

6
```
R=2;L=1.5;C=0.6;
A=[0,1/C;-1/L,-R/L];
B=[0;1/L];
C=[-1,-R];
D=[1];
disp('State space representation:');
sys=ss(A,B,C,D)
[Num,Den]=ss2tf(A,B,C,D);
disp('Transfer function');
TF=tf([Num],[Den])
syms s;
I=eye(2);
G1=C*inv(s*I-A)*B+D;
disp('Tranfer function using formula');
disp(simplify(G1));
```

7   Nur (a) wurde gemacht, da die anderen vergleichbar sind
```
Enter the coefficient:[1 3 27 45 -60]
     1     27    -60
     3     45      0
    12    -60      0
    60      0      0
   -60      0      0

The system is unstable

Verification
Poles:
  -0.6172 + 5.1632i
  -0.6172 - 5.1632i
  -2.6143 + 0.0000i
   0.8488 + 0.0000i
```

8   Nur (a) wurde gemacht, da die anderen vergleichbar sind
    (a) Das System ist stabil
```
%root locus
sys1=tf([36],[2 14 61]);
figure(1);
rlocus(sys1);
hold on;
%bode plot
figure(2);

margin(sys1);
grid on;
%nyquist plot
figure(3);
nyquist(sys1);
hold off;
```

Kapitel 10

1   Siehe Abschn. 10.2 und 10.3

2   Nur (a) wurde gemacht, da die anderen vergleichbar sind
```
syms x;
obj=@(x)6*x^4-11*x+10;
x_low=-12;
x_up=12;
[x, value]=fminbnd(obj,x_low,x_up);
fprintf('Optimized value of the decision variable: %.5f\n',x);
fprintf('Minimized value of the objective function: %.5f\n',value);
```

3a Verwenden Sie die Funktionen, die in Beispiel 10.2 codiert sind. Ändern Sie die oberen und unteren Grenzen im Skript wie folgt:
```
x_low=[-4,-2,-1];
x_up=[7,9,10];
```

Ergebnis:

```
Local minimum found that satisfies the constraints.

Optimization completed because the objective function is non-decreasing in
feasible directions, to within the value of the optimality tolerance,
and constraints are satisfied to within the value of the constraint tolerance.

<stopping criteria details>
Optimized value of the decision variable:
x1: -1.49579
x2: 1.48717
x3: 2.74790

Minimized value of the objective function: 9.76389
```

3b x_low=[1,-3,-7];
x_up=[4,3,-3];

Ergebnis:

```
Solver stopped prematurely.

fmincon stopped because it exceeded the function evaluation limit,
options.MaxFunctionEvaluations = 3.000000e+03.
```

4 Siehe Beispiel 10.3, da der Code ähnlich ist. Nur diese Werte müssen geändert werden

4a obj=[4 6 2];
x_low=[0,-3, 0];
x_up=[10,9,12];
A=[4 5 8;-7 12 3];
B=[30 65];
A_EQ=[2 3 5];
B_EQ=[11];

Ergebnis:

```
Optimal solution found.

Optimized value of the decision variable:
x1: 0.00000
x2: -3.00000
x3: 4.00000

Minimized value of the objective function: -10.00000
```

4b obj=[5 7 -2];
x_low=[-3,-2,2];
x_up=[4,7,11];
A=[2 1 3;-4 2 0];
B=[20 10];
A_EQ=[3 1 -2];
B_EQ=[16];

Ergebnis:

```
No feasible solution found.

Linprog stopped because no point satisfies the constraints.
```

4c
```
obj=[4 9 1];
x_low=[2,-10, 0];
x_up=[6,10,22];
A=[1 1 1;0 8 -3];
B=[26 15];
A_EQ=[1 9 4];
B_EQ=[18];
```

Ergebnis:

```
Optimal solution found.

Optimized value of the decision variable:
x1: 2.00000
x2: -8.00000
x3: 22.00000

Minimized value of the objective function: -42.00000
```

5 Nur (a) wurde gemacht, da das andere vergleichbar ist

```
H=[10 3;3 7];
F=[-5;3];
x_low=[0,-5];
x_up=[8,5];
A=[4 5;3 -9];
B=[21 15];
A_EQ=[5 3];
B_EQ=[12];
[x,value]=quadprog(H,F,A,B,A_EQ,B_EQ,x_low,x_up);
fprintf('Optimized value of the decision variable:\n');
fprintf('x1:%.5f\n',x(1));
fprintf('x2:%.5f\n',x(2));
fprintf('Minimized value of the objective function:%.5f\n', value);
```

Ergebnis:

```
Minimum found that satisfies the constraints.

Optimization completed because the objective function is non-decreasing in
feasible directions, to within the value of the optimality tolerance,
and constraints are satisfied to within the value of the constraint tolerance.

<stopping criteria details>
Optimized value of the decision variable:
x1:2.29714
x2:0.17143
Minimized value of the objective function:16.69714
```

Kapitel 11

1. Siehe Abschn. 11.2.1
2. Sehen Sie sich die Beispiele an, um einige der technischen Anwendungen abzuleiten
3. Schritt 1: Zeichnen Sie ein „Panel," ein „Bearbeitungsfeld (Text)," und einen „Button" aus der Komponentenbibliothek und arrangieren Sie es entsprechend der gezeigten App

    Schritt 2: Benennen Sie das Panel „Übung 3," das Bearbeitungsfeld „Satz," und den Button „Klick mich" um

    Schritt 3: Klicken Sie mit der rechten Maustaste auf den Button und wählen Sie „Callback" und „Gehe zu ClickmeButtonPushed Callback"

    Schritt 4: Schreiben Sie den folgenden Code in die Funktion:

    ```
    % Button pushed function: ClickmeButton
    function ClickmeButtonPushed(app, event)
        app.SentenceEditField.Value = "AppDesigner is Fun";
    end
    ```

    Schritt 5: Speichern und Ausführen

4. Schritt 1: Während Sie Beispiel 11.1 durchführen, fügen Sie zwei weitere Buttons namens „POW" und „Z." hinzu. Lassen Sie das Panel wie die in der Frage gezeigte Schnittstelle erscheinen. Der Komponentenbrowser würde so aussehen:

    Schritt 2: Während Sie die Callback-Funktionen für jeden der Buttons hinzufügen (zuerst app.ADDButton, dann für app.SUBButton, dann für app.MULButton, dann für app.DIVButton, dann für app.POWButton und schließlich für app.ZButton), fügen Sie die folgenden Codezeilen an ihren jeweiligen Stellen ein, wie folgt gezeigt:

```
% Button pushed function: ADDButton
function ADDButtonPushed(app, event)
    app.out.Value=app.Num1.Value+app.Num2.Value;
end

% Button pushed function: SUBButton
function SUBButtonPushed(app, event)
    app.out.Value=app.Num1.Value-app.Num2.Value;
end

% Button pushed function: MULButton
function MULButtonPushed(app, event)
    app.out.Value=app.Num1.Value*app.Num2.Value;
end

% Button pushed function: DIVButton
function DIVButtonPushed(app, event)
    app.out.Value=app.Num1.Value/app.Num2.Value;
end

% Button pushed function: POWButton
function POWButtonPushed(app, event)
    app.out.Value=app.Num1.Value^app.Num2.Value;
end

% Button pushed function: ZButton
function ZButtonPushed(app, event)
    app.out.Value=(app.Num1.Value+app.Num2.Value)/2;
end
end
```

Schritt 3: Führen Sie die App aus

5 Schritt 1: Ziehen Sie ein Panel, einen Knopf (nicht den „Diskreten Knopf" verwendet in Beispiel 11.2), und fünf Lampen hinzu und benennen Sie die Labels und Titel wie in der folgenden Abbildung gezeigt um:

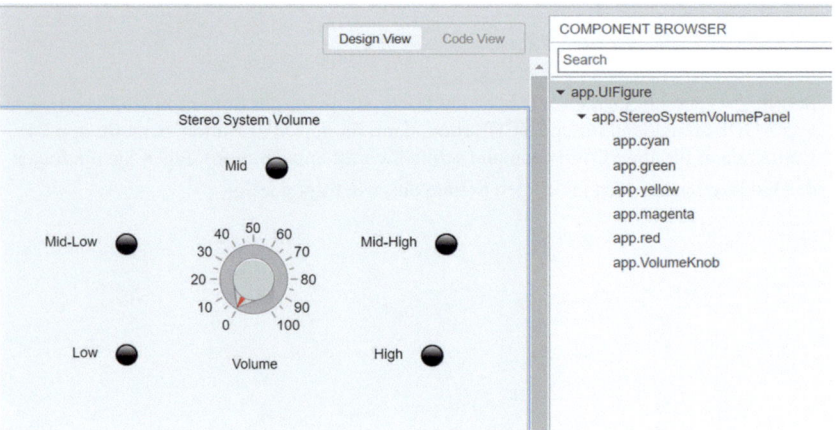

Schritt 2: Klicken Sie mit der rechten Maustaste auf die app.VolumeKnob und wählen Sie Callbacks, und dann die VolumeKnobValueChanged() Funktion. Geben Sie den folgenden Code ein und speichern Sie:

```
% Value changed function: VolumeKnob
function VolumeKnobValueChanged(app, event)
    value = app.VolumeKnob.Value;
    if value==0
        app.green.Color=[0 0 0];
        app.cyan.Color=[0 0 0];
        app.yellow.Color=[0 0 0];
        app.magenta.Color=[0 0 0];
        app.red.Color=[0 0 0];
    elseif value>0&&value<=20
        app.green.Color=[0 1 0];
        app.cyan.Color=[0 0 0];
        app.yellow.Color=[0 0 0];
        app.magenta.Color=[0 0 0];
        app.red.Color=[0 0 0];
    elseif value>20&&value<=40
        app.green.Color=[0 1 0];
        app.cyan.Color=[0 1 1];
        app.yellow.Color=[0 0 0];
        app.magenta.Color=[0 0 0];
        app.red.Color=[0 0 0];
    elseif value>40&&value<=60
        app.green.Color=[0 1 0];
        app.cyan.Color=[0 1 1];
        app.yellow.Color=[1 1 0];
        app.magenta.Color=[0 0 0];
        app.red.Color=[0 0 0];
    elseif value>60&&value<=80
        app.cyan.Color=[0 1 1];
        app.yellow.Color=[1 1 0];
        app.magenta.Color=[1 0 1];
        app.red.Color=[0 0 0];
    elseif value>80&&value<=100
        app.green.Color=[0 1 0];
        app.cyan.Color=[0 1 1];
        app.yellow.Color=[1 1 0];
        app.magenta.Color=[1 0 1];
        app.red.Color=[1 0 0];
    else
        app.green.Color=[0 0 0];
        app.cyan.Color=[0 0 0];
        app.yellow.Color=[0 0 0];
        app.magenta.Color=[0 0 0];
        app.red.Color=[0 0 0];
    end
end
```

Schritt 3: Führen Sie das Programm aus

Kapitel 12

1. Siehe Abschn. 12.2
2. Siehe Abschn. 12.2–12.7. Das endgültige Modell würde so aussehen:

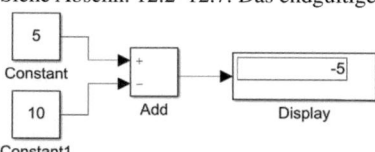

3. Siehe Abschn. 12.8. Die Funktion und das Modell für (d)(i) werden gezeigt, da (d)(ii) ähnlich durchgeführt werden kann

   Funktion:
```
function [Real, Imaginary] = Polar_to_Rectangular(Magnitude, Angle)
Real = Magnitude*cos(Angle);
Imaginary = Magnitude*sin(Angle);
```

Modell:

Model:

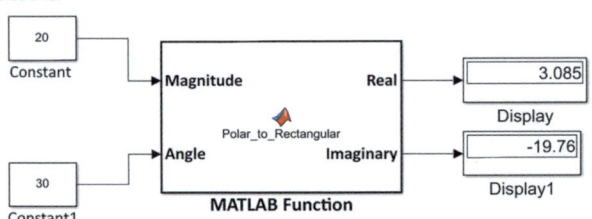

4a Folgen Sie dem in Beispiel 12.3 gezeigten Weg und ersetzen Sie den Wert der Sonnenstrahlung im PS-Konstantenblock durch 1000

4b Verbinden Sie den Leistungs- und Spannungsausgang nur mit den beiden Eingängen des Oszilloskops. Das Diagramm sollte so aussehen:

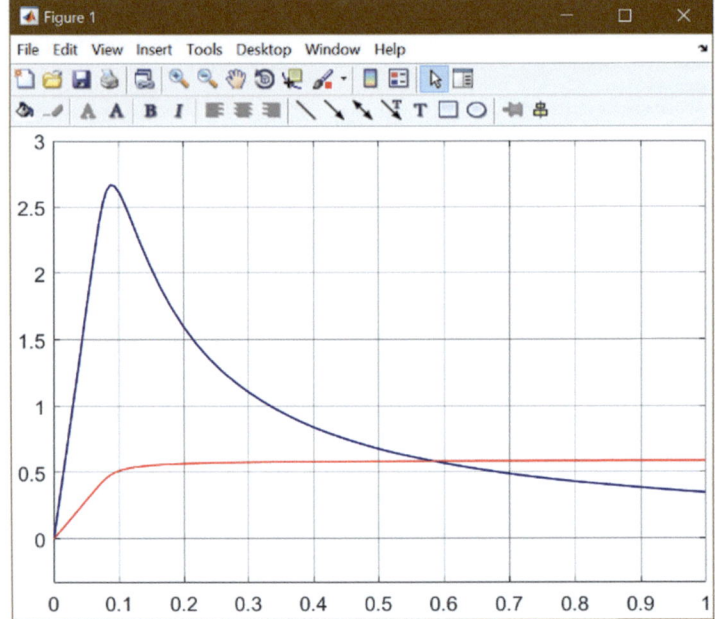

4c Verbinden Sie den Leistungs- und Spannungsausgang nur mit den beiden Eingängen des XY-Diagramms. Das Diagramm sollte so aussehen:

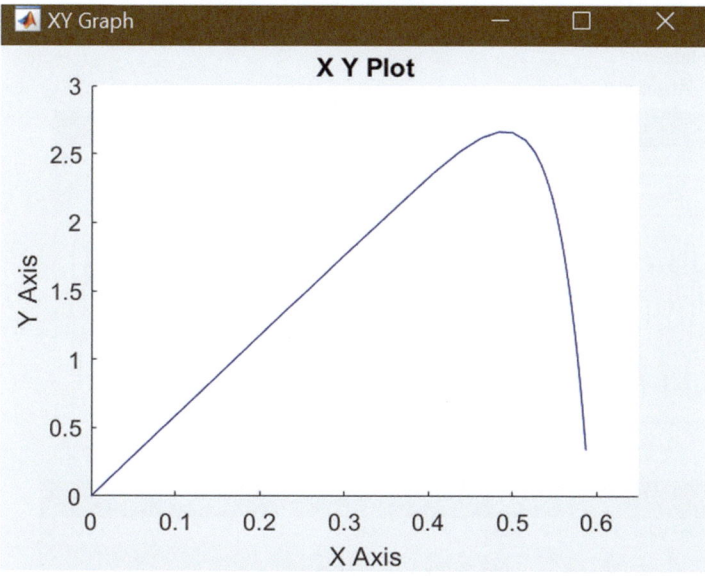

4d Das Diagramm sollte wie folgt aussehen. Die Legende wurde für diese Lösung von Nordwest nach Südwest geändert

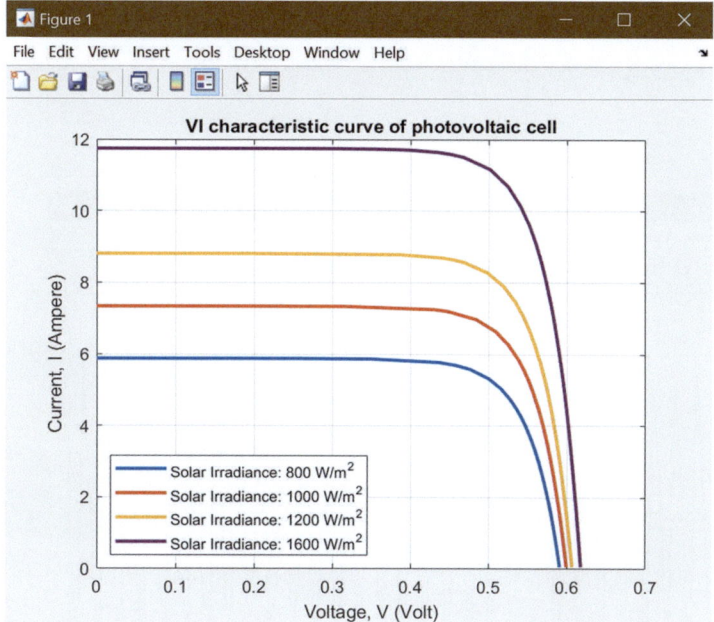

Kapitel 13

1   Wählen Sie zwei beliebige Blöcke aus dem Kapitel und verwenden Sie entsprechende Beispiele

2a   Siehe Abschn. 13.2

2b

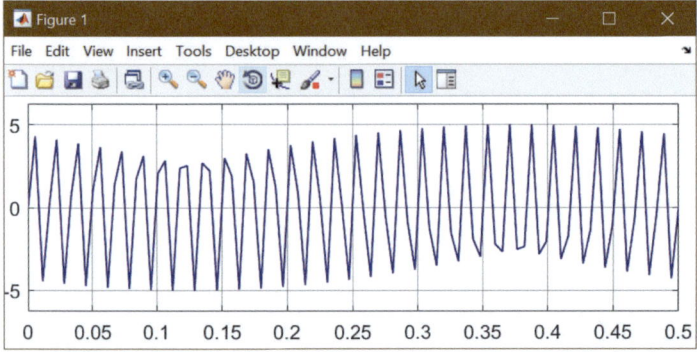

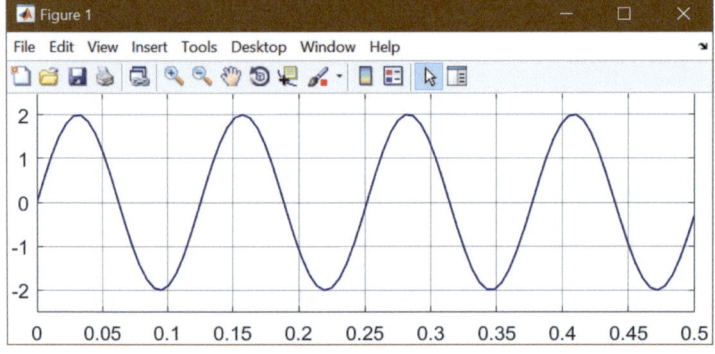

2c

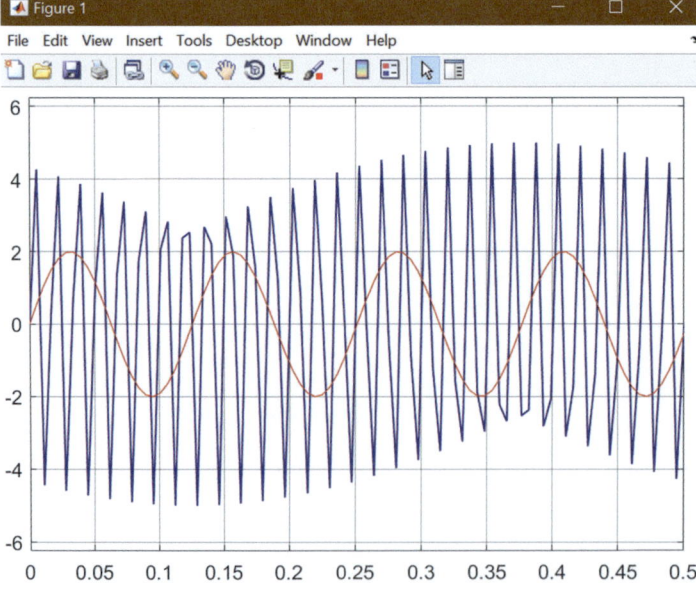

3a Siehe Abschn. 4.3 und 4.4 in Kap. 4 für die Formel

3b

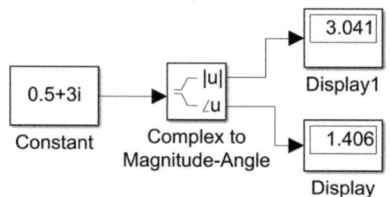

3c Verwenden Sie die Blöcke „Complex to Real-Imag", „Math Function", „Trigonometric Function" und andere mathematische Blöcke, um das Ergebnis anzuzeigen

4a Siehe Abschn. 13.4

4b Das Subsystem sieht wie folgt aus:

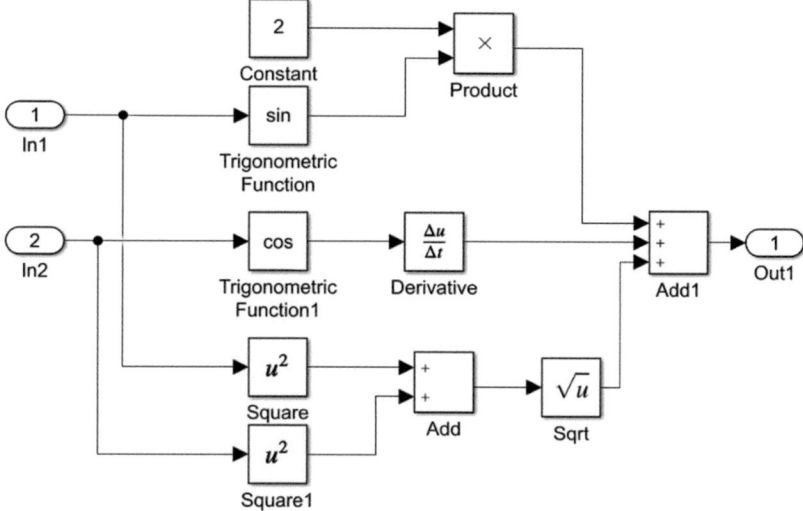

4c Der Block „Display" kann zur Darstellung des Ergebnisses verwendet werden

5a Siehe Abschn. 13.5.3

5b Siehe Abschn. 13.5.4

5c Das Modell sollte wie folgt aussehen:

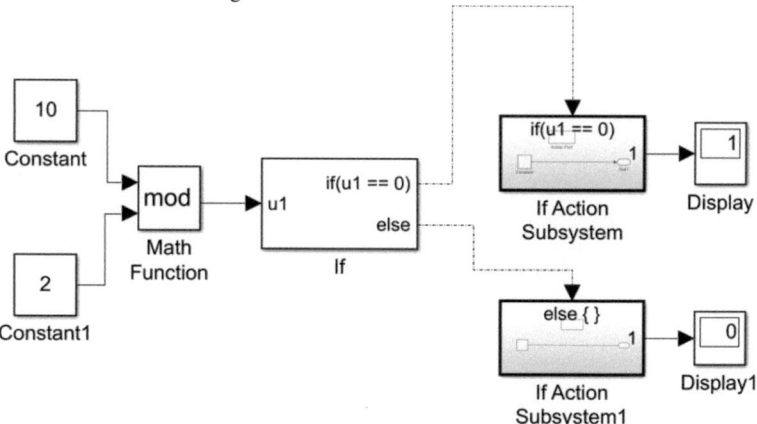

Kapitel 14

1 Siehe Abschn. 14.1, 14.2, und 14.3
2a Siehe Abschn. 14.2
2b Das Antwortdiagramm sollte wie folgt aussehen:

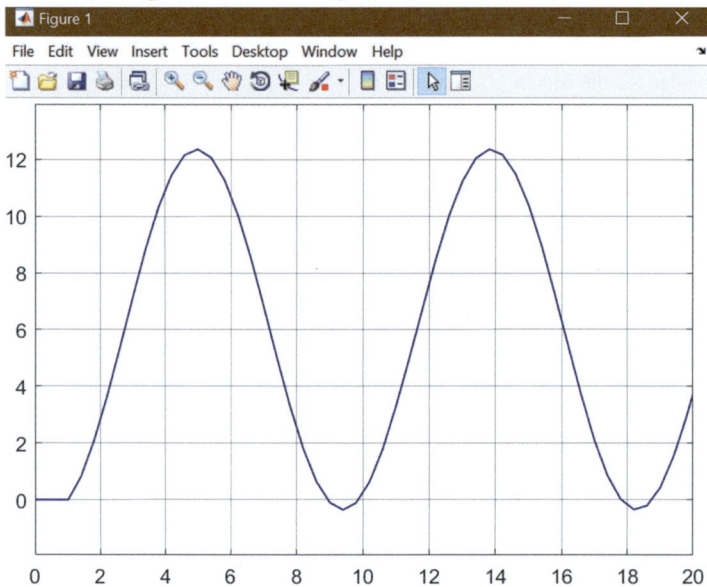

2c Ändern Sie die Werte des Gewinns jeweils in 5, 8 und 12 im selben System. Beschreiben Sie die Veränderungen, die in jeder Wellenform bemerkt wurden
3a Siehe Abschn. 14.3
3b

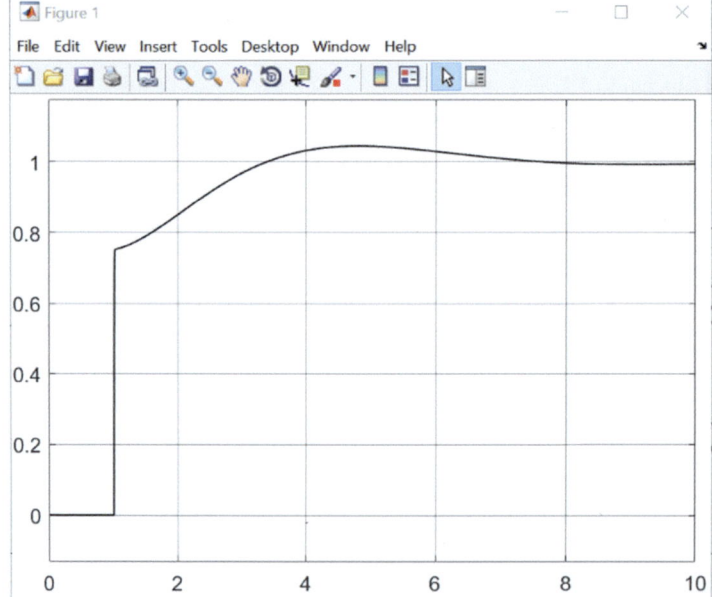

3c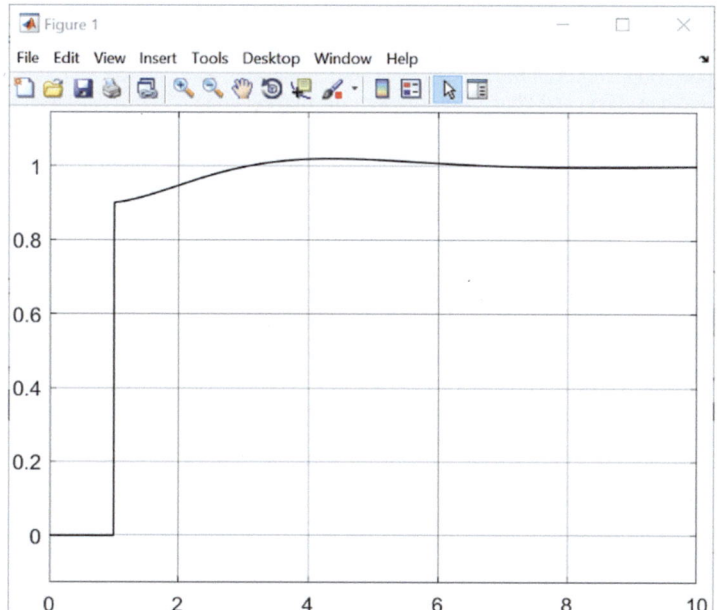

4a Siehe Abschn. 14.5.2
4b Folgen Sie dem Beispiel in Abschn. 14.5.2 um den PID-Regler zu parametrisieren
4c Das Diagramm sollte die folgende Antwort liefern:

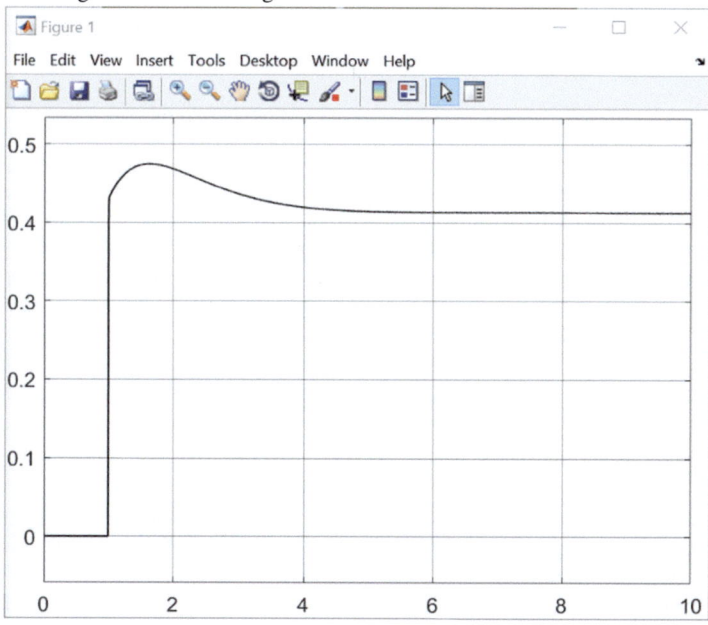

4d Beschreiben Sie die bemerkten Änderungen aus dem Umfang des PI- und PD-Reglers

5a	Siehe Abschn. 14.6
5b	Replizieren Sie das in Abschn. 14.6.1 gezeigte Beispiel mit der gegebenen Übertragungsfunktion. Doppelklicken Sie auf den Abschnitt „Pole-Zero Plot" für die Pole-Zero-Analyse und den „Gain and Phase Margin Plot" zur Beobachtung des Nyquist-Diagramms
5c	Das System ist instabil. Siehe Abschn. 14.6.1 und 14.6.2 für die Eigenschaften eines stabilen und eines instabilen Systems. Vergleichen Sie die erhaltene Grafik mit den Eigenschaften und kommentieren Sie die Merkmale

Kapitel 15

1	Siehe Abschn. 15.1
2a	Siehe Abschn. 15.2 und entsprechende Beispiele im Abschnitt
2b	Siehe das Beispiel in Abschn. 15.1.2. Die resultierenden Werte sind (i) 4,509, (ii) 12,75 und (iii) 4,06
3a	Siehe Abschn. 15.2
3c	Verwenden Sie den Block zur Leistungsmessung, um die Wirk- und Blindleistung zu messen und zeigen Sie das Diagramm mit einem Scope-Block an
4a	Siehe Abschn. 15.1.2 für die Definition des Leistungsfaktors
4b	Der Wert des RMS-Stroms beträgt 13,76 A
4c	Der Wert des Leistungsfaktors beträgt 0,1281

Kapitel 16

1a	Siehe Abschn. 16.1 und 16.2
1b,c	Siehe das in Abschn. 16.2.1 gezeigte Beispiel. Folgen Sie dem Modell, das auf der rechten Seite bereitgestellt wird. Im Block „Dreiphasenquelle" wird die Eingangsspannung als RMS angegeben. Daher wird die Eingabe für (i) Spitzenamplitude/$\sqrt{2}$ sein. Für (ii) kann der gegebene Parameter verwendet werden, da der RMS-Wert angegeben ist
1d	Mit den Dreiphasen-Stromquellenparametern aus Frage 1b(ii) und den Standardparametern der Dreiphasen-Serien-RLC-Last, folgen Sie dem in Abschn. 16.3 gezeigten Beispiel, um nur Spannung und Strom zu messen
2a	Folgen Sie der Formel, die in Abschn. 16.5 bereitgestellt wird
2b	Replizieren Sie das in Abschn. 16.5 gezeigte Beispiel und ersetzen Sie die Dreiphasen-Quelle durch die dreiphasige Delta-Stromquelle
2c	Folgen Sie dem Messschema, das im Beispiel in Abschn. 16.5 verwendet wurde
3a	Siehe Abschn. 16.6.1
3b,c	Folgen Sie dem in Abschn. 16.6.1 gezeigten Beispiel und ersetzen Sie die Last durch eine ausbalancierte dreiphasige Delta-Last, wie in Abschn. 16.6.3 dargestellt. Verwenden Sie das Messschema, das im Beispiel in Abschn. 16.6.1 verwendet wurde
3d	Kommentieren Sie auf der Grundlage von Spannung, Strom und Impedanzen auf jeder Seite und passen Sie diese mit den individuellen Eigenschaften von Stern- und Dreiecksverbindung an
4a	Siehe die Beschreibungen in den Abschn. 16.6.1 und 16.6.2

Lösungsschlüssel zu den Übungen am Ende des Kapitels 665

4b,c Folgen Sie dem in Abschn. 16.6.4 gezeigten Beispiel und ersetzen Sie die Last durch eine unausgeglichene dreiphasige Sternlast, wie in Abschn. 16.6.2 dargestellt. Verwenden Sie das in dem Beispiel in Abschn. 16.6.4 verwendete Messschema

4d Kommentieren Sie auf der Grundlage von Spannung, Strom und Impedanzen auf jeder Seite und passen Sie diese an ihre individuellen Eigenschaften von Delta- und Sternverbindung an

5a Siehe Abschn. 16.7

5b,c Siehe das in Abschn. 16.7.1 gezeigte Beispiel und ersetzen Sie den voreingestellten Modellwert gemäß der Frage. Folgen Sie dem im Beispiel von Abschn. 16.7.1 gezeigten Messschema

6a Siehe Abschn. 16.7.2 für die Arten von Rotoren

6b,c Siehe das Beispiel in Abschn. 16.7.2 und ersetzen Sie das Sternmodell durch das Dreiecksmodell aus Abschn. 16.2.2. Berücksichtigen Sie nur resistive Lasten, wenn RL-Lasten für das System nicht funktionieren

Kapitel 17

1a Siehe Abschn. 17.1

1b Sehen Sie die Erklärung für jeden Typ von Gleichrichter in den Abschn. 17.1.2 und 17.1.3

1c Replizieren Sie das Beispiel in Abschn. 17.1.3 und ändern Sie den Wert der Transformatorwicklungsparameter für eine Eingangsspannung von 220 V und eine Ausgangsspannung von 24 V

1d Replizieren Sie das Design des Dreiphasen-Gleichrichters aus Abschn. 17.1.4. Ändern Sie die Last von R zu RL und RC. Ändern Sie den Wert von L und C wie in den Abschn. 17.1.2.2 und 17.1.2.3 gezeigt und sehen Sie die Erklärung, um die beobachteten Änderungen zu rechtfertigen

2a Siehe Abschn. 17.1 und 17.2

2b Replizieren Sie zwei Beispiele, die in Abschn. 17.2.1 für NPN- und PNP-Transistoren gezeigt werden, und ändern Sie den Wert der Gleichstromquelle in 0,004 V (für NPN-Transistor) und −0,004 V (für PNP-Transistor), und ändern Sie die Parameter des XY-Diagramms für eine bessere Visualisierung

3a Siehe Abschn. 17.3.3 und 17.3.4 für die Formel

3b Siehe Abschn. 17.3.1. Mit dem gegebenen Wert der Eingangs- und Ausgangsspannungen bestimmen Sie das Verhältnis von R_2/R_1. Wählen Sie geeignete Werte für R_1 und R_2, um das Verhältnis zu entsprechen. Replizieren Sie dann das Beispiel in dem Abschnitt mit diesen Widerstandswerten, um die gewünschte Eingangs- und Ausgangsspannung zu erhalten

3c Siehe Abschn. 17.3.2. Bestimmen Sie mit dem gegebenen Wert der Eingangs- und Ausgangsspannungen das Verhältnis von R_2/R_1. Wählen Sie geeignete Werte für R_1 und R_2, um das Verhältnis zu entsprechen. Dann replizieren Sie das Beispiel in dem Abschnitt mit diesen Widerstandswerten, um die gewünschte Eingangs- und Ausgangsspannung zu erhalten

4a Siehe die anfängliche Erklärung in Abschn. 17.4

4b (i) Replizieren Sie das Beispiel von MOSFET in Abschn. 17.4.2 und ändern Sie die Phasenverzögerung zuerst in (45*(1/60)*(1/360)) und dann in (90*(1/60)*(1/360)) im Pulse Generator Block. Vergleichen Sie die Ausgabe und erklären Sie die Änderungen mithilfe von Abschn. 17.4.2.
(ii) Replizieren Sie das Beispiel von GTO in Abschn. 17.4.3 und ändern Sie die Pulsdauer auf 10 und die Phasenverzögerung auf (45*(1/60)*(1/360)) im Pulse Generator Block. Ändern Sie dann die Pulsdauer auf 25 und die Phasenverzögerung auf (90*(1/60)*(1/360)). Vergleichen Sie die Ausgabe und erklären Sie die Änderungen mithilfe von Abschn. 17.4.3.

5a Replizieren Sie das in Abschn. 17.5.1 gezeigte Beispiel. Fügen Sie einen Alpha-Beta-Zero zu dq0 Block aus Simulink hinzu und geben Sie das Alpha-Beta-Zero Signal als Eingabe. Vergleichen Sie die dq0 Ausgabe aus diesem Block mit der im Beispiel

5b Siehe Abschn. 17.6.1.1 und berechnen Sie den Wert des Tastverhältnisses aus der Quellspannung und der Ausgangsspannung. Ändern Sie das Tastverhältnis im Pulsgenerator-Block und ändern Sie den Wert des Widerstands, der Induktivität und des Kondensators, wenn nötig, um ein Diagramm mit möglichst geringem Rauschen und Schwingungen zu erhalten

5c Siehe Abschn. 17.6.1.2 und berechnen Sie den Wert des Tastverhältnisses aus der Quellspannung und der Ausgangsspannung. Ändern Sie das Tastverhältnis im Pulse Generator Block und ändern Sie den Wert des Widerstands, der Induktivität und des Kondensators, wenn nötig, um ein Diagramm mit möglichst geringem Rauschen und Schwingungen zu erhalten

6a Siehe Abschn. 17.6.3

6b Replizieren Sie den in Abschn. 17.6.2.3 dargestellten dreiphasigen Vollwellenumrichter mit einer Gleichspannung von 24 V. Messen Sie die Phasen-zu-Phasen-Spannungen mithilfe von Spannungsmessblöcken und zeigen Sie das Ergebnis in einem Scope-Block an

6c Replizieren Sie den im Abschn. 17.6.4 entworfenen Beispielzyklokonverter mit den gleichen Parametern. Geben Sie eine Periode von 0.0668 s im Block „Pulse Generator3" an

Kapitel 18

1 Sehen Sie die Zusammenfassung des Kapitels
2a Siehe Abb. 18.1
2b Siehe Abschn. 18.1.1
2c Siehe Abb. 18.2
2d Siehe Abb. 18.2. Aktualisieren Sie den Wert, $T = 310$ und $N = 2$. Simulieren Sie das Modell, um die charakteristischen Kurven zu zeigen
2e Siehe Abb. 18.18. Verwenden Sie das zweite Bereichsfeld für das Design des Dreiphasenwechselrichters. Ersetzen Sie das erste PV-Panel-Bereichsfeld durch eine Gleichspannungsquelle von 300 V
3a Siehe Abschn. 18.2.1
3b Siehe Abb. 18.37. Wählen Sie im BusSelector nur P (pu) und Q (pu) aus, um sie im Scope anzuzeigen
3c Siehe Abb. 18.48. Wählen Sie im BusSelector nur Vdc (V) aus, um es im Scope anzuzeigen
3d Siehe Abb. 18.48. Aktualisieren Sie die aktive Leistung (W) der dreiphasigen Serien-RLC-Last aus ihrem Parameterfenster (siehe Abb. 18.57). Wählen Sie im BusSelector nur Vdc (V) aus, um es im Scope anzuzeigen

Lösungsschlüssel zu den Übungen am Ende des Kapitels 667

4a Siehe Abschn. 18.3.1
4b Siehe Abb. 18.61. Wählen Sie im BusSelector nur die aktive Ausgangsleistung, Pe0 (pu), aus, um sie im Scope anzuzeigen
4c Siehe Abb. 18.65, um die Nennleistung und die Leitung-zu-Leitung-Spannung der Synchronmaschine zu aktualisieren
Siehe Abb. 18.67, um die beiden Wicklungsspannungen des Dreiphasen-Transformators (Zwei Wicklungen) zu aktualisieren
Vom BusSelector, wählen Sie nur die Ausgangsleistung, Pe0 (pu), um sie im Scope anzuzeigen
5a Siehe Abschn. 18.4.2 um die Arten von Batterien herauszufinden
5b Siehe Abb. 18.76 zur Modellgestaltung. Siehe Abb. 16.77 zur Auswahl des Batterietyps und zur Darstellung der Entladecharakteristikkurve
5c Siehe Abb. 18.76. Wählen Sie im BusSelector nur SOC (%) aus, um es im Scope anzuzeigen
5d Siehe Abb. 18.83. Die resultierende Ausgangsspannung = 15 V. Das Design kann variieren. Eine der akzeptablen Entwürfe ist wie folgt:

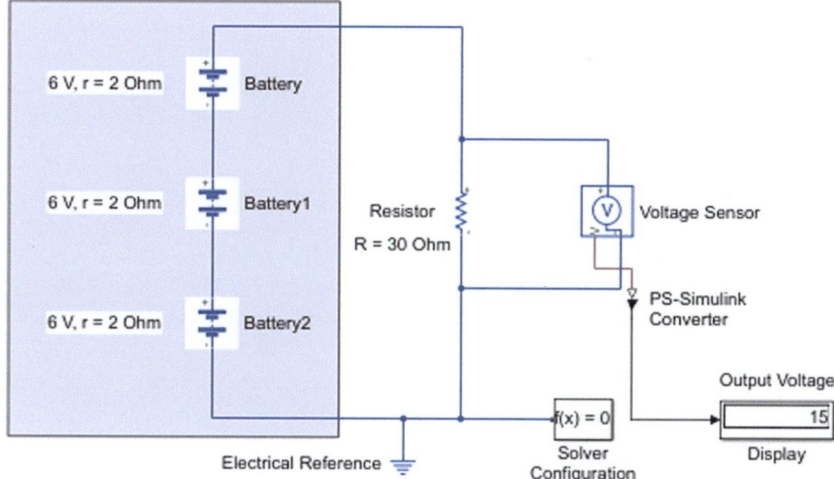